HANDBUCH DER KATALYSE

HERAUSGEGEBEN

VON

G.-M. SCHWAB

ATHEN

ZWEITER BAND:

KATALYSE IN LÖSUNGEN

SPRINGER-VERLAG WIEN GMBH

1940

KATALYSE IN LÖSUNGEN

BEARBEITET VON

J. W. BAKER · R. P. BELL · P. CHOVIN
CH. DUFRAISSE · M. KILPATRICK · O. REITZ
E. ROTHSTEIN · H. SCHMID

MIT 34 ABBILDUNGEN IM TEXT

SPRINGER-VERLAG WIEN GMBH

1940

ISBN 978-3-7091-5891-3   ISBN 978-3-7091-5941-5 (eBook)
DOI 10.1007/978-3-7091-5941-5

Vorwort zum Gesamtwerk.

Es ist eine in Ausbreitung begriffene Besonderheit der modernen naturwissenschaftlichen Literatur, große und wichtige Sondergebiete in einmaligem Querschnitt in Handbüchern niederzulegen. Die Berechtigung dieses Verfahrens einmal vorausgesetzt, ist es wohl für die Katalyse augenblicklich besonders angebracht. Der Plan ist eigentlich sehr alt, und als der Verleger vor einigen Jahren erneut damit an den Herausgeber herantrat, schien diesem nach einigem Zögern die Zeit dazu gekommen. Eine Disziplin, die der Technik so gut wie alle ihre beherrschenden Großverfahren, der Biologie viele ihrer wichtigsten Leitgedanken geschenkt hat, mußte einmal aus der Verstreutheit der Originalliteratur und der Teilmonographien herausgehoben werden.

Die Fruchtbarkeit eines solchen Verfahrens hat sich an den anderen großen Handbüchern der letzten Jahrzehnte mehrfach bewährt, und der Herausgeber glaubt gerade auch für die Katalyse entsprechende Beobachtungen schon nach Erscheinen seiner kleinen Monographie gemacht zu haben: Manche Gebiete, die er damals mühsam aus teilweise widersprechenden Originalarbeiten zusammenstellen mußte, haben dann und eben vielleicht teilweise daraufhin vermehrte und abschließende Bearbeitung erfahren.

Die Aufgabe eines solchen Handbuchs der Katalyse wäre also demnach, Material und Anreiz zur weiteren Erforschung der Katalyse zu bieten. Dadurch ergibt sich die Beschränkung auf die Bedürfnisse der tätigen Forschung: Der Verzicht auf enzyklopädische Beschreibung aller Erscheinungsformen der Katalyse, etwa in der Technik, weiter der Verzicht auf irgendwelche billige populäre Anschaulichkeit; das Handbuch muß an der Front der vordringenden Forschung stehen. So haben z. B. Gebiete, die für den Fortschritt der nächsten Zeit besonders wichtig zu werden versprechen, besondere Beachtung zu finden.

Wer die Katalyse in ihrem heutigen Umfang halbwegs überblickt, wird sofort sehen, daß ein derartiges Werk nicht mehr als Arbeit eines einzelnen denkbar ist, daß es vielmehr nicht zuletzt eine Organisationsfrage ist. Da Katalyse eine fortschreitende Wissenschaft ist, mußte ein möglichst gleichzeitiger Querschnitt geschaffen, also das ganze umfangreiche Werk in möglichst kurzer Frist fertiggestellt werden. Dazu war die gleichzeitige Mobilisierung einer großen Zahl von Autoren nötig, von denen jeder sein eigenes Arbeitsgebiet darstellen mußte. Bei Erstreckung auf alle in Betracht kommenden Nationen und Verwendung der drei großen Weltsprachen hofft der Herausgeber, daß es ihm gelungen ist, für jedes dieser Gebiete wirklich einen ersten Fachmann zu gewinnen. Allen, die sich als Verfasser in den Dienst der gemeinnützigen Aufgabe gestellt haben, gebührt der Dank der wissenschaftlichen Welt.

Es ist dem Kenner klar, daß auf diesem organisatorischen Gebiet auch die größten Schwierigkeiten, Arbeiten und Kämpfe lagen, zumal in der heutigen Zeit. Wenn das Werk einmal fertig vorliegen wird, wird sicherlich nichts mehr davon zu bemerken sein.

Vorwort zum Gesamtwerk.

Man könnte einwenden, daß durch die starke Stoffaufteilung eine gewisse Uneinheitlichkeit und Zerrissenheit in das Buch hineinkommt. Das ist in gewissem Maße sicher auch der Fall. Aber zunächst hat natürlich der Herausgeber eine seiner Hauptaufgaben darin gesehen, diese Unvermeidlichkeiten zu mildern und die einzelnen Arbeiten gegeneinander abzugleichen; und was den Rest betrifft, wäre es gar nicht richtig gewesen, ihn auch noch auszumerzen und so eine Einheitlichkeit der Stellungen vorzutäuschen, die noch nicht erreicht ist, und die, wenn sie erreicht wäre, dieses Handbuch überflüssig machen würde. Bei einem so in Entwicklung begriffenen Gebiet ist es vielmehr notwendig und wünschenswert, wenn die Dokumentation den aufgelockerten Charakter einer Monographiensammlung wenigstens in etwas bewahrt.

Bei der Einteilung des Werkes wurde von geistreichen und künstlichen Konstruktionen abgesehen, damit jeder leicht finden kann, was er sucht, und die altbewährte Einteilung in homogene Katalyse in Gas und Lösung, mikroheterogene oder Biokatalyse und heterogene Katalyse gewählt. Die Katalyse in der organischen Chemie als in Erscheinungsform und Interessentenkreis besonders geartetes Gebiet wurde noch eigens herausgespalten und unter der sachverständigen Führung von Prof. CRIEGEE einem besonderen Band vorbehalten.

Wie schon erwähnt, ist das Niveau der Darstellung das des tätigen Forschers, die vorausgesetzten Vorkenntnisse sind also diejenigen, die dieser mitbringen muß. Das wäre nun eindeutig, wenn die Katalyse nicht einen so weiten Bogen vom Explosionsmotor und der Virusforschung bis zum Atommodell umspannen würde. So aber wird vermutlich jeder auf den ihm entfernteren Gebieten die Sprache des Handbuchautors nicht mehr restlos verstehen, da der Biologe, der Physiker und — natürlich ein wenig die erste Geige spielend — der Physikochemiker jeder die Grundlagen seines Faches voraussetzen mußten. Wenn man sich aber den Zweck der Benutzung dieses Handbuchs vor Augen hält, dürfte dies wenig schaden.

Auf jeden Fall hofft der Herausgeber, daß durch diese eingehende Darstellung der Katalyse als eigener Wissenschaft ihre wissenschaftliche Durchdringung und Erforschung einen wirksamen Anstoß erfahren möge. Ein großer Teil des Verdienstes hieran gebührt neben den Verfassern der Aufsätze vor allem dem Verlag Julius Springer, der die schwierigen Arbeiten der Planung, Vorbereitung und Durchsetzung der Aufgabe ebenso wie ihre praktische Ausführung jederzeit wirksam und großzügig unterstützt hat.

Athen, im Juni 1940.

G.-M. Schwab.

Vorwort.

Dieser Band, der zeitlich als erster erscheint, enthält die Katalyse in Lösungen. Ihm sollen in kürzester Zeit Band I (Allgemeines und Gaskatalyse) und Band III (Biokatalyse) folgen, so daß dann alles, was etwa den reinen Chemiker, den Biologen und viele Praktiker interessieren dürfte, fertig vorliegt.

Es waren hauptsächlich drei Fragenkreise, die bei der Zusammenstellung dieses Bandes zu beachten waren: die katalytische Rolle des Mediums selbst zunächst. Hier erfordert die Erforschung der nichtwäßrigen Lösungen, wie man sehen wird, noch viel Entwicklungsarbeit, während die Salzeffekte in wäßriger Lösung im wesentlichen aufgeklärt sind. Dies ist wichtige Voraussetzung für den zweiten großen Fragenkreis, die Säure-Basen-Katalyse, die jetzt endlich auf dieser Grundlage eine ganz geschlossene kritische Darstellung finden konnte, wie sie den Kenner der bisherigen Sachlage befriedigen wird. Es erschien wichtig, hier nicht nur den Kinetiker, sondern auch den Organiker zu Wort kommen zu lassen, nachdem besonders die englische Schule auf Grund einer weitgehenden Sichtung des Tatsachenmaterials zu allgemeineren und mit der Kinetik übereinstimmenden Gesichtspunkten gelangt ist. Der dritte große Fragenkomplex sind die Vorgänge der Oxydation und besonders Autoxydation und ihrer Hemmung. Hier bringt das Handbuch an Stelle eines heute notwendig noch unvollständigen kinetischen einen mehr chemisch orientierten Artikel, der alle einschlägigen Gesichtspunkte berücksichtigt.

Die Liste der Verfasser zeigt wohl ohne weiteres an, daß die Fertigstellung der eingegangenen Beiträge zeitgebundene Schwierigkeiten zu überwinden hatte. So konnten insbesondere die Korrekturen der ausländischen Beiträge nicht von den Verfassern selbst erledigt werden, und der Herausgeber muß deshalb, falls sich Fehler durchgeschlichen haben, um Nachsicht bitten. Ebenso konnten nur ganz wenige Nachträge neuester Literatur angebracht werden.

Athen, im Juni 1940.

G.-M. Schwab.

Inhaltsverzeichnis.

Zwischenreaktionen.

Von

H. Schmid, Wien.

Inhaltsverzeichnis.

Einleitung.

Jeder, der die Reaktion zwischen Ferrisalz und Natriumthiosulfat zu Ferrosalz und Natriumtetrathionat ausführt, ist verblüfft von der augenblicklich auftretenden violetten Farbe, die in ganz kurzer Zeit wieder verschwindet.[1] Dieses Experiment beweist augenfällig, daß die Reaktion über eine kurzlebige Zwischensubstanz verläuft. Die Gleichung

$$2\,Fe^{\cdots} + 2\,S_2O_3'' = 2\,Fe^{\cdot\cdot} + S_4O_6''$$

besagt also nur, daß aus den Ausgangsstoffen Ferriion und Thiosulfation sich schließlich die Endstoffe Ferroion und Tetrathionation bilden. Diese sogenannte Bruttoreaktion setzt sich nach dem experimentellen Befund aus Teilreaktionen, Zwischenreaktionen oder Stufenreaktionen, wie Ostwald[2] sie nennt, zusammen. Diesem Einblick in das chemische Geschehen begegnen wir schon in den Briefen Schönbeins an Liebig.[3] Er schreibt unter anderem, daß jeder chemische Vorgang synthetischer und analytischer Art ein aus verschiedenen Akten zusammengesetztes Drama, ein wirklicher Processus ist, d. h. einen Anfang, eine Mitte und ein Ende hat. Die quantitativen Messungen der Kinetik, der Lehre von der Reaktionsgeschwindigkeit, bestätigen die Anschauungen Schönbeins, daß der

---

[1] H. Schmid: Z. physik. Chem., Abt. A **148** (1930), 321.

[2] Die Ostwaldsche Stufenregel besagt, daß in einem chemischen System nicht sogleich die beständigsten Gebilde entstehen, sondern zunächst die labilsten und dann der Reihe nach die stabileren. Siehe z. B. A. Mittasch: Kurze Geschichte der Katalyse in Praxis und Theorie, S. 101. Berlin: Julius Springer, 1939.

[3] A. Mittasch, E. Theis: Von Davy und Döbereiner bis Deacon. S. 144. Berlin: Verlag Chemie, 1932.

Großteil der chemischen Reaktionen komplizierter Natur ist, sich also aus vielen Einzelprozessen zusammensetzt; denn der funktionale Zusammenhang der Reaktionsgeschwindigkeit mit den Konzentrationen der Reaktionspartner steht in den meisten Fällen in keinem unmittelbaren Zusammenhang mit der Bruttoreaktion. So lautet die Geschwindigkeitsgleichung der Reaktion:[1]

$$3\,HNO_2 = H^{\cdot} + NO_3{}' + 2\,NO + H_2O,$$

$$-\frac{d\,(HNO_2)}{d\,t} = k_1 \frac{[HNO_2]^4}{p^2{}_{NO}} - k_2\,[H^{\cdot}]\,[NO_3{}']\,[HNO_2].\ ^2$$

Nach der Bruttogleichung reagieren 3 Molekeln salpetrige Säure zu Salpetersäure und Stickoxyd, in der Geschwindigkeitsgleichung, deren rechte Seite in zwei Terme zerfällt, geht die Konzentration der salpetrigen Säure im Minuend in 4. Potenz, im Subtrahend in 1. Potenz ein, die Ordnung der salpetrigen Säure ist somit im 1. Term vier, im 2. Term eins. Die Ordnung des Stickoxyds ist hingegen im 1. Term minus zwei, im 2. Term null, während in der Bruttogleichung 2 Molekeln Stickoxyd als Reaktionsprodukt sich auf der rechten Seite der Gleichung vorfinden.

Auch der Zerfall des Ammoniumnitrits in Stickstoff und Wasser:

$$NH_4NO_2 = N_2 + 2\,H_2O,$$

oder unter Berücksichtigung der Tatsache, daß Ammoniumnitrit in verdünnter Lösung praktisch vollkommen ionisiert ist:

$$NH_4^{\cdot} + NO_2{}' = N_2 + 2\,H_2O,$$

ist in seiner Geschwindigkeitsgleichung[3] komplizierter:

$$\frac{d\,(N_2)}{d\,t} = k\,[NH_4^{\cdot}]\,[NO_2{}']\,[HNO_2].$$

Setzen wir dem Ammoniumnitrit keine salpetrige Säure zu, legen wir — wie der Kinetiker sagt — keine salpetrige Säure vor, so geht die Konzentration der durch Hydrolyse des Nitrits entstandenen salpetrigen Säure in die Geschwindigkeitsgleichung ein. Salpetrige Säure, die in der Bruttogleichung gar nicht vorkommt, tritt also in der Geschwindigkeitsgleichung auf. Salpetrige Säure ist für den Ammonnitritzerfall Katalysator, wobei wir nach der Definition von A. Mittasch[4] unter Katalysator einen Stoff verstehen, „der, obgleich an einer chemischen Reaktion anscheinend nicht unmittelbar beteiligt, diesen hervorruft oder beschleunigt oder in bestimmte Bahnen lenkt". Für die zunächst rätselhafte Erscheinung gibt uns die Zwischenreaktionstheorie eine einfache Erklärung. Im Sinne dieser Theorie kommt die Katalyse dadurch zustande, daß der Katalysator mit Reaktionspartnern intermediäre labile Produkte bildet, die bei weiterer Reaktion die Endprodukte unter Rückbildung des Katalysators geben.

[1] Siehe S. 3.

[2] Rundgeklammerte Symbole bedeuten analytische Konzentrationen, eckiggeklammerte Symbole wirkliche Konzentrationen in Molen pro Liter.

[3] E. Abel, H. Schmid, J. Schafranik: Z. physik. Chem., Bodenstein-Festband (1931), 510.

Siehe auch E. Abel, H. Schmid, W. Sidon: Z. Elektrochem. angew. physik. Chem. 39 (1933) 871.

[4] A. Mittasch: Katalyse und Determinismus, S. 10. Berlin: Julius Springer, 1938. Siehe auch A. Mittasch: Über katalytische Verursachung im biologischen Geschehen, S. 1. Berlin: Julius Springer. 1935.

Durch den Katalysator werden also neue Reaktionsbahnen geschaffen, wodurch der Umsatz erst ermöglicht wird, bzw. das Reaktionsende rascher erreicht wird, als bei unkatalysiertem Vorgang.

Diese allgemeinen Richtlinien der Zwischenreaktionstheorie führen zu der wichtigen Aufgabe der Kinetik, chemische Prozesse in die einfachsten, nicht mehr teilbaren Zwischenreaktionen zu zergliedern, die nach A. SKRABAL[1] als Ur-reaktionen bezeichnet werden. Die Auflösung des Bruttovorganges in seine Urreaktionen kommt etwa der Zerlegung einer chemischen Verbindung in ihre Elemente gleich. Wie diese „Atomisierung chemischer Reaktionen" erfolgt und was aus dem System der Urreaktionen, dem Reaktionsmechanismus oder Chemis-mus[2] herauszulesen ist, soll nun an einigen Typen von Lösungsreaktionen er-läutert werden.

Geschwindigkeitsgleichung und Reaktionsmechanismus.

Die Auflösung eines chemischen Umsatzes in seine Urreaktionen sei an einer besonders eingehend erforschten Reaktion erklärt, an der von E. ABEL, H. SCHMID (unter teilweiser Mitwirkung von S. BABAD)[3] untersuchten Salpetrig-säure-Salpetersäure-Stickoxydreaktion. Salpetrige Säure zersetzt sich in wässeriger Lösung nach der Bruttogleichung:

$$3\,HNO_2 = H\cdot + NO_3{}' + 2\,NO + H_2O.$$

Wenn zwischen Stickoxyd im Gasraum und in der Lösung Gleichgewicht herrscht, gilt nach E. ABEL, H. SCHMID für hochverdünnte Lösungen die Geschwindig-keitsgleichung:

$$-\frac{d\,(HNO_2)}{dt} = k_1\,\frac{[HNO_2]^4}{p^2{}_{NO}} - k_2\,[H\cdot]\,[NO_3{}']\,[HNO_2].$$

Die Reaktion konnte in folgende Teilreaktionen aufgelöst werden:

$$2\,HNO_2 = N_2O_3 + H_2O, \tag{1}$$

$$N_2O_3 = NO_2 + NO, \tag{2}$$

$$2\,NO_2 = N_2O_4, \tag{3}$$

$$N_2O_4 + H_2O = HNO_2 + H\cdot + NO_3{}'. \tag{4}$$

Die Summe der Reaktionen: $2\cdot(1) + 2\cdot(2) + (3) + (4)$ ergibt die Brutto-gleichung:

$$3\,HNO_2 = H\cdot + NO_3{}' + 2\,NO + H_2O.$$

Da Stickstoffdioxyd, -trioxyd und -tetroxyd bei der Salpetrigsäurezersetzung in wässeriger Lösung kurzlebige Zwischenprodukte sind, können sie nicht in derartigen Konzentrationen auftreten, daß sie in der Bruttogleichung aufscheinen: sie können sich nur bis zu entsprechend niedrigem Gehalte des „stationären Zustands" anreichern, bei dem die Bildungsgeschwindigkeit dieser Zwischen-substanzen ihrer Verbrauchsgeschwindigkeit gleich wird. Dieses von M. BODEN-

---

[1] A. SKRABAL: S.-B. Akad. Wiss. Wien, Abt. II b 137 (1928), 1045; bzw. Mh. Chem. 51 (1929), 93.

[2] A. MITTASCH: Katalyse und Determinismus; l. c., S. 19.

[3] E. ABEL, H. SCHMID: Z. physik. Chem. 132 (1928), 55; 134 (1928), 279. — E. ABEL, H. SCHMID, S. BABAD: Ebenda 136 (1928), 135, 419. — E. ABEL, H. SCHMID: Ebenda 136 (1928), 430. — H. SCHMID: Ebenda, Abt. A 141 (1929), 41.

Stein[1] zur Berechnung der Geschwindigkeit der Gesamtreaktion eingeführte *Stationaritätsprinzip* sei an Hand des einfachen Reaktionsschemas für den Bruttovorgang $A = B$:

$$A \underset{1'}{\overset{1}{\rightleftarrows}} Z \tag{1}$$

$$Z \underset{2'}{\overset{2}{\rightleftarrows}} B \tag{2}$$

des näheren erläutert.[2] Die Anfangskonzentration von A sei a, die von B sei b; bis zur Zeit t hätten sich x_1 Mole A pro Liter umgesetzt und x_2 Mole B gebildet. Daher ist die Geschwindigkeit zur Zeit t:

$$-\frac{d(A)}{dt} = -\frac{d(a-x_1)}{dt} = +\frac{dx_1}{dt}$$

bzw.
$$\frac{d(B)}{dt} = \frac{d(b+x_2)}{dt} = \frac{dx_2}{dt}.$$

Wenn der Zwischenstoff sich innerhalb der Zeit dt nicht anhäuft, muß die stöchiometrische Beziehung gelten:

$$-\frac{d(A)}{d(B)} \sim 1,$$

$$\frac{dx_1}{dx_2} \sim 1,$$

bzw.
$$\frac{dx_1}{dt} \sim \frac{dx_2}{dt},$$

wobei:
$$\frac{dx_1}{dt} = k_1(a-x_1) - k_1'(x_1-x_2),$$

$$\frac{dx_2}{dt} = k_2(x_1-x_2) - k_2'(b+x_2),$$

daher:
$$k_1(a-x_1) + k_2'(b+x_2) \sim k_1'(x_1-x_2) + k_2(x_1-x_2),$$

$$k_1[A] + k_2'[B] \sim (k_2+k_1')[Z].$$

Die Bildungsgeschwindigkeit der Zwischensubstanz ist annähernd gleich der Verbrauchsgeschwindigkeit der Zwischensubstanz. Die Konzentration $[Z]$ ergibt sich als Funktion der Konzentrationen der Ausgangs- und Endstoffe zu:

$$[Z] \sim \frac{k_1[A] + k_2'[B]}{k_2 + k_2'}.$$

In Zeitintervallen, in denen die Konzentrationen $[A]$ und $[B]$ sich praktisch nicht ändern, ist nach der letzten Gleichung auch die Konzentration von Z als praktisch konstant anzusehen; der Zustand ist in derartigen Zeitintervallen quasi stationär.

---

[1] M. Bodenstein: Z. physik. Chem **85** (1913), 329. Letzte Veröffentlichung: IX. Congreso Internacional De Quimica Pura y Aplicada, Vol. II (1934), S. 256. — A. Skrabal: Letzte Veröffentlichungen zur Diskussion über die Bedingungen für die Anwendbarkeit des Bodensteinschen Verfahrens: S.-B. Akad. Wiss. Wien, Abt. II b **143** (1934), 203, 619; **144** (1935), 261; bzw. Mh. Chem. **64** (1934), 289; **65** (1935), 275; **66** (1935), 129; — Z. Elektrochem. angew. physik. Chem. **42** (1936), 228. — J. A. Christiansen: Z. physik. Chem., Abt. B **28** (1935), 303. — H. J. Schumacher: Chemische Gasreaktionen, S. 8. Dresden u. Leipzig: Th. Steinkopff, 1938.

[2] Die Ziffern an den Pfeilen geben die Indizes der zugehörigen Geschwindigkeitskonstanten an.

Die Stationaritätsgleichung für Stickstofftetroxyd bei der Salpetrigsäure-zersetzung lautet demnach:[1]

$$\varkappa_3\,[NO_2]^2 + \varkappa_4'\,[HNO_2][H\cdot][NO_3'] = \varkappa_3'\,[N_2O_4] + \varkappa_4\,[N_2O_4],$$

$$[N_2O_4] = \frac{\varkappa_3\,[NO_2]^2 + \varkappa_4'\,[HNO_2][H\cdot][NO_3']}{\varkappa_3' + \varkappa_4}\,.$$

Wenn die Bildungsgeschwindigkeit des Stickstofftetroxyds aus Stickstoff-dioxyd sehr groß ist gegenüber der Geschwindigkeit der Stickstofftetroxydbildung durch die inverse Stickstofftetroxydhydrolyse

$$\varkappa_3\,[NO_2]^2 \,\gg\, \varkappa_4'\,[HNO_2][H\cdot][NO_3']$$

und der Stickstofftetroxydzerfall in Stickstoffdioxyd viel rascher erfolgt als die Stickstofftetroxydhydrolyse

$$\varkappa_3' \,\gg\, \varkappa_4,$$

herrscht Gleichgewicht zwischen Stickstofftetroxyd und -dioxyd, denn die Geschwindigkeit der Links-Rechts-Reaktion des Umsatzes (3) ist ebenso groß wie die Geschwindigkeit der Rechts-Links-Reaktion dieses Umsatzes.

$$\varkappa_3\,[NO_2]^2 = \varkappa_3'\,[N_2O_4]; \quad \frac{[N_2O_4]}{[NO_2]^2} = \frac{\varkappa_3}{\varkappa_3'} = K_3.$$

Das Stickstoffdioxyd-tetroxydgleichgewicht ist der zeitbestimmenden Reaktion, der Stickstofftetroxydhydrolyse, „vorgelagert" („vorgelagertes Gleichgewicht"). Wenn wir voraussetzen, daß Stickstofftetroxyd praktisch im Gleichgewicht mit Stickstoffdioxyd steht, können wir aus den Stationaritätsgleichungen für Stickstoffdioxyd und -trioxyd:[2]

$$\varkappa_2\,[N_2O_3] + 2\,\varkappa_3'\,[N_2O_4] = \varkappa_2'\,[NO][NO_2] + 2\,\varkappa_3\,[NO_2]^2$$

und

$$\varkappa_1\,[HNO_2]^2 + \varkappa_2'\,[NO][NO_2] = \varkappa_1'\,[N_2O_3] + \varkappa_2\,[N_2O_3]$$

folgern, daß auch Stickstofftrioxyd einerseits mit Stickoxyd und Stickstoffdioxyd

$$\frac{[NO][NO_2]}{[N_2O_3]} = \frac{\varkappa_2}{\varkappa_2'} = K_2,$$

anderseits mit salpetriger Säure

$$\frac{[N_2O_3]}{[HNO_2]^2} = \frac{\varkappa_1}{\varkappa_1'} = K_1$$

im Gleichgewicht steht. Es sind somit die Gleichgewichte der Reaktionen 1 bis 3 der zeitbestimmenden Stickstofftetroxydhydrolyse vorgelagert. Daraus errechnet sich die Stickstofftetroxydkonzentration[3] zu:

$$[N_2O_4] = K_1^2 K_2^2 K_3 \cdot \frac{[HNO_2]^4}{[NO]^2} = \varGamma\,\frac{[HNO_2]^4}{p^2{}_{NO}}\,.[4]$$

---

[1] Die $\varkappa$ sind Geschwindigkeitskonstanten, deren Indizes sich auf das Schema auf S. 3 beziehen; gestrichene Größen Rückreaktion.

[2] Die Geschwindigkeitskoeffizienten gelten je stöchiometrische Gleichung der Urreaktionen. Da in die stöchiometrische Gleichung (3) zwei Stickstoffdioxyd-molekeln eingehen, sind in der Stationaritätsgleichung für Stickstoffdioxyd die Geschwindigkeitskoeffizienten $\varkappa_3'$ und $\varkappa_3$ mit 2 zu multiplizieren.

[3] Zwischensubstanzen, die mit den Ausgangsstoffen im Gleichgewicht stehen, nennt A. SKRABAL ARRHENIUSsche Zwischensubstanzen. Stickstofftetroxyd ist somit ARRHENIUSscher Zwischenstoff. — A. SKRABAL: S.-B. Akad. Wiss. Wien, Abt. II b **137** (1928), 1045 bzw. Mh. Chem. **51** (1929), 93.

[4] Nach dem HENRYschen Gesetz gilt [NO] = const. p_{NO}.

Die Bildungsgeschwindigkeit der Salpetersäure, die nach der Stöchiometrie

$$\frac{d\,(HNO_3)}{dt} = -\frac{1}{3}\frac{d\,(HNO_2)}{dt}$$

ist, errechnet sich aus Gleichung 4 des Reaktionsschemas:

$$\frac{d\,(HNO_3)}{dt} = -\frac{1}{3}\frac{d\,(HNO_2)}{dt} = \varkappa_4\,[N_2O_4] - \varkappa_4{}'\,[HNO_2]\,[H\cdot]\,[NO_3{}']$$

$$= \varkappa_4\,\Gamma\,\frac{[HNO_2]^4}{p^2{}_{NO}} - \varkappa_4{}'\,[HNO_2]\,[H\cdot]\,[NO_3{}'],$$

$$-\frac{d\,(HNO_2)}{dt} = 3\,\varkappa_4\,\Gamma\,\frac{[HNO_2]^4}{p^2{}_{NO}} - 3\,\varkappa_4{}'\,[HNO_2]\,[H\cdot]\,[NO_3{}']$$

$$= k_1\,\frac{[HNO_2]^4}{p^2{}_{NO}} - k_2\,[HNO_2]\,[H\cdot]\,[NO_3{}'].$$

Der Reaktionsmechanismus oder Chemismus führt also tatsächlich zu der Geschwindigkeitsgleichung, die von E. ABEL, H. SCHMID gefunden wurde.

Die Reaktion:

$$4\,HNO_2 \;\longleftarrow^{1}\; N_2O_4 + 2\,NO + 2\,H_2O$$

mit der Gleichgewichtskonstante:

$$\Gamma = \frac{[N_2O_4]\,p^2{}_{NO}}{[HNO_2]^4}$$

läßt sich durch die Kinetik der Salpetrigsäurezersetzung nicht mehr weiter auflösen. Daß diese Reaktion sich aus den Urreaktionen 1—3 des Reaktionsschemas zusammensetzt, kann auf nachstehende Weise gefolgert werden:

Die Existenz des Gleichgewichts

$$2\,HNO_2 \;\longleftarrow\; N_2O_3 + H_2O$$

ist durch die blaue Farbe des Stickstofftrioxyds in konzentrierter Salpetrigsäurelösung unmittelbar erwiesen. Mittelbar läßt die Kinetik von Salpetrigsäurereaktionen auf ein derartiges Gleichgewicht schließen. So ist nach E. ABEL, H. SCHMID und J. WEISS[2] die Geschwindigkeitsgleichung der Reaktion

$$2\,HNO_2 + H_3AsO_3 = H_3AsO_4 + 2\,NO + H_2O:$$

$$-\frac{d\,(H_3AsO_3)}{dt} = k\,[H_3AsO_3]\,[HNO_2]^2.$$

Da Lösungsreaktionen höherer Ordnung als zwei in der Regel keine Urreaktionen, sondern zusammengesetzte Prozesse sind, ist der Mechanismus dieser Oxydation offenbar:

$$2\,HNO_2 \;\longleftarrow\; N_2O_3 + H_2O \qquad$$ Vorgelagertes Gleichgewicht. Gleichgewichtskonstante K_1.

$$N_2O_3 + H_3AsO_3 \rightarrow 2\,NO + H_3AsO_4 \qquad$$ Zeitbestimmende Reaktion. Geschwindigkeitskoeffizient $\varkappa$.

$$\overline{\qquad\qquad\qquad\qquad\qquad\qquad}$$

$$2\,HNO_2 + H_3AsO_3 = H_3AsO_4 + 2\,NO + H_2O$$

$$\frac{d\,(H_3AsO_4)}{dt} = -\frac{d\,(H_3AsO_3)}{dt} = \varkappa\,[N_2O_3]\,[H_3AsO_3] =$$

$$= \varkappa\,K_1\,[HNO_2]^2\,[H_3AsO_3] = k\,[HNO_2]^2\,[H_3AsO_3].$$

---

[1] Zeichen für „laufende" Gleichgewichte (Gleichgewichte von Zwischenreaktionen). Vgl. A. SKRABAL: Z. Elektrochem. angew. physik. Chem. **40** (1934), 235.

[2] E. ABEL, H. SCHMID, J. WEISS: Z. physik. Chem., Abt. A **147** (1930), 69.

Daß auch Stickstoffdioxyd mit salpetriger Säure in wässeriger Lösung im Gleichgewicht steht, kann ebenfalls auf kinetischem Wege bewiesen werden. Nach E. SCHRÖER[1] und E. ABEL, H. SCHMID und F. POLLAK[2] ist ein Term der Geschwindigkeitsgleichung der Reaktion

$$Fe^{\cdot\cdot} + HNO_2 + H^{\cdot} = Fe^{\cdot\cdot\cdot} + NO + H_2O$$

durch $k_c\,[Fe^{\cdot\cdot}]\,\dfrac{[HNO_2]^2}{p_{NO}}$ gegeben.[3] Die einfachste Erklärung für den Chemismus dieses Weges ist

$2\,HNO_2 \longleftrightarrow NO_2 + NO + H_2O$ vorgelagertes Gleichgewicht; Gleichgewichtskonstante: $\Gamma_c = \dfrac{[NO_2]\,p_{NO}}{[HNO_2]^2}$.

$Fe^{\cdot\cdot} + NO_2 \to Fe^{\cdot\cdot\cdot} + NO_2'$ zeitbestimmende Reaktion; Geschwindigkeitskoeffizient $\varkappa_c$.

$NO_2' + H^{\cdot} \longleftrightarrow HNO_2$ nachgelagertes Gleichgewicht.

$$Fe^{\cdot\cdot} + HNO_2 + H^{\cdot} = Fe^{\cdot\cdot\cdot} + NO + H_2O,$$

$$-\frac{d(Fe^{\cdot\cdot\cdot})}{dt} = \varkappa_c\,[Fe^{\cdot\cdot}]\,[NO_2] = \varkappa_c\,\Gamma_c\,[Fe^{\cdot\cdot}]\,\frac{[HNO_2]^2}{p_{NO}} = k_c\,[Fe^{\cdot\cdot}]\,\frac{[HNO_2]^2}{p_{NO}}.$$

Die Zersetzung der salpetrigen Säure ist ein in hohem Grade negativ autokatalytischer Prozeß, da nach der Geschwindigkeitsgleichung

$$-\frac{d(HNO_2)}{dt} = k_1\,\frac{[HNO_2]^4}{p^2_{NO}} - k_2\,[H^{\cdot}]\,[NO_3']\,[HNO_2]$$

das Reaktionsprodukt Stickoxyd die Geschwindigkeit sehr stark hemmt, und zwar auch dann, wenn die Reaktion weit vom Salpetrigsäure-Salpetersäure-Stickoxydgleichgewicht entfernt ist. Dies kann auf einfache Weise dadurch erreicht werden, daß die Salpetrigsäurezersetzung in Gegenwart überschüssigen Nitrits vorgenommen wird. Das überschüssige Nitrit fängt die entstandenen Wasserstoffionen unter Bildung von salpetriger Säure ab, so daß das Gleichgewicht der Salpetrigsäure-Salpetersäure-Stickoxydreaktion ganz nach rechts verschoben wird. Die Bruttogleichung ist dann gegeben durch

$$3\,HNO_2 = H^{\cdot} + NO_3' + 2\,NO + H_2O,$$

$$H^{\cdot} + NO_2' = HNO_2,$$

$$2\,HNO_2 + NO_2' = NO_3' + 2\,NO + H_2O.$$

Die Geschwindigkeitsgleichung dieser Reaktion ist

$$-\frac{d[HNO_2]}{dt} = \frac{2}{3}\,k_1\,\frac{[HNO_2]^4}{p^2_{NO}}.$$

Die Reaktionsverzögerung kommt nach dem Reaktionsmechanismus dadurch zustande, daß Stickoxyd die Konzentration des kurzlebigen Zwischenstoffes Stickstofftetroxyd, dessen Gehalt geschwindigkeitsbestimmend ist, herabsetzt. Wird kein Stickoxyd vorgelegt, so geht die Zersetzung der salpetrigen Säure anfangs äußerst rasch, wird aber durch das gebildete Stickoxyd sehr schnell

---

[1] E. SCHRÖER: Z. physik. Chem., Abt. A **176** (1936), 20.

[2] E. ABEL, H. SCHMID, F. POLLAK: S.-B. Akad. Wiss. Wien, Abt. IIb **145** (1936), 731 bzw. Mh. Chem. **69** (1936), 125.

[3] Siehe S. 17.

gehemmt, insbesondere in ruhender Lösung, da Stickoxyd zu starker Übersättigung neigt. Entfernung des Stickoxyds durch Schütteln, Rühren oder durch Oberflächenvergrößerung der Lösung hat Beschleunigung der Salpetrigsäurezersetzung zur Folge.

Für die inverse Reaktion, die Bildung von salpetriger Säure aus Stickoxyd und Salpetersäure

$$H^{\cdot} + NO_3' + 2\,NO + H_2O = 3\,HNO_2$$

gilt der Mechanismus im entgegengesetzten Sinne. Die zeitbestimmende Reaktion ist nun die Bildung von Stickstofftetroxyd aus salpetriger Säure und Salpetersäure:

$$H^{\cdot} + NO_3' + HNO_2 \rightleftharpoons N_2O_4 + H_2O,$$

der nun das Gleichgewicht

$$N_2O_4 + 2\,NO + 2\,H_2O \rightleftharpoons 4\,HNO_2$$

nachgelagert ist.[1] Zweifellos besteht die zeitbestimmende Reaktion der Stickstofftetroxydbildung ähnlich wie der zeitbestimmende Vorgang bei der Arsenigsäure-Salpetrigsäurereaktion noch aus zwei einfacheren Reaktionen:

Aus dem vorgelagerten Gleichgewicht

$$H^{\cdot} + NO_3' \rightleftharpoons HNO_3$$

und der zeitbestimmenden Urreaktion

$$HNO_3 + HNO_2 \rightleftharpoons N_2O_4 + H_2O.$$

Die Geschwindigkeit der Salpetrigsäurebildung ist die der Salpetrigsäurezersetzung mit entgegengesetztem Vorzeichen, also:

$$+ \frac{d\,(HNO_2)}{dt} = k_2\,[H^{\cdot}]\,[NO_3']\,[HNO_2] - k_1\,\frac{[HNO_2]^4}{p^2_{NO}}.$$

Ist die Salpetrigsäurekonzentration entsprechend gering, so ist bei Vorlage von Stickoxyd der erste Term für die Geschwindigkeit der Salpetrigsäurebildung ausschlaggebend. In diesem Falle wirkt die Salpetrigsäure beschleunigend, sie ist positiver Katalysator. Da salpetrige Säure Reaktionsprodukt ist, ist der chemische Umsatz ein positiv autokatalytischer Prozeß. Bei hoher Salpetrigsäurekonzentration hingegen ist der zweite Term der Geschwindigkeitsgleichung für die Geschwindigkeit bestimmend, dann verringert salpetrige Säure infolge der Vergrößerung der gegenläufigen Reaktion die Reaktionsgeschwindigkeit. Die salpetrige Säure spielt also die Rolle eines einerseits positiven, anderseits negativen Autokatalysators. Die letztere Wirksamkeit ist infolge der hohen Potenz, mit welcher salpetrige Säure als Autokatalysator wirkt, eine besonders charakteristische.

Die Geschwindigkeit kann nur unter der Einschränkung, daß es sich um eine unendlich verdünnte Lösung oder um nicht sehr konzentrierte Lösungen gleicher ionaler Konzentration handelt, als ausschließliche Funktion der Konzentrationen der Reaktionspartner dargestellt werden, wobei wir unter ionaler Konzentration nach BJERRUM die Summe aus den Produkten: Grammion pro Liter mal Quadrat der Wertigkeit verstehen:

$$j = \Sigma c_i z_i^2.$$

Variiert die ionale Konzentration, so ist die Reaktionsgeschwindigkeit nicht nur eine Funktion der Konzentrationen, sondern auch der Aktivitätskoeffizienten

---

[1] Zwischensubstanzen, die mit den Reaktionsprodukten im Gleichgewicht stehen, nennt A. SKRABAL VAN 'THOFFsche Zwischenstoffe. Stickstofftetroxyd ist also für die Salpetrigsäurebildung VAN 'THOFFsches Zwischenprodukt. — A. SKRABAL: S.-B. Akad. Wiss. Wien, Abt. II b **137** (1928), 1045 bzw. Mh. Chem. **51** (1929) 93.

der Reaktionspartner, also der Größen, mit denen die Konzentrationen im Massenwirkungsgesetz zu multiplizieren sind, um die „wirksamen Konzentrationen" oder Aktivitäten zu erhalten (vgl. Artikel „Salt Effects" in diesem Band).

Die genaue Geschwindigkeitsgleichung für die Salpetrigsäurezersetzung bzw. für die inverse Reaktion ergibt sich nach der BRÖNSTEDschen Theorie auf folgendem Wege:

$$-\frac{d(N_2O_4)}{dt} = \bar{\varkappa}_4 \frac{[N_2O_4]\,f_{N_2O_4}{}^1}{f_x} - \bar{\varkappa}_4{}' \frac{[H\cdot]\,f_H \cdot [NO_3']\,f_{NO_3'}\,[HNO_2]\,f_{HNO_2}}{f_x},$$

wenn f die Aktivitätskoeffizienten sind, f_x den Aktivitätskoeffizienten des kritischen Komplexes bedeutet und der Querstrich die Beziehung der Konstanten auf Aktivitäten statt Konzentrationen andeutet. In diesem Falle ist der kritische Komplex ungeladen, da die Summe der Ladungen der Reaktionspartner Null ergibt. Da das Gleichgewicht

$$4\,HNO_2 \longrightarrow N_2O_4 + 2\,NO + 2\,H_2O$$

vorgelagert ist, ist
$$\varGamma = \frac{[N_2O_4]\,f_{N_2O_4} \cdot p^2{}_{NO}}{[HNO_2]^4 \cdot f^4{}_{HNO_2}},$$

wobei die Aktivität des Stickoxyds gleich seinem Drucke und die Aktivität des Wassers eins gesetzt ist. (Anm. 1.)

Einführung der Gleichgewichtskonstante in die Geschwindigkeitsgleichung ergibt:

$$-\frac{d(N_2O_4)}{dt} = \frac{d(HNO_3)}{dt} =$$
$$= \bar{\varkappa}_4\,\varGamma\,\frac{[HNO_2]^4 \cdot f^4{}_{HNO_2}}{p^2{}_{NO}\cdot f_x} - \bar{\varkappa}_4{}' \frac{[H\cdot]\,f_H \cdot [NO_3']\,f_{NO_3'}\,[HNO_2]\,f_{HNO_2}}{f_x},$$

$$-\frac{d(HNO_2)}{dt} = +3\,\frac{d(HNO_3)}{dt} =$$
$$= 3\,\bar{\varkappa}_4\,\varGamma\,\frac{[HNO_2]^4\,f^4{}_{HNO_2}}{p^2{}_{NO}\cdot f_x} - 3\,\bar{\varkappa}_4{}' \frac{[H\cdot]\,f_H \cdot [NO_3']\,f_{NO_3'}\,[HNO_2]\,f_{HNO_2}}{f_x}.$$

Da x ungeladen ist, ist $f_x \sim f_{HNO_2}$,

$$-\frac{d(HNO_2)}{dt} = 3\,\bar{\varkappa}_4\,\varGamma\,[HNO_2]\,\frac{a^3{}_{HNO_2}}{p^2{}_{NO}} - 3\,\bar{\varkappa}_4{}'\,[HNO_2]\,a_H \cdot a_{NO_3'},$$

$$= [HNO_2]\left(k_1{}'\,\frac{a^3{}_{HNO_2}}{p^2{}_{NO}} - k_2{}'\,a_H \cdot a_{NO_3'}\right),$$

$$k_1{}' = 3\,\bar{\varkappa}_4\,\varGamma,$$
$$k_2{}' = 3\,\bar{\varkappa}_4{}'.$$

Bei hochverdünnten Lösungen (ionale Konzentration $= 0$) werden die Ak-

---

1 Die Aktivität des Wassers in der Lösung ist nach der Definition dieses Begriffs der Quotient des Dampfdrucks des Wassers in der Lösung durch den Dampfdruck des Wassers im Normalzustand $a = \dfrac{p}{p^\circ}$, wenn p° den Dampfdruck des Wassers im Normalzustand bedeutet. Als solcher wird das reine Lösungsmittel Wasser gewählt. Bei verdünnten Lösungen ist daher die Aktivität des Lösungsmittels nahezu eins.

tivitäten gleich den Konzentrationen, und die Geschwindigkeitsgleichung geht
in die Beziehung:

$$-\frac{d(\mathrm{HNO_2})}{dt} = k_1' \frac{[\mathrm{HNO_2}]^4}{p^2_{\mathrm{NO}}} - k_2' [\mathrm{H^.}] [\mathrm{NO_3'}] [\mathrm{HNO_2}]$$

über. Während der Geschwindigkeitskoeffizient k_1' durch Extrapolation der bei
verschiedenen ionalen Konzentrationen erhaltenen Koeffizienten k_1 auf die
ionale Konzentration 0 leicht zu ermitteln ist,[1] läßt sich k_2' nicht mit Sicherheit
durch Extrapolation gewinnen; er wird durch Vergleich der Konzentrations-
formel mit der Aktivitätsformel der Geschwindigkeitsgleichung zu:[2]

$$k_2' = \frac{k_2}{f_{\mathrm{H^.}} \, f_{\mathrm{NO_3'}}} \quad {}^3$$

errechnet. Auf diese Weise ergibt sich bei 25° C

$$k_1' = 46$$

$$k_2' = 1,6$$

(Konzentrationen in Molen pro Liter, Druck in Atmosphären, Zeit in Minuten).
Ist $\pm \dfrac{d(\mathrm{HNO_2})}{dt} = 0$, so herrscht Gleichgewicht; dann wird

$$\frac{k_1'}{k_2'} = \frac{a_{\mathrm{H^.}} \, a_{\mathrm{NO_3'}} \, p^2_{\mathrm{NO}}}{a^3_{\mathrm{HNO_2}}} = K,$$

$$K = \frac{46}{1,6} = 29 \ldots 25° \mathrm{C}.$$

Von den auf thermodynamischem Wege gefundenen Werten[4] wird von LEWIS
und RANDALL[5] als wahrscheinlichster $K = 31$ angenommen. Es besteht somit
gute Übereinstimmung zwischen dem auf statischem und dem auf kompliziertem
kinetischem Wege gefundenen Wert. Die Salpetrigsäurezersetzung gehört zu
den wenigen Reaktionen, bei denen die thermodynamische Gleichgewichtskonstante auf kinetischem Wege bestimmt werden konnte.[6]

Eine besondere Eigentümlichkeit dieser Reaktion zeigt sich hinsichtlich der
Einstellung des Gleichgewichts. Das Gleichgewicht $3 \, \mathrm{HNO_2} \rightleftarrows \mathrm{H^.} + \mathrm{NO_3'} +$
$+ 2 \, \mathrm{NO} + \mathrm{H_2O}$ kann sich wohl von der Linksseite einstellen, nicht aber von
der Rechtsseite, da Salpetersäure und Stickoxyd miteinander nicht zu reagieren
vermögen. Erst wenn salpetrige Säure zu Salpetersäure und Stickoxyd hinzu-
gefügt wird, kann sich auch das Gleichgewicht von der rechten Seite her einstellen. Dies sei besonders im Hinblick auf die wiederholt diskutierte Frage
nach dem Bestehen einseitiger chemischer Gleichgewichte (E. BAUR und seine
Schule)[7] betont. Wie auch immer sich in anderen Systemen die Sache verhalten
mag, hier liegt der Fall so, daß, obwohl eine „Seite" schnell, die andere überhaupt

---

[1] E. ABEL, H. SCHMID: Z. physik. Chem. **134** (1928), 296.

[2] E. ABEL, H. SCHMID: Ebenda **136** (1928), 435.

[3] Einführung der aus Gleichgewichtsmessungen bekannten Aktivitätskoeffizienten
der Salpetersäure.

[4] G. N. LEWIS, A. EDGAR: J. Amer. chem. Soc. **33** (1911), 292. — A. W. SSA-
POSCHNIKOFF: J. russ. physik.-chem. Ges. **32** (1900), 375.

[5] G. N. LEWIS, M. RANDALL: Thermodynamik, S. 524. Übersetzt von O. REDLICH.
Berlin: Julius Springer, 1927.

[6] Vgl. E. A. MOELWYN-HUGHES: The kinetics of reactions in solution, S. 120.
Oxford: Clarendon Press, 1933.

[7] Siehe z. B. E. BAUR: Helv. chim. Acta 17 (1934), 504. — E. BAUR, G. SCHINDLER:
Biochem. Z. **273** (1934), 381; **281** (1935), 238. — A. SKRABAL: Z. Elektrochem. angew.
physik. Chem. **43** (1937), 317.

nicht reagiert, das Gleichgewicht ein ganz normal kinetisch eingestelltes ist. Es ist noch bemerkenswert, daß die Kinetik der Stickoxyd-Salpetersäurereaktion erst dann reproduzierbar ist, wenn salpetrige Säure in solcher Menge vorgelegt wird, daß dieselbe groß gegenüber der zufällig in der Salpetersäure vorhandenen salpetrigen Säure ist.

Es wurde bereits darauf hingewiesen, daß der Geschwindigkeitskoeffizient k_1' ein zusammengesetzter ist, daß er das Produkt einer Gleichgewichtskonstante und eines Geschwindigkeitskoeffizienten ist. Dieser Geschwindigkeitskoeffizient kann in seine Faktoren zerlegt werden.

Aus dem Gleichgewicht von E. ABEL, H. SCHMID und M. STEIN[1]

$$\frac{p^3_{NO_2}}{a^2_{HNO_3}\cdot p_{NO}} = 4{,}4\cdot 10^{-10}\ldots 25°\,C,$$

dem oben auf kinetischem Weg ermittelten Gleichgewicht

$$\frac{a_H\cdot a_{NO_3}\cdot p^2_{NO}}{a^3_{HNO_2}} = 29\ldots 25°\,C$$

und dem Gleichgewicht

$$\frac{p^2_{NO_2}}{p_{N_2O_4}} = 0{,}1457^2\ldots 25°\,C$$

errechnet sich nämlich das Gleichgewicht

$$\Gamma_p = \frac{p_{N_2O_4}\cdot p^2_{NO}}{a^4_{HNO_2}} = 3{,}54\cdot 10^{-4}.$$

Ferner gilt $\qquad [N_2O_4]\,f_{N_2O_4} = K'\,p_{N_2O_4}.$[3]

Daher ist

$$\Gamma = \frac{[N_2O_4]\,f_{N_2O_4}\cdot p^2_{NO}}{[HNO_2]^4\,f^4_{HNO_2}} = K'\,\Gamma_p,$$

$$k_1' = 3\,\bar{\varkappa}_4\,\Gamma = 3\,\bar{\varkappa}_4\,K'\,\Gamma_p = 3\,\varkappa_p\,\Gamma_p$$

für $\qquad\qquad \varkappa_p = \bar{\varkappa}_4\,K'.$

$$\varkappa_p = \frac{46}{3\cdot 3{,}5\cdot 10^{-4}} \doteq 4\cdot 10^4\ldots 25°\,C.$$

Bei Ausschluß der Gegenreaktion ist

$$-\frac{d\,(N_2O_4)}{dt} = \bar{\varkappa}_4\,\frac{[N_2O_4]\,f_{N_2O_4}}{f_x} = \bar{\varkappa}_4\,K'\,\frac{p_{N_2O_4}}{f_x} = \frac{\varkappa_p\,p_{N_2O_4}}{f_x}.$$

Bei verdünnten Lösungen ist $f_x = 1$.

Daher ist

$$-\frac{d\,(N_2O_4)}{dt} = \varkappa_p\cdot p_{N_2O_4} = 4\cdot 10^4\,p_{N_2O_4}.$$

Das heißt: Bei einem Stickstofftetroxyddruck von einer Atmosphäre setzt sich pro Liter Lösung ein Mol Stickstofftetroxyd in der Zeit

$$\frac{1}{4\cdot 10^4}\ \text{Min.} = 1{,}5\cdot 10^{-3}\cdot\text{Sek.}$$

um.

Unter der Voraussetzung, daß die Löslichkeit von Stickstofftetroxyd in

---

[1] E. ABEL, H. SCHMID, M. STEIN: Z. Elektrochem. angew. physik. Chem. **36** (1930). 692.

[2] M. BODENSTEIN: Z. physik. Chem. **100** (1922), 68.

[3] Für verdünnte Lösungen geht die Gleichung infolge der Beziehung $f_{N_2O_4} = 1$ in das HENRYsche Gesetz über.

derselben Größenordnung ist wie die des Stickoxyds und der übrigen Gase, ergibt sich

$$\varkappa_4 = \frac{\varkappa_2}{K'} \cong 10^7 \text{ bis } 10^8.$$

Die Geschwindigkeit der Stickstofftetroxydhydrolyse ist also ungeheuer groß, daher kann sie auf direktem kinetischem Wege nicht gemessen werden.

Da sich nach dem Chemismus der Geschwindigkeitskoeffizient k_1' als Produkt eines „wirklichen" Geschwindigkeitskoeffizienten (Geschwindigkeitskonstante einer Urreaktion) $\bar{\varkappa}_4$ und der Gleichgewichtskonstante $\bar{\varGamma}$ eines endothermen Umsatzes[1] ergibt, läßt sich folgern, daß der Temperaturkoeffizient dieser komplexen Geschwindigkeitskonstante[2] gegenüber dem Temperaturkoeffizienten einer wirklichen Geschwindigkeitskonstante, der pro 10° C etwa 2,5 beträgt, abnormal groß ist. Dies ist auch nach den Untersuchungen von E. ABEL, H. SCHMID und E. RÖMER[3] tatsächlich der Fall. Der Temperaturkoeffizient beträgt bei Zimmertemperatur pro 10° C rund 6. Er ist einer der höchsten, die bekannt sind. In der Form der ARRHENIUSschen Gleichung

$$\log k = -\frac{A}{T} + B$$

ist die Abhängigkeit des Geschwindigkeitskoeffizienten k_1' von der Temperatur gegeben durch:

$$\log k_1' = -\frac{6250}{T} + 22{,}65.$$

Zusammenfassung der Temperaturabhängigkeit und der Abhängigkeit von der ionalen Konzentration führt zur Beziehung:

$$\log k_1 = -\frac{6250}{T} + 22{,}65 + 0{,}078\, j.$$

Die genaue Kenntnis der Temperaturabhängigkeit von k_1' ermöglicht es uns, für die Urreaktion

$$N_2O_4\,(aq) + H_2O = HNO_2 + H\cdot + NO_3'$$

die Aktivierungswärme annähernd zu bestimmen.

Nach ARRHENIUS[4] errechnet sich die Aktivierungswärme aus der Temperaturabhängigkeit des Geschwindigkeitskoeffizienten einer Urreaktion zu:

$$\frac{\partial \ln k}{\partial T} = \frac{q_A}{R\,T^2}.$$

Die Aktivierungswärme der Stickstofftetroxydhydrolyse gewinnen wir auf folgendem Wege:

Nach der Rechnung von ABEL, SCHMID und RÖMER ergibt sich unter der

---

[1] Die Änderung des Wärmeinhalts $\varDelta H$ der Reaktion $4\,HNO_2 = N_2O_4 + 2\,NO + 2\,H_2O$ ist positiv. Siehe Seite 13. VAN 'THOFFsche Isobare: $\dfrac{\partial \ln \varGamma}{\partial T} = \dfrac{\varDelta H}{R\,T^2}.$

[2] $\dfrac{\partial \ln k_1'}{\partial T} = \dfrac{\partial \ln \bar{\varkappa}_4}{\partial T} + \dfrac{\partial \ln \bar{\varGamma}}{\partial T}$

[3] E. ABEL, H. SCHMID, E. RÖMER: Z. physik. Chem., Abt. A **148** (1930), 337.

[4] S. ARRHENIUS: Z. physik. Chem. **4** (1889), 234. — Eingehende theoretische Begründung dieser Beziehung durch M. TRAUTZ: z. B. Z. anorg. allg. Chem. **102** (1918), 81; **106** (1919), 149; Lehrb. Chem., Teil III. Berlin und Leipzig: W. de Gruyter, 1924. — Zusammenfassende Darstellung: Chemische Kinetik. Handwörterbuch der Naturwissenschaften, II., S. 512. Jena: G. Fischer, 1933.

Annahme, daß die Lösungswärme von Stickstofftetroxyd etwa gleich derjenigen ähnlicher Gase sei, für die Änderung des Wärmeinhalts der vorgelagerten Reaktion

$$4\,HNO_2 \rightharpoonup N_2O_4 + 2\,NO + 2\,H_2O$$

ein Betrag von $\Delta H = 21\,200$ cal.[1]

Aus:
$$k_1' = 3\,\bar{\varkappa}_4\,\Gamma$$

folgt:
$$\frac{\partial \ln k_1'}{\partial T} = \frac{\partial \ln \bar{\varkappa}_4}{\partial T} + \frac{\partial \ln \Gamma}{\partial T}.$$

Nun ist:
$$\frac{\partial \ln \bar{\varkappa}_4}{\partial T} = \frac{q_A}{R\,T^2} \qquad \text{(ARRHENIUSsche Gleichung für die Aktivierungswärme.)}$$

und:
$$\frac{\partial \ln \Gamma}{\partial T} = \frac{\Delta H}{R\,T^2},$$
VAN 'tHoffsche Isobare für die Abhängigkeit der Gleichgewichtskonstante von der Temperatur.

also:
$$\frac{\partial \ln k_1'}{\partial T} = \frac{q_A + \Delta H}{R\,T^2}{}^2.$$

oder:
$$\frac{\partial \log k_1'}{\partial T} = \frac{q_A + 21\,200}{2{,}3 \cdot 1{,}98\,T^2} = +\frac{6250}{T^2}.$$

Die Aktivierungswärme der Stickstofftetroxydhydrolyse errechnet sich so zu dem verhältnismäßig niedrigen Betrag von

$$q_A = 7300 \text{ cal.}$$

Der Temperaturkoeffizient der Geschwindigkeit der Stickstofftetroxydhydrolyse ist dementsprechend auch niedrig:

$$\frac{_{25}\bar{\varkappa}_4}{_{15}\bar{\varkappa}_4} = 1{,}5.$$

Die Aktivierungswärme dieser Reaktion zwischen neutralen Molekeln wird durch Elektrolytzusatz nicht beeinflußt (Variation der ionalen Konzentration zwischen $j = 0{,}6$ und $4{,}0$).[3]

Die wirkliche Aktivierungswärme der gegenläufigen Reaktion läßt sich nicht angeben, da die Reaktion

$$HNO_2 + H\cdot + NO_3' = N_2O_4{}^\bullet + H_2O$$

offenbar noch keine Urreaktion ist, sondern aus den beiden Teilvorgängen:

besteht. $\quad H\cdot + NO_3' \rightharpoonup HNO_3, \quad HNO_2 + HNO_3 \rightleftharpoons N_2O_4 + H_2O$

Der Temperaturkoeffizient ist $\dfrac{_{25}k_2}{_{15}k_2} = 2{,}5$; die scheinbare Aktivierungswärme errechnet sich daraus zu 15 600 cal.

---

[1] E. Abel, H. Schmid, E. Römer: Z. physik. Chem., Abt. A 148 (1930), 345.

[2] $q_A + \Delta H$, scheinbare Aktivierungswärme der Reaktion $3\,HNO_2 = H\cdot + NO_3' + 2\,NO + H_2O$; sie ist die Summe der wirklichen Aktivierungswärme q_A der Urreaktion $N_2O_4 + H_2O = H\cdot + NO_3' + HNO_2$ und der Änderung des Wärmeinhalts des dieser Urreaktion vorgelagerten Umsatzes $4\,HNO_2 = N_2O_4 + 2\,NO + 2\,H_2O$.

[3] Unabhängigkeit von $\dfrac{\partial \ln k_1'}{\partial T}$ von der ionalen Konzentration. Siehe E. A. Moelwyn-Hughes: l. c., S. 202.

Aus der Geschwindigkeitsgleichung der Salpetrigsäurezersetzung und aus Geschwindigkeitsgleichungen von Salpetrigsäurereaktionen läßt sich also nach dem Gesagten die Bruttoreaktion

$$3\,HNO_2 = H\cdot + NO_3' + 2\,NO + H_2O$$

in die Urreaktionen

$$2\,HNO_2 \longrightarrow N_2O_3 + H_2O \tag{1}$$

$$N_2O_3 \longrightarrow NO_2 + NO \tag{2}$$

$$2\,NO_2 \longrightarrow N_2O_4 \tag{3}$$

$$N_2O_4 + H_2O \rightleftharpoons HNO_2 + HNO_3 \tag{4}$$

$$HNO_3 \longrightarrow H\cdot + NO_3' \tag{5}$$

auflösen. Weiter konnte von der zeitbestimmenden Urreaktion (4) durch Kombinierung kinetischer und thermodynamischer Daten der Geschwindigkeitskoeffizient der Links-Rechtsreaktion und aus dessen Temperaturabhängigkeit die Aktivierungswärme dieser Reaktion ermittelt werden.

Chemismus einer Einstoff-Katalyse.

Wie bereits eingangs dargelegt wurde, ist die Geschwindigkeitsgleichung der Reaktion

$$NH_4\cdot + NO_2' = N_2 + 2\,H_2O$$

durch die Beziehung gegeben

$$\frac{d\,(N_2)}{dt} = k\,[NH_4\cdot]\,[NO_2']\,[HNO_2].$$

Salpetrige Säure ist also Katalysator. Der Reaktionsmechanismus, der zu dieser Geschwindigkeitsgleichung führt, wird durch die vom Verfasser geschaffene „Kinetische Methode der Substitution"[1] klargestellt. Das Verfahren macht sich die Tatsache zunutze, daß kurzlebige Zwischenstoffe durch Einführung bestimmter Atomgruppen weitgehend stabilisiert werden.[2] Diese stabilisierten Stoffe können nun in solchem Maß angereichert werden, daß sie mit Hilfe der üblichen Meßmethoden untersucht werden können. Substitution in Zwischensubstanzen erfolgt in der Weise, daß die Reaktion mit substituierten Ausgangsstoffen durchgeführt wird. Bei entsprechender Substitution und Einhaltung gewisser Bedingungen (daß z. B. die Stoffe bei tiefer Temperatur in Reaktion gebracht werden) ist es sogar möglich, diese Ausgangsstoffe praktisch nur bis zum stabilisierten Zwischenprodukt reagieren zu lassen. Die „Zwischen"substanz ist auf diese Weise zum „End"produkt geworden. Wir haben es in diesem Falle mit einer ganz anderen Bruttoreaktion wie bei den unsubstituierten Substanzen zu tun. Beiden Reaktionen gemeinsam ist aber dasselbe Geschwindigkeitsgesetz der Bildung des kurzlebigen bzw. stabilisierten Zwischenprodukts. Bei der gleichen Form der Geschwindigkeitsgleichung kann nun aus der Zusammensetzung des substituierten Zwischenprodukts auf die Zusammensetzung des Zwischenstoffs bei dem chemischen Vorgang mit unsubstituierten Ausgangssubstanzen geschlossen werden. Entsprechend der kinetischen Methode der Substitution wird in unserem speziellen Fall außer der kinetischen Analyse des

---

[1] H. SCHMID: Atti X Congr. int. Chim., Roma II (1938), 484. — Vgl. auch H. SCHMID: Z. angew. Chem. **50** (1937), 615.

[2] Methyl ist beispielsweise ein sehr kurzlebiges Radikal, während Triphenylmethyl eine verhältnismäßig stabile Verbindung darstellt. F. PANETH, W. HOFEDITZ, W. LAUTSCH: Ber. dtsch. chem. Ges. **62** (1929), 1335; **64** (1931), 2708.

Ammoniumnitritzerfalls die Kinetik der Reaktion zwischen salpetriger Säure und Aniliniumion (Substitution eines Wasserstoffatoms des Ammoniumions durch Phenyl) studiert. Die Bruttoreaktion der Diazotierung ist:

$$C_6H_5NH_3^{\cdot} + HNO_2 = C_6H_5N_2^{\cdot} + 2\,H_2O.$$

Die Geschwindigkeitsgleichung dieser Diazotierung ist nach den Untersuchungen des Verfassers mit G. MUHR[1] in einem Bereiche größeren Schwefelsäureüberschusses[2] (0,1—0,2 Mol/Liter) tatsächlich analog dem Zeitgesetz des Ammonnitritzerfalles:

$$\frac{d\,(C_6H_5N_2^{\cdot})}{d\,t} = k_1\,[C_6H_5NH_3^{\cdot}]\,[NO_2']\,[HNO_2].$$

Aus diesem Zeitgesetz läßt sich der Reaktionsmechanismus ableiten:

Vorgelagertes Gleichgewicht:

$$C_6H_5NH_3^{\cdot} + NO_2' \leftharpoondown\!\!\rightharpoonup C_6H_5NH_3NO_2$$

Zeitbestimmende Reaktion:

$$C_6H_5NH_3NO_2 + HNO_2 \to C_6H_5N_2^{\cdot} + NO_2' + 2\,H_2O.$$

Wird die Phenylgruppe durch das Wasserstoffatom ersetzt, so geht die Geschwindigkeitsgleichung der Diazotierung in die des Ammoniumnitritzerfalls und der Reaktionsmechanismus der Diazotierung folgerichtig in den der Ammoniumnitritzersetzung über:

Vorgelagertes Gleichgewicht:

$$NH_4^{\cdot} + NO_2' \leftharpoondown\!\!\rightharpoonup NH_4NO_2$$

Zeitbestimmende Reaktion:

$$NH_4NO_2 + HNO_2 \to N_2H^{\cdot} + NO_2' + 2\,H_2O.$$

Da die Summe der Teilreaktionen den von der Diazotierung des Aniliniumions ganz verschiedenen Bruttovorgang ergeben muß, folgen den aus der Diazotierung abgeleiteten Zwischenreaktionen noch die Umsetzungen:

$$N_2H^{\cdot} = N_2 + H^{\cdot},$$
$$H^{\cdot} + NO_2' = HNO_2.$$

Die salpetrige Säure, die als Reaktionspartner in die zeitbestimmende Reaktion eintritt, wird nach der letzten Gleichung zurückgebildet. Da der Ammoniumnitritzerfall — wie sich aus den obigen Darlegungen ergibt — nichts anderes als ein Diazotierungsprozeß ist, kann er nur bei Gegenwart von salpetriger Säure erfolgen. Salpetrige Säure ist somit Katalysator, der die Reaktion hervorruft (vgl. S. 2). Die zeitbestimmende Reaktion beim Ammonnitritzerfall ist die Bildung eines kurzlebigen Zwischenions $N_2H^{\cdot}$ aus undissoziiertem Ammoniumnitrit und salpetriger Säure. Dieses Zwischenion können wir als das Kation des Imidnitroxyls $HN = NOH$ auffassen. Es ist sehr unbeständig und zerfällt sehr rasch in Stickstoff und Wasserstoffion. Durch Substitution des Wasserstoffs des Zwischenions durch die Phenylgruppe entsteht das mehr oder weniger stabile, wohlbekannte Diazoniumion, ebenso, wie durch Substitution eines Wasserstoffatoms im Ammoniumion durch die Phenylgruppe das Aniliniumion gebildet

---

[1] H. SCHMID, G. MUHR: Ber. dtsch. chem. Ges. 70 (1937), 421.
[2] Vgl. H. SCHMID: Atti X Congr. int. Chim., Roma II (1938), 486.

wird. Nach den Untersuchungen von H. SCHMID, G. MUHR und V. SCHUBERT[1] ist für die Diazotierung außer Nitrition auch Chlorion und Bromion Katalysator. Die Geschwindigkeitsgleichung der Halogenionkatalyse ist:

$$\frac{d\,(C_6H_5N_2{}^{\cdot})}{dt} = k_2\,[C_6H_5NH_3{}^{\cdot}]\,[HNO_2]\,[Hlg'].\ [2]$$

Der Mechanismus ist analog der Nitritionkatalyse:

Vorgelagertes Gleichgewicht:

$$C_6H_5NH_3{}^{\cdot} + Hlg' \rightleftharpoons C_6H_5NH_3Hlg.$$

Zeitbestimmende Reaktion:

$$C_6H_5NH_3Hlg + HNO_2 \rightarrow C_6H_5N_2{}^{\cdot} + Hlg' + 2\,H_2O.$$

In entsprechendem Bereiche der Salzsäurekonzentration geht die Nitrition- und Chlorionkatalyse gleichzeitig vor sich. Die Geschwindigkeitsgleichung hat in diesem Wasserstoffionengebiet die Form:

$$\frac{d\,(C_6H_5N_2{}^{\cdot})}{dt} = k_1\,[C_6H_5NH_3{}^{\cdot}]\,[HNO_2]\,[NO_2'] + k_2\,[C_6H_5NH_3{}^{\cdot}]\,[HNO_2]\,[Cl'],$$

$$= k_1{}'\,[C_6H_5NH_3{}^{\cdot}]\,\frac{[HNO_2]^2}{[H^{\cdot}]} + k_2\,[C_6H_5NH_3{}^{\cdot}]\,[HNO_2]\,[Cl'].$$

Das Wasserstoffion der Salzsäure wirkt somit verzögernd, das Chlorion der Salzsäure hingegen beschleunigend. H. SCHMID nennt Stoffe, die in positive und negative Katalysatoren zerfallen, katalytisch-polare Stoffe.[3] Salzsäure ist also für die Diazotierung eine katalytisch-polare Substanz. Aus der Halogenionkatalyse der Diazotierung ist nach der kinetischen Methode der Substitution zu schließen, daß Chlorion und Bromion auch die Reaktion zwischen Ammoniumion und salpetriger Säure nach demselben Zeitgesetz katalysieren, und zwar wie bei der Nitritionkatalyse unter zwischenzeitlicher Bildung des kurzlebigen $N_2H^{\cdot}$-Ions.

$$\frac{d\,(N_2)}{dt} = k'\,[NH_4{}^{\cdot}]\,[Hlg']\,[HNO_2],$$

$$NH_4{}^{\cdot} + Hlg' \rightleftharpoons NH_4Hlg,$$

$$NH_4Hlg + HNO_2 \rightarrow N_2H^{\cdot} + Hlg' + 2\,H_2O,$$

$$N_2H^{\cdot} = N_2 + H^{\cdot}.$$

Die Untersuchungen von H. SCHMID und R. PFEIFER[4] haben diese Vorhersage tatsächlich bestätigt. Damit ist auch der Nachweis erbracht, daß der Umsatz zwischen Ammoniumion und salpetriger Säure ein anorganischer Diazotierungsprozeß ist.

Reaktionszyklen.

Die Geschwindigkeit der Reaktion:

$$Fe^{\cdot\cdot} + HNO_2 + H^{\cdot} = Fe^{\cdot\cdot\cdot} + NO + H_2O$$

---

[1] H. SCHMID: Z. Elektrochem. angew. physik. Chem. **43** (1937), 626. — H. SCHMID, G. MUHR: l. c.

[2] $Hlg' = Cl'$ bzw. Br'.

[3] H. SCHMID: Z. Elektrochem. angew. physik. Chem. **43** (1937), 626.

[4] H. SCHMID: Atti X Congr. int. Chim., Roma II (1938), 489.

setzt sich nach E. ABEL, H. SCHMID und F. POLLAK[1] aus drei Termen zusammen:

$$\frac{d\,(\text{Fe}^{\cdots})}{d\,t} = k_a\,[\text{Fe}^{\cdot\cdot}]\,[\text{HNO}_2] + k_b\,[\text{Fe}^{\cdot\cdot}]\,[\text{HNO}_2]\,[\text{H}^{\cdot}] + k_c\,[\text{Fe}^{\cdot\cdot}]\cdot\frac{[\text{HNO}_2]^2}{p_{\text{NO}}}.$$

$$k_a = 0{,}47, \quad k_b = 13{;}6, \quad k_c = 2{,}4\cdot 10^2.$$

$$k_c^* \ (\text{bei Ersatz von } p_{\text{NO}} \text{ durch } [\text{NO}]) = 0{,}46.$$

(25° C, Konzentrationen in Molen pro Liter; Druck in Atmosphären; Zeit in Minuten).

Die Reaktion verläuft über drei verschiedene Wege zu denselben Endprodukten. SKRABAL[2] nennt einen derartigen Umsatz Reaktionszyklus. Alle Prozesse, bei denen neben dem unkatalysierten Umsatz durch Katalysatoren hervorgerufene Reaktionsbahnen in Erscheinung treten, gehören zu den Reaktionszyklen.

Nachstehende stöchiometrische Gleichungen geben das Reaktionsbild, das dem ersten Term entspricht:

Zeitbestimmende Reaktion:

$$\text{Fe}^{\cdot\cdot} + \text{HNO}_2 \rightarrow \text{Fe}^{\cdots} + \text{NO} + \text{OH}'.$$

Nachgelagertes Gleichgewicht:

$$\text{OH}' + \text{H}^{\cdot} \rightleftharpoons \text{H}_2\text{O}.$$

Summe:

$$\text{Fe}^{\cdot\cdot} + \text{HNO}_2 + \text{H}^{\cdot} = \text{Fe}^{\cdots} + \text{NO} + \text{H}_2\text{O}.$$

Der zweite Geschwindigkeitsterm ist dritter Ordnung. Die Abhängigkeit von den Konzentrationen der Reaktionspartner entspricht der Bruttogleichung. Zweifellos führt aber der Mechanismus nicht über eine Reaktion dritter Ordnung, sondern über Teilvorgänge niederer Ordnung, wie die des nachstehenden Reaktionsschemas:

Vorgelagertes Gleichgewicht:

$$\text{HNO}_2 + \text{H}^{\cdot} \rightleftharpoons \text{NO}^{\cdot} + \text{H}_2\text{O}.$$

Zeitbestimmende Reaktion:

$$\text{Fe}^{\cdot\cdot} + \text{NO}^{\cdot} \rightarrow \text{Fe}^{\cdots} + \text{NO}.$$

Summe:

$$\text{Fe}^{\cdot\cdot} + \text{HNO}_2 + \text{H}^{\cdot} = \text{Fe}^{\cdots} + \text{NO} + \text{H}_2\text{O}.$$

Dieser Chemismus setzt voraus, daß salpetrige Säure Ampholyt ist, daß sie nicht nur nach der Gleichung:

$$\text{HNO}_2 \rightleftharpoons \text{H}^{\cdot} + \text{NO}_2',$$

sondern auch nach der Gleichung:

$$\text{HNO}_2 \rightleftharpoons \text{NO}^{\cdot} + \text{OH}'$$

ionisiert, wie dies auch W. A. NOYES[3] aus Überlegungen über die Elektronenkonfiguration der Salpetrigsäuremolekel schließt.

---

[1] E. ABEL, H. SCHMID, F. POLLAK: S.-B. Akad. Wiss. Wien, Abt. IIb **145** (1936), 731 bzw. Mh. Chem. **69** (1936), 125. — Siehe auch E. SCHRÖER: Z. physik. Chem, Abt. A **176** (1936), 20. Vgl. S. 7.

[2] A. SKRABAL: S.-B. Akad. Wiss. Wien, Abt. IIb **143** (1935), 619 bzw. Mh. Chem. **65** (1935), 275.

[3] W. A. NOYES: Mitteilung an den Verfasser. Siehe auch G. KORTÜM: Z. physik. Chem. Abt. B **43** (1939), 418.

Die Gleichung:

$$HNO_2 + H\cdot = NO\cdot + H_2O$$

ist demnach eine zusammengesetzte Reaktion, die in die beiden Urreaktionen:

$$HNO_2 = NO\cdot + OH',$$
$$OH' + H\cdot = H_2O,$$

aufzulösen ist.

Wie bei der Diskussion der Salpetrigsäurekinetik bereits erläutert wurde, kommt der dritte Geschwindigkeitsterm nach dem Chemismus zustande:

Vorgelagertes Gleichgewicht:

$$2\,HNO_2 \rightleftharpoons NO_2 + NO + H_2O.\text{[1]}$$

Zeitbestimmende Reaktion:

$$Fe^{\cdot\cdot} + NO_2 \rightarrow Fe^{\cdot\cdot\cdot} + NO_2'.$$

Nachgelagertes Gleichgewicht:

$$NO_2' + H\cdot \rightleftharpoons HNO_2.$$

Summe:
$$Fe^{\cdot\cdot} + HNO_2 + H\cdot = Fe^{\cdot\cdot\cdot} + NO + H_2O.$$

Die zeitbestimmende Reaktion

$$Fe^{\cdot\cdot} + NO_2 \rightarrow Fe^{\cdot\cdot\cdot} + NO_2'$$

führt zur Geschwindigkeitsgleichung:

$$\frac{d\,(Fe^{\cdot\cdot\cdot})}{dt} = \varkappa_c\,[Fe^{\cdot\cdot}]\,[NO_2] = \varkappa_c\,\Gamma_c\,[Fe^{\cdot\cdot}]\,\frac{[HNO_2]^2}{p_{NO}} = k_c\,[Fe^{\cdot\cdot}]\,\frac{[HNO_2]^2}{p_{NO}},$$

wenn

$$[NO_2] = \Gamma_c\,\frac{[HNO_2]^2}{p_{NO}}.$$

Die kinetische Zergliederung vermag demnach die Reaktion zwischen Ferroion und salpetriger Säure in ihre Urreaktionen aufzulösen. Der erste Geschwindigkeitsterm führt überdies zum Geschwindigkeitskoeffizienten einer Urreaktion. Aus dem dritten Term kann der Geschwindigkeitskoeffizient der Urreaktion

$$Fe^{\cdot\cdot} + NO_2 = Fe^{\cdot\cdot\cdot} + NO_2'$$

ermittelt werden, wenn wir den komplexen Geschwindigkeitskoeffizienten $k_c = \varkappa_c\Gamma_c$ auf thermodynamischem Weg in seine beiden Faktoren zerlegen. Die Gleichgewichtskonstante Γ_c errechnet sich auf folgende Weise:

$$\frac{p_{NO_2}\cdot p_{NO}}{[HNO_2]^2} = 7{,}2\cdot 10^{-3}\ldots 25°C.\text{[2]}$$

Nach dem Henryschen Gesetz ist [3]

$$[NO_2] = const.\ p_{NO_2},$$

wo
$$const \simeq 10^{-3}$$

---

[1] Im Sinne der Ausführungen S. 3 resultiert dieser Umsatz aus den beiden Urreaktionen:
$$2\,HNO_2 = N_2O_3 + H_2O;\quad N_2O_3 = NO_2 + NO.$$

[2] Errechnet aus $\Gamma_p = \dfrac{p_{N_2O_4}\,p^2_{NO}}{a^4_{HNO_2}} = 3{,}54.\ 10^{-4}$ und $\dfrac{p^2_{NO_2}}{p_{N_2O_4}} = 0{,}1457$; siehe S. 11.

[3] Voraussetzung, daß die Löslichkeit von Stickstoffdioxyd in derselben Größenordnung ist wie die des Stickoxyds und der übrigen Gase.

und daher:
$$\Gamma_c = \frac{[NO_2]\,p_{NO}}{[HNO_2]^2} \simeq 7 \cdot 10^{-6}$$

und
$$k_c = \varkappa_c\,\Gamma_c = 2{,}4 \cdot 10^2 \ \dots \ 25^\circ\,C.$$

Daraus ergibt sich der Geschwindigkeitskoeffizient des Elektronenüberganges vom Ferroion zum Stickstoffdioxyd zu:

$$\varkappa_c \simeq 3 \cdot 10^7.$$

Durch Kinetik und Mechanismus der Salpetrigsäurebildung aus Salpetersäure und Stickoxyd und der Reaktion der salpetrigen Säure mit Ferroion wird auch die Kinetik und der Mechanismus der Oxydation des Ferroions durch Salpetersäure, deren Bruttovorgang durch die stöchiometrische Gleichung:

$$NO_3' + 4\,H\cdot + 3\,Fe\cdot\cdot = 3\,Fe\cdot\cdot\cdot + NO + 2\,H_2O$$

dargestellt wird, bloßgelegt. Nach E. Abel, H. Schmid[1] verlaufen Oxydationsvorgänge mittels Salpetersäure unter Stickoxydentbindung auf folgende Weise: Das entstehende Stickoxyd gibt mit Salpetersäure entsprechend der Bruttoreaktion:

$$2\,NO + H\cdot + NO_3' + H_2O = 3\,HNO_2 \tag{α}$$

nach dem Mechanismus von E. Abel, H. Schmid und S. Babad[2] salpetrige Säure und diese ist es, die das Substrat nach dem Bruttoumsatz

$$2\,HNO_2 + R = RO + 2\,NO + H_2O \tag{β}$$

oxydiert. Dieser Theorie liegt die Erfahrungstatsache zugrunde, daß salpetrigsäurefreie Salpetersäure viele Substanzen nicht zu oxydieren vermag. Ebensowenig Stickoxyd nach den Untersuchungen von Abel und Schmid von salpetrigsäurefreier Salpetersäure oxydiert wird, ebensowenig wird auch Ferrosalz von reiner Salpetersäure angegriffen.[3]

Summierung der beiden stöchiometrischen Gleichungen: $2\,(\alpha) + 3\,(\beta)$ ergibt den Gesamtumsatz zwischen Salpetersäure und Substrat:

$$2\,H\cdot + 2\,NO_3' + 3\,R = 3\,RO + 2\,NO + H_2O.$$

Die Geschwindigkeit der Oxydation des Substrats durch Salpetersäure — wenn diese an dem entwickelten Stickoxyd verfolgt wird[4] — ist im Anschluß an die von E. Abel, H. Schmid geklärte Kinetik der Reaktion α

$$\frac{d\,(NO)}{dt} = \frac{2}{3}\,k_1\,\frac{[HNO_2]^4}{p^2_{NO}} - \frac{2}{3}\,k_2\,[H\cdot]\,[NO_3']\,[HNO_2] + \varphi\,([HNO_2],\,[R],\,\dots).\text{[5]}$$

---

[1] E. Abel, H. Schmid: Z. physik. Chem **132** (1928), 62.

[2] Siehe S. 8.

[3] B. C. Banerji, N. R. Dhar: Z. anorg. allg. Chem. **122** (1922), 73. — L. H. Milligan, G. R. Gillette: J. physic. Chem. **28** (1924), 744. — N. R. Dhar: Ebenda **29** (1925), 142. — A. Klemenc: Z. Elektrochem. angew. physik. Chem. **32** (1926), 150. — E. Schröer: Z. anorg. allg. Chem. **202** (1931), 382; Z. physik. Chem., Abt. A **176** (1936), 20.

[4] Bei der Ferroionoxydation ist die Anlagerungsreaktion von Stickoxyd an Ferroion zu berücksichtigen. Siehe E. Abel, H. Schmid, F. Pollak: l. c.

[5] Im Falle der Ferroionoxydation:

$$\varphi\,([HNO_2],\,R\dots) = [Fe\cdot\cdot]\,[HNO_2]\left\{k_a + k_b\,[H\cdot] + k_c\,\frac{[HNO_2]}{p_{NO}}\right\}.$$

Ausführliche Diskussion der Salpetersäure-Ferro-reaktion: E. Abel: Mh. Chem. **68** (1936), 387.

Für den stationären Zustand ($_s$) der salpetrigen Säure ist:

und daher
$$\frac{d_\alpha\,(HNO_2)_s}{dt} = -\frac{d_\beta\,(HNO_2)_s}{dt}$$

$$k_2\,[HNO_2]_s\,[H\cdot]\,[NO_3{}'] - k_1\,\frac{[HNO_2]_s^4}{p^2{}_{NO}} = \varphi\,([HNO_2]_s,\,[R],\,\ldots).$$

Setzen wir — unter Berücksichtigung dieser Beziehung — die stationäre Konzentration der salpetrigen Säure in die obige Geschwindigkeitsgleichung der Stickoxydbildung ein, so erhalten wir:

$$\frac{d\,(NO)}{dt} = \frac{1}{3}\,\varphi\,([HNO_2]_s,\,[R],\,\ldots).$$

Aus der Stationaritätsgleichung für salpetrige Säure ist die Abhängigkeit der stationären Salpetrigsäurekonzentration vom Stickoxyddruck bzw. der Stickoxydkonzentration in Lösung ersichtlich. Demzufolge ist die Geschwindigkeit der Salpetersäurereaktionen eine Funktion der Stickoxydkonzentration. Bei der Reaktion zwischen Ferroion und salpetriger Säure ist auch $\varphi\,([HNO_2],\,[R]\ldots)$ von der Stickoxydkonzentration abhängig, und zwar nimmt die Reaktionsgeschwindigkeit mit der Vergrößerung der Stickoxydkonzentration ab. Erhöhung der Stickoxydkonzentration hat unter solchen Umständen zur Folge, daß die Geschwindigkeit des Salpetrigsäureverbrauchs nach Reaktion β verringert, die der Salpetrigsäurebildung nach α vergrößert wird, so daß die stationäre Konzentration der salpetrigen Säure mit Vermehrung der Stickoxydkonzentration ansteigt. Wie aus der Geschwindigkeitsgleichung der Ferroion-Salpetersäurereaktion ersichtlich ist,

$$\frac{d\,(NO)}{dt} = \frac{1}{3}\,\varphi\,([HNO_2]_s,\,[R],\,\ldots) =$$

$$= \frac{1}{3}\,[Fe\cdot\cdot]\,[HNO_2]_s\left\{k_a + k_b\,[H\cdot] + k_c\,\frac{[HNO_2]_s}{p_{NO}}\right\},$$

kann die Geschwindigkeit mit Vergrößerung des Stickoxyddruckes fallen oder steigen, je nachdem die Größe p_{NO} oder $[HNO_2]_s$ ausschlaggebend ist. Stickoxyd vermag also je nach den Konzentrationsverhältnissen als negativer oder positiver Katalysator wirksam zu sein. Im Mechanismus tritt dieser gegensätzliche Einfluß des Stickoxyds auf die Reaktionsgeschwindigkeit besonders klar zutage. Stickoxyd reagiert mit Stickstoffdioxyd zu salpetriger Säure, wodurch einerseits die Stickstoffdioxydkonzentration, die in die zeitbestimmende Reaktion

$$Fe\cdot\cdot + NO_2 = Fe\cdot\cdot\cdot + NO_2{}'$$

eingeht, herabgedrückt und damit die Geschwindigkeit der Ferrisalzbildung heruntergesetzt wird, anderseits die Konzentration der salpetrigen Säure, die mit Salpetersäure zu Stickstoffdioxyd und mit Ferrosalz auf anderen Reaktionsbahnen zu Ferrisalz reagiert, gesteigert wird. Wird nicht für ständige Entfernung des Stickoxyds aus der Lösung gesorgt — wie dies bei den Versuchen von E. SCHRÖER der Fall ist —, so ist zu erwarten, daß diese gegensätzliche Wirkung des Stickoxyds in ein und demselben Versuch in Erscheinung tritt, in dem nach einer Zeit stetigen Absinkens der Reaktionsgeschwindigkeit eine Zeit starker Geschwindigkeitssteigerung einsetzt. E. SCHRÖER hat diesen Effekt[1] tatsächlich

---

[1] Diese Geschwindigkeitsumkehr wurde auch bei anderen chemischen Reaktionen festgestellt. Siehe E. H. RIESENFELD: Z. anorg. allg. Chem. **218** (1934), 260. — E. H. RIESENFELD, T. L. CHANG: Z. anorg. allg. Chem. **230** (1937), 239. — Über die Entdeckung von W. C. BRAY und A. L. CAULKINS siehe S. 21.

beobachtet.[1] Wie aus dem Reaktionsmechanismus zu ersehen ist, ist es also möglich, daß ein negativer Katalysator zu einem positiven wird. Ebenso kann nach den Darlegungen von E. ABEL, H. SCHMID[2] ein Katalysator, der die β-Reaktion beschleunigt, die Gesamtreaktion entweder beschleunigen oder verzögern, da die stationäre Salpetrigsäurekonzentration mit der Beschleunigung der β-Reaktion abnimmt. Der Katalysator bremst sich automatisch. Diese zunächst paradox erscheinende Umkehrung der Katalysatorwirkung ist eine unmittelbare Folgerung aus der dargelegten Kinetik der Salpetersäure. Sie ist selbstverständlich nicht nur an die Salpetersäurereaktionen geknüpft, sondern an alle Reaktionen, denen ein ähnlicher Mechanismus zugrunde liegt.

Während bei der Reaktion zwischen Ferroion und Salpetersäure entsprechender Konzentrationen nach stetiger Geschwindigkeitsabnahme nur ein einmaliger Geschwindigkeitsanstieg beobachtet wurde, hat nach den Untersuchungen von W. C. BRAY und A. L. CAULKINS[3] die Geschwindigkeit der Sauerstoffentwicklung des Reaktionssystems, das durch die beiden Bruttogleichungen

$$5\,H_2O_2 + J_2 = 2\,HJO_3 + 4\,H_2O$$

und

$$5\,H_2O_2 + 2\,HJO_3 = 5\,O_2 + J_2 + 6\,H_2O$$

gekennzeichnet ist, bei entsprechenden Konzentrationen der Reaktionspartner den Charakter einer periodischen Welle; die Geschwindigkeit der Sauerstoffentwicklung steigt und fällt abwechselnd mit der Zeit. Auch die Jodkonzentration nimmt mit der Zeit abwechselnd zu und ab. W. C. BRAY und H. E. MILLER[3] haben die periodische Reaktion unter Bedingungen verfolgt, bei welchen der Sauerstoff so langsam aus der Lösung diffundiert, daß es zu keiner Bildung von Gasbläschen kommen konnte. Sie schließen aus ihren Versuchen, daß diese periodische Reaktion homogener Natur ist. Wie theoretische Arbeiten über Zwischenreaktionsschemen von A. J. LOTKA,[4] J. HIRNIAK[5] und A. SKRABAL[6] erweisen, sind auch periodische Schwingungen der Geschwindigkeit homogener Reaktionen durchaus möglich.

Zeitgesetzwechsel.

Mehrstoffkatalyse.

Bei den Reaktionszyklen, wie beim Umsatz des Ferroions mit salpetriger Säure, tritt unter entsprechenden Versuchsbedingungen der eine oder andere Reaktionsweg so gut wie ausschließlich in Erscheinung. Das allgemeine Geschwindigkeitsgesetz des Reaktionszyklus wird durch Summierung der unter extremen Bedingungen sich ergebenden Geschwindigkeitsterme der einzelnen Reaktionswege gewonnen.

[1] Analysen in der Nähe des „Umkehrpunkts" ergaben im Sinne obiger Überlegungen viel salpetrige Säure neben wenig Stickoxyd. Während die Geschwindigkeitsumkehr bei der Ferro-Salpetersäurereaktion also in erster Linie auf die homogene Reaktion: „Umsatz des Stickoxyds mit Stickstoffdioxyd in Lösung zu salpetriger Säure" zurückzuführen ist, ist für die Geschwindigkeitsumkehr, die unter entsprechenden Bedingungen auch bei der Reaktion zwischen Ferroion und salpetriger Säure in Erscheinung tritt, ein heterogener Vorgang verantwortlich zu machen, nämlich: Entfernung des negativen Katalysators Stickoxyd aus der Lösung durch Aufhebung der Übersättigung. E. SCHRÖER: l. c.

[2] E. ABEL, H. SCHMID: Z. physik. Chem. **132** (1928), 63.

[3] W. C. BRAY: J. Amer. chem. Soc. **43** (1921), 1262.

[4] A. J. LOTKA: Z. physik. Chem. **72** (1910), 508; **80** (1912), 159; J. Amer. chem. Soc. **42** (1920), 1595.

[5] J. HIRNIAK: Z. physik. Chem. **75** (1911), 675.

[6] A. SKRABAL: Z. physik. Chem., Abt. B **6** (1929), 382.

Einem anderen Zeitgesetztypus begegnen wir bei der Halogensäurebildung aus unterhalogeniger Säure, der Halogenbleichlaugenreaktion. Bei entsprechend hoher Acidität der Lösung ist ausschließlich Bruttoreaktion:

$$3\,\mathrm{HXO} \to 3\,\mathrm{H}^{\cdot} + 2\,\mathrm{X}' + \mathrm{XO_3}'.\,[1]$$

Nach A. Skrabal[2] gilt die Geschwindigkeitsgleichung:

$$-\frac{d\,(\mathrm{HXO})}{dt} = \frac{\varkappa_1\,[\mathrm{H}^{\cdot}]\,[\mathrm{X}']\,[\mathrm{HXO}]^3}{\varkappa_2\,[\mathrm{H}^{\cdot}]^2\,[\mathrm{X}'] + \varkappa_3\,[\mathrm{HXO}]}.$$

Die Geschwindigkeit ist ein Quotient, dessen Nenner aus einer Summe zweier Terme besteht. Wenn [HXO] so klein und [H$^{\cdot}$] und [X$'$] so groß sind, daß das zweite Glied im Nenner zu vernachlässigen ist, geht aus dem „allgemeinen Zeitgesetz" das Grenzgestz hervor:

$$-\frac{d\,(\mathrm{HXO})}{dt} = \frac{\varkappa_1}{\varkappa_2}\,\frac{[\mathrm{HXO}]^3}{[\mathrm{H}^{\cdot}]} = k'\,\frac{[\mathrm{HXO}]^3}{[\mathrm{H}^{\cdot}]}.$$

Dieses Grenzgesetz wurde unter den gegebenen Voraussetzungen seinerzeit von F. Foerster und F. Jorre[3] für die Chlorsäurebildung aus unterchloriger Säure gefunden. Ist hingegen [HXO] so hoch und [H$^{\cdot}$] und [X$'$] so niedrig, daß der Term $\varkappa_2[\mathrm{H}^{\cdot}]^2[\mathrm{X}']$ gegenüber $\varkappa_3[\mathrm{HXO}]$ zu vernachlässigen ist, dann geht die Geschwindigkeitsgleichung in das Grenzgesetz:

$$-\frac{d\,(\mathrm{HXO})}{dt} = \frac{\varkappa_1}{\varkappa_3}\,[\mathrm{H}^{\cdot}]\,[\mathrm{X}']\,[\mathrm{HXO}]^2 = k''\,[\mathrm{H}^{\cdot}]\,[\mathrm{X}']\,[\mathrm{HXO}]^2$$

über. Also gerade bei niedriger [H$^{\cdot}$] und [X$'$] ist die Geschwindigkeit proportional der Wasserstoffion- und Halogenionkonzentration.[4] Dieses Grenzgesetz konnte von A. Skrabal und R. Skrabal[5] bei der Bromreaktion, von E. L. C. Forster[6] bei der Jodreaktion verifiziert werden. Die beiden Grenzgesetze gehen also unter „Zeitgesetzwechsel" ineinander über. Das allgemeine Zeitgesetz ergibt sich nicht — wie bei der Salpetrigsäure-Ferrosalzreaktion — als Summe der einzelnen Grenzzeitgesetze.

A. Skrabal[7] stellt folgendes Reaktionsschema auf:

$$\mathrm{HXO} + \mathrm{H}^{\cdot} + \mathrm{X}' \longrightarrow \mathrm{H_2O} + \mathrm{X_2} \qquad\qquad \mathrm{I.}$$

$$\mathrm{HXO} + \mathrm{X_2} \longrightarrow \mathrm{HX_3O} \qquad\qquad \mathrm{II.}$$

$$\mathrm{HX_3O} + \mathrm{H_2O} \underset{2}{\overset{1}{\rightleftharpoons}} 2\,\mathrm{H}^{\cdot} + 2\,\mathrm{X}' + \mathrm{HXO_2} \qquad\qquad \mathrm{III.}$$

$$\mathrm{HXO_2} + \mathrm{X_2} \longrightarrow \mathrm{H}^{\cdot} + \mathrm{X_3O_2}' \qquad\qquad \mathrm{IV.}$$

---

[1] X = Halogen.

[2] A. Skrabal: S.-B. Akad. Wiss. Wien, Abt. IIb 147 (1938), 276; Mh. Chem. 72 (1938), 200; 72 (1939), 223; Z. Elektrochem. angew. physik. Chem. 40 (1934), 232. A. Skrabal faßt in dieser kritischen Abhandlung alle seine Beobachtungen und die der übrigen Forscher, die die Halogenatbildung und Halogenatzersetzung untersucht haben — wie F. Foerster, E. L. C. Forster, S. Dushman, W. C. Bray, S. A. Liebhafsky, E. Abel —, zu einem einheitlichen Reaktionsschema zusammen.

[3] F. Foerster, F. Jorre: J. prakt. Chem. 59 (1899), 53. — F. Foerster: Ebenda 63 (1901), 141; Z. Elektrochem. angew. physik. Chem. 23 (1917), 137.

[4] Wäre der Geschwindigkeitsterm hingegen das Grenzgesetz eines Reaktionszyklus, dessen Geschwindigkeit sich additiv aus Grenzgeschwindigkeiten zusammensetzt (siehe die Ferro-Salpetrigsäurereaktion), so müßte derselbe bei hoher Wasserstoffion- und Halogenionkonzentration in Erscheinung treten.

[5] A. Skrabal, R. Skrabal: S.-B. Akad. Wiss. Wien, Abt. IIb 146 (1938), 697 bzw. Mh. Chem. 71 (1938), 251.

[6] E. L. C. Forster: J. physic. Chem. 7 (1903), 640.

[7] A. Skrabal: S.-B. Akad. Wiss. Wien, Abt. IIb 147 (1938), 279 bzw. Mh. Chem. 72 (1938), 203; Z. Elektrochem. angew. physik. Chem. 40 (1934), 246.

$$X_3O_2' \underset{4}{\overset{3}{\rightleftharpoons}} X_2O_2 + X' \qquad\qquad \text{V.}$$

$$X_2O_2 + H_2O \longrightarrow H_2X_2O_3 \qquad\qquad \text{VI.}$$

$$H_2X_2O_3 \longrightarrow 2\,H\cdot + X' + XO_3' \qquad\qquad \text{VII.}$$

Stationarität von HXO_2 und von X_3O_2' kommt durch die beiden Gleichungen zum Ausdruck:

$$k_1\,[HX_3O] + k_{IV}'\,[H\cdot][X_3O_2'] = k_2\,[H\cdot]^2[X']^2[HXO_2] + k_{IV}\,[HXO_2][X_2]$$

$$k_{IV}\,[HXO_2][X_2] + k_4\,[X_2O_2][X'] = k_3\,[X_3O_2'] + k_{IV}'\,[H\cdot][X_3O_2'].$$

Die Geschwindigkeit ist:

$$\frac{d\,(HXO_3)}{d\,t} = k_3\,[X_3O_2'] - k_4\,[X_2O_2][X'].$$

Aus diesen Gleichungen errechnet sich:[1]

$$\frac{d\,(HXO_3)}{d\,t} = \frac{\{k_1\,k_3\,P\,Q\,[HXO]^3 - k_2\,k_4\,R\,[H\cdot]^3\,[X']^2\,[XO_3']\}\,[H\cdot]\,[X']}{k_2\,[H\cdot]^2\,[X'] + k_3\,Q\,[HXO]}.$$

Ist Reaktion V eine einseitig verlaufende Reaktion, so vereinfacht sich die Geschwindigkeitsgleichung:

$$\frac{d\,(HXO_3)}{d\,t} = \frac{k_1\,k_3\,P\,Q\,[H\cdot]\,[X']\,[HXO]^3}{k_2\,[H\cdot]^2\,[X'] + k_3\,Q\,[HXO]}.$$

Der Reaktionsmechanismus führt somit zur allgemeinen Geschwindigkeitsgleichung von A. SKRABAL. Ist nur die Reaktion V zeitbestimmend, ist also auch die Reaktion III im vorgelagerten Gleichgewicht, so ergibt sich das Grenzgesetz:

$$-\frac{d\,(HXO)}{d\,t} = k'\,\frac{[HXO]^3}{[H\cdot]}.$$

Ist hingegen nur die Reaktion III von links nach rechts zeitbestimmend, so gilt das zweite Grenzgesetz:

$$-\frac{d\,(HXO)}{d\,t} = k''\,[H\cdot]\,[X']\,[HXO]^2.$$

Halogenion ist nach dem allgemeinen Zeitgesetz positiver Katalysator; die Ordnung, mit der Halogenion in die Geschwindigkeitsgleichung eingeht, liegt, wie aus den Grenzgesetzen ersichtlich ist, zwischen null und eins. Wasserstoffion ist in dem einen Grenzgesetz negativer, in dem anderen positiver Katalysator. Die Ordnung, mit der Wasserstoffion in die allgemeine Geschwindigkeitsgleichung eingeht, liegt zwischen minus eins und plus eins. Da nach der Bruttoreaktion Chlorion und Wasserstoffion entstehen, ist der chemische Umsatz ein autokatalytischer Prozeß.

Zu einer Geschwindigkeitsgleichung mit Zeitgesetzwechsel führt auch nach

---

[1] P, Q, R sind Konstanten der laufenden Gleichgewichte. $P = K_I\,K_{II}$, $Q = K_I\,K_{IV}$, $R = \dfrac{1}{K_{VI}\,K_{VII}}$.

G.-M. Schwab[1] und A. Skrabal[2] das folgende Reaktionsschema einer Zweistoffkatalyse.

$$A + K \underset{2}{\overset{1}{\rightleftarrows}} Z_1,$$

$$Z_1 + M \underset{4}{\overset{3}{\rightleftarrows}} Z_2 + K,$$

$$Z_2 \underset{6}{\overset{5}{\rightleftarrows}} B + M.$$

K, M ist das Katalysatorpaar, Z_1, Z_2 sind Zwischenprodukte. Die Summe der Urreaktionen gibt die Bruttogleichung

$$A = B.$$

Auf Grund der Stationaritätsgleichungen für Z_1 und Z_2 errechnet sich die Bildungsgeschwindigkeit von B zu:

$$\frac{d(B)}{dt} = \frac{[K][M](k_1 k_3 k_5 [A] - k_2 k_4 k_6 [B])}{k_3 k_5 [M] + k_2 k_4 [K] + k_2 k_5}.$$

Aus dem Reaktionsschema ist ersichtlich, daß beide Katalysatoren notwendig sind, um die Reaktion zu ermöglichen, *ein* Katalysator allein ist wirkungslos. Die Geschwindigkeit der Reaktion kann zufolge der Geschwindigkeitsgleichung — je nachdem, was für Terme im Nenner des Geschwindigkeitsquotienten vorherrschen — proportional der Konzentration eines der beiden Katalysatoren oder dem Produkt der Konzentrationen beider Katalysatoren sein. Es herrscht also keine Additivität der Katalysatorwirkung; es ist eine typische „Zweistoffkatalyse" zum Unterschied von „zwei Einstoffkatalysen",[3] bei denen die Wirkung der Katalysatoren eine additive ist. Nachstehendes Reaktionsschema charakterisiert beispielsweise die Wirkungsweise „zweier Einstoffkatalysen".

$$A + K \underset{2}{\overset{1}{\rightleftarrows}} Z_1,$$

$$Z_1 \underset{4}{\overset{3}{\rightleftarrows}} B + K,$$

$$A + M \underset{2'}{\overset{1'}{\rightleftarrows}} Z_2,$$

$$Z_2 \underset{4'}{\overset{3'}{\rightleftarrows}} B + M.$$

Dazu kommt noch die unkatalysierte Reaktion, sofern dieselbe mit meßbarer Geschwindigkeit verläuft:

$$A \underset{6}{\overset{5}{\rightleftarrows}} B.$$

Die Summe der Urreaktionen jeder der Einstoffkatalysen ergibt die Bruttoreaktion:

$$A = B.$$

---

[1] G.-M. Schwab: Katalyse vom Standpunkt der chemischen Kinetik. Berlin: Julius Springer, 1931.

[2] A. Skrabal: S.-B. Akad. Wiss. Wien, Abt. II b 143 (1935), 647 bzw. Mh. Chem. 65 (1935), 303.

[3] A. Skrabal: S.-B. Akad. Wiss. Wien, Abt. II b 143 (1935), 647 bzw. Mh. Chem. 65 (1935), 303.

Unter Zuhilfenahme der Stationaritätsgleichungen für Z_1 und Z_2 und des Prinzips der mikroskopischen Reversibilität,[1] daß im Gleichgewicht jede Teilreaktion des Systems für sich im Gleichgewicht ist, daß also[2]

$$k_1 [A]_{Gl} [K]_{Gl} = k_2 [Z_1]_{Gl},$$

$$k_3 [Z_1]_{Gl} = k_4 [B]_{Gl} [K]_{Gl},$$

$$k_1' [A]_{Gl} [M]_{Gl} = k_2' [Z_2]_{Gl},$$

$$k_3' [Z_2]_{Gl} = k_4' [B]_{Gl} [M]_{Gl},$$

$$k_5 [A]_{Gl} = k_6 [B]_{Gl},$$

errechnet sich die Geschwindigkeit zu:

$$\frac{d(B)}{dt} = \Phi (1 + \varkappa_1 [K] + \varkappa_2 [M]),$$

wobei Φ die Geschwindigkeit der unkatalysierten Reaktion ist und

sowie

$$\varkappa_1 = \frac{k_1 k_3}{k_5 (k_2 + k_3)}$$

$$\varkappa_2 = \frac{k_1' k_3'}{k_5 (k_2' + k_3')} .$$

Aus dieser Geschwindigkeitsgleichung ist die Additivität der Katalysatorwirkung unmittelbar ersichtlich.

Wird das besprochene Reaktionsschema der „Zweistoffkatalyse" mit dem Reaktionsschema einer „Einstoffkatalyse" verknüpft, so ergibt sich folgender Reaktionsmechanismus:

$$A + K \rightleftharpoons Z_1,$$

$$Z_1 \rightleftharpoons B + K,$$

$$Z_1 + M \rightleftharpoons Z_2 + K,$$

$$Z_2 \rightleftharpoons B + M.$$

Nach diesem Chemismus wird die Reaktion $A = B$ durch den Katalysator K in Gang gesetzt; M ist hingegen nicht imstande, die Reaktion zu ermöglichen, dieser Stoff ist ohne K unwirksam. Ist die Abreaktion von Z_1 geschwindigkeitsbestimmend, so wird durch Zugabe von M zum Katalysator K die Geschwindigkeit der Reaktion infolge einer neuen Reaktionsbahn von Z_1

$$Z_1 + M \rightleftharpoons Z_2 + K$$

erhöht. M hat in diesem Falle verstärkende Wirkung und wird deshalb Verstärker oder Promotor genannt.[3]

Anschließend an die Beobachtungen von TRAUBE[4] und PRICE[5] über die superadditive Wirkung von Mehrstoffkatalysatoren in homogener Lösung untersuchte BRODE[6] systematisch die gleichzeitige Wirkung zweier Katalysatoren auf die

---

[1] „Prinzip der mikroskopischen Reversibilität" oder „Prinzip des vollständigen Gleichgewichts". "Principle of detailed balancing." Literatur bei A. SKRABAL: Z. physik. Chem., Abt. B 6 (1929), 394. — L. ONSAGER: Physic. Rev. (2), 37 (1931), 405; (2), 38 (1931), 2265. — E. BAUR: Helv. chim. Acta 17 (1934), 504.

[2] Eckige Klammer mit Index „Gl" bedeutet Gleichgewichtskonzentration.

[3] A. SKRABAL: S.-B. Akad. Wiss. Wien, Abt. II b 143 (1935), 648 bzw. Mh. Chem. 65 (1935), 304. — Weitere Reaktionsschemen von Katalysen werden von E. SPITALSKY [Z. physik. Chem. 122 (1926), 257], E. SPITALSKY, N. KOBOSEFF [Ebenda 127 (1927), 129], G.-M. SCHWAB (Katalyse vom Standpunkt der chemischen Kinetik, Berlin: Julius Springer, 1931) diskutiert.

[4] M. TRAUBE: Ber. dtsch. chem. Ges. 17 (1884), 1062.

[5] TH. S. PRICE: Z. physik. Chem. 27 (1898), 474.

[6] J. BRODE: Z. physik. Chem. 37 (1901), 275.

Wasserstoffsuperoxyd-Jodwasserstoffsäurereaktion. Während Ferroion und Molybdänsäure additive katalytische Wirkung besitzen, verstärkt Cupriion, das allein so gut wie keinen katalytischen Einfluß entfaltet, die katalytische Wirkung des Ferroions außergewöhnlich. Der gleiche Effekt zeigt sich bei der katalytischen Zersetzung von Wasserstoffsuperoxyd durch Ferrosalz, dem eine Spur Kupfersulfat zugesetzt wird.[1] BRODE[2] gibt bereits eine Erklärung dieser Erscheinung, die den dargelegten Reaktionsschemen entspricht, indem er sie auf Zwischenreaktionen zurückführt, die „bei beiden Katalysatoren das einemal bei additivem Verhalten als nebeneinander geordnet, dagegen bei verstärkender Wirkung als hintereinander geordnet zu betrachten sind."[3]

Zu den Mehrstoffkatalysen in homogener Lösung zählen auch die zahlreichen Säure-Basenkatalysen, wie die Mutarotation der Zuckerarten, Enolisierungs-Ketisierungsreaktionen, Hydratisierung der Carbonsäureanhydride, Hydrolyse der Säureamide, Verseifung vieler Ester, die durch das Zusammenwirken von Protongeber[4] und Protonnehmer[5] bzw. durch Zusammenwirken von Deutongeber[6] und Deutonnehmer zustande kommen.

Eine Fülle von Arbeiten[7] liegt über diese Katalysen vor. Sie sind Gegenstand der in diesem Bande des Handbuchs enthaltenen speziellen Abhandlungen von BELL, KILPATRICK und BAKER. Besonders instruktiv sind die Katalysen mit Deutongebern und -nehmern, da das Wasserstoffatom, das durch den chemisch gleichartigen schweren Wasserstoff ersetzt ist, besonders markiert ist und der Platzwechsel dieses „markierten" Atoms genau verfolgt werden kann. Sie werden in dem Kapitel „Isotopenkatalysen" im gleichen Bande des Handbuchs von O. REITZ gesondert beschrieben.

Reaktionslenkung, selektive Katalyse.

Wie am Anfang dieser Abhandlung bereits ausgesprochen wurde,[8] wird die Reaktionslenkung oder selektive Katalyse von MITTASCH als für die Katalyseerscheinung wesentlich in die Definition des Katalysatorbegriffs einbezogen. Was für eine hervorragende Rolle die Reaktionslenkung spielt, läßt sich schon aus der Unzahl enzymatischer Prozesse, die alle selektiven Charakter haben, ermessen.[9] Nach MITTASCH[10] handelt es sich bei organischen Katalysen so gut wie immer um in bestimmte Richtungen gelenkte Reaktionsläufe. Kein Wunder, daß sich auch die technische Chemie dieser „Reaktionsauslese" in besonderem

[1] Neuerliche Untersuchungen von v. L. BOHNSON und A. C. ROBERTSON: J. Amer. chem. Soc. **45** (1923), 2512.

[2] J. BRODE: Z. physik. Chem. **37** (1901), 304.

[3] Über Mischkatalysen der homogenen und heterogenen Katalyse siehe insbesondere A. MITTASCH: Ber. dtsch. chem. Ges. **59** (1926), 16. Kurze Geschichte der Katalyse in Praxis und Theorie. Berlin: Julius Springer, 1939. — Weiter G.-M. SCHWAB: Katalyse vom Standpunkt der chemischen Kinetik. Berlin: Julius Springer, 1931.

[4] Begriff der Säure nach J. N. BRÖNSTED: Recueil Trav. chim. Pays-Bas **42** (1923), 718; zusammenfassende Darstellung: Z. physik. Chem., Abt. A **169** (1934), 52.

[5] Begriff der Base nach J. N. BRÖNSTED. Siehe Anmerkung 4.

[6] Deuton das Ion des schweren Wasserstoffs.

[7] Sie sind insbesondere an die Namen geknüpft: S. ARRHENIUS, H. GOLDSCHMIDT, T. M. LOWRY, H. v. EULER, J. N. BRÖNSTED, A. SKRABAL, H. M. DAWSON, H. S. TAYLOR, S. F. ACREE, S. HARNED, G. AKERLÖF, V. K. laMER, A. HANTZSCH, G. BREDIG, H. S. SNETHLAGE, R. KUHN, A. ÖLANDER, K. J. PEDERSEN, W. F. K. WYNNE-JONES, J. W. BAKER, M. KILPATRICK, K. F. BONHOEFFER, E. A. MOELWYN-HUGHES, R. P. BELL, O. REITZ.

[8] Siehe S. 2.

[9] Vgl. W. LANGENBECK: Die organischen Katalysatoren und ihre Beziehungen zu den Fermenten. Berlin: Julius Springer, 1935.

[10] A. MITTASCH: Ber. dtsch. chem. Ges. **59** (1926), 29.

Maße bedient.[1,2] Die Zwischenreaktionstheorie gibt auch für diese Erscheinung eine befriedigende Erklärung, nämlich, „daß der Katalysator, indem er aus der Fülle thermodynamisch möglicher Teilreaktionen einzelne fördert, andere nicht, ohne weiteres zu einer Reaktionslenkung oder Reaktionsauslese und damit zu ganz bestimmten Produkten oder Produktgemischen zu führen vermag" (A. MITTASCH).[3] Zur näheren Erläuterung diene — entsprechend dem hier zu erörternden Teilgebiete — als Beispiel eine homogene Lösungsreaktion, und zwar die durch Molybdänsäure katalysierte Wasserstoffsuperoxyd-Thiosulfatreaktion, die von E. ABEL und G. BAUM[4] untersucht wurde. Während die Wasserstoff-superoxyd-Thiosulfatreaktion unkatalysiert in (essig-)saurer Lösung ausschließlich Tetrathionat liefert:

$$H_2O_2 + 2\,S_2O_3'' + 2\,H\cdot = S_4O_6'' + 2\,H_2O,$$

gibt sie schon in Gegenwart von Spuren Molybdänsäure (10^{-7} Mole pro Liter) neben Tetrathionat Sulfat als Endprodukt.

$$4\,H_2O_2 + S_2O_3'' = 2\,SO_4'' + 2\,H\cdot + 3\,H_2O.$$

Je mehr Molybdänsäure zugegen ist, um so mehr wird die Reaktion in Richtung der Sulfatbildung abgelenkt. Das Geschwindigkeitsgesetz der Sulfatbildung ist durch die Gleichung gekennzeichnet:

$$-\frac{d\,(H_2O_2)}{dt} = (1{,}5\cdot 10^3 + 3{,}5\cdot 10^7\,[H\cdot])\,(MoO_4'')\,[S_2O_3'']^5 \ldots 25^\circ C.$$

Aus der Unabhängigkeit der Geschwindigkeit von der Wasserstoffsuperoxyd-konzentration läßt sich im Einklang mit der präparativen Chemie[6] und mit den Beobachtungen BRODES[7] folgern, daß Molybdation durch Wasserstoffsuperoxyd unmeßbar rasch und nahezu quantitativ in Permolybdation übergeführt wird. Die zeitbestimmende Reaktion ist der Umsatz zwischen dem Permolybdation und dem Thiosulfation. Die Wasserstoffionenkatalyse läßt sich auf die Weise interpretieren, daß außer Permolybdation (MoO_5'') auch Hydropermolybdation ($HMoO_5'$) mit Thiosulfation zeitbestimmend reagiert, wobei das Gleichgewicht ($H\cdot + MoO_5'' \rightleftarrows HMoO_5'$) — nachdem die Geschwindigkeit proportional der analytischen Konzentration des Molybdats ist — weitgehend auf Seite des

---

[1] Siehe Anm. 10, S. 46.

[2] Vgl. E. K. RIDEAL, H. S. TAYLOR: Catalysis in theory and practice. London: Macmillan, 1926. — P. SABATIER: Die Katalyse in der organischen Chemie. Deutsch von B. FINKELSTEIN, H. HÄUBER. Leipzig: Akad. Verlagsges., 1927. — H. BRÜCKNER: Katalytische Reaktionen in der organisch-chemischen Industrie. I. Teil. Dresden und Leipzig: Th. Steinkopff, 1930. — T. P. HILDITCH, C. C. HALL: Catalytic processes in applied chemistry. London: Chapman, 1937.

[3] A. MITTASCH: Ber. dtsch. chem. Ges. **59** (1926), 31.

[4] E. ABEL: Z. Elektrochem. angew. physik. Chem. 18 (1912), 705. — E. ABEL, G. BAUM: Mh. Chem. **34** (1913), 425. — E. ABEL: Ebenda **34** (1913), 821.

[5] Konzentrationen: $(MoO_4''),[S_2O_3''], [H\cdot]$ in Grammionen pro Liter, (H_2O_2) in Äquivalenten $\frac{H_2O_2}{2}$ pro Liter, Zeit in Minuten.

[6] E. PÉCHARD konnte bereits Verbindungen von Molybdänsäure mit Wasserstoff-superoxyd auf präparativem Wege herstellen. E. PÉCHARD: C. R. hebd. Séances Acad. Sci. 112 (1892), 720, 1060; Ann. Chim. physique (6), **28** (1892), 573. — Vgl. W. MACHU: Das Wasserstoffperoxyd und die Perverbindungen. Wien: Julius Springer, 1937.

[7] J. BRODE erbrachte den Nachweis, daß Permolybdate auch in großer Verdünnung kaum in Molybdänsäure und Wasserstoffsuperoxyd zerfallen. J. BRODE: Z. physik. Chem. **37** (1901), 299.

Permolybdations gelegen ist. Neben der katalysierten Sulfatbildung läuft die unkatalysierte Tetrathionatbildung nach der Geschwindigkeitsgleichung:

$$-\frac{d\,(\mathrm{H_2O_2})}{dt} = 1{,}53\,[\mathrm{H_2O_2}]\,[\mathrm{S_2O_3''}]\ldots 25°\,\mathrm{C}\,[1]$$

ab. Die aus den beiden Geschwindigkeitsgleichungen — der Sulfatbildung und Tetrathionatbildung — für verschiedene Ausgangskonzentrationen errechneten Ausbeuten an Sulfat stehen in befriedigender Übereinstimmung mit den Versuchsergebnissen.

Vorausberechenbare Katalysen.

Induzierte Reaktionen.

Da nach der Zwischenreaktionstheorie der Mechanismus der Katalyse aus einem System von Einzelreaktionen besteht, von denen die einen Stoffe verbrauchen, die von anderen Teilreaktionen gebildet werden, können wir chemische Reaktionen derart kombinieren, daß reine Katalyse zustande kommt. Der Geschwindigkeitskoeffizient der Katalyse läßt sich aus den Geschwindigkeitskoeffizienten der „kompensierenden" Reaktionen bestimmen. Eine derart vorausberechenbare Katalyse ist z. B. die durch Brom-Bromwasserstoffsäure katalysierte Wasserstoffsuperoxydzersetzung.[2] Nach W. C. BRAY und R. S. LIVINGSTON[3] läßt sich diese Katalyse durch Kombinierung der beiden Reaktionen:

$$\mathrm{H_2O_2 + 2\,Br' + 2\,H\cdot \rightarrow Br_2 + 2\,H_2O}, \tag{1}$$

$$\mathrm{H_2O_2 + Br_2 \rightarrow O_2 + 2\,Br' + 2\,H\cdot} \tag{2}$$

realisieren. Sobald beide Reaktionen im gleichen Tempo verlaufen, erfolgt der rein katalytische Zerfall von Wasserstoffsuperoxyd in Sauerstoff und Wasser. Die Reaktion 1 geht bei höherem Gehalt an Bromion, Wasserstoffion und bei möglichst niederer Bromkonzentration so gut wie ausschließlich vor sich; daher wird das Geschwindigkeitsgesetz unter den genannten Bedingungen durch Bestimmung der Anfangsgeschwindigkeit der Wasserstoffsuperoxyd-Bromwasserstoffsäurereaktion, also zu einer Zeit, bei der die Bromkonzentration noch

---

[1] E. ABEL: Z. Elektrochem. angew. physik. Chem. **13** (1907), 555; S.-B. Akad. Wiss. Wien, Abt. IIb **116** (1907), 1145. Die Geschwindigkeitsgleichung der unkatalysierten Wasserstoffsuperoxyd-Thiosulfatreaktion legt folgenden Mechanismus nahe:

Zeitbest. Reaktion: $\mathrm{H_2O_2 + S_2O_3'' \longrightarrow S_2O_3 + 2\,OH'}$

Nachgelagerte Gleichgewichte: $\begin{cases} \mathrm{S_2O_3'' + S_2O_3 \longleftrightarrow S_4O_6''} \\ \mathrm{2\,OH' + 2\,H\cdot \longleftrightarrow 2\,H_2O} \end{cases}$

$$\mathrm{H_2O_2 + 2\,S_2O_3'' + 2\,H\cdot = S_4O_6'' + 2\,H_2O}$$

[2] Sie ist das Analogon der von ABEL in diesem Sinne aufgeklärten Jodjodionkatalyse des Wasserstoffsuperoxydzerfalls. E. ABEL: Z. Elektrochem. angew. physik. Chem. **14** (1908), 598; Z. physik. Chem. **136** (1928), 161. Die erste vorausberechenbare Katalyse haben R. LUTHER und W. FEDERLIN in der Reaktion zwischen Kaliumpersulfat, Jodwasserstoffsäure und phosphoriger Säure gefunden. — W. FEDERLIN: Z. physik. Chem. **41** (1902), 565. — Weitere vorausberechenbare Katalysen: Jodionenkatalyse der Hydroperoxyd-Thiosulfat-Reaktion und der Perjodat-Arsenigsäurereaktion. E. ABEL: Z. Elektrochem. angew. physik. Chem. **13** (1907), 555. — E. ABEL, A. FÜRTH: Z. physik. Chem. **107** (1923), 313.

[3] W. C. BRAY, R. S. LIVINGSTON: J. Amer. chem. Soc. **45** (1923), 1251; **50** (1928), 1654. — R. S. LIVINGSTON, W. C. BRAY: Ebenda **45** (1923), 2048. — R. S. LIVINGSTON: Ebenda **48** (1926), 53. — BALINT: Thesis. Universität Budapest, 1910.

unerheblich ist, in Abhängigkeit von den Reaktionspartnern ermittelt. Reaktion 2 verläuft bei hoher Bromkonzentration und niederem Gehalt an Bromion und Wasserstoffion sehr rasch zu Ende. BRAY und LIVINGSTON konnten die Geschwindigkeit dieser Reaktion mit Hilfe der Strömungsmethode nach HARTRIDGE und ROUGHTON[1] messen.

Sie fanden folgende Geschwindigkeitsgesetze für beide Reaktionen:

Reaktion 1:
$$\frac{d\,(\mathrm{Br_2})}{d\,t} = k_1\,[\mathrm{H_2O_2}]\,[\mathrm{Br'}]\,[\mathrm{H}\cdot],\,^2$$

Reaktion 2:
$$-\frac{d\,(\mathrm{Br_2})}{d\,t} = k_2\,\frac{[\mathrm{H_2O_2}]\,[\mathrm{Br_2}]}{[\mathrm{Br'}]\,[\mathrm{H}\cdot]}\;.$$

Bei entsprechenden mittleren Konzentrationen an Bromion, Wasserstoffion und Brom ist es nun möglich, daß beide Reaktionen in ein und demselben System ablaufen. Die Konzentrationen, bei denen gerade reine Katalyse der $\mathrm{H_2O_2}$-Zersetzung herrscht, können durch Gleichsetzung der beiden Geschwindigkeiten leicht errechnet werden. Es muß in diesem „Grenzzustand", wie ihn SKRABAL[3] nennt (nach W. C. BRAY: steady state), die Beziehung herrschen

$$\frac{k_1}{k_2} = \frac{[\mathrm{Br_2}]}{[\mathrm{Br'}]^2\,[\mathrm{H}\cdot]^2}\,,$$

die BRAY und LIVINGSTON bei reinem katalytischen Zerfall von Wasserstoffsuperoxyd auch tatsächlich gefunden haben. Das Geschwindigkeitsgesetz für die Reaktion

$$2\,\mathrm{H_2O_2} = 2\,\mathrm{H_2O} + \mathrm{O_2}$$

ergab die gleiche Abhängigkeit der Geschwindigkeit von der Konzentration des Wasserstoffsuperoxyds, des Bromions und des Wasserstoffions wie das der Reaktion 1:

$$-\frac{d\,(\mathrm{H_2O_2})}{d\,t} = k\,[\mathrm{H_2O_2}]\,[\mathrm{Br'}]\,[\mathrm{H}\cdot].$$

Nachdem im Grenzzustand, dem die reine Katalyse zugeordnet ist, ebensoviel Wasserstoffsuperoxyd nach Reaktion 1 als nach Reaktion 2 verschwindet, also insgesamt doppelt soviel Wasserstoffsuperoxyd als nach Reaktion 1 umgesetzt wird, ist offenbar der Katalysekoeffizient k doppelt so groß wie der Geschwindigkeitskoeffizient der Reaktion 1. Diese Schlußfolgerung wird durch die Messungen des Katalysekoeffizienten und der Geschwindigkeitskoeffizienten der beiden kompensierenden Reaktionen von BRAY und LIVINGSTON bestätigt. Nach den Untersuchungen von R. O. GRIFFITH und A. McKEOWN[4] ist die Bromkonzentration in dem von BRAY und LIVINGSTON bezeichneten steady state (Grenzzustand) nicht konstant, sondern steigt langsam an; diese Pseudostationarität, wie sie GRIFFITH und A. McKEOWN nennen, ist zweifellos auf Nebenreaktionen zurückzuführen, die das Gesamtbild des BRAY-LIVINGSTON-Mechanismus nicht be-

---

[1] Siehe S. 42.

[2] Nach A. MOHAMMAD, H. A. LIEBHAFSKY: J. Amer. chem. Soc. **56** (1934), 1680, ist die Geschwindigkeitsgleichung der Reaktion 1:

$$-\frac{d\,(\mathrm{H_2O_2})}{d\,t} = k_1\,[\mathrm{H_2O_2}]\,[\mathrm{Br'}]\,[\mathrm{H}\cdot] + k_1{}^{\circ}\,[\mathrm{H_2O_2}]\,[\mathrm{Br'}] \quad \begin{array}{l} k_1 = 1{,}4\cdot 10^{-2} \\ k_1{}^{\circ} = 2{,}3\cdot 10^{-5} \end{array} \; 25^{\circ}\mathrm{C}.$$

Bei höherer Wasserstoffionkonzentration, wie sie BRAY und LIVINGSTON angewendet haben, kann der zweite Term gegenüber dem ersten vernachlässigt werden.

[3] A. SKRABAL: S.-B. Akad. Wiss. Wien, Abt. IIb **144** (1935), 276 bzw. Mh. Chem. **66** (1935), 144.

[4] R. O. GRIFFITH, A. McKEOWN: J. Amer. chem. Soc. **58** (1936), 2555. — Vgl. auch A. E. CALLOW, R. O. GRIFFITH, A. McKEOWN: Trans. Faraday Soc. **35** (1939) 412.

einträchtigen dürften. Wir können also die durch Brom-Bromwasserstoffsäure katalysierte Wasserstoffsuperoxydzersetzung zu den vorausberechenbaren Katalysen zählen. Aus den Geschwindigkeitsgleichungen läßt sich ein Mechanismus ableiten, der über unterbromige Säure verläuft:

Reaktion 1:
$$H_2O_2 + H\cdot + Br' \rightarrow H_2O + HBrO$$
$$HBrO + H\cdot + Br' \rightharpoonup Br_2 + H_2O$$

Summe:
$$H_2O_2 + 2\,H\cdot + 2\,Br' = Br_2 + 2\,H_2O.$$

Reaktion 2:
$$Br_2 + H_2O \rightharpoonup HBrO + H\cdot + Br'$$
$$HBrO + H_2O_2 \rightarrow O_2 + H\cdot + Br' + H_2O$$

Summe:
$$Br_2 + H_2O_2 = O_2 + 2\,H\cdot + 2\,Br'.$$

Der Mechanismus der Katalyse ist sonach
$$H_2O_2 + H\cdot + Br' \rightarrow H_2O + HBrO$$
$$H_2O_2 + HBrO \rightarrow H_2O + O_2 + H\cdot + Br'$$

$$2\,H_2O_2 = 2\,H_2O + O_2.$$

Dabei stehen unterbromige Säure mit Bromwasserstoffsäure und Brom ständig im Gleichgewicht:
$$HBrO + H\cdot + Br' \rightharpoonup Br_2 + H_2O.$$

Wenn — wie dies hier der Fall ist — ein System aus zwei oder mehreren Bruttoreaktionen besteht, die Reaktanten oder Zwischensubstanzen gemeinsam haben, so spricht man von chemischer Induktion.[1] Es kann dabei eine Bruttoreaktion, die mangels freier Energie nicht stattfinden kann, durch den gleichzeitigen Verlauf des anderen Bruttovorganges ermöglicht werden.[2] Das vorliegende System läßt sich in drei verschiedene „Einzelsysteme" mit den Bruttoreaktionen auflösen:

$$H_2O_2 + 2\,H\cdot + 2\,Br' \rightarrow Br_2 + 2\,H_2O, \tag{1}$$
$$Br_2 + H_2O_2 \rightarrow 2\,H\cdot + 2\,Br' + O_2, \tag{2}$$
$$2\,H_2O_2 \rightarrow 2\,H_2O + O_2.^{[3]} \tag{3}$$

Die an sich langsam verlaufende Wasserstoffsuperoxydzersetzung wird — je nachdem, was für eine der beiden ersten Bruttoreaktionen überwiegt — durch die erste oder durch die zweite Reaktion induziert. Vor Erreichung des Grenzzustandes verlaufen die induzierende und die induzierte Reaktion nebeneinander, im Grenzzustand hingegen tritt die induzierte Reaktion als katalysierter Umsatz allein in Erscheinung. Die chemische Induktion mündet hier in reine Katalyse.[4]

Ein anderer Typus induzierter Reaktionen ist dadurch gekennzeichnet, daß der Umsatz der induzierten Reaktion in einem konstanten, von der Zeit un-

---

[1] Siehe A. SKRABAL: S.-B. Akad. Wiss. Wien, Abt. II b **144** (1935), 261 bzw. Mh. Chem. **66** (1935), 129.

[2] Beispiel: Ozonbildung aus Sauerstoff bei der gleichzeitigen Oxydation des Phosphors an der Luft (SCHÖNBEIN).

[3] Von diesen Bruttoreaktionen sind nur zwei unabhängig, die dritte ergibt sich als algebraische Summe der beiden anderen.

[4] Diese und andere Induktionsreaktionen werden von A. SKRABAL in seiner Abhandlung „Die chemische Induktion" einer eingehenden Diskussion unterzogen (siehe Anm. 1).

abhängigen Verhältnis zum Umsatz der induzierenden Reaktion steht. Ein Beispiel für diesen Reaktionstypus ist die von H. Skraup[1] untersuchte Umwandlung des Cinchonins in α-Isocinchonin. Nach dem Befunde von Skraup wird Cinchonin durch Halogenwasserstoffsäuren bei niedriger Temperatur im wesentlichen in ein Isomeres des Cinchonins (α-Isocinchonin) umgelagert, wobei sich daneben auch das Additionsprodukt des Cinchonins mit dem Halogenwasserstoff bildet. Die Menge des entstandenen α-Isocinchonins steht zur Menge des gebildeten Additionsprodukts in einem von der Zeit, der Konzentration der Säure und der Temperatur unabhängigen, von der Natur der Halogenwasserstoffsäure abhängigen Verhältnis. Skraup nennt diese Beziehung Umwandlungsverhältnis.

$$C_{19}H_{22}ON_2 \cdot 2\,HCl + HCl \rightarrow C_{19}H_{23}ClON_2 \cdot 2\,HCl$$

$$Ci \cdot 2\,HCl \rightarrow Ci'\,2\,HCl$$

$C_{19}H_{22}ON_2$ = Cinchonin (Ci); $C_{19}H_{23}ClON_2$ = Hydrochlorcinchonin; Ci' = α-Isocinchonin.

R. Wegscheider[2] interpretiert in seiner klassischen Arbeit „Über die Umlagerung des Cinchonins" die Skraupschen Ergebnisse in der Weise, daß Salzsäure, die nach der ersten Reaktion angelagert wird, die Umlagerung des Cinchonins katalysiert. Die Geschwindigkeit der Bildung des Additionsprodukts A ist durch die Gleichung gegeben:

$$\frac{d(A)}{dt} = k_1\,[Ci]\,[HCl],\ ^3$$

die Geschwindigkeit der Umlagerung des Cinchonins (Ci) in α-Isocinchonin (Ci') durch die Gleichung:

$$\frac{d(Ci')}{dt} = k_2\,[Ci]\,[HCl].$$

Das Umwandlungsverhältnis ist sonach:

$$\frac{d(A)}{d(Ci')} = \frac{k_1}{k_2} = k.$$

Ein Umlagerungsvorgang, der ebenfalls von einer Anlagerungsreaktion begleitet ist, ist die Umwandlung von Maleinsäure in die stereoisomere Fumarsäure durch Salzsäure, wobei sich außer Fumarsäure das Additionsprodukt Chlorbernsteinsäure bildet.

$$
\begin{array}{ccc}
H-C-COOH & & HOOC-C-H \\
\| & \rightarrow & \| \\
H-C-COOH & & H-C-COOH \\
\text{Cis-Form, Maleinsäure,} & & \text{Trans-Form, Fumarsäure.}
\end{array}
$$

$$
\begin{array}{ccc}
 & & Cl \\
 & & | \\
H-C-COOH & & H-C-COOH \\
\| & +\ HCl\ \rightarrow & | \\
H-C-COOH & & H_2C-COOH \\
 & & \text{Chlorbernsteinsäure.}
\end{array}
$$

Wegscheider bringt auf Grund molekulartheoretischer und thermodynamischer Vorstellungen diese stereochemische Umlagerung in ursächlichem Zusammenhang mit der Anlagerungsreaktion. Wenn die Voraussetzung auch zutrifft, daß die Umlagerung der Cis-Form (Maleinsäure) in die Trans-Form (Fumarsäure)

[1] H. Skraup: Mh. Chem. **20** (1899), 585.
[2] R. Wegscheider: Z. physik. Chem. **34** (1900), 290.
[3] [CHCl] ist die Konzentration der undissoziierten Halogenwasserstoffmolekel.

mit Abnahme der freien Energie verknüpft ist, daß also eine Tendenz der Atomgruppen besteht, sich in die stabilere Konfiguration durch Drehung um die Verbindungslinie der doppelt gebundenen Kohlenstoffatome umzulagern, so tritt dieser Umlagerung wegen der nicht freien Drehbarkeit der doppelt gebundenen Kohlenstoffatome ein derartiges Hindernis entgegen, daß die Reaktion von selbst nicht einsetzen kann. Machen wir uns die Vorstellung zu eigen, die Umlagerung erfolge in den Teilprozessen: Lösung einer der beiden Bindungen zwischen den Kohlenstoffatomen, Drehung um die Verbindungslinie der Kohlenstoffatome und neuerliche Schließung der Doppelbindung, so erkennen wir, daß der erste Akt des Prozesses infolge Bildung beträchtlicher Mengen der höchst unbeständigen freien Radikale bei gewöhnlicher Temperatur[1] mit Vermehrung der freien Energie verknüpft ist und daher nicht von selbst eintreten kann. Da ein Gesamtvorgang nur von selbst ablaufen kann, wenn jeder Teilvorgang unter Abnahme freier Energie vor sich gehen kann, tritt die Umlagerung, trotzdem sie insgesamt mit Abnahme der freien Energie verbunden ist, nicht ein. Die Umlagerung kann aber durch eine Anlagerungsreaktion ermöglicht werden. Die Anlagerung besteht aus folgenden Elementarprozessen: Aufrichtung der Doppelbindung (Umwandlung in eine einfache Bindung), Dissoziation der sich anlagernden Molekel, Absättigung der freien Valenzen. Die beiden ersten Einzelvorgänge sind unter den gegebenen Umständen mit Zunahme der freien Energie, der dritte Einzelvorgang mit Abnahme der freien Energie verknüpft. Da die Anlagerungsreaktionen von selbst verlaufen, muß vom Anfang bis zum Ende der Reaktion die freie Energie ständig absinken. Es müssen daher die obigen Einzelvorgänge sich gleichzeitig abspielen. Durch die allmähliche Lösung der Doppelbindung sinkt der Widerstand gegen die Drehung der Kohlenstoffatome kontinuierlich ab, bis dieselbe unter Abnahme der freien Energie erfolgen kann. Nach den jeweiligen Bewegungszuständen der Atome wird in einem Teil der reagierenden Molekeln leichter Umlagerung, im anderen Teil leichter Anlagerung erfolgen. Es werden daher beide Reaktionen nebeneinander ablaufen. Aus der Schlußfolgerung, daß die Wahrscheinlichkeit der einzelnen Atombewegungen von der Konzentration und von der Zeit unabhängig ist, ergibt sich das konstante Umwandlungsverhältnis dieser Reaktionen. Solange die Temperaturerhöhung nicht so groß ist, daß infolge Lösung der Kohlenstoffbindung direkte Umlagerung ermöglicht wird, wird die Wahrscheinlichkeit, ob Umlagerung oder Anlagerung erfolgt, nicht geändert. Das Umwandlungsverhältnis ist daher auch innerhalb eines großen Temperaturintervalls konstant. Von diesen speziell für Umlagerung. und Anlagerung entwickelten Vorstellungen kommt Wegscheider zu einer allgemeinen Formulierung der homogenen Katalyse.

„Katalytische Beschleunigungen in homogener Lösung lassen sich durch die Annahme erklären, daß bei jeder chemischen Reaktion eine kontinuierliche Folge von Zwischenzuständen durchlaufen wird, und daß der Katalysator, indem er mit den reagierenden Körpern in Wechselwirkung tritt, die Art der Zwischenzustände derart verändert, daß die Reaktion ermöglicht oder beschleunigt wird."
A. Mittasch schreibt in „Kurze Geschichte der Katalyse in Praxis und Theorie":[2] „Hier ist nicht nur eine kurze Zusammenfassung des im 19. Jahrhundert bezüglich der Theorie der Katalyse Vollbrachten gegeben, sondern es ist zugleich — mit der Betonung der kontinuierlichen Folge von Zwischenzuständen in Wechselwirkung zwischen Katalysator und Substrat — gewissermaßen auch das Arbeits-

---

[1] Bei hoher Temperatur hingegen kann die Substanz weitgehend in freie Radikale dissoziieren.

[2] A. Mittasch: Kurze Geschichte der Katalyse in Praxis und Theorie, S. 108. Berlin: Julius Springer, 1939.

programm für die künftige Katalyseforschung aufgestellt." In den Rahmen dieses Arbeitsprogramms fällt in neuester Zeit auch die reaktionskinetische Theorie, die die Quantenmechanik, im besonderen die HEITLER-LONDONsche Valenztheorie zur Grundlage hat,[1] da wir mit ihrer Hilfe einen tieferen Einblick in die Zwischenzustände, die bei den einfachsten Zwischenreaktionen, den Urreaktionen — wie der Reaktion eines Atoms mit einer zweiatomigen Molekel — auftreten, auch in quantitativer Hinsicht gewinnen.

Induzierte Reaktionen im engeren Sinne sind zwei sich in ihrem Verlaufe beeinflussende Reaktionen, die einen Reaktionspartner, den Aktor, gemeinsam haben, der sich einerseits mit dem Induktor der induzierenden Reaktion, anderseits mit dem Akzeptor der induzierten Reaktion umsetzt (Nomenklatur von C. L. KESSLER, R. LUTHER und N. SCHILOW).[2]

Unter dem Induktionsfaktor versteht man den Quotienten:

$$Q = \frac{\text{umgesetzter Akzeptor in Äquiv. pro Liter}}{\text{umgesetzter Induktor in Äquiv. pro Liter}}.$$

Beispielsweise wird die Ausbleichung eines Farbstoffs, Indigokarmin (Akzeptor), mittels Chlorsäure (Aktor) durch schweflige Säure (Induktor) induziert. Bei diesem Vorgang nähert sich der Induktionsfaktor mit wachsendem Konzentrationsverhältnis: Akzeptor zu Induktor einem Grenzwert. Dieser Befund läßt sich aus dem von A. SKRABAL[3] entworfenen Modell für den Chemismus dieser Reaktion leicht ableiten:

$$H_2SO_3 + ClO_3' \rightarrow ClO_2' + 2\,H\cdot + SO_4''\ ^4 \tag{1}$$

$$2\,H_2SO_3 + ClO_2' \rightarrow Cl' + 4\,H\cdot + 2\,SO_4'' \tag{2}$$

$$A + ClO_3' \rightarrow AO + ClO_2'\ ^5 \tag{3}$$

$$2\,A + ClO_2' \rightarrow 2\,AO + Cl' \tag{4}$$

Vom Vorgang (3) als sehr langsamer Reaktion kann abgesehen werden. Wenn nun das Verhältnis Akzeptor zu Induktor sehr groß wird, tritt Reaktion (2) gegenüber (4) vollständig zurück. Es kommen dann nur die Teilreaktionen in Betracht:

$$H_2SO_3 + ClO_3' \rightarrow 2\,H\cdot + SO_4'' + ClO_2' \tag{1}$$

$$2\,A + ClO_2' \rightarrow 2\,AO + Cl' \tag{4}$$

Nach der Stationaritätsbedingung für ClO_2' ergibt sich:

$$k_1\,[H_2SO_3]\,[ClO_3'] = k_4\,[A]^2\,[ClO_2'],$$

$$[ClO_2'] = \frac{k_1\,[H_2SO_3]\,[ClO_3']}{k_4\,[A]^2} = \frac{1}{k_4\,[A]^2}\left(-\frac{d\,(H_2SO_3)}{dt}\right),$$

$$-\frac{d\,(A)}{dt} = 2\,k_4\,[A]^2\,[ClO_2'] = -2\,\frac{d\,(H_2SO_3)}{dt},$$

$$Q = \frac{-d\,(A)}{-d\,(H_2SO_3)} = 2.$$

---

[1] Siehe beispielsweise die einführende Abhandlung von M. POLANYI: Naturwiss. **20** (1932), 289, die Übersicht über theoretische und praktische Probleme auf dem Gebiete der Reaktionskinetik von A. EUCKEN: Abh. Ges. Wiss. Göttingen, math.-physik. Kl. (3), Heft **18** (1937), 26 sowie Bd. I dieses Handbuchs.

[2] C. L. KESSLER: Poggend. Ann. 119 (1863), 218. — R. LUTHER, N. SCHILOW: Z. physik. Chem. **46** (1903), 777.

[3] A. SKRABAL: l. c.

[4] A. C. NIXON, K. B. KRAUSKOPF: J. Amer. chem. Soc. **54** (1932), 4606.

[5] A = Farbstoff Indigokarmin.

Bei der maximalen Induktion tritt eine einzige Bruttoreaktion in Erscheinung, es ist die sich aus der Summierung der Teilreaktionen 1 und 4 ergebende stöchiometrische Gleichung:

$$2\,A + ClO_3' + H_2SO_3 = 2\,AO + 2\,H^{\cdot} + SO_4'' + Cl'.$$

Diese Bruttoreaktion ergibt sich durch stöchiometrische Kopplung des induzierenden Vorganges:

$$3\,H_2SO_3 + ClO_3' \rightarrow 6\,H^{\cdot} + 3\,SO_4'' + Cl' \qquad (I)$$

mit der induzierten Reaktion:

$$3\,A + ClO_3' \rightarrow 3\,AO + Cl'. \qquad (II)$$

$$\frac{1}{3}\,(2\cdot II + I).$$

Es gibt auch induzierte Reaktionen, deren Induktionsfaktor bei steigendem Konzentrationsverhältnis Akzeptor zu Induktor unbegrenzt wächst. W. C. BRAY[1] nennt einen solchen Vorgang „induzierte Katalyse". Eine derartige Reaktion ist beispielsweise die durch Wasserstoffsuperoxyd oder Kaliumpersulfat induzierte Autoxydation[2] von Natriumsulfit, deren Chemismus im nachfolgenden Kapitel erläutert wird.

Katalytische Auslösung von Radikalketten.

Nach dem aufschlußreichen Befunde TITOFFS[3] wird die Autoxydation des Natriumsulfits:

$$2\,Na_2SO_3 + O_2 = 2\,Na_2SO_4$$

durch Schwermetallsalze katalysiert. Als besonders wirksamer Katalysator erwies sich das Cupriion. TITOFF folgerte aus seinen Versuchsergebnissen, daß Sulfitlösungen, die vollkommen frei von positiven Katalysatoren — wie Cupriion — sind, mit Sauerstoff überhaupt nicht reagieren, daß also die Autoxydation des Natriumsulfits durch Katalysatoren erst ausgelöst wird. Einen besonders tiefen Einblick in das Wesen dieser Katalyse haben wir durch die Untersuchungen BÄCKSTRÖMS[4] gewonnen. BÄCKSTRÖM fand, daß die Reaktion auch durch ultraviolettes Licht der Wellenlänge von weniger als 2600 Å ausgelöst wird, und zwar werden auf ein einziges absorbiertes Lichtquant Zehntausende von Sulfitmolekeln oxydiert. Seit NERNST[5] den Mechanismus der photochemischen Chlorknallgasreaktion aufgestellt hat, ist uns die Deutung einer derartigen Erscheinung geläufig. Bekanntlich nimmt NERNST folgenden Chemismus für die Chlorknallgasreaktion an:

Die Chlormolekel wird durch ein Lichtquant in zwei Chloratome gespalten:

$$Cl_2 \rightarrow 2\,Cl$$

Chloratom reagiert mit der Wasserstoffmolekel zu Chlorwasserstoff und Wasserstoffatom:

$$Cl + H_2 \rightarrow HCl + H,$$

das sich seinerseits mit einer Chlormolekel zu Chlorwasserstoff unter Rückbildung des Chloratoms umsetzt:

$$H + Cl_2 \rightarrow HCl + Cl.$$

[1] W. C. BRAY, J. B. RAMSEY: J. Amer. chem. Soc. **55** (1933), 2279.
[2] Unter Autoxydation versteht man die Einwirkung elementaren Sauerstoffs auf oxydable Stoffe.
[3] A. TITOFF: Z. physik. Chem. **45** (1903), 641.
[4] H. L. J. BÄCKSTRÖM: J. Amer. chem. Soc. **49** (1927), 1460.
[5] W. NERNST: Z. Elektrochem. angew. physik. Chem. **24** (1918), 335.

Reaktionen, die dadurch gekennzeichnet sind, daß mit dem Verschwinden einer besonders reaktionsfähigen Zwischensubstanz das Auftreten eines anderen hochaktiven Zwischenprodukts zwangsläufig verknüpft ist, werden als Kettenreaktionen[1] bezeichnet. Die durch ein Lichtquant ausgelöste Bildung von Chlorwasserstoffmolekeln kommt erst dann zum Stillstand, wenn die freien Atome an der Gefäßwand rekombinieren. Der „Abbruch der Kette" kann auch durch zugefügte Inhibitoren erfolgen, das sind Stoffe, die mit den hochaktiven Zwischensubstanzen zu für die Kettenfortpflanzung ungeeigneten Gebilden zusammentreten und dadurch die Reaktion verzögern.[2]

Die hohe Quantenausbeute[3] beim photochemischen Umsatz des Natriumsulfits mit Sauerstoff ist nach dem Vorhergesagten das Kriterium dafür, daß auch diese Reaktion eine Kettenreaktion ist. Des weiteren ergeben die Untersuchungen BÄCKSTRÖMS[4] über den Einfluß von Inhibitoren,[5] daß die Inhibitorwirkung sich nicht nur auf die als Kettenreaktion erkannte photochemische Autoxydation des Natriumsulfits erstreckt, sondern auch auf den thermischen Umsatz, der durch Spuren von Cupriionen ausgelöst wird. BÄCKSTRÖM schließt aus diesem Befunde, daß auch die Cupriionkatalyse der Autoxydation von Natriumsulfit eine Kettenreaktion ist. BÄCKSTRÖM nahm ursprünglich an, daß die Reaktion eine Energiekette sei, daß die Reaktionsenergie in Form von Elektronenanregung in den hochaktiven Reaktionsprodukten so lange aufgestapelt bleibe, bis diese mit den entsprechenden Reaktionspartnern zusammentreffen und reagieren. Es wird dabei vorausgesetzt, daß diese angeregten Molekeln bei den zahlreichen Zusammenstößen mit den Lösungsmittelmolekeln nicht vor dem Zusammentreffen mit den entsprechenden Reaktionspartnern ihre Energie verlieren. Die Frage, warum in Ermangelung eines geeigneten Reaktionspartners diese Energie nicht in Form von Strahlungsenergie abgegeben wird, ist schwer zu beantworten. Ohne derartige Voraussetzungen kommt die Radikalkettentheorie aus, nach der die Kette — analog der Chlorknallgasreak-

---

[1] Der Mechanismus einer Kettenreaktion findet sich erstmalig in nachstehender Veröffentlichung BODENSTEINS: M. BODENSTEIN: Z. physik. Chem. **85** (1913), 329. — Erstes Schema einer Atomkette: W. NERNST: Z. Elektrochem. angew. physik. Chem. **24** (1918), 335. — Theorie der Kettenreaktionen: J. A. CHRISTIANSEN, H. A. KRAMERS: Z. physik. Chem. **104** (1923), 451. — N. SEMENOW: Chemical kinetics and chain reactions. Oxford, U. P. 1935. — Zusammenfassende Darstellungen: Z. B. K. CLUSIUS: Kettenreaktionen. Fortschr. Chem., Physik physik. Chem., herausgegeben von A. EUCKEN, Ser. B. **21**, Nr. 5 (1932), 1. — Vgl. insbesondere Bd. I dieses Handbuches, Artikel E. SCHRÖER, J. A. CHRISTIANSEN. — Siehe auch folgende Werke über Reaktionskinetik: C. N. HINSHELWOOD (deutsch von E. PIETSCH, G. WILCKE): Reaktionskinetik gasförmiger Systeme. Leipzig: Akad. Verlagsges., 1928. — G.-M. SCHWAB: Katalyse vom Standpunkt der chemischen Kinetik. Berlin: Julius Springer, 1931; New York: van Nostrand, 1937. — L. S. KASSEL: The kinetics of homogenous gas reactions. New York: Chemical Catalog Co., 1932. — H. J. SCHUMACHER: Chemische Gasreaktionen. Dresden u. Leipzig: Th. Steinkopff, 1938. — W. JOST: Explosions- und Verbrennungsvorgänge in Gasen. Berlin: Julius Springer, 1939.

[2] J. A. CHRISTIANSEN: J. physic. Chem. **28** (1924), 145. — Zusammenfassende Darstellungen siehe Anmerkung 1, außerdem K. WEBER: Inhibitorwirkungen. Stuttgart: F. Enke, 1938.

[3] Siehe beispielsweise K. F. BONHOEFFER, P. HARTECK: Grundlagen der Photochemie. Dresden u. Leipzig: Th. Steinkopff, 1933. — J. PLOTNIKOW: Allgemeine Photochemie. Berlin u. Leipzig: W. de Gruyter, 1936.

[4] H. L. J. BÄCKSTRÖM: 1. c.; Medd. K. Vetenskapsakad. Nobelinst. **6**, Nr. 16 (1927), 1. — H. L. J. BÄCKSTRÖM, H. N. ALYEA: Trans. Faraday Soc. **24** (1928), 601. — H. N. ALYEA, H. L. J. BÄCKSTRÖM: J. Amer. chem. Soc. **51** (1929), 90.

[5] Die ersten eingehenden Veröffentlichungen über die Hemmung der Autoxydationen CH. MOUREU, CH. DUFRAISSE: C. R. hebd. Séances Acad. Sci. **174** (1922), 258; **176** (1923), 624, 797. — Siehe den Artikel DUFRAISSE im vorliegenden Band dieses Handbuches.

tion — durch ungesättigte Partikeln, freie Radikale, aufrechterhalten wird. Tritt eine solche ungesättigte Partikel auch mit dem Lösungsmittel in Wechselwirkung, so verschwindet sie wohl, aber unter Bildung einer neuen ungesättigten Partikel, die sich ihrerseits mit Reaktionskomponenten zu Radikalen umzusetzen vermag.

BAUBIGNY[1] war bereits der Ansicht, daß der Umsatz von Cupriion mit Sulfition zu Cuproion und Dithionation in den Teilvorgängen:

$$Cu^{..} + SO_3'' \rightarrow Cu^. + SO_3'$$

$$2\, SO_3' \rightarrow S_2O_6''$$

$$2\, Cu^{..} + 2\, SO_3'' \rightarrow 2\, Cu^. + S_2O_6''$$

verläuft, daß also primär Cupriion mit Sulfition das freie Radikal Monothionation SO_3' gibt und daß das Endprodukt Dithionat durch Dimerisierung des Monothionations entsteht. HABER und FRANCK[2] greifen die Auffassung BAUBIGNYS wieder auf, indem sie bei der Cupriionenkatalyse der Autoxydation des Natriumsulfits als Primärprozeß die Bildung des Radikals Monothionation durch Ladungsaustausch zwischen Cupriion und Sulfition annehmen.[3]

Was den photochemischen Prozeß betrifft, so führen FRANCK und HABER das Kontinuum der Lichtabsorption von Sulfitlösungen unter 2600 Å auf den photochemischen Primärakt:

$$SO_3''H_2O + h\nu = SO_3' + OH' + H$$

zurück. Nach dieser Interpretation springt ein Elektron des hydratisierten Sulfitions auf die Hydroxylgruppe der mit dem Ion gekoppelten Wassermolekel über, wobei das freie Radikal Monothionation entsteht. Im Einklange mit der Deutung des Absorptionsspektrums steht die Beobachtung, daß durch intensive Quecksilberbestrahlung einer sauerstofffreien Sulfitlösung neben elementarem Wasserstoff Dithionat entsteht.[4] Nach BÄCKSTRÖMS Befund[5] vermögen auch einige Oxydationsmittel, die der sauerstoffhaltigen Sulfitlösung zugefügt werden — wie Wasserstoffsuperoxyd und Kaliumpersulfat —, die Reaktionskette in Gang zu setzen.[6] Bei dem Umsatz dieser Oxydationsmittel mit Sulfit zu Sulfat unter Ausschluß von Sauerstoff konnte demgemäß Dithionat als Nebenprodukt nachgewiesen werden.[7] A. FRIESSNER[8] zeigte, daß bei der Elektrolyse einer Sulfitlösung an der Anode Dithionsäure in reichlicher Menge erhalten wird.

[1] H. BAUBIGNY: C. R. hebd. Séances Acad. Sci. **154** (1912), 701; Ann. chim. phys. (9), 1 (1914), 201.

[2] F. HABER: Naturwiss. **19** (1931), 450. — J. FRANCK, F. HABER: S.-B. preuß. Akad. Wiss., physik.-math. Kl. **1931**, 250.

[3] Nach Ansicht HABERS entsteht dabei die Valenzlücke am Schwefel. BAUMGARTEN u. ERBE schließen hingegen aus den Reaktionsprodukten, die sich bei der Cupriionenkatalyse der Sulfitautoxydation in Gegenwart von Pyridin ergeben, auf primäre Bildung eines „Isomonothionats" mit der Valenzlücke am Sauerstoff. — F. HABER, O. H. WANSBROUGH-JONES: Z. physik. Chem., Abt. B **18** (1932), 112. — P. BAUMGARTEN, H. ERBE: Ber. dtsch. chem. Ges. **70** (1937), 2241.

[4] F. HABER, O. H. WANSBROUGH-JONES: l. c.

[5] H. L. J. BÄCKSTRÖM: Medd. K. Vetenskapsakad. Nobelinst. **6**, Nr. 15 (1927), 1.

[6] In analoger Weise werden durch chemische Vorbehandlung mit unterschüssigem Permanganat und anderen Oxydationsmitteln oxalsaure Lösungen viel reaktionsfähiger gemacht. Diese „aktive Oxalsäure" dürfte auf das einfach geladene Oxalatoion $(COO)_2'$ zurückzuführen sein, das zum Oxalation $(COO)_2''$ in der gleichen Beziehung steht wie das Monothionation SO_3' zum Sulfition SO_3''. E. ABEL, H. SCHMID: Naturwiss. **23** (1935), 501. — Literatur über die aktive Oxalsäure K. WEBER: Inhibitorwirkungen, S. 163. Stuttgart: F. Enke, 1938.

[7] H. W. ALBU, H. D. v. SCHWEINITZ: Ber. dtsch. chem. Ges. **65** (1932), 729.

[8] A. FRIESSNER: Z. Elektrochem. angew. physik. Chem. **10** (1904), 265.

Es war daher zu erwarten, daß Sauerstoffgas, durch den Anodenraum eines derartigen Systems geleitet, erheblich rascher als bei Stromlosigkeit verbraucht wird. Dies konnte von HABER und Mitarbeitern[1] in der Tat bestätigt werden. Alle diese Untersuchungen, denen — wie besonders betont sei — in erster Linie der Charakter reiner Experimentalchemie zukommt, brachten den überzeugenden Beweis, daß der Primärprozeß der Autoxydation von Natriumsulfit in dem Übergang des Sulfitions in Monothionsäureion unter Verlust eines Elektrons besteht, der durch Cupriion, Wasserstoffsuperoxyd, Kaliumpersulfat oder durch ultraviolettes Licht hervorgerufen wird.

Die dem Primärprozeß folgenden Teilreaktionen können hingegen nur mit Vorbehalt angegeben werden, da die bis jetzt vorliegenden Untersuchungen — wie BÄCKSTRÖM ausdrücklich hervorhob — nur den Charakter von Stichproben haben, die noch kein zusammenhängendes Bild der Verhältnisse geben. HABER hat folgendes Gesamtbild der Reaktion entworfen:

$$Cu^{\cdot\cdot} + SO_3'' \rightarrow Cu^{\cdot} + SO_3', \tag{1}$$

$$SO_3' + H^{\cdot} \leftarrow\rightarrow SO_3H, \tag{2}$$

$$SO_3H + O_2 + SO_3'' + H_2O \rightarrow 2\,SO_4'' + OH + 2\,H^{\cdot}, \tag{3}$$

$$OH + SO_3'' \rightarrow SO_3' + OH', \tag{4}$$

$$H^{\cdot} + OH' \leftarrow\rightarrow H_2O. \tag{5}$$

Nach diesem Mechanismus reagiert die schwache Monothionsäure als freies Radikal[2] mit Sauerstoff und Sulfit unter Bildung von Sulfation und ungeladenem Hydroxyl,[3] das sich seinerseits mit Sulfition zu dem Radikalion der Monothionsäure umsetzt. Das Bruttoergebnis der Reaktionen 2 bis 5, deren einmalige Folge als Kettenglied bezeichnet wird, ist

$$2\,SO_3'' + O_2 = 2\,SO_4''.$$

Die Einführung undissoziierter Monothionsäure in das Schema der Reaktionskette trägt der Erfahrung Rechnung, daß der Umsatz zwischen Natriumsulfit und Sauerstoff im stark alkalischen Gebiete (über $p_H = 13$) ausbleibt.[4] Die Annahme, daß Sulfit als Ion an dem Reaktionsablauf beteiligt ist, gründet sich hingegen auf das Versagen der Autoxydation im erheblich sauren Gebiete (unter $p_H = 3$).[5]

Daß die Teilreaktion 3 zusammengesetzter Natur ist, ist augenscheinlich. In Analogie zu der von ENGLER, WILD, BACH, MANCHOT vertretenen Primäroxydtheorie, nach der der Primärakt der Autoxydation in der Vereinigung der Sauerstoffmolekel mit der oxydablen Substanz besteht,[6] zerlegen FRANCK und HABER die Reaktion 3 in die Zwischenvorgänge:

$$HSO_3 + O_2 = HSO_5,$$

$$HSO_5 + SO_3'' + H_2O = 2\,SO_4'' + 2\,H^{\cdot} + OH.$$

---

[1] F. HABER: Naturwiss. **19** (1931), 452. — P. GOLDFINGER, H. D. v. SCHWEINITZ, siehe H. W. ALBU, H. D. v. SCHWEINITZ: Ber. dtsch. chem. Ges. **65** (1932), 729.

[2] Sie hat um ein Wasserstoffatom weniger als schweflige Säure.

[3] Hydroxyl als Kettenträger der Knallgasreaktion: K. F. BONHOEFFER, F. HABER: Z. physik. Chem. **137** (1928), 263. — Weitere Literatur siehe die auf S. 35, Anmerkung 1 angeführten Werke über Gasreaktionen.

[4] TITOFF, REINDERS, VLES führen den Reaktionsstillstand auf die Ausfällung der Cupriionen infolge Überschreitung des Löslichkeitsproduktes zurück. Diese Erklärung erweist sich aber als unzureichend, da auch die Lichtketten im stark alkalischen Gebiete nicht abzulaufen vermögen. A. TITOFF: l. c. — W. REINDERS, S. I. VLES: Recueil Trav. chim. Pays-Bas **44** (1925), 251.

[5] Im Einklange mit REINDERS u. VLES, l. c.

[6] Vgl. Artikel DUFRAISSE im vorliegenden Band dieses Handbuches.

Ihre Mitarbeiter P. Goldfinger und H. D. v. Schweinitz[1] teilen hingegen Reaktion 3 in die Zwischenstufen:

$$HSO_3 + O_2 + H_2O = SO_4'' + O_2H + 2\,H\cdot,$$

$$O_2H + SO_3'' = OH + SO_4''$$

in Anlehnung an den von Haber und Willstätter aufgestellten Mechanismus der Rückoxydation des Cuproions, der über den Anionenkomplex $[CuSO_3]'$ führen soll:

$$Cu\cdot + SO_3'' \rightarrow CuSO_3',$$

$$CuSO_3' + O_2 + H_2O \rightarrow CuSO_3 + O_2H + OH'.\,[2]$$

Unter der Voraussetzung, daß der Kettenabbruch proportional der Konzentration eines Kettenträgers ist, führt obiger Mechanismus — einschließlich der Rückoxydation des Cuproions — im Einklange mit den bisherigen Ergebnissen zu linearer Abhängigkeit der Reaktionsgeschwindigkeit von den Konzentrationen des Sulfitions,[3] Sauerstoffs[4] und Kupfersalzes.[5]

Vorliegender Mechanismus unterscheidet sich wesentlich von dem einer einfachen Katalyse; bei der einfachen Beschleunigung tritt bei einmaliger Reduktion und Rückoxydation des Katalysators eine einzige Sauerstoffmolekel in Reaktion, bei der katalytischen Auslösung von Ketten werden hingegen unter dem gleichen Umstande zahlreiche Sauerstoffmolekeln umgesetzt. Freilich ist, wie wir sahen und wie besonders Dufraisse[6] betont, die experimentelle Unterscheidung beider Typen so schwierig und auf den Einzelfall beschränkt, daß diese Fälle einfach als Katalysen einzuordnen sind.

Während im Mechanismus von Franck und Haber die Reaktionsstoppung in stark alkalischer Lösung ihre Erklärung dadurch findet, daß undissoziierte Monothionsäure $(H\cdot + SO_3' \rightleftarrows HSO_3)$ notwendiger Kettenträger ist, läßt sie sich in dem nachstehenden Reaktionsbild von Bäckström[7] auf die Beteiligung des Bisulfitions HSO_3' am Kettenmechanismus zurückführen.

Bäckström schuf folgendes Reaktionsschema für die Kette:

$$SO_3' + O_2 \rightarrow SO_5',$$

$$SO_5' + HSO_3' \rightarrow HSO_5' + SO_3',$$

$$HSO_5' + SO_3'' \rightarrow HSO_4' + SO_4''.$$

Die Reaktion des Sauerstoffs mit Monothionation entspricht dem Umsatze mit Monothionsäure nach Franck und Haber. Da die Empfindlichkeit der Reaktion gegenüber Inhibitoren bei hoher Bisulfitkonzentration verschwindet, tritt offenbar das Bisulfit mit den Inhibitoren in Konkurrenz. Alyea und Bäckström[8] haben festgestellt, daß die hemmende Wirkung der Alkohole mit ihrer Oxydation zu den entsprechenden Aldehyden oder Ketonen ursächlich zusammenhängt. Nachdem der betreffende Alkohol bei diesem Vorgange zwei Wasserstoffatome

[1] P. Goldfinger, H. D. v. Schweinitz: Z. physik. Chem., Abt. B **22** (1933), 241.

[2] Das Radikal O_2H wird auch bei vielen Wasserstoffsuperoxydreaktionen als Zwischensubstanz angenommen. F. Haber, R. Willstätter: Ber. dtsch. chem. Ges. **64** (1931), 2844. — F. Haber, J. Weiss: Naturwiss. **20** (1932), 948. — Ebenso als Glied der Knallgaskette und der sauerstoffgehemmten Chlorknallgaskette. Hierüber vgl. Artikel Schröer in Bd. I dieses Handbuches.

[3] A. Titoff: l. c.

[4] F. Haber, O. H. Wansbrough-Jones: l. c.

[5] A. Titoff, W. Reinders, S. I. Vles: l. c.

[6] Artikel im vorliegenden Band dieses Handbuches.

[7] H. L. J. Bäckström: Z. physik. Chem., Abt. B **25** (1934), 122.

[8] H. N. Alyea, H. L. J. Bäckström: J. Amer. chem. Soc. **51** (1929), 90.

verliert, also im Sinne der WIELANDschen Theorie[1] dehydriert wird, nimmt BÄCKSTRÖM auch Dehydrierung des Bisulfitions an.

Zum Unterschied von der durch Cupriion ausgelösten Autoxydation des Natriumsulfits, die infolge der Rückoxydation des Cuproions zu Cupriion als katalytischer Vorgang zu bezeichnen ist, ist die Autoxydation von Natriumsulfit unter Einwirkung von Wasserstoffsuperoxyd oder Kaliumpersulfat, die bei diesem Prozesse verbraucht werden, eine induzierte Reaktion, und zwar eine induzierte Reaktion im engeren Sinne, das sind zwei sich in ihrem Verlaufe beeinflussende Vorgänge, die einen Reaktionspartner gemeinsam haben.[2] In diesem Falle ist die induzierende Reaktion der Umsatz zwischen dem Oxydationsmittel und dem Natriumsulfit und die induzierte Reaktion die Oxydation des Natriumsulfits durch Sauerstoff. Wasserstoffsuperoxyd bzw. Kaliumpersulfat ist Induktor, Natriumsulfit Aktor, Sauerstoff Akzeptor. Der Induktionsfaktor dieser Reaktion

$$Q = \frac{\text{umgesetzter Akzeptor (Äquiv. pro Liter)}}{\text{umgesetzter Induktor (Äquiv. pro Liter)}}$$

wächst bei Vergrößerung des Konzentrationsverhältnisses Akzeptor zu Induktor unbegrenzt. In diesem Falle spricht man nach der Nomenklatur von W. C. BRAY[3] von „induzierter Katalyse", nachdem sich durch Vergrößerung des Konzentrationsverhältnisses Akzeptor zu Induktor die Induktion mehr und mehr der reinen Katalyse nähert. Der Kettenmechanismus der Autoxydation von Natriumsulfit macht es ohne weiteres verständlich, daß der Induktionsfaktor bei ständiger Vermehrung des Konzentrationsverhältnisses Akzeptor zu Induktor unbegrenzt ansteigt. Außer vom Konzentrationsverhältnis des Akzeptors zum Induktor hängt der Induktionsfaktor auch von den Größen der Geschwindigkeitskoeffizienten der Urreaktionen ab. Je langsamer die durch die induzierende Reaktion entstandenen freien Radikale dimerisieren, um so mehr Gelegenheit haben sie, mit dem Akzeptor die Reaktionskette einzuleiten, um so größer wird der Induktionsfaktor.

Der katalytischen Sulfitautoxydation analog verläuft die durch Schwermetallsalze ausgelöste[4] Autoxydation von Aldehyden. HABER und WILLSTÄTTER[5] nehmen an, daß die Reaktionskette durch den Prozeß

$$RC\overset{\displaystyle H}{\underset{\displaystyle O}{\diagdown}} + [Fe\cdots] \rightarrow RC\overset{\diagup}{\underset{\displaystyle O}{\diagdown}} + [Fe\cdot\cdot] + H\cdot \; [6]$$

in Gang gesetzt wird. Wie BÄCKSTRÖM[7] aus dem photochemischen Ablauf der

---

[1] Bekanntlich hat WIELAND nachgewiesen, daß zahlreiche Oxydationsreaktionen reine Dehydrierungen sind. Siehe beispielsweise den zusammenfassenden Bericht von H. WIELAND: Über den Verlauf der Oxydationsvorgänge. Stuttgart: F. Enke, 1933.

[2] A. SKRABAL: S.-B. Akad. Wiss. Wien, Abt. II b 144 (1935), 286; bzw. Mh. Chem. 66 (1935), 154. — Über die ältere Literatur siehe A. SKRABAL: Die induzierten Reaktionen, ihre Geschichte und Theorie. Sammlung chemischer Vorträge 13, 321. Stuttgart, 1908.

[3] W. C. BRAY, J. B. RAMSEY: J. Amer. chem. Soc. 55 (1933), 2279.

[4] R. KUHN, K. MEYER: Naturwiss. 16 (1928), 1028. — Siehe auch E. RAYMOND: J. Chim. physique 28 (1931), 316, 421. — H. WIELAND u. D. RICHTER fanden, daß extrem gereinigter Benzaldehyd wohl in unverdünntem Zustand durch Sauerstoff oxydiert wird, daß er aber ohne Schwermetallsalze in benzolischer und wässeriger Lösung mit Sauerstoff nicht zu reagieren vermag. H. WIELAND, D. RICHTER: Liebigs Ann. Chem. 486 (1931), 226.

[5] F. HABER, R. WILLSTÄTTER: l. c.

[6] [Fe⋯] und [Fe⋅⋅] bedeuten hier Ferri- bzw. Ferroverbindungen.

[7] H. L. J. BÄCKSTRÖM: Z. physik. Chem., Abt. B 25 (1934), 99.

Aldehydoxydation ableitete, entspricht das Kettenglied völlig dem von ihm
angegebenen Mechanismus der Sulfitautoxydation:[1]

$$RC\underset{O}{\overset{\diagup}{\diagdown}} + O_2 \;\rightarrow\; RC\underset{O}{\overset{\diagup O-O-}{\diagdown}}\;{}^{2}$$

$$RC\underset{O}{\overset{\diagup O-O-}{\diagdown}} + RC\underset{O}{\overset{\diagup H}{\diagdown}} \;\rightarrow\; RC\underset{O}{\overset{\diagup OOH}{\diagdown}} + RC\underset{O}{\overset{\diagup}{\diagdown}}$$

Von ihrer Vorstellung über den Verlauf der Natriumsulfitautoxydation aus-
gehend, schufen nun HABER und WILLSTÄTTER[3] ihre Theorie über den Mechanismus enzymatischer Prozesse. Sie übertragen das Bild von dem Radikalketten-
mechanismus dieses chemischen Vorganges auf Enzymreaktionen: monovalente
Reduktion des Enzyms (Ferri-Ferro),[4] monovalente Oxydation des Substrats
durch Dehydrierung zu einem freien Radikal

$$\left(\text{bei dem Beispiel der Aldehydoxydation } RC\underset{O}{\overset{\diagup H}{\diagdown}} \rightarrow RC\underset{O}{\overset{\diagup}{\diagdown}} \right).$$

Ehe zwei freie Radikale, deren Konzentration äußerst klein ist, zusammentreffen und sich zu einer paarigen, dimeren Verbindung vereinigen, haben sie
unvergleichlich häufiger Gelegenheit, mit anderen (paarigen) Stoffen der Lösung
zusammenzutreffen und einen Umsatz zu einem anderen paarigen Stoff und
einem anderen Radikal herbeizuführen. Dieses Schema dürfte wohl der Schlüssel
zum Verständnis der komplizierten Induktions- und Verzögerungserscheinungen
sein, wie sie WIELAND und FRANKE in zahlreichen Fällen an organischen Reaktionen beobachtet haben.[5] Inwieweit diese Theorie der Radikalketten für die
Enzymologie noch abzuwandeln ist, wird sich erst in späterer Zeit erweisen.
Jedenfalls hat die Verknüpfung der Vorstellung von der Autoxydation des
Natriumsulfits mit den Erscheinungen enzymatischer Prozesse neue Anregung
zu Arbeiten auf dem Grenzgebiete der physikalischen Chemie und Biologie
gegeben.[6]

---

[1] Zufolge den Ausführungen BÄCKSTRÖMS entspricht der von HABER u. WILL-
STÄTTER aufgestellte Kettenmechanismus der Aldehydautoxydation nicht den Tatsachen, da in diesem Reaktionsbilde Persäure als primäres Reaktionsprodukt nicht
aufscheint. H. L. J. BÄCKSTRÖM: Z. physik. Chem., Abt. B 25 (1934), 118. — Auch
G. WITTIG u. Mitarbeiter lehnen auf Grund ihrer Erfahrungen über die Inhibitorwirkung ungesättigter Kohlenwasserstoffe auf die Autoxydation des Benzaldehyds
den Haber-Willstätter-Mechanismus ab. G. WITTIG, W. LANGE: Liebigs Ann. Chem.
536 (1938), 274. — G. WITTIG, K. HENKEL: Ebenda 542 (1939), 130.

[2] Nach M. BODENSTEIN gelten diese Gleichungen auch für die Kette der langsamen
Verbrennung des Acetaldehyds. M. BODENSTEIN: Ber. 5. Solvay-Kongr., S. 78.
Paris, 1934.

[3] F. HABER, R. WILLSTÄTTER: l. c.

[4] Beispielsweise die Ferriform der Sauerstoff übertragenden Fermente der Atmung,
die Gegenstand der Untersuchungen von O. WARBURG waren. Siehe O. WARBURG:
Angew. Chem. 45 (1932), 1; „Katalytische Wirkung der lebendigen Substanz." Berlin:
Julius Springer, 1928; Naturwiss. 22 (1934), 441.

[5] Vgl. K. NERZ, C. WAGNER: Ber. dtsch. chem. Ges. 70 (1937), 446.

[6] Siehe z. B. G.-M. SCHWAB, B. ROSENFELD, L. RUDOLPH: Ber. dtsch. chem.
Ges. 66 (1933), 661. — H. S. TAYLOR, A. J. GOULD: J. Amer. chem. Soc. 55 (1933),
859. — H. FREDENHAGEN, K. F. BONHOEFFER: Z. physik. Chem., Abt. A 181 (1938),
386. — K. F. BONHOEFFER, W. D. WALTERS: Ebenda, Abt. A 181 (1938), 441.

Thermodynamik der Zwischenreaktionen.

Wie der Verfasser gelegentlich eines Vortrages: „Thermodynamik der Zwischenreaktionen" im Verein Deutscher Chemiker an der Grazer Universität am 18. Februar 1935[1] und bei der Tagung der Deutschen Bunsengesellschaft in Düsseldorf[2] darlegte, führt uns die systematische Verknüpfung der Kinetik mit der klassischen Thermodynamik zu neuen Aufgaben, für die der Verfasser den Namen „Thermodynamik der Zwischenreaktionen" prägte. Dadurch bekommt die bereits „abgeklärte" klassische Thermodynamik neue Impulse. Das wichtigste Problem dieses neuen Forschungsgebietes ist, die Änderung der freien Energie bzw. des thermodynamischen Potentials eines chemischen Vorganges in die Beträge der Urreaktionen aufzuspalten. Die erforderlichen „Normalwerte der freien Bildungsenergie" chemischer Zwischenstoffe sind durch Messungen chemischer Gleichgewichte, an denen die Zwischensubstanzen beteiligt sind, zu ermitteln.

Wir verfügen insbesondere über zwei Methoden, die zur Bestimmung dieser Größen geeignet sind, über ein rein thermodynamisches und über ein thermodynamisch-kinetisches Verfahren. Die rein statische Methode besteht darin, die chemischen Gleichgewichte der Zwischenstoffe mit den Ausgangs- und Endstoffen zu messen. Dabei muß man die Anfangs- und Endprodukte bei so großen Konzentrationen und bei einer derartigen Temperatur sich ins chemische Gleichgewicht setzen lassen, daß die Zwischenverbindung im Gleichgewichte in analytisch faßbarer Konzentration vorhanden ist. Da bei der Untersuchung das Gleichgewicht nicht gestört werden darf, müssen die Untersuchungsmethoden physikalischer Natur sein, z. B. optische oder elektrochemische Methoden. Wenn beispielsweise zu salpetriger Säure Salpetersäure entsprechender Konzentration in Stickoxydatmosphäre zugefügt wird, ist es möglich, die Zwischenverbindung Stickstofftetroxyd bzw. Stickstoffdioxyd im Gleichgewichte in derartigem Ausmaße zu erhalten, daß das Gleichgewicht zwischen gasförmigem Stickstoffdioxyd bzw. -tetroxyd und wässeriger Salpetersäure- und Salpetrigsäurelösung auf spektroskopischem Wege bestimmbar ist.[3] Dieser statischen Methode bedienten sich auch BONHOEFFER und REICHARDT[4] bei der spektroskopischen Untersuchung des Hydroxyls im Knallgas-Wasserdampf-Gemisch. Die Anwendung dieses Verfahrens ist natürlich auf solche Reaktionen beschränkt, bei denen es möglich ist, analytisch faßbare Mengen der Zwischenstoffe im chemischen Gleichgewichte zu erreichen und wo eine Herausschälung der Eigenschaften der Zwischenverbindungen neben den Eigenschaften aller Reaktionskomponenten und Endprodukte möglich ist.

Zu dieser rein statischen Methode gesellt sich die Bestimmung der aus der Kinetik bekannten vorgelagerten Gleichgewichte der Zwischenstoffe mit den Ausgangsstoffen. Sobald der Gehalt der Zwischensubstanz im Gleichgewichte der Gesamtreaktion unmeßbar klein, im vorgelagerten Gleichgewichte aber analytisch faßbar ist, ist die Messung vorgelagerter Gleichgewichte zur Ermittlung der freien Bildungsenergie des Zwischenstoffes unerläßlich. Der große Vorteil des statischen Verfahrens, daß die Zeit der Messung, die ja am Ende der Reaktion (thermodynamisches Gleichgewicht) erfolgt, beliebig groß sein kann, scheint zunächst der dynamischen Methode zu fehlen, bei der ja die Messung während

---

[1] H. SCHMID: Angew. Chem. 48 (1935), 604.

[2] H. SCHMID: Z. Elektrochem. angew. physik. Chem. 42 (1936), 579. — Vgl. auch H. SCHMID: Ebenda 40 (1934), 274.

[3] E. ABEL, H. SCHMID, M. STEIN: Z. Elektrochem. angew. physik. Chem. 36 (1930), 692.

[4] K. F. BONHOEFFER, H. REICHARDT: Z. physik. Chem. 139 (1928), 75.

der chemischen Reaktion vorgenommen wird. Doch läßt sich dieser Vorteil auch mit der dynamischen Methode verbinden, wenn die Messungen an *strömenden Reaktionssystemen* vorgenommen werden. Diese Strömungsmethode wurde seinerzeit von H. Hartridge und F. J. W. Rougthon[1] für Geschwindigkeitsmessungen an chemischen Reaktionen in den Dienst gestellt und vom Verfasser[2] zur Identifizierung der Zwischensubstanzen, zur Messung ihrer physikalischen Eigenschaften und zur Ermittlung ihrer freien Bildungsenergie in Anwendung gebracht.

Das Wesen der Methode, deren sich der Verfasser dabei bedient, besteht im folgenden: Die Zwischenverbindung wird durch kontinuierliches Zusammenfließen zweier Flüssigkeits- (Gas-) Ströme konstanter Geschwindigkeit ständig erzeugt und der resultierende, durch das Meßrohr fließende Strom der Zwischensubstanz an der Meßstelle mit unveränderter Geschwindigkeit vorbeigeführt, so daß am Orte der Messung immer der gleiche Zustand des Zwischenstoffes herrscht. Auf diese Weise wird der Vorteil: „Unabhängigkeit der Meßresultate von der Meßdauer" erzielt. Die Reaktionszeit ist bei bekannter Strömungsgeschwindigkeit durch die Entfernung der Meßstelle von der Mischstelle der beiden Reaktionskomponenten gegeben. Da die Messung prinzipiell an jeder Stelle des Meßrohres erfolgen kann, ist der Zustand der Zwischenverbindung in jedem Moment bekannt. Mit dieser Strömungsmethode kann eine Reihe physikalischer Meßverfahren verknüpft werden.

Die erste Arbeit des Verfassers im Rahmen dieser Untersuchungen war die Kombinierung der Strömungsmethode mit der Potentialmessung. Auf diesem Wege gelang es, Konstitution und Dissoziation jener Zwischenverbindung aufzuklären, die beim Umsatz von Ferrisalz mit Thiosulfat:

$$2\,\mathrm{Fe}^{\cdots} + 2\,\mathrm{S_2O_3}'' = 2\,\mathrm{Fe}^{\cdot\cdot} + \mathrm{S_4O_6}''$$

intermediär entsteht und die sich — wie zu Beginn der Abhandlung erwähnt

---

[1] H. Hartridge, F. J. W. Rougthon: Proc. Roy. Soc. (London), Ser. A **104** (1923), 376, 395; Ser. A **107** (1925), 654; Proc. Cambridge philos. Soc. **22** (1924), 426; **23** (1926), 450. — Anwendung der Strömungsmethode, bevor sie von H. Hartridge u. F. J. W. Rougthon für Geschwindigkeitsmessungen an Lösungsreaktionen systematisch ausgearbeitet wurde, bei Gasen: F. Raschig: Z. angew. Chem. **18** (1905), 1284, 1297. — E. Briner, E. Fridöri: J. Chim. physique **16** (1918), 279. — T. D. Stewart, K. R. Edlund: J. Amer. chem. Soc. **45** (1923), 1014. — Bei Flüssigkeiten: W. A. Noyes, Th. A. Wilson: Ebenda **44** (1922), 1630. — Weitere Arbeiten: N. Sasaki: Z. anorg. allg. Chem. **137** (1924), 292. — N. Sasaki, K. Nakamura: The Sexagint Kyoto 1927, S. 241. — R. N. J. Saal: Recueil Trav. chim. Pays-Bas **47** (1928), 73, 264, 385. — W. C. Bray, R. S. Livingston: J. Amer. chem. Soc. **50** (1928), 1655. — H. Schmid: Z. physik. Chem., Abt. A **141** (1929), 41 und die in der Anmerkung 2 angeführten Arbeiten. — F. J. W. Rougthon: Proc. Roy. Soc. (London), Ser. A **126** (1930), 439, 470. — V. K. la Mer, Ch. L. Read: J. Amer. chem. Soc. **52** (1930), 3098. — E. G. Ball, W. M. Clark: Proc. nat. Acad. Sci. USA. **17** (1931), 347. — E. G. Ball, T. T. Chen, W. M. Clark: J. biol. Chemistry **102** (1933), 691. — G. A. Millikan: J. Physiology **79** (1933), 152, 158. — R. Brinkman, R. Margaria, F. J. W. Rougthon: Philos. Trans. Roy. Soc. London, Ser. A **232** (1933), 65. — A. Thiel, A. Logemann: S.-B. Ges. Beförd. ges. Naturwiss. Marburg **69** (1934), 50. — H. v. Halban, H. Eisner: Helv. chim. Acta **18** (1935), 724; **19** (1936), 915. — F. J. W. Rougthon, G. A. Millikan: Proc. Roy. Soc. (London), Ser. A **155** (1936), 258. — F. J. W. Rougthon: Ebenda, Ser. A **155** (1936), 269. — G. A. Millikan: Ebenda, Ser. A **155** (1936), 277. — E. A. Šilov, S. M. Solodušenkov: C. R. (Doklady) Acad. Sci. URSS. **1936**, III, 15. — K. G. Stern, Delafield du Bois: J. biol. Chemistry **116** (1936), 575.

[2] H. Schmid: Z. physik. Chem., Abt. A **148** (1930), 321; Z. Elektrochem. angew. physik. Chem. **36** (1930), 769. — H. Schmid, E. Gastinger: Ebenda **39** (1933), 573. — H. Schmid: Ebenda **42** (1936), 579. — H. Schmid, R. Marchgraber, F. Dunkl: Ebenda **43** (1937), 337.

wurde — durch eine wenige Sekunden dauernde Violettfärbung verrät. Die Ermittlung der Zusammensetzung dieses labilen Komplexes geschah auf ähnlichem Wege, wie ihn seinerzeit G. BODLÄNDER[1] zur Analyse stabiler Komplexe beschritten hatte. Ist der in Ionen A und B dissoziierende Komplex $A_m B_n$, so ist bei konstanter ionaler Konzentration:

$$K = \frac{[A_m B_n]}{[A]^m [B]^n} = \frac{\frac{(A)-[A]}{m}}{[A]^m [B]^n},$$

wobei wieder die rundgeklammerten Symbole analytische Konzentrationen, die eckiggeklammerten Symbole wirkliche Konzentrationen bedeuten. Durch Variation der Gehalte von A und B können nun die stöchiometrischen Koeffizienten m und n berechnet werden, wenn die wirklichen Konzentrationen von A und B bekannt sind, wenn also z. B. A[2] elektromotorisch wirksam ist, [A] sich also durch Potentialmessungen ermitteln läßt und [B][3] bei hinreichendem Überschuß über den Gehalt an Komplex mit (B) identifiziert werden kann. Die Strömungsgeschwindigkeit und die Konzentrationen beider Reaktionskomponenten (salzsaure Ferri-Ferrochlorid[4]-Lösung einerseits, Natriumthiosulfatlösung anderseits) sind so bemessen, daß die Intensität der Violettfärbung (bzw. der Wert der gemessenen Potentiale) von der Mischstelle an das ganze Meßrohr hindurch nahezu gleich bleibt. Die Bedingungen sind demnach so gewählt, daß rasche Bildung und langsamer Zerfall des Komplexes erfolgt. Es wird also auf diese Weise das Gleichgewicht:

$$m \, \mathrm{Fe}^{\cdots} + n \, \mathrm{S_2O_3}'' \longrightarrow \mathrm{Fe}_m \, (\mathrm{S_2O_3})_n{}^{(3m-2n)\oplus}$$

gemessen, das der zeitbestimmenden zu Ferroion und Tetrathionation führenden Reaktion vorgelagert ist, die ihrerseits im untersuchten Konzentrationsbereiche so schnell abläuft, daß sie mit den gewöhnlichen Mitteln der Kinetik nicht erfaßt werden kann. Die Auswertung der Meßresultate nach dem geschilderten Verfahren ergibt für m und n je eins. Die Zwischensubstanz hat somit die Zusammensetzung

$$\mathrm{Fe} \, (\mathrm{S_2O_3})^{\cdot}.$$

Ihre Bildung erfolgt durch die Primärreaktion

$$\mathrm{Fe}^{\cdots} + \mathrm{S_2O_3}'' = \mathrm{FeS_2O_3}^{\cdot},$$

deren Gleichgewichtskonstante sich zu

$$K = \frac{[\mathrm{FeS_2O_3}^{\cdot}]}{[\mathrm{Fe}^{\cdots}][\mathrm{S_2O_3}'']} = 15 \, (18°\mathrm{C}, \quad j = 2\cdot1) \; [5]$$

ergab.

Auch die Kombinierung der Strömungsmethode mit der Leitfähigkeitsmessung erweist sich als brauchbares Hilfsmittel für die Thermodynamik der Zwischenreaktionen.[6] Daß sich die beschriebene Methode nicht nur für die Bestimmung

---

[1] G. BODLÄNDER: Die Untersuchungen von komplexen Verbindungen. Festschrift zur Feier des 70. Geburtstages von R. DEDEKIND, S. 153. Braunschweig: Vieweg u. Sohn, 1901.

[2] In dem speziellen Falle Ferriion.

[3] In vorliegendem Falle Thiosulfation.

[4] Ferroion diente zur Schaffung definierter Ferri-Ferro-Potentiale, die in diesem Falle Gegenstand der Messung waren. Nähere Erläuterung siehe Originalveröffentlichung.

[5] j = ionale Konzentration.

[6] H. SCHMID: Z. Elektrochem. angew. physik. Chem. **42** (1936), 581. — Über die apparativen und meßtechnischen Einzelheiten der Leitfähigkeitsmessung zur exakten Bestimmung von Zwischenstoffgleichgewichten siehe H. SCHMID, R. MARCHGRABER, F. DUNKL: Ebenda **43** (1937), 337.

der Konstitution und der freien Energie der Zwischensubstanzen, sondern auch
zur Messung physikalischer Eigenschaften kurzlebiger Zwischenstoffe eignet,
erhellt aus der Arbeit von H. Schmid und E. Gastinger.[1] Durch Ermittlung
der Extinktionskurve des unbeständigen HS_2O_3'-Ions im Ultraviolett wurde
der Beweis erbracht, daß auf diesem Wege die Spektralphotometrie kurzlebiger
Zwischenprodukte ermöglicht wird.

Diese Untersuchungen sind als „Keime" einer Forschungsrichtung gedacht,
die sich im allgemeinen durch die Bezeichnung „Physikalische Chemie der
Zwischenstoffe"[2] und im besonderen durch den Begriff „Thermodynamik der
Zwischenreaktionen" charakterisieren läßt. Nach Ansicht des Verfassers wird
sie sich in absehbarer Zeit immer mehr und mehr zur chemischen Kinetik ge-
sellen, denn mit Hilfe physikalischer Untersuchungen der Zwischenprodukte
wird es möglich sein, Zusammenhänge zwischen physikalischen Eigenschaften
labiler Zwischensubstanzen und deren Reaktionsfähigkeit aufzudecken.[2] In
Übereinstimmung damit stehen spätere Ausführungen W. Frankenburgers[3]
über das Programm, das von H. Schmid aufgestellt und mit der Bezeichnung
„Thermodynamik der Zwischenreaktionen"[4] umrissen wurde. Frankenburger
schreibt darüber:

„Es wäre ein kaum zu überschätzender Fortschritt auf dem noch so stark
von der reinen Empirie beherrschten Gebiet der chemischen Dynamik, wenn es
künftigen Forschungen gelänge, eine Thermodynamik und eine damit quantitativ
verknüpfte Ableitung der kinetischen Daten für die Einzelstufen chemischer
Umsetzungen, insbesondere auch der katalytischen Prozesse systematisch
auszubauen."

„Besonders wertvoll sind in diesem Zusammenhange alle Ansätze dazu,
die Konzentrationen sowie die thermodynamischen und sonstigen Eigenschaften
der Zwischenstoffe auf experimentellem Wege messend zu erfassen (Anmerkung
über die Arbeiten von H. Schmid)."

Aus den vorliegenden Ausführungen geht zweifellos hervor, was für eine
hervorragende Bedeutung der Zwischenreaktionstheorie für die Erklärung
katalytischer Erscheinungen zukommt und daß es daher von großer Wichtigkeit
ist, die chemischen Reaktionen in alle Teilvorgänge aufzulösen, die den chemischen
Umsätzen zugeordneten Eigenschaftswerte in die der Urreaktionen zu zerlegen
und die physikalisch-chemischen Eigenschaften der Zwischensubstanzen zu
ergründen.

---

[1] H. Schmid, E. Gastinger: Z. Elektrochem. angew. physik. Chem. **39** (1933), 573.

[2] H. Schmid: Z. Elektrochem. angew. physik. Chem. **40** (1934), 274.

[3] W. Frankenburger: Katalytische Umsetzungen in homogenen und enzymati-
schen Systemen, S. 205. Leipzig: Akad. Verlagsges., 1937.

[4] H. Schmid: Angew. Chem. **48** (1935), 604; Z. Elektrochem. angew. physik.
Chem. **42** (1936), 579.

Phenomena of acid-base catalysis.

By

JOHN W. BAKER, Leeds, and EUGENE ROTHSTEIN, Leeds.

Inhaltsverzeichnis.

Erscheinungen der Säure-Basen-Katalyse (Phenomena of acid-base catalysis). Seite

Introduction.

The accelerating effect of acids and bases on various reactions in organic chemistry, such as those which involve hydrolysis, condensation, isomerisation etc. represents the oldest and most widely studied type of homogeneous catalysis in solution.[1]

---

[1] Cf. for example the catalytic action of concentrated acids in the dehydration of alcohol to ether and ethylene (Deiman, 1795), of dilute acids and alkali in the hydrolysis of starch (Parmentier, 1781) and in esterification and hydrolysis (Scheele, 1792).

The development of the ARRHENIUS-OSTWALD theory of electrolytic dissociation led to the early recognition of a direct proportionality between the catalytic activity of acids and bases and the concentration of the hydrogen and hydroxyl ions, respectively, the velocity of the reaction being denoted by the sum of the velocities separately promoted by each ion; $v = v_H + v_{OH}$.

The more recent extension of this simple theory to include catalysis by a large variety of molecules and ions has occurred in several well-defined stages. Extension to include catalysis by the undissociated molecules of acids resulted from the investigations of ACREE and JOHNSON[1] on the rearrangement of acyl-halogenoaminobenzene derivatives, SENTER,[2] on the hydrolysis of halogenoacetic acids, LAPWORTH[3] and GOLDSCHMIDT[4] on esterification, BREDIG, MILLER and BRAUNE[5] and SNETHLAGE[6] on the decomposition of ethyl diazoacetate and of DAWSON, POWIS, and REIMAN[7] on the iodination of acetone, and gave rise to the "dual" theory of catalysis ($v = v_H + v_{OH} + v_M$). The next and most important step in its supersession by a still more general theory awaited the revolutionary conception of acids and bases advanced independently by BRÖNSTED[8] and LOWRY.[9] This now well known, and generally accepted, view regards an acid simply as a donator of protons and a base as an acceptor of protons, the two entities being inter-related thus: Acid $\rightleftharpoons$ Base $+$ H$^+$. This constitutive relationship is of much more fundamental importance than is any subsidiary difference which may arise from the state of electrification of the entity. Thus an acid may be either a positive ion (e.g. $\overset{+}{NH_4}$, $\overset{+}{H_3O}$), a neutral molecule (e.g. $H \cdot CO_2H$), or an anion (e.g. $CO_2H \cdot CO \cdot \overset{-}{O}$), and similar charge differences may be superimposed upon the general character of proton-acceptor which constitutes basic character. Incidentally, it may be noted that the same fundamental distinction occurs in INGOLD's classification[10] of reagents into "electrophilic" and "nucleophilic". An electrophilic reagent is one which acquires electrons, or a share in electrons, previously belonging to a foreign molecule or ion, whereas a nucleophilic reagent is one which donates its electrons to, or shares them with, a foreign atomic nucleus, again irrespective of the particular state of electrification of the reagent concerned.

BRÖNSTED's enlarged conception of acids and bases led him to the recognition of the catalytic activity of the anions of weak acids in the base catalysed decomposition of nitramide[11] and a similar demonstration by DAWSON[12] of their activity in the iodination of acetone and in the hydrolysis of α-halogeno fatty acids ($v = v_H + v_{OH} + v_m + v_a$).

It is evident that, on BRÖNSTED's definition, water can function as both an acid and a base since it can either ionise to donate a proton, $H \cdot OH \rightarrow \overset{+}{H} + \overset{-}{OH}$, or it can function as a base and accept a proton to form the hydroxonium ion,

[1] Amer. chem. J. **37** (1907), 410; **38** (1907), 258.
[2] J. chem. Soc. (London) **91** (1907), 460.
[3] Ibid. **97** (1910), 19.
[4] Z. physik. Chem. **70** (1910), 627; **81** (1912), 30; Z. Elektrochem. angew. physik. Chem. **17** (1911), 684.
[5] Z. Elektrochem. angew. physik. Chem. **18** (1912), 535.
[6] Ibid. **18** (1912), 539; cf. TAYLOR: Ibid. **20** (1914), 201.
[7] J. chem. Soc. (London) **103** (1913), 2135; **107** (1915), 1426.
[8] Recueil Trav. chim. Pays-Bas **42** (1923), 718.
[9] Chem. Industries **42** (1923), 43.
[10] J. chem. Soc. (London) **1933**, 1120.
[11] BRÖNSTED, PEDERSEN, DUUS: Z. physik. Chem. **108** (1924), 185; **117** (1925), 299.
[12] DAWSON, CARTER: J. chem. Soc. (London) **1926**, 2282 and subsequent papers.

$\overset{+}{H} + H_2O \rightarrow \overset{+}{O}H_3$. Since free protons cannot exist in appreciable concentration such dual function is more correctly represented as the protolytic reaction[1]

$$H_2O + H \cdot OH \rightleftharpoons \overset{+}{H}_3O + O\overset{-}{H}.$$

Thus, as Lowry[2] has emphasised, the amphoteric character of the water molecule makes it a complete and self-sufficient catalyst and cases in which it exerts a small but definite catalytic effect are now well established and include the mutarotation of glucose,[3] the iodination of acetone,[4] and the decomposition of nitroamide[5] ($v = v_H + v_{OH} + v_m + v_a + v_{H_2O}$).

The relative importance of the various catalytic entities will, of course, vary from reaction to reaction and may be subjected to a considerable degree of control by suitable adjustment of the experimental conditions, more especially by such buffering of the reaction medium that the effective concentration of certain entities becomes negligible. By such methods of experimental manipulation, combined with kinetic analysis, it is possible to determine the magnitude of the catalytic efficiencies of the various individual species and Dawson,[6] in particular, has shown that the reaction velocity calculated by summation of the separate velocities, determined from a knowledge of the catalytic coefficients and concentrations of the various catalytic entities concerned, agrees very closely with the value determined experimentally.

The greatly extended circle of substances which, on the basis of Brönsted's concept, are now included in the category of acids and bases covers an enormous range of varying acid and basic strength and the correlation of catalytic efficiency with the strength of the catalyst acid or base is of obvious importance.

In their paper referred to above, Brönsted and Guggenheim[7] determined the catalytic coefficients of a large number of acids and their conjugate bases[8] in the mutarotation of glucose. The following table gives a typical selection of the results obtained: K_A is the acid dissociation constant of the acid and k_A and k_B are the catalytic coefficients of the acid and of its conjugate base, respectively.

The various acid catalysts, which include positively charged ions, neutral molecules and anions, are arranged in order of decreasing acid strength, the order of the conjugate bases consequently being that of increasing basic character. Although the values of K_A cover a range of 10^{18} and those of k_B a range of 10^8 it is at once obvious that, in complete parallelism, the catalytic activity coefficient of the acid (k_A) continuously decreases, whilst that of the base (k_B) shows a successive increase. When log k_A for all the acid catalysts, including $O\overset{+}{H}_3$, is plotted against log K_A an approximate straight line of one slope is obtained, and another straight line of a different slope is obtained in the similar plot of log k_B for all bases, including OH', against log K_B (Fig. 1). A similar bilinear

---

[1] In this the article catalyst hydrion is often denoted as $\overset{+}{H}$: this symbol is used merely for simplicity and is not intended to imply action by an unsolvated proton.

[2] J. chem. Soc. (London) **127** (1925), 1371.

[3] Hudson: J. Amer. chem. Soc. **29** (1907), 1571. — Brönsted, Guggenheim: Ibid. **49** (1927), 2554.

[4] Dawson, Key: J. chem. Soc. (London) **1928**, 543.

[5] Cf. Pedersen: J. physic. Chem. **38** (1934), 581 for summary.

[6] E. g. J. chem. Soc. (London) **1933**, 49, 291.

[7] J. Amer. chem. Soc. **49** (1927), 2554.

[8] In the Brönsted relationship $A \rightleftharpoons B + H^+$, B is the conjugate base of the acid A.

Relation between Strength and Catalytic Effect of Acids and Bases.

Acid	Conjugate Base	K_A	k_A	k_B
$\overset{+}{O}H_3$	OH_2	$5,6 \times 10$	$1,4 \times 10^{-1}$	$9,5 \times 10^{-5}$
HSO_4'	SO_4''	$1,2 \times 10^{-2}$	—	4×10^{-3}
$Ph \cdot CH(OH) \cdot CO_2H$	$Ph \cdot CH(OH) \cdot CO_2'$	$4,3 \times 10^{-4}$	6×10^{-3}	$1,1 \times 10^{-2}$
$CH_3 \cdot CO_2H$	$CH_3 \cdot CO_2'$	$1,8 \times 10^{-5}$	2×10^{-3}	$2,7 \times 10^{-2}$
$C_5H_5\overset{+}{N}H$	C_5H_5N	$3,6 \times 10^{-6}$	—	$8,3 \times 10^{-2}$
$[Co(NH_3)_5OH_2]^{+++}$	$[Co(NH_3)_5 \cdot OH]^{++}$	$1,6 \times 10^{-6}$	—	$7,8 \times 10^{-1}$
$\overset{+}{N}H_4$	NH_3	$3,2 \times 10^{-10}$	—	$3,2$
OH_2	OH'	$1,0 \times 10^{-16}$	$9,5 \times 10^{-5}$	6×10^3

plot is obtained with the results of DAWSON for the catalysed iodination of acetone,[1] for the hydrolysis of ethyl acetate[2] and for the decomposition of nitramide.[3]

Results such as these are indicative of the existence of two different mechanisms for acid and basic catalysis and constitute the experimental basis for BRÖNSTED's general theory of acid-base catalysis,[4] which visualises the mechanism of such catalysis as being essentially a transfer of a proton from the catalyst to the substrate (acid catalysis) or from the substrate to the catalyst (basic catalysis). On this view the velocity of the catalysed change will be determined by a protolytic reaction between the substrate and the catalyst whereby the substrate molecule, by receiving or giving off a proton, gets into an unstable state which immediately (or very rapidly compared with the velocity of the protolytic reaction) leads to the reaction examined.[5] Thus acid catalysis of a basic substrate would be represented by the general scheme,

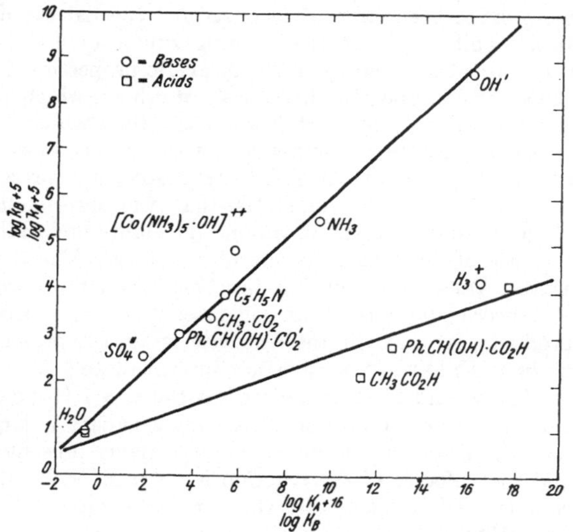

Fig. 1. Relation between acid dissociation constants and catalytic activity coefficients.

$$R + A \rightarrow R\overset{+}{H} + B$$

whereas

$$RH + B \rightarrow R' + BH$$

[1] M. KILPATRICK, M. L. KILPATRICK: Chem. Reviews 10 (1932), 213.
[2] DAWSON, LOWSON: J. chem. Soc. (London) 1927, 2444; 1929, 393.
[3] BRÖNSTED, PEDERSEN: Z. physik. Chem. 108 (1924), 185.
[4] BRÖNSTED, PEDERSEN: Z. physik. Chem. 108 (1924), 185. — BRÖNSTED, GUGGENHEIM: l. c. — BRÖNSTED: Chem. Reviews 5 (1928), 231; Trans. Faraday Soc. 24 (1928), 630.
[5] PEDERSEN: J. physic. Chem. 38 (1934), 581; Trans. Faraday Soc. 34 (1938), 237.

would represent the basic catalysis of an acidic substrate. Detailed consideration of BRÖNSTED's theory from its more physical aspects is given elsewhere in this volume (p. 206). It may be noted here that the essential character of the proton exchange reactions which are involved are in no way invalidated by the possibility that the acidic or basic properties of the substrate may be exceedingly feeble. In the opinion of the present writers, BRÖNSTED's theory forms a fertile basis for the discussion of the mechanism of acid and base catalysis, especially in prototropic reactions, but its scope is rather too limited to include the whole range of acid-base catalysed organic reactions. A more comprehensive definition is attempted at the end of this section.

From the aspect of the more intimate mechanism of acid-base catalysed reactions the nature of the "unstable state" which results from the initial inter-action of substrate and catalyst is of great importance. The existence of "un-catalysed" reactions is denied by many workers[1] and there is general agreement that the intervention of some catalytic entity is always necessary, but divergent views have been expressed concerning the nature of the intermediate complex.[2] It is significant that the reacting substrate must have basic properties if its reaction is catalysed by acids, or acidic properties if basic catalysts are effective. Thus, for example, the hydrolysis of ethers, which possess only basic properties, is catalysed only by acids,[3] whereas esters, which exhibit both acidic and basic properties forming compounds with either bases (e. g. $Ph \cdot CO_2Et$, NaOMe)[4] or acids (e.g. $Me \cdot CO_2Et$, HBr),[5] are readily hydrolysed by either of these reagents. SKRABAL[6] therefore concludes that the intermediate complex must partake of the nature of a salt or anion. He points out that, from a kinetic standpoint, the intermediate may be one of two types. The first type, which he designates as the ARRHENIUS type[7] is involved when the reversible reaction which forms the intermediate is rapid compared with the further transformation into the products, so that the intermediate is always present in its equilibrium concentration. EULER's "reactive ion intermediate" is of this type.[8]

The second kind, designated as the VAN'T HOFF type,[9] is concerned when the velocity of decomposition of the intermediate is large relative to its velocity of formation, so that the intermediate is never present in appreciable concentration and the velocity of the reaction is determined by the speed of formation of the complex. Of this type are the "critica lcomplexes" of MARCELIN,[10] BRÖNSTED,[11] and MÜLLER.[12]

This kinetic distinction with regard to the intermediate has been clearly summarised by PEDERSEN.[13]

[1] Cf. MITTASCH: Ber. dtsch. chem. Ges. 59 (1926), 13.

[2] VON EULER, ÖLANDER: Z. physik. Chem. 134 (1928), 381; 137 (1928), 393; 131 (1927), 107. — MEERWEIN: Liebigs Ann. Chem. 455 (1927), 227. — MEERWEIN, VAN EMSTER: Ber. dtsch. chem. Ges. 53 (1920), 1815; 55 (1922), 2500. — MEERWEIN, MONTFORT: Liebigs Ann. Chem. 435 (1923), 207. — MEERWEIN, BURNELEIT: Ber. dtsch. chem. Ges. 61 (1928), 1840. — BÖESEKEN: Trans. Faraday Soc. 24 (1928), 611.

[3] SKRABAL, RINGER: Mh. Chem. 42 (1921), 9. — SKRABAL, SCHIFFER: Z. physik. Chem. 99 (1921), 290. — SKRABAL, AIRILDI: Mh. Chem. 45 (1924), 13.

[4] VON PECHMANN: Ibid. 31 (1898), 501.

[5] MAAS, MCINTOSH: J. Amer. chem. Soc. 34 (1922), 1273.

[6] Trans. Faraday Soc. 24 (1928), 687.

[7] Z. physik. Chem. 4 (1889), 226.

[8] Trans. Faraday Soc. 24 (1928), 651.

[9] Cf. VAN'T HOFF, COHEN: Chemische Dynamik, p. 104. Amsterdam and Leipzig, 1896.

[10] Ann. Physique (IX), 3 (1915), 120.

[11] Z. physik. Chem. 102 (1922), 169; 115 (1925), 337.

[12] Ibid. 134 (1928), 190.

[13] Trans. Faraday Soc. 34 (1938), 239.

In a reaction $R \to X$ the first step is the proton transfer $R + A \to RH^+ + B$; this is followed by the reaction $RH^+ + B \to X + A$ which is assumed to be kinetically determined by a unimolecular reaction of RH^+. R is presumed to be so weak a base that $[R] \gg [R\overset{+}{H}]$ even if equilibrium is attained. Since the concentrations $[A]$ and $[B]$ are constant the reaction may be formally considered as unimolecular and be written

$$R \underset{k_3[B]}{\overset{k_1[A]}{\rightleftharpoons}} R\overset{+}{H} \overset{k_2}{\longrightarrow} X$$

where, according to the relationship $[R] \gg [RH^+]$, $k_3[B] \gg k_1[A]$. Two special cases may be analysed.

I. If $k_2 \gg k_3[B]$, all the molecules of RH^+ are transformed into X as soon as they are formed. The unimolecular velocity constant of the reaction $R \to X$ is $k = k_1[A]$. Its velocity is the same as the velocity of proton transfer from A to R, i.e. the reaction is susceptible to general acid catalysis.

II. If, on the other hand, $k_2 \ll k_3[B]$ the equilibrium $R \rightleftharpoons RH^+$ will be attained all the time. The velocity of the reaction $R \to X$ will then be determined by k_2 multiplied by the equilibrium concentration of RH^+, which in a basic solvent is proportional to the hydrogen ion concentration. In this case specific hydrogen ion catalysis is involved. Analogous conditions may be found for the occurrence of general basic catalysis.

A reaction will thus show general acid or basic catalysis if the substrate molecule by receiving or giving off a proton gets into an unstable state which immediately (compared with the velocity of proton transfer) leads to the reaction examined. Thus general acid catalysis has been established in, for example, the mutarotation of glucose, the neutralisation of nitroethane and in the decomposition of nitramide, all of which involve such proton transfer. On the other hand general acid-base catalysis has never been definitely established in the case of the inversion of sucrose, or in the hydrolysis of ethyl acetate, palmityl chloride,[1] etc. The experimental differentiation between specific and general acid catalysis is a problem of great difficulty and, as WYNNE-JONES[2] has pointed out, no single test can be regarded as crucial because there is probably no sharp dividing line.

In any general consideration of acid-base catalysis in the reactions of organic chemistry, such as is undertaken in this article, the too restricted character of BRÖNSTED's conception of catalytic functions has already been mentioned. For example, it is generally agreed that, in the alkaline hydrolysis of an ester, the initial stage is the addition of a hydroxyl ion to the carbon of the carbonyl group to give the complex $R-C\big\langle{\overset{\displaystyle OH}{\underset{\displaystyle OR}{}}}\ O$. This step can in no sense be regarded as the removal of a proton and whilst it may, formally, be considered as the removal of the positive charge produced by the polarisation of the carbonyl group $-C\!\cdot\!O \to -\overset{+}{C}-\overset{-}{O}$, it is simpler and more direct to regard it as the introduction of an anion. BRÖNSTED's general theory could, it seems, be broadened to cover acid-base catalysis in general if it is assumed that *the essential function of the catalyst is, if an acid, to introduce a proton or a positive charge at a suitable centre*

---

[1] Cf. WYNNE-JONES: Chem. Reviews **17** (1935), 115.

[2] Trans. Faraday Soc. **34** (1938), 245, where a discussion of the various methods is to be found.

in the substrate or, if a base, to remove a proton from or to introduce an anion into the substrate: the charged complex so formed is in an unstable state and either reacts with other molecules or breaks down to give the reaction products with the re-formation of the catalytic entity.

In the more detailed discussion of particular examples of acid-base catalysed reactions undertaken in this article an attempt will be made to formulate electronic mechanisms based on this broad conception of catalytic function and to correlate the effects of substituents in both the substrate and catalyst molecules on the basis of their electronic characteristics and polar character.

The symbolism used will be that of Ingold[1] and his coworkers. The electrical dissymmetry arising from unequal electron attractions of two linked atoms propagated along a molecule by a mechanism analogous to electrostatic induction is designated the *inductive* effect, and is represented by attaching to the bond sign an arrowhead indicating the direction towards which the electrons are concentrated. It is denoted by the symbol I and is regarded as positive $(+ I)$ when the resulting displacement causes an *increase* in electron density in the attached system, and negative $(- I)$ when it causes a *decrease* in electron availability in the attached system. Thus the symbol $Cl \leftarrow CH_2 \leftarrow CH_2 \leftarrow CH_3$ denotes an inductive electron attraction $(- I$ effect) of the chlorine atom on the system $-CH_2 \cdot CH_2 \cdot CH_3$, and an inductive electron repulsion $(+ I$ effect) of the methyl group on the system $\cdot CH_2 \cdot CH_2 \cdot Cl$. The displaced electrons remain bound in their original octets and the mechanism represents a permanent molecular condition, i.e. a state of polarisation.

The second method of electron displacement is characterised by the substitution of one duplet of electrons for another in the same atomic octet. The entrance into an octet of an unshared duplet possessed by a neighbouring atom causes the ejection of another duplet which would then either become unshared or initiate a similar exchange further along the molecule. If this process exemplifies not a permanent molecular condition, but a polarisability effect called into play by the demands of a reagent, it is termed the *electromeric* effect and is symbolised by a curved arrow pointing from the duplet to the situation towards which displacement is assumed to occur. It is denoted by the symbol E, and is positive $(+ E)$ when it results in an *increase*, and negative $(- E)$ when it causes a *decrease* in the electron availability of the attached system. Thus the arrows contained in

the symbol $R_2N \overset{\curvearrowright}{\rightharpoonup} C \overset{\frown}{\underset{\ }{C}} C \overset{\curvearrowright}{=} O$ connote duplet displacements which could lead

to the formation of the dipole $R_2\overset{+}{N}=C-C=C-\overset{-}{O}$ and symbolise a $+ E$ effect of the R_2N group and a $- E$ effect of the $C=O$ group. In such systems where the molecule may be represented by two structures differing only in the electron distribution and not in the position of the atomic nuclei, the phenomenon of resonance necessitates an electron distribution intermediate between that symbolised in the above two structures. There is thus, in the ordinary condition of the molecule, a permanent displacement of electron duplets in the direction of the curved arrows. The displaced duplets which appear unshared in the first formula are partly shared in the stable state, and the displaced duplets which are represented as being shared in both structures are regarded as being permanently under the control, not of two atomic nuclei, but of three. This permanent *polarisation* effect is termed the *mesomeric* effect and is denoted by the symbol M (positive or negative signs being determined by the same conditions

---

[1] Cf. Chem. Reviews **15** (1934), 225.

as those laid down for the electromeric effect). The distributed duplets are represented by a curved bond sign thus:

$$R_2N-C-C-C-O.$$

When there is no necessity to distinguish between the timevariable electronic displacements (polarisability) and the permanent mesomeric displacements (polarisation), the two effects jointly are designated as the *tautomeric* effect, denoted by the symbol T.

In conclusion it should be noted (1) that the ordinary literal symbols for the elements denote atomic kernals, that is, atoms without the electrons of their valency shells: (2) that the conventional bond signs represent a shared electron duplet or covalency: (3) unshared electrons (such as those on tervalent nitrogen in the above structures) are not explicitly symbolised and (4) that ionic centres are labelled $+$ and $-$, and free neutral radical centres are labelled n. The notation $\delta +$ and $\delta -$ is used to represent the acquisition of polarity through electron displacement.

Isomerisation dependent on Prototropic Change.

1. Function of Catalysts.

Before attempting to deal with the function of catalysts in promoting tautomeric change it is necessary to state briefly the ideas which underlie the modern ionic theory of such isomerisations.

It is a striking tribute to the insight of GOLDSCHMIDT, CLAISEN, KNORR, WISLICENUS and other pioneer investigators in the field of tautomerism that they early recognised the importance of the ionisation of hydrogen in such reversible isomeric changes.[1] WISLICENUS[2] in particular expressed the ionic theory of tautomeric change in terms which are applicable, with but slight modification, to the present position of the theory. He clearly stated that, in the interconversion of tautomeric forms the mobile hydrogen first separated as a cation leaving an anion in which, by the movement of the bonds, the position of free valency is displaced, the hydrogen then recombining in the new position. Examples of tautomeric changes known to those early workers were restricted almost exclusively to those which involved the migration of a hydrogen atom, and the modern ionic mechanism of tautomeric change simply extends such views to all types of tautomeric systems no matter whether the mobile group is a positive hydrogen ion or some other cation (e.g. a metal), or whether it is an anion. On this view tautomeric change involves the separation of either a cation or an anion leaving an ion (anion or cation, respectively) in which electromeric displacements bring about a distribution of the charge (negative or positive, respectively) so that the eliminated ion has two possible points of recombination. The general term "ionotropy" was introduced by LOWRY[3] to cover all such changes, the reversible interconversion of isomerides differing from one another only in the position of a *hydrogen* atom being designated as "prototropy".[4] On the basis of this nomenclature INGOLD[5] applied the term "cationotropy" to

[1] For a summary of the early development of such theoretical conceptions see BAKER: Tautomerism, p. 30. London, 1934.

[2] Über Tautomerie, AHRENS' Sammlung, vol. 2, p. 187. Stuttgart, 1898.

[3] Report of the Second Solvay Conference **1925**, 182.

[4] LOWRY: J. chem. Soc. (London) **123** (1923), 822.

[5] Ann. Rep. chem. Soc. (London) **24** (1927), 106.

all cases of tautomerism which involve the separation of a cation (including the special case of prototropy when the cation is a hydrogen ion), whereas the corresponding term "anionotropy" was suggested for tautomeric changes in which the migrating group separates as an anion. The changes involved are simply represented by the following schemes, all of which refer to triad systems.

$$\text{Cationotropy} \qquad x = y - z - M \rightleftharpoons \overset{+}{M} + \bar{x} \cdots y \cdots z$$

$$M - x - y = z \qquad \rightleftharpoons \overset{+}{M} + \bar{x} \cdots y \cdots z$$

$$\text{(Prototropy, } M = H).$$

$$\text{Anionotropy} \qquad a = b - c - A \rightleftharpoons \bar{A} + a \quad b \cdots \overset{+}{c}$$

$$A - a - b = c \qquad \rightleftharpoons \bar{A} + \overset{+}{a} - b \quad c$$

It is now generally recognised that resonance occurs between the structures which represent the ions derived from each tautomeride. An intermediate ion of a lower energy state is formed and this (termed a "mesomeric" ion[1]) is consequently more stable than either of the individual structures. For the generalised cationotropic and anionotropic systems given above such mesomeric ions would, on Ingold's symbolism,[2] be denoted as $x \cdots y \cdots z$ and $a - b \quad c$ respectively, where the curved bond sign denotes the distributed electron duplet.

Owing to the presence of the mobile hydrogen, prototropic isomerides are acids, although often extremely weak ones, and it follows from the theory of resonance that both isomeric acids correspond to one and the same base (the mesomeric ion) with an electronic configuration intermediate between those of the two acids. The velocity of prototropic changes is thus controlled by slow ionisation of the hydrogen atom as a proton, and the significance of acid and particularly of basic catalysts is evident, since these catalysts, which are known empirically most actively to facilitate prototropy, are those which would be expected to be most effective in assisting hydrogen ionisation. There is clear experimental evidence that the velocity of tautomeric interconversion is reduced to quite a small order of magnitude by the careful exclusion of all possible catalytic impurities. Thus by non-ebullioscopic distillation, Rice and Sullivan[3] obtained a sample of ethyl acetoacetate (containing approx. 40% enol) with a half-life period of approx. 500 hrs. Addition of piperidine in a concentration of only 4×10^{-5} increased the velocity of isomerisation of this sample 11 400 times. The most striking evidence, however, is that due to Lowry who was able to effect the "arrest" of the mutarotation of nitrocamphor[4] in chloroform for 16 days, and of tetramethyl- and tetra-acetyl-glucose[5] in ethyl acetate and even in dry pyridine[6] for prolonged periods. In such cases addition of a drop of acid brought about immediate and rapid mutarotation. Such results constitute strong evidence for the view that a catalyst is necessary to effect isomerisation, but it must not be overlooked that, from its very nature as a weak acid, a tautomeric

[1] Ingold: J. chem. Soc. (London) **1933**, 1120.

[2] Chem. Reviews **15** (1934), 253.

[3] J. Amer. chem. Soc. **50** (1928), 3048.

[4] J. chem. Soc. (London) **75** (1899), 211. — Lowry, Magson: Ibid. **93** (1908), 119.

[5] Lowry, Richards: Ibid. **127** (1925), 1385. — Lowry, Owen: Proc. Roy. Soc. (London) **119** (1928), 505.

[6] Lowry, Faulkner: J. chem. Soc. (London) **127** (1925), 2883.

compound might, at least theoretically, catalyse its own isomerisation. Thus glucose is a definite although very weak acid ($k_a^{20} = 6{,}6 \times 10^{-13}$) and should obviously be capable of catalysing its own mutarotation either by means of the molecule (as an acid) or its anion (as a base). The catalytic activity of the glucosate ion in the mutarotation of glucose in alkaline solution has been definitely established.[1] It is perhaps significant that BAKER[2] observed that specimens of tetramethyl- and tetraacetyl-glucose which exhibited arrests in purified solvents at the ordinary temperature or even at 44°, mutarotated rapidly when fused in the same apparatus in which the arrest was originally obtained. As LOWRY and SMITH[3] have pointed out, however, the activity of any minute, unsuspected traces of catalysts would be enormously increased at the much higher temperature.[4]

LINSTEAD[5] discusses another mechanism which, from time to time, has had many advocates, *viz.* that which assumes initial addition of the catalyst molecule at an unsaturated linking followed by fission in another direction to give the isomeride. The classical example of this type is, of course, the interconversion of the isomeric di-*iso*butylenes observed by BUTLEROV[6] and explained on the assumption of an equilibrium between the two hydrocarbons, water and the corresponding alcohols. Although such mechanisms have been generally rejected, LINSTEAD suggests that they may have limited application to the three-carbon prototropic system.[7] It is found that the Δ^{α}-$\beta\beta$-dialkylacrylic acids are converted with exceptional ease by sulphuric acid at room temperature into the lactones, which must be produced *via* the intermediate isomerisation to the Δ^{β}-acids. The corresponding unsubstituted Δ^{α}-acids are, however, unchanged under these conditions although under conditions of *alkaline* catalysis they are much more mobile than are the $\beta\beta$-dialkylated derivatives. The known increased additive power of an ethylenic linking to which a gem-dialkyl group is attached[8] is invoked to explain these results, the formation of the lactone being represented by the following scheme:

$$\underset{R\cdot CH_2}{\overset{R'}{>}}C{:}CH\cdot CO_2H \;\underset{-\,H_2SO_4}{\overset{+\,H_2SO_4}{\rightleftarrows}}\; \underset{R\cdot CH_2}{\overset{R'}{>}}\underset{HSO_4}{C\cdot CH_2\cdot CO_2H} \;\underset{+\,H_2SO_4}{\overset{-\,H_2SO_4}{\longrightarrow}}$$

$$\underset{R\cdot CH}{\overset{R'}{>}}C\cdot CH_2\cdot CO_2H \;\rightarrow\; \underset{R\cdot CH{-\!\!-}O}{\overset{R'\cdot CH\cdot CH_2}{\big|}}{>}CO,$$

the irreversibility of the last reaction determining the general direction of the

[1] EULER, ÖLANDER: Z. anorg. allg. Chem. **152** (1926), 113. — SMITH: J. chem. Soc. (London) **1936**, 1824; **1937**, 1413.

[2] Ibid. **1928**, 1583, 1979.

[3] "Mutarotation" Union Internationale de Chemie, p. 35. Paris, 1931.

[4] The conclusions of LINSTEAD and NOBLE: J. chem. Soc. (London) **1934**, 610, 614, are open to the same objection. — Cf. also LINSTEAD: Ibid. **1930**, 1603.

[5] LINSTEAD, NOBLE: l. c.

[6] Liebigs Ann. Chem. **189** (1877), 76.

[7] Such mechanisms are especially pertinent in the consideration of the isomerisation and cyclisation of hydrocarbons effected by acid reagents, often under fairly drastic conditions. Although such changes involve hydrogen migration with concomitant valency redistribution they have not been included in this section on prototropic change but are dealt with separately on p. 94. The more drastic conditions necessitated by the absence of any activating groups in the molecule open up possibilities of different mechanisms and justifie this otherwise arbitrary distinction.

[8] C. K. INGOLD, E. H. INGOLD: J. chem. Soc. (London) **1931**, 2354.

change from left to right. KON and NARGUND[1] found similarly that esters of the $\beta\beta$-dialkylacrylic acids are very mobile in the presence of alcohol solutions of mineral acids although they are comparatively inert towards basic catalysis. The acid catalysed conversion of the Δ^β- into the Δ^α-ester is dependent upon the concentration of the catalyst and is independent of the concentration of the tautomeride, and isomerisation is again assumed to occur (with a hydrogen halide catalyst) through the intermediary of the unstable tertiary halide. Incidentally the inertness towards basic catalysis is in harmony with the characteristic electronrepelling effects of alkyl groups which will make the separation of the mobile proton more difficult (cf. p. 52, 62). In further studies of acid catalysis of the prototropy of various ketones and esters KON[2] found that the order of catalytic efficiency (for ketones) is $HCl > H_2SO_4 > H_3PO_4$. The acid-catalysed equilibrations were carried out at $100°$ and hence the data are not comparable with those obtained in the base-catalysed changes, which were effected at $25°$.[3]

It is possible that the more specific mechanisms which have just been considered may apply in certain cases but, if so, such reactions cannot strictly be classed as prototropic changes. The action of catalysts in effecting the removal of hydrogen in true prototropic changes must now be considered.

It has been noted that, according to modern theory,[4] prototropic change is controlled by the slow ionisation of hydrogen, the removal of the proton to produce the organic anion and the recombination of the latter with a proton to convert it into the isomeric molecule being regarded as consecutive molecular processes. It is catalysed by both acids and bases. The function of a basic catalyst is direct attack at the proton in the substrate, whereas that of an acid is to donate a proton to the substrate, but in either case the ultimate effect is to assist the removal of the mobile hydrogen from the tautomeric substance. It seems probable, therefore, that the mechanism of catalytic action would be different in the two types of catalysis. BAKER[5] has emphasised that catalysts might therefore be expected to be of two kinds:

1. Those which, because of their high proton affinity, attack the ionising proton directly, such as anions of weak acids, water, and all other bases:

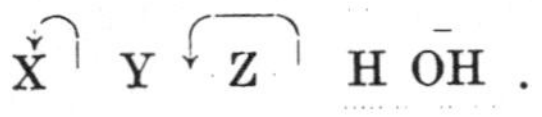

$$\overset{\vee}{X} \quad Y \quad Z \quad H \quad \overset{-}{O}H \ .$$

2. Those which facilitate the liberation of the proton indirectly by electrostriction or addition to the substrate in such a way as to augment the positive field, and hence the internal attraction on its shared electrons, around the atom from which the hydrogen separates as a positive ion. Such catalysts are the cations of weak bases, water and all other acids.

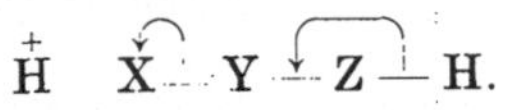

$$\overset{+}{H} \quad \overset{\vee}{X} \quad Y \quad Z \quad H \ .$$

The direct mechanism would be expected to be the more effective and it is well known that the most powerful catalysts for a prototropic system of intrinsically low mobility are anions of high co-ordinating power, that is, of strong proton affinity, such as hydroxide or alkoxide ions. Catalytic efficiency should

---

[1] J. chem. Soc. (London) **1934**, 623.

[2] J. chem. Soc. (London) **1931**, 248.

[3] Cf. KON, LINSTEAD, MACLENNAN: J. chem. Soc. (London) **1932**, 2454. — KON, LINSTEAD: Ibid. **1929**, 1269. — KON: Ann. Rep. chem. Soc. (London) **29** (1932), 138.

[4] INGOLD, SHOPPEE, THORPE: J. chem. Soc. (London) **1926**, 1477.

[5] J. chem. Soc. (London) **1928**, 1583; 1979. — Cf. LOWRY: Ibid. **127** (1925), 1371. — LAPWORTH, HANN: Ibid. **81** (1902), 1508.

thus diminish with increasing stability of the catalytic anion. From our knowledge of the electron-repelling character of alkyl groups it is to be expected that the accumulation of such groups in the alkoxide ion will decrease the toleration of the attached oxygen for a negative charge. The series

$$\begin{matrix} Me \searrow \\ Me \rightarrow \\ Me \nearrow \end{matrix} C \rightarrow \overset{-}{O}, \quad \begin{matrix} Me \searrow \\ \\ Me \nearrow \end{matrix} CH \rightarrow \overset{-}{O}, \quad Me \rightarrow CH_2 \rightarrow \overset{-}{O}, \quad Me \rightarrow \overset{-}{O}$$

will thus represent the order of *increasing* anionic stability and hence of *decreasing* catalytic efficiency for prototropy. This conclusion has been experimentally verified.[1] Thus the individual isomerides in systems of the type

$$OMe \cdot C_6H_4 \cdot CH : CY \cdot CH_2Ph \rightleftharpoons OMe \cdot C_6H_4 \cdot CH_2 \cdot CY : CHPh$$

$$(Y = H, CO_2H, \text{ or } CO_2R)$$

are unaffected by hydroxyl ions, but are slowly interconverted by methoxide ions, and more rapidly by ethoxide ions, whilst the velocity of interconversion of *cyclo*hexenyl- and *cyclo*hexylidene-acetone, catalysed by equivalent concentrations of various alkoxide ions, decreases in the anticipated order[2] $OPr^\beta >$ $OPr^\alpha > OEt > OMe$. Further examples are given later (p. 77) in the more detailed discussion of the catalysed mutarotation of the sugars.

According to the above mechanisms catalysts, either acid or basic, function by a bimolecular mechanism.

A different mechanism for the function of catalysts in promoting prototropic change was advanced by LOWRY,[3] based, more particularly, on his experimental investigations in the field of mutarotation. LOWRY's observations that mutarotation could be arrested for long periods when catalysts are carefully excluded have already been cited (p. 54), and LOWRY and FAULKNER[4] found that although the mutarotation of tetramethylglucose could be arrested in pyridine, which is both an ionising solvent and a base, and is extremely slow in the acid cresol, a mixture of one part of pyridine with two parts of cresol is twenty times more active than water as a catalyst for the mutarotation of the sugar. This observation was regarded by the authors as strong evidence in support of the theory that two catalytic entities, one a proton acceptor and the other a proton donator, are essential in bringing about prototropic change, but such an argument neglects the presence of the very highly catalytic cresoxide ion resulting from the formation of pyridinium cresoxide which is almost certainly present under such conditions. LOWRY's theory postulates a termolecular mechanism in which the two catalytic entities attack the substrate simultaneously, one, the proton acceptor (the base), removing a proton from one point in the molecule, whilst the other, the proton-donator, simultaneously adds a proton at another point, the resulting electrical charges being neutralised by a flow of valency electrons through the molecule, prototropic change thus being figured as a sort of electrolysis of the molecule. On this view the only complete catalysts for prototropic change are amphoteric solvents, such as water, which are capable of acting both as a proton-donator and a proton-acceptor. Representing the two prototropic isomerides as HS and SH, respectively, the combined action of the acid HA and the base B may be represented by the scheme

$$B + H{-}S + H{-}A \rightleftharpoons B\overset{+}{H} + SH + \overset{-}{A}$$

[1] INGOLD, SHOPPEE: J. chem. Soc. (London) 1929, 447; 1930, 968.
[2] KON, LINSTEAD: Ibid. (1929), 1269.
[3] Ibid. **127** (1925), 1371.
[4] Ibid. **127** (1925), 2883.

and the change in pure water by the scheme

$$HOH + HS + HOH \rightleftharpoons H_3\overset{+}{O} + SH + \overset{-}{O}H.$$

An attempt was made to decide between the bimolecular and termolecular mechanisms by an experimental investigation of the effect of structural influences on the velocity of mutarotation of various sugar derivatives.[1] Applied to this isomerisation LOWRY's mechanism for the simultaneous attack of an acid and water may be represented as follows:

$$
\begin{array}{ccccc}
\text{HO} & & \overset{-}{\text{Cl}}\ \text{H}_3\overset{+}{\text{O}}\ \overset{-}{\text{O}} & & \text{O} \\
| & & & & \| \\
\text{O}\cdots\cdots\text{CH} & \xrightarrow[\text{H}_2\text{O}]{\text{HCl}} & \text{H}\!-\!\overset{+}{\text{O}}\quad\text{CH} & \longrightarrow & \text{H}\!-\!\text{O}\quad\text{CH} \\
\diagdown\ (\text{C})_4\diagup & & \diagdown\ (\text{C})_4\diagup & & \diagdown\ (\text{C})_4\diagup
\end{array}
$$

and, presumably, a similar mechanism would apply to the mutarotating nitrogen sugars in which the group ·OH in the cyclol form is replaced by ·NHR. In these compounds the group R can be varied and, on LOWRY's theory, the facility of the change should depend on the extent to which it collaborates with the proton acceptor, that is, the extent to which it facilitates the ionisation of the attached hydrogen atom. This, in turn, may be deduced from the strengths as *acids* of the compounds R·CO$_2$H or R·OH and, for the groups R which were investigated, should be as follows:

$$\cdot\text{C}_6\text{H}_4\text{Br(Cl)-}p > \cdot\text{C}_6\text{H}_5 > \cdot\text{C}_6\text{H}_4\text{Me-}p > \cdot\text{C}_6\text{H}_4(\text{OMe})\text{-}p.$$

On the other view the attack of an acid catalyst would be indirect and would operate at the most basic portion of the molecule.

$$
\begin{array}{ccccc}
\text{H}--\overset{\delta+}{\text{N}}\text{R}\quad\overset{+}{\text{H}} & & \left[\ \overset{+}{\text{H}}\quad\text{NR}\ \right] & & \text{NR} \\
 & & \qquad\qquad\| & & \| \\
\overset{\downarrow}{\text{O}}\quad\text{CH} & \rightarrow & \left[\ \overset{-}{\text{O}}\quad\text{CH}\ \right] & \rightarrow & \text{HO}\quad\text{CH} \\
\diagdown\ (\text{C})_4\diagup & & \diagdown\ (\text{C})_4\diagup & & \diagdown\ (\text{C})_4\diagup
\end{array}
$$

The stronger the basic properties of the unshared nitrogen electrons the closer will the polar catalyst approach; the greater the positive field thus induced the smaller will be the reaction of the valency electrons on the nucleus of the mobile hydrogen and the greater its ease of separation as a proton. Thus, on this view, the strengths of the compounds RNH$_2$ as *bases* should determine the relative velocities of mutarotation, a sequence which is the reverse of that given above.

$$\cdot\text{C}_6\text{H}_4\cdot\text{OMe-}p > \cdot\text{C}_6\text{H}_4\text{Me-}p > \cdot\text{C}_6\text{H}_5 > \cdot\text{C}_6\text{H}_4\text{Cl-}p > \cdot\text{C}_6\text{H}_4\cdot\text{Br-}p.$$

The following table summarises the results obtained for the velocities of mutarotation of a series of tetra-acetyl- and tetramethyl-glucosidylanilides.

The velocity sequence is obviously that required by the bimolecular mechanism. Although the strengths of the five primary bases vary over a range of 1:15 and the coefficients for the velocities of mutarotation of the corresponding sugar anilides under constant catalytic conditions vary as 1:30, yet the ratios of the two constants are closely grouped around a common value. PEDERSEN[2]

[1] BAKER: l. c. and J. chem. Soc. (London) **1929**, 1205.
[2] J. physic. Chem. **38** (1934), 581.

has used DAWSON's experiments on the prototropy of acetone as the basis of a simple and convincing proof that the bimolecular mechanism applies in this case also. It is pointed out that the experimental results only agree with LOWRY's termolecular mechanism if water, in constant concentration, is always one of the two catalytic entities. Thus in $0,1\,M$ acetic acid—$0,1\,M$ sodium acetate solutions the catalysis by the water molecule, the acetate ion, and the acetic acid molecule, must be represented as follows.

Velocity coefficients of a series of tetra-acetyl-(I) and tetra-methyl-(II) glucosidylamines of the type

$$O \text{—} \text{—} CH\cdot NH\cdot C_6H_4\cdot X\text{-}p$$
$$\text{—}\{CH(OR)\}_4\text{—}$$

under standard conditions of acid (HCl) catalysis.

X	Dissociation const. of p-X$\cdot C_6H_4\cdot NH_2$ as base $K_B\cdot 10^{10}$	Vel. coefficient k (hrs.$^{-1}$)		Ratio $k/K_B > 10^{10}$	
		(I)	(II)	(I)	(II)
Br	1,0	2,00	0,39	2,00	0,39
Cl	1,5	2,74	0,46	1,83	0,31
H	4,6	7,76	1,30	1,69	0,28
Me	11,0	29,60	4,12	1,97	0,38
OMe	15,0	45,90	12,10	3,06	0,77

	Proton Donator	Proton Acceptor	Rel. velocity
1. Water molecule...........	$H_2O + RH + H_2O$		1
2. Acetate ion	$H_2O + RH + AcO'$		61
3. Acetic acid molecule	$AcOH + RH + H_2O$		18

The relative velocities of 1 and 2 show that when the substrate receives a proton from water the acetate ion effects its removal much more rapidly than does water. The velocities of the reactions 1 and 3 show that when water, and hence probably the acetate ion also, acts as the proton acceptor, the substrate receives a proton from acetic acid more rapidly than from water. It follows therefore that the catalysed reaction HAc + RH + AcO' should have a greater velocity than any of the above. Actually it is not possible to detect this reaction.

It thus appeared that the evidence was strongly in favour of the bimolecular theory, which became generally accepted, but recent evidence has been forthcoming to indicate that LOWRY's termolecular mechanism has a certain range of validity. Appreciation of this evidence requires an understanding of the interrelationships between prototropic change and other processes which also depend on hydrogen ionisation, such as racemisation, the bromination of carbonyl compounds and deuterium exchange reactions. Collectively these relationships have been excellently summarised by WILSON,[1] but the present purpose is to review the subject more especially from the standpoint of the function of acid and basic catalysts and to indicate the correlation of catalytic activity in these superficially diverse reactions on the basis of the fundamental mechanism of hydrogen ionisation.

2. Racemisation.

The relationships between the velocity of tautomeric interconversion and of racemisation with respect to asymmetry centred at the seat of ionisation will be considered first. The earlier evidence was of a qualitative character. That the presence of an ionising hydrogen attached to the asymmetric centre is a

[1] Trans. Faraday Soc. **34** (1938), 175.

necessary condition for racemisation is shown by the observation that, unlike the halogeno-sulphonic acid derivatives of acetic acid $CH(Hal)(SO_3H) \cdot CO_2H$, acids of the type $CMe(Hal)(SO_3H) \cdot CO_2H$ are not racemised.[1] INGOLD and WILSON[2] found that in the prototropic system

$$
\underset{\text{(A).}}{\overset{Me}{\underset{Ph}{\diagdown}}\overset{*}{C}[H] \cdot N : C \overset{Ph}{\underset{C_6H_4 \cdot Cl\text{-}p}{\diagup}}}
\quad \rightleftharpoons \quad
\underset{\text{(B).}}{\overset{Me}{\underset{Ph}{\diagdown}} C : N \cdot \overset{*}{C}[H] \overset{Ph}{\underset{C_6H_4 \cdot Cl\text{-}p}{\diagup}}}
$$

the optically active modification of A always gives the racemic modification of B (the asymmetric centres being denoted with an asterisk) and that the velocity of racemisation is exactly that calculated on the hypothesis of racemisation by tautomerism.[3] On the basis of the ionic mechanism of tautomeric change this seems to mean that racemisation accords with the scheme

$$
\underset{\text{active.}}{A} \;\rightleftharpoons\; \underset{\text{active.}}{\text{ions}} \;\rightleftharpoons\; \underset{\text{inactive.}}{B}
$$

and not with the scheme

$$
\underset{\text{active.}}{A} \;\rightleftharpoons\; \underset{\text{inactive.}}{\text{ions}} \;\rightleftharpoons\; \underset{\text{inactive.}}{B}
$$

Thus the intermediate ion, *if it is ever kinetically free*, must retain asymmetry. This point will be considered further later. WILSON[4] has summarised the available evidence which shows that the speed of racemisation and prototropic inter-conversion are subject to the same constitutional and catalytic influences. It has been noted that basic catalysts which function by the direct removal of the mobile proton, are more effective than are acid catalysts in promoting proto-tropic changes, and that efficiency increases with their increasing proton affinity. The same holds good concerning racemisation. It is well known that amino-acids formed by alkaline hydrolysis of natural proteins are much more extensively racemised than are those which result when acid hydrolysing agents are employed. FITZGERALD and PACKER[5] studied the velocity of racemisation of *l-trans-α-, γ-*dimethylglutaconic acid under conditions of both acid (HCl, H_2SO_4) and basic catalysis (KOH, H_2O) and found that the catalytic catenary was represented by the equation $k = 1{,}5 \times 10^{-2} + 4 \times 10^9 [OH'] + 4 \times 10^{-2} (\overset{+}{H_3O})$. The first term includes catalysis by water and glutaconic acid molecules (any catalysis by the glutaconate ion being neglected), and the equation shows clearly the relationship $OH' \gg \overset{+}{H_3O} > H_2O$ for catalytic efficiency, the ratio of the catalytic coefficients of hydroxyl and hydrogen ions being approx. $10^{11}:1$. McKENZIE and WREN[6] found that the racemisation of *l*-mandelic acid or of its ethyl ester is much more rapid in the presence of alcoholic sodium hydroxide (OEt' as catalyst) than in aqueous alkalis (OH') of the same concentration and similar results were obtained in the case of *l*-phenylanilinoacetic acid.[7] *d*-Mandelonitrile racemises only slowly in the presence of methyl alcohol but does so instantly under the

[1] BACKER, MOOK: Recueil Trav. chim. Pays-Bas **47** (1928), 464.
[2] J. chem. Soc. (London) **1933**, 1493.
[3] Idem ibid. **1934**, 93.
[4] Ibid. **1934**, 98.
[5] Ibid. **1933**, 595. — Cf. McCOMBS, PACKER, THORPE: Ibid. **1931**, 547.
[6] Ibid. **115** (1919), 602.
[7] McKENZIE, BATE: Ibid. **107** (1915), 1681.

influence of a trace of potassium ethoxide.[1] AHLBERG[2] found that the acid catalysed racemisation of d-α,α'-sulpho-di-n-butyric acid is at a maximum in 0,1 M hydrochloric acid, corresponding to approximately 28% of the unibasic ion, and decreases continually as the hydrochloric acid concentration is increased to 2,0 M. These results are explicable on the assumption that the catalytic activity of the more basic anion $CO_2H \cdot CHEt \cdot SO_2 \cdot CHEt \cdot CO'_2$ is greater than is that of the $H_3\overset{+}{O}$ ion, the concentration of the former being diminished by increasing concentration of hydrochloric acid owing to repression of the ionisation.

It is known that the order in which different groups X, in the compound R^1R^2CHX, should affect prototropic mobility is $CO'_2 < CO \cdot NH_2 < CO_2H < {} < CO_2R < COCl < COR < CN$.[3] This series may be compared with the following data concerning speeds of racemisation. The position of the group CO'_2 is shown by the observations of BULL, FITZGERALD, PACKER and THORPE[4] that the speed of racemisation of l-$trans$-α,γ-dimethylglutaconic acid in the presence of increasing concentrations of potassium hydroxide first increases rapidly to a maximum which corresponds with the position of half neutralisation and then falls to a minimum when all the acid has been converted into the normal salt, the rate of change of the undissociated glutaconic acid being $4 \cdot 5 \times 10^5$ times as great as that of the doubly ionised normal salt ions. AHLBERG[5] similarly found that the velocity of racemisation of d-α,α'-sulpho-di-n-butyric acid with sodium hydroxide gives a flat maximum corresponding to one eighth neutralisation, further increase in the proportion of base causing a continual decrease which becomes linear after one-quarter of the acid is neutralised, the velocity of racemisation of the dibasic ion being almost zero. Concerning the amido-group, McKENZIE and SMITH[6] found that in the partial hydrolysis of l-mandelamide by alkalis the residual amide is much more strongly racemised than is the mandelic acid recovered from the potassium salt formed. The position of the CO_2R group in the above series is similarly illustrated by the observation that in the partial (alkaline) hydrolysis of ethyl l-mandelate the unhydrolysed ester has undergone more extensive racemisation than the acid resulting from the hydrolysis.[7] According to GADAMER[8] ethyl d-tropate is racemised by alkalis, whereas sodium d-tropate is optically stable. ASHLEY and SHRINER[9] have shown that the period of half-change of l-α-benzenesulphonylbutyric acid in alcohol at 27° is 1350 hours,

[1] SMITH: Ber. dtsch. chem. Ges. **64** (1931), 427.

[2] Ber. dtsch. chem. Ges. **61** (1928), 817.

[3] Cf. INGOLD, SHOPPEE, THORPE: J. chem. Soc. (London) **1926**, 1477. — BAKER: Tautomerism, p. 44 et sequ. London, 1934.

[4] J. chem. Soc. (London) **1934**, 1653.

[5] l. c. Incidentally the author assumes that racemisation occurs through the intermediate enol $CO_2H \cdot CHEt \cdot SO_2H : CEt \cdot CO_2H$, but this is improbable on the basis of the known dipolar structure $-\overset{++}{S}\begin{smallmatrix} \overset{-}{O} \\ \diagup \\ \diagdown \\ \underset{-}{O} \end{smallmatrix}$ of the sulphonyl group. The reaction more probably involves the direct removal of the mobile hydrogen to give the mesomeric ion $CO_2H \cdot CHEt \cdot SO_2 \cdot \overset{-}{C} - C\;\;\overset{\cdot}{O}$, with OH below.

[6] J. chem. Soc. (London), **121** (1922), 1348.

[7] McKENZIE, WREN: Ibid. **115** (1919), 602.

[8] Chemiker-Ztg. **34** (1910), 1004.

[9] J. Amer. chem. Soc. **54** (1932), 4410.

whereas the corresponding time for the ester of this acid is 80 hours. Again Kipping and Hunter[1] observed that whilst benzylmethylacetic acid has considerable optical stability, its chloride becomes racemised with great facility. The position of the cyano group is illustrated by a comparison of the facile racemisation of d-mandelonitrile[2] (Ph·CH(OH)·CN) with the well known optical stability of the benzoins (e.g. PhCH(OH)·CO·Ph).[3]

The same parallelism occurs in the polar effects of the groups R^1 and R^2 on the velocity of tautomeric interconversion and of racemisation. If these groups are of the electron release type they will give rise to an accumulation of negative charge at the asymmetric carbon. In base catalysed racemisations such electron-release will diminish the ionising tendency of the hydrogen and also oppose the approach of the negatively charged hydroxyl ion; both factors thus retard racemisation, the velocity of which should diminish with increasing electron-repulsion of the groups R^1R^2. Conversely racemisation will be facilitated when the groups R^1R^2 are of the electron-attracting type.

$$R^1R^2C(OH)-C(OH)=O \; \xrightarrow{\;H,\;HO^-\;} \; R^1R^2C(OH)-C(OH)-O^- \; (H-OH)$$

Ahlberg[4] found that under comparable conditions of basic catalysis the half-life periods in the racemisation of a series of acids of the type $SO_2(CHR \cdot CO_2H)_2$ are:

	R = Me	Et	Pr^β
Half-life (hours)	1,3	2,75	50

which shows the sequence of facilitation to be $Me > Et > Pr^\beta$. The results of Levene and Steigler,[5] who found the following values for the degree of racemisation of monosubstituted diketopiperazines in the presence of alkali,—

C-substituent	Ph	CH_2Ph	$CO \cdot NH_2$	$p\text{-}O^-\cdot C_6H_4 \cdot CH_2$
Racemisation %	100	92	82	10

are intelligible on the same basis, and Fitger[6] has recorded data for the racemisation of acids of the type $HO_2C \cdot CHR^1 \cdot SR^2$ from which it is possible to derive the sequence $Ph > \cdot CH_2 \cdot CO_2H > Me > \cdot CH_2 \cdot CO'_2 > Et$ representing the influence of groups in facilitating racemisation by the basic mechanism. The effect of the introduction of an electron-repelling alkyl group at a point relatively distant from the asymmetric centre is illustrated by the much more rapid racemisation of l-mandelamide than of its N-ethyl derivative, the half-change periods being 4 and 25 days, respectively, under identical conditions of alkaline catalysis.[7]

The following examples illustrate the anticipated effect of electron-attracting substituents. The action of an ammonium pole is exemplified by Fischer's

[1] J. chem. Soc. (London) 83 (1903), 1009.
[2] McKenzie, Smith: l. c.
[3] Cf. McKenzie, Roger, Wills: Ibid. 1926, 779.
[4] l. c.
[5] J. biol. Chemistry 86 (1931), 703.
[6] Racemisierungserscheinungen. Lund, 1924.
[7] McKenzie, Smith: J. chem. Soc. (London) 121 (1922), 1348.

observation[1] of the very rapid racemisation of the salts of ethyl l-α-trimethyl ammoniumpropionate. Dihydrocarbostyril-β-carboxylic acid,[2] ethanesulphonyl-acetic acid, and α-cyanopropionic acid[3] each form only a single salt with an appropriate alkaloid and in the case of the last named the free acid cannot be liberated from its salt without complete racemisation. The similar, although weaker, effect of the halogens is illustrated by the results of McKenzie and Smith[4] which establish the order $X = Cl > Br \gg OH$ for the effect of these groups on the velocity of racemisation of esters of the type $PhCHX \cdot CO_2R$. In acid-catalysed hydrogen-ionisations and racemisation the function of the catalyst is presumed to be indirect and to assist the polarisation of the carbonyl group by electro-striction at carbonyl oxygen

$$R^1 \longrightarrow \overset{\overset{H}{|}}{\underset{\underset{R^2}{\uparrow}}{C}} \cdots \underset{OH}{C} - \overset{+}{O} \cdots H \quad \dashrightarrow \quad R^1 - \underset{\underset{R^2}{|}}{C} = \underset{\underset{OH}{|}}{C} - OH \; + \; \overset{+}{H}$$

Such polarisation of the carbonyl group will be facilitated by the electron-release character of the substituents R^1, R^2 and, under the influence of acid catalysis, the facilitating effect of substituent groups upon racemisation should be greater the greater is their capacity for electron release. Backer and Mulder,[5] in an investigation of the acid-catalysed racemisation of the compounds $AsO_3H_2 \cdot CHR \cdot CO_2H$, found the anticipated sequence $R = Pr^\alpha > Et > Me$ for the facilitation of racemisation, the reverse of that noted above for base-catalysed reactions.

The dual polar character ($\pm \; T$) of aryl groups, to which their unique capacity to promote both prototropy and anionotropy is due, should also be traceable in a capacity to facilitate racemisation by either the acid- or base-catalysed mechanism. McKenzie[6] has often asserted that for facile racemisation the system $Aryl \cdot CH \cdot CO$ must be present, as witness, for example, the much greater optical stability of active lactates and tartrates than of active mandelates. l-Phenyl-sulphoacetic acid $CHPh(SO_3H) \cdot CO_2H$ is easily racemised at the ordinary temperature[7] whereas α-sulphopropionic acid, $CHMe(SO_3H) \cdot CO_2H$, is stable.[8] Active phenyl-p-tolyacetic acid is extremely labile[9] and the high activating power of phenyl is also illustrated by the results of Levene and Steigler quoted above. These authors also provided evidence of the facilitating effect of phenyl in the acid catalysed racemisation.

Data such as these clearly substantiate the hypothesis that both racemisation and tautomeric change are dependent upon the ionisation of the hydrogen from the asymmetric centre, and we can now return to the question of the kinetic status of ionic intermediates in prototropy and its bearing upon the mechanism of acid and base catalysis.

In the interconversion

$$\underset{\text{active}}{A} \; \rightleftharpoons \; Z \; \rightleftharpoons \; \underset{\text{inactive}}{B}$$

[1] Ber. dtsch. chem. Ges. **40** (1907), 5005.
[2] Leuchs: Ibid. **54** (1921), 830.
[3] Fitger: op. cit.
[4] Ber. dtsch. chem. Ges. **58** (1925), 906: J. chem. Soc. (London) **123** (1923), 1964.
[5] Proc., Kon. Akad. Wetensch. Amsterdam **31** (1928), 301.
[6] J. chem. Soc. (London) **117** (1920), 680; Chem. and Ind. **50** (1931), 928; Ber. dtsch. chem. Ges. **58** (1925), 894.
[7] Brust: Recueil Trav. chim. Pays-Bas **47** (1928), 153.
[8] Franchimont, Backer: Ibid. **39** (1920), 751.
[9] McKenzie, Widdows: J. chem. Soc. (London) **115** (1919), 602.

it is possible to determine, independently of the loss of optical activity, the rate of conversion of $\overset{*}{A} \to B$ and $B \to A$ (inactive). If no optical activity is lost at any intermediate state (Z) in passing from A to B then the rate of racemisation should be the rate at which the system can traverse the cycle $\overset{*}{A} \to B \to A$. If, however, optical activity is lost in some intermediate state Z then racemisation can occur by the sequence $\overset{*}{A} \to Z \to A$ and since only a fraction of Z passes into B, some undergoing reconversion to A, it follows that the rate of racemisation of A must be faster than the rate of interconversion of the two isomerides, *unless* the rate of conversion of $Z \to B$ is exceedingly great compared with the rate $Z \to A$. The velocity of interconversion of the following pairs of methylenazomethines, so chosen to make the incidence of the last condition extremely improbable in this thermodynamically balanced system, was determined by chemical means and, at the same time, the loss of optical activity was followed in the usual manner.[1]

$$R^1R^2CH \cdot N:CR^3R^4 \rightleftharpoons R^1R^2C:N \cdot CHR^3R^4.$$

$$R^1 = R^2 = Ph, \quad R^3 = Me, \quad R^4 = p\text{-}ClC_6H_4. \tag{a}$$

$$R^1 = R^3 = R^4 = Ph, \quad R^2 = Me. \tag{b}$$

$$R^2 = R^3 = Ph, \quad R^1 = p\text{-}Ph \cdot C_6H_4 \cdot, \quad R^2 = H. \tag{c}$$

With sodium ethoxide as the catalyst it was found that, in all cases, the rate of racemisation is the same as that calculated from the rate of tautomeric interconversion. Hence in none of the cases studied is the mechanism of tautomeric interchange such that optical activity is lost in any reversibly formed intermediate state. On the basis of accepted views the mesomeric ion, if kinetically free, could not retain asymmetry, since it possesses the symmetrical configuration

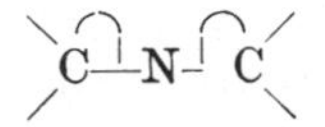

$$\diagdown \overset{\frown}{C} \diagup \!\!\! \diagdown \overset{|}{\underset{}{N}} \diagup \!\!\! \diagdown \overset{\frown}{C} \diagup$$

It follows, therefore, that at no stage in the tautomeric interconversion is the mesomeric ion set free, but that in these cases LOWRY's termolecular catalytic mechanism must apply. Restoration of the proton to the new position is commenced before the removal of the proton from the original position is completed.[2]

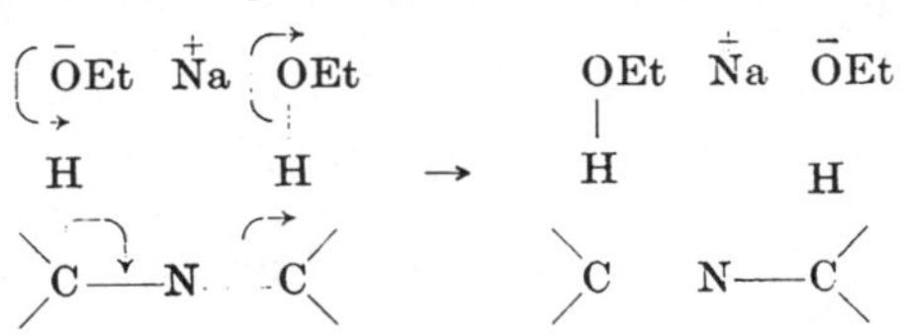

$$\left[\overset{-}{O}Et \quad \overset{+}{N}a \quad OEt \right]^{\rightarrow} \qquad OEt \quad \overset{\pm}{N}a \quad \overset{-}{O}Et$$

$$H \qquad H \quad \rightarrow \qquad H \qquad H$$

$$\diagdown \overset{}{C} - N \cdots C \diagup \qquad \diagdown C \quad N - C \diagup$$

In a series of triad prototropic systems of decreasing acidity there is thus some point at which the acid or basic catalyst ceases to function by the bimolecular mechanism and at which LOWRY's termolecular mechanism comes into play. In the more acidic portion of such a series the intermediate ions have kinetic independence, but after the mechanistic transition this is no longer the case. Experimental evidence gives some indication of the position of this mechanistic transition in the series of triad prototropic systems. The separate existence of the carboxylate anion is axiomatic and the similar kinetic independence of

---

[1] HSÜ, INGOLD, WILSON: Ibid. **1935**, 1778.
[2] Cf. also LINSTEAD, NOBLE: J. chem. Soc. (London) **1934**, 610.

the mesomeric enolate ion is further established by the fact that no pair of
isomeric metal enolates have ever been discovered. Interesting evidence of the
kinetic independence of the enol ion has recently been obtained by KIMBALL[1]
from a study of the relative rates of racemisation and enolisation of l-menthyl
d-α-phenylaceto-acetate $MeCO \cdot CHPh \cdot CO_2(l\text{-menthyl})$. This system represents
one in which the thermodynamic stability of the enol is comparable with that
of the keto-form and hence only a fraction of the ion formed by the slow ionisation of the ψ-acid will be converted into the enol. If the intermediate ion has
kinetic independence the velocity of racemisation should be greater than
that of enolisation. KIMBALL found that under conditions of basic catalysis the asymmetry of the α-carbon is lost three times as fast as the enol is
produced.

An interesting case arises when enolisation may occur by ionisation of hydrogen from either of two carbon atoms adjacent to the carbonyl group, only
one of which is an asymmetric centre, i.e. in active ketones of the type
$\overset{\ast}{C}HR^1R^2 \cdot CO \cdot CH_2R^3$. In such cases ionisation of the hydrogen attached to $\overset{\ast}{C}$
must involve racemisation but halogenation may occur either by ionisation of
this hydrogen or of the one attached to the non-asymmetric carbon. The velocity
of halogenation may then exceed that of racemisation. This was established by
BARTLETT and VINCENT[2] in the case of l-menthone.

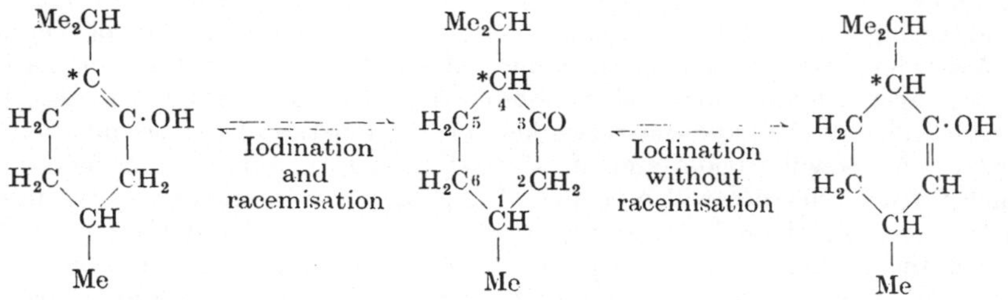

Structure 1		Structure 2		Structure 3
Me_2CH		Me_2CH		Me_2CH
|		|		|
$^\ast C$		$^\ast CH$		$^\ast CH$
$H_2C \diagdown\ C \cdot OH$	Iodination and racemisation	$H_2C_5 \quad _3CO$	Iodination without racemisation	$H_2C \diagdown\ C \cdot OH$
$H_2C \quad CH_2$		$H_2C_6 \quad _2CH_2$		$H_2C \quad CH$
CH		CH		CH
|		|		|
Me		Me		Me

Under conditions of nitric acid catalysis in glacial acetic acid the value of $k_{rac.}$
is 0,00872 whereas $k_{iod.}$ has the value 0,01105. It is not correct, as these authors
assume, to regard the ratio 872/1105 as a measure of the proportion of hydrogen
which ionises from C_4 since, as has been shown above, racemisation may occur
at a faster rate than enolisation. Further examples are provided by BARTLETT
and STAUFFER[3] who obtained the following results for the racemisation and
iodination of ketones of the type $R \cdot CO \cdot \overset{\ast}{C}HMeEt$ with $1,19\,N$ nitric acid in
glacial acetic acid.

R =	Me	Et	$\cdot CH_2Ph$	$cyclo$hexyl
$k_{iod.}$	1,41	0,852	0,324	0,0260
$k_{rac.}$	0,248	0,103	0,0118	0,0183

In these systems, therefore, the bimolecular mechanism functions. In the
methylene-azomethines and, probably also in the three carbon system, it has

---

[1] J. Amer. chem. Soc. 58 (1936), 1963.
[2] Ibid. 55 (1933), 4992.
[3] Ibid. 57 (1935), 2580.

been proved that the termolecular mechanism is in operation and hence the transition must occur at some intermediate point in the series:

$$\text{———————————————— decreasing acidity ————————————————} \longrightarrow$$

$$[\text{H}]\!-\!\text{O·C:O} \ldots [\text{H}]\!-\!\text{O·C:C} \ldots \qquad \ldots [\text{H}]\!-\!\text{C·C:C}, [\text{H}]\!-\!\text{C·C:N}$$

anions have kinetic indepence.	anions have no kinetic independence.
Bimolecular mechanism.	Termolecular mechanism.

The conclusion that the mechanistic function of acids and bases in effecting racemisation is essentially that involved in the production of hydrogen ionisation and prototropy is thus very firmly established.

3. Bromination of carbonyl compounds.

Ketones.

The velocity of halogenation of compounds containing the group $\cdot CH_2 \cdot C\!:\!O$ was first shown by LAPWORTH[1] to be proportional to the concentration of the carbonyl compound, but independent of the concentration of the bromine. The reaction is catalysed by both acids and bases. LAPWORTH's conclusion that the observed velocity is actually that of enolisation (or, more correctly, as is pointed out below, ionisation of the hydrogen) has since been abundantly confirmed by the extensive work of DAWSON and his collaborators[2] on the iodination of acetone, by WEST[3] for the bromination of malonic acid, by PEDERSEN[4] for the bromination of ethyl acetoacetate and ethyl monobromoacetoacetate, and by the extensive investigations of WATSON and co-workers on the kinetics of the bromination of pyruvic and laevulic acids[5] and of substituted acetones and acetophenones, to which further reference will be made. The subsequent interaction of the intermediate ion with the halogen is very rapid compared with that of the slow ionisation of the hydrogen from the ψ-acid. An exception is provided by some work of BARTLETT[6] who found that although the rates of bromination and iodination of acetone in strongly alkaline solution are identical and are proportional to the OH′ ion concentration (the measured velocity being that of ionisation), chlorination occurs hundreds of times more slowly than does enolisation, and is regarded as a bimolecular reaction between the enol and the OCl′ ion. The ionic theory of prototropy shows ψ-acidic ketones to be in a peculiar position with regard to the relation between the rates of ionisation and enolisation.[7] Whilst the true acid (the enol) is converted into and regenerated from its ions practically instantaneously, the ψ-acid (the ketone) yields the ions, and is reformed from them only slowly. Hence a pair of ions, once formed from the ψ-acid, has a very much greater chance of associating to form the true acid than of regenerating the ψ-acid. It follows, therefore, that the rate of enolisation is effectively measured by the rate of ionisation. Reagents which, like the halogens, have been assumed to remove the enol are always those whose behaviour, in organic chemistry generally, supports the assumption that they act by accepting the electrons of

---

[1] J. chem. Soc. (London) **85** (1904), 30.
[2] DAWSON, CARTER: Ibid. **1926**, 2282; et sequ.
[3] Ibid. **125** (1924), 1277. — Cf. MEYER: Ber. dtsch. chem. Ges. **45** (1912), 2864.
[4] J. chem. Physics **37** (1933), 751.
[5] WATSON, HUGHES: J. chem. Soc. (London) **1929**, 1945.
[6] J. Amer. chem. Soc. **56** (1934), 967.
[7] Cf. WILSON: Trans. Faraday Soc. **34** (1938), 179.

the material attacked, i.e. they are much more likely to attack the anion than to require the preliminary production of the enol.

$$CH_2 = C - \bar{O} \} \overset{+}{H} \quad \longrightarrow \quad \underset{Br}{CH_2 \cdot C : O} \; + \; \underset{Br}{H}$$
$$\delta+ \, Br ---------- Br \, \delta-$$

Substitutions, such as halogenation, which have been interpreted as measuring the rate of enolisation, may thus be more simply regarded as directly giving the rate of ionisation with which, owing to the special character of ψ-acids, the rate of enolisation happens to be identical. It follows, therefore, that data relating to the speeds of halogenation under different catalytic conditions, really apply to the effect of the catalyst upon the velocity of the initial ionisation of the hydrogen from the ψ-acidic ketone.

It was pointed out by LAPWORTH and HANN[1] in 1902 that catalysis by acids and bases must proceed by two distinct mechanisms and the two series of changes they suggested have, in their essentials, been generally accepted. Adapted to modern ideas they may be represented as follows:[2]

In *basic* catalysis the essential function of the catalyst is to assist the removal of the proton by direct attack,

$$B + H \cdot C \cdot C : O \;\rightleftharpoons\; BH + \left[\cdot C \cdot C : O \right]' \;\rightleftharpoons\; B + \cdot C : C \cdot OH$$
$$\text{reactive entity}$$

In *acid* catalysis the ketone is converted (as a base) into a salt-like complex in which the newly introduced positive field creates sufficient additional attraction on the hydrogen bonding electrons to permit the removal of the tautomeric proton by a base which was previously too weak to effect such removal.

$$H \cdot C \cdot C : O \; + \; HB \;\rightleftharpoons\; H \cdot C \cdot C : \overset{+}{O}H \} \bar{B} \;\; ^3$$

$$B' + H \cdot C \cdot C : \overset{+}{O}H \} \bar{B} \;\rightleftharpoons\; B'H + \bar{C} - C - \overset{+}{O}H \} \bar{B} \;\rightleftharpoons\; B'H + C \quad C - OH + \bar{B}.$$

On the basis of these postulated mechanisms it is possible to predict the relative efficiency of catalysts and the effects of substitution on the course of catalysis.

---

[1] J. chem. Soc. (London) 81 (1902), 1512. — Cf. also p. 56.

[2] Cf. INGOLD, WILSON: Ibid **1934**, 773.

[3] The capacity of carbonyl oxygen to co-ordinate with a proton (to form an oxonium ion) is established by the isolation of the compounds of acetone with halogen acids [ARCHIBALD, MCINTOSH: J. chem. Soc. (London) 85 (1904), 924], REDDELIEN's addition compound of ketones with nitric acid and picric acid [Ber. dtsch. chem. Ges. **45** (1912), 2904; J. prakt. Chem. **91** (1915), 213], and the investigations of BAKER and his collaborators on complex formation of benzaldehyde, acetophenone and ethyl benzoate with sulphuric and phosphoric acids [J. chem. Soc. (London) **1931**, 307, 314; **1932**, 1226, 2917]. Cf. KENDALL, BOOGE [J. Amer. chem. Soc. **38** (1916), 1712]. It is of interest to note that FLEXNER, HAMMETT, DINGWALL [ibid. **57** (1935), 2103] found the $-pk'$ value for acetophenone $= 6{,}03$, which means that in $0{,}1 \, M$

aqueous hydrochloric acid it would be converted into the cation $PhCMe : \overset{+}{O}H$ to the extent of only one part in ten millions.

As in all prototropic changes the direct attack upon the ionisation proton involved in basic catalysis should render this method the more effective in promoting enolisation. This is, of course, in harmony with general chemical experience. Rice and Sullivan[1] found that the rate of isomerisation of a very pure sample of ethyl acetoacetate (containing about 40% of the enol form) was greatly accelerated by piperidine (11 400 times), ammonia (4000) and pyridine (264), but less so by oxalic acid (3,2) or phthalic anhydride (6). Conant and Carlton[2] found that acids are less effective than bases in the promotion of the enolisation of benzylphenylacetophenone, the values of typical catalytic coefficients at 26° being as follows:

Catalyst	H_2SO_4—MeOH	H_2SO_4—AcOH	HCl—MeOH	$NaOBu^\alpha$
k_e	< 1	27	650	145000×10^{-5}

The efficiency of a basic catalyst should run parallel to its proton affinity and that of an acid molecule should increase with increasing acid strength. Thus, in an extensive investigation of the iodination of acetone catalysed by acetic acid-sodium acetate and monochloroacetic acid-sodium monochloroacetate mixtures Dawson and Carter[3] found the following values for the catalytic coefficients of the various entities concerned:

Catalyst	$\overset{+}{O}H_3$	AcOH	OAc′	$CH_2Cl \cdot CO_2H$	$CHCl_2 \cdot CO_2$′	OH′
$10^6 \times k$	442	1,5	4,5	24	0,12	ca. 10 000 000

The results of Pedersen[4] obtained in an investigation of the catalysis of bromination of ethyl acetoacetate and of ethyl monobromoacetoacetate by the anions of weak acids using a buffered solution containing the acid and its sodium salt provide another example. In each case the velocity of bromination is independent of the bromine concentration and is thus a measure of the catalysed ionisation of the ketone. The data are summarised in the following table, in which k_b and k_B are the catalytic coefficients for the reaction with acetoacetic ester and its monobromo derivative, respectively, at 25°:

Catalyst pair ($H \cdot X$—X')	k_b	k_B
$CH_3 \cdot CO_2H$—$CH_3 \cdot CO_2$′	12,70	210
$CH_2 \cdot OH \cdot CO_2H$—$CH_2OH \cdot CO_2$′	3,48	53,4
$CH_2Cl \cdot CO_2H$—$CH_2Cl \cdot CO_2$′	0,983	12,0
H_3PO_4—H_2PO_4′	0,876	11,2
$NaHSO_4$—SO_4″	0,096	1,5

$$(H_2O: \quad 5,62 \times 10^{-4} \text{ resp. } 6,92 \times 10^{-3})$$

The diminution in the catalytic coefficient as the proton affinity of the anion X' decreases (i.e. as the strength of the acid HX increases) is very obvious.

These data also illustrate the effect of substitution in the substrate. On the postulated mechanism of the basic catalysis of these carbonyl derivatives the velocity of ionisation should, for a given basic catalyst, depend on two factors: (1) the inherent tendency of the mobile hydrogen to separate as a proton, and (2) facility of approach of the catalytic anion (X'). Both these factors should be

---

[1] J. Amer. chem. Soc. **50** (1928), 3048.

[2] Ibid. **54** (1932), 4048.

[3] J. chem. Soc. (London) **1926**, 2282.

[4] J. physic. Chem. **37** (1933), 751.

increased by the introduction of an electron-attracting substituent at the methylene carbon,

$$\overset{\text{(1)}\downarrow}{\underset{\text{(2)}\uparrow}{\text{Br} \longleftarrow \text{CH} \cdot \text{C} : \text{O}}}$$

(with H above and X′ below)

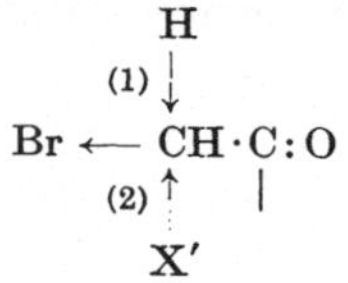

and the electron-attracting inductive effect $(-I)$ of the bromine is clearly evident in the consistently greater values of the catalytic coefficients (k_B) for the further bromination of the ethyl monobromoacetate relative to those (k_b) for the unsubstituted parent.[1]

Similar data are given by MORGAN and WATSON[2] who found that the velocity of bromination of p-substituted acetophenones, under standard conditions of catalysis by acetate ions in 75% acetic acid, decreased in the order p-$NO_2 > p$-halogen > unsubstituted acetophenone. Again the introduction of electron-attracting substituents increases the velocity.

Not only the velocity of enolisation but also the position of equilibrium will be affected by the nature of the catalytic medium. In strongly alkaline solution the affinity of the incipiently ionised hydrogen for hydroxyl or alkoxyl ions, together with the great stability of the un-ionised water (or alcohol) molecule and of the positively charged metal cation will result in a large or complete displacement of the equilibrium in favour of the enol form, the solution containing the sodium enolate:

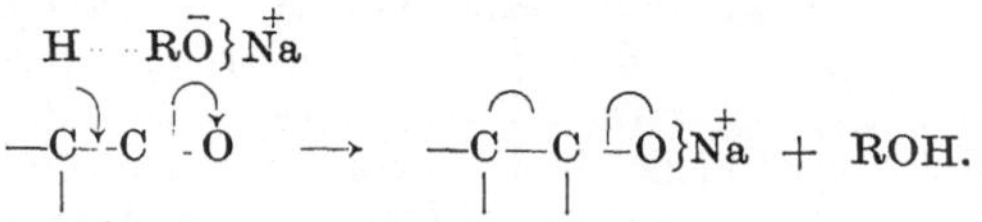

$$\text{H}\cdots\text{R}\bar{\text{O}}\}\overset{+}{\text{Na}}$$
$$-\text{C} \cdot \text{C} \cdot \text{O} \longrightarrow -\text{C}-\text{C} \cdot \text{O}\}\overset{+}{\text{Na}} + \text{ROH}.$$

PEDERSEN[3] observed that if an excess of bromine and hydrochloric acid is suddenly added to a solution of ethyl acetoacetate in strong alkali (i.e. under conditions in which it is completely ionised) and the excess of bromine is at once removed by allyl alcohol, then titration in the usual manner always indicates the addition of exactly one molecule of bromine to the ketonic ester.

It is, however, under the conditions of acid catalysis that the bromination of carbonyl derivatives has been most extensively investigated. Consideration of the scheme for acid catalysis given on p. 67 shows that either the entity

$\text{H} \cdot \text{C} \cdot \text{C} : \text{O}$, HB or its ion $\bar{\text{C}} \cdot \text{C} : \text{O}$, HB may be the reactive intermediate, and the velocity of halogenation may be controlled either by the formation of the complex or by its ionisation, or both.[4] Unlike the conditions in the base-catalysed mechanism, the effect of substitution on the velocity of the acid-catalysed change is complex. The degree of co-ordination of the acid with the carbonyl oxygen (i.e. of the formation of the complex) will be partly dependent upon the facility of

the polarisation $\cdot\text{C}\cdots\text{O}$ of the carbonyl group. This, in turn, will be increased by the introduction of electron-repelling substituents at the methylene carbon. The same type of substituents, however, will, by increasing the electron-density

[1] Cf. also PEDERSEN: Beretn. skand. Naturforskermøde (18. Kongr.-Ber.), p. 451. Copenhagen, 1929.
[2] J. chem. Soc. (London) **1935**, 1173.
[3] l. c.
[4] INGOLD, WILSON: J. chem. Soc. (London) **1934**, 773.

at the methylene carbon, render the subsequent separation of the mobile hydrogen proton (ionisation of the complex) more difficult.

$$R \longrightarrow \overset{\displaystyle H}{\underset{\displaystyle |}{\overset{\textstyle \uparrow}{C}}}{=}\!\overset{\curvearrowright}{O}\cdots\overset{+}{H}.$$

The question whether such substituents will increase or decrease the velocity of bromination will thus depend upon the relative importance of the two consecutive reactions involved in the formation of the complex and of its subsequent ionisation. A similar, but converse argument will, of course, apply to the effects of electron-attracting substituents; in this case it is the ultimate ionisation of the mobile hydrogen from the complex which is facilitated and the association of the acid catalyst which is rendered more difficult. But we have noted that in the basic mechanism *both* the essential factors are facilitated by electron-attracting substituents (p. 68). It may be concluded, therefore, that such substitution will favour basic as opposed to acid catalysis i.e. it should decrease the k_{acid}/k_{base} ratio. This conclusion is substantiated by the investigations of Watson and Yates[1] on the velocities of bromination of halogenoacetones under varying conditions of (hydrochloric) acid catalysis in 50% acetic acid as a solvent. The curves obtained by plotting the logarithm of the velocity coefficient against the negative logarithm of the acid (i.e. hydrion) concentration pass through a minimum, the isocatalytic point, at the p_H value when the velocity of the acid and base catalysed reactions are identical. If the efficiency of acid catalysis is diminished, higher hydrion concentrations will be required to produce the same effects and hence the fall in the k_{acid}/k_{base} ratio will be expressed by a displacement of the minimum in the direction of higher hydrion concentration. For acetone itself the minimum (at $p_H = 4$ in the experiments of Dawson and Dean[2]) was not detected. The minimum for the autocatalysed bromination of monochloro- or monobromo-acetone occurs when the concentration of the hydrogen bromide formed is 0,002 M, i.e. at greater hydrion concentration than in the case of the unsubstituted ketone. With *asym-* and *sym*-dibromoacetones the minima occur when the concentration of the added hydrochloric acid is 0,2 M and 0,45–0,5 M, respectively, so that in this case ionisation proceeds by the "basic" mechanism even in moderately acid media, whereas the minima for $\alpha\alpha\alpha$-tribromo- and *asym*-tetrabromo-acetones are on the *acid* side of a 2 M concentration of hydrochloric acid, increasing concentration of hydrochloric acid still *decreasing* the velocity at this point.

The deduction that electron-attracting substituents will increase the velocity of enolisation (by increasing the incipient ionisation of the mobile hydrogen) and, at the same time, render the carbonyl compound less sensitive to catalysis by *acids*, is in accord with general experience. Thus, in the absence of catalysts, the bromination of acetone and laevulic acid is very slow in aqueous solution, but these reactions are powerfully accelerated by acids.[3] The effect of introducing electron-attracting CO_2Et groups into acetone is shown by the bromination velocity order[4]

$$EtO_2C \cdot CH_2 \cdot CO \cdot CH_2 \cdot CO_2Et > CH_3 \cdot CO \cdot CH_2 \cdot CO_2Et \ggg CH_3 \cdot CO \cdot CH_3$$

[1] J. chem. Soc. (London) **1932**, 1207.
[2] Ibid. **1926**, 2873.
[3] Hughes, Watson, Yates: J. chem. Soc. (London) **1931**, 3318.
[4] Watson, Yates: Ibid **1933**, 220.

but the ketonic esters are much less powerfully catalysed by acids. PEDERSEN[1] also observed that the bromination of ethyl acetoacetate and especially of ethyl monobromoaceto acetate is not catalysed by hydrions to any appreciable extent. Monobromoacetone, pyruvic acid and its ethyl ester all undergo rapid bromination in the absence of catalyst, but the velocity is but little affected by addition of acid. In the uncatalysed bromination of pyruvic acid or ethyl pyruvate there is an initial period of rapid bromination after which the speed quickly drops to a more or less constant value. Since the initial period of rapid bromination is eliminated by the addition of free acid, it is obviously due to a base-catalysed bromination by water molecules. DAWSON and WHEATLEY[2] found that the ratio of the relative velocities of bromination of acetone and acetophenone under constant conditions of acid catalysis ($0,1\ M\text{-}H_2SO_4$) is $1 : 0,37$ and NATHAN and WATSON[3] found that for para-substituted acetophenones $CH_3 \cdot CO \cdot C_6H_4$ X-p the bromination velocity decreased in the series X $=$ Me $>$ H $>$ J $>$ Br $>$ Cl $>$ NO_2, which is the reverse of that observed in the base catalysed reaction and, also, of that observed by SHOPPEE in the prototropic interconversion of the methylene-azomethines $X \cdot C_6H_4 \cdot CH_2 \cdot N : CHPh$, catalysed by sodium ethoxide. This series confirms the earlier results of DAWSON and ARK[4] which also include the p-amino-acetophenone. In the acid solution this would exist largely in the form of the electron-attracting ammonium pole $\cdot \overset{+}{N}H_3$ and it appears in its expected place in the above series, between the halogens and the nitro-group.

Results such as these suggest that when the structure of the carbonyl compound affords a certain degree of incipient ionisation of the mobile hydrogen the more important process in the determination of the velocity of the acid-catalysed reaction is the establishment of the equilibrium between the carbonyl group and the salt-like complex which results from its association with the catalyst acid. This is supported by the position of the electron-repelling methyl group above hydrogen in the above series and by the early qualitative observation of DAWSON[5] that in the presence of the same acid concentration the velocity of enolisation of acetone is greater than that of acetaldehyde. On the other hand alkyl substitution directly at the seat of the ionisation seems to exert a serious retarding effect on the separation of the mobile hydrogen, and so decreases the velocity of the acid-catalysed halogenation. This is illustrated by the following data which refer to the velocities of iodination of the ketone in unit concentration and catalysed by $0,1\ M$-sulphuric acid.[6]

Ketone:	$(CH_3)_2CO$	$(Me \rightarrow CH_2)_2CO$	$(Me \rightarrow CH_2 \rightarrow CH_2)_2CO$
$k \times 10^6$....	288	236	202

The greater retarding effect of the branched chain alkyl groups is illustrated below:

Ketone:	$MeCOPr^\alpha$	$MeCOPr^\beta$	$MeCOBu^\alpha$	$MeCOBu^\beta$	$MeCOBu^\gamma$
$k \times 10^6$.....	270	200	318	247	132

Attempts have been made by several investigators to analyse the mechanism of propotropic change on the basis of the effects of substituents on the E and P

[1] J. physic. Chem. **37** (1933), 751.
[2] J. chem. Soc. (London) **97** (1910), 2048.
[3] Ibid. **1933**, 217.
[4] Ibid. **99** (1911), 1740.
[5] DAWSON, LESLIE: J. chem. Soc. (London) **95** (1909), 1860. — DAWSON, BURTON, ARK: Ibid. **105** (1914), 1275.
[6] DAWSON, ARK: Ibid. **99** (1911), 1740.

terms in the usual Arrhenius equation $k = PZe^{-E/RT}$. The generally inconclusive and complicated nature of the results, more particularly with regard to the values of P (for which Smith found values as high as 10^4 in the base-catalysed mutarotation of glucose) give rise to suspicions regarding the validity of the assumptions usually made in such computations, It is felt, therefore, that any discussion of this aspect of the problem would be of no use here and the reader who is interested in this problem is referred to the original memoirs cited below,[1] and the article on "heats of activation of acid-base-catalysis" by M. Kilpatrick in this volume.

The mechanisms of catalytic action given on p. 67 evidently offer an adequate explanation of the large amount of data which has been accumulated and no results inconsistent with them have been obtained. Recently, however, a somewhat modified view has been advanced by Watson, Nathan and Laurie,[2] which attempts to correlate within a single mechanism all catalysed reations of carbonyl compounds (including catalysed condensation reactions), no matter whether the catalyst is an acid or a base. The catalyst is visualized as an additive reagent which by co-ordination at the carbonyl carbon (for base catalysis) or at the oxygen (for acid catalysis) leads to an energised semipolar form $>\overset{+}{C}{-}\overset{-}{O}$, or to a disposition of electrons closely approaching this structure.

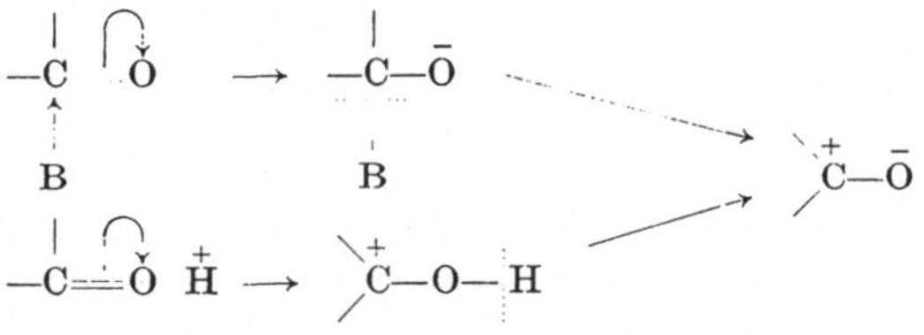

The mechanism is thus similar to that of the addition of a nucleophilic reagent, e.g. cyanide ion, to a double bond:

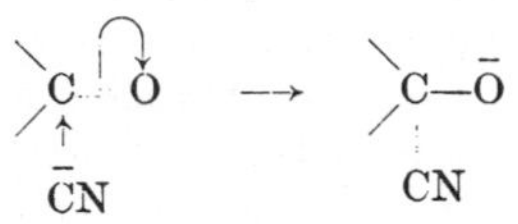

The activated semipolar structure may then be transformed into a more stable structure either by reconversion into the ketone or by ionisation of hydrogen from the adjacent carbon to give the enolide ion which may either add a proton (if a proton donor is present) to give the enol or react directly with a reagent such as halogen

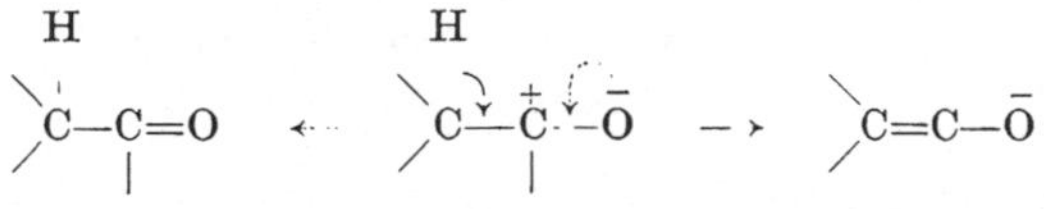

According to this view the velocity of prototropic change will depend on two factors: (1) the rate of reaction of ketone and catalyst, and (2) the proportion

<hr>

[1] Nathan, Watson: Ibid. **1933**, 217. — Evans, Morgan, Watson: Ibid **1935**, 1167. — Ingold, Wilson: Ibid. **1936**, 222. — Watson: Trans. Faraday Soc. **34** (1938), 165. — Smith: J. chem. Soc. (London) **1934**, 1744. — Evans: Ibid. **1936**, 785.
[2] J. chem. Physics **3** (1935), 170. — Cf. Watson: Modern Theories of Organic Chemistry, pp. 110, 129 et seq. Oxford 1937.

of the activated form which is transformed into the enol ion. This mechanism would thus appear to resemble very closely the "dislocation" or "disruption" hypothesis of catalytic action previously advanced by Böeseken.[1] It is evident that the known facts regarding base-catalysed prototropy and the effects of substituents upon the position of the isocatalytic point are interpreted equally well whether the initial step be the addition of the catalyst as in this mechanism or the removal of the proton as in that given on p. 67 and thus direct experimental confirmation is difficult and has not yet been achieved. It appears to the present writers that it is probable that both mechanisms may function; in fact, both are included in the general mechanistic definition of catalysis given on p. 11. The electronic character of the substrate, in particular the degree of incipient ionisation of the hydrogen atom, may well be of importance in predisposing it towards one or other particular mode of attack by the catalyst entity.

Carboxylic acids.

The mechanism of bromination of ketonic derivatives which is essentially dependent upon the tendency of the carbonyl group to polarise $C\!\!-\!\!O$ must not be extended to aliphatic monocarboxylic acids and esters. The absence of characteristic ketonic properties in the latter classes itself suggests that it is unsafe to force an analogy between the two types of compounds. Although Lapworth originally made a tentative suggestion that the enolisation mechanism might be applicable to the α-bromination of aliphatic acids, the extensive investigations of Orton, Watson and their collaborators have made it untenable.

It was early recognised by Hell and Urech[2] that, unlike the bromination of acetone, bromination of acetic acid and acetyl bromide is dependent on the concentration of the bromine. This observation was overlooked until re-established by Watson[3] who also showed that the catalytic effect of halogen acids is *specific* and is not common to acids in general. Investigations of the kinetics[4] revealed the catalytic order $\{HBr > HCl\} \lll AcBr$, the really effective catalyst being acetyl bromide, and in this case the velocity is now proportional to the concentrations of both acid bromide and bromine. The specific catalytic effect of the halogen acid is readily understood since it is due to the formation of acetyl bromide by the reaction $R\cdot CO_2H + HX \rightleftharpoons R\cdot CO\cdot X + H_2O$. Acetyl chloride and acetic anhydride also function as catalysts because of their conversion into the acid bromide. The anticatalytic effect of small quantities of water is evidently due to the resulting increase in the reverse reaction, with decomposition of the acyl bromide. The addition of increasing amounts of acetyl bromide to acetic acid containing 0,1% of water gives rise to a continuous increase in the bromination velocity whereas similar addition of acetic anhydride causes a sudden increase in the velocity when the amount of acetic anhydride added is exactly equivalent to the water present. The acyl bromide is thus the effective catalyst, the added acetic anhydride first reacting with all the water present before any conversion into acetyl bromide occurs. In the absence of added catalyst the bromination of acetic acid is autocatalytic, and reveals an initial period of increasing velocity as the hydrogen bromide formed reacts with the acetic acid to produce the equilibrium concentration of acetyl bromide. The

[1] Trans. Faraday Soc. **24** (1928), 611.
[2] Ber. dtsch. chem. Ges. **13** (1880), 531.
[3] J. chem. Soc. (London) **127** (1925), 2067; Chem. Reviews **7** (1930), 173.
[4] Watson: l. c. and ibid. **1928**, 1137. — Watson, Gregory: Ibid **1929**, 1373.

following mechanism, suggested by Watson, is in harmony with the experimental data:

$$R \cdot CH_2 \cdot CO \cdot X + X_2 \rightarrow R \cdot CHX \cdot CO \cdot X + HX \quad (X = halogen)$$

$$RCHX \cdot CO \cdot X + R \cdot CH_2 \cdot CO \cdot OH \rightarrow R \cdot CHX \cdot CO_2H + R \cdot CH_2 \cdot CO \cdot X.$$

The second reaction actually occurs in two stages, the mixed anhydride $R \cdot CHX \cdot CO \cdot O \cdot CO \cdot CH_2R$ being first formed as an intermediate. Chlorination has been shown to follow a similar course.[1] The function of all known accelerators, phosphorus, hydrogen halides, acetic acid, etc. is thus to produce the active catalyst, the acyl bromide. Watson postulates direct reaction between the bromine and the ketonic form of the acyl bromide, but no really clear explanation of the more intimate mechanism has yet been given.

Acid anhydrides.

The bromination of acetic anhydride is also catalysed by mineral acids including sulphuric acid. Kinetic studies have shown that in this case bromination can occur by two routes, one through the bromoacetyl bromide as for acetyl bromide itself, and the other through the enolide ion in accordance with the mechanism established for ketones:

$$\left. \begin{array}{l} CH_3 \cdot CO \cdot X + X_2 \longrightarrow CH_2X \cdot CO \cdot X + HX \\ Ac_2O + CH_2X \cdot CO \cdot X \rightleftharpoons CH_2X \cdot CO \cdot OAc + AcX \end{array} \right\} \quad (I)$$

$$\left. \begin{array}{l} CH_3 \cdot CO \cdot O \cdot CO \cdot CH_3 \rightleftharpoons CH_2 : \overset{-}{C}O \cdot O \cdot CO \cdot CH_3 + \overset{+}{H} \\ CH_2 : \overset{-}{C}O \cdot O \cdot CO \cdot CH_3 + X_2 \xrightarrow{fast} CH_2X \cdot CO \cdot O \cdot CO \cdot CH_3 + HX \end{array} \right\} \quad (II)$$

$$(Ac = CO \cdot CH_3; \quad X = halogen).$$

It is presumably mechanism (II) which is catalysed by mineral acids other than hydrogen halides, the catalyst facilitating the primary ionisation in the manner already discussed (p. 56, 67). The hydrogen halide formed can then effect fission of the acetic anhydride, probably by initial salt formation at the singlylinked oxygen atom, to give acetyl halide and acetic acid. The latter can then interact further with the halogenated anhydride:

$$\begin{array}{l} CH_3 \cdot CO \\ \qquad\qquad \overset{\delta+}{\diagdown} \\ \qquad\qquad\quad O \quad H \longrightarrow CH_3 \cdot CO \cdot OH + CH_3 \cdot CO \cdot Br. \\ CH_3 \cdot CO \diagup \qquad | \\ \qquad\qquad\qquad Br \end{array}$$

$$CH_3 \cdot CO \cdot OH + CH_2X \cdot CO \cdot O \cdot CO \cdot CH_3 \rightleftharpoons CH_2X \cdot CO_2H + (CH_3 \cdot CO)_2O.$$

Bases such as quinoline, pyridine, triethylamine, dimethylaniline etc. act as negative catalysts and give long "arrest" periods in the bromination of acetone and acetic anhydride. Their most probable function is to remove hydrogen bromide and so to prevent the formation of acetyl bromide, the effective intermediate in mechanism (I).

It has now been made clear that the velocities of tautomeric interconversion,

---

[1] Watson, Roberts: Ibid. **1928**, 2779.

of racemisation, and of bromination are all determined by the same essential reaction between the substrate and the catalyst acid or base which determines the ionisation of the mobile hydrogen. The identity of the velocities of bromination and of racemisation has also been established experimentally. Thus under conditions of acid catalysis RAMBERG[1] found that the velocities of racemisation and of bromination of α-ethylsulphonyl- and α-phenylsulphonyl-propionic acid are equal, and a similar equality was proved for the racemisation and iodination of phenyl *sec*-butyl ketone by BARTLETT and STAUFFER.[2] Using 2-*o*-carboxy-benzylindan-1-one, $CO_2H \cdot C_6H_4 \cdot CH \cdot CO \cdot C_6H_4 \cdot CH_2$, INGOLD and WILSON[3] found

that the slow racemisation of the *d*-ketone in chloroform or acetic acid was greatly accelerated by traces of hydrogen bromide and the bromination of the *dl*-ketone is so strongly autocatalytic that exact dynamical measurements were impossible. In 90% acetic acid (16 N), i.e. under conditions of acid catalysis, the measured rates of bromination and racemisation were found to be equal, and the same equality was demonstrated ($k_{\mathrm{rac}} = 0{,}0438$; $k_{\mathrm{Br}} = 0{,}0471$ hrs.$^{-1}$) under conditions of basic catalysis by the acetate ion.[4]

4. Deuterium Exchange.[5]

It is now generally accepted that the use of deuterium provides a method of studying hydrogen-ionisation and it has been demonstrated that exchanges between various hydroxylic solvents and prototropic systems are controlled by the same fundamental process of ionisation as is the prototropic interconversion, and hence also the bromination and racemisation of such systems. Such exchange will thus be subject to the same catalytic influences as prototropy. Whereas the acetate ion exchanges very slowly with water and only at high temperatures,[6] acetone takes up deuterium slowly at ordinary temperatures in neutral aqueous solution, more rapidly in acid solution, and still more rapidly in the presence of strongly basic catalysts.[7] Quantitative data have been obtained by HSÜ, INGOLD and WILSON[8] who found identical rates of racemisation and of deuterium uptake by *d*-phenyl β-*n*-butyl ketone in a mixture of dioxan and pure deuterium oxide using 0,13 N-sodium deuteroxide as the catalyst. Quantitative correlation between the velocities of prototropic interconversion and deuterium exchange has been established by DE SALAS and WILSON[9] in the case of the azomethine system,

$$p\text{-}MeO \cdot C_6H_4 \cdot CH_2 \cdot N \colon CHPh \rightleftharpoons p\text{-}MeO \cdot C_6H_4 \cdot CH \colon N \cdot CH_2Ph.$$

With sodium ethoxide in alcohol containing a very high proportion of deuterium ethoxide they found that the rate of exchange was slightly greater than that of interconversion suggesting that there is some mechanism of exchange which

---

[1] RAMBERG, MELLANDER, HEALUND: Ark. Kem., Mineral. Geol., Ser. B **11** (1934), Nos. 31, 41; **12** (1936), Ser. A, No. 1.

[2] J. Amer. chem. Soc. **57** (1935), 2580.

[3] J. chem. Soc. (London) **1934**, 773.

[4] HSÜ, WILSON: Ibid. **1936**, 623.

[5] See the article of REITZ in this volume.

[6] KLAR: Z. physik. Chem., Abt. B **26** (1934), 335. — BONHOEFFER, KLAR: Naturwiss. **22** (1934), 45. — GOLDFINGER, LASEREFF: C. R. hebd. Séances Acad. Sci. **200** (1935), 1671. — LIOTA, LA MER: J. Amer. chem. Soc. **59** (1937), 946.

[7] KLAR: l. c. — HALFORD, ANDERSON, BATES: J. Amer. chem. Soc. **56** (1934), 491.

[8] J. chem. Soc. (London) **1938**, 78.

[9] Ibid **1938**, 319.

does not involve isomerisation. One way in which this might possibly occur is indicated below:

$$D—OEt$$

exchange + interconversion.   exchange without interconversion.

5. Epimerisation.

The epimerisation of the sugars, involving the reversal of the spatial configuration of the hydrogen and hydroxyl groups about the carbon atom adjacent to the reducing group, is effected by oxidation to the corresponding acid which is then brought into equilibrium with its epimer by heating with pyridine or quinoline at 135–150°.[1] The interconversion doubtless occurs through the common enol form in which the spatial arrangement about the carbon atom is destroyed, and the function of the pyridine or quinoline, well known catalysts for prototropic change, is evident, since they can remove the ionising proton by direct attack as bases.

The effect of alkalis such as sodium, barium, calcium, lead and zinc hydroxides or even guanidine[2] in producing the complicated isomeric changes in sugar molecules is also best regarded as a consecutive series of enolisations catalysed by hydroxyl ion.

Thus glucose, mannose or fructose are each converted into a mixture of all three sugars by the prolonged action (5 days) of cold concentrated caustic potash,

---

[1] Cf. inter alia. FISCHER: Ber. dtsch. chem. Ges. **23** (1890), 801. — FISCHER, PILOTY: Ibid. **24** (1891), 4216. — FISCHER, MORELL: Ibid. **27** (1894), 387. — FISCHER, BROMBERG: Ibid. **29** (1896), 584.

[2] MORRELL, BELLARS: J. chem. Soc. (London) **91** (1907), 1010.

or within a few hours when heated with alkali. Galactose similarly affords a mixture of sorbose, talose and galactose,[1] and gulose or idose give sorbose when heated with baryta solution.[2]

6. Mutarotation.

The acceleration of mutarotation by acids seems first to have been noticed by ERDMANN[3] and the catalytic activity of both acids and bases was recognised by URECH[4] in 1882. The first systematic quantitative investigations of the catalysis of mutarotation of glucose in aqueous solution were due to LEVY[5] who found that the accelerations produced by various acids run parallel to their affinity constants as deduced from conductivity measurements. Although the catalytic activity of hydrogen and hydroxyl ions was thus early recognised it was not until later[6] that the catalytic efficiency of the water molecule was realized and the correct relationship was first given by HUDSON[7] in the form

$$k = 0,0096 + 0,258 \, [\overset{+}{\mathrm{H}}] + 9750 \, [\mathrm{OH'}],$$

which, incidentally, brings out very clearly the fact that catalytic activity of the hydroxyl ion is nearly 40000 times greater than is that of the hydrogen ion. The later recognition that the anions of weak acids, the cations of weak bases, and unionised acid molecules must be included as catalytic entities has already been referred to (p. 49) and examples of the parallelism between acid or basic strength and catalytic efficiency have been given. Further data which substantiate this conclusion are given below, and refer to the mutarotation of glucose by acid molecules and acid anions at 18°.[8]

Acid	Dissociation const. of acid $K_A \times 10^4$	Acid catalytic coefficient $k_A \times 10^3$	Basic catalytic coefficient (of anion) $k_B \times 10^3$
Trimethylacetic	0,10	2,0	31,4
Propionic	0,14	2,1	28,1
Acetic	0,18	2,4	26,5
Phenylacetic	0,5	2,8	20,0
Benzoic	0,6	—	15,2
o-Toluic	1,3	—	12,2
Glycolic	1,4	5,6	13,7
Formic	2,1	4,6	16,5
Mandelic	4,3	5,7	10,8
Salicylic	10	—	4,6
o-chlorobenzoic	13	—	6,4
Chloroacetic	15	6,8	5,4
Cyanoacetic	35	—	3,8
Cf. $\overset{+}{\mathrm{H}}_3\mathrm{O}$		145,0	
Pyridine			82,2

(Left margin, bottom-to-top: Increasing acid strength. Right margin, top-to-bottom: Decreasing strength of anion as a base.)

---

[1] LOBRY DE BRUYN, VAN ECKENSTEIN: Recueil Trav. chim. Pays-Bas **14** (1895), 203; **15** (1896), 92.

[2] VAN ECKENSTEIN, BLANKSMA: Ibid. **27** (1908), 1.

[3] Cf. Jahresbericht für 1885, p. 671.

[4] Ber. dtsch. chem. Ges. **15** (1882), 2130.

[5] Z. physik. Chem. **17** (1895), 301.

[6] LOWRY: J. chem. Soc. (London) **83** (1903), 1314.

[7] J. Amer. chem. Soc. **29** (1907), 1572.

[8] BRÖNSTED, GUGGENHEIM: J. Amer. chem. Soc. **49** (1927), 2554.

There is some slight evidence that the catalytic efficiency of a basic catalyst is also dependent upon the acid strength of the sugar molecule since Lowry and Wilson[1] have found that the values of k_{OH} for glucose, lactose and tetramethylglucose are, respectively, 8000, 5000, and 1600; the acid dissociation constants of glucose and lactose are 6,6 and $6,0 \times 10^{-13}$, respectively, and, although no figures are available for tetramethylglucose, the electron-repelling effects of the methyl substituents are certain greatly to diminish the acid strength of the sugar.

Although the actual rate determining stage and the intimate details of the mechanism are obscure, the results are fully in harmony with the view that the basic catalyst entity directly assists in removing the ionising hydrogen, whilst an acid catalyst attacks at the cyclic oxygen and, by electrostriction at this point, increases the positive field. It is not essential that the two attacks should be regarded as exactly simultaneous, as in Lowry's theory, and it should be noted that attack at either point will, because of the charge produced, favour electron movements within the substrate which will promote catalyst attack at the other point and, if completed, result finally in conversion into the open-chain aldehydic form.

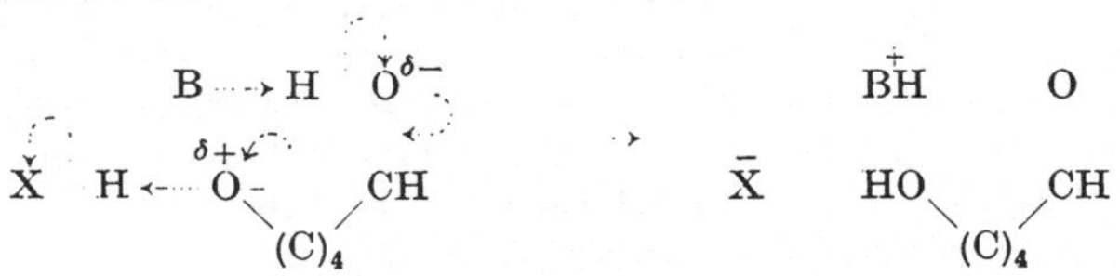

$$\begin{array}{ccc}
\mathrm{B} \dashrightarrow \mathrm{H} \quad \overset{\cdot}{\mathrm{O}}{}^{\delta-} & \qquad & \overset{+}{\mathrm{B}}\mathrm{H} \quad \mathrm{O} \\[2pt]
\underset{\delta+}{\mathrm{X}} \quad \mathrm{H} \leftarrow \mathrm{O}- \quad \mathrm{CH} & \longrightarrow & \overset{-}{\mathrm{X}} \quad \mathrm{HO} \diagdown \diagup \mathrm{CH} \\[2pt]
\underset{(C)_4}{} & & \underset{(C)_4}{}
\end{array}$$

In conclusion it may be noted that certain data are now available regarding the velocity of mutarotation in deuterium oxide. The catalytic constant for the $\overset{+}{\mathrm{H}}_3\mathrm{O}$ ion in H_2O—D_2O mixtures varies linearly with the proportion of deuterium oxide[2] and the change caused by the replacement of water by deuterium oxide on the catalytic coefficient of hydrion is much less than is that for the catalytic coefficient of the water molecule, the values of k_{H_2O}/k_{D_2O} being 1,33 and 3,8 respectively.

7. Lactonisation of unsaturated acids.

It is well known that unsaturated carboxylic acids with a double bond in the $\beta\gamma$- or $\gamma\delta$-position are converted into saturated lactones when heated with sulphuric acid.[3] The general relationships between $\beta\gamma$-acids and γ-lactones were established mainly by Fittig and his school during the period 1880–1894, but a re-investigation by Linstead and his collaborators has shown the incorrectness of certain of Fittig's earlier observations. Linstead[4] has shown that all acid-lactone systems of this type can be fitted into the general scheme:

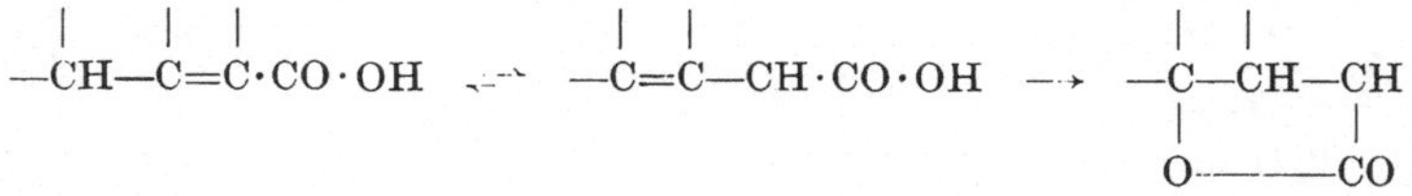

$$\underset{\alpha\beta\text{-acid.}}{-\mathrm{CH}-\mathrm{C}{=}\mathrm{C}\cdot\mathrm{CO}\cdot\mathrm{OH}} \;\rightleftharpoons\; \underset{\beta\gamma\text{-acid.}}{-\mathrm{C}{=}\mathrm{C}-\mathrm{CH}\cdot\mathrm{CO}\cdot\mathrm{OH}} \;\longrightarrow\; \underset{\gamma\text{-lactone.}}{\begin{array}{c} -\mathrm{C}-\mathrm{CH}-\mathrm{CH} \\ |\qquad\quad| \\ \mathrm{O}\text{------}\mathrm{CO} \end{array}}$$

the variations in the different systems being attributed to differences in the ratio of the velocity of the tautomeric interconversion to that of the ring-closure.

[1] Trans. Faraday Soc. **24** (1928), 681.

[2] Hamil, la Mer: J. chem. Physics **2** (1934), 891. — Cf. Wynne-Jones: Chem. Reviews **17** (1935), 115.

[2] Cf. Fittig: Ber. dtsch. chem. Ges. **16** (1883), 373.

[4] J. chem. Soc. (London) **1932**, 115.

With $\alpha\beta$-acids the actual velocity of lactonisation may, of course, be determined by either of these changes.

The function of acid catalysts in promoting the tautomeric interconversion of $\alpha\beta$-,$\beta\gamma$-unsaturated acids has already been discussed (p. 55). The facility of the actual lactonisation, involving as it does an internal self-addition, will depend on several factors, the most important of which are the polarisation of the double bond, the stability of the lactone ring and the ease of approach of the active centres. It is almost certainly the first of these which is affected by the acid catalyst.

Since, in some cases, the lactonisation is effected by simple heating of the pure dry acid it seems reasonable to suggest that the function of the acid catalyst is simply to facilitate a mechanism which can operate in the unsaturated acid molecule itself. A simple and adequate view represents the lactonisation thus:

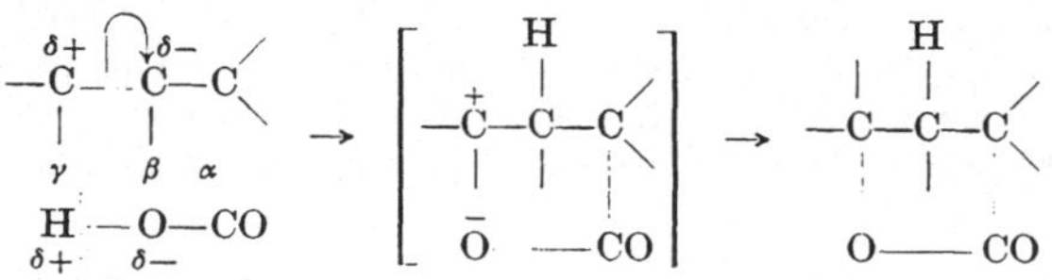

although the dipolar intermediate (included only for clarity) probably has no real existence. Polarisation of the double linking in the direction shown may be effected by the attraction of the carbonyl group, by the electron-repelling character of alkyl groups attached to C_γ, or by both these factors. That due to γ-alkyl substituents is likely to be the more important. Increased electron density is thus produced at C_β which initiates the addition of the positive hydrogen ion, leaving the carbonyl anion to complete the addition and charge neutralisation at C_γ. The function of an acid catalyst would thus be to increase the necessary polarisation of the double bond. This could be effected in two ways, either by oxonium salt formation at the very weakly basic carboxyl group, thus increasing the electron-attraction of this group, or by the direct approach of a proton at C_β. At the same time water, as a weak base, could assist the ionisation of the hydrogen from the carboxyl group:

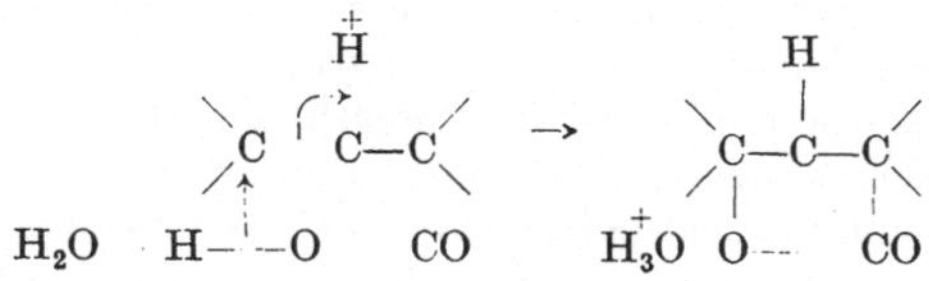

In the uncatalysed change it is evident that one acid molecule might quite readily act as a proton donor to a second molecule. Since the $\alpha\beta$-acids can only be converted into the lactones through the $\beta\gamma$-acids as intermediates it is to be expected that the latter will be more readily lactonised than are the former, unless the tautomeric interconversion $\alpha\beta \rightarrow \beta\gamma$—is very rapid. Thus $\Delta\beta$-hexenoic acid $CHEt{:}CH\cdot CH_2\cdot CO_2H$ is converted into the lactone

$$\begin{array}{ccc} CHEt\cdot CH_2\cdot CH_2 \\ | \qquad\qquad\quad | \\ O\text{————}CO \end{array}$$

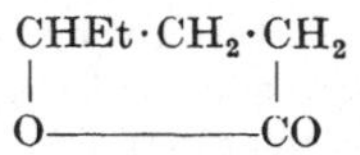

by 60% sulphuric acid at room temperature whereas the corresponding Δ^α-acid is unchanged under such conditions. Neither the Δ^α- nor Δ^β-acid is lactonised by heating alone but both readily form the lactone when boiled with 50%

sulphuric acid. The much greater facility with which pyroterebic acid $Me_2C:CH\cdot$
$\cdot CH_2\cdot CO_2H$ is lactonised (boiling alone or treatment with cold 50% sulphuric
acid for fifteen minutes) may be ascribed to the greater degree of polarisation
of the ethylenic bond resulting for the influence of the *gem*-dimethyl substituent,
especially if additional electron-release by BAKER and NATHAN's mesomeric
mechanism[1] be assumed:

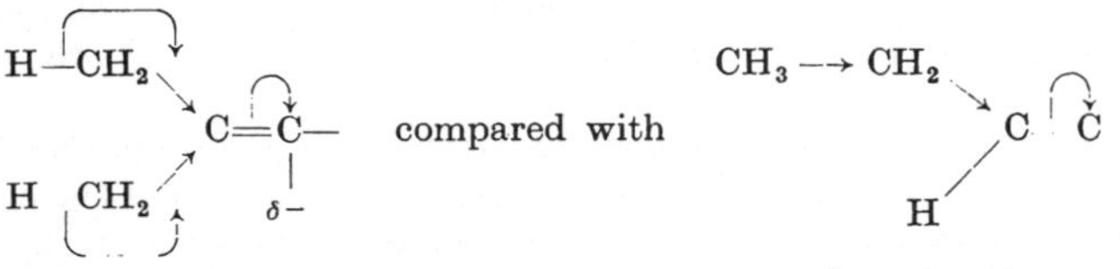

$$H-CH_2,\ H\ CH_2 \to C=C- \qquad\text{compared with}\qquad CH_3 \to CH_2,\ H \to C\ \ C$$

pyroterebic acid.   n-hexenoic acid.

The corresponding Δ^α-*iso*hexenoic acid $CHMe_2\cdot CH:CH\cdot CO_2H$ is lactonised
rather more readily than the Δ^α-*n*-hexenoic isomeride. The pentenoic[2] closely
resemble the hexenoic acids; the Δ^β-acid $CHMe:CH\cdot CH_2\cdot CO_2H$ is slowly
lactonised with cold 60% sulphuric acid (activation of double bond by only

a single methyl substituent $CH_3 \to CH=\overset{|}{C}-$), a reagent which has no action
on the Δ^α-acid. Both are lactonised by boiling 50% sulphuric acid. The intermediate formation of saturated acids of the type

$$\diagup\!\!\underset{\underset{H-O-CO}{X}}{\overset{}{C}}\ \ \ C\!-\!\underset{H}{C}\diagdown$$

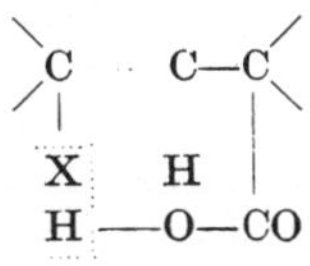

which then form the lactone by elimination of HX, is a plausible hypothesis
especially in view of the suggested mechanism of interconversion of the Δ^α-
and Δ^β-isomerides by acid catalysts (p. 55). It cannot, however, be maintained.
It is obvious that it could not apply to the pure dry acids, and HJELT[3] has shown
that the formation of the lactones from γ-hydroxy-*n*- and -*iso*hexoic acids
occurs at approximately the same rate, in contrast to the extraordinarily facile
lactonisation of the Δ^β-*iso*-hexenoic acid (pyroterebic acid).

The importance of the polarisation of the ethylenic bond is further revealed in
the butenoic acids. The addition of hydrogen bromide to vinylacetic acid to give
only the β-bromo-acid shows that polarisation of the double bond occurs exclusively

in the sense $\quad \underset{H}{\overset{H}{\diagdown}}C\ CH\cdot CH_2\cdot CO_2H \quad$ (electron repulsion of $CO_2H\cdot CH_2 > H$)

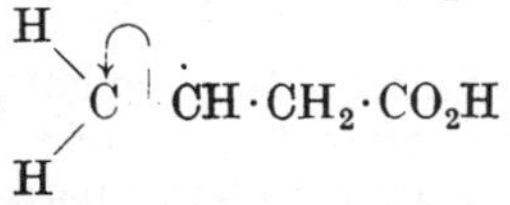

and tautomeric change occurs entirely in the direction vinylacetic $\to$ crotonic
acid $CH_3\cdot CH:CH\cdot CO_2H$, which is the stable isomeride. Moreover the polarisation
of the double bond in the Δ^β-acid is in the direction required for the formation
of a β- not a γ-lactone, and so it is not surprising that boiling 50% sulphuric
acid merely converts vinylacetic into crotonic acid and gives no trace of the
lactone. Similarly in Δ^γ-unsaturated acids of the type $R_2C = CH\cdot CH_2\cdot CH_2\cdot CO_2H$,
when $R_2 = H_2$ the direction of polarisation of the double bond is determined

[1] Ibid. **1935**, 1844.
[2] BOORMAN, LINSTEAD: Ibid. **1933**, 577.
[3] Ber. dtsch. chem. Ges. **24** (1891), 1236.

by the greater electron repulsion of the $\cdot CH_2 \cdot CH_2 \cdot CO_2H$ group, and a γ-lactone is formed, the proton being added to C_δ:

$$CH_3\!-\!CH\!-\!CH_2\diagdown CH_2,\quad H_3\overset{+}{O}\;\;O\!-\!\!-CO$$

Allylacetic acid, for example, is converted by either cold or hot dilute sulphuric acid into γ-valerolactone free from the δ-isomeride. When $R_2 = Me_2$, this *gem*-dimethyl group controls the polarisation of the ethylenic bond and a δ-lactone is formed, Δ^γ-*iso*heptenoic acid giving an equilibrium mixture with its δ-lactone either when heated alone or with dilute sulphuric acid:

$$CMe_2 \cdot CH_2 \cdot CH_2,\quad H_3\overset{+}{O}\;\;O\!-\!CO\!-\!\!-CH_2$$

40%   60%

PLATTNER and ST. PFAU[1] have observed that ketones are always formed when unsaturated acids or the corresponding lactones are heated with strong acids, such as toluene- or β-naphthalene-sulphonic acid. Undecyclenic acid, for example, gives a mixture of 2-*n*-hexyl-Δ^2- and -Δ^3-*cyclo*pentenone and (probably) some 2-*n*-amyl-Δ^2-*cyclo*hexenone. Δ^α-Unsaturated acids give ketones with similar ease, but saturated acids are unattacked. It would seem, therefore, that facile migration of the double link occurs, the interconversion of the unsaturated acid and its lactone being reversible.[2] Internal addition to the activated (polarised) ethylenic linking must also occur with fission of the carbonyl group thus $-\overset{\delta+}{C}O\!-\!\overset{\delta-}{O}H$.

Since, in ketone formation, the negatively polarised hydroxyl adds to the same carbon which receives the carboxyl anion in lactone formation, it would be expected that a γ-lactone (5 ring) would be accompanied by the formation of a *cyclo*pentenone, and a δ-lactone by a *cyclo*hexenone. This, however, awaits experimental verification.

Pinacolic electron displacement.

In ring-chain tautomeric changes, such as those which are involved in the mutarotation of the sugars, the valency distribution consequent on the ionisation

[1] Helv. chim. Acta **20** (1937), 1474.
[2] This conclusion is opposed to that given by LINSTEAD: J. chem. Soc. (London) **1932**, 115.

of the mobile hydrogen is effected by ring formation (I, dotted arrows). An alternative method of valency distribution is possible if one of the groups R_1 or R_2 migrates to the adjacent carbon atom (II, full arrows).

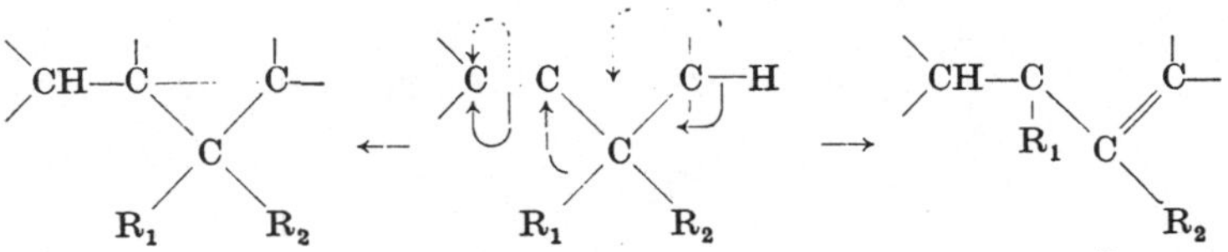

$$\text{I.} \qquad\qquad \qquad\qquad \leftarrow \qquad\qquad\qquad \rightarrow \qquad\qquad \text{II.}$$

This second method, which involves the complete transference of a duplet of electrons from one octet to another, may be represented by the general scheme

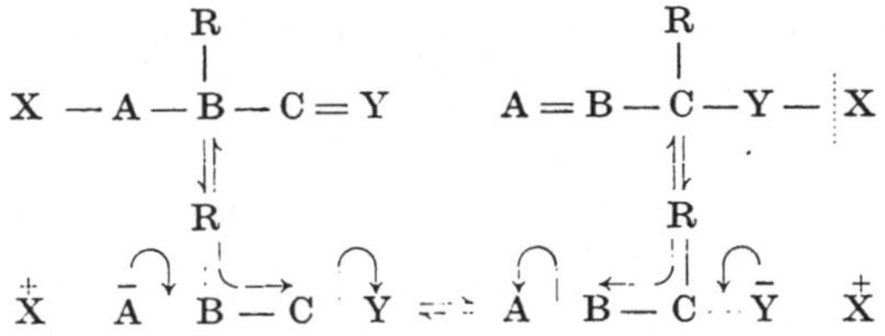

$$\begin{array}{ccc}
& R & \\
& | & \\
X - A - B - C = Y & & A = B - C - Y - X
\end{array}$$

and has been termed pinacolic electron displacement by INGOLD and SHOPPEE.[1] X is an atom, like hydrogen, which readily separates as a cation, and Y is one like carbonyl oxygen, $(= O)$ which, by its tendency to decrease its covalency, provides an additional seat for the negative charge. A similar type of rearrangement is possible when Y, united by a single instead of a double bond to C, is an atom or group (OH, Cl, etc.) which forms a stable anion, but in this case the reaction involves elimination of the compound XY:

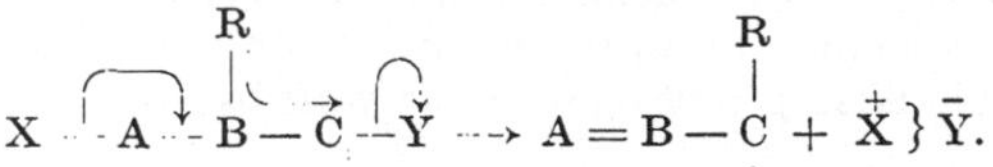

$$\begin{array}{c}
R \\
| \\
X \cdots A - B - C - Y \longrightarrow A = B - C + \overset{+}{X}\}\overline{Y}.
\end{array}$$

The tendency of X to relinquish and of Y to retain its bond electrons during ionisation or combination with a reagent provides the driving force of the mechanism. The concomitant migration of the group R, *with its pair of bond electrons*, from B to C is essential in order to maintain the octets around each of the atoms A, B and C and so regain electrical stability.

This type of electron displacement permits the correlation of such superficially diverse charges as the pinacol-pinacolin, WAGNER-MEERWEIN, benzil-benzilic acid, HOFMANN, LOSSEN, and CURTIUS rearrangements, on the basis of a unified mechanism and throws considerable light on the function of catalysts in such changes.

Pinacol-pinacolin change.

In the true pinacolinic change both hydroxyl groups in the pinacol are tertiary and, on the above scheme, group migration might obviously proceed in either of two directions:

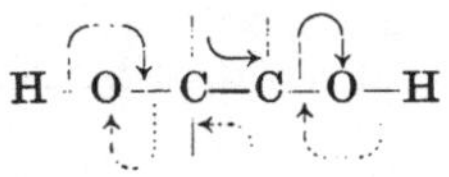

$$H \cdots O - C - C - O - H$$

---

[1] J. chem. Soc. (London) **1928**, 365. — SHOPPEE: Proc. Leeds philos. lit. Soc., sci. Sect. **1** (1928), 301.

There are three factors upon which the facility of changes involving pinacolic electron displacements will depend: 1. the anionic stability of the potential anion Y,[1] 2. the dielectric constant (ionising power) of the medium, and 3. the capacity for electron-release of the groups attached to the carbon atom from which the anion separates.[2] Abundant confirmation of these conclusions is found in the very extensive literature relating to the pinacol-pinacoline change.[3] The main influence of catalysts will obviously be concerned with the first of these three factors and the efficacy of acid catalysts in bringing about the pinacolic change is readily understood. In dilute acids the effective catalytic entity will be the $H_3\overset{+}{O}$ ion which will assist the ionisation of the hydroxyl group by direct attack to form unionised water. If conversion of the hydroxyl group into its ester-salt occurs the anionic stability of the group will be enhanced and so further facilitate the ionisation.

$$
\begin{array}{ccc}
 & & R \\
 & & | \\
 & & O=C-C-R' \\
 & & \;\;\; |\;\; | \\
 & & \;\;\; R\;\; R' \\
\end{array}
$$

$$
\begin{array}{c}
R\;\; R' \\
|\;\; | \\
H-O\cdot C-C-OH \;+\; H-HSO_4 \\
|\;\; | \\
R\;\; R'
\end{array}
\qquad
\begin{array}{c}
R\;\; R' \\
|\;\; | \\
H-O\cdot C-C-O\cdot SO_3H \\
|\;\; | \\
R\;\; R'
\end{array}
$$

The reason why dilute sulphuric acid or even oxalic acid can effect the dehydration is thus apparent.

In the pinacol-pinacolin change it is theoretically possible that either hydroxyl group might separate as an anion, and the direction of the change will be determined by the relative electron-release capacities of the substituent groups R and R^1. Anionisation will occur from that carbon which bears substituents of the greatest electron-release capacity. Such electron-release will also facilitate the formation of the hydrogen sulphate at the same hydroxyl group. When dehydration is effected by concentrated sulphuric acid it is possible that increased attraction on the bonding electrons of the hydroxyl group results from incipient oxonium salt formation; again the oxygen which is attached to the carbon which carries the most strongly electron-repelling substituents will have the more pronounced basic properties to encourage such salt formation.

$$
\begin{array}{c}
R\;\; R' \\
|\;\; | \\
H-O-C-C-OH \\
|\;\; | \\
R\;\; R'\; H_2SO_4
\end{array}
\longrightarrow
\left[
\begin{array}{c}
R\;\; R' \\
|\;\; | \\
H-O\cdot C-C\;\;\;\overset{+}{O}H \\
|\;\; |\;\;\;\; | \\
R\;\; R'\;\; H,\, HSO_4'
\end{array}
\right]
\longrightarrow
\begin{array}{c}
R \\
| \\
O\;\; C-C-R' + H_2O,\, H_2SO_4. \\
|\;\; | \\
R\;\; R'
\end{array}
$$

With di-tertiary glycols the mechanism is free from ambiguity and the changes are usually effected by means of dilute acids. When one of the groups is a secondary

---

[1] Ionisation of X, as a cation, will not of itself determine migration since it does not disrupt the electron octet.

[2] Cf. INGOLD: Ann. Rep. chem. Soc. (London) 25 (1928), 134.

[3] For a bibliography see BENNETT, CHAPMAN: Ibid. 27 (1930), 115. — Cf. also BAKER: Tautomerism, p. 276 et seq. London, 1934.

alcohol, this is not the case. Such rearrangements have been classified[1] as *semihydrobenzoinic*, when the tertiary hydroxyl group is lost;

$$CRR^1(OH) \cdot CHR^2(OH) \xrightarrow{-H_2O} \begin{cases} CRR^1R^2 \cdot CHO \\ CHRR^1 \cdot CO \cdot R^2 \end{cases}$$

and *semipinacolinic* when the secondary hydroxyl group is eliminated.

$$CRR^1(OH) \cdot CHR^2(OH) \xrightarrow{-H_2O} \begin{cases} R \cdot CO \cdot CHR^1R^2 \\ R^1 \cdot CO \cdot CHRR^2 \end{cases}$$

In such cases the dehydration product could be formed either by pinacolic electron displacement (*a*) or by vinyl dehydration (*b*) followed by ketonisation of the resulting enol. Thus the conversion of diphenyl-α-naphthyl glycol into α-naphthyl ketone[2] may be formulated as either (*a*) or (*b*):

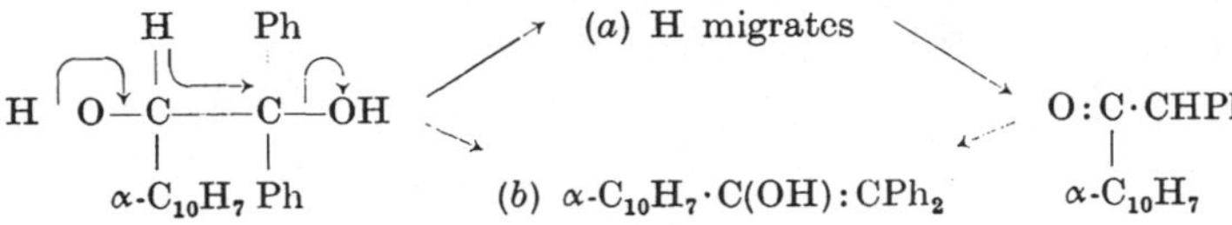

(*a*) H migrates

$O:C \cdot CHPh_2$, α-$C_{10}H_7$

(*b*) α-$C_{10}H_7 \cdot C(OH):CPh_2$

The semihydrobenzoinic and semipinacolinic changes are usually brought about under the influence of concentrated sulphuric acid, a reagent theoretically capable of effecting the change by either mechanism. Another complication is introduced in these cases by the observation that the same reagent catalyses the conversion of aldehydes of the type $CR_3 \cdot CHO$ into the isomeric ketones $CHR_2 \cdot COR$ [3] and hence it is not always possible to exclude a mechanism which involves the primary formation of the aldehyde followed by its subsequent isomerisation into the ketone:

$$\to O = CR \cdot CHRR'$$

or

$$\to CRR' \cdot CH:O$$

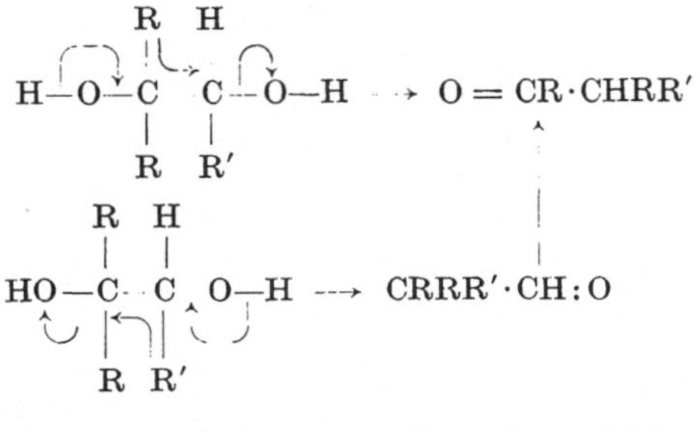

There is evidence, however, that intervention of an aldehyde is not necessary in such transformations since it has been shown[4] that the conversion of d-β-

[1] TIFFENEAU, Mlle LÉVY: Bull. Soc. chim. France (4) **33** (1923), 735.

[2] MCKENZIE, DENNLER: J. chem. Soc. (London) **1926**, 1596.

[3] DANILOV: Ber. dtsch. chem. Ges. **60** (B) (1927), 2390. — DANILOV, VENUS-DANILOV: Ibid. **59** (B) (1926), 377, 1032; **60** (B) (1927), 1050; **61** (B) (1928), 1954; J. russ. physik.-chem. Ges. **61** (1929), 53. — GODCHOT, CAUQUIL: C. R. hebd. Acad. Sci. **186** (1928), 767. — Mlle LÉVY, WEILL: Ibid. **185** (1927), 135. — ORÉKOFF, TIFFENEAU: Ibid. **182** (1926), 67. — DANILOV: J. russ. physik.-chem. Ges. **51** (1919), 97.

[4] ROGER, MCKENZIE: Ber. dtsch. chem. Ges. **62** (B) (1929), 272. — Cf. MCKENZIE, DENNLER: Ibid. **60** (B) (1927), 220.

hydroxy-β-phenyl-$\alpha\,\alpha$-dibenzylethanol into benzyl $\alpha\beta$-diphenylethyl ketone by boiling dilute sulphuric acid does not involve complete loss of optical activity.

$$d\text{-}H\!-\!O\cdots\overset{\displaystyle CH_2Ph}{\underset{\displaystyle CH_2Ph}{C}}\!-\!-\!-\!\overset{\displaystyle H}{\underset{\displaystyle Ph}{C}}\!-\!OH \longrightarrow CH_2Ph\cdot CO\cdot CHPh\cdot CH_2Ph.$$

The retention of asymmetry would be impossible if the aldehyde $CPh(CH_2Ph)_2\cdot$ $\cdot CHO$ were an intermediate product. On the other hand β-hydroxy-β-phenyl-$\alpha\,\alpha$-dimethylethanol is converted either by dilute sulphuric acid or 50% oxalic acid (a) into α-phenyl-α-methylpropaldehyde, which is further converted by concentrated sulphuric acid into α-phenylethyl methyl ketone. It is therefore not difficult to understand why this ketone is obtained when the rearrangement of the glycol is effected with concentrated sulphuric acid (b).

$$H\cdots O\!-\!\overset{\displaystyle Ph}{CH}\!-\!CMe_2\!-\!OH \quad\xrightarrow{\;(a)\;}\quad O:CH\cdot CMe_2Ph$$

$$HO\!-\!CHPh\!-\!\overset{\displaystyle Me}{CMe}\cdots O\cdots H \quad\xrightarrow{\;(b)\;}\quad CHMePh\cdot CO\cdot CH_3 \qquad\Big\downarrow{\scriptstyle\text{conc.}\ H_2SO_4}$$

DANILOV and VENUS-DANILOV[1] have stressed the point that alteration in the nature and properties of the reaction products can be effected by change in the catalyst reagent only if aldehydes, which can subsequently be converted into isomeric ketones, are formed, since the latter are not isomerised by cold concentrated or boiling dilute sulphuric acid, zinc chloride or hydrobromic acid. The further isomerisation of the aldehydes to ketones is usually only quantitative when the catalyst is cold concentrated sulphuric acid, for although some conversion is brought about by hot 40–60% sulphuric acid, by phosphorus pentachloride at low temperatures or by hot alcoholic mercuric chloride, it is always partial in such cases. It is possible to suggest a mechanism slight modifications of which give at least a qualitative explanation of the function of acid catalysts in bringing about these various changes. As SHOPPEE[2] has suggested, the function of cold, concentrated sulphuric acid is probably to convert the carbonyl group into an oxonium salt[3] and thus to introduce the electron-attracting positive charge which initiates the pinacolic electron displacements in the cation in some such manner as the following:

$$\overset{\displaystyle R}{CR_2}\!-\!CH\!=\!\overset{+}{O}H \longrightarrow \left[\;\overset{+}{CR_2}\!-\!\overset{\displaystyle R}{\underset{\displaystyle H}{C}}\!\cdots O\cdots H\;\right]HSO_4' \longrightarrow CHR_2\cdot CO\cdot R + H_2SO_4.$$
$$\underset{\displaystyle HSO_4'}{}$$

An essentially similar mechanism could apply when more dilute sulphuric acid is used since the anionising tendency of the $\cdot O\cdot SO_3H$ group in the ψ-salt formed

---

[1] Ibid. **59** (1926), 377.

[2] Thesis, London, 1929.

[3] Cf. BAKER: J. chem. Soc. (London) **1931**, 307 and subsequent papers.

(by addition of sulphuric acid to the carbonyl double bond) would produce at least a fractional positive charge on the carbon atom to which it is attached:

$$CR_3 \cdot CH:O + H_2SO_4 \rightarrow \underset{\underset{OSO_3H}{|}}{CR_2}{-}\overset{\overset{R}{|}}{CH}{-}OH \rightarrow \left[\underset{\bar{O}SO_3H}{\overset{+}{CR_2}}{-}\overset{\overset{H}{|}}{CR}{-}O{-}H \right] \rightarrow$$

$$\rightarrow CHR_2 \cdot COR + H_2SO_4.$$

The necessity for higher temperatures and the partial character of the isomerisation is understandable in view of the much smaller positive charge introduced into the molecule under these conditions. The action of phosphorus pentachloride in the cold which effects the partial conversion of triphenylacetaldehyde into phenyl benzhydryl ketone, could be explained by the intermediate formation of a similar type of complex[1]

$$\underset{\underset{Cl}{|}}{CPh_2}{-}\overset{\overset{Ph \quad H}{|}}{C}{-}O{-}PCl_4 \rightarrow CPh_2{-}\overset{\overset{H}{|}}{CPh}{-}O{-}PCl_4 \rightarrow CHPh_2 \cdot CO \cdot Ph + PCl_5$$

and the observed production of triphenylchloroethylene at higher temperatures would result from the decomposition of the same complex thus:

$$Cl{-}CPh_2 \quad CPh{-}O{-}\overset{\overset{H \qquad Cl}{|}}{PCl_3} \cdots \rightarrow CPh_2:CPhCl + POCl_3 + HCl.$$

A similar scheme can be applied in the case of mercuric chloride, the intermediate complex then being of the type $CR_3 \cdot CHCl(OHgCl)$.

The isomerisation of ethylene oxides to ketones is closely related to the pinacolinic change, is controlled by the same factors and is effected by the same type of acid catalysts. The direction of fission of the oxide linkings will be determined by the relative electron release capacities of the groups R and R^1

$$R{-}C\underset{O}{\underset{\diagdown \diagup}{\rule{3em}{0.4pt}}}C{-}R^1$$

fission and migration taking place in the direction of the full arrows if the capacity for electron release of $R^1 > R$, and of the dotted arrows, if the relative order is $R > R^1$. The function of the acid catalyst is again the introduction of a positive charge by oxonium salt formation at the ether oxygen atom. The additional attraction of this charge for the electrons forming the link with carbon leads to a rupture of this bond, and thus to the production of a system,

$$\bar{O}{-}\overset{\overset{R}{|}}{C}\cdots\overset{+}{CR},$$

---

[1] Cf. ANSCHÜTZ: Liebigs Ann. Chem. 454 (1927), 71, for evidence of the formation of complexes of this type.

in which pinacolic electron displacement will give rise to the isomeric ketone.

$$
\begin{array}{ccccccc}
R & & R & & \left[\begin{array}{c} R \\ \end{array}\right] & & \\
| & & || & & || & & \\
CR\!-\!\!-\!\!-\!CR_2 & \to & CR\!=\!=\!CR_2 & \to & CR\!-\!\overset{+}{C}R_2 \\ O\cdots H_2SO_4 & & \overset{+}{O}H\}HSO_4{'} & & O\!-\!H
\end{array} \right\}HSO_4 \to R\cdot CO\cdot CR_3 + H_2SO_4.
$$

Pinacolic deamination.

Closely related to the pinacol-pinacolin change is the process whereby an $\alpha\beta$-amino-alcohol is converted into a pinacolin under the influence of nitrous acid.[1] In this case the positive pole of the diazonium ion created by the action of the nitrous acid on the amino-group assumes the functions of the group Y in the general scheme given on p. 82.[2]

$$
\underset{\text{H}-\text{O}-\text{CR}-\text{CR}_2-\text{NH}_2}{\overset{R}{|}} \xrightarrow{HNO_2} \underset{+\ OH'}{\overset{R}{\text{H}-\text{O}\ \text{CR}-\text{CR}_2\ \overset{+}{\text{N}}_2}} \to \underset{+\ \overset{+}{\text{H}}}{O\!:\!CR\!-\!CR_3 + N_2.}
$$

The action of the nitrous acid is thus specific; it is an essential reagent and not simply a catalyst, but it introduces into the molecule a positive charge, neutralisation of which provides the driving force of the reaction. The retention of optical activity has also been observed during this change.[3]

Wagner-Meerwein change.

The complex changes in carbon skeleton which the terpenes undergo in many reactions may also be regarded as a special case of the general phenomenon of pinacolic electron displacement. These systems, however, involve the ionisation of hydrogen from a C–H bond and, because of the attendant difficulty, the anionisation of the group may occur unaccompanied by cationisation of hydrogen, thus giving rise to isomeric change without elimination.

$$
\underset{H-C-C-C-Y}{\overset{R}{|}} \qquad \underset{HC-C-C-R}{\overset{Y}{|}}
$$

Thus the action of hydrogen chloride on pinene gives pinene hydrochloride only below $-10°$, whereas at higher temperatures isomerisation to bornyl chloride occurs.[4]

A similar change is involved in the conversion of camphene hydrate esters into *iso*bornyl esters.

---

[1] McKenzie, Roger, Wills: J. chem. Soc. (London) **1926**, 779, and other papers.
[2] Ingold: Ann. Rep. chem. Soc. (London) **25** (1928), 124.
[3] McKenzie, Mills: Ber. dtsch. chem. Ges. **62** (B) (1929), 1784.
[4] Aschan: Öfvers Finska Vet. Soc. **57** (A) (1914), No. 1.

88　　　　　　　J.W.Baker and E.Rothstein:

In Wagner-Meerwein changes which accompany elimination (of water or hydrogen halide) ionisation of hydrogen from carbon must be assumed. The reconversion of camphene hydrochloride into bornyl chloride by the action of cold alcoholic hydrogen cloride probably involves the intermediate formation of bornylene:

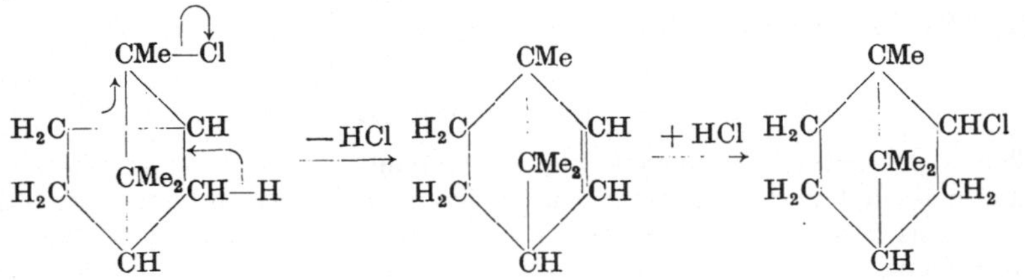

because, in the analogous transformation of 2:2-dichlorocamphane into α-chloro-camphene by the action of potassium acetate in phenol solution, no hydrogen chloride is present and the final product is the unsaturated chlorohydrocarbon.[1]

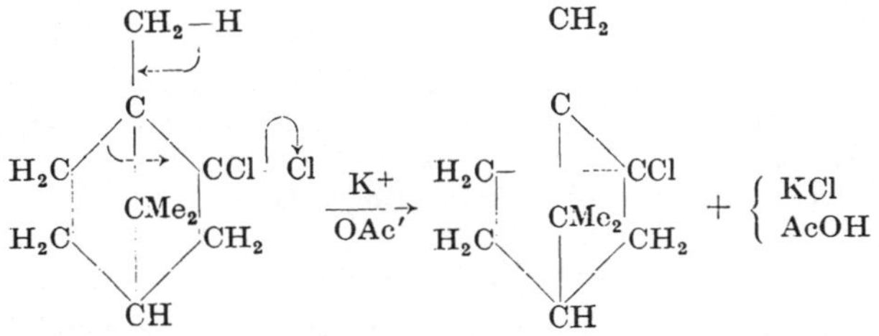

In isomeric changes of unsaturated acids which are effected by means of dilute sulphuric acid, the catalyst probably first hydrates the double bond (or polarises it by addition of a proton) to form the essential pinacolic system. This is exemplified by the isomerisation of α-campholytic acid to *iso*lauronolic acid:[2]

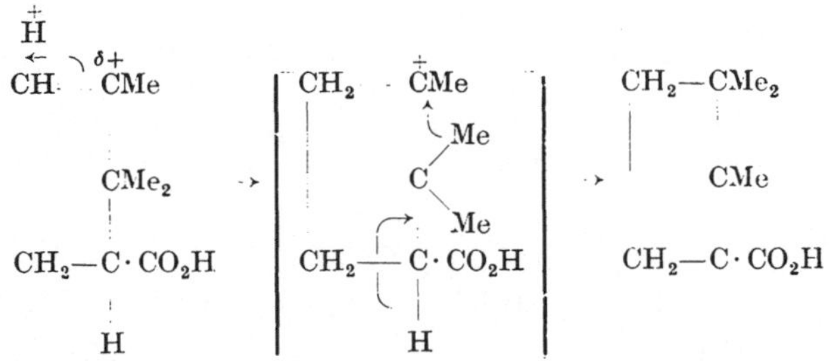

and in the similar conversion of the higher homologues, α- into β-campholenic acid.

Dehydration of tertiary alcohols, effected by dilute or concentrated sulphuric acid, oxalic acid, acetyl chloride, p-toluenesulphonic acid and similar acid reagents, must involve the ionisation of hydrogen from a carbon atom as, for

---

[1] Meerwein, Wortmann: Liebigs Ann. Chem. 435 (1924), 190.
[2] Perkin, Thorpe: J. chem. Soc. (London) 85 (1904), 128.

example, in the production of $\gamma\gamma$-diphenyl-β-methyl-Δ^α-butene from diphenyl *tert*-butyl carbinol:[1]

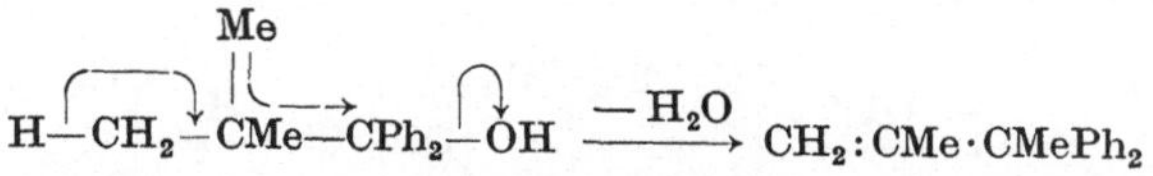

$$\mathrm{H{-}CH_2{-}\overset{\overset{\text{Me}}{\|}}{C}Me{-}CPh_2{-}OH} \xrightarrow{\ -\,H_2O\ } \mathrm{CH_2{:}CMe\cdot CMePh_2}$$

and a similar mechanism is doubtless applicable to primary and secondary alcohols, many examples of which are available:[2]

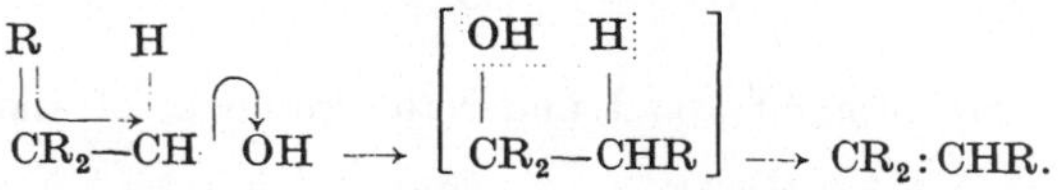

$$\mathrm{\overset{R\qquad H}{CR_2{-}CH}\ \ OH} \longrightarrow \left[\mathrm{\overset{OH\quad H}{CR_2{-}CHR}}\right] \longrightarrow \mathrm{CR_2{:}CHR.}$$

In such cases the function of the acid catalyst is probably to convert the hydroxyl group into an ester (or an oxonium salt) and so greatly to increase its tendency to separate as an anion.

Benzil-benzilic acid change.

All the isomerisations so far considered in this section are induced by acid reagents, but an important series of changes involving group migration is effected in the presence of alkalis, in particular the hydroxyl ion. The value of the mechanism of pinacolic electron displacement as a basis for correlation is that it readily explains why an alkaline reagent is necessary in some cases. The conversion of benzil into benzilic acid, effected only by means of alkali, is a rapid and irreversible process. In benzil itself the system necessary for the occurrence of pinacolic electron displacement is incomplete and the effect of the group X in the general scheme given on p. 82 is provided by the negative pole formed by the preliminary addition of a hydroxyl ion:[3]

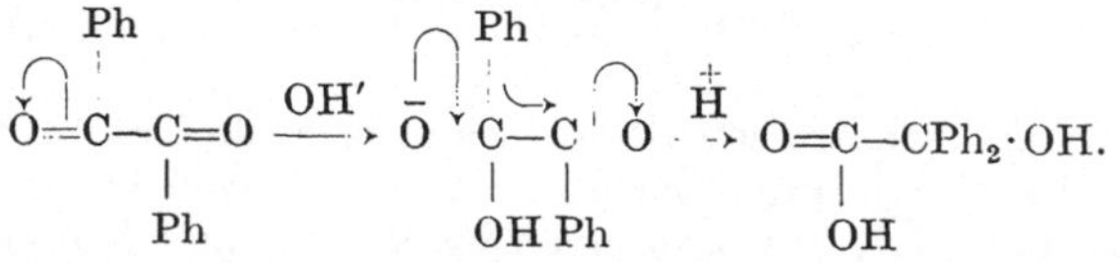

$$\mathrm{\overset{Ph}{\underset{Ph}{O{=}C{-}C{=}O}}} \xrightarrow{\ OH'\ } \mathrm{\bar{O}\ \overset{Ph}{\underset{OH\ Ph}{C{-}C}}\ O} \xrightarrow{\ \overset{+}{H}\ } \mathrm{\underset{OH}{O{=}C{-}CPh_2\cdot OH.}}$$

A precisely similar initial attack by hydroxyl ion is necessary in the conversion of α-ketonic aldehydes into glycollic acids,

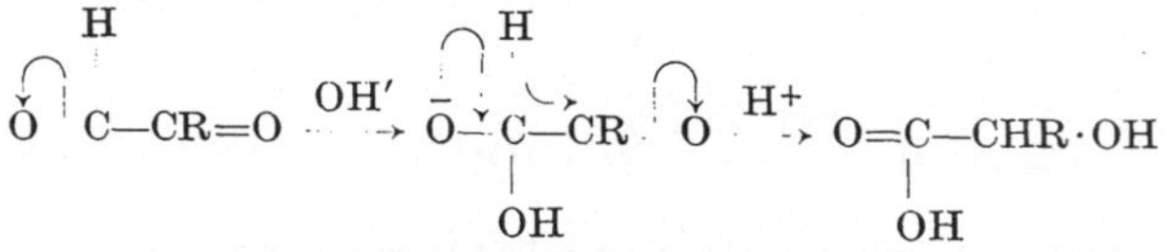

$$\mathrm{O\ \overset{H}{C{-}CR{=}O}} \xrightarrow{\ OH'\ } \mathrm{\bar{O}{-}\overset{H}{\underset{OH}{C{-}CR}}\ O} \xrightarrow{\ H^+\ } \mathrm{\underset{OH}{O{=}C{-}CHR\cdot OH}}$$

of *cyclo*hexanediones into α-hydroxy*cyclo*pentanecarboxylic acids,[4]

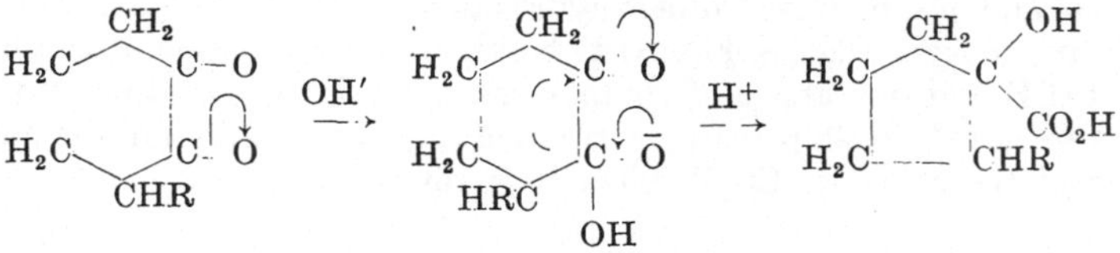

$$\mathrm{\overset{CH_2}{\underset{CHR}{\begin{array}{c}H_2C{-}C{-}O\\H_2C{-}C{-}O\end{array}}}} \xrightarrow{\ OH'\ } \mathrm{\overset{CH_2}{\underset{\underset{OH}{HRC}}{\begin{array}{c}H_2C{-}C\ O\\H_2C{-}C\ \bar{O}\end{array}}}} \xrightarrow{\ H^+\ } \mathrm{\overset{CH_2}{\begin{array}{c}H_2C{-}C{-}OH\\ \ \ \ CO_2H\\H_2C{-}CHR\end{array}}}$$

[1] Mme Ramart-Lucas: Ann. Chim. physique (8), **30** (1913), 349. — Bateman, Marvel: J. Amer. chem. Soc. **49** (1927), 2914.

[2] E.g. Mlle Lévy: Bull. Soc. chim. France (4), **29** (1921), 878. — C. R. hebd. Acad. Sci. **172** (1921), 384.

[3] Ingold: Ann. Rep. chem. Soc. (London) **25** (1928), 124.

[4] Wallach et al: Nachr. Ges. Wiss. Göttingen **1915**, 244; Liebigs Ann. Chem. **414** (1918), 296.

and in the transformation of cyclic α-chloroketones into cyclic carboxylic acids
of the next lower ring homologue.[1]

$$\begin{array}{ccccc}
CH_2\cdot CH_2\cdot CH_2 & & CH_2\cdot CH_2\cdot CH_2 & & CH_2\cdot CH_2\cdot CH_2 \\
\big| \qquad\qquad \searrow CHCl & \xrightarrow{OH'} & \big| \qquad\qquad \to CH-Cl & \xrightarrow{\overset{+}{H}} & \big| \qquad\qquad \big| \\
CH_2\cdot CH_2\cdot C & & CH_2\cdot CH_2-C & & CH_2\cdot CH_2\cdot CH\cdot CO_2H \\
\qquad \big\|\ O & & \qquad \big|\ OH & & \\
& & \qquad O & &
\end{array}$$

All these changes are brought about under the influence of alkali.

Hofmann Reaction and Lossen Rearrangement.

The general reaction whereby an acid amide is converted by the successive
action of bromine and alkali into a primary amine is known to proceed through
the intermediate formation of the *iso*cyanate, which involves a migration of the
alkyl group from carbon to nitrogen.[2] Such migration is also adequately represented as a pinacolic electron displacement. The primary product of the action
of bromine on the amide is the bromoamide which can be isolated. The function
of the alkali is revealed by the observations that this bromoamide is stable in
the absence of alkali but its alkali salts undergo spontaneous rearrangement to
the isocyanate. The change evidently occurs, therefore, in the enolide ion, the
necessary ionisation of the hydrogen being assisted by the hydroxyl ion in the
usual manner:

$$O:CR\cdot NH_2 \longrightarrow \overset{\frown}{O}:CR\cdot NBr \xrightarrow{OH'} \overset{H}{\overset{\frown}{O}}\overset{R}{C=N-Br} \longrightarrow O:C:NR + Br'.$$

Hydrolysis of the *iso*cyanate then affords the primary amine. An ingenious proof
that the whole change is intramolecular and does not involve even the temporary
existence of the radical R has been given by WALLIS and MOYER.[3]

A similar mechanism can be applied to the conversion of hydroxamic acids
into isocyanates and hence into primary amines.[4]

$$\overset{H}{\overset{\frown}{O}}:CR\cdot N\cdot OH \xrightarrow{OH'} \overset{R}{O-C=N-OH} \longrightarrow O:C:NR + OH'.$$

RENFREW and HAUSER[5] have found that in the decomposition of the potassium

salts of *m*- and *p*-substituted dibenzhydroxamic acids $\overset{+}{K}\{\overset{-}{O}-CR:N\cdot O\cdot OC\cdot R'$
a qualitative inverse relationship exists between the dissociation constants of the
acids $R\cdot CO_2H$ and the rates of decomposition when R' is constant, and a quantitative direct relationship between the decomposition rate and the ionisation
constants of the acids $R'\cdot CO_2H$ when R is constant.

---

[1] FAVORSKI, BOSHOVSKI: J. russ. physik.-chem. Ges. **46** (1914), 1097; **52** (1920),
582.

[2] HOFMANN: Ber. dtsch. chem. Ges. **15** (1882), 407. — TIEMANN: Ibid. **24** (1891),
4162. — MAUGUIN: C. R. hebd. Acad. Sci. 149 (1909, 790. — SCHROETER: Ber. dtsch.
chem. Ges. **42** (1909), 2336, 3356. — FORSTER: J. chem. Soc. (London) **95** (1909), 433.

[3] J. Amer. chem. Soc. **55** (1933), 2598.

[4] LOSSEN: Liebigs Ann. Chem. **186** (1877), 1; **252** (1889), 170; **281** (1894), 169.

[5] J. Amer. chem. Soc. **59** (1937), 2308.

The stronger the acid $R' \cdot CO_2H$ the greater is the anionic stability of the group $O \cdot OCR'$. There is considerable evidence that the migratory tendencies of groups in pinacolic electron displacement is closely related to their capacity for electron-release,[1] and this is in harmony with the above results since the greater is the electron-release of the group R the weaker will be the acid $R \cdot CO_2H$. The efficacy of thionyl chloride in promoting the change is readily understandable since it will convert the hydroxyl group into the more readily anionising groups $O \cdot SO \cdot Cl$ or Cl.

Curtius rearrangement.

The similar decomposition of the azides of carboxylic acids into nitrogen and an isocyanate is not, strictly speaking, an example of catalytic action, since the change occurs simply on heating alone or in an inert solvent such as benzene or even spontaneously in the solid state.[2] Brief reference to it is made because of the essential unity of mechanism involved in the three types of rearrangement. The experimental facts all point to the one conclusion that the radical $R \cdot CO \cdot N <$ rearranges immediately to the *iso*cyanate by a purely intramolecular mechanism and all attempts to detect it before rearrangement have failed.[3] It appears to the present writers that the rearrangement probably occurs by a pinacolic electron displacement mechanism *during the actual decomposition* and that the radical $R \cdot CO \cdot N <$ has no independent existence:

$$\overset{\frown}{O} \quad CR \overset{\frown}{-} \overset{-}{N} - \overset{+}{N} \equiv N \; \longrightarrow \; \overset{-}{O} - C = N - \overset{+}{N} \equiv N \; \longrightarrow \; O = C = NR \; + \; N_2.$$

The essential factor in promoting the decomposition is once again the neutralisation of the positive charge on the nitrogen to form the stable, electrically neutral, nitrogen molecule.

Anionotropic Changes.

In anionotropic systems the mobile group X separates as a negative ion

$$-\overset{\rightarrow X}{\underset{|}{C}} - \overset{|}{C} = C \bigg\langle \; \rightleftharpoons \; -\overset{|}{C} \quad \overset{\rightarrow X}{C} - \overset{|}{C} \bigg\langle$$

and hence the mobility of such systems will be increased by all factors which facilitate the anionisation of this group. The attachment of electron-release groups to the carbon from which the mobile group separates should thus increase mobility, and BURTON and INGOLD[4] have provided experimental data in support of this conclusion.

Before considering the function of catalysts it is necessary to know the history of the migrating anion. Two possibilities can be envisaged: 1. that it may leave the molecule completely in covalent or molecular combination with the catalyst, to be subsequently returned to another molecule in one of the two

---

[1] The reason for this is not yet understood. Cf. BAKER: Tautomerism, p. 308. London, 1934.

[2] E.g. the diazide of phthalic acid. Cf. LINDEMANN, SCHULTEIS: Liebigs Ann. Chem. **464** (1928), 237.

[3] Cf. LINDEMANN, SCHULTEIS: l. c.

[4] J. chem. Soc. (London) **1928**, 904. — Cf. BAKER: Tautomerism, pp. 227 et seq. London, 1934.

possible positions of re-union; or 2. in certain cases, concomitantly with its
elimination, an equivalent group may be introduced into the new position by
an internal cyclic process such as

$$\text{CHR}-\text{CH}=\text{CH}_2 \longrightarrow \text{CHR}=\text{CH}-\text{CH}_2$$

At the present time experimental evidence relating to the mechanism of anionotropic change is in an unsatisfactory state. BURTON[1] showed that, in some
systems, the anion actually does leave the molecule since it was found that if
the anionotropic interconversion of α-phenylallyl p-nitrobenzoate into cinnamyl
p-nitrobenzoate be allowed to proceed in the presence of tetramethylammonium
acetate the foreign acetate anions compete with the p-nitrobenzoyloxy anion
returning to the system with the result that a mixture is actually produced. On
the other hand KENYON, PARTRIDGE and PHILLIPS[2] claim that anionotropic
conversion of l-($-$)α-phenyl-γ-methylallyl alcohol and its esters into the corresponding d-($+$)γ-phenyl-α-methylallyl derivatives occurs with considerable
retention of optical activity the configuration around the new asymmetric centre
being the opposite of that round the one which is destroyed. Such observations
are obviously inconsistent with the view that actual separation of the anion
occurs during the change and suggest that the migrating group must become
attached to the new carbon atom before the rupture of the original link is complete. KENYON and his co-workers postulate a pseudocyclic structure for the
α-phenyl-γ-methylallyl compounds but this seems unnecessary if it is assumed
that the unshared oxygen electrons come under the influence of the field of the
γ-carbon (produced by polarisation of the ethylenic bond) before those which
form the link with the α-carbon are withdrawn. When the change is effected in
boiling acetic acid or methyl alcohol the anionic migration may be forestalled by
union of the γ-carbon with an external anion, OAc' or OMe', and in such cases
the configuration around the new asymmetric centre is the same as that originally
present. The above slightly modified mechanism of KENYON may be represented
thus:[3]

$$l\text{-}(-)\,\text{C} \quad \text{CH} \quad \text{C}\cdots\text{OMe'} \longrightarrow l\text{-}(-)\text{Ph}\cdot\text{CH}:\text{CH(OMe)Me}$$
$$\text{Ph} \qquad \text{Me} \qquad \uparrow \text{MeOH}$$
$$\text{X} \qquad\qquad d\text{-}(+)\text{Ph}\cdot\text{CH}:\text{CH(OX)Me}$$

Such suggestions, although differing from those of BURTON and INGOLD, do bring
the mechanism of three-carbon anionotropic changes more into harmony with
the findings of HSÜ, INGOLD and WILSON in relation to prototropic changes in
similar three-carbon and methyleneazomethine systems (p. 64).

The probable function of catalysts is to assist the removal of the mobile
group, and hence they must obviously be of such a nature that they have an
affinity for the migrating anion. Acids might act in this way either directly or
through the hydronium ion, as also might polarised or readily polarisable organic
compounds such as acid anhydrides. Actually, when the anionotropic inter-

[1] Ibid. **1928**, 1650; **1934**, 1268.
[2] Ibid. **1937**, 207.
[3] Cf. HUGHES: Trans. Faraday Soc. **34** (1938), 194.

conversion of alcohols (X = OH) is in question, the reagent acid anion will co-ordinate with the positively charged carbon to give the ester, the liberated hydroxyl ion forming unionised water with the acidic proton,

$$\longrightarrow OH \cdots H \cdots OAc \qquad HO \text{---} H \quad \longrightarrow OAc \qquad \longrightarrow OAc$$

and the efficiency of acid reagents in bringing about this isomerisation should thus run parallel to the anionic stability of the anion, i.e. to the strength of the reagent acid. The order of facilitation $OH < OAc < O \cdot OC \cdot OCl_3 <$ halogens, established by various data in the literature,[1] is conclusive evidence in support of this deduction. Another familiar example is provided by the phenomenon of pseudobasicity in simple dyad systems of the type

$$R_2N \cdot CR_2 \text{---} OH \underset{KOH}{\overset{HX}{\rightleftharpoons}} \bar{X}\{R_2\dot{N}\text{---}CR_2\}^+$$

or in the extended systems such as those present in the dyes of the magenta group,

$$\overset{+}{H} \ \dot{O}H \text{---} CR_2 \text{---}\!\!\left\langle\right\rangle\!\!\text{---} NMe_2 \ Cl' \rightarrow H\text{---}OH + \left\{CR_2=\!\!\left\langle\right\rangle\!\!=NMe_2\right\}^+ Cl'.$$

The stability of anions such as chloride, perchlorate, etc. constrated with the great tendency of hydroxyl to form a co-valent link with positive carbon, provides an adequate explanation of the effects of acid and basic reagents in effecting the interconversion of the carbinol pseudobase and the electrovalent, true ammonium salt, and so displacing the equilibrium more or less completely in one direction or the other.

Reliable information regarding the function of catalysts in anionotropic change is very meagre, and it must be recognised that the simple views outlined above probably only represent the broad principles of catalytic action. Difficulties arise especially with regard to the correlation of the position of equilibrium with the nature of the reagent used. Thus, whereas the action of anhydrous hydrogen halides on either cinnamyl or α-phenylallyl alcohol gives *only* the cinnamyl halide, $CHPh{:}CH \cdot CH_2X$, treatment of cinnamyl chloride with 70% aqueous alcoholic potassium hydroxide affords 20–25% of α-phenylallyl ethyl ether, $OEt \cdot CPhH \cdot CH{:}CH_2$.[2] The tertiary alcohol linalol readily affords a mixture of the acetates of the isomeric primary alcohols, geraniol (*cis*) and nerol (*trans*) by the action of acetic anhydride[3] and other acidic reagents, but the

[1] MOUREU, GALLAGHER: Bull. Soc. chim. France 29 (1921), 1059. — BAUDRENG-HEIM: Bull. Soc. chim. Belgique 31 (1922), 160. — Cf. BURTON: J. chem. Soc. (London) (1929), 455.

[2] MEISENHEIMER, LINK: Liebigs Ann. Chem. 479 (1930), 211. — Cf. GILMAN, HARRIS: J. Amer. chem. Soc. 53 (1931), 3541.

[3] BARBIER: C. R. hebd. Acad. Séances Sci. 114 (1892), 674; 116 (1893), 883, 993, 1062, 1459, 2100; Bull. Soc. chim. France (3), 9 (1893), 802, 810, 914, 1002; 11 (1894), 361. — BOUCHARDAT: Ibid. 116 (1893), 1253. — BERTRAM, GILDMEISTER: J. prakt. Chem. (2), 49 (1894), 192. — STEPHAN: Ibid. 58 (1898), 109; 62 (1900), 529. — ZEIT-SCHEL: Ber. dtsch. chem. Ges. 39 (1906), 1780.

partial reconversion of geraniol to linalol is brought about by heating with water
at 200° in an autoclave,[1] or by steam distillation of the sodium salt of geranyl
hydrogen phthalate.[2] The detailed study of DUPONT and LABAUNE[3] is summarised
as follows:

Geraniol

$\downarrow$ HCl

Linalol　$\xrightarrow[\substack{\text{PCl}_3-\text{K}_2\text{CO}_3\ \text{at}\ 0° \\ \text{Ag}_2\text{O}}]{\text{HCl}-\text{PhMe at }100°}$　Geranyl chloride　$\xdashrightarrow{\text{NaOEt}}$　Geranyl ethyl ether

$\downarrow$ KOAc in PhMe

Linalyl acetate

On the assumption that the position of maximum stability for the mobile anion
is in attachment to the carbon bearing groups of the smallest electron-release
capacity, geraniol should be the predominating isomeride, and it is significant
that this alcohol is always formed under the influence of acid reagents, i.e. under
conditions when the anionotropic mobility of the system is greatest. In such
cases anionotropic equilibrium is attained and isomerisation to the more stable
isomeride occurs. The reverse change is always effected by water or other basic
reagents in solvents (such as toluene) of low ionising power and it seems probable
that in these cases the nucleophilic reagent attacks at the positively charged
γ-carbon to produce linalol, the conditions now being such as to preclude the
establishment of complete anionotropic equilibrium and its consequent isomerisation to the more stable geraniol.

$$\underset{\substack{\ \\ \text{HO}\ \ \text{H}}}{C_6H_{11}-\overset{\text{Me}}{\underset{\delta+}{C}}-CH-CH_2-OH} \ \rightarrow \ C_6H_{11}-\overset{\text{Me}}{C}-CH=CH_2 \qquad \underset{\text{OH}\ \ \text{HO}-\text{H}}{}$$

Precisely similar conditions are encountered in the interconversion of nerolidol
and farnesol, the sesquiterpene analogues.

Isomerisation of hydrocarbons.

The reactions which olefinic hydrocarbons undergo in the presence of acid
reagents are complicated and little is yet known regarding their mechanism.
Isomerisation and polymerisation, or other forms of additive reactions, usually
occur side by side. Drastic conditions of temperature and pressure are frequently
essential and other reagents such as boron trifluoride or aluminium trichloride
are equally effective catalysts.[4] It is difficult to ascertain whether such reactions
are homogeneous and the function of the acid catalyst is almost certainly of

[1] SCHIMMEL's Report 1 (1898), 25.

[2] STEPHAN: J. prakt. Chem. (2), 60 (1899), 252.

[3] Sci. Ind. Rep. Rouse-Bertrand Fils (2), 10 (1909), 19; (3), 1 (1911), 42; 2 (1912) 1.
— Cf. FORSTER, CARDWELL: J. chem. Soc. (London) 103 (1913), 1339.

[4] A full account and detailed bibliography of such isomerisations is given by EGLOFF:
"Reactions of Pure Hydrocarbons", Amer. chem. Soc. Monograph No. 73 (1937),
New York.

a character different form that which is under consideration in such an article
as this, which deals solely with catalysis in homogeneous solution. For such
reasons only a few general points are dealt with very briefly.

Whatever is the mechanism of such isomerisation, polymerisations and
hydrations, the first step appears to be the formation of an active molecule,
fragment or ion.[1] It is a plausible hypothesis that such activation is centred at
the polarisable ethylenic bond and that the essential function of the acid catalyst
should be concerned with the facilitation of such polarisation.

BROOKS and HUMPHREY[2] found that addition of ice to solutions of alkylenes
in cold 85% sulphuric acid gives an immediate precipitate of the corresponding
alcohol, but the alkyl hydrogen sulphate undergoes no appreciable hydrolysis
under the same conditions. Moreover, pure 100% sulphuric acid does not convert
hexenes into alcohols. It is evident that the formation of alcohols is independent
of any intermediate formation of the alkyl hydrogen sulphates and hence it seems
improbable that the latter function as intermediates in the acid-catalysed isomerisation of olefines. For this reason grave doubt is cast upon the hypothesis
of alternate addition and fission of the acid catalyst which has so frequently
been evoked to explain these changes:[3]

$$R \cdot CH_2 \cdot CH = CHR' + HX \; \rightleftharpoons \; RCH_2CH-CHR' \; \rightleftharpoons \; R \cdot CH = CH - CH_2R' + HX$$
$$\underset{X \quad H}{\vert \quad \vert}$$

$$(X = HSO_4', \; H_2PO_4', \; ClO_4', \; PhSO_3', \; etc.)$$

The function of the acid catalyst may be regarded essentially as effecting
in some manner, the polarisation of the ethylenic bond, possibly by the incipient
addition of a proton, a process which, by thus introducing a positive centre into
the molecule, would initiate electron displacements the nature of which determines
the outcome of the reation, be it isomerisation, hydration or polymerisation.
On passage of an olefine into a strong acid the primary equilibria established will
doubtless be with the ions of the alkyl salt and the undissociated molecule:

$$(I) \qquad\qquad (II)$$

Since the alkyl salt (II) has been shown not to function in the same manner as
does the original olefine, it is probable that the subsequent changes which give
rise to the alcohol, the isomeric olefine, or the polymeride, are initiated before
complete co-ordination of the proton, to give (I) is effected. The close approach
of the acid catalyst will greatly increase the polarisation of the double bond with
the production of a $\delta +$ change on C_β. Neutralisation of this positive charge
may be effected 1. by the electrostriction of a hydroxyl ion, to give the alcohol,
2. by addition to the unsaturated centre in a second molecule of olefine, to form

---

[1] BIRCH, DUNSTAN, FIDLER, PIM, TAIT: J. Instn. Petrol. Technologists **24** (1938),
305.

[2] J. Amer. chem. Soc. **40** (1918), 822.

[3] Cf. p. 21.

a polymeride, or 3. by ionisation of the hydrogen on C_γ to give the isomeric olefine:

$$
\begin{array}{ccc}
\overset{|}{\underset{|}{C}}-\overset{OH}{\underset{|}{C}}-\overset{H}{C}\diagdown
&\xleftarrow{\ \ OH'\ \ }\ \ (1)&
\overset{H}{\underset{\gamma}{C}}\ \overset{\overset{\delta+}{}}{\underset{\beta}{C}}=\underset{\alpha}{C}\diagdown
\end{array}
\xrightarrow[\ (3)\ ]{\ -\overset{+}{H}\ }
\overset{H}{C}=\overset{|}{\underset{|}{C}}-\overset{}{C}\diagdown
$$

$$
(2)\ \ \diagup\!CH-\overset{\delta+}{C}\cdots\overset{}{\underset{|}{C}}\diagdown
$$

$$
\diagdown CH-\overset{|}{\underset{|}{C}}-CH\diagup
$$

$$
\diagup C-\overset{+}{\underset{|}{C}}-CH\diagdown\ \ \text{etc.}
$$

In the case of sulphuric acid (and of polybasic acids in general) the alkyl hydrogen sulphate (II, $X = O\cdot SO_3H$) can itself function as an acid and further catalyse the isomerisation.

Cyclisations.

The well known cyclisations of open-chain and monocyclic sesquiterpenes to mono- and di-cyclic isomerides under the influence of acid reagents are closely allied to the isomerisations of open-chain olefines, the only difference being that the electronic rearrangements initiated by the catalyst involve conjugation through space with consequent formation of a cyclic form, and are sometimes of the pinacolic electron displacement type involving group migration. In these sesquiterpene derivatives there are several ethylenic bonds at which, theoretically, the initial polarising attack of the acid catalyst might occur. The well established activating effect of gem-dialkyl groups on an ethylenic linking[1] suggests that the initial proton addition would occur at a double bond to which a gem-dimethyl group is attached

$$
\begin{array}{l}
Me\ \rightarrow\\
Me\ \nearrow
\end{array}
C\ \overset{\curvearrowright}{\underset{}{C}}\diagup
$$

in preference to one activated only by a single methyl group or by hydrogen,

$$
CH_3\ \rightarrow\ \overset{\curvearrowright}{C}=CH-
$$

Examination of the available data shows that the electron displacements which would be initiated by proton addition at such points are usually those which would lead to the cyclic isomerides actually known to be formed. The cyclisation of geraniolene by concentrated sulphuric acid ($d = 1{,}56$) at room temperature or by warm 60% sulphuric acid may be cited as an example.[2]

---

[1] Cf. Ingold, Ingold: J. Chem. Soc. (London) **1931**, 2354.

[2] Tiemann, Semmler: Ber. dtsch. chem. Ges. **26** (1893), 2724. — Wallach, Franke: Liebigs Ann. Chem. **324** (1902), 114. — Escourrou: Bull. Soc. chim. France (4), **39** (1926), 1460; **43** (1928), 1277.

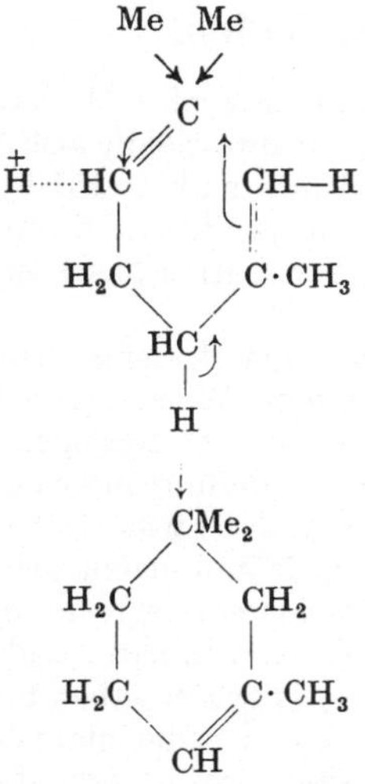

α-*iso*geraniolene. β-*iso*geraniolene. γ-*iso*geraniolene.

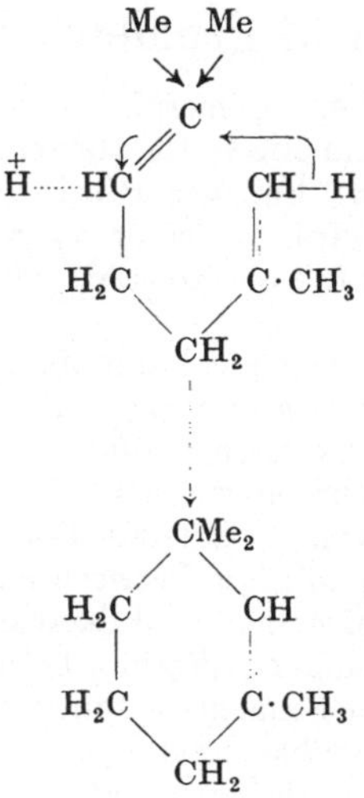

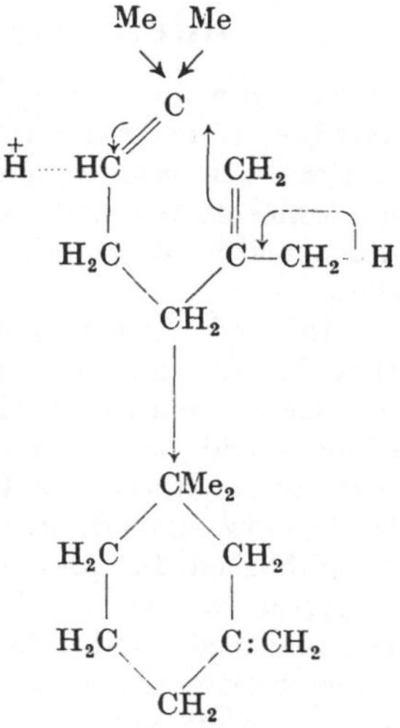

Other examples are very briefly summarised below. Dihydromyrcene is converted by a mixture of acetic acid and dilute sulphuric acid into *cyclo*dihydromyrcene:[1] geranyl acetate with sulphuric acid affords mainly β- and with phosphoric acid, mainly α-*cyclo*geranyl acetate.[2] ψ-Ionone with sulphuric acid gives mainly β-ionone, whereas with phosphoric acid or formic acid α-ionone is the chief product.[3] In the conversion of citral into p-cymene with dilute sulphuric acid and potassium hydrogen sulphate[4] the initial proton addition would be expected to occur at the carbonyl oxygen. Hydrolysis of citrylideneaniline with concentrated sulphuric acid is accompanied by cyclisation to give α-*cyclo*citral, together with its product of isomerisation β-*cyclo*citral.[5] Farnesene is converted by digestion with formic acid into a mixture of α-, β-, and γ-bisabolene,[6] and farnesol, with either formic acid or a mixture of acetic and sulphuric acids, affords bisabolol formate or acetate.[7] Isomerisation of zingiberene to *iso*zingiberene occurs under the influence of an acetic-sulphuric acid mixture at 60°.

The suggested mechanism of acid catalysis thus broadly correlates these cyclisations in a simple manner, but it does not, of course, give any information regarding the specific effects of different acid catalysts in favouring the production of one or other of the isomerides experiment shows to be formed. Solution of this aspect of the problem must await further experimental investigation and a great increase in our knowledge of the nature of the intramolecular electronic rearrangements involved in such changes.

[1] SEMMLER: Ber. dtsch. chem. Ges. **27** (1894), 2520; **34** (1901), 3126.
[2] HAARMANN, REIMER: D. R. P. 138141.
[3] HIBBERT, CANNON: J. Amer. chem. Soc. **46** (1924), 127.
[4] SEMMLER: Ber. dtsch. chem. Ges. **24** (1891), 202. — VERLEY: Bull. Soc. chim. France (3), **21** (1899), 408.
[5] HAARMANN, REIMER: D. R. P. 123747.
[6] RUZICKA, CAPATO: Helv. chim. Acta **8** (1925), 259.
[7] SEMMLER, BECKER: Ber. dtsch. chem. Ges. **46** (1913), 1918.

Interconversion of geometrical isomerides.

The interconversion of *cis-trans* isomerides under the influence of acids has long been recognised. Nitrous acid effects the conversion of oleic into elaidic acid,[1] and of erucic into brassidic acid.[2] Fumaric acid is converted into maleic acid by hot concentrated hydriodic, hydrobromic[3] or hydrochloric acids and by dilute nitric acid,[4] and this change is the one towards which most attention has been directed.

Although the earlier work is polemical and often contradictory it seems clear that the change is catalysed by both hydroxyl and hydrogen ions. When effected in aqueous solution the interconversion is often accompanied by the formation of malic acid, but it is not established whether this substance is a definite intermediate or whether it is formed in a side-reaction. WEISS and DOWNS[5] found that at low temperatures an equilibrium between malic, fumaric and maleic acid is established, the proportion of maleic acid decreasing with increasing reaction temperature, and at 140° the same equilibrium between malic and fumaric acids is established starting from either maleic or fumaric acids. It is evident that for interconversion to occur the double bond must be activated in some manner which permits free rotation, but the fact that interconversion may be brought about by a variety of reagents, such as bromine or iodine, colloidal sulphur, ultraviolet light, and even by heat alone, suggests that such activation may be effected by various mechanisms. Certain evidence relating to the function of acid and basic catalysts is available.

TERRY and EICHBERGER[6] in a kinetic study of the catalysed conversion of maleic into fumaric acid found that the rate of reaction is proportional to the concentration of the catalyst and to the square of the initial concentration of the maleic acid.The catalysts studied included hydrochloric and hydrobromic acids in concentrations varying from $2\,N$ to $4\,N$, and potassium thiocyanate in concentrations of 0,06 to 0,22 N, and this salt was by far the most effective catalyst used. The value of the velocity coefficient of the reaction is independent of the catalyst concentration except in the case of hydrobromic acid, in which case it increases with increasing concentration of the acid catalyst. TERRY and EICHBERGER suggest that the establishment of the equilibrium with the double molecule of maleic acid and the combination of this with a proton, are fast reactions, the measured velocity being the slow polarisation of the double bond of this activated complex which, in turn, is rapidly followed by rotation to give fumaric acid and dissociation of the complex. With slight modification this hypothesis provides quite a plausible explanation of the function of acid and alkaline catalysts. The addition of either hydroxyl ion or of the maleic acid anion could convert one of the carboxyl groups in the original maleic acid molecule from an electron-attracting into an electron-release group. If the other carboxyl group, as a weak base, then reacts with a proton to form a salt-like complex the electron-attraction of this carboxyl group would be greatly increased, and conditions extremely favourable for the polarisation of the double bond and the consequent reduction in its torsional rigidity would be produced.

[1] BOUDET: Ann. Chim. physique (2), **50** (1832), 391. — LAURENT: Ibid. **65** (1837), 149.

[2] HAUSSKNECHT: Liebigs Ann. Chem. **143** (1867), 54.

[3] KEKULÉ: Liebigs Ann. Chem., Suppl.-Bd. 1 (1861), 133.

[4] KEKULÉ, STRECKER: Ibid., Suppl.-Bd. 2 (1862), 93; **223** (1884), 186.

[5] J. Amer. chem. Soc. **44** (1922), 1118.

[6] Ibid. **47** (1925), 1402.

$$\text{CH·CO·OH} \atop \text{CH·C=O} \quad \overset{\bar{\text{X}}}{\longrightarrow} \quad {\text{CH·CO·OH} \atop \text{CH} \leftarrow \text{C}-\bar{\text{O}}} \quad \overset{\overset{+}{\text{H}}}{\longrightarrow} \quad {\overset{\delta-}{\text{CH·CO}_2\overset{+}{\text{H}}_2} \atop \underset{\delta+}{\text{CH}} \leftarrow \text{CX(OH)·}\bar{\text{O}}} \quad \dashrightarrow \quad \left[{\bar{\text{CH·CO}_2\overset{+}{\text{H}}_2} \atop \underset{+}{\text{CH}}\text{·CX(OH)·}\bar{\text{O}}} \right]$$

$$(\text{X} = \text{OH}', \ \bar{\text{O}}_2\text{C·CH:CH·CO}_2\text{H}).$$

MEERWEIN and WEBER[1] have also concluded that the ability of catalysts to cause stereoisomeric change in ethylene derivatives is dependent upon their power to activate the double bond, and hence that all substances which have the power of addition to such double linking should be catalysts to a greater or less degree. This view received support from their observation that metallic potassium readily effects the transformation of methyl maleate into methyl fumarate heated in dry ether for a few hours without itself undergoing any apparent change. This observation itself suggests that the function of the catalyst may be rather to provide the field necessary to effect polarisation of the double bond than to form an actual additive complex[2] and this point of view is strengthened by the investigations of TAYLOR and ROBERTS[3] on the catalysed stereoisomeric change of α- into β-benzil monoxime in ethyl alcohol. They found that the rate of change is of first order with respect to the oxime. Catalysis by hydrogen chloride is inappreciable when the acid concentration is less than $1\,N$, but above this concentration the velocity of the change increases very rapidly and out of all proportion to the concentration of the hydrogen chloride. Addition of water to the alcohol solution greatly diminishes the velocity, that produced by $1{,}5\,N$-hydrochloric acid in absolute ethyl alcohol being decreased fourteen-fold by addition of 4% of water. It is evident that the catalytic effect is not due to protons nor to the co-ordination of acids with the oxime nitrogen since it was found that lithium and tetramethylammonium chlorides (but not potassium ethyl sulphate or potassium acetate) are more efficient catalysts than hydrogen chloride itself. The authors came to the conclusion that the effective agent is the ion-pair, the close approach of which to the $\text{C} = \text{N}$ bond gives rise to interaction which brings about a decrease in the torsional rigidity of the double bond. The concentration of the ion-pair would only be appreciable in the more concentrated solutions of electrolytes. In agreement with this theory quaternary ammonium salts show the maximum deviation from the theoretical ONSAGER slope; the ionic association of hydrogen chloride is greater in ethyl than in methyl alcohol, and this acid is $1{,}65$ times more effective as a catalyst in the former than it is in the latter alcohol. Hydrogen chloride dissolved in dry benzene exhibits no electrical conductivity but it catalyses the change·from the α- to the β-oxime in less than two minutes. Moreover, at a given concentration, association increases with increasing atomic number of the cation and it was found that potassium chloride in 56% ethyl alcohol is $1{,}27$ times as efficient a catalyst as is lithium chloride in 96% alcohol. It should be noted that, in the free oximes, the α- is the more stable form and hence lithium chloride, although catalysing the conversion of the β- into the α-form, has no effect on the more stable α-oxime. Hydrogen chloride effects the conversion of the α- into the β-oxime because the stabilities of the hydrochlorides of the oximes are reversed, that of the β-oxime being the more stable.

[1] Ber. dtsch. chem. Ges. **58** (1925), 1266.

[2] HORREX: Trans. Faraday Soc. **33** (1937), 570, has also shown that no addition of deuterium to the double bond occurs when the isomerisation of maleic to fumaric acid is effected by hydrochloric acid which contains a large concentration of DCl.

[3] J. chem. Soc. (London) **1933**, 1439.

Acids are also known to catalyse the interconversion of *cis-trans*-forms of cyclic dicarboxylic acids and esters and ASCHAN and MOHR[1] have assumed that in such cases the change is effected through the enol form, and the presence of a hydrogen atom on the carbon which bears the carboxyl group is essential. SCHEIBLER[2] found that *cis*-hexahydrophthalic ester is converted by potassium in ether into the potassium enolate from which sulphuric acid subsequently liberates the *trans*-ester, and HÜCKEL and GOTH[3] found that hydrolysis of the *cis*-ester with alcoholic sodium ethoxide affords the *trans*-acid, and that when it is refluxed with only 0,1 molecular proportion of sodium ethoxide the *cis*-ester is converted into the *trans*-isomeride. Such interconversions would thus seem to depend, in the normal manner, upon ionisation of the hydrogen attached to the carbon bearing the carbethoxyl group, to produce the enolate ion in which the spatial arrangement is destroyed and the formation of the more stable isomeride thus permitted.

$$\begin{array}{ccccc}
\text{CO}_2\text{R—C(OH)(OR)} & \xleftarrow{\overset{+}{\text{H}}} & \text{CO}_2\text{R—C(=O)(OR), H} & \xrightarrow{\text{OEt}'} & \text{CO}_2\text{R—C(}\bar{\text{O}}\text{)(OR)} + \text{HOEt.}
\end{array}$$

The BECKMANN Change.

The change whereby ketoximes are converted into isomeric acid amides[4] has long been the subject of investigation by many workers and the literature relating to the change is extensive. It is only comparatively recently that any real insight into the mechanism has been obtained, and most of the earlier theories have subsequently been proved to be untenable. No attempt will be made to give an account of the historical development of the subject since an excellent summary of the position up to 1933 is available elsewhere.[5]

The catalysts used to bring about the isomerisation are all either acidic in character, or readily hydrolysable salts. Probably the most general reagent is phosphorus pentachloride used in dry ether at low temperatures. Other commonly employed reagents are phosphorus oxychloride, acetyl chloride, BECKMANN's mixture of acetic acid and acetyl chloride saturated with hydrogen chloride, sulphuric acid (which is especially satisfactory in the case of cyclic oximes[6]), hydrogen chloride, oxime hydrochlorides, benzenesulphonyl chloride in aqueous alkaline medium or in pyridine,[7] and also antimony tri- and pentachloride or metallic chlorides, but not sulphates, oxides or hydroxides. In addition to ketoximes, the *N*-alkyl ethers of aldoximes have also been shown to undergo the change.[8]

---

[1] ASCHAN: Liebigs Ann. Chem. **387** (1912), 16. — MOHR: J. prakt. Chem. (2), **85** (1912), 334.

[2] Ber. dtsch. chem. Ges. **53** (1920), 389.

[3] Ibid. **58** (1925), 447.

[4] BECKMANN: Ber. dtsch. chem. Ges. **19** (1886), 988.

[5] BLATT: Chem. Reviews **12** (1933), 215. — Cf. WATSON: Modern Theories of Organic Chemistry, p. 139 et seq. Oxford, 1937.

[6] WALLACH: Liebigs Ann. Chem. **309** (1899), 3.

[7] WEGE: Ber. dtsch. chem. Ges. **24** (1891), 3537. — WERNER, PIGUET: Ibid. **37** (1904), 4295. — WERNER, DETSCHEFF: Ibid. **38** (1905), 69.

[8] BECKMANN: Ber. dtsch. chem. Ges. **26** (1893), 2272; **37** (1904), 4136. — BRADY, DUNN: J. chem. Soc. (London) **129** (1926), 2411.

The earliest information relating to the function of the acid catalyst occurs in the work of SLUITER[1] who found that when acetophenone oxime undergoes the BECKMANN change in concentrated sulphuric acid (as both solvent and catalyst) the reaction is of the first order: the velocity is proportional only to the amount of oxime present, and is increased by increase in the strength of the sulphuric acid used. LACHMANN,[2] like HENRICH,[3] and LEHMANN,[4] called attention to the equilibrium which exists in acid solutions of oximes between the salt, the free oxime and its products of hydrolysis, and showed that rearrangement of benzophenone oxime occurs in aqueous solution when the hydrion concentration is sufficient to ensure the presence of the oxime salt. Rearrangement was assumed to take place in the cation of the oxime salt.

The extensive researches of KUHARA[5] revealed the fact that the acyl derivatives of the oximes undergo rearrangement and that the velocity of the change is greater the greater is the anionic stability of the acyloxy group. This was verified for benzophenone[6] and acetophenone[7] oximes, the velocity in the presence of various acyl chlorides increasing in the order $CH_3 \cdot CO \cdot Cl < CH_2Cl \cdot CO \cdot Cl < PhSO_2Cl$. If the acyl group is not sufficiently electron-attracting ("negative") salt formation is necessary to effect the rearrangement. The acetate of benzophenoneoxime undergoes a first order rearrangement only in the presence of hydrochloric acid and is accelerated by increase in the hydrion concentration. The benzenesulphonate, isolated as a crystalline ester, rearranges instantly when melted, and slowly even in the solid state, to give an oil $PhC(:NPh) \cdot OSO_2Ph$, hydrolysed by water to benzanilide and benzenesulphonic acid.[8] An *alkaline* solution of benzophenoneoxime rearranges in the presence of benzenesulphonyl chloride. The hydrochlorides of the oximes also rearrange when heated. The mechanism suggested by KUHARA was open to many of the objections common to other theories, in particular that it offered no explanation of the *trans*-interchange of groups, the generality of which had been established largely by MEISENHEIMER.[9] The whole position has been clarified by the recent investigations of CHAPMAN and his co-workers.[10] They have confirmed the spontaneous transformation of derivatives of the oximes with strong acids, the picryl ethers $R_2C:NO \cdot C_6H_2(NO_2)_3$ rearranging when heated alone without the intervention of catalysts and by a unimolecular mechanism. Solvents of high dipole moment increase the speed, the velocity of rearrangement of the picryl ether of benzophenoneoxime in various solvents increasing in the order $CCl_4 < CHCl_3 < C_2H_4Cl_2$, and the addition of various solvents to carbon tetrachloride increases the velocity in the order

	cyclo-C_6H_{12}	< PhCl	< $C_2H_4Cl_2$	< $COMe_2$	< $MeNO_2$	< MeCN
for which $\mu =$	0	1,55	1,8	2,8	3	3,2

Compounds which contain equal and opposite dipoles, such as *trans*-dichloroethylene, *p*-dichlorobenzene or 1:4-dibromo*cyclo* hexane, are also effective as catalysts, thus indicating that their efficacy must be due to the action of the

[1] Recueil Trav. chim. Pays-Bas **24** (1905), 372.
[2] J. Amer. chem. Soc. **46** (1924), 1477; **47** (1925), 260.
[3] Ber. dtsch. chem. Ges. **44** (1911), 1533.
[4] Z. angew. Chem. **36** (1923), 360.
[5] Published collectively in a monograph "On the BECKMANN Rearrangement", Imp. Univ. of Kyoto, Tokio, 1926.
[6] KUHARA, TODO: Mem. Coll. Engng., Kyoto Imp. Univ. 2 (1910), 387.
[7] KUHARA, WATANABE: Mem. Coll. Sci., Kyoto Imp. Univ., Ser. A 1 (1914), 349.
[8] KUHARA, MATSUMIYA, MATSUNAMI: Ibid. p. 105.
[9] Ber. dtsch. chem. Ges. **54** (1921), 3206 and subsequent papers.
[10] CHAPMAN: J. chem. Soc. (London) **1933**, 806; **1934**, 1550; **1935**, 1223.

field of the dipole on the oxime ether. Increase in the initial concentration of the oxime ether causes more than a proportionate increase in velocity, but the unimolecular coefficient remains constant throughout any one experiment. It must therefore be concluded that both the ether and the rearrangement product act catalytically, an effect which Chapman ascribes to a resulting change in the medium. The effect of substitution has been studied by Chapman and Fidler[1] who have shown that the introduction of electron-attracting groups such as chlorine or nitro into either phenyl nucleus retards the rearrangement (of the picryl ether of benzophenoneoxime in carbon tetrachloride), whereas electron-repelling substituents, e.g. methyl, accelerate the change. The effect in either case is much greater when the substituent is present in the migrating group. p-Nitrobenzophenone α-oxime (substituent in the non-migrating group) isomerises less readily than does the chloro-compound but the β-oxime (NO_2 in migrating group) is unchanged under the same conditions. On the other hand di-p-anisylketoxime picryl ether rearranges so readily that all attempts to prepare it give only p-anisoyl-p-anisidide. Introduction of electron-repelling groups into the *picryl* residue retards the change since they decrease its anionic stability, and the 2,4-dinitro phenyl ether does not rearrange at 100° whereas the picryl ether readily changes at 40°.

All these observations point to the conclusion that rearrangement is made possible by the tendency of the group OX in $R_2C:N\cdot OX$ to dissociate as an anion, but the effect of hydrogen chloride was difficult to reconcile with this since Stieglitz and Peterson[2] had shown that the ester $CR_2:NCl$ does not rearrange. This discrepancy has been explained by Chapman's study of the rearrangement of benzophenone oxime catalysed by hydrogen chloride in ethylene dichloride as a solvent.[3] He found that an initial period of low velocity is followed by a rapid change at almost constant speed, autocatalysis thus being indicated. The initial slow period is reduced by the presence of the reaction product, benzanilide, and is completely removed by introduction of the iminochloride of the anilide PhCCl:NPh, although the presence of hydrogen chloride is still essential. Chapman has suggested and verified the following mechanism: a small amount of benzanilide is first formed by the slow rearrangement of the oxime salt: the benzanilide so formed then reacts with hydrogen chloride to give the iminochloride:—

$$Ph\cdot CO\cdot NHPh + HCl \rightarrow PhCCl:NPh + H_2O;$$

which then condenses with the oxime thus:

$$Ph_2C:NOH + PhCCl:NPh \rightarrow Ph_2C:N\cdot O\cdot CPh:NPh + HCl.$$

Conversion of this oxime ether into the cation of its salt

$$Ph_2C:N\cdot O\cdot CPh:NPh \xrightarrow{H^+} Ph_2C:N\cdot O\cdot CPh:\overset{+}{N}HPh$$

renders the ether group $\cdot OCPh:\overset{+}{N}HPh$ strongly electron attracting like the anion of a strong acid. The suggested intermediate ether was isolated and found to be converted quantitatively into benzanilide by aqueous hydrochloric acid. This case is thus brought into line with the change in the oxime ethers and their salts. The function of the catalyst is thus either to convert the oxime into

[1] J. chem. Soc. (London) **1936**, 448.

[2] Ber. dtsch. chem. Ges. **43** (1910), 782. — Peterson: Amer. chem. J. **46** (1911), 325.

[3] J. chem. Soc. (London) **1935**, 1223.

its ester or its salt or both. In all cases the resulting increased electron-attraction initiates the electron displacements which lead ultimately to rearrangement. A synthesis of the earlier views of BÜCHERER, BILTZ, MEISENHEIMER, RAMART-LUCAS, and CHAPMAN into a detailed electronic mechanism has been made by WATSON[1] and is expressed as follows:—

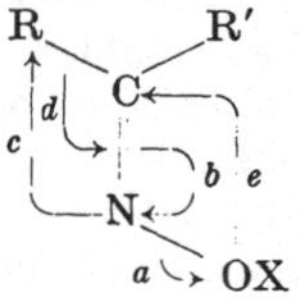

Ester. 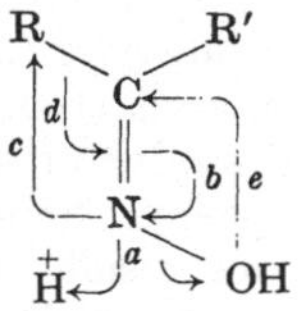   Salt.

The electron attraction (a) of the group OX, assisted in some cases by the electron-attraction of a co-ordinated proton, initiates the electron displacements represented by (b) (facilitated by electron release in the groups RR'). Before the displacements (b) are completed,[2] rearrangement of the thus activated molecule occurs as the result of several further processes which are probably simultaneous. R comes under the influence of the unshared electrons of the nitrogen atom (c) and so begins to relinquish the electron pair which link it to carbon (d), a process facilitated by the presence of electron-release groups in the migrating group R. Meanwhile the OX or OH group comes under the influence of the carbon atom (e) and continues the process of breaking away from the nitrogen and migrates with its bonding electrons. Completion of these processes gives rise to

$XO \cdot CR:NR$ or $HO \cdot CR:\overset{+}{N}HR$, respectively, which by hydrolysis in the former case and loss of a proton in the latter yield the acid amide. Such a mechanism accounts for all the experimental facts, and readily explains on a common basis the functions of the various catalytic agents which may be employed in bringing about the BECKMANN change.

Migrations from Side-Chain to Aromatic Nucleus.

There are a number of well known isomerisations in which a group in the side-chain of an aromatic compound migrates into the benzene nucleus $C_6H_5 \cdot NXR \rightarrow (o\text{-} $ or $p\text{-})X \cdot C_6H_4 \cdot NHR$ (X = Cl, OH, NH_2, NO_2, SO_3H, alkyl, NHAr, N_2Ar, etc.). Although superficially similar, closer examination of the course of such reactions reveals a differentiation into two fundamentally distinct types according as to whether the change is an intermolecular or true intra-molecular rearrangement. In the former interaction with the catalyst may involve actual fission of the side-chain to produce a simpler aromatic derivative and a molecule which subsequently attacks this newly formed aromatic compound in accordance with the laws which govern electrophilic aromatic substitution. In true intramolecular changes the migrating group never leaves the sphere of influence of the field of the rearranging molecule, changes in structure being internal. In such cases the mechanism must involve the simultaneous production of a positive (electrophilic) centre in the side-chain and activating op-orienting

---

[1] "Modern Theories of Organic Chemistry", p. 145. Oxford, 1937.

[2] If the changes (b) were *completed* before migration of R began, free rotation about the single bond so created would give rise to an identical product from stereo-isomeric oximes; this is not the case. Cf. MONTAGNE: Ber. dtsch. chem. Ges. **43** (1910, 2014.

electron displacements in the nucleus which provide the necessary centres of attraction for the migrating group.[1] Since, on the basis of modern electronic theory, *m*-orientation involves a *deactivation* (decreased electron-availability) at all positions in the benzene nucleus (the *op*-positions being more deactivated than the *m*-positions)[2] it follows that true intramolecular migration to the *meta*-position is impossible. This distinction between inter- and intra-molecular migrations is well illustrated by the somewhat complex changes which phenyl-bromocyanonitromethane undergoes in the presence of moderately concentrated nitric acid. A detailed study[3] of these changes shows that, in addition to the formation of *m*-nitrophenyl bromocyanonitromethane by direct nitration, a number of side-reactions result in the formation of relatively large amounts of *m*-bromophenyl bromocyanonitromethane and of *o*- and *p*-nitrophenylbromo-cyanomethane which undergoes further oxidative change to the nitrobenzoyl cyanide. BAKER and INGOLD showed that the *m*-bromo-derivatives result from the primary formation of an inorganic brominating agent (most probably free bromine) which then effects meta-bromination of the phenylbromocyanonitro-methane in accordance with the ordinary laws of aromatic substitution (the group —CBr(CN)·NO_2 being strongly meta-directing).

The production of *p*-nitrobenzoyl cyanide, however, depends on an internal change involving group migration which may be formulated thus

$$\langle\!\!\!\diagdown\rangle\text{CBr}(NO_2)\cdot\text{CN} \;\rightarrow\; \underset{H}{\overset{NO_2}{\diagdown}}\!\!\langle\!\!\!\diagup\rangle\; \dot{\text{C}}(\text{CN})\!-\!\dot{\text{Br}} \;\underset{-\,\text{HBr}}{\overset{[\text{O}]}{\longrightarrow}}\; NO_2\langle\!\!\!\diagdown\rangle\text{CO}\cdot\text{CN}.$$

Such differentiation in mechanism is sometimes dependent upon the experimental conditions under which isomerisation is effected and in the following discussion of such changes it will be seen that the same isomerisation may, under different conditions, be either inter- or intramolecular.

Hydrazobenzene-benzidine change.

The rearrangement of a hydrazobenzene to a derivative of 4:4′-diamino-diphenyl may, in rare cases, be effected by heating alone, but more usually an acid catalyst is necessary. A dilute aqueous solution of a mineral acid, hydrogen halide acids in an inert solvent, or even acetic acid alone may be employed. As is well known, the isomerisation to the 4:4′-diaminodiphenyl compound may be accompanied or replaced by semidine and ortho-semidine changes and the proportion of the various products formed has been found to depend on (1) the conditions under which rearrangement takes place and (2) the nature and positions of substituents in the phenyl rings. An excellent summary of the data has been compiled by JACOBSEN.[4]

Various views concerning the mechanism of the change have been proposed. The suggestion that the isomerisation involves two consecutive migrations first to give the semidine and then isomerisation of the semidine to benzidine, has been shown to be erroneous since the semidine is unaffected by acids under conditions which are effective in bringing about the conversion of the hydrazo-benzene itself into benzidine.[5] The mechanism which postulates peliminary

[1] BAKER, INGOLD: J. chem. Soc. (London) **1929**, 423.
[2] Cf. INGOLD, SMITH: Ibid. **1938**, 905.
[3] BAKER, INGOLD: l. c.
[4] Liebigs Ann. Chem. **428** (1922), 76.
[5] R. ROBINSON, G. M. ROBINSON: J. chem. Soc. (London) **113** (1918), 645.

hydrolysis of the hydrazobenzene to phenylhydroxylamine and aniline, followed by rearrangement of the first-named product to p-aminophenol which might then condense with the aniline cannot be upheld, since these two compounds do not condense to give benzidine. The hypothesis of prior dissociation into free radicals of the type $ArNH\cdot$, which may then combine in various ways, is excluded by the observation that tetraphenylhydrazine, which undergoes a benzidine change to give $4:4'$-diphenylaminodiphenyl, is not so isomerised under conditions in which it is known to be dissociated into free NPh_2 radicals.[1] Actually the hydrazobenzene-benzidine conversion is the one side-chain migration for which the evidence for an intramolecular mechanism is conclusive. If two hydrazobenzene derivatives of the types $(A\cdot C_6H_4\cdot NH\cdot)_2$ and $(B\cdot C_6H_4\cdot NH\cdot)_2$, so chosen that they both undergo the benzidine change at closely comparable speeds and without appreciable simultaneous semidine change, are allowed to rearrange together in the same homogeneous medium, then, if two molecules of either are concerned in the production of a molecule of the corresponding benzidine, $(NH_2\cdot C_6H_3A\text{---})_2$ and $(NH_2\cdot C_6H_3B\text{---})_2$ respectively, similar interaction between two differently substituted hydrazobenzene molecules should give rise to a third benzidine of the type $NH_2\cdot C_6H_4A\text{---}B\cdot C_6H_4\cdot NH_2$. Ingold and Kidd[2] have shown that such rearrangement of $2:2'$-dimethoxy- and $2:2'$-diethoxy-hydrazobenzene in the presence of each other, using hydrogen chloride in dry alcohol as a catalyst and with exclusion of oxygen, affords only the corresponding symmetrical benzidines and no trace of a mixed ethoxy-methoxy benzidine is formed. It must be concluded that before the nitrogen link is severed (a) the 4- and 4'-positions come within each other's sphere of influence in a molecule activated during the formation or decomposition of the corresponding hydrazinium kation.

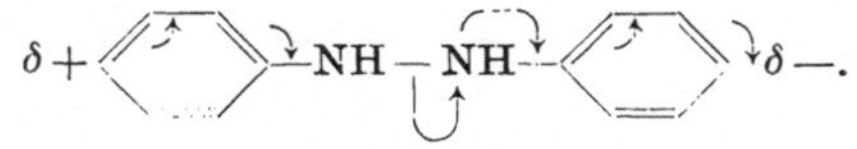

$$\delta + \quad \text{—NH—NH—} \quad \delta -.$$
$$(a)$$

Ingold has suggested a mechanism for such intramolecular migrations which makes clear the reason why the side-chain always contains a weakly basic group and the catalyst is always an acid. The first stage in the catalyst attack is regarded as the co-ordination of a proton to give the cation of the salt, the positive charge so introduced exerting an attraction on the electrons of the aromatic nucleus.

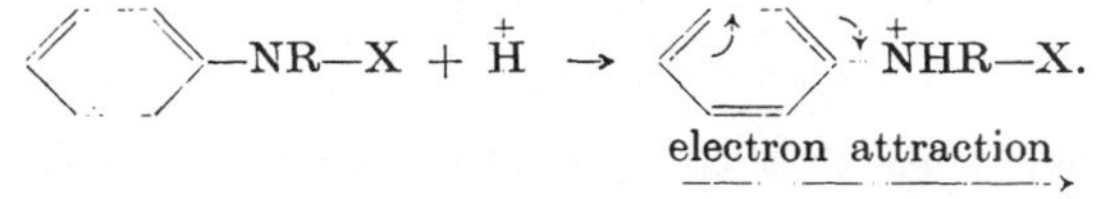

$$\text{—NR—X} + \overset{+}{H} \quad \rightarrow \quad \overset{+}{N}HR\text{—X}.$$
$$\text{electron attraction} \longrightarrow$$

The second stage is the removal of the proton (salt hydrolysis) and the electronic system, released from the attraction of the positive charge in the side chain, undergoes a recoil which simultaneously produces a positive charge on the migrating group X in the side-chain and gives rise to activating negative charges at the ortho and para positions in the ring:

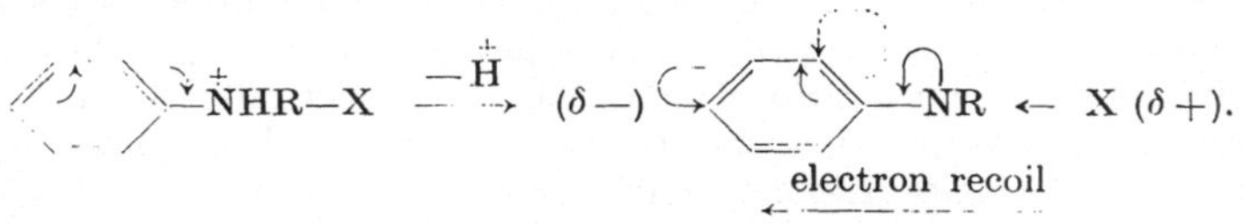

$$\overset{+}{N}HR\text{—X} \quad \overset{-\overset{+}{H}}{\longrightarrow} \quad (\delta -) \quad \text{—NR} \leftarrow X\ (\delta +).$$
$$\text{electron recoil} \longleftarrow$$

[1] Wieland, Gambarjan: Ber. dtsch. chem. Ges. **39** (1906), 1503.
[2] J. chem. Soc. (London) **1933**, 984.

The positively charged group X then comes under the influence of these negative charges in the nucleus, migration occuring with the production of the quinonoid form of the product:

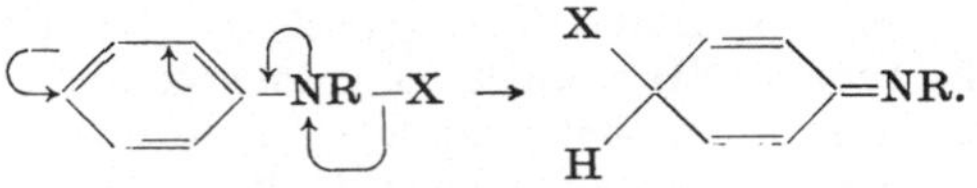

The final stage is the prototropic change which converts the quinonoid into the more stable benzenoid structure.

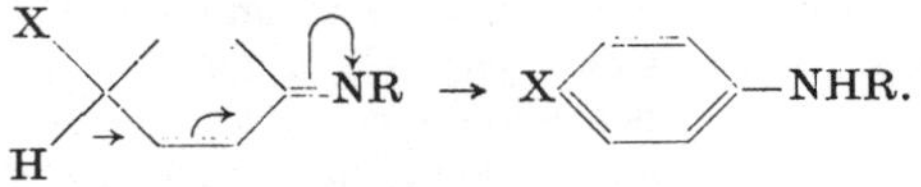

Such a mechanism is in harmony with the observation that the velocity of conversion into the benzidine increases with increasing concentration of hydrogen ion but not in direct proportion,[1] since the acid concentration will determine essentially the original equilibrium between the weak base and its salt. It also provides a plausible explanation why some p-substituents such as $\cdot Cl$, $\cdot SO_3H$, $\cdot CO_2H$, $\cdot OAc\,(Y)$ are ejected during conversion into the benzidine whereas others such as OMe or NH_2 are not so displaced. In the activated molecule the suggested mechanism may be regarded as an *internal* attack by a nucleophilic reagent at a positive centre and is thus analogous to the *external* attack of a nucleophilic reagent (X) such as a hydroxyl or amide ion, with extrusion of halogen at the o- or p-position to an electron attracting nitro-group in the halogenonitrobenzenes:

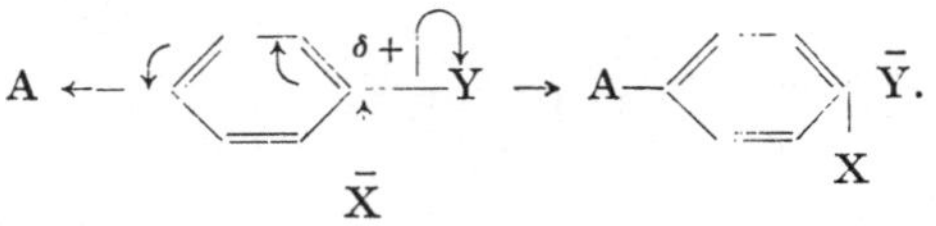

In *external* attack $A = NO_2$ etc., $Y = Cl$ etc., $\bar{X} = OH'$, NH_2', SH' etc.

In *internal* attack $A = \delta - $ $-NH-NH-$, $Y = Cl$, SO_3H etc.,

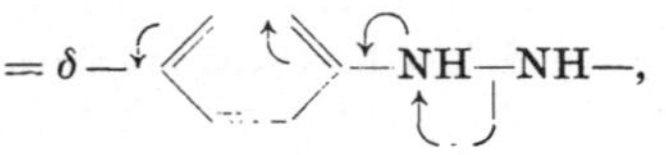

$$\bar{X} = \cdot NH - (\delta -).$$

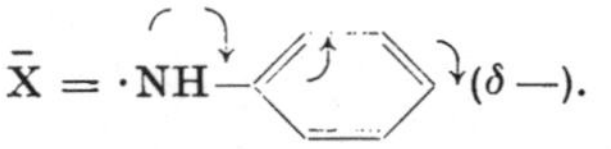

The ejected group must thus be an electron-attracting group i.e. one which is stable as a negative ion, and hence electron-repelling groups such as OMe or NH_2 cannot fulfil this role.

Rearrangement of phenylhydroxylamine.

The decomposition of phenylhydroxylamine in acid solution is a somewhat complex change and gives rise to a variety of products according to the conditions chosen. In dilute sulphuric acid p-aminophenol is practically the sole product and there are indications that this rearrangement also belongs to the intramolecular category since INGOLD, SMITH, and VASS[2] despite many attempts,

[1] BIILMANN, BLOM: J. chem. Soc. (London) **125** (1924), 1719.
[2] J. chem. Soc. (London) **1927**, 1245.

failed to realise the transference of the hydroxyl group from an arylhydroxyl-
amine to the aromatic nucleus of a foreign amine or phenol. The general mechanism
suggested on p. 106 (X = OH) is readily applicable in this case, but it is inadequate to explain the formation of products which are known to be formed
when other catalysts are employed.[1] Thus with hydrogen chloride in ethyl alcohol
o- and p-chloroaniline, o- and p-phenetidine and azoxybenzene are formed
together with p-aminophenol. With ethyl alcoholic sulphuric acid ethyl ethers
of aminophenols are obtained and these are not formed by the action of the
alcoholic sulphuric acid on the phenols themselves. In the presence of added
aniline, p-aminodiphenylamine is produced. These decompositions exhibit a
close parallelism with those of phenylazide and it has been suggested[2] that
phenylhydroxylamine is an intermediate in the decomposition of this substance:
$PhN_3 + H_2O \rightarrow PhNH \cdot OH + H_2$. This is unlikely since azoxy-compounds
are always formed in the decomposition of phenylhydroxylamine but *never*
in the decomposition of the azide. BAMBERGER suggested that the primary decomposition in both cases involves the transitory formation of the free radical
$PhN<$ which then reacts with the acid catalyst or solvent to give the actual
products formed: e.g.

$$HCl + \langle\rangle - N< \rightarrow Cl\langle\rangle - NH_2.$$

$$EtOH + \langle\rangle - N< \rightarrow EtO\langle\rangle - NH_2.$$

Azoxybenzene would thus arise from the interaction of this free radical with
the nitrosobenzene which results from the dismutation of phenylhydroxylamine
in the absence of oxygen:

$$2\,PhNH \cdot OH \rightarrow PhNO + PhNH_2,$$

$$PhNO + PhN< \rightarrow PhNO:NPh.$$

The function of the acid catalyst in facilitating the formation of the free radical
is, however, not clear. In the closely allied decompositions of hydrazoic acid
which occur under the influence of concentrated sulphuric acid in the presence
of organic compounds the primary formation of the radical $NH<$ is again
assumed:[3]

$$N_3H \rightarrow NH< + N_2$$

$$PhH + NH< \rightarrow PhNH_2$$

$$H_2O + NH< \rightarrow NH_2 \cdot OH$$

$$R_2CO + NH< \rightarrow R \cdot CO \cdot NHR \text{ etc.}$$

In these cases the function of the concentrated acid catalyst may be to neutralise
the negative charge on the nitrogen in the azide structure[4] by incipient salt

[1] Cf. BAMBERGER, LAGUTT: Ber. dtsch. chem. Ges. **31** (1898), 1503; summarising
papers, Liebigs Ann. Chem. **424** (1921), 233, 297; **441** (1925), 207.

[2] FRIEDLÄNDER, ZEITLIN: Ber. dtsch. chem. Ges. **27** (1894), 197.

[3] SCHMIDT: Ber. dtsch. chem. Ges. **57** (1924), 704. — Cf. HEY, WATERS: Chem.
Reviews **21** (1937), 197.

[4] For evidence of the structure cf. SIDGWICK: Trans. Faraday Soc. **30** (1934), 801.
The actual state of the molecule is best represented as a resonance hybrid of the two
structures $H—\bar{N}—\overset{+}{N}-N$ and $H—N=\overset{+}{N}=\bar{N}$.

formation and so allow the attraction of the positive pole on the adjacent nitrogen to appropriate the bonding electrons to form the stable nitrogen molecule:

$$H-\bar{N}-\overset{+}{N}\equiv N \quad \overset{\overset{+}{H}}{\dashrightarrow} \quad H-N-\overset{\frown}{\overset{+}{N}}\equiv N \;\rightarrow\; H\overset{+}{N} + N_2$$
$$\qquad\qquad\qquad\qquad\quad | \qquad\qquad\qquad\quad |$$
$$\qquad\qquad\qquad\qquad\quad H \qquad\qquad\qquad\quad H$$
$$\qquad\qquad\qquad\qquad\qquad\qquad\qquad\qquad\quad \downarrow$$
$$\qquad\qquad\qquad\qquad\qquad\qquad\qquad HN< + \overset{+}{H}$$

It is significant that similar decomposition of the phenylazide can be brought about by heat alone. A plausible explanation of this fact is found in the electron absorbing capacity of the benzene nucleus which, by thus providing a mechanism for the distribution of the negative charge renders the suggested function of an acid catalyst unnecessary:

$$\langle\;\rangle-N-\overset{\frown}{\overset{+}{N}}=N \;\rightarrow\; PhN< + N_2.$$

Rearrangement of phenyl nitroamine.

The isomerisation of phenylnitroamine to p-nitroaniline has been the subject of a long series of investigations,[1] but the mechanism is still uncertain. BRADFIELD and ORTON[2] found that in water or aqueous acetic acid the change is catalysed by all acids, the velocity in 98% acetic acid with a 2 N-acid catalyst decreasing in the order HCl ($k = 0,011$) > $PhSO_3H$ (0,00788) > H_2SO_4 (0,00501). At least one by-product, capable of coupling with phenol to give an azo-compound, is formed. The ratio, nitroaniline/by-products, varies with the nature of the nitroamine, the dilution of the acetic acid medium, and with the concentration, but not the nature, of the catalysing acid. Nitric acid is anomalous in that it is as effective a catalyst as hydrochloric acid in 50% acetic acid, but in 98% acetic acid the velocity of the change is very slow and by-product formation is almost absent. Although the transference of a nitro-group from a nitroamine to a foreign nucleus has been realised no nitrating agent is invariably and normally present, and INGOLD and KIDD[3] point out that, in the presence of acids, the nitroamine itself may effect nitration and thus, under favourable circumstances, undergo rearrangement by an intermolecular method, although without the formation of any simple substituting agent by prior decomposition of the side-chain. The general conclusion reached is that an intramolecular process plays an important role, and the rearrangement can, therefore, be brought within the scope of the general mechanism set out on p. 105.

Rearrangement of *N*-halogenoacylanilides.

The conversion of an N-halogenoacylanilide into the corresponding p-halogeno-acetanilide is the most completely investigated example of side-chain migrations and constitutes an illustration of a rearrangement, the mechanism of which varies with the experimental conditions. The change may be accelerated by

---

[1] BAMBERGER: Ber. dtsch. chem. Ges. **26** (1893), 471; **27** (1894), 359; **30** (1897), 1248. — ORTON: J. chem. Soc. (London) **81** (1902), 807. — ORTON, SMITH: Ibid. **87** (1905), 389; **91** (1907), 146. — ORTON, PEARSON: Ibid. **93** (1908), 725. — ORTON, REED: Brit. Assoc. Advencement Sci., Rep. annu. Meet. **101** (1907), 101; **1909**, 147.

[2] J. chem. Soc. (London) **1929**, 915.

[3] J. chem. Soc. (London) **1933**, 984.

direct sunlight[1] but since the reaction, once started, continues in the absence of light this is probably due to the hydrolytic production of hydrochloric acid which then functions as the catalyst.

BLANKSMA's investigations[2] showed that in aqueous alcohol or acetic acid the change is of first order with respect to the chloroamine and is catalysed only by hydrochloric acid and not by sulphuric or acetic acids. The reaction velocity is found to be approximately proportional to the square of the acid concentration, but DAWSON and MILLETT[3] found that the ratio k/C_{HCl}^2 passes through a definite minimum value at 0,5 M concentration of hydrochloric acid. Extensive investigations, mainly by ORTON and his collaborators,[4] have shown conclusively that in aqueous or 40% acetic acid solution the change is of the intermolecular type. Interaction between the hydrochloric acid catalyst and the chloroamine affords acetanilide and free chlorine which then attacks the acetanilide to give o- or p-chloroacetanilide, the general direction of the change from left to right being determined by the irreversibility of this final substitution.

$$\langle\!\!=\!\!\rangle\text{—NAc—Cl} + \text{HCl} \rightleftharpoons \langle\!\!=\!\!\rangle\text{—NAc—Cl} \rightleftharpoons \langle\!\!=\!\!\rangle\text{—NHAc} + \text{Cl}_2$$

$$\text{H}\cdots\cdots\text{Cl}$$

$$\longrightarrow \text{Cl}\langle\!\!=\!\!\rangle\text{NHAc} + \text{HCl}.$$

SOPER[5] considers that the original decomposition to chlorine and acetanilide is a bimolecular reaction involving attack by the unionised hydrogen chloride molecule and carious attempts to explain the minimum value observed for the ratio k/C_{HCl}[6] by the introduction of activities in place of concentrations have been made.[6] These have been shown to be unsatisfactory by BELTON[7] who, by a study of the rearrangement in 0,05 N-hydrochloric acid in the presence of varying amounts of sodium chloride found that the results are not adequately explained by the assumption that the velocity is exactly proportional to the product $[\overset{+}{\text{H}}][\text{Cl}']$. DAWSON and MILLET[8] using 0,2 N HCl — x NaNO$_3$, 0,2 N HCl — x NaCl, and pure HCl as catalysts found that in all these cases where the total concentration of electrolyte varies continuously the value of $k/[\overset{+}{\text{H}}][\text{Cl}']$ always passes through a minimum and they conclude that the variation is due to the influence of the ionic environment on the degree of ionisation of the hydrochloric acid. The transformation of N-chloroacetanilate into p-chloroaniline in such aqueous solutions thus seems to be due to the catalytic action of the undissociated molecule of hydrogen chloride the concentration of which, for a given value of the product $[\overset{+}{\text{H}}][\text{Cl}']$, depends on the ionic environment. The retarding effect produced by addition of water to non-aqueous media[9] may be due

[1] MATTHEWS, WILLIAMSON: J. Amer. chem. Soc. 45 (1923), 2574.

[2] Recueil Trav. chim. Pays-Bas 21 (1902), 366; 22 (1903), 290.

[3] J. chem. Soc. (London) 1932, 1920.

[4] WEGSCHEIDER: Mh. Chem. 18 (1897), 329. — ORTON, JONES: J. chem. Soc. (London) 95 (1909), 1456. — ORTON, KING: Ibid. 99 (1911), 1369. — ORTON, SOPER, WILLIAMS: Ibid. 1928, 998. — ORTON: Brit. Assoc. Advencement Sci., Rep. annu. Meet. 1904, 85.

[5] J. physic. Chem. 31 (1927), 1192.

[6] HARNED, SELTZ: J. Amer. chem. Soc. 44 (1922), 1475. — SOPER, PRYDE: J. chem. Soc. (London) 1927, 2761.

[7] Ibid. 1930, 116.

[8] l. c.

[9] FONTEIN: Recueil Trav. chim. Pays-Bas 47 (1928), 635.

to the decrease in the concentration of hydrogen chloride molecules consequent upon the increased ionisation produced.

Examination of the mechanism formulated above suggests that the velocity of the change should be increased (1) by increase in the basic character of the nitrogen, which will facilitate the co-ordination of the proton from the acid catalyst, and (2) by the stability of the halogen as a *positive* ion, since it must separate without its bonding electrons. Evidence in support of these deductions is provided by the investigations of FONTEIN.[1] Because of the greatly reduced basic character of the nitrogen due to conjugation with the attached carbonyl

group $-N-C-O$ variation in the nature of the acyl group should have little

effect on the velocity, a conclusion substantiated by the following data:

Chloroamine $PhNClX$, $X =$	$\cdot HCO$	$\cdot CO \cdot Me$	$CO \cdot Et$	$CO \cdot Pr^{\alpha}$	$CO \cdot Ph$
$10^4 k^{25°}$ in H_2O	27	37	25	28	134

The rather higher value for benzanilide is understandable since the phenyl group provides an alternate path by which the polarisation of the carbonyl group can be satisfied

$$-N \cdots C \underset{}{\overset{\nearrow O}{\diagdown}} \hexagon$$

thus leaving the unshared nitrogen electrons more available for salt formation. Nuclear substitution which would increase the basic character of the nitrogen will also decrease the ease of separation of the halogen and *vice versa*. It is not surprising, therefore, to find that substituents of opposite polar types increase the velocity of rearrangement, a minimum velocity being observed with the unsubstituted N-chloroacetanilide:

		Electron repulsion		Electron attraction	
Chloroamine $R \cdot C_6H_4 \cdot NAcCl$, $R =$		m-Me	H	m-Cl	m-Br
$10^4 k^{25°}$ in H_2O		61	37	183	105

The important factor determining the velocity is the nature of the halogen atom, the greater stability of bromine as a positive ion providing a ready explanation of the observation that N-bromacetanilide undergoes rearrangement with hydrogen bromide as a catalyst 10000 times more rapidly than does N-chloroacetanilide catalysed by hydrogen chloride.

The course of the rearrangement in non-aqueous media has been studied by BELL.[2] Although N-bromoacetanilide is stable in solution in benzene, toluene, chlorobenzene, bromobenzene, carbon tetrachloride and tetrachloroethane, addition of organic acids or phenols causes rearrangement to occur, the change being unimolecular. Under such conditions the reaction undergoes general acid catalysis by the acid molecule. In chlorobenzene with trichloroacetic acid as a catalyst the catalytic constant is found to be independent of the acid concentration, but the original N-bromoacetanilide and the product, p-bromoacetanilide, have approximately equal retarding effects, due, probably, to the formation of a compound of the type $Ar \cdot NR \cdot CMe : O \cdots H \cdot O_2C \cdot CCl_3$ (R = H or Br) with the catalyst acid.[3] Rearrangement of N-iodoformanilide in anisole, catalysed

[1] l. c.

[2] Proc. Roy. Soc. (London), Ser. A **143** (1934), 377.

[3] BELL, Sir R. V. H. LEVINGE: Ibid. **151** (1935), 211.

by either chloroacetic or benzoic acids, follows a similar course and, although some free iodine is formed, it is conclusively shown that any direct iodination of acetanilide is quite inadequate to account for the observed velocity of the rearrangement.[1] As BELL himself points out it is difficult to see how free halogens can be formed in non-aqueous solvents with organic acids or phenol as catalyst and the change is almost certainly intramolecular under such conditions. He summarises the position in the following scheme:

$$\text{PhN·COR} + \text{HX} \underset{}{\overset{(a)}{\rightleftarrows}} \text{PhNH·COR} + \text{X}_2$$
$$\underset{\text{X}}{|} \quad \text{(A).} \qquad \underset{\text{(c)}}{\downarrow} \quad \underset{\text{(b)}}{\downarrow} \qquad \text{(B).}$$
$$\text{X·C}_6\text{H}_4\text{·NH·COR} + \text{HX}$$

In aqueous or dilute acetic acid solution the slow reaction (a) is followed by the rapid reaction (b), rearrangement thus occurring through the intermediate liberation of free halogen. In more concentrated acetic acid and under conditions of catalysis with the hydrogen halide acid in non-aqueous media equilibration between (A) and (B) is established rapidly relative to the rate of formation of the p-halogenoacylanilide and the mechanism is doubtful, but in non-aqueous media with catalysis by organic acids the change proceeds by the path (c) and is intramolecular. Recent investigations,[2] in which rearrangement of N-chloro-acetanilide has been studied in the presence of radioactive hydrogen chloride in aqueous 20% alcohol (containing sulphuric acid to give a hydrion concentration $1{,}43\ N$) have shown that the change in concentration of the radioactive chlorine is completely accounted for by assuming that all the chloroacetanilides are produced by the intermediate formation of chlorine. The intermolecular mechanism is thus confirmed in dilute aqueous solutions of mineral acids.

Diazoamino-aminoazobenzene conversion.

The change whereby diazoaminobenzene is converted into aminoazobenzene is effected in aniline or some other aromatic base as a solvent in the presence of the base hydrochloride. The presence of the base hydrochloride or hydro-bromide or of some readily hydrolysable salt such as zinc chloride is essential since ROSENHAUER[3] has shown that the claim of YOKOJIMA[4] that conversion can be effected in pure aniline alone cannot be upheld. Although the change has sometimes been regarded as intramolecular the experimental evidence is overwhelmingly in favour of the view that rearrangement occurs through intermediate decomposition into benzenediazonium chloride and free aniline. When aniline and its hydrochloride are replaced by dimethylaniline and its hydrochloride as the catalyst medium, diazoaminobenzene affords p-benzeneazo-dimethyl aniline $\text{PhN:N·C}_6\text{H}_4\text{·NMe}_2$,[5] an observation impossible to explain on the basis of any intramolecular mechanism.

The change has been investigated by KIDD[6] who discusses and shows the inadequacy of other mechanisms which have been suggested. When a solution

[1] BELL, BROWN: J. chem. Soc. (London) 1936, 1520.

[2] OLSON, HALFORD, HORNEL: J. Amer. chem. Soc. 59 (1937), 1613. This paper corrects the earlier conclusions of OLSON, PORTER, LONG, HALFORD: Ibid. 58 (1936), 2467.

[3] Ber. dtsch. chem. Ges. 63 (1930), 1056.

[4] J. Soc. chem. Ind. 1927, Suppl. 31—34.

[5] ROSENHAUER, UNGER: Ber. dtsch. chem. Ges. 61 (1928), 392.

[6] J. org. Chemistry 2 (1937), 198.

of diazoaminobenzene in concentrated hydrochloric acid is kept at $0°$, then 91 mol.-% of the benzenediazonium chloride formed can be recovered in the form of 2-naphthol-1-azobenzene, and more than 96 mol.-% of the aniline (the other product of the initial decomposition) is isolated from the same solution. It was shown that benzenediazonium chloride combines directly with aniline under homogenous conditions in acid solution to give the hydrochloride of aminoazobenzene free from any diazoaminobenzene or intermediate product. The results establish the correctness of the fission theory due originally to FRISWELL and GREEN.[1]

$$\text{PhN:N·NHPh} + \text{HCl} \rightleftharpoons \text{PhNH:N·NHPh}\}\text{Cl}'$$

$$p_\text{H} < 7 \text{ (fast)} \qquad p_\text{H} > 7 \text{ (very fast)}$$

$$\text{—PhN:N·Cl} + \text{NH}_2\text{Ph}$$

$$\text{PhN:N·NH·C}_6\text{H}_4\text{·N:NPh} \xleftarrow{p_\text{H} < 7} \qquad p_\text{H} < 7 \text{ (slow)} \quad p_\text{H} > 7 \text{ (less slow)}$$

$$\text{—PhN:N·C}_6\text{H}_4\text{·NH}_2 + \text{HCl}$$

The ultimate formation of the aminoazobenzene is determined by the irreversibility of the formation of the aminoazo compound assisted by the mass action effect of the excess of aniline present as a solvent. The function of the acid catalyst is thus to facilitate the electromeric changes which result in fission by the introduction of the positive charge arising from incipient salt formation

$$\text{Ar·N=N—NHAr}' \longrightarrow \text{ArN:N·Cl} + \text{NH}_2\text{Ar}'.$$
$$\text{Cl—H}$$

The benzenediazoaminoazobenzene, regarded by EARL[2] as an intermediate in the rearrangement, arises by interaction of the benzenediazonium chloride with aminoazobenzene when a deficiency of aniline is present and is also found to be present in the crude diazoaminobenzene prepared from aniline sulphate and nitrous acid.

In the case of the rearrangement of an unsymmetrical triazene $\text{ArN:N·NHAr}'$ its decomposition is complicated by the tautomeric mobility of the system, promoted by the acid catalyst by the indirect mechanism (see p. 56).

$$\text{Cl}'\ \text{ArN}^+\text{N·NHAr}' \rightleftharpoons \text{ArNH·N=NAr}'\ \text{Cl}'$$
$$\quad\ |\qquad\qquad\qquad\qquad\qquad |$$
$$\quad\ \text{H}\qquad\qquad\qquad\qquad\qquad \text{H}$$
$$\text{ArN}_2\text{Cl} + \text{Ar}'\text{NH}_2 \qquad\qquad \text{ArNH}_2 + \text{Ar}'\text{N}_2\text{Cl}$$

Thus with benzenediazoaminotoluene

$$\text{Me} \rightarrow \text{⟨C}_6\text{H}_4⟩\text{·NH—N=NPh} \rightleftharpoons \text{Me—⟨C}_6\text{H}_4⟩\text{—N}^+\text{=N—NHPh}$$
$$\qquad\qquad\qquad\text{(I).}\qquad\quad\text{H}\qquad\qquad\qquad\qquad\text{(II). H}$$

[1] J. chem. Soc. (London) **47** (1885), 917; **49** (1886), 746.
[2] J. Soc. chem. Ind. **55** (1936), 192.

the electron-release effect of the p-methyl group should favour the structure (II) and the decomposition into toluenediazonium chloride and aniline should preponderate. In aniline, however, the mass action effect of the solvent aniline molecules would suppress this reversible decomposition so that preferential fission into benzenediazonium chloride (from I) occurs with the formation of $PhN:N \cdot C_6H_4 \cdot NH_2$ and not $Me \cdot C_6H_4 \cdot N:N \cdot C_6H_4 \cdot NH_2$. In aniline $MeC_6H_4 \cdot N:N \cdot NH \cdot C_6H_4Me$ affords $MeC_6H_4 \cdot N:N \cdot NHPh$ and $MeC_6H_4 \cdot N:N \cdot C_6H_4 \cdot NH_2$, no $PhN:N \cdot NHPh$ being formed. This example shows the incorrectness of Goldschmidt's mechanism,[1] which postulates an interchange of radicals between the salt of the diazoamino-compound (or its cation) and the solvent base: i.e. in aniline

$$(Me \cdot C_6H_4 \cdot NH)_2NCl + PhNH_2 \longrightarrow (Me \cdot C_6H_4 \cdot NH)_2 \cdot N \cdot C_6H_4 \cdot NH_2$$

$$Me \cdot C_6H_4 \cdot N:N \cdot C_6H_4 \cdot NH_2 + Me \cdot C_6H_4 \cdot NH_2$$
$$\text{(Formed.)}$$

$$PhN:N \cdot C_6H_4 \cdot NH_2 + Me \cdot C_6H_4 \cdot NH_2$$
$$(\textit{Not} \text{ formed.})$$

$$PhNH_2$$
$$\text{(Exchange.)}$$

Aminobenzene, an expected product on Goldschmidt's mechanism, is not detected in this decomposition.

Hydrolysis.

The process whereby a molecule undergoes fission into two simpler molecules consequent upon the addition of water has long been known to be sensitive to acid and basic catalysis. The literature relating to this subject is much too extensive to permit any detailed account within the limits of this article, but an attempt will be made to show how modern developments of electronic theory have thrown light upon the more specific functions of catalysts and have correlated such hydrolytic reactions within a more general theory of substitution at a saturated carbon atom.

Hydrolysis of alkyl halides.

Alkyl halides, in common with the esters of strong acids, are not sensitive to acid hydrolysing agents but are readily hydrolysed by alkalis. In this case the attacking reagent is the hydroxyl ion and such hydrolyses constitute a particular case of the more general problem of substitution at a saturated carbon atom, the mechanism of which has recently been put on a sound theoretical basis by the work of Ingold, Hughes and their collaborators.[2] The essential feature of these

---

[1] Ber. dtsch. chem. Ges. 24 (1891), 2317. — Goldschmidt, Bardach: Ibid. 25 (1892), 1347. — Goldschmidt, Reinders: Ibid. 29 (1896), 1369, 1899. — Cf. also Goldschmidt: Z. Elektrochem. angew. physik. Chem. 36 (1930), 662.

[2] For an excellent summary of this work cf. Hughes: Trans. Faraday Soc. 34 (1938), 185.

reactions is the attack of a nucleophilic reagent Y in accordance with the scheme:
$Y + R \; — X \to Y — R + X$ and designated S_N. This characteristic is of much
more fundamental importance than is any state of electrification of the reagents;
this is illustrated by comparison of the following typical examples.

1. Alkaline hydrolysis of alkyl halides: $\bar{O}H + RI \to R \cdot OH + \bar{J}$

2. Quaternary salt formation: $NMe_3 + RBr \to R\overset{+}{N}Me_3 + \bar{B}r$

3. Decomposition of onium salts: $\bar{B}r + R\overset{+}{N}Me_3 \to RBr + NMe_3$

It has been shown that there are two possible mechanisms of this form,
characterised by distinctive dynamics, which may be formulated as follows:

Bimolecular: $Y + R \;\; X \to Y — R + X$ designated $(S_N 2)$.

Unimolecular: $R — X \xrightarrow{\text{slow}} \overset{+}{R} + X$
$Y + \overset{+}{R} \xrightarrow{\text{fast}} Y — R$ designated $(S_N 1)$.

The structural and experimental conditions which will favour control by one or
the other of these mechanisms can be predicted. The unimolecular mechanism
$(S_N 1)$ will be favoured relative to the bimolecular mechanism $(S_N 2)$ by

1. large electron-release by the group R,
2. strong electron-affinity (anionic stability) of the group X,
3. low concentration and low nucleophilic activity (basicity) of the reagent Y,
4. high ionisation capacity of the solvent,
5. changes in temperature.

All these predictions have been verified experimentally.[1,2]

1. Variation in the group R.

In the region of the bimolecular mechanism, increasing electron-release capacity by the group R will render the approach of the nucleophilic reagent Y
increasingly difficult and so will give rise to a continuous decrease in velocity.
The associative and dissociative processes, however, cannot be given separate
energies. Hence, before the change over to a unimolecular mechanism occurs,
a point may be reached at which the electron-release, which has previously acted
as though it were principally occupied in repelling the reagent, may begin to act
as though it were mainly engaged in expelling the replaceable group. Thus the
initial decrease in velocity may be replaced by a subsequent increase without
any change in the distinctive dynamics of the reaction. On further increasing the
repulsion a point will ultimately be reached when the mechanism $(S_N 2)$ will
be superseded by the mechanism $(S_N 1)$. Beyond this point electron release will
unconditionally favour ionisation of the group X and so increase the velocity.
This is illustrated in the accompanying diagram (Fig. 2). The point at which

---

[1] Cf. Hughes: l. c.

[2] Baker, Nathan: J. chem. Soc. (London) **1935**, 1842. — Hughes, Ingold,
Shapiro: Ibid. **1936**, 225.

the mechanistic change over occurs may not, therefore, necessarily coincide with that of minimal velocity.

In the alkaline hydrolysis of alkyl halides (reaction 1) the nucleophilic reagent is the hydroxide ion supplied by the catalyst. In the simple series of primary, secondary and tertiary halides, electron-release by the group R increases in the series

$$CH_3 < CH_3 \rightarrow CH_2 < {CH_3 \atop CH_3} {\searrow \atop \nearrow} CH < {CH_3 \atop CH_3 \atop CH_3} {\searrow \atop \rightarrow \atop \rightarrow} C.$$

The facts are as follows. Hydrolysis of methyl and ethyl halides with alkali in aqueous alcohol occurs by the bimolecular mechanism, the velocity being proportional to the concentrations of both the halide and the hydroxyl ion.[1] In agreement with the known order of electron-repulsion Et > Me, the velocity of hydrolysis of the ethyl halides is only about $^1/_{10}$ that of the methyl halides. Hydrolysis of the *iso*propyl halides in aqueous alcohol occurs simultaneously by the bi- and the uni-molecular mechanisms.[2] The bimolecular substitution is slower (about $^1/_{25}$) than for ethyl halides. The velocity of hydrolysis of *tert*-butyl halides in aqueous alcohol or aqueous acetone is the same in acid, neutral, or moderately concentrated alkali solutions.[3] It thus occurs by the unimolecular

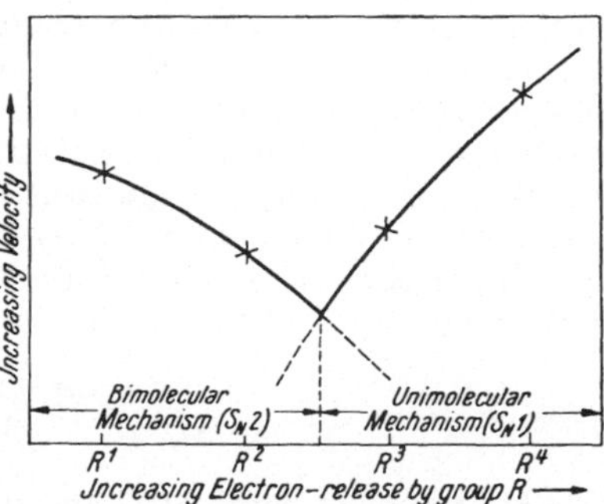

Fig. 2. Nucleophilic reaction Y : R—X → Y R + X.

mechanism and is quite independent of the hydroxide ion concentration. Moreover the rate is increased by increasing the proportion of water in the solvent, i.e. by increasing its ionising power. Under comparable conditions the unimolecular rates for the tertiary halides are greater than for the corresponding secondary halides by factors of the order of 10^4. The unimolecular hydrolysis of *tert*-butyl chloride has been confirmed by a direct kinetic method since it has been shown that the rate of reaction of this halide with water in the strongly ionising solvent formic acid is independent of the concentration of the water.[4] The mechanistic change from bimolecular to unimolecular kinetics in this series thus occurs at the *iso*propyl halides and, in general, similar relationship may be expected to hold for all primary, secondary and tertiary halides. This has been verified in the hydrolysis of β-*n*-hexyl bromide,[5] β-*n*-octyl bromide[6] (both similar to *iso*propyl bromide) and of *tert*-amyl halides[7] (similar to *tert*-butyl halides). A similar mechanistic transition is observed in the thermal decomposition of sulphonium hydroxides (reaction type 3)[8]

$$\overset{-}{OH} + Alk\overset{+}{S}R_2 \dashrightarrow AlkOH + SR_2.$$

Elimination of methyl and ethyl alcohols occurs by the bimolecular mechanism, the reaction leading to the formation of ethyl alcohol being the slower. In dilute

[1] BRUYN, STEGER: Recueil Trav. chim. Pays-Bas 18 (1899), 41, 311. — GRANT, HINSHELWOOD: J. chem. Soc. (London) 1933, 258.
[2] HUGHES, INGOLD, SHAPIRO: l. c., 225. — HUGHES, SHAPIRO: Ibid. 1937, 1177.
[3] HUGHES: Ibid. 1935, 225. — COOPER, HUGHES: Ibid. 1937, 1183.
[4] BATEMAN, HUGHES: Ibid. 1937, 1187. — Cf. however TAYLOR: Ibid. 1938, 840.
[5] OLIVIER: Recueil Trav. chim. Pays-Bas 56 (1937), 247.
[6] HUGHES, SHAPIRO: J. Chem. Soc. (London) 1937, 1192.
[7] HUGHES, MacNULTY: Ibid., p. 1283.
[8] HUGHES, INGOLD: Ibid. 1933, 1571. — GLEAVE, HUGHES, INGOLD: Ibid. 1935, 236.

aqueous solution elimination of *iso*propyl alcohol is unimolecular, as is that of *tert*-butyl alcohol even in moderately concentrated solution, the rate of elimination of the tertiary alcohol being the greater. In the bimolecular reactions the velocity is increased by the presence of extraneous hydroxide ions which have no influence upon the velocity of the unimolecular eliminations.

In the alpharyl series CH_3, CH_2Ph, $CHPh_2$, $CHPh_3$, once the transition to the unimolecular mechanism has occurred, the electron-release of the phenyl group should facilitate the reaction. It has already been noted that reaction between hydroxide ions and methyl halides occurs by the (S_N2) mechanism. Olivier and Weber[1] have found that the kinetics of the hydrolysis of benzyl chloride in water or aqueous acetone correspond to no simple type but can be approximated as the sum of two reactions of comparable speeds, one the rate of which is proportional to the concentration of hydroxide ion and one which is independent of this reagent. The benzyl group is therefore on the borderline of the (S_N2)–(S_N1) mechanisms. Electron-release substituents favour (S_N1) at the expense of (S_N2), and the reverse is true of substituents of the opposite kind. This is shown by the fact that the concentration of hydroxide ion has less effect on the velocity in the former class than it has in the latter. At 30° the ratio k_b/k_a of the velocity coefficients in specific basic and acidic solutions has the values:

Substituent	*p*-Me	H	*p*-Br	*p*-CN
k_b/k_a	2,2	7,7	15,7	88

The hydrolysis of benzhydryl and triphenylmethyl chloride by alkali hydroxides in aqueous alcohol is exclusively unimolecular and is independent of the reagent hydroxide.[2] The comparative rates recorded by Nixon and Branch[3] for the alcoholysis of the chlorides of the last three members of the series,

$$PhCH_2\text{-}: Ph_2CH\text{-}: Ph_3C\text{-} = approx.\ 1:10^3:10^7,$$

demonstrate the marked enhancing effect of the phenyl substituent upon the velocity of the unimolecular hydrolysis. The retarding effect of an electron-repelling carboxylate ion (substituted in the group R) upon the velocity of bimolecular hydrolysis and its facilitating influence when the unimolecular reaction takes control is illustrated by the work of Dawson[4] on the hydrolysis of bromoacetic acid in aqueous solution. Kinetic analysis showed that six reactions are involved in the elimination of the bromine, the speeds of which, calculated as second order rate-constants for 25° (units: 10^{-6} min.$^{-1}$ g.-mol^{-1} 1.) are summarised below:

Reagent		$CH_2(OH) \cdot CO_2'$	$CH_2Br \cdot CO_2'$	H_2O
Compound substituted {	$CH_2 \cdot Br \cdot CO_2H$	136	72	0,041
{	$CH_2 \cdot Br \cdot CO_2'$	35	19,3	0,059

The reactions with the glycolate and bromoacetate ions are, of course, bimolecular and the much smaller velocity of substitution of the bromoacetate ion than of the undissociated bromoacetic molecule is evident. In the reaction with the solvent water, present in large excess, the reactivity of the bromoacetate ion is

---

[1] Olivier: Recueil Trav. chim. Pays-Bas **56** (1937), 247. — Olivier, Weber: Ibid. **53** (1934), 869, 891.

[2] Ward: J. chem. Soc. (London) **1927**, 2285. — Cf. Kny-Jones, Ward: J. Amer. chem Soc. **57** (1935), 2394.

[3] Ibid. **58** (1936), 393.

[4] Dawson, Dyson: J. chem. Soc. (London) **1933**, 49, 1133. — Brook, Dawson: Ibid. **1936**, 497.

relatively too great, which probably means that it reacts partly by a unimolecular mechanism. In the bromomalonate ion $BrCH(CO_2')_2$ the introduction of the second electron-repelling $\cdot CO_2'$ group favours hydrolysis by the unimolecular mechanism which is exclusive in dilute solutions of alkali, the bimolecular mechanism being just detectable in concentrated solutions.[1] Hydrolysis of the α-bromopropionate and α-bromo-n-butyrate ions occurs by both mechanisms simultaneously even in the presence of moderate concentrations of hydroxide or alkoxide ions.[2] The relative order and importance of the two mechanisms, indicated by the following rate constants (at $52{,}4°$; time units $=$ min.$^{-1}$), are in accord with theoretical predictions:

	Increasing electron release →		
	$BrCH_2 \cdot CO_2'$	$Br \cdot CHMe \cdot CO_2'$	$BrCHEt \cdot CO_2'$
First order $(10^4 k_1)$	1	14	26
Second order $(10^4 k_2)$ ...	65	9	8

Introduction of halogen substituents into the group R at the site of the reaction will increase electron-release by a tautomeric mechanism $Cl \cdot C \cdot —Cl$ and so favour unimolecular kinetics. Both benzylidene chloride $PhCHCl_2$ and benzo-trichloride $PhCCl_3$ have been shown to belong to the $(S_N 1)$ class, the velocity of hydrolysis being independent of the concentration of hydroxide ion.[3]

2. Variation of X.

The relative velocity order iodide $>$ bromide $\rangle\rangle$ chloride is found in the hydrolysis of all alkyl halides irrespective of whether they belong to the $(S_N 1)$ or $(S_N 2)$ class. It is evident that in such solution reactions the influence not only of the polarisation of the C-hal bond, but also its polarisability and solvation factors will be important. It is not surprising that there is no obvious relationship between the velocities of these reactions and the bond strengths or stretching force-constants which vary in a fairly regular manner in the series Cl, Br and J.

3. Variation of Y.

In the bimolecular mechanism the associative process involves the sharing of the electrons of the nucleophilic reagent Y with the group R, $Y + R — X$ and the $(S_N 2)$ mechanism should thus be favoured by increased facility of this process, i.e. by increase in the basic character of Y. In a series of reagents such as OH', OPh', CO_3'', OAc', Cl' of decreasing basicity the reaction velocity by the $(S_N 2)$ mechanism should continuously decrease up to a critical point at which transition to the $(S_N 1)$ type occurs. After this the velocity should be independent of the nature of the group Y since it is no longer concerned in that reaction which occurs with measurable velocity. No data are available to verify this in the case of simple attack by these anions on alkyl halides, but it is confirmed by the

[1] TAHER: unpublished results. — Cf. HUGHES: Trans. Faraday Soc. **34** (1938), 192.
[2] SENTER: J. chem. Soc. (London) **95** (1909), 1827. — MADSEN: Ibid. **103** (1913), 965. — SENTER, WOOD: Ibid. **107** (1915), 1070; **109** (1916), 681. — COWDREY, HUGHES, INGOLD: Ibid. **1938**, 1208.
[3] OLIVIER, WEBER: l. c.

thermal decomposition of various trimethylsulphonium salts in ethyl alcoholic solution.[1] The results may be summarised as follows:

Anion	OH′	OPh′	CO_3''	Br′	Cl′
Substance eliminated	MeOH	MeOPh	Me_2CO_3	MeBr	MeCl
Mechanism	S_N2		S_N1		
Velocity	— decrease →		constant velocity		

The effect of decreasing nucleophilic activity of Y upon the velocity of the (S_N2) mechanism is also illustrated by the results for the hydrolysis of bromoacetic acid given on p. 116. For a given entity substituted the velocity of substitution decreases in the order $CH_2(OH)\cdot CO_2' > CH_2Br\cdot CO_2' \gg H_2O$, i.e. in the order of decreasing basicity of the reagent.

The fertility of the theory of substitution elaborated by HUGHES and INGOLD in elucidating hydrolytic reactions in general is very apparent, more especially when it is remembered that it also makes provision for the effects of solvents and temperature upon reaction kinetics. These, however, are aspects which fall outside the scope of this discussion.

In the acid hydrolysis of alkyl halides the hydroxyl group is supplied by the aqueous solvent which is always present in large excess. The reaction is found to be of the first order and hence it is unlikely that any direct attack by hydronium ion on the halogen is involved. It may, however, be either uni- or bi-molecular and BATEMAN, HUGHES and INGOLD[2] have recently indicated a further criterion to distinguish between these two mechanisms. Use is made of OLSON and HALFORD's relationship,[3] rate $= (k_a p_a + k_w p_w)p_{RCl}$ (where k_a and k_w are the specific rate constants for the hydrolysis of RCl in pure alcohol and pure water, respectively, and p_a, p_w and p_{RCl} are the partial vapour pressures of the alcohol, water and alkyl chloride in the reaction mixture) to calculate the relative proportions of alcohol, ROH, and ether ROEt which should be formed in various mixed alcohol-water solvents if the reaction is bimolecular, i.e. if these products are formed in that reaction the rate of which is measured. If, however, the unimolecular mechanism applies, the measured velocity is that of the initial slow

ionisation and the actual products are formed in the subsequent reaction of $\overset{+}{R}$ with alcohol or water. The rate of the reaction measured will, in this case, have no connexion with the composition of the products. Using the compositions determined by FARINACCI and HAMMETT[4] for the hydrolysis of benzhydryl chloride in aqueous-ethanol mixtures and their own data for *tert*-butyl chloride, BATEMAN, HUGHES and INGOLD have shown that the actual compositions are quite different to those calculated on the assumption that the reaction is bimolecular. The unimolecular mechanism for the hydrolysis of these two chlorides is thus confirmed.

When the hydrolysis occurs in acid solution by the bimolecular mechanism it is doubtless a nucleophilic attack by water molecules:

$$H\,|\,OH +\!\!\curvearrowright R\,|\,\overset{\downarrow}{X} \rightarrow R{-}OH + HX_{solv.}$$

[1] GLEAVE, HUGHES, INGOLD: l. c.
[2] J. chem. Soc. (London) **1938**, 881, and private communication from Professor INGOLD.
[3] J. Amer. chem. Soc. **59** (1937), 2644.
[4] Ibid. **59** (1937), 2544.

a mechanism which makes it clear why the change is not susceptible to acid catalysis.

The incursion of uni- and bi-molecular mechanism is probable in the hydrolysis of esters of all strong acids such as phosphoric, sulphuric and sulphonic acids, although the necessary kinetic investigations in these cases have not been carried out. Such esters, although fairly readily hydrolysed by water alone, and rapidly by alkalis, are not hydrolysed by hydrion.[1] Contrary to LAPWORTH's suggestion[2] that fission of such esters occurs thus $R \cdot SO_2 \cdot O$—R, it seems probable that hydrolysis by water molecules or hydroxide ions is best represented thus:

$$H \cdot OH + RS \overset{++}{\underset{OR}{\overset{\bar{O}}{\diagup}}} \overset{\bar{O}}{\diagdown} \rightarrow HOR + HO-\overset{++}{\underset{R}{\overset{\bar{O}}{S}}} \overset{\bar{O}}{\diagdown}$$

The double positive charge on the central atom acts as a strong centre of attraction for the nucleophilic reagent thus rendering the introduction of such a charge by electrostriction of an acid catalyst unnecessary.

Hydrolysis of carboxylic esters.

In the absence of catalysts the velocity with which the equilibrium

$$R \cdot CO_2H + R'OH \rightleftharpoons R \cdot CO_2R' + H_2O$$

is established is exceedingly small. The *position* of equilibrium may be thrown largely to one side or the other by the application of mass action effects: the presence of a large excess of alcohol or removal of water will promote esterification, whereas excess of water or continuous removal of alcohol by volatilisation will favour the hydrolytic reaction. The *speed* at which the equilibrium is attained can only be increased by the use of catalysts and it is well known that the hydrolysis of esters is greatly accelerated by general acid and alkaline catalysis.

Before any discussion of the function of such catalysts is possible, it is essential to know the position at which the ester undergoes fission since, *a priori*, two possibilities may be envisaged:

$$-CO \cdot O-R + HO-H \rightarrow CO \cdot OH + ROH \leftarrow HO-\text{-}HRO-OC-.$$

This question has been definitely decided by POLANYI and SZABO[3] who effected the hydrolysis of n-amyl acetate with water which contained an excess of oxygen isotope O^{18}. They found that the isotopic ratio of the oxygen in the liberated amyl alcohol was normal and contained no excess of the O^{18} isotope. Fission must therefore have occurred thus

$$CH_3 \cdot CO-OC_5H_{11} + H-O^{18}H \rightarrow CH_3 \cdot CO \cdot O^{18}H + C_5H_{11}OH$$

---

[1] CAVALIER: Ann. Chim. physique **18** (1899), 449. — WEGSCHEIDER: Ber. dtsch. chem. Ges. **52** (1919), 235; Z. physik. Chem. **41** (1902), 52. — WEGSCHEIDER, FURCHT: Mh. Chem. **23** (1902), 1093. — PRACTORIUS: Ibid. **26** (1905), 1. — JOHANSSON, SEBELIUS: Ber. dtsch. chem. Ges. **51** (1918), 480. — OLIVIER, BERGER: Recucil Trav. chim. Pays-Bas **41** (1922), 637.

[2] J. chem. Soc. (London) **101** (1912), 273.

[3] Trans. Faraday Soc. **30** (1934), 508.

and not in accordance with the scheme

$$CH_3 \cdot COO\text{---}C_5H_{11} + HO^{18}\text{---}H \rightarrow CH_3 \cdot CO_2H + C_5H_{11}O^{18}H.$$

INGOLD and INGOLD[1] have confirmed this by evidence of a different character which also throws light upon the mechanism of the acid-catalysed hydrolysis of esters. Leaving aside for the moment the rôle of the aqueous solvent in the formation of the reaction complex, three possibilities may be envisaged for the attack of the proton supplied by the acid catalyst: in the first, attack is initiated by oxonium salt formation at the carbonyl oxygen:

A.

$$-\overset{OR}{\underset{O}{C}} + \overset{+}{H} \rightarrow -\overset{OR}{\underset{OH}{C}} \rightarrow -\overset{\overset{+}{O}\cdots R}{\underset{OH}{C}} \rightarrow -\overset{O}{\underset{OH}{C}} + \overset{+}{R}.$$

$$\overset{+}{R} + H_2O \xrightarrow{\text{fast}} ROH + \overset{+}{H}.$$

In the other two the initial attack of the proton is at the alkoxyl oxygen, but they differ in the subsequent mode of decomposition:

B.

$$-\overset{O}{\underset{OR}{C}} + \overset{\cdot\cdot}{H} \rightarrow -\overset{O}{\underset{\overset{+}{O}-R}{\underset{|}{C}}}\; \rightarrow -\overset{O}{\underset{OH}{C}} + \overset{+}{R}$$

$$\overset{+}{R} + H_2O \rightarrow ROH + \overset{+}{H}$$

C.

$$-\overset{O}{\underset{OR}{C}} + \overset{+}{H} \rightarrow -\overset{O}{\underset{\overset{+}{O}-R}{\underset{|}{C}}}\; \rightarrow -\overset{+}{C}{=}O + HOR$$

$$-\overset{+}{C}{=}O + HOH \rightarrow -\overset{O}{\underset{OH}{C}} + \overset{+}{H}.$$

Mechanisms (A) and (B) require the separation, at some stage, of the alkyl cation $\overset{+}{R}$. If R is of the type —CHA·CH:CHB, the cation so formed,

$\overset{+}{CHA \cdot CH:CHB} \rightleftharpoons CHA:CH \cdot \overset{+}{CHB}$, will be the electromeric cation of an anionotropic system and the final co-ordination of the OH group to give the alcohol could occur at either of the possible seats of the charge and a *mixture* of alcohols should result. Providing that neither the esters nor the alcohols themselves are mobile under the conditions of hydrolysis the production of a mixture of isomeric alcohols from the pure ester of either would indicate that the cation $\overset{+}{R}$ is set free at some stage in the hydrolysis. Crotyl and α-methylallyl acetates are esters which fulfil the requisite conditions and it was found that

[1] J. chem. Soc. (London) **1932**, 756.

hydrolysis of each ester gives only the corresponding alcohol in the pure state. Mechanisms (A) and (B) are thus rendered improbable and mechanism (C), which requires the fission CO—OR, is supported.

In the elucidation of the mechanism of catalytic hydrolysis of esters several lines of approach are possible. Of obvious importance is the nature and stability of any complexes which esters are known to form with the solvent or catalyst molecules. These have been referred to briefly on p. 50, and have been studied in some detail by Kendall and his collaborators.[1] The formation of complexes of the type $R \cdot CO_2R'$—HX with acids was established by Kendall and Booge[2] who found that their stability in the liquid phase increases with increase in the acidic character of the acid HX and with increased basic character (electron-release capacity) of the groups R and R'. Such complexes are almost completely decomposed in dilute aqueous solution since the much stronger base, water, competes with the very weakly basic ester for the acidic proton. It follows that ternary complexes of the type $R \cdot CO_2R'$—HX—H_2O are present only in minute quantity, if at all, in such dilute aqueous solutions, but the presence of water-acid complexes H_2O—HX, and water-ester complexes $R \cdot CO_2R'$—H_2O has been established.[3] The extent of such ester-water complex formation is determined mainly by the acid radical of the ester, being greater with esters of the stronger carboxylic acids (e.g. oxalate > formate > acetate > propionate etc.), and is but little affected by the character of the alcohol constituent of the ester. Since the velocity of acid-catalysed hydrolysis of esters is affected in the same manner by these same two factors[4] it seems probable that an ester-water complex plays an important rôle in the acid-catalysed hydrolysis of esters. The hydrolysis is subject to general acid catalysis which renders it probable that the rôle of the catalyst is to donate a proton either to the ester or to the ester-water complex. Lowry[5] has formulated a mechanism, exactly analogous to his ter-molecular mechanism for the mutarotation of glucose,[6] which takes cognizance of these observations, and which is again formulated as a kind of internal electrolysis of the ester molecule:

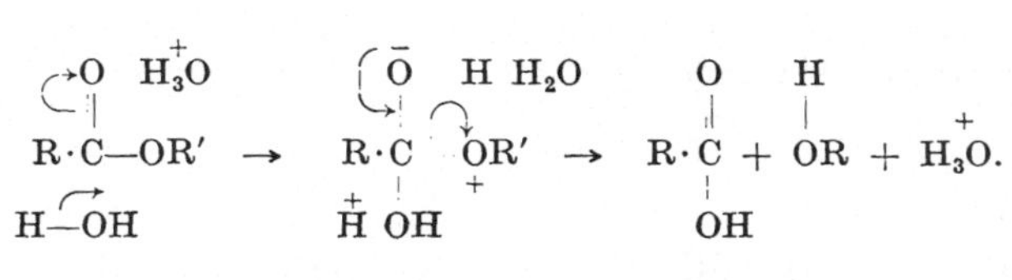

$$
\begin{array}{ccccc}
\overset{\curvearrowright}{O} \quad \overset{+}{H_3}O & & \left[\bar{O} \quad H \ H_2O\right. & & O \quad\quad H \\
R\cdot C\!-\!OR' & \rightarrow & R\cdot C \quad OR' & \rightarrow & R\cdot C \ +\ OR\ +\ \overset{+}{H_3}O. \\
H\!-\!OH & & \overset{+}{H}\ OH & & OH
\end{array}
$$

It does not, however, seem either necessary or desirable, to regard the attack of the acid and the (basic) water as simultaneous.[7] Newling and Hinshelwood[8] consider that the addition of the proton to alkoxyl oxygen would require very little activation energy and so deduce that it is unlikely that such addition would be the rate-determining stage. This they regard to be the addition of

<hr>

[1] Cf. Kendall, Harrison: Trans. Faraday Soc. **24** (1928), 588.

[2] J. Amer. chem. Soc. **38** (1916), 1712. — Cf. Baker, Hey: J. chem. Soc. (London) **1932**, 1226.

[3] Kendall, Booge, Andrews: J. Amer. chem. Soc. **39** (1917), 2303. — Kendall, King: J. chem. Soc. (London) **127** (1925), 1778.

[4] Cf. also Olsson: Z. physik. Chem. **133** (1928), 233.

[5] J. chem. Soc. (London) **127** (1925), 1379.

[6] Cf. p. 26.

[7] Cf. also Dawson, Lowson: Ibid. **1928**, 3218.

[8] J. chem. Soc. (London) **1936**, 1357.

hydroxyl to the carbonyl group as in the mechanism of alkaline hydrolysis which, in harmony with the known mechanism of attack of negative ions (e.g. CN′) at the carbonyl group, is generally regarded thus:

$$
\begin{aligned}
&\text{R·C—OR′} \;\rightarrow\; \text{R·C—OR} \;\rightarrow\; \text{R·C} + \bar{\text{O}}\text{R′} \\[4pt]
&\bar{\text{O}}\text{R′} + \text{H}_2\text{O} \;\rightarrow\; \text{ROH} + \bar{\text{O}}\text{H}.
\end{aligned}
$$

In acid hydrolysis the hydroxyl group has to be torn from the water molecule and this fact, according to these authors, accounts for the greater energy of activation observed in the acid-catalysed reaction.

Timm and Hinshelwood[1] have recently shown that the acid hydrolysis of both aliphatic and aromatic esters is facilitated by the introduction of electron-attracting substituents and retarded by electron-release groups. The attraction of the water molecules would thus seem to. be an important process in the mechanism. There is also evidence that the concentration of the hydrion and the ease with which it is donated by the acid catalyst are factors which affect the speed of hydrolysis. Poethke,[2] for example, has found that the rate of the autocatalysed hydrolysis of ethyl formate in water $= k\,(a-x)\,x^{1/2}$ where $x^{1/2}$ is the concentration of the hydrion. Moreover, addition of sodium formate, which will lower the hydrion concentration, reduces the velocity. The known stability of ester-water complexes does not necessarily mean that these play any direct part in the mechanism of ester hydrolysis and it would seem that Lowry's mechanism at present provides the best representation for the acid hydrolysis of esters, with the provision that the attack of the water molecules and of the acid hydrion are not necessarily regarded as simultaneous processes. The reaction may well be represented as a sequence of equilibria the displacement of which is determined by the final fission into acid and alcohol, a process which is practically irreversible under the conditions of hydrolysis.

$$
\text{R·C·OR′} \;\rightleftarrows\; \text{R·C·OR′} + \text{H}^+ \;\rightleftarrows\; \text{R·C}\;\;\text{OR′} \;\rightarrow\; \text{R·C} + \text{R′OH}.
$$

It is interesting to notice that the final fission of the complex is closely analogous to that whereby olefines are formed in the decomposition of onium salts.[3]

In a general survey of proton transfer reactions Horiuti and Polanyi[4] have advanced the suggestion that ester hydrolysis is essentially an electrolytic dissociation of the ester catalysed by hydrogen ions:

----

[1] J. chem. Soc. (London) **1938**, 862.

[2] Ber. dtsch. chem. Ges. **68** (1935), 1031.

[3] Cf. *inter alia*, Hanhart, Ingold: J. chem. Soc. (London) **1927**, 997, and subsequent papers by Ingold and his collaborators.

[4] Acta physicochim. USSR **2** (1935), 505.

$$\overset{+}{H_3}O + \overset{\displaystyle O}{\overset{\|}{RC}}-OR' \rightarrow H_2O + \overset{\displaystyle O\ \ H}{\overset{\|\ \ \ |}{R\cdot C}}-\overset{+}{OR'}$$

$$H_2O + \overset{\displaystyle O\ \ H}{\overset{\|\ \ \ +}{RC}}-OR' \rightarrow \left[\overset{\displaystyle O}{\overset{\|}{H_2O}}-CR\right]^+ + R'OH$$

$$\downarrow$$

$$\underset{\displaystyle O}{\underset{\|}{HO}}-C\cdot R + \overset{+}{H}$$

The essential differences between these views are kinetic, depending upon which is the stage the rate of which is measured experimentally. Although no case of unimolecular ester hydrolysis has been established, there would seem no theoretical reason to exclude such hydrolyses from the general theory of INGOLD and HUGHES in which, given suitable substitution and experimental conditions, the unimolecular mechanism (S_N 1) might apply, viz:

$$R\cdot CO\!-\!\overset{\frown}{O}R' \xrightarrow{\text{slow}} R\cdot\overset{+}{C}O + \overset{-}{O}R',$$

$$R\cdot\overset{+}{C}O + HO\cdot H + \overset{-}{O}R \xrightarrow{\text{fast}} R\cdot CO_2H + HOR.$$

From the aspect of fundamental mechanism there is general agreement that, in acid catalysis, the essential feature is the donation (by the catalyst) of a proton to the alkoxyl oxygen, and, in alkaline catalysis, of a hydroxide or other nucleophilic ion[1] at the carbonyl group.

Any discussion of the effects of substituents upon the velocity of hydrolysis (a second method of approach to the problem of the function of the catalyst) is complicated by the superimposition of (1) statistical requirements (2) polar influences (3) steric factors and (4) effects due to the medium, and failure to disentangle these factors renders of little value much of the early work on the effect of substituent groups upon the speed of ester hydrolysis.[2] A general discussion of these effects is given in a paper by INGOLD[3], who has also devised a method whereby the polar influences of substituent groups may, to a large extent, be isolated from other factors. WIJS[4] first observed that the $v - p_H$ isotherm (v = velocity of hydrolysis) for the hydrolysis of methyl acetate passes through a minimum at the isocatalytic point ($p_H = p_H^*$), and the symmetry of the curve was first shown by EULER and HEDELIUS[5] for the mutarotation of glucose. DAWSON and his collaborators[6] in extensive investigations showed that the $v - p_H$ curve, at any particular temperature, takes the form of a catenary and deduced the relationship $-2\,p_H^* - \log k_w = \log k_{OH}/k_H$, where p_H^* is the

---

[1] DAWSON, PYCOCK, SPIVEY: J. chem. Soc. (London) **1933**, 291, have shown, for example, that the bisulphate ion HSO_4' has a intrinsic catalytic activity in the hydrolysis of ethyl acetate when its repression of the ionisation of sulphuric acid leads to the complete removal of hydrion.

[2] Cf. OLSSON: Z. physik. Chem. **133** (1928), 233, where a summary of data relating to the speeds of hydrolysis of eighty-five esters, relative to that of ethyl acetate as standard, is given.

[3] J. chem. Soc. (London) **1930**, 1375.

[4] Z. physik. Chem. **11** (1893), 492; **12** (1893), 514.

[5] Cf. *inter alia* Biochem. Z. **107** (1920), 150.

[6] DAWSON *et al*: J. chem. Soc. (London) **1926**, 2872, 3166; **1927**, 213, 1148, 1290.

isocatalytic point, $k_w =$ ionic product for water and k_{OH} and k_H are the velocity coefficients for the hydrolysis catalysed by $\overset{-}{OH}$ and $\overset{+}{H}$ ions, respectively. On the basic hypothesis that the relative steric effects on velocity are expressible as the product of two coefficients singly dependent, respectively, on the ester and the catalyst, INGOLD[1] has shown that, within wide limits, the value of k_{OH}/k_H is probably a function of polarity only, and is untrammelled by complications due to steric hindrance which affect k_{OH} and k_H separately. DAWSON's method, which permits the ready determination of the values of k_{OH}/k_H, thus provides a means of testing experimentally the polar effects anticipated on the basis of the postulated mechanisms of acid and alkaline hydrolysis.

In alkaline hydrolysis it has been suggested that the important stage is the electrostriction of the nucleophilic hydroxide ion at the carbon of the $C:O$ group. This should be facilitated by electron-attraction away from this group, i.e. by substitution of electron-attracting groups in either R or R' in the ester $R \cdot CO \cdot OR'$. Such substitution would be most important when it occurs in the group R directly attached to the carbon atom involved. Since such substitution is exactly the type which, by facilitating the ionisation of the acidic hydrogen in the acid $R \cdot CO_2H$, would increase the acid strength, it follows that the facility of alkaline hydrolysis should run parallel with the strength of the acid parent of the ester. A converse argument is, of course, valid for substitution by electron-repelling groups which should decrease both acidic strength and the velocity of alkaline hydrolysis. This is in good accord with general experience and may be illustrated by the following typical examples taken from the work of PALOMAA, SKRABAL and others tabulated in OLSSON's summary.[2]

Steric factors are not negligible in these examples but they do not affect the general trend of the results. KINDLER[3] found that the velocity of alkaline hydrolysis of various m- and p-substituted benzoic esters, in which steric effects must be negligible, increases in the order:

Velocity of alkaline hydrolysis of esters $R \cdot CO_2Et$ by aqueous sodium hydroxide at $25°$ (Vel. for $CH_3 \cdot CO_2Et = 100$).

R	Relative velocity	$10 k_a$ of $R \cdot CO_2H$
H...............	21 300	21,4
$CH_3 \rightarrow$...........	100	1,8
$Pr^\alpha \rightarrow$...........	52,5	1,5
$Bu^\gamma \rightarrow$	23,2	0,98
$MeO \leftarrow CH_2 \leftarrow$ ...	1945	29,4
$CH_3 \cdot CO \leftarrow$	$1,7 \times 10^6$	560
$CH_3 \cdot CO \cdot CH_2 \leftarrow$..	436	31,6
$PhCH_2 \leftarrow$........	191	5,3

$$R = p\text{-}NH_2 < OMe < Me \qquad\qquad < Cl \qquad < Br, J \qquad\qquad < NO_2$$
$$< H$$
$$m\text{-} \qquad\qquad Me \qquad\qquad < Cl \qquad\qquad < Br, J < NO_2$$

——————————————Acid strength of $R \cdot C_6H_4 \cdot CO_2H$ increases——— .... →

Effects of the same type, although smaller in magnitude, are produced by similar substitution in the alcohol radical R':

In the suggested mechanism of acid hydrolysis the postulated attack is by a proton at the alkoxyl oxygen. This would be facilitated by the presence of

---

[1] Ibid. **1930**, 1033.

[2] l. c.

[3] Licbigs Ann. Chem. **450** (1926), 1. — Cf. also INGOLD, NATHAN: J. chem. Soc. (London) **1936**, 222.

electron-release groups which would increase the nucleophilic properties (tendency to co-ordinate a proton) of the alkoxyl oxygen. Such substitution would, presumably, be more effective in the alcohol radical of the ester. The important point which emerges is that the *polar* effects of substituents in either the acid or alcohol portion of the ester would affect the velocities of alkaline and acid hydrolysis in opposite senses, those which retard the one should facilitate the other. Increasing electron-repulsion, which depresses the velocity of alkaline hydrolysis and facilitates the acid-mechanism should cause a continuous fall in the value of the k_{OH}/k_H ratio: increasing electron-attraction by the groups R and R' should cause a corresponding increase in the value of this ratio. These conclusions are amply verified by the following data:[1]

Polar effects of substituents in the ester series.

R	R'	p_H^*	$10^{-3} \times (k_{OH}/k_H)$
	I.[2] $R \cdot CH_2 \cdot CO \cdot O \cdot CH_2 \cdot CH_2 \cdot R'.$		
H	H	5,36	2
H	$\rightarrow$ OH	5,0	10
Cl $\leftarrow$	H	4,8	32
MeCO $\leftarrow$	H	4,4	160
$\overset{+}{N}H_3 \leftarrow$	H	3,5	12000
	II.[2] $R \cdot CO \cdot O \cdot CH_2 \cdot R'.$		
H	H	—	(large)
H	$\leftarrow CH_3$	4,65	63
$CH_3 \rightarrow$	H	5,15	5
$CH_3 \rightarrow$	$\leftarrow CH_3$	5,36	1,9
$CH_3 \rightarrow$	$\leftarrow CH_2 \leftarrow CH_2 \leftarrow CH_3$	5,65	0,5
	III.[3] $dl\text{-}OH \cdot CH_2 \cdot CH(OH) \cdot CO \cdot O \cdot R'.$		
	$\leftarrow CH_3$		27,5
	$\leftarrow CH_2 \leftarrow CH_3$		13,5
	$\leftarrow CH_2 \leftarrow CH_2 \leftarrow CH_3$		11,8
	$\leftarrow CH \overset{\leftarrow CH_3}{\underset{\nwarrow CH_3}{}}$		5,8
	$\leftarrow CH_2 \leftarrow CH_2 \leftarrow CH_2 \leftarrow CH_3$		11,5
	$\leftarrow CH_2 \leftarrow CH \overset{\nearrow CH_3}{\underset{\nwarrow CH_3}{}}$		10,7
	$n\text{-}C_5H_{11}$		11,2
	$iso\text{-}C_5H_{11}$		11,2

The series corresponding to (III) but in which R' is kept constant and R is varied, R now being the same alkyl groups as constitute R' in series (III), has been studied by INGOLD, JACKSON, and (Mrs.) KELLY,[4] using dihydroxypropyl esters. In this series the plot of log k_H against the number of carbon atoms in R (where k_H in the fundamental equation

$$v = k_H [H^+] + k_{OH} [OH'] + k_m [HA] + k_a [A'] + k_w [H_2O]$$

---

[1] For further tabulated data illustrating this point cf. OLIVIER: Recueil Trav. chim. Pays-Bas **53** (1934), 891.

[2] INGOLD: J. chem. Soc. (London) **1930**, 1032.

[3] GROCOCK, INGOLD, JACKSON: Ibid. **1930**, 1039.

[4] Ibid. **1931**, 2035.

is determined either directly or from $v_0 - [H^+]$ functions) passes through a maximum at the second member and an inflexion near the third member. In agreement with the view that the ratio k_{OH}/k_H is dependent only on polar effects the corresponding p_H^* values exhibit no such anomaly:

Polar effects of substituents in the ester series
$R \cdot CO \cdot O \cdot CH_2 \cdot CH(OH) \cdot CH_2 \cdot OH$.

R	p_H^*	$k_{OH}/k_H \times 10^{-2}$	$10^4 k_H \ 25°$
$CH_3 \rightarrow$	4,910	8,90	4,10
$CH_3 \rightarrow CH_2 \rightarrow$	4,960	7,10	4,79
$CH_3 \rightarrow CH_2 \rightarrow CH_2 \rightarrow$	4,970	6,85	2,93
$\begin{matrix} CH_3 \searrow \\ CH_3 \nearrow \end{matrix} CH \rightarrow$	5,005	5,75	—
$n\text{-}C_4H_9 \rightarrow$	4,970	6,85	2,24
$iso\text{-}C_4H_9 \rightarrow$	4,975	6,60	—

Graphical analysis of all these results shows[1] that two methyl groups in the same relative situation to the $-C:O(\cdot O-)$ group in $R \cdot CO_2R'$ displace p_H^* by approximately equal amounts and that such displacement decreases in an approximately geometrical progression as successive carbon atoms are intercalated normally between the methyl substituent and the carboxyl nucleus. Moreover, the displacement of p_H^* caused by any group in R' bears a nearly constant ratio to the displacement caused by the same group in R, and such displacement is thus given by the product of two numerical factors separately dependent upon the nature of the group and its position. A considerable amount of data relating to the effect of substitution by halogens, acyl, and olefinic groups, and further substantiating these conclusions, is available in the literature and is given in the summarising papers by OLSSON and OLIVIER to which reference has already been made. Sufficient examples have, however, been quoted to show that the observed effects of substitution are precisely those to be expected on the basis of the known polar effects of groups and of the postulated functions of acid and alkaline catalysts in the hydrolysis of esters. In agreement with the view that the polar effects of groups arise from their ability to alter the electron availability in the attached system it is found that the velocity differences produced by substitution are, in the main, accounted for by corresponding changes in the energy of activation of the hydrolytic reaction.[2]

In conclusion brief reference may be made to the recent attempts to simulate esterase activity by LANGENBECK,[3] who has claimed that keto-alcohols such as $PhCO \cdot CH_2 \cdot OH$, or $NHPh \cdot CO \cdot CH_2 \cdot OH$, like esterase, greatly accelerate the hydrolysis of esters, and moreover, that they are specific in action. OLIVIER,[4] however, has been unable to confirm these accelerations.

Hydrolysis of acetals and ortho-esters.

In striking contrast to the great acceleration effected by hydroxide ions in the hydrolysis of carboxylic esters, the hydrolysis of compounds of the type

---

[1] GROCOCK, INGOLD, JACKSON, Mrs. KELLY: Ibid. **1931**, 2043.

[2] INGOLD, NATHAN: J. chem. Soc. (London) **1936**, 222. — NEWLING, HINSHELWOOD: Ibid. **1936**, 1357.

[3] LANGENBECK, BALTIS: Ber. dtsch. chem. Ges. 67 (1934), 387, 1204. — LANGENBECK, BACHREN: Ibid. **69** (1936), 514.

[4] Recueil Trav. chim. Pays-Bas **54** (1935), 322.

$R_nC(OR')_{4-n}$ is quite insensitive to alkaline catalysis, but is greatly facilitated by hydrion catalysis. BRÖNSTED and WYNNE-JONES[1] have shown that the undissociated acid molecules have no detectable effect, the catalytic activity depending upon the ability of the acid to donate a proton. In accordance with BRÖNSTED's views the velocity of hydrolysis, under otherwise comparable conditions, runs parallel to the acid strength of the catalyst, a conclusion which is illustrated by the following data for the catalytic coefficients (k_a) in the hydrolysis of various acetals and ortho-esters:

Acid Catalyst	Dissociation Constant K_a	k_a				
		$CHMe(OEt)_2$	$CH(OEt)_3$	$MeC(OEt)_3$	$EtC(OEt)_3$	$C(OEt)_4$
$H_3\overset{+}{O}$	56	19	$1,4 \times 10^4$	$5,4 \times 10^5$	$3,4 \times 10^5$	$2,35 \times 10^3$
$CH_3 \cdot CO_2H$	$1,7 \times 10^{-5}$	—	—	—	—	0,22
$p\text{-}NO_2 \cdot C_6H_4 \cdot OH$	$6,2 \times 10^{-8}$	—	—	0,18	0,16	—
$m\text{-}NO_2 \cdot C_6H_4 \cdot OH$	$3,4 \times 10^{-9}$	—	—	0,045	—	—
H_2O	1×10^{-16}	$< 10^{-9}$	$< 10^{-9}$	$2,7 \times 10^{-6}$	$1,7 \times 10^{-6}$	$1,8 \times 10^{-6}$

Moreover, HARNED and SAMARAS[2] have found that the decreased velocity observed in the hydrolysis of ethyl orthoformate, as the aqueous solvent is gradually replaced by alcohols, is directly dependent upon the lowering of the dielectric constant (i.e. the ionising power) of the medium.

This catalytic efficiency of hydrions, coupled with the failure of hydroxide ions to catalyse these hydrolyses, provides confirmation of the methods of attack ascribed to these two catalytic entities in ester hydrolysis and, at the same time is a clear indication of the most probable mechanism of the acid-catalysed hydrolysis of acetals. In ester hydrolysis the attack of the hydroxide ion is at the carbonyl group, the concomitant polarisation

$$>C \!\cdot\! O \quad \overset{OH'}{\dashrightarrow} \quad \underset{\underset{OH}{|}}{C\!-\!\bar{O}}$$

of which is an obvious essential. The inapplicability of this mechanism in the case of acetals is obvious. On the other hand in acid-catalysed ester hydrolysis the essential feature has been shown to be the addition of a proton to the alkoxy-oxygen, a mechanism which is equally applicable in both types of compound. LÖBERING and FLEISCHMANN,[3] from a study of the effect of variation in R upon the temperature coefficient for the hydrolysis of the compounds $CH_2(OR)_2$ have concluded that the acetal first yields one molecule of alcohol and a molecule of the semiacetal which immediately (possibly by a very rapid intramolecular process) gives formaldehyde and a second molecule of the alcohol. Unlike esters, the acetals cannot form complexes with water and it seems likely, therefore, that the first, slow, stage in the hydrolysis is the bimolecular reaction (of first order because the solvent is present in large excess) between a water molecule and the oxonium salt complex of the acetal and the acid catalyst. The resulting

---

[1] Trans. Faraday Soc. **25** (1929), 59.
[2] J. Amer. chem. Soc. **54** (1932), 1.
[3] Ber. dtsch. chem. Ges. **70** (1937), 1713.

molecule, further activated by the acid catalyst, could then readily decompose to give the final products:—

$$R \cdot \underset{\overset{|}{OEt}}{\overset{OEt}{C}}\text{—OEt} \;\longrightarrow\; R \cdot \underset{\overset{\uparrow}{HO-H}}{\overset{H}{C}}\text{—OEt} \;\xrightarrow{\text{slow}}\; \left[R \cdot \underset{\overset{|}{O-H}}{\overset{H}{C}}\text{—OEt} \right] \;\longrightarrow\; R \cdot \underset{\overset{\parallel}{O}}{C}\text{—OEt} \quad \overset{HOEt}{\overset{+}{H}}$$

In acid media this hydrolysis is relatively fast and is complete before there is any appreciable hydrolysis of the carboxylic ester to the free acid. Although illustrated for an orthoester, an identical mechanism is obviously applicable in the case of ethers and acetals.

The effects of structure and substitution upon the speed of hydrolysis are in general harmony with the requirements of this mechanism. The nucleophilic attack of the water molecule will be facilitated by the attachment, to the central carbon atom, of alkoxyl groups the electron-attraction of which will be enhanced by association with the catalyst protons. The velocity of hydrolysis of an ether $CH_3 \cdot OR$ should thus be increased by successive replacement of the hydrogen atoms by OR groups. This is borne out by the results of SKRABAL and his collaborators[1] which are tabulated below, k_a being the first order coefficient for hydrolysis by acids (in unit concentration), time being in minutes:

Compound hydrolysed	k_a	Compound hydrolysed	k_a
$CH_3 \cdot OEt$	6×10^{-7}	$CMe_3 \cdot OEt$	$> 6 \times 10^{-7}$
$CH_2(OEt)_2$	$4,68 \times 10^{-3}$	$CMe_2(OEt)_2$	$7,5 \times 10^4$
$CH(OEt)_3$	$2,3 \times 10^4$	$CMe(OEt)_3$	$3,3 \times 10^5$
$C(OEt)_4$	$3,0 \times 10^3$	$CHMe(OEt)_2$	30

The slight decrease in velocity observed when the fourth hydrogen is replaced by OEt [to give $C(OEt)_4$] is probably due to steric hindrance and to the stability associated with the symmetry of the molecule. These data also illustrate the accelerating influence of alkyl groups attached to the methane carbon atom. This is due to their electron-repelling character which will increase the basic character of the attached oxygen and so facilitate the electrostriction of the catalyst proton. This effect should also be observed as the electron-release capacity of the group directly united to the oxygen atom is increased, a conclusion which is verified by the following data, calculated from the results of SKRABAL and EGER,[2] for the relative velocities of the acid-catalysed hydrolysis of the formals $CH_2(OR)_2$:

R =	$CH_3 \cdot$	$CH_3 \cdot CH_2 \cdot$	$Et \cdot CH_2 \cdot$	$\cdot CHMe_2$	$Pr^\alpha CH_2 \cdot$	$\cdot CH_2 \cdot CHMe_2$	$\cdot CHMeEt$
Rel. velocity =	1	8,5	9,4	47,2	9,4	13	64,8

Further examples are found in the hydrolysis of cyclic acetals,[3] but in this case the degree of strain in the ring and the effect of alkyl substitution upon the stability of the ring system are complicating factors.

[1] SKRABAL: Z. Elektrochem. angew. physik. Chem. **33** (1927), 322. This paper summarises much of the data obtained, and gives full references to the earlier individual papers covering the investigations.

[2] Z. physik. Chem. **122** (1926), 349.

[3] LEUTNER: Mh. Chem. **60** (1932), 317; **66** (1935), 222.

Hydrolysis of acid chlorides.

The well known fact that the hydrolysis of acid chlorides is not catalysed by hydrion,[1] but that the speed of alkaline hydrolysis is too great for kinetic study, provides the complementary piece of evidence in favour of the mechanisms already postulated for ester hydrolysis. Hydrolysis of acetals, which posses no carbonyl group, but which contain an alkoxyl group is catalysed by acids and not alkalis, whereas with acid chlorides, which contain a carbonyl group but are lacking in alkoxyl oxygen, the reverse is true.

Data relating to the hydrolysis of acid chlorides are meagre relative to those pertaining to ester hydrolysis, but the general trend of results goes to show that hydrolysis is facilitated by electron-attraction away from the $\cdot CO \cdot Cl$ group and is retarded by electron-release towards this group. Both PALOMAA and LIEMU,[2] and VALESCO and OLLERO[3] have shown that the velocity of hydrolysis of acetyl, n-butyryl, and propionyl chlorides decreases in the order given, i.e. in the order of decreasing acid strength of the parent acids. The accelerating effect of electron-attracting substituents is illustrated by the results of BERGER and OLIVIER[4] who found that p-nitro, m-chloro-, and m-bromo-benzoyl chlorides are hydrolysed more rapidly in 50% aqueous acetone than is benzoyl chloride itself. In the alcoholysis of aliphatic acid chlorides with ethylene chlorohydrin in dioxan solution introduction of a chlorine substituent into the α-position greatly increases the speed of reaction, a much smaller effect resulting from similar substitution in the β- or γ-positions. An ethoxyl group has the opposite effect.[5]

The function of the alkaline catalyst would thus seem to be identical with that which applies in ester hydrolysis,

$$
\begin{array}{ccc}
\overset{\displaystyle Cl}{\underset{\underset{\displaystyle \bar{O}H}{|}}{R-C-O}} & \rightarrow & \left[\; R-C-\bar{O} \;\right] \rightarrow R\cdot C{=}O + Cl' \\
 & & OH \qquad\qquad OH
\end{array}
$$

the negative charge so introduced bringing about a rapid decomposition of the active complex with ejection of a chloride ion. In neutral or acid solution the attack must be by a water molecule and is a particular case of the $(S_N 2)$ mechanism of INGOLD and HUGHES:[6]—

$$
\begin{array}{ccc}
\overset{\displaystyle Cl}{\underset{\displaystyle H{-}OH}{R-C \quad O}} & \rightarrow & \left[\; R-C-\bar{O} \;\right] \rightarrow R\cdot C{=}O + HCl. \\
 & & OH \qquad\qquad OH
\end{array}
$$

Again it seems possible that, under favourable conditions, the $(S_N 1)$ mechanism might apply, the slow reaction

$$
R\cdot CO{-}Cl \rightarrow R\cdot \overset{+}{CO} + Cl',
$$

[1] VELASCO, OLLERO: Anal. Soc. estran. fis. quim. **34** (1936), 179; **35** (1937), 76, who showed that the velocity is independent of the p_H of the medium, and is the same in D_2O as in H_2O.

[2] Ber. dtsch. chem. Ges. **66** (1933), 813.

[3] l. c.

[4] Recueil Trav. chim. Pays-Bas **46** (1927), 516.

[5] LIEMU: Ber. dtsch. chem. Ges. **70** (B), (1937), 1040. — PALOMAA, LIEMU: l. c.

[6] See p. 113.

being followed by the rapid sequel

$$R \cdot \overset{+}{C}O + HOH \rightarrow R \cdot CO_2H + \overset{+}{H}.$$

More extensive kinetic study is necessary to test this possibility experimentally.

Hydrolysis of acid amides.

The hydrolysis of acid amides is catalysed by hydrion and, more effectively, by hydroxide ion. The variation in the velocity of hydrolysis of benzamide with change in the p_H of the solution has been studied by BOLIN[2] who found that the value of the velocity coefficient 10^4k decreased continuously from 3,8 to 0,054 as the p_H of the medium was increased from 0,54 to 2,20, and increased from 0,061 to 10,0 as the p_H increased from 9,42 to 11,22; the calculated value of the isocatalytic point is $p_H = 5,8$.

The structure of acid amides, which contain a carbonyl group for the attack of hydroxide ion, and a weakly basic $\cdot NH_2$ group at which electrostriction of a proton can occur, suggests that the mechanisms of acid and basic catalysis postulated for esters should also apply in this case. Because of their more basic character, acid amides might be assumed to undergo more extensive complex formation with water than do esters. Since the velocity of hydrolysis of amides in dilute aqueous solutions of acids is dependent both on the concentration of the amide and of the hydrion,[2] the acid-catalysed reaction may be formulated:

$$R{-}C{=}O + H_2O \overset{fast}{\dashrightarrow} R{-}C \genfrac{}{}{0pt}{}{OH}{NH_2} + \overset{+}{H} \overset{slow}{\rightarrow} \left[R \cdot C \genfrac{}{}{0pt}{}{O{\cdots}H}{NH_3^+}OH \right] \rightarrow$$

$$\rightarrow R \cdot C \genfrac{}{}{0pt}{}{O}{OH} + NH_3 + \overset{+}{H}.$$

By analogy with ester hydrolysis the alkaline catalysis would be represented as

$$R \cdot \underset{\overset{\uparrow}{\overline{O}H}}{C}{=}\overset{NH_2}{O} \dashrightarrow \left[R \cdot \underset{OH}{C}{-}\overset{NH_2}{O} \right] \rightarrow R \cdot \underset{OH}{C}{=}O + \overline{N}H_2 \; (\overline{N}H_2 + H_2O \rightarrow NH_3 + \overline{O}H).$$

All that has previously been said concerning the complications introduced by steric and other factors in the effect of substitution on the velocity of ester hydrolysis[3] would apply equally to the hydrolysis of amides. Reliable data of the effects of such substitution are much more scanty in the case of amide hydrolysis, but that which is available supports the above views regarding mechanism. In general, introduction of electron-attracting substituents into the group R will favour alkaline hydrolysis and retard the acid catalysed reaction, the effect of electron-repelling substituents being the reverse. The following data substantiate these conclusions, and it is significant that observed irregularities in the values of either the acid k_a, or basic k_b, velocity coefficients vanish when the ratio k_b/k_a is calculated on the basis of the given results. As in ester hydrolysis this ratio decreases uniformly with increase in the electron-release capacity of substituents in R.

[1] Z. anorg. allg. Chem. **143** (1925), 210.
[2] Cf. *inter alia*, ACREE, NIRDLINGER: Amer. chem. J. **38** (1907), 489.
[3] P. 123.

A p-amino group exerts an expected retarding action in alkaline hydrolysis ($k_b = 178$) due to its electron-release ($+ M$) effect, but it also retards the acid catalysed reaction ($k_a = 198$). This is readily understood since in the acid medium it will be partly converted into the cation $\overset{+}{N}H_3 \cdot C_6H_4 \cdot CO \cdot NH_2$ and so exhibit the normal retardation of an electron-attracting group.

Hydrolysis of aliphatic acid amides $R \cdot CO \cdot NH_2$ in dilute aqueous hydrochloric acid (k_a) and sodium hydroxide (k_b) at 63,2°.[1]

R =	H	CH$_3$	C$_2$H$_5$	n-C$_3$H$_7$
$10^3 k_a$	346,2	21,0	25,67	11,84
$10^3 k_b$	1776	47,2	41,2	16,9
k_b/k_a	5,1	2,2	1,6	1,4

TAYLOR[2] has studied the hydrolysis of acetamide in moderately concentrated acid solution and his data, combined with those of PESKOFF and MEYER[3] (at 25°) and of EULER and ÖLANDER[4] (at 50°) show that the velocity of hydrolysis with

Hydrolysis of substituted benzamides $R \cdot C_6H_4 \cdot CO \cdot NH_2$ in dilute aqueous hydrochloric acid k_a and barium hydroxide (k_b).[5]

R =	H	p-NO$_2$	p-Cl	m-Br	p-Br	m-J	p-J	p-OMe	p-Me
$10^4 k_a$	217	245	208	218	(146)	189	164	131	183
$10^4 k_b$	994	6300	1800	2820	1800	2450	1590	462	623
k_b/k_a	4,5	26	8,6	13	(12)	15	9,7	3,5	3,4

hydrochloric (and hydrobromic) acid increases with increasing acid concentration up to a maximum at $3\,N$ and then again decreases. TAYLOR shows that the results are adequately explained if it is assumed that the stable complex[6] $2\,CH_3 \cdot CO \cdot NH_2$, HCl is formed in solution, and that this complex fails to undergo hydrolysis. It is significant that hydrogen bromide forms a similar complex,[7] but that sulphuric acid does not, and the latter acid shows no hydrolytic maximum up to concentrations of $5\,N$, the limit of the investigations.

Hydrolysis of β-ketonic esters and β-diketones.

The superimposition of polar, steric and statistical factors, noted in the discussion of the hydrolysis of simple esters, will also be significant in the hydrolysis of β-ketonic esters and of β-diketones, and, in these cases, there is the added complication that fission may occur in either of two directions. Failure to disentangle these factors renders the interpretation of the mass of data available[8] a very complicated process. The following suggestions relating to mechanism and to the function of acid and alkaline catalysts are based on the assumption that the method of attack of the catalyst is essentially the same as that which appears to be involved in the hydrolysis of simple esters. There is general

[1] CROCKER: J. chem. Soc. (London) **91** (1907), 593. — CROCKER, LOWE: Ibid. **91** (1907), 952. — Cf. KILPI: Z. physik. Chem. **80** (1912), 165.

[2] J. chem. Soc. (London) **1930**, 2741.

[3] Z. physik. Chem. **82** (1913), 129.

[4] Ibid. **131** (1928), 107.

[5] REID: Amer. chem. J. **21** (1899), 284; **24** (1900), 397.

[6] STRECKER: Liebigs Ann. Chem. **103** (1857), 322. — PINNER, KLEIN: Ber. dtsch. chem. Ges. **10** (1887), 1896.

[7] WERNER: Ibid. **36** (1903), 154.

[8] BRADLEY, ROBINSON: J. chem. Soc. (London) **129** (1926), 2556. — KUTY, ADKINS: J. Amer. chem. Soc. **52** (1930), 4036, 4391. — CONNOR, ADKINS: Ibid. **54** (1932), 3421. — ISBELL, WOJCIK, ADKINS: Ibid. **54** (1932), 3678. — BECKHAN, ADKINS: Ibid. **56** (1934), 1119.

agreement that in alkaline hydrolysis, i.e. in the presence of moderately high
concentration of hydroxide or alkoxide ions, fission occurs in the diketone form
and not through the enol. The attack of the anion may thus be formulated in
the same manner as for the alkaline hydrolysis of esters, *viz.* at the carbonyl
group:

$$
\underset{\underset{\overset{\uparrow}{\bar{O}H}}{}}{R\cdot\overset{\overset{O}{\|}}{C}}\!-\!CH_2\!-\!\overset{\overset{O}{\|}}{C}\!-\!R' \;\rightarrow\; \left[R\cdot\overset{\bar{O}}{C}\!-\!CH_2\!-\!\overset{O}{C}\!-\!R' \right] \;\rightarrow\; R\cdot\overset{O}{C}\;+\;CH_2\!=\!\overset{\bar{O}}{C}R'
$$

$$
CH_3\cdot CO\cdot R' + \bar{O}H
$$

In β-ketonic esters (R$'$ = $\cdot$Oalk) the tendency of the ester C=O group to polarise
will be partially compensated by the $+ M$ effect of the alkoxyl oxygen

$$
-C \overset{\nearrow O}{\underset{\searrow OR'}{}}
$$

(i.e. the group will be a resonance hybrid of the structures

$$
\overset{O}{\underset{}{\|}}{-C\cdot OR} \quad\text{and}\quad \overset{\bar{O}}{\underset{}{|}}{-C\!=\!\overset{+}{O}R}).
$$

Hence the attack of the hydroxide ion will occur preferentially at the ketonic
carbonyl group. Fission will thus occur in the direction which affords the two
acids $R\cdot CO_2H$ and $CH_3\cdot CO_2H$, in accordance with common experience. If
R = alkyl, as in β-diketones the attack will occur at the most positive carbonyl
group. The chief factor which will decide this question will be the relative electron-
attraction of the groups R and R$'$. Such electron-attraction will increase the
acid strength (dissociation constant) of the acid $R\cdot CO_2H$ or $R'CO_2H$ and hence,
in accordance with the conclusions of BRADLEY and ROBINSON[1] the stronger
of the two acids will be formed in the greater relative amount. The full scheme,
as elaborated by BECKHAN and ADKINS is as follows:—

$$
\begin{array}{ccc}
R\cdot\overset{O}{\overset{\|}{C}}\!-\!CH_2\!-\!\overset{O}{\overset{\|}{C}}\!-\!R' & \underset{k_4}{\overset{k_3}{\rightleftharpoons}} & R\cdot\overset{O}{\overset{\|}{C}}\!-\!CH\!=\!\overset{OH}{\overset{|}{C}}\!-\!R' \\[2ex]
+\,\bar{O}H \quad k_1\;k_2 & & +\,\bar{O}H \quad k_5\;k_6 \\[2ex]
R\cdot\overset{\bar{O}}{\overset{|}{C}}\!-\!CH_2\!-\!\overset{O}{\overset{\|}{C}}\!-\!R' & \underset{k_8}{\overset{k_7}{\rightleftharpoons}} & R\cdot\overset{\bar{O}}{\overset{|}{C}}\!-\!CH\!=\!\overset{OH}{\overset{|}{C}}\!-\!R' \\
\quad OH & & \quad OH
\end{array}
$$

(Undergoes fission.)

In acid hydrolysis or alcoholysis fission is assumed to occur in the complex
formed by the addition of water or alcohol to the diketone. In β-ketonic esters
(R$'$ = O alkyl) this probably occurs directly at the carbalkoxyl group: in

---

[1] l. c.

β-diketones ($R' =$ alkyl) such addition of alcohol to the diketone is difficult and hence BECKHAN and ADKINS assume addition through the enol in accordance with the scheme:

$$
\underset{\displaystyle R\cdot C\text{—}CH_2\text{—}C\text{—}R'}{\overset{\displaystyle \underset{\|}{O}\qquad \underset{\|}{O}}{}}
\;\underset{k_4}{\overset{k_3}{\rightleftharpoons}}\;
\underset{\displaystyle R\cdot C\text{=}CH\text{—}C\text{—}R'}{\overset{\displaystyle \underset{|}{OH}\qquad \underset{\|}{O}}{}}
$$

$$
\text{HOEt} \quad k_5 \Big\updownarrow k_6
$$

$$
\underset{\displaystyle \underset{|}{\underset{\displaystyle OEt}{R\cdot C\text{—}CH_2\text{—}C\text{—}R'}}}{\overset{\displaystyle \underset{\|}{O}\qquad \underset{|}{OH}}{}}
\;\underset{k_8}{\overset{k_7}{\rightleftharpoons}}\;
\underset{\displaystyle \underset{|}{\underset{\displaystyle OEt}{R\cdot C\text{=}CH\text{—}C\text{—}R'}}}{\overset{\displaystyle \underset{|}{OH}\qquad \underset{|}{OH}}{}}
$$

(Undergoes fission.)

In all cases the velocity of fission is regarded as slow compared to the velocity with which the various equilibria are established. Since β-ketonic esters undergo "ketonic" fission (into a ketone and carbonic acid) by hydrolysis with either acids or weak alkalis like baryta, two different mechanisms must be formulated for the catalyst attack on the entity which undergoes fission. In acid catalysis the catalyst proton promotes the electron transfer essential for fission by attack at the carbonyl oxygen: in dilute alkalis the catalyst hydroxide ion assists in the removal of a proton (from a hydroxyl group):

$$
\overset{+}{O}\ \overset{+}{H}\ H\text{—}O \qquad\qquad \overset{-}{O}\ \overset{+}{H} \qquad O
$$
$$
R\cdot C\text{—}CH_2\quad C\cdot R' \;\rightarrow\; R\cdot C\text{=}CH_2 \;+\; C\cdot R'
$$
$$
\underset{OEt}{|}\qquad\qquad\qquad\qquad\qquad \underset{OEt}{|}
$$

Acid catalysis.

$$
\overset{\rightarrow O}{\|}\qquad O\text{—}H\quad \overset{-}{O}H \qquad \overset{-}{O} \qquad O
$$
$$
R\cdot C\text{—}CH_2\quad C\cdot R' \qquad\longrightarrow\; R\cdot C\text{=}CH_2 \;+\; CR' \;+\; H_2O
$$
$$
\underset{OEt}{|}\qquad\qquad\qquad\qquad\qquad \underset{OEt}{|}
$$

Basic catalysis.

The whole process may thus be regarded essentially as a pinacolic electron displacement[1] in which the "group migration" involves fission of the molecule.

Hydrolysis of glucosides.

The hydrolysis of sucrose and of glucosides in general has been widely studied but limitations of space do not permit a detailed discussion of the results. A summary of the earlier work, and a bibliography up to 1928 is given by RICE.[2] The study of such hydrolytic reactions is complicated by the further changes, mutarotation and interconversion of pyranose and furanose forms, which occur in the sugars resulting from the initial fission. Sucrose is heavily hydrated in solution and the part played by water molecules in its hydrolysis is, as yet,

---

[1] Cf. p. 81.

[2] "Mechanism of Homogeneous Organic Reactions": Amer. chem. Soc., Monograph No. 39 (1928), 122.

far from clear.[1] More recently Moelwyn-Hughes[2] has made a study of the acid-catalysed hydrolysis of various natural glucosides and finds that the first order velocity coefficient is less significant than is the activation energy E. E is determined mainly by the nature of the link ruptured. It is independent of whether this link is an α- or β-glucosidic type and of the nature of substituent groups in the non-sugar portion. Examples are tabulated below:

Glycoside	Link ruptured	Unimol. vel. k with N-HCl at $60°$ sec.$^{-1}$	E (cals.)
Sucrose	Fructose-glucoside	$1{,}87 \times 10^{-2}$	26 000
Raffinose	,, ,,	$1{,}41 \times 10^{-2}$	25 600
Lactose	β-galactoside	$1{,}98 \times 10^{-5}$	27 100
Maltose	α-glucoside	$1{,}63 \times 10^{-5}$	31 500
Salicin	β-glucoside	$1{,}63 \times 10^{-5}$	31 900
Arbutin	,,	$4{,}22 \times 10^{-5}$	31 400
α-methylglucoside	α-glucoside		38 190
Tetramethyl-α-methylglucoside	,,		19 840

It is suggested that the primary attack of the acid hydrolysing agent is not at the glucosidic oxygen but at the amylene oxide oxygen, a mechanism which may be formulated thus:

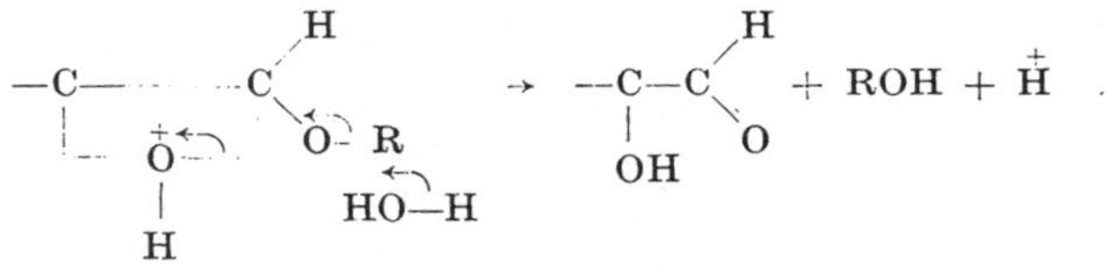

$$\text{mechanism diagram: } \quad \overset{H}{\underset{\overset{|}{H}}{-C-\cdots-C\overset{H}{\underset{O^- R}{O}}}} \ \rightarrow\ --C-C\overset{H}{\underset{O}{}} + ROH + \overset{+}{H}$$

the equilibration of the open chain aldehydic form into the pyranose structure being immeasurably rapid under the conditions of hydrolytic fission. Support is given to this view by the much greater ease of hydrolysis of tetramethyl-methylglucoside compared with methylglucoside itself. Such substitution by methyl groups would increase the basic character of the oxide-ring oxygen atom and so facilitate the attack of the proton in the same manner as that postulated in the mutarotation of the methylated glucose (see p. 78). Purves and Hudson[3] have also concluded that glucosides which contain the pyran ring are 100–500 times as resistant towards acid hydrolysis as are the corresponding furanosides. This conclusion again indicates the importance of the oxide-ring in the mechanism of hydrolytic fission, but the complexity of the problem is emphasised by the further observation that the fructosides differ from the glucosides in that both pyranose and furanose ring structures possess approximately the same small stability towards aqueous acid hydrolysing agents. It is, of course, attractive to postulate a similar mechanism of attack for the catalyst proton and resultant electronic displacements in both mutarotation and glycosidic hydrolysis. The replacement of the mobile hydrogen in the reducing sugar by the group R in the glycoside readily explains the efficiency of hydroxyl ion catalysis in the former but not in the latter type of derivative.

[1] Cf. Jones, Lewis: J. chem. Soc. (London) 117 (1920), 1120. — Scatchard: J. Amer. chem. Soc. 43 (1921), 2406; 45 (1923), 1583.
[2] Trans. Faraday Soc. 24 (1928), 309; 25 (1929), 81.
[3] J. Amer. chem. Soc. 59 (1937), 1170.

Addition Reactions.

Polymerisation.

The recent interest in the phenomenon of polymerisation, or self-addition, has resulted in an exceedingly extensive literature.[1] Such literature deals more particularly with the molecular complexity and structure of polymerides and with the kinetics and mechanism of their formation.

Frequently there is no clear demarcation between polymerisation effected under homogeneous or under heterogeneous conditions and again it is difficult to decide whether such polymerisations, usually effected by concentrated solutions of strong acids, should really be included in the category of acid-base catalysis in homogeneous solution. For this reason only brief reference is made to the possible function of acid catalysts in initiating polymerisation.

a) Polymerisation of hydrocarbons.

It has already been noted that this problem is closely bound up with the related problems of hydration and isomerisation, and the inter-relationship has been briefly discussed (p. 95).

In the present state of our knowledge it would appear to be unwise to do more than make the tentative suggestion that the function of the acid catalyst is concerned with its capacity to increase the polarisation of the unsaturated linking. For reasons discussed on p. 95 it seems undesirable to postulate, as does WHITMORE,[2] actual co-ordination of a catalyst proton, but rather to regard such increased polarisation of the ethylenic linking as resulting from the close approach of the acid catalyst, actual co-ordination of a proton at the negatively polarised carbon atom being regarded only as the limiting case.

Such polarisation would provide a reactive centre in the molecule which could initiate addition of a second molecule, such addition simultaneously producing a new activated centre so that propagation of the additive reaction could be continued under favourable conditions by a chain mechanism.

The polymerisation of propene with 90–92% sulphuric acid to give δ-methyl-Δ^α-pentene may be cited as an example.[3]

$$+\quad
\begin{array}{l}
\overset{+}{H}\\[2pt]
CH_3\!-\!CH\!=\!CH_2\\
\quad\ \delta+\quad\ \ \delta-\\[4pt]
\overset{\cdot}{C}H_2\!-\!CH\ \ CH_2\!-\!H\\
\ \delta-
\end{array}
\quad\longrightarrow\quad
\begin{array}{l}
CH_3\!-\!CH\!-\!CH_3\\
\qquad\quad |\\
CH_2\!-\!CH\!=\!CH_2\ \ \overset{+}{H}
\end{array}$$

Such polarisation of the ethylenic bond should be enhanced by the attachment of groups, like alkyl, with a capacity for electron-release, and this conclusion is in broad general agreement with the experimental data.[4]

---

[1] The phenomena of polymerisation was the subject of a general discussion held at Cambridge in 1935 and published in the Trans. Faraday Soc. **32** (1936), 1–412.

[2] Ind. Engng. Chem., analyt. Edit. **26** (1934), 94. — Cf. BERGMANN: J. Chem. Soc. (London) **1935**, 1359.

[3] BROOKS: J. Amer. chem. Soc. **56** (1935), 1998.

[4] TIFFENEAU: Ann. Chim. physique (8), **10** (1907), 145. — STAUDINGER: Trans. Faraday Soc. **32** (1936), 97. — NORRIS, JOUBERT: J. Amer. chem. Soc. **49** (1927), 873. — BUTLEROV: Liebigs Ann. **189** (1877), 44; Ber. dtsch. chem. Ges. **9** (1876). 1605. — WHITMORE et al.: J. Amer. chem. Soc. **53** (1931), 3137; **54** (1932), 3706, 3710. — McCUBBIN, ADKINS: Ibid. **52** (1930), 2547. — LEBEDEV, KOBLIANSKY: Ber. dtsch. chem. Ges. **63** (1930), 103, 1432; J. russ. physik. chem. Ges. **61** (1929), 2175. —

b) Polymerisation of Aldehydes.

Polymerisation of aldehydes can occur in several different ways. Aldolisation, which involves the formation of a C–C link and retention of aldehydic properties is considered on p. 166. The present section is restricted to consideration of condensation to meta- and para-aldehydes in which O–C links are formed and the aldehydic function is destroyed.[1] Carothers[2] has differentiated between polymerisation which is effected in the absence of water, in the presence of traces of water, and in aqueous solution, and it is probable that the intimate mechanism and the function of the catalyst may differ under these varying experimental conditions. The fundamental process concerned in all such polymerisations is evidently the activating polarisation of the carbonyl double bond $\overset{\delta+\quad\delta-}{C\!=\!O}$ which, in separate molecules, provides the necessary positive and negative charges to initiate the formation of the new O–C link:

$$\begin{array}{ccc} \overset{\delta+}{>C}\!\!=\!\!\overset{\delta-}{O} & & >C\text{--}\overline{O} \\ & \longrightarrow & \\ \overset{\delta-}{O}\;\;\overset{\delta+}{C}< & & O\text{--}\overset{+}{C}< \end{array}$$

The charged centres in the activated molecule so produced initiate further polymerisation until either a long chain molecule is formed or until they become neutralised within the molecule itself by the formation of a link to yield a cyclic polymeride.

The function of the catalyst is evidently to facilitate the initial polarisation of the carbonyl bond and so to initiate the reaction chain. This explains why polymerisation is rapidly brought about by the addition of very small amounts of acids such as hydrogen chloride, sulphuric acid, sulphur dioxide, zinc chloride, etc., or by bases such as sodium or potassium hydroxyide, or acetate, pyridine, etc. It would seem that no single, comprehensive mechanism for the activation of the carbonyl bond by the catalyst is possible, since it would need to cover the activity of catalysts as diverse as halogens in absence of water and strong acids and bases in aqueous solution. Several mechanisms for the activation of a double linking have already been discussed. In some cases, for example in the stereoisomeric interconversion of α- and β-benzil monoximes (p. 99), it is assumed that the necessary polarisation of the double linking occurs under the influence of the polar field of the catalyst ion-pair or molecule without the occurrence of any actual electrostriction, and in the polymerisation of aldehydes effected in the complete absence of water the necessary polarisation of the carbonyl double bond may well be achieved by this mechanism. In aqueous media and under the catalytic influence of strong acids or bases such polarisation may result from the actual electrostriction of the nucleophilic anion (at carbon) or of a proton (at oxygen), whilst the formation of hydrates may also play a part. A mechanism of this type has

Ipatiev, Pines: Ind. Engng. Chem., analyt. Edit. **27** (1935), 1364. — Erlenmeyer: Liebigs Ann. **135** (1865), 122. — Konigs, Mai: Ber. dtsch. chem. Ges. **25** (1892), 2658. — Stobbe, Posnjak: Liebigs Ann. Chem. **371** (1910), 287. — Erlenmeyer: Ibid. **372** (1910), 247. — Stobbe: Ibid. **372** (1910), 249. — Stoermer, Thier: Ber. dtsch. chem. Ges. **58** (1925), 2607. — Ipatiev: Ind. Engng. Chem., analyt. Edit. **27** (1935), 1067. — Ormondy, Craven: J. chem. Soc. Ind. **47** (1928), 317 T. — Brooks, Humphrey: J. Amer. chem. Soc. **40** (1918), 822.
[1] For a summary of early results see Sabatier-Reid: Catalysis in organic chemistry, p. 222 et seq. London, 1923.
[2] Trans. Faraday Soc. **32** (1936), 39.

been suggested by LÖBERING and JUNG[1] for the production of paraformaldehyde
from formaldehyde. They found that, in 10% solution, the efficiency of catalysts
in promoting long-chain formation increases in the order

$$NaOH, \quad Na_2CO_3 < HCl < H_2SO_4.[2]$$

It is thus apparent that although strong acids are the most effective catalysts
the mechanism must also accomodate basic catalysis. The following scheme,
based essentially upon that of LÖBERING and JUNG, satisfies these conditions.
The primary equilibrium postulated is between the aldehyde and its hydrate:

$$H_2C:O + H_2O \;\rightleftharpoons\; H_2C\!\!\begin{array}{c} \diagup OH \\[-2pt] \diagdown OH \end{array}$$

By union with a proton this hydrate is converted into an "onium" cation in
which a positive charge is produced on the carbonyl carbon by the tendency for
the elimination of unionised water

$$H_2C\!\!\begin{array}{c} \diagup OH \\[-2pt] \diagdown OH \end{array} + \overset{+}{H} \;\longrightarrow\; H_2\overset{\delta+}{C}\!\!\begin{array}{c} \diagup \overset{+}{O}H_2 \\[-2pt] \diagdown OH \end{array}$$

On the other hand loss of a proton from the hydrate results in the formation of
its anion which contains the negative charge necessary to initiate union with
the positive carbon of another molecule:

$$H_2C\!\!\begin{array}{c} \diagup \overset{\frown}{O}\cdot H \\[-2pt] \diagdown OH \end{array} \underset{-\overset{+}{H}}{\rightleftharpoons} \; H_2C\!\!\begin{array}{c} \diagup \overset{-}{O} \\[-2pt] \diagdown OH \end{array} \;\rightleftharpoons\; \overset{-}{O}\; CH_2 \atop \underset{\uparrow}{OH}$$

The same entity could be formed by the direct attack of a hydroxyl (or other
nucleophilic) ion at the unhydrated carbonyl group. Union of the two activated
molecules

$$\begin{array}{cc} OH & H_2C\cdot OH \\ \overset{\delta+}{|} \quad \overset{+}{O}H_2 & | \\ H_2C & \rightarrow \quad .\;O{-}CH_2OH + H_2O \\ \overset{-}{O}{-}CH_2\cdot OH & \end{array}$$

would give rise to the hydrate of the dimeride which, by similar mechanism could
unite with further molecules of formaldehyde until a high molecular polymeride
is formed. The determining factor is thus an initial activating polarisation, subsequent polymerisation takes place by a chain mechanism,[3] and in accord with
this view LÖBERING and JUNG found that the initial concentration of the formaldehyde has little or no effect upon the formation of paraformaldehyde.

Temperature seems to be the chief factor influencing the degree of polymerisation and, because of variation in this factor, it is difficult to judge whether

[1] Mh. Chem. 70 (1937), 281.

[2] LÖBERING, JUNG: l. c. — LÖBERING: Z. Elektrochem. angew. physik. Chem. 43
(1937), 638.

[3] Cf. *inter alia*, STAUDINGER: Trans. Faraday Soc. 32 (1935), 104. — WALTERS:
Z. physik. Chem. 182 (1938), 275, has recently shown, however, that polymerisation
of formaldehyde in D_2O with sulphuric acid as a catalyst leads to no inclusion of
deuterium in the α-polyoxymethylene formed.

the nature of the catalyst employed has, independently, any effect. The efficiency of the catalyst may be diminished by its irreversible reaction with the aldehyde or its polymerides, a factor which was found to be important in the production of straight chain, crystalline polymerides of crotonaldehyde under the influence of piperidine or aluminium acetate.[1]

Williams[2] has also found that hydrogen chloride acts as a temporary inhibitor for the long-chain polymerisation of styrene in carbon tetrachloride, catalysed by stannic chloride at 25°. In the absence of hydrogen chloride stannic chloride causes polymerisation to long-chain, hemicolloidal polymerides. Addition of hydrogen chloride, itself unable to catalyse the polymerisation of styrene *at room temperature*, restricts polymerisation to distyrene and short-chain polystyrene products, phenylethyl chloride also being formed.[3] It is concluded that the addition of hydrogen chloride to the styrene double bond removes those styrene molecules which are in a condition to start polymerisation chains.

These results thus support the suggestion that the necessary activation of the styrene molecule is effected by some mechanism of polarisation of the double bond not involving direct electrostriction of the catalyst. It is not possible in the present state of our knowledge to formulate the precise mechanism whereby the catalyst initiates polymerisation.

Kinetic studies of polymerisation in homogenous media are difficult both in manipulation and in interpretation. Hatcher[4] has carried out dilatometric studies of the polymerisation of acetaldehyde to paraldehyde in benzene solution in the presence of syrupy phosphoric acid. Equilibrium is reached when 94,3% of paraldehyde is formed (at 15°) and the polymerisation was found to be directly proportional to the amount of phosphoric acid used. At low concentrations of phosphoric acid, in the absence of oxygen, the reaction is of the third order but pre-treatment of the aldehyde with oxygen retards polymerisation.

Since the depolymerisation of paraldehyde goes to completion in dilute solution and should be kinetically simpler than the reverse change, Bell, Lidwell, and Vaughan-Jackson[5] have studied its depolymerisation in non-aqueous solvents such as benzene, nitrobenzene, anisole and amyl acetate using mono-, di-, and tri-chloroacetic acids or hydrogen chloride as catalysts. The reaction was found to be of first order with respect to the paraldehyde, but the order varies between 1,2–2,5 with respect to the acid catalyst.

The catalytic power of the acid catalyst is qualitatively parallel to its acid strength. It thus appears that all three oxygen atoms in the paraldehyde ring constitute points of attack for the catalyst molecules, the probability of decomposition increasing with the increasing number of oxygen atoms which are attacked. The authors suggest the following mechanism involving attack by two acid molecules (P = paraldehyde, HA = acid):

$$P + HA \underset{k_2}{\overset{k_1}{\rightleftharpoons}} P\overset{+}{H}\cdot\overset{-}{A};\ P\overset{+}{H}\cdot\overset{-}{A} + HA \overset{k_3}{\dashrightarrow} P\overset{++}{H_2}\cdot\overset{--}{A_2} \overset{k_4}{\longrightarrow} 3\,CH_3\cdot CHO + 2\,HA$$

in which $k_2 \gg k_1$ and $k_3 \ll k_4$ and k_2.

In varying solvents the catalytic power of trichloroacetic acid decreases in the order nitrobenzene > benzene > anisole > amyl acetate and it is pointed

[1] Fischer, Hultzsch, Flaig: Ber. dtsch. chem. Ges. 70 (1937), 370.
[2] J. chem. Soc. (London) 1938, 1046.
[3] Cf. Risi, Gauvin: Canad. J. Res., Sect. B 14 (1936), 255.
[4] Hatcher, Brodie: Canad. J. Res., Sect. B 4 (1931), 574. — Hatcher, Kay: Ibid. 7 (1932), 337.
[5] J. chem. Soc. (London) 1936, 1792.

out that the acid is most efficient in nitrobenzene, a solvent which has little tendency to combine with acids and in which carboxylic acids exist partly as single molecules.[1] The low velocity in anisole and amyl acetate may be due to the combination of the acid with the basic oxygen atoms of these solvents, and the inhibiting effect of water is a parallel phenomenon. It is possible to formulate a mechanism based upon the attack of single acid molecules at the oxygen atoms of the paraldehyde and the following scheme represents a slight modification of that advanced by BELL, LIDWELL, and VAUGHAN-JACKSON.

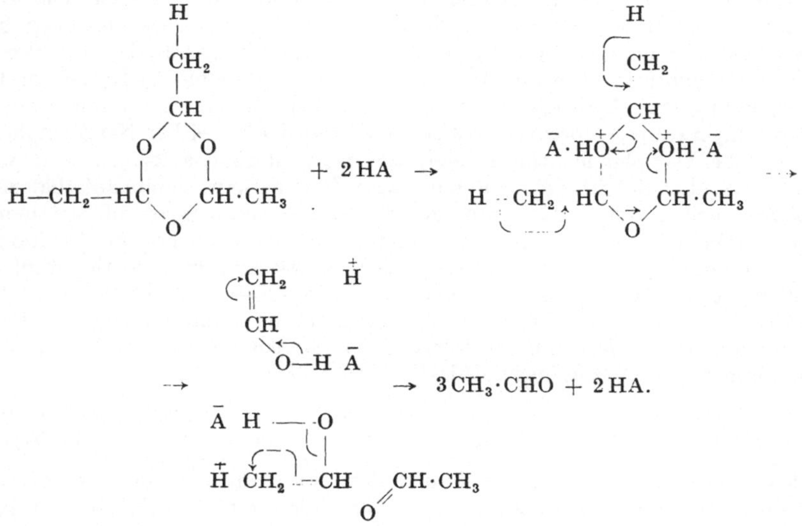

$$3\,CH_3 \cdot CHO + 2\,HA.$$

This represents attack by two acid molecules, but its extension to simultaneous attack at all three oxygen atoms obviously permits a simple symmetrical formulation involving proton elimination of each of the three methyl groups to give three enolide molecules of acetaldehyde.

LÖBERING[2] has found that the depolymerisation of polyoxymethylenes is catalytically accelerated by both hydrions and hydroxyl ions. Since the essential factor is the rupture of C–O–C linkings it would seem probable that hydroxyl ion catalysis functions by direct attack at the methylene hydrogen atoms:

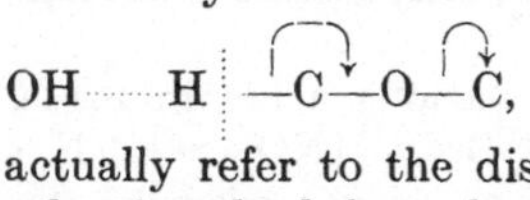

OH⎯⎯H —C—O—C, but it should be emphasised that LÖBERING's data actually refer to the dissolution of long-chain polymerides, a process in which solvation doubtless plays an important part.

Hydration-Addition of Water.

a) Hydration of olefines and acetylenes.

The absorption of unsaturated hydrocarbons by strong mineral acids is well known and is dependent upon addition reactions at the double or triple linking. The close inter-relationship between the phenomenon of hydration and the accompanying phenomena of isomerisation and polymerisation has already been discussed (p. 95) and the suggestion was made that the initial function of the

[1] BROWN, BURY: J. physic. Chem. **30** (1936), 694.
[2] Ber. dtsch. chem. Ges. **70** (1937), 665.

acid-catalyst is the same in all three reactions, which differ only in their sequels.
The addition is initiated by the electrostriction of a proton at the carbon atom
which has received a negative charge as a result of the polarisation of the ethylenic
bond.

$$\rightarrow \ \underset{\underset{|}{|}}{\overset{\overset{+}{H}}{C}}{=}\underset{|}{\overset{\delta-}{C}}{-} \ \dashrightarrow \ \left[\ \dashrightarrow \ \underset{|}{\overset{H}{\overset{+}{C}}}{-}\underset{|}{C}{-} \right] \ \xrightarrow{\ H_2O\ } \ -\underset{|}{\overset{OH}{C}}{-}\underset{|}{\overset{H}{C}}{-} \ + \ \overset{+}{H}$$

There is both structural and kinetic evidence in support of this view. The work
of BROOKS and HUMPHREY,[1] to which reference has already been made (p. 90),
proves that amylenes, hexenes and heptenes are rapidly hydrated to the alcohol
by 85% sulphuric acid below 15°, whereas no appreciable hydrolysis of the
corresponding alkyl hydrogen sulphates occurs under similar conditions even at
higher temperatures.[2] Moreover no alcohol is formed when either 100% sulphuric
acid or phenylsulphonic acid is used, and more alcohol is formed with 85%
sulphuric acid than with 94% sulphuric acid. It is perhaps significant that 85%
sulphuric acid corresponds approximately to the composition of the monohydrate. The effective addendum is therefore the hydrogen proton. Addition is
thus facilitated by attachment of alkyl electron-release groups to the ethylenic
bond, especially in the case of unsymmetrically substituted ethylenes, and is
retarded by attachment of electron-attracting groups. The following results of
BROOKS and HUMPHREY[3] for the hydration of the compounds $R^1R^2C:CH_2$ with
two volumes of 85% sulphuric acid, illustrate this:[4]

$R^1R^2 =$	H, Bu^α	Et, Pr^α	Me, Et	Me, Pr^α	H, $CHMe_2 \cdot [CH_2]_3$
Yield of $R^1R^2C(OH) \cdot CH_3$	50	50	45	30	15–20%

Both cinnamic acid and *sym*-dichloroethylene are completely deactivated. The
well known hydration of *iso*butene by dilute sulphuric and nitric acids,[5] 5–10%
formic, acetic or oxalic acid[6] and hydriodic acid,[7] and the addition of methyl
alcohol to trimethylethylene in the presence of sulphuric acid at 95° to give
methyl amyl ether[8] furnish other examples.

In a kinetic study of the hydration of *iso*butene with nitric acid in the presence of varying amounts of potassium nitrate LUCAS and EBERY[9] found that
the reaction is of first order with respect to the hydrocarbon and, for a given
ionic strength, is proportional to the acid concentration. It is thus also of first
order with respect to the acid catalyst. Similar results were obtained in a study
of the hydration of trimethylethylene[10] and for the reversible hydration of crotonaldehyde to aldol.[11]

With trimethylethylene the catalytic efficiency of various acids in $0,1 M$
concentration decreases in the order $H_2SO_4 >$ HCl, HBr $>$ HNO$_3 > p\,CH_3 \cdot$
$\cdot C_6H_4 \cdot SO_3H >$ picric acid $> (\cdot CO_2H)_2 > CH_3 \cdot CO_2H$, i.e. in the order of de-

---

[1] J. Amer. chem. Soc. 40 (1918), 821.
[2] Cf. also LINHART: Amer. J. Sci. 55 (1933), 283.
[3] l. c.
[4] The low reactivity of $CMe_2:CMe_2$ (5%) is less easy to explain, especially in
view of its high reactivity towards bromine addition (p. 178).
[5] BUTLEROV: Liebigs Ann. Chem. 180 (1876), 245.
[6] MIKLASCHEWSKY: Ber. dtsch. chem. Ges. 24 (1891), ref. 269; J. russ. physik.-
chem. Ges. 1 (1890), 495.
[7] MICHAEL, BRUNEL: Amer. chem. J. 48 (1912), 267.
[8] REYCHLER: Bull. Soc. chim. Belgique 21 (1907), 71.
[9] J. Amer. chem. Soc. 56 (1934), 460; 57 (1935), 1230.
[10] LUCAS, YAN-PU-LUI: Ibid. 57 (1935), 2138.
[11] WINSTEIN, LUCAS: Ibid. 59 (1937), 1461.

creasing strength as acids. The energy of activation of the hydration of trimethylethylene (34,82 kg. cals. per gram mol.) is, however, very much higher than that (18,23 kg. cals. per gram mol.) for the hydration of crotonaldehyde. This may mean that in the latter the initial proton addition occurs at the oxygen atom of the readily polarisable conjugated system to give, by reaction with water, the enol form of the aldehyde which subsequently ketonises.

$$CH_3 \rightarrow CH{=}CH{-}CH{-}O + \overset{+}{H} \rightarrow \left[CH_3 \rightarrow \overset{+}{C}H{-}CH{=}CH{-}OH \atop H{-}OH \right] \rightarrow$$

$$\rightarrow CH_3{-}CH{-}\overset{\cdot}{C}H{-}CH{-}O{-}H$$

In general, therefore, the function of the acid catalyst may be regarded as that of increasing the polarisation of the ethylenic linking and the addition of a hydrogen proton to the negatively polarised carbon atom. The positive charge on the other carbon then withdraws a hydroxyl group from a water molecule to form the alcohol and regenerates a hydrogen ion. The kinetic data suggest that the first reaction between the unsaturated compound and the protondonator is the rate-determining stage.

Although formally similar, the hydration of acetylene and its derivatives exhibits certain important differences. The hydration of acetylene to acetaldehyde by dilute acids such as sulphuric or phosphoric is greatly catalysed by the addition of mercury salts.[1] The reaction evidently involves the formation of complexes between acetylene and basic mercury salts, but for continuous absorption of the hydrocarbon it seems necessary that the complex so formed should be soluble in the media.

If a mercury-containing precipitate is formed further absorption is slow after the initial reaction is completed. Much of the data available is found in the patent literature and deals more particularly with the preparative aspect of the hydration and, although structures for the mercury complexes have been suggested, little seems to be known regarding the actual mechanism of the catalysis. In acid solutions without the addition of mercury salts the mechanism is probably similar to that given for the hydration of ethylene derivatives. Addition first of a proton to the polarised acetylenic linkage is followed by addition of hydroxyl to yield the enolic form of the carbonyl compound which is converted into the more stable ketonic form by ordinary prototropic change.

$$R{\cdot}C{\equiv}C + \overset{+}{H} \rightarrow \left[R{\cdot}\overset{+}{C}{=}CH_2 \atop HO \quad H \right] \rightarrow R{\cdot}C{\doteq}CH_2 \rightarrow R{\cdot}CO{\cdot}CH_3$$
$$\phantom{R{\cdot}C{\equiv}C + \overset{+}{H} \rightarrow \left[R{\cdot}\overset{+}{C}{=}CH_2 \atop HO \quad H \right] \rightarrow} O{-}H$$

n-Amyl- and n-hexyl-acetylene are converted by acetic acid at 280° into methyl amyl and methyl hexyl ketones, respectively, but the same two products are formed by similar hydration of methylbutyl- and methylamyl-acetylene, respectively. The orientation of addition is thus reversed when the second hydrogen of the acetylene is replaced by methyl[2]

$$C_5H_{11}{\cdot}C{\equiv}CH + H_2O \rightarrow C_5H_{11}CO{\cdot}CH_3,$$

$$C_4H_9\overset{\cdot}{C}{\equiv}CH_3 \rightarrow C_4H_9{\cdot}CH_2{\cdot}CO{\cdot}CH_3.$$

[1] VOGT, NIEUWLAND: J. Amer. chem. Soc. **43** (1921), 2071.
[2] BÉHAL, DESGRES: C. R. hcbd. Séances Acad. Sci. **114** (1892), 676, 1074.

There is some evidence that the transmission of polar effects of attached groups to a triple linking occurs less readily than it does to an ethylenic bond,[1] but the reversal of the polarisation in the methylalkylacetylenes seems difficult to explain unless it is assumed that mesomeric electron-release of the BAKER-NATHAN type[2] by the methyl group is the predominant factor in determining the direction of polarisation of the triple bond.

$$\mathrm{H\!-\!CH_2\!-\!C\!\equiv\!\underset{\delta-}{C}R.}$$

b) Hydration of Nitriles.

Hydrolysis of a nitrile to an acid amide is usually effected either by dissolution in cold, concentrated sulphuric acid and then pouring the mixture into water, or by shaking with concentrated hydrochloric acid. Light has been thrown on the function of the sulphuric acid catalyst by the work of HANTZSCH.[3] He found that the ultra-violet absorption of a solution of p-tolunitrile, $CH_3 \cdot C_6H_4 \cdot CN$, in concentrated sulphuric acid alters with time and finally becomes identical with that of a solution of p-toluic amide in sulphuric acid. The rate of change of the absorption spectrum decreases in the order $H_2SO_4 + H_2O > H_2SO_4 + 2H_2O$ and becomes practically zero when the more dilute acid $H_2SO_4 + 4H_2O$ is used as the medium. The sulphuric acid thus appears to function normally to produce a nitrilium salt $RC:\overset{+}{N}H\,\}\,\overline{H}SO_4$ with the weakly basic nitrile. The positive charge on the cation of this salt will polarise the triple linking and so facilitate the addition of the 0,2% of water present in concentrated sulphuric acid to give the salt of the enol form of the acid amide:

$$\overset{\delta+}{RC}\overset{+}{\underset{\underset{X\,\,H}{}}{\equiv}N}H\,\}\,\overline{H}SO_4 \;\; -\!\!\rightarrow \;\; RC(X):\overset{+}{N}H_2\,\}\,\overline{H}SO_4 \;\;(X = OH \text{ or } \cdot O \cdot SO_3H).$$

In completely anhydrous sulphuric acid (in which the reaction occurs rapidly) a similar addition of sulphuric acid to the triple bond must be postulated. Either salt is rapidly hydrolysed to the free acid amide when the mixture is poured into water.

If the sulphuric acid medium contains much water the sulphuric acid will react preferentially with this water, a stronger base than the nitrile, to form the hydroxonium sulphate:

$$H_2O + H_2SO_4 \;\rightleftharpoons\; \overset{+}{H_3}O\,\}\,\overline{H}SO_4.$$

The use of anhydrous orthophosphoric acid for the hydrolysis of very resistant nitriles[4] is susceptible to the same explanation and a similar mechanism is applicable to hydrolyses effected either by concentrated hydrochloric acid or by boiling aqueous sulphuric acid but in such cases differentiation between the processes of salt formation and salt hydrolysis will be very much less marked. KRIEBLE and McNALLY[5] have found that the hydrolysis of hydrogen cyanide by hydrochloric acid (which is much a more efficient catalyst than is sulphuric

[1] MOWAT, SMITH: J. chem. Soc. (London) **1938**, 19.

[2] Cf. p. 80.

[3] Ber. dtsch. chem. Ges. **64** (1931), 674.

[4] BERGER, OLIVIER: Recueil Trav. chim. Pays-Bas **46** (1927), 600. — OLIVIER: Ibid. **48** (1929), 568.

[5] J. Amer. chem. Soc. **51** (1929), 3368.

acid) increases rapidly with increasing concentration of the catalyst, the increase corresponding very closely with the increase in activity of the undissociated hydrogen chloride molecule. Moreover the catalytic activity of hydrochloric and hydrobromic acid is greatly enhanced by the addition of the corresponding sodium or potassium salts which will also increase the concentration of the undissociated acid molecules by suppressing ionisation.[1] These authors suggest that the reaction which proceeds with a measurable velocity is the addition of hydrogen chloride to the hydrogen cyanide to give the iminochloride,

$$HC:N + HCl \rightarrow HCCl:NH,$$

which then undergoes a rapid reaction with water:

$$HCCl:NH + H_2O \rightarrow HCCl(NH_2)\cdot OH \rightarrow H\cdot CO\cdot NH_2 + HCl.$$

Alkaline hydrolysis of nitriles usually occurs much less readily and requires strong alcoholic potash.

In this case the attack is almost certainly by a nucleophilic hydroxyl ion at the carbon of the nitrile group in a manner similar to that which has been described in the alkaline hydrolysis of esters or carbonyl compounds.

$$R\cdot C\equiv N \rightarrow \left[R\cdot C = \bar{N} \atop OH \right] \overset{\overset{+}{H}}{\longrightarrow} R\cdot C(OH):NH \rightarrow R\cdot CO-NH_2.$$

Such a mechanism is supported by the results obtained by MYERS and ACREE[2] upon the reversible addition of alcohol to p-bromobenzonitrile in the presence of alkali alkoxides:

$$Br\cdot C_6H_4\cdot C\equiv N + HOEt \rightleftharpoons Br\cdot C_6H_4\cdot C(OEt):NH.$$

In very dilute solutions of the alkoxide ($N/2048$) the velocity coefficient is independent of the nature of the metal cation (Na, K or Li) and is obviously a reaction of the ethoxide ion. In more concentrated solutions its value is unchanged when sodium ethoxide is used but slightly smaller when potassium ethoxide is the catalyst, and considerably smaller with lithium ethoxide. In these two cases, however, the value is satisfactorily accounted for when allowance is made for the varying degree of ionisation of the alkali ethoxide.

c) Hydration of acid anhydrides.

The hydration of acid anhydrides to free carboxylic acids should resemble, in general, the hydrolysis of esters. Owing to the greater degree of degeneracy of the anhydride molecule it would be anticipated, however, that the singly linked oxygen atom would have less pronounced basic properties, and so the molecule should be less susceptible to acid-catalysed hydrolysis.

$$R\cdot C - O - C\cdot R \qquad\qquad R\cdot C\cdot OR'$$

SIDGWICK and his collaborators,[3] using an electrical conductivity method, found that the hydration of simple acid anhydrides was not catalysed by the

---

[1] KRIEBLE, PARKER: Ibid. **55** (1933), 2326.

[2] Ibid. **50** (1928), 2916.

[3] RIVETT, SIDGWICK: J. chem. Soc. (London) **97** (1910), 732, 1677. — WILSDON, SIDGWICK: Ibid. **103** (1913), 1959.

free acid produced and concluded that the reaction was not susceptible to hydrion catalysis. This conclusion cannot be substantiated by later work and it seems likely that it is explained by the limitations of their method. It is clear, however, that the hydrolysis of acid anhydrides is much less susceptible to acid catalysis than is the hydrolysis of esters, but hydrolysis catalysed by alkali is too fast to measure.[1] As in ester hydrolysis the acid and base catalysed hydrolyses occur by different mechanisms and this distinction must be clearly borne in mind.[2] The acid catalyst probably attacks at the singly linked oxygen atom of the anhydride, whereas the attack of a nucleophilic anion is most likely to occur at the carbon of the carbonyl group. Orton and Jones[3] found that in glacial acetic acid ($H_2O = 0{,}18\%$) the hydrolysis of acetic anhydride is a second order reaction, and as the acetic acid is diluted with water the speed of hydrolysis increases approximately proportionally to the concentration of the water. In relatively anhydrous media the velocity is directly proportional to the concentration of the acid catalyst. This is illustrated by the following data for the hydration of acetic anhydride catalysed by sulphuric acid in 90% acetic acid:

Concentration of H_2SO_4	0	0,0166	0,033	0,05	0,1 molar
$k_1^{15°} \times 10^3$	2,8	10,6	19,6	35	76
Ratio $k_1/[H_2SO_4]$	—	0,66	0,594	0,7	0,76

The efficiency of the acid catalyst decreases as the water-content of the medium is increased and in 50% acetic acid only strong acids catalyse the reaction. The action of nitric acid is somewhat anomalous. In relatively aqueous media (50% acetic acid), in which the catalyst acid would be ionised, equivalent solutions of hydrochloric, sulphuric and nitric acids have the same catalytic effect:

Catalyst	None	0,034 $M-H_2SO_4$	0,07 $M-HCl$	0,07 $M-HNO_3$
$k_1 \times 10_3$	16	21	22	22

but in relatively anhydrous media the efficiency of the nitric acid is greatly decreased and is no longer proportional to its concentration. This may be due to the removal of the nitric acid by the formation of either acetyl nitrate or $(CH_3CO_2)_2N(OH)_3$.

The suggestion that the acid-catalysed reaction depends upon the initial formation of an oxonium salt was made first by Orton and Jones and again by Verkade[4] and the results of the former authors are readily explained on this basis. In aqueous media the catalytic entity is probably the hydroxonium ion, hydration being represented thus:

$$
\begin{array}{c}
R\cdot CO \\
\quad\diagdown \\
\qquad O + H_3\overset{+}{O} \rightleftharpoons \left[\begin{array}{c} R\cdot CO \\ \diagdown \\ \overset{+}{O}H,\ H_2O \\ \diagup \\ R\cdot CO \end{array}\right] \longrightarrow \quad R\cdot\overset{+}{C}O\ HO-H \atop R\cdot CO\cdot OH \quad \cdots\rightarrow\ 2\,R\cdot CO\cdot OH + \overset{+}{H}. \\
\quad\diagup \\
R\cdot CO
\end{array}
$$

In nearly anhydrous media a similar mechanism is applicable with the strong acid itself as the proton donator:

$$
\begin{array}{c}
R\cdot CO \\
\quad\diagdown \\
\qquad O + HX \rightleftharpoons \left[\begin{array}{c} R\cdot CO \\ \diagdown \\ \overset{+}{O}H \}\ \bar{X} \\ \diagup \\ R\cdot CO \end{array}\right] \longrightarrow \quad R\cdot\overset{+}{C}O\ HO-H\ \bar{X} \atop R\cdot CO\cdot OH \quad \overset{X}{\dashrightarrow}\ 2\cdot R\cdot CO\cdot OH + HX. \\
\quad\diagup \\
R\cdot CO
\end{array}
$$

[1] Orton, Jones: Ibid. **101** (1912), 1708.
[2] Cf. Skrabal: Z. Elektrochem. angew. physik. Chem. **33** (1927), 322.
[3] l. c.
[4] Recueil Trav. chim. Pays-Bas **35** (1915), 79, 299.

Hydrolysis of the acid anhydride in water alone is more likely to occur by the basic mechanism:

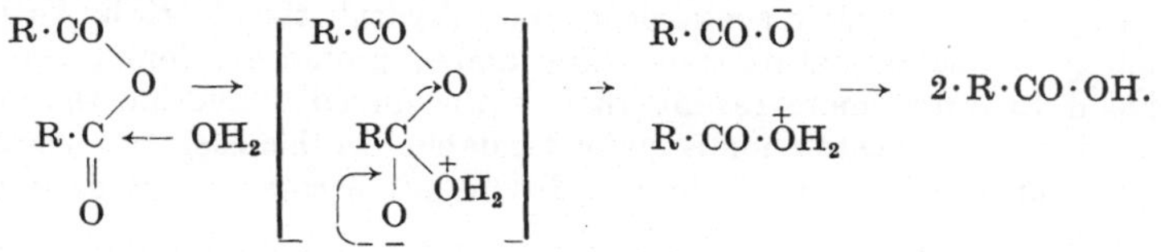

$$R\cdot CO \diagdown O \xrightarrow{\ } \left[R\cdot CO \diagdown O \;\; RC \diagup \diagdown \overset{+}{O}H_2 \right] \to \; R\cdot CO\cdot \bar{O} \;\; R\cdot CO\cdot \overset{+}{O}H_2 \to \; 2\cdot R\cdot CO\cdot OH.$$

The much more strongly basic hydroxyl ion will function more effectively by this mechanism:

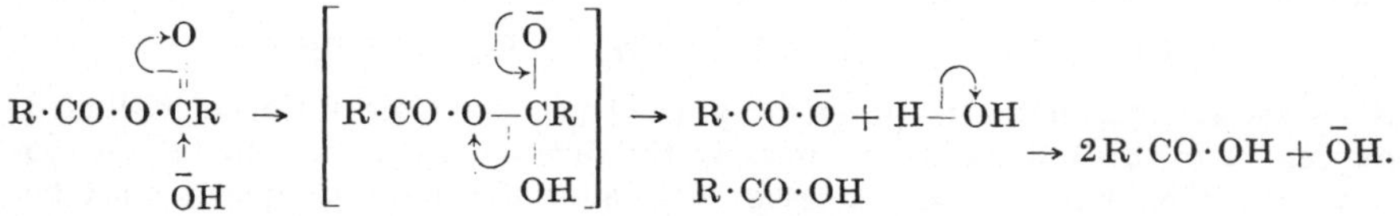

$$R\cdot CO\cdot O\cdot CR \;\;(\bar{O}H) \to \left[R\cdot CO\cdot O{-}CR \;\; (OH) \right] \to R\cdot CO\cdot \bar{O} + H{-}\bar{O}H \;\; R\cdot CO\cdot OH \to 2R\cdot CO\cdot OH + \bar{O}H.$$

KILPATRICK[1] has studied the catalysis of the hydration of acetic, propionic and acetic-propionic anhydrides by various aliphatic anions in buffered solutions. His results are summarised in the following table in which $k_0 =$ the velocity coefficient of the uncatalysed reaction, $k_{H_2O} =$ the catalytic coefficient of the water molecule $(= k_0/55,6)$ and $k_{X'} =$ the catalytic coefficient of the various acid anions $\left[= (k_{observed} - k_0)/[\text{anion}] \right]$:

Anhydride	$10^3 \times k_0$	k_{H_2O}	$k_{H_3\overset{+}{O}}$	$k_{H\cdot CO_2'}$	$k_{AcO'}$	$k_{Et\cdot CO_2'}$	$k_{Pr^\alpha CO_2'}$
$(CH_3CO)_2O$	26,9	0,484	31	680	38	(—35)	(—49)
$(EtCO)_2O$	16,6	0,299	22	322	34	15	(—20)
$CH_3CO\cdot O\cdot CO\cdot Et$	22,4	0,403	28	429	30	(—8)	(—25)

The anions for which $k_{X'}$ has a negative sign are those which actually retard the hydrolysis. It will be noticed that the anion does not function merely as a basic catalyst since the order of basic strength of the anions would require that their catalytic coefficients should increase in the order

$$k_{H_2O} < k_{formate} < k_{acetate} < k_{propionate} < k_{butyrate}.$$

Actually the formate ion is always the most efficient. KILPATRICK suggests that the anion reacts with the acid anhydride to form a new anhydride with extrusion of a different anion. If the new anhydride hydrates more rapidly than does the original anhydride the reaction velocity is accelerated, but retardation results if the new anhydride hydrates more slowly than does the original. Thus the hydration of acetic anhydride is accelerated by formate and acetate ions (the latter functioning purely as a basic catalyst like hydroxyl) but is retarded by propionate and butyrate ions. The high catalytic efficiency of the formate ion is ascribed to the ease of hydration of the mixed formic anhydride which will approach the instability of formic anhydride itself. For catalysis by the formate ion the mechanism may be formulated thus:

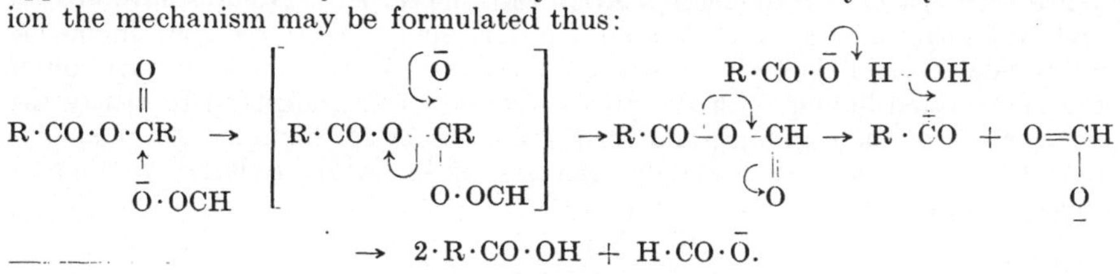

$$R\cdot CO\cdot O\cdot CR \;\; (\bar{O}\cdot OCH) \to \left[R\cdot CO\cdot O\;\; CR \;\; (O\cdot OCH) \right] \to R\cdot CO{-}O{-}CH \to R\cdot \overset{\cdot}{C}O + O{=}CH$$

$$\to \; 2\cdot R\cdot CO\cdot OH + H\cdot CO\cdot \bar{O}.$$

---

[1] J. Amer. chem. Soc. 50 (1928), 2891; 52 (1930), 1410 et seq.

As in ester hydrolysis the initial attack of the formate anion would be at the carbonyl group of the stronger acid of a mixed anhydride, the anion of the weaker acid being ejected. Thus with acetic-propionic anhydride the attack by an acetate ion would give (mainly) acetic anhydride and a propionate ion. Since acetic anhydride is hydrated more readily than is the mixed anhydride the positive catalytic effect of the acetate ion is understandable. On this basis propionate ions should have little effect and their recorded negative catalytic value is almost negligible.

Some data are available concerning the effect of the group R, especially in acid hydrolysis. VERKADE[1] found that the velocity coefficients for the acid-catalysed hydration of the anhydrides $R \cdot CO \cdot O \cdot COR'$ decrease in the order

$$RR' = Me_2 > MeEt > Et_2 > Pr_2^\alpha > Pr_2^\beta > Pr^\beta Bu^\alpha.$$

Since the essential factor is, presumably, the basic character of the singly-linked oxygen atom this order is approximately the reverse of that anticipated on the basis of the inductive electron-release $(+ I)$ effects of alkyl groups. It must be remembered, however, that the basic character of the singly-linked oxygen is decreased by resonance with the attached carbonyl group

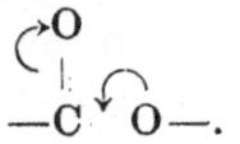

$$\overset{\curvearrowright O}{\underset{-C \; \curvearrowright O-.}{\Big\vert\Big\vert}}$$

If the mesomeric effect of alkyl groups, postulated by BAKER and NATHAN, is operative then an attached methyl group will be most able to satisfy the polarising electron displacements of the carbonyl group

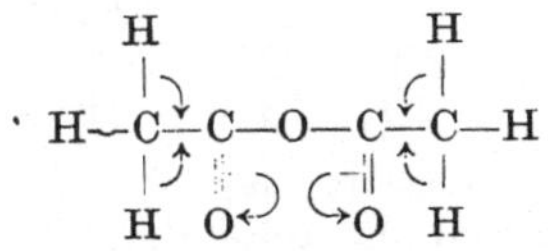

$$\cdot \; H{\sim}\overset{\overset{\textstyle H}{\vert}}{\underset{\underset{\textstyle H}{\vert}}{C}}{-}C{-}O{-}C\overset{\overset{\textstyle H}{\vert}}{\underset{\underset{\textstyle H}{\vert}}{-}}C{-}H$$

so that acetic anhydride will be the strongest base. On the other hand BÖSEKEN, SCHWEIZER, and VAN DER WANT[2] found that the rate of hydration of succinic anhydrides increased in the order succinic < methylsuccinic < s-dimethyl-succinic. In these cases only the inductive effect of the alkyl substituent can operate (I)

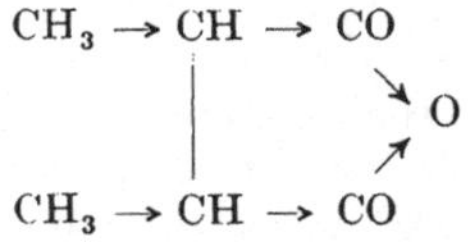

$$
\begin{array}{ll}
CH_3 \rightarrow CH \rightarrow CO & \\
\quad\quad\quad\vert & \searrow \!\! O \\
CH_3 \rightarrow CH \rightarrow CO & \nearrow
\end{array}
\qquad\qquad
\begin{array}{l}
CH-C \overset{\curvearrowright O}{\diagdown} \\
\qquad\qquad O \\
CH-C \underset{\curvearrowright O}{}
\end{array}
$$

(I). 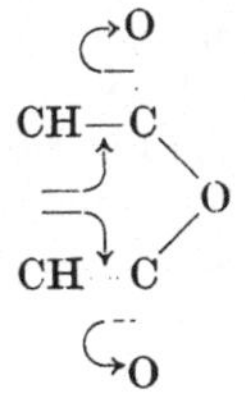   (II).

(since "conjugation" of the methyl group with the carbonyl group is now broken) and will increase the basic character of the singly linked oxygen. In maleic anhydride (II) and similarly constituted unsaturated anhydrides, conjugation of the unsaturated linking with the carbonyl groups will again tend to satisfy the polarisation of these groups, and so increase the basic character of the singly-linked oxygen. Greatly increased velocities of hydration (relative to that of succinic acid) are actually observed.

[1] l. c.
[2] Recueil Trav. chim. Pays-Bas **31** (1912), 86.

Addition of halogens.

Any theory regarding the mechanism of halogen (and hydrogen halide) addition to ethylenic linkings must take cognisance of the following facts. SOPER and SMITH[1] have shown that in the chlorination of phenol the speed of interaction is proportional to the product of the concentrations of the phenoxide ion and the unionised hypochlorous acid. COFMAN[2] also concluded that hypoiodous acid is the active agent in the iodination of phenols. In addition to ethylenic linkings, therefore, the attack is by the unionised hypohalous acid. ORTON and KING[3] similarly showed that chlorination of acetanilide is independent of any excess of chloride ions present. It seems, therefore, that for chlorine also the attack must be by the molecule. FRANCIS[4] showed, however, that one halogen enters before another, the second ion only being liberated during the addition of the first since, in the presence of a competing anion of greater co-ordinating power (e.g. OH', $O \cdot NO_2'$, etc.), the latter may enter in place of the second halogen ion. INGOLD has thus formulated a mechanism of halogen addition to ethylenic linkings which involves the primary entry of a positive halogen (from the polarised halogenating agent) thus creating a cation which then rapidly unites with either the negative bromine ion or some other competing anion:

$$\text{CH}_2 \cdots \text{CH}_2 \;\longrightarrow\; \overset{+}{\text{C}}\text{H}_2 \cdot \text{CH}_2\text{Br} \;\overset{OH'}{\cdots\cdots\rightarrow}\; \text{CH}_2(\text{OH}) \cdot \text{CH}_2\text{Br}.$$

$$\underset{\text{Br}\!-\!-\!\text{Br}}{\overset{\delta-\qquad\delta+}{}} \qquad\qquad \underset{\text{CH}_2\text{Br}\cdot\text{CH}_2\text{Br}}{\overset{\bar{\text{Br}}}{\downarrow}}$$

On this basis the two essential features involved are 1. the polarisability and the degree of polarisation of the ethylenic bond and 2. the polarisation of the hydrogen addendum. Both these factors may be influenced by the action of the catalyst.

OGG[5] rejects INGOLD's mechanism and postulates initial addition of the

bromide ion to give the ion $\text{RCHBr} \cdot \overset{-}{\text{C}}\text{HR}$ which is then assumed to react with

a bromine molecule thus: $\text{RCHBr} \cdot \overset{-}{\text{C}}\text{HR} + \text{Br}\!-\!\text{Br}$, $\text{RCHBr} \cdot \text{RCHBr} + \overset{-}{\text{Br}}$. This view, however, although a possibility when strongly electron-attracting groups are directly attached to the ethylenic centre, provides no satisfactory explanation of the relative preponderance of 1,2- or 1,4-addition of bromine to conjugated systems which, on INGOLD's mechanism, is readily accounted for

by the formation of the cation of an anionotropic system $>\text{C}\!=\!=\!\overset{+}{\text{C}} \cdot \overset{|}{\text{C}}\!-\!\text{CBr}$ by

the initial addition of positive bromine.[6] Nor does it explain the accelerating effects of alkyl groups upon bromine addition to olefines. ANANTAKRISHNAN and INGOLD[7] found that, under standard conditions, the velocity of addition of bromine to olefinic compounds increases in the order

$$\text{BrCH:CH}_2 < \text{CH}_2\text{:CH}_2 < \text{MeCH:CH}_2 < \text{Me}_2\text{C:CH}_2 < \text{Me}_2\text{C:CMe}_2,$$

[1] J. chem. Soc. (London) 129 (1926), 1582.
[2] Ibid. 115 (1919), 1040.
[3] Ibid. 109 (1911), 1369.
[4] J. Amer. chem. Soc. 47 (1925), 2340. — Cf. also JACKSON: Ibid. 48 (1926), 2166. — READ, READ: J. chem. Soc. (London) 1928, 745.
[5] J. Amer. chem. Soc. 57 (1935), 2727.
[6] INGOLD, BURTON: J. chem. Soc. (London) 1928, 904. — Cf. BAKER: Tautomerism, p. 250 et seq. London, 1934.
[7] J. chem. Soc. (London) 1935, 984, 1396.

although the more recent work of ROBERTSON and his collaborators discussed below renders the *quantitative* aspect of such investigations unreliable.

The whole problem of the addition of bromine to olefinic compounds is proving a very complicated one and the present position is such that any attempt to summarise the position would be of little value.

ROBERTSON, CLARE, McNAUGHT and PAUL[1] have shown that bromine addition may occur by three routes: 1. a unimolecular surface reaction due to impacts of bromine molecules with an activated surface film, 2. homogeneous termolecular reactions and 3. homogeneous bimolecular reactions. Earlier work neglected the incursion of heterogeneous and termolecular reactions. The problem is further complicated by the claim that oxygen affects the rate of addition since this aspect is neglected even in the work of ROBERTSON and his co-workers.

In acetic acid no heterogeneous effects are observed and the reaction appears to be a termolecular one between two molecules of bromine and one molecule of the ethylene derivative. WILLIAMS[2] found that the addition of bromine to cinnamic acid in acetic acid solution is catalysed by hydrogen bromide, but ROBERTSON has shown that the catalysed reaction is not the addition but the conversion of the *trans*-acid into the *cis*-acid, the latter adding bromine more rapidly. This conclusion is borne out by the observation that, with increasing amounts of hydrogen bromide, the value of the bimolecular velocity coefficient is increased to a maximum value which is identical with that for the *cis*-acid. Addition of bromine to the latter is not catalysed by hydrogen bromide.

		trans			*cis*	
$[HBr]/[Br_2]$	0	$^1/_8$	$^1/_4$	0	$^1/_8$	$^1/_4$
At 20% addition k_2 ...	0,017	0,067	0,068	0,065	0,067	0,067

Hydrogen bromide does not catalyse the addition of bromine to allyl acetate in acetic acid, but with vinyl bromide and acrylic acid the velocity at first increases with increasing concentration of hydrogen bromide up to a maximum when $[HBr]/[Br_2] = 2$, and then decreases slightly. ROBERTSON suggests that this is due to the operation of two opposing effects 1. the catalytic influence of the hydrogen bromide and 2. the removal of bromine as HBr_3 which is assumed to be inactive. These additions are regarded as bimolecular, hydrogen bromide activating the *bromine*, in some unspecified manner, and not the ethylenic compound. In aqueous acetic acid large amounts of halogenohydrins are produced[3] and the action of water which is sometimes catalytic and at other times anti-catalytic further complicates the problem.

In media such as chloroform or carbon tetrachloride the incursion of a rapid heterogeneous reaction introduces irregularities which, incidentally, account for the discrepancies in the literature regarding the rate of addition of bromine to ethylene itself.[4]

In the absence of hydrogen bromide WILLIAMS[5] observed a period of induction in the addition of bromine to ethylene in carbon tetrachloride solution,

Time (mins.)	2,5	11	22	23,5	28,5
% Addition ...	0	0	(HBr added)	73,6	86,3

[1] Ibid. **1937**, 335.

[2] J. chem. Soc. (London) **1932**, 979.

[3] GOMBERG: J. Amer. chem. Soc. **41** (1919), 1414. — READ, WILLIAMS: J. chem. Soc. (London) **111** (1917), 240. — READ, HOOK: Ibid. **117** (1920), 1214. — READ, HURST: Ibid. **121** (1922), 989.

[4] DAVIS: J. Amer. chem. Soc. **50** (1928), 2770. — WILLIAMS: J. chem. Soc. (London) **1932**, 2911.

[5] l. c.

and HANSON and WILLIAMS[1] similarly found long inhibition periods in the addition of bromine to methyl nitro- and methoxy-cinnamates in chloroform and carbon tetrachloride at 0° unless hydrogen bromide were present.

ROBERTSON found the same rise to a maximum velocity in carbon tetrachloride as in acetic acid and suggests that a similar explanation is applicable in both cases, but it is evident that much detailed experimental work is required to unravel the mechanism of bromine additions to olefines before any real information regarding the action of catalysts can be obtained.

Cyanohydrin formation.

The formation of cyanohydrins from carbonyl compounds is now generally recognised as a nucleophilic attack of the cyanide ion at the carbonyl group:

$$-\overset{\uparrow}{\underset{\overline{C}N}{C}}\cdot\overset{\downarrow}{O} \ \overset{slow}{\rightleftharpoons} \ -C\overset{}{\underset{\overset{\longrightarrow}{C}N}{-}}\overline{O} \ \overset{\overset{+}{H}}{\underset{fast}{\rightleftharpoons}} \ -\underset{CN}{C}-OH$$

The reaction is reversible and, under homogeneous conditions, an equilibrium is established between the reactants and the cyanohydrin. JONES[2] has shown that, in the absence of cyanide ion, the addition of hydrogen cyanide is very slow thus confirming the earlier observation of LAPWORTH[3] that cyanide ion is necessary for the formation of the cyanohydrin. STEPHANOV and STEPANENKO[4] have shown that the catalytic effect of bases on the addition of hydrogen cyanide to sugars reaches a maximum when the whole of the hydrogen cyanide is neutralised. With ammonia the addition proceeds in 10% aqueous alcohol but not in 80% methyl alcohol since, in the latter solvent, the ionisation of the ammonium cyanide is suppressed. With pyridine or piperidine the reaction velocity is proportional to the dissociation constants of the cyanides. Since trimethylamine is less effective than is ammonia the nature of the cation affects the reaction. The ammonium cation is a stronger proton donator than the trimethylammonium ion and so could assist the polarisation of the carbonyl group by the mechanism of acid catalysis. These observations readily explain why the addition is catalysed only by cyanide ions or by bases such as triethylamine or tri-n-propylamine. The function of the basic catalyst may be regarded as a two-fold one. First, by formation of the salt with hydrogen cyanide, the essential cyanide ion is made available and secondly, the necessary polarisation of the carbonyl group is enhanced by the basic catalyst and its cation in a manner discussed fully earlier in this article (p. 67). It is to be anticipated that, by the removal of the hydrogen from the cyanohydrin to form the corresponding ion, the base will also catalyse the reverse reaction since electronic rearrangement in this ion can readily give rise to the re-formation of the carbonyl compound with extrusion of cyanide ion. Thus ULTÉE[5] found that although the addition of acid to a mixture of hydrogen cyanide and acetone does not cause cyanohydrin formation, it does stabilise the cyanohydrin previously formed under the catalytic influence of a small amount of alkali. The subsequent addition of a small amount of sulphuric acid makes possible the smooth distillation of the cyanohydrin which otherwise

[1] J. chem. Soc. (London) **1930**, 1059.
[2] J. chem. Soc. (London) **105** (1914), 1560.
[3] Ibid. **83** (1903), 995; **85** (1904), 1206, 1214.
[4] Biochemia **2** (1937), 875.
[5] Recueil Trav. chim. Pays-Bas **28** (1909), 1.

was impossible owing to dissociation into the reactants. Such stabilisation of the cyanohydrin by acids doubtless due to the repression of the ionisation $-C(CN) \cdot OH \rightleftharpoons \overset{+}{H} + -C(CN) \cdot \bar{O}$, which ion is the entity from which elimination of the cyanide ion will most readily occur. It is also possible that incipient salt-formation at the oxygen atom $-C(CN) \cdot \overset{\delta+}{OH} \cdots H$ further restricts the mobility of the unshared electron pairs, the fractional positive charge so produced rendering still more difficult the increase in their covalency which is an essential feature of the electron rearrangement required for the extrusion of a cyanide ion. Conversely, in the presence of a moderate concentration of hydroxyl ions, the relatively greater anionic stability of the cyanide ion will result in its replacement by hydroxyl to reform the hydrate of the original carbonyl compound and LAPWORTH, MANSKE, and ROBINSON[1] found that the dissociation of the cyanohydrin of menthone is rapidly effected by a cold normal solution of sodium hydroxide, with the formation of sodium cyanide:

$$\text{(reaction scheme)}\quad \underset{\overset{|}{\underset{\bar{O}H}{}}}{\overset{\overset{\curvearrowright}{CN}}{C}}\text{—OH} \;\longrightarrow\; \underset{\overset{|}{\underset{\curvearrowright \overset{?}{OH}}{}}}{C}\text{—O}\cdots\text{H} \;\rightleftharpoons\; C{=}O + H_2O.$$

On the basis of LAPWORTH's view of the mechanism two features of opposite polar character are involved, *viz.* 1. the polarisation $C \cdots \overset{\curvearrowright}{O}$ of the carbonyl group and 2. the electrostriction of the nucleophilic cyanide ion. Attachment of electron-release groups to the carbonyl carbon will facilitate the requisite polarisation but will make the electrostriction of the cyanide ion more difficult. Electron-attracting groups will oppose the polarisation of the carbonyl group but will assist the electrostriction of the cyanide ion. It is thus evident that the polar effect of any particular group will be determined largely by the relative importance of these two opposing factors. It follows that groups of opposite polar type may both repress cyanohydrin formation, and that in any graded polar sequence of substituent groups a maximum stability of the cyanohydrin should be observed at some point. Interpretation of the effects of substituent groups is thus likely to be complicated. This aspect of the problem has been extensively studied by LAPWORTH and his collaborators,[2] who have determined the equilibrium constants, and hence the decrease in free energy, associated with cyanohydrin formation for a large number of aldehydes and ketones. Detailed discussion[3] of these results lies outside the scope of this article since it is concerned only very indirectly with the function of the catalyst. In general, the above predictions made on the basis of LAPWORTH's mechanism of cyanohydrin formation are substantiated. The order representing the affinities of substituted benzaldehydes of the type $R \cdot C_6H_4 \cdot CHO$ for hydrogen cyanide illustrates this. For substituents R the order of decreasing stability of the cyanohydrin is as follows:

$$\underset{35}{m\text{-}Cl} \Big\{ \begin{array}{l} > \underset{32}{m\text{-}OMe} > \underset{31}{H} > \underset{30}{m\text{-}Me} > \underset{27}{p\text{-}Me} > \underset{20}{p\text{-}OMe} > \underset{6}{p\text{-}NMe_2}. \\ > \underset{34}{m\text{-}NO_2} > \underset{31}{p\text{-}Cl} \quad > \underset{23}{p\text{-}NO_2} \end{array}$$

[1] J. chem. Soc. (London) **1927**, 2052.
[2] LAPWORTH, MANSKE: J. chem. Soc. (London) **1928**, 2533; **1930**, 1976.
[3] Cf. INGOLD: Ann. Rep. chem. Soc. (London) **25** (1928), 147.

Groups of opposite polar types like NMe_2 and NO_2 are, alike, found to decrease the stability of the cyanohydrin.

There is some evidence that the basic catalyst enters into combination with the cyanohydrin since BREDIG and FISKE[1] found that condensation of benzaldehyde with hydrogen cyanide in the presence of optically active alkaloids like quinine affords a dextrorotatory cyanohydrin, hydrolysed to l-mandelic acid. The alkaloid cannot be removed by extraction with concentrated aqueous hydrochloric acid from solutions in organic solvents which contain both the alkaloid and the cyanohydrin.

MICHAEL Reaction.

Addition of derivatives of the type $CHRX_2$ (where $X=CO_2Et$, COR, CN, NO_2, etc.) to an $\alpha\beta$-unsaturated ester,[2] ketone, aldehyde or nitrile has been extensively used in synthetic organic chemistry.[3] The catalyst usually employed is sodium ethoxide, either in solution in absolute alcohol or in ether suspension, but this may be replaced by sodium in benzene, and KNOEVENAGEL and MOTTEK[4] first showed that bases such as piperidine or diethylamine are also powerful catalysts for the reaction. The reversibility of the MICHAEL reaction was first recognised by VORLÄNDER[5] and was further established by the work of INGOLD and his collaborators.[6]

Modern electronic theory has made clear the essential mechanism of the reaction which has been formulated by COOPER, INGOLD, and INGOLD.[7] The addendum must be a derivative of the type CHR^1R^2X in which X is an electron-attracting group structurally capable of tolerating a negative charge. At least one hydrogen atom must also be attached to the methane carbon. Catalysts for the addition are all of the basic type and their essential function is to complete the ionisation of the proton (already incipiently ionised owing to the electron-attraction of the group X) to afford the anion $[CR^1R^2X]^-$. Similar electron-displacements initiated in the $\alpha\beta$-unsaturated ester by the carbalkoxyl group give rise to a fractional positive charge on the β-carbon atom, and the attraction of this for the negative charge on the anion $[CR^1R^2X]^-$ provides the driving force for the initiation of the condensation. Complete electron displacement in the direction of these initial polarisations will then give rise to the anion of the condensation product. For $X=CO_2Et$ and catalysis by ethoxide ions we have:

[1] Biochem. Z. **46** (1912), 7.

[2] MICHAEL: J. prakt. Chem. **35** (1887), 351; Ber. dtsch. chem. Ges. **33** (1900), 3731.

[3] The following are the more important references to more recent investigations: GARDNER, RYDON: J. chem. Soc. (London) **1938**, 42, 45, 48. — FARMER, GHOSAL, KON: Ibid. **1936**, 1804. — RYDON: Ibid. **1935**, 421. — GIDVANI, KON: ibid. **1932**, 2443. — ANDREWS, CONNOR: J. Amer. chem. Soc. **57** (1935), 895; **56** (1934), 2713. — CONNOR: Ibid. **55** (1933), 4597. — DUFF, INGOLD: J. chem. Soc. (London) **1934**, 89. — MICHAEL, ROSS: J. Amer. chem. Soc. **55** (1933), 1632; **53** (1931), 1150; **52** (1930), 4598. — BLOOM, INGOLD: J. chem. Soc. (London) **1931**, 2765. — HOLDEN, LAPWORTH: Ibid. **1931**, 2368. — FARMER, MEHTA: Ibid. **1930**, 1610. — KOHLER, BUTLER: J. Amer. chem. Soc. **48** (1926), 1036. — KOHLER, GRAUSTEIN, MERRILL: Ibid. **44** (1922), 2536. — KOHLER, ENGELBRECHT: Ibid. **41** (1919), 764. — KOHLER: Ibid. **38** (1916), 889; Amer. chem. J. **46** (1911), 482. — MALACHOWSKI, BILBEL, BILINSKI-TARASOWICZ: Ber. dtsch. chem. Ges. **69** (1936), 1295. — MEERWEIN: J. prakt. Chem. **97** (1918), 225.

[4] Ber. dtsch. chem. Ges. **37** (1904), 4464.

[5] Ibid. **33** (1900), 3185.

[6] INGOLD, POWELL: J. chem. Soc. (London) **119** (1921), 1976. — INGOLD, PERREN: Ibid. **121** (1922), 1414.

[7] Ibid. **1926**, 1868.

1. Ionisation.

$$\text{Et}\bar{\text{O}}\cdots\text{H} \qquad\qquad \text{EtOH}$$
$$\text{CR}^1\text{R}^2\text{—C}{=}\text{O} \quad\rightarrow\quad \text{CR}^1\text{R}^2{=}\text{C—}\bar{\text{O}}$$
$$\qquad\quad|\qquad\qquad\qquad\qquad\quad|$$
$$\qquad\text{OEt}\qquad\qquad\qquad\qquad\text{OEt}$$

2. Condensation.

$$\bar{\text{O}}\text{—C—CR}^5{=}\text{CR}^3\text{R}^4 \;+\; \text{CR}^1\text{R}^2{=}\text{C—}\bar{\text{O}} \;\rightleftharpoons\; \bar{\text{O}}\text{—C—CR}^5\text{—CR}^3\text{R}^4\cdots\text{CR}^1\text{R}^2\text{—C—}\bar{\text{O}}$$
$$\quad|\qquad\qquad{}_{\delta+}\qquad\quad{}_{\delta-}\qquad\quad|\qquad\qquad\qquad|\qquad\qquad\qquad\qquad\qquad|$$
$$\;\text{OEt}\qquad\qquad\qquad\qquad\qquad\text{OEt}\qquad\qquad\quad\text{OEt}\qquad\qquad\qquad\qquad\text{OEt}$$

3. Proton addition to ion of product.

$$\bar{\text{O}}\text{—C—CR}^5\text{—CR}^3\text{R}^4\text{—CR}^2\text{R}^1\text{—C}{=}\text{O} \;+\; \overset{+}{\text{H}} \;\rightarrow\; \text{O}{=}\text{C—CHR}^5\cdot\text{CR}^3\text{R}^4\cdot\text{CR}^2\text{R}^1\cdot\text{C}{=}\text{O}$$
$$\quad|\qquad\qquad\qquad\qquad\qquad\qquad\quad|\qquad\qquad\qquad\qquad\quad|\qquad\qquad\qquad\qquad\qquad|$$
$$\;\text{OEt}\qquad\qquad\qquad\qquad\qquad\text{OEt}\qquad\qquad\qquad\text{OEt}\qquad\qquad\qquad\qquad\text{OEt}$$

A reversal of these electron displacements in the ion of the condensation product will give rise to the retrograde reaction and fission into the original components.[1]

Actually there are several complicating factors which have rendered the interpretation of the mass of data relating to the MICHAEL reaction a rather baffling problem. It will be noticed that the above mechanism requires that fission of the addendum should occur thus R^1R^2CX— H, the hydrogen being added to the α-carbon of the unsaturated ester, and the residue CR^1R^2X to the β-carbon atom. Such fission is now universally accepted,[2] and an earlier view suggested by THORPE,[3] that, when R^1 is alkyl, fission may occur thus R^1—CR^2HX, has been discredited. In many cases, however, although the normal product anticipated on the INGOLD mechanism, is obtained when only small amounts (much less than one molecular equivalent) of the catalyst sodium ethoxide are used, an isomeric ester is obtained in the presence of one equivalent of sodium ethoxide. Thus, for example, MICHAEL and ROSS[4] found that the condensation of ethyl crotonate with ethyl methyl malonate in the presence of one-sixth of a molecular proportion of sodium ethoxide affords mainly (90%) the normal product ethyl γ-methyl-n-butane-$\beta\beta\delta$-tricarboxylate, but with one molecule of catalyst ethyl γ-methyl-n-butane-$\beta\delta\delta$-tricarboxylate is obtained in 60% yield.

In such cases the structure of the abnormal product is related to that of the normal by the interchange of a hydrogen atom and a carbethoxyl group between two carbon atoms and is represented in general terms thus:

$$\begin{array}{l}\text{CR}'\text{X}\\ \|\qquad + \text{HCR}''(\text{CO}_2\text{Et})_2\\ \text{CR}_2\end{array} \quad\xrightarrow[\text{amount NaOEt}]{\text{small}}\quad \begin{array}{l}\text{CHR}'\text{X}\\ |\\ \text{CR}_2\cdot\text{CR}''(\text{CO}_2\text{Et})_2\end{array}$$

$$\xrightarrow{\;1\ \text{mol. NaOEt}\;}\quad \begin{array}{l}\text{CR}'\text{X}\cdot\text{CO}_2\text{Et}\\ |\\ \text{CR}_2\cdot\text{CHR}''\cdot\text{CO}_2\text{Et}\end{array}$$

---

[1] The influence of the polar and steric nature of the group R^1, R^2, R^3, R^4, and R^5 on the mobility of the system and on the position of equilibrium is discussed by COOPER, INGOLD, INGOLD: l. c.

[2] Cf. *inter alia*, GARDNER, RYDON, l. c. — FARMER, GHOSAL, KON: l. c.

[3] J. chem. Soc. (London) 77 (1900), 923.

[4] J. Amer. chem. Soc. 52 (1930), 4598. — Cf. also FARMER, GHOSAL, KON: l. c.

A satisfactory explanation of the formation of the abnormal product has been given by HOLDEN and LAPWORTH.[1] They suggested that the normal product is always formed initially but that, in the presence of sodium ethoxide, it may undergo further reactions of the type

$$RH + CO_2Et \cdot R' \rightleftharpoons R \cdot CO \cdot R' + HOEt \rightleftharpoons R \cdot CO_2Et + HR',$$

which may be either intermolecular of intramolecular, and so bring about that interchange in the positions of the H and CO_2Et groups which converts the normal into the abnormal product. Based on the conditions necessary for the displacement of this system of equilibria from left to right, they formulated certain general rules regarding the nature of R′ and R″ which determine whether or no the abnormal product would be formed in any particular reaction. These rules have since been generalised by GARDNER and RYDON[2] and may be summarised briefly as follows:

If R′ ≠ H, the product must be normal, irrespective of the nature of R″.
If R′ = H and R″ ≠ H the product must be abnormal.
If R′ = R″ = H the product may be either normal or abnormal.

Hence 1. all additions of unsaturated compounds of type $CR_2:CRX$ with malonic esters and their alkyl derivatives will be normal.

2. All additions of unsaturated compounds of type $CR_2:CHX$ with alkyl-malonic esters (amd similar compounds) will be abnormal. These rules are, of course, valid only when one molecular equivalent of sodium ethoxide is used as a catalyst. No exception is known to the first rule and the few exceptions to the second are all explicable by some special feature.

The production of an abnormal product further complicates matters since it may also undergo a retrograde MICHAEL reaction to give rise to two new reactants. Thus HOLDEN and LAPWORTH[3] condensed benzylideneacetophenone with ethyl methylmalonate in presence of one molecule of sodium ethoxide and obtained ethyl α-methylcinnamate and ethyl benzoylacetate:

$$PhCH:CH \cdot COPh + CHMe(CO_2Et)_2 \rightarrow \begin{array}{c} PhCH \cdot CH_2 \cdot COPh \\ | \\ CMe(CO_2Et)_2 \end{array} \rightarrow$$
(Normal.)

$$\begin{array}{c} PhCH \cdot CH(CO_2Et) \cdot COPh \\ | \\ CHMe \cdot CO_2Et \end{array} \xrightarrow[\text{MICHAEL}]{\text{retrograde}} PhCH:CMe \cdot CO_2Et + PhCO \cdot CH_2 \cdot CO_2Et.$$
(Abnormal.)

When the condensation is carried out in ether or benzene further complications may be introduced owing to the insolubility of the sodio-derivative of the initial product which may thus be removed from the sphere of reaction before it can react further.

HOLDEN and LAPWORTH's mechanism for the production of the abnormal product is fundamentally sound but there appears to be no necessity to introduce the actual *formation* of the ketone as an intermediate stage. Consideration of the electronic changes involved makes this clear and also throws light on the theoretical basis of GARDNER and RYDON's rules and on the specific function of the catalyst in determining the course of the reaction.

When only a trace of sodium ethoxide or a base such as piperidene is used

[1] l. c.
[2] l. c.
[3] l. c.

as the catalyst, condensation must occur between the molecules of the reactants, the catalyst merely assisting the ionisation of the hydrogen at the initiation of attack and returning it (from an alcohol molecule) after combination has occurred:

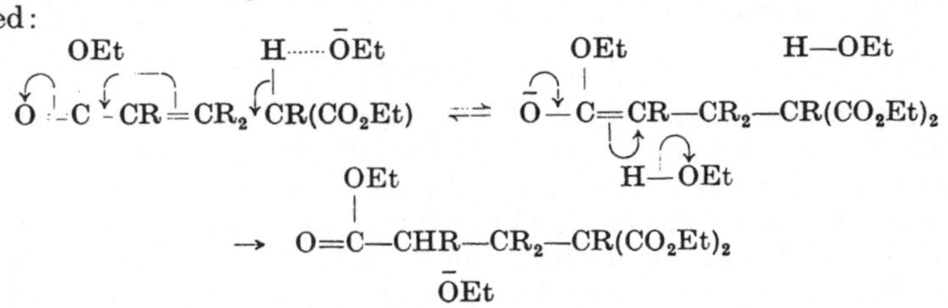

In the presence of one molecule of sodium ethoxide in alcohol the following system of equilibria must be envisaged:

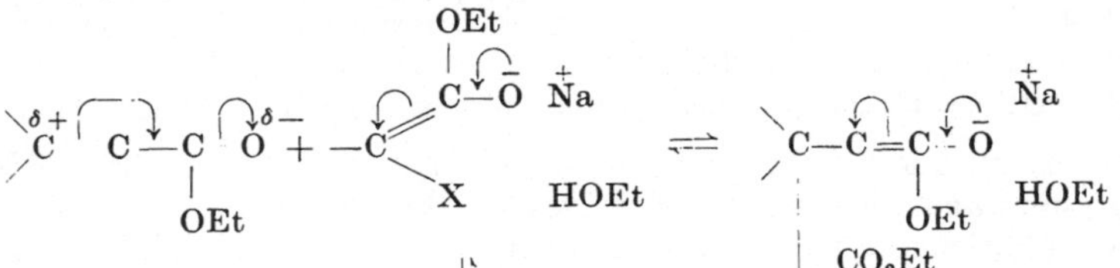

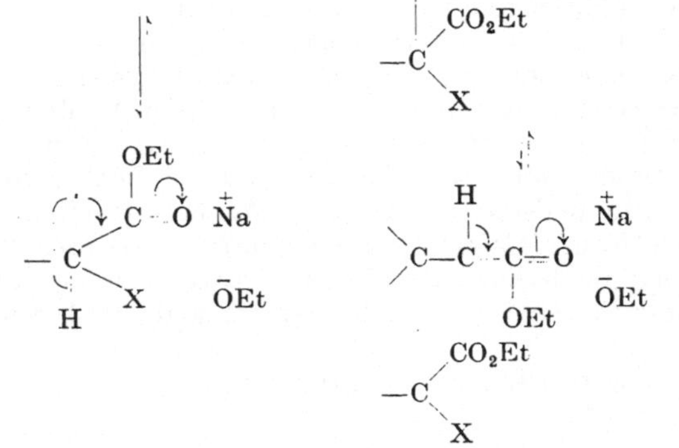

(Reactants.) (Product.)

Both the retrograde Michael and conversion into the abnormal product must occur in the *anion* of the normal product, hence it is a necessary condition for the formation of the abnormal product that there should be sufficient sodium ethoxide present to ensure the establishment of the above equilibria. In accord with experimental observation the abnormal product is thus formed only in the presence of one molecular proportion of sodium ethoxide.

Conversion of the anion (A) of the normal into the abnormal product will be initiated by the electron-displacement denoted by (*a*), which, in turn, will promote the displacement (*b*) of an electron pair from the adjacent double bond towards the carbethoxyl group on the γ-carbon atom.

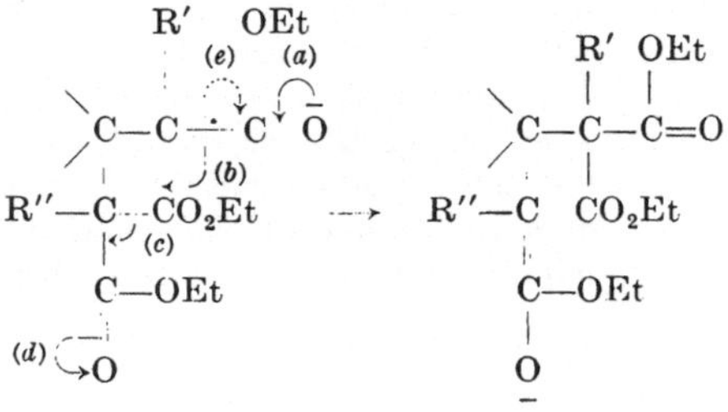

(A). (B).

This carbethoxyl group will then relinquish its bond electrons by displacement (c) facilitated and completed by the electron-displacement (d) of the carbonyl group, the whole sequence of electron displacements giving directly the anion (B) of the abnormal product. If the group R' is an alkyl group its electron-repulsion will stimulate the electron-displacement (e) in the adjacent double bond and so inhibit both (a) and its sequel (b). Thus if R' $\neq$ H the product *must* be normal, since the initiating electron displacements for conversion into the abnormal product are inhibited.

If R' = H the product *may* be abnormal, dependent at least partly, upon the nature of R''. If R'' = H the normal anion (A) is a malonic ester: in the presence of sodium ethoxide the separation of a CO_2Et group as a positive ion, or more strictly, without its bond electrons as in displacement (c), would be most unlikely since the much more stable positive hydrogen proton would be eliminated. This would give rise to the anion of the malonic ester which, because of the various possible seats for the negative charge (degeneracy), would be very stable. Thus when R'' = H the initial anion (A) would be immediately converted into the stable doubly charged anion (C) of the di-sodium derivative of the normal product:

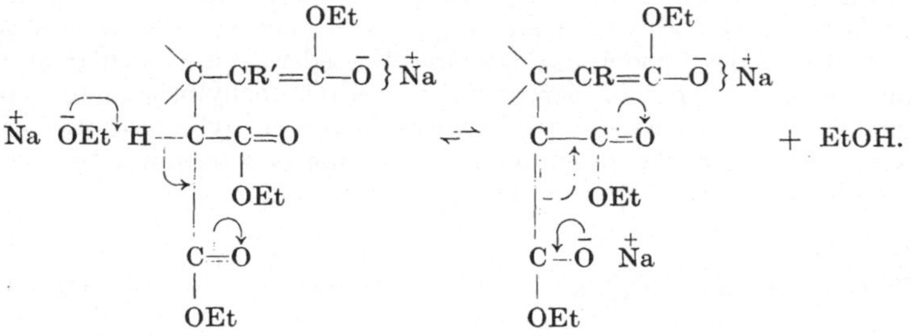

$$
\begin{array}{ccc}
\text{OEt} & & \text{OEt} \\
| & & | \\
\text{C—CR'=C—}\bar{\text{O}}\,\}\,\overset{+}{\text{Na}} & & \text{C—CR=C—}\bar{\text{O}}\,\}\,\overset{+}{\text{Na}} \\
| & & | \\
\overset{+}{\text{Na}}\ \bar{\text{O}}\text{Et} \quad \text{H—C—C=O} & \rightleftharpoons & \text{C—C=O} \qquad + \text{ EtOH.} \\
| & & | \\
\text{OEt} & & \text{OEt} \\
| & & | \\
\text{C=O} & & \text{C—}\bar{\text{O}}\ \overset{+}{\text{Na}} \\
| & & | \\
\text{OEt} & & \text{OEt} \\
\text{(A).} & & \text{(C).}
\end{array}
$$

If, on the other hand, R'' is an alkyl group its separation as a positive ion is impossible and the paths (c) and (d) represent the only possible route by which the displacements (a) and (b) can be completed. Moreover the electron repulsion of R'' might be expected to facilitate the necessary displacement (d). An explanation is thus provided why, if R'' $\neq$ H the reaction product must be abnormal. When R'' = H the resulting anion (C) can, of course, act as an addendum to a second molecule of unsaturated ester or ketone and KOHLER, GRAUSTEIN, and MERRILL[1] found that methyl α-cyano-γ-benzoyl-β-phenylpropionate (obtained in 83% yield by condensation of benzylideneacetophenone with methyl cyanoacetate in presence of a very small quantity of sodium methoxide), condenses with a second molecule of benzylideneacetophenone in the normal manner.

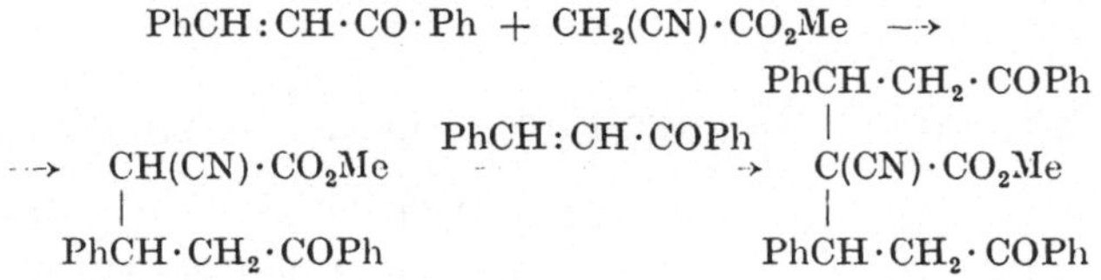

$$
\begin{array}{l}
\text{PhCH:CH·CO·Ph} + \text{CH}_2\text{(CN)·CO}_2\text{Me} \longrightarrow \\
\\
\qquad\qquad\qquad\qquad\qquad\qquad \text{PhCH·CH}_2\text{·COPh} \\
\qquad\qquad\qquad \text{PhCH:CH·COPh} \qquad | \\
\longrightarrow \quad \text{CH(CN)·CO}_2\text{Me} \quad\longrightarrow\quad \text{C(CN)·CO}_2\text{Me} \\
\qquad\qquad | \qquad\qquad\qquad\qquad\qquad\qquad | \\
\qquad\quad \text{PhCH·CH}_2\text{·COPh} \qquad\qquad\quad \text{PhCH·CH}_2\text{·COPh}
\end{array}
$$

In some cases a MICHAEL condensation is accompanied by another side reaction in which ethyl carbonate is eliminated from the malonic ester under

---

[1] l. c.

the influence of the ethoxide ion catalyst. In the condensation of ethyl phenyl-
malonate with various $\alpha\beta$-unsaturated esters with one molecule of sodium
ethoxide in alcohol, Connor[1] obtained substantial yields of ethyl carbonate
and ethyl phenylacetate in addition to the condensation product, ethyl α-phenyl-
β-methylpropane-$\alpha\beta$-dicarboxylate. Since the phenylmalonic ester itself undergoes
fission under the experimental conditions

$$
\begin{array}{ccc}
\text{EtO}\!-\!\text{H} & & \overline{\text{EtO}}\ \ \text{H} \\
\quad\ \text{CHPh}\cdot\text{CO}_2\text{Et} & \longrightarrow & \text{CHPh}\cdot\text{CO}_2\text{Et} \\
& & + \\
\overline{\text{EtO}}\ \ \text{CO}\cdot\text{OEt} & & \text{CO(OEt)}_2
\end{array}
$$

it was assumed that such fission occurs first, the ethyl phenylacetate so formed
then condensing normally with the unsaturated ester.

The Michael condensation has been extended to include addition of malonic
esters to acetylenic esters. Farmer, Ghosal, and Kon[2] found that with alkyl-
malonic esters addition seems to proceed normally, but the sodio-derivative
obtained is not easily alkylated and requires the action of a mineral acid to
liberate the free ester. Condensation is best effected with a molecular proportion
of sodium in either ether or benzene. Thus ethyl phenylpropiolate and ethyl
methylmalonate afford the sodio-derivative of ethyl γ-phenyl-Δ^γ-n-butene-$\beta\beta\delta$-tri-
carboxylate, in which the position of the sodium is determined by conversion
to the δ-ethyl-derivative by the action of ethyl iodide:

$$
\begin{array}{cccc}
\text{PhC}\!\equiv\!\text{C}\!-\!\text{C}\cdots\text{O} + \text{CHMe(CO}_2\text{Et)}_2 & \dashrightarrow & \text{PhC}\cdot\text{CMe(CO}_2\text{Et)}_2 & \xrightarrow{\ \text{EtJ}\ } & \text{PhC}\cdot\text{CMe(CO}_2\text{Et)}_2 \\
\ \ |\ & & \| & & \| \\
\ \ \text{OEt} & & \underbrace{\text{C}\cdot\text{CO}_2\text{Et}}_{\text{Na}} & & \text{CEt}\cdot\text{CO}_2\text{Et}
\end{array}
$$

The structure of the sodio-compound is left indeterminate, but it is certainly
different from that in esters of the type $\text{CO}_2\text{Et}\cdot\text{CH}\!:\!\text{CR}\cdot\overbrace{\text{C(CO}_2\text{Et)}_2}^{\text{Na}}$ which easily
form the sodio-derivative in non-polar solvents and are readily alkylated. It
is significant that the authors could not effect the condensation using one molecular
proportion of sodium ethoxide as the catalyst. There is a great difference between
the triple and double linkings, and this failure suggests that the sodium may
act by direct addition to, and consequent polarisation of the acetylenic linking.
That the addenda are Na and $\cdot\text{CMe(CO}_2\text{Et)}_2$ is clear from the nature of the
products similarly obtained from ethyl acetylenedicarboxylate and ethyl
tetrolate:

$$
\begin{array}{cccc}
\begin{array}{l}\text{C}\cdot\text{CO}_2\text{Et} \\ \|\| \\ \text{C}\cdot\text{CO}_2\text{Et}\end{array} + \text{CHMe(CO}_2\text{Et)}_2 & \xrightarrow{\ \text{Na}\ } & \begin{array}{l}\text{EtO}_2\text{C}\cdot\text{C}\cdot\text{CMe(CO}_2\text{Et)}_2 \\ \quad\ \ \| \\ \quad\ \ \text{CNa}\cdot\text{CO}_2\text{Et}\end{array} & \xrightarrow{\ \text{EtJ}\ } & \begin{array}{l}\text{EtO}_2\text{C}\cdot\text{C}\cdot\text{CMe(CO}_2\text{Et)}_2 \\ \quad\ \ \| \\ \quad\ \ \text{CEt}\cdot\text{CO}_2\text{Et}\end{array}
\end{array}
$$

$$
\begin{array}{ccc}
\begin{array}{l}\text{CMe} \\ \|\| \\ \text{C}\cdot\text{CO}_2\text{Et}\end{array} + \text{CHMe(CO}_2\text{Et)}_2 & \xrightarrow[\text{NaOEt}]{\ 0{,}1\ \text{mol.}\ } & \begin{array}{l}\text{CMe}\cdot\text{CMe(CO}_2\text{Et)}_2 \\ \| \\ \text{CH}\cdot\text{CO}_2\text{Et}\end{array}
\end{array}
$$

[1] J. Amer. chem. Soc. **55** (1933), 4597.
[2] l. c.

In the latter case a 66% yield of the condensation product was obtained when 0,1 mol. of sodium ethoxide was used as the catalyst, but the condensation was unsuccessful when ethyl sodiomethylmalonate was used. This observation is difficult to explain. When ethyl malonate is condensed with ethyl phenylpropiolate migration of the sodium to the carbon of the malonate residue seems to occur since the ethylation product contains an ethyl group in this position:

$$CPh{\equiv}C{\cdot}CO_2Et + CH_2(CO_2Et)_2 \xrightarrow{\ Na\ } \begin{array}{l} CPh{\cdot}CNa(CO_2Et)_2 \\ \| \\ CH{\cdot}CO_2Et \end{array} \xrightarrow[\text{at }100°]{\ EtJ\ } \begin{array}{l} CPh{\cdot}CEt(CO_2Et)_2 \\ \| \\ CH{\cdot}CO_2Et \end{array}$$

This is not surprising since the sodio-derivative which would result from normal addition would either contain the sodium atom attached to carbon, or would possess an allene structure (D). Since the molecule also contains a normal malonic ester residue with a readily replaceable hydrogen atom, it is to be expected that the more stable derivative of the sodio-malonic ester type (E) would be formed, with the necessary displacement and migration of this hydrogen.

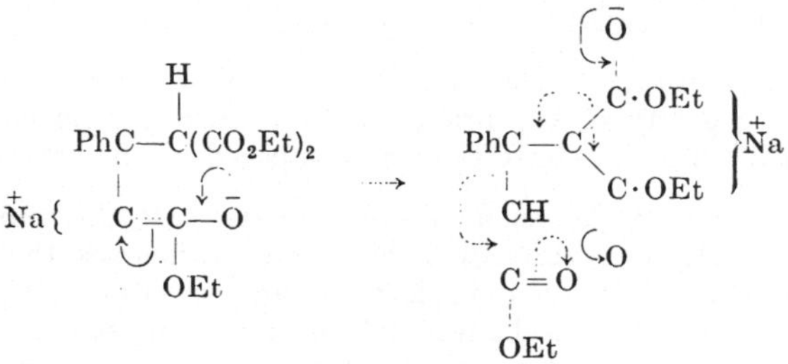

$$
\begin{array}{cc}
\begin{array}{c}
H \\
| \\
PhC{-}C(CO_2Et)_2 \\
\overset{+}{Na}\{\ \ \ | \\
C{-}C{-}\bar{O} \\
| \\
OEt
\end{array}
&
\begin{array}{c}
\bar{O} \\
\ \ \ \ \ C{\cdot}OEt \\
PhC{-}C \\
\ \ \ \ \ C{\cdot}OEt \\
CH \\
C{=}O \\
| \\
OEt
\end{array}\Big\}\overset{+}{Na} \\
\text{(D).} & \text{(E).}
\end{array}
$$

The degeneracy of the resulting anion would render it exceedingly stable. Thus, although the specific functions of sodium and sodium ethoxide are rather more obscure in the MICHAEL condensation of acetylenic esters it is evident that the mechanism is essentially the same as that which has been established for ethylene derivatives.

Elimination Reactions.

I. Elimination of hydrogen halide and related phenomena.

a) Formation of olefines.

In the earlier discussion of acid and base-catalysed hydrolysis, (p. 113) it was stressed that the hydrolysis of alkyl halides constitutes a particular case of the more general problem of substitution at a saturated carbon atom by the attack of a nucleophilic reagent, and that such reactions could proceed either by unimolecular or bimolecular mechanisms. The investigations of HUGHES and INGOLD have effected a similar correlation of the elimination reactions which so frequently accompany such substitutions, and have shown them to be subject to the same mechanistic alternatives. It is difficult to prescribe the incursion of catalysis into such elimination reactions since the anion involved is frequently the constituent anion of an "onium" salt, but the true functions of catalysts can be seen in their correct perspective only if some outline picture of the general theory is presented. The main discussion will, however, be limited to reactions which involve olefine formation.

The formation of an olefine by the elimination of HX from the compound

$$R^1R^2CH \cdot CH_2X \rightarrow R^1R^2C{:}CH_2$$

is of the same fundamental type no matter whether X is a halogen atom, an "onium" cation $\overset{+}{N}R_3$, $\overset{+}{S}R_2$, $\overset{+}{P}R_3$, or a sulphone group. $\overset{+}{S}\overset{+}{O}_2\overset{-}{R}$.[1] Elimination may occur by either a unimolecular mechanism,

$$
\left.
\begin{array}{l}
\overset{\text{H}}{\underset{\text{H}}{R^1R^2{-}C{-}CH_2{\cdots}X}} \quad \overset{\text{slow}}{\rightarrow} \quad \overset{\text{H}}{R^1R^2C{-}\overset{+}{C}H_2} + \overset{-}{X} \\[2em]
\overset{|}{R^1R^2 \cdot C{-}\overset{+}{C}H_2} \quad \overset{\text{fast}}{\longrightarrow} \quad R^1R^2C{:}CH_2 + \overset{+}{H}
\end{array}
\right\} \quad E_1
$$

or a bimolecular mechanism.

$$\overset{-}{Y}{\downarrow}\,H{-}CR^1R^2{-}CH_2{-}X \xrightarrow{\text{slow}} Y{-}H + CR^1R^2{:}CH_2 + \overset{+}{H} \qquad E_2$$

where Y is a hydroxyl ion or some other catalytic anion. Mechanism E_1 will be favoured relatively to E_2 by 1. ready ionisability of the β-hydrogen atom and

2. by weak proton affinity (basicity) of the anion $\overset{-}{Y}$. In any series in which the electron-release capacity of the groups R^1R^2 is increased mechanism E_2 may first be retarded since the negative charge imposed on the attached carbon will

oppose the approach of the anion $\overset{-}{Y}$ and will decrease the ionisability of the β-hydrogen. Such electron-release will also, however, increase the ease of separation of the group X with its bonding electrons, and so, ultimately, cause a change over to the unimolecular mechanism. Once the unimolecular mechanism has assumed control, increasing electron-release by R^1R^2 will facilitate such anionisa-

tion and so increase the velocity of reaction, since the anion $\overset{-}{Y}$ is now no longer involved, and the ionisation of the β-hydrogen occurs, in the fast reaction of the

cation $CR^1R^2{-}\overset{+}{C}H_2$.

The elimination of hydrogen halide from both *iso*propyl and β-*n*-octyl bromide in 80% aqueous alcohol occurs mainly by the bimolecular mechanism[2] although in each case the concomitant hydrolysis occurs by both unimolecular and bimolecular mechanism. With the β-*n*-octyl bromide a small amount of olefine is produced by the unimolecular mechanism.[3] The first order reactions can be isolated by the use of neutral or acid solutions in which no catalytically active anion is present. In strongly alkaline solutions (0,8 N alkali) these first order reactions are largely suppressed owing to the intervention of the catalytically active hydroxyl ion with its high proton affinity.

The proportion of each reaction type and the individual rate constants for the reactions of β-*n*-octyl bromide are summarised below:[4]

In acid solution: S_N1 90,3% E_1 9,7%.
In 0,8 N alkali

1st order reactions: S_N1 6,5% E_1 0,7%. Total 1st order 7,2%.
2nd   „   „ S_N2 41,7% E_2 51,1%.   „   2nd   „   92,8%.
                   Total: S_N 48,2%   E 51,8%.

[1] The case where X = OH is considered in the section on dehydration.
[2] HUGHES, SHAPIRO: J. chem. Soc. (London) 1937, 1177, 1192.
[4] HUGHES, INGOLD, SHAPIRO: Ibid. 1937, 1277.
[4] For nomenclature cf. p. 114.

The rate constants for the four reactions at 80° are

$S_N 1$ $10^4 k_1 = 0{,}466$ sec.$^{-1}$, $S_N 2$ $10^4 k_2 = 3{,}58$ sec.$^{-1}$ g.-mol$^{-1} \cdot$l.
E_1 $10^4 k_1 = 0{,}050$ sec.$^{-1}$, E_2 $10^4 k_2 = 4{,}39$ sec.$^{-1}$ g.-mol$^{-1} \cdot$l.

The unimolecular hydrolysis of *tert*-butyl halides (p. 115) suggests that, in a suitable solvent of high ionising power, unimolecular elimination might occur. This has been demonstrated by HUGHES, INGOLD, and SCOTT[1] in the case of *tert*-butyl chloride and α-phenylethyl chloride. BERGMANN and POLANYI[2] have shown that the unimolecular rate of racemisation of α-phenylethyl chloride in liquid sulphur dioxide is unaffected by the concentration of chloride ions present and HUGHES, INGOLD, and SCOTT proved, experimentally, the existence of the equilibrium

$$CHMePh \cdot Cl \rightleftharpoons CHPh : CH_2 + HCl$$

in this solvent. A similar equilibrium $CMe_3 \cdot Cl \rightleftharpoons CMe_2 : CH_2 + HCl$ was established for *tert*-butyl chloride in anhydrous formic acid. Later work established the unimolecular formation of olefine from both *tert*-butyl halides[3] and *tert*-amyl halides[4] in 80% aqueous alcohol in solutions either originally neutral (becoming acid) or alkaline.

The following summary of the rate-constants (sec.$^{-1}$) for the various reactions (at 25°) demonstrates that both the unimolecular hydrolysis and elimination are dependent upon the same initial unimolecular ionisation of the alkyl halide.

Halide	Solvent: 8 vols. EtOH + 2 vols. H_2O			
	Total $10^5 k_1$	$10^5 k_{S_N 1}$	$10^5 k_{E_1}$	k_{E_1}/k_1
Bu$^\gamma$Cl	0,854	0,710	0,144	0,168
Bu$^\gamma$Br	37,2	32,5	4,69	0,126
Bu$^\gamma$J	90,1	78,5	11,6	0,129
Am$^\gamma$Cl	1,50	0,5	1,00	0,333
Am$^\gamma$Br	58,3	15,3	43,0	0,262
Am$^\gamma$J	174	45,2	128,8	0,260

Alteration in the halogen has a large effect on the individual velocities but has almost no effect of the relative incidence of the substitution and elimination reactions.

In alkaline solution the hydroxyl ion plays no part in the unimolecular elimination, but in acid media complications are introduced owing to the disappearance of the olefine due to its acid-catalysed hydration to the alcohol. In this case each of the products (alcohol and olefine) undergoes further change dependent upon proton transfer. The changes undergone by the alcohol are as follows:

$$CR_2H \cdot CR_2 \cdot OH + \overset{+}{H} \underset{\text{fast}}{\rightleftharpoons} CR_2H \cdot CR_2\overset{+}{O}H_2,$$

$$CR_2H \cdot CR_2 \overset{\frown}{}OH_2 \overset{\text{slow}}{\rightarrow} CR_2H \cdot \overset{+}{C}R_2 + H_2O,$$

$$CR_2H \cdot \overset{+}{C}R_2 \begin{cases} \xrightarrow{\text{fast}} CR_2H \cdot CR_2OH & S_N 1, \\ \xrightarrow{\text{fast}} CR_2 : CR_2 + \overset{+}{H} & E_1. \end{cases}$$

[1] Ibid., p. 1271.
[2] Naturwiss. **21** (1933), 378.
[3] COOPER, HUGHES, INGOLD: J. Chem. Soc. (London) **1937**, 1280.
[4] HUGHES, MacNULTY: Ibid. **1937**, 1283.

These reactions amount to an acid-catalysed exchange of hydroxyl between the alcohol and water.

The olefine may also add on a proton from the acid catalyst to give the cation $\overset{+}{C}HR_2 \cdot \overset{+}{C}R_2$ which similarly undergoes the further changes designated S_N1 and E_1 above.

The elimination of olefines by the thermal decomposition of "onium" salts may also occur by either a unimolecular or a bimolecular mechanism.[1] In the latter the ionisation of the β-hydrogen atom requires the assistance of the anion which has sufficient proton-affinity (basicity) to facilitate its removal.

$$\bar{O}H \;\; H\text{---}CR^1R^2\text{---}CR^3R^4\text{---}\overset{+}{X} \;\rightarrow\; R^1R^2C:CR^3R^4 + X + H_2O \qquad E_2$$
$$(X = NR_3, \; PR_3, \; SR_2).$$

Under such conditions the velocity of elimination will be dependent upon the concentration of the anion and hence is increased by the addition of foreign hydroxyl ions to the medium. If the structure of the onium cation is altered in the direction of increasing ionisability of the β-hydrogen (R^1 and R^2 strongly electron-attracting substituents) and, at the same time the nucleophilic (basic) properties of the anion are decreased a point will be reached where a) the ionisation of the β-hydrogen can occur without help from the anion and b) the anion is constitutionally unable to assist such ionisation. Olefine elimination may then become of first order with respect to the cation and of zero order with respect to the anion i.e. of first order with respect to the onium compound:

$$
\begin{aligned}
&\overset{\displaystyle H}{R^1R^2C} \;\; CR^3R^4\text{---}\overset{+}{X} \;\xrightarrow{\text{solvent}}\; R^1R^2C:CR^3R^4 + \overset{+}{H}\text{ solvated} \\[4pt]
&\overset{+}{H}\text{ solvated} + \bar{A}\text{nion} \;\xrightarrow{\text{fast}}\; HA + \text{solvent}
\end{aligned}
\qquad E_1.
$$

In the thermal decomposition of quaternary ammonium hydroxides of the type $R\overset{+}{N}Me_3\}\bar{O}H$ in which the ionisability of the β-hydrogen is not greater than that of β-phenylethyl trimethylammonium hydroxide ($R = PhCH_2 \cdot CH_2$) elimination of the olefine occurs by the E_2 mechanism[2] and is facilitated by increasing the concentration of hydroxyl ions. Elimination of p-nitrostyrene from β-p-nitrophenylethyl trimethylammonium hydroxide, however, is of first order with respect to the cation, but of zero order with respect to the anion since the same velocity is observed with either the bromide or the iodide. Although the reaction is of first order with respect to the cation it is a bimolecular reaction since the elimination is retarded by acids (0,5 N-HCl) and is increased by the initial addition of small amounts of triethylamine which is a stronger base than is the solvent water. It must be assumed, therefore, that the intermediate formation of a betaine-like structure is involved:[3]

$$
\overset{\displaystyle H}{\underset{\displaystyle |}{R^1R^2 \cdot C}}\cdot CR^3R^4 \cdot \overset{+}{N}Me_3 \;\underset{k_2}{\overset{k_1}{\rightleftharpoons}}\; R^1R^2\bar{C}\cdot CR^3R^4 \cdot \overset{+}{N}Me_3 + \overset{+}{H}\text{ solvated,}
$$

$$
R^1R^2\bar{C}\;\; CR^3R^4\text{---}\overset{+}{N}Me_3 \;\xrightarrow{k_3}\; R^1R^2C{=}CR^3R^4 + NMe_3.
$$

[1] HUGHES, INGOLD, PATEL: J. chem. Soc. (London) **1933**, 526.
[2] HUGHES, INGOLD: Ibid. **1935**, 244.
[4] HUGHES, INGOLD: Ibid. **1933**, 523. — HUGHES, INGOLD, SCOTT: Ibid. **1937**, 1271.

If k_1 and k_2 are the velocity coefficients for the dissociation and association of the acid (cation) and k_3 is that for the formation of the base, then the experimental velocity coefficient will be $k_{\text{exp.}} = k_1 k_3/(k_2[\overset{+}{\text{H}}] + k_3)$, i.e. the reaction will be retarded by increasing the hydrion concentration of the medium.

Similar olefine elimination has been established in the thermal decomposition of phosphonium hydroxides[1] and sulphonium hydroxides.[2] The corresponding elimination of olefines by the thermal decomposition of sulphones can only occur in the presence of a foreign, catalytic anion since the sulphone itself has no anion of its own to assist in the removal of the β-proton. Such decomposition

$$\overline{\text{OH}} \cdot \text{H} \cdot \text{CHR} - \text{CH}_2 \longrightarrow \overset{+}{\text{S}}\overset{+}{\text{O}}_2\overline{\text{R}} \;\rightarrow\; \text{RCH} : \text{CH}_2 + \text{R} \cdot \overline{\text{SO}}_2 + \text{H}_2\text{O}$$

to give an olefine and the ion of a alkyl sulphinic acid has been established by Fenton and Ingold[3] and occurs less readily than does the decomposition of the corresponding quaternary ammonium hydroxide. The deactivating influence of the electron-release effect of the group R is very marked, and the reaction becomes very slow or ceases when R is a higher alkyl group than methyl. If, however, an ion like OMe′ or OEt′, of greater proton-affinity than OH′, is used to catalyse the decomposition the reaction is greatly facilitated. Thus di-*n*-butyl-, di-*iso*butyl, di-*iso*amyl-, and di-*n*-octyl-sulphones undergo little or no action when heated with potassium hydroxide, but readily afford the corresponding olefine when sodium ethoxide is used.[4]

b) Elimination of a paraffin hydrocarbon.

The decomposition of sulphonium and phosphonium hydroxides or alkoxides may take another course which results in the elimination of a saturated hydrocarbon:[5] The following mechanism has been suggested:

$$\text{R}_4\overset{+}{\text{P}}\} \,\overline{\text{O}}\text{X} \;\longrightarrow\; \left[\text{R}_3 \cdot \text{P} - \overset{\curvearrowright\text{R}}{\text{O}} \; \text{X}\right] \;\longrightarrow\; \text{R}_3\overset{+}{\text{P}}\overline{\text{O}} + \underbrace{\overline{\text{R}} + \overset{+}{\text{X}}}_{\downarrow} \quad (\text{X} = \text{H or alkyl}).$$
$$\phantom{\text{R}_4\overset{+}{\text{P}}} {}_{8\,\text{e}} \qquad\qquad {}_{10\,\text{e}} \qquad\qquad\quad {}_{8\,\text{e}} \qquad\quad \text{RX}$$

Such decomposition thus involves the intermediate formation of a complex in which the phosphorus is surrounded by a decet. It is therefore restricted to sulphonium (and sulphones) or phosphonium compounds since the octet of nitrogen is incapable of expansion to a decet. The group R which is most stable as an *anion* will be the one ejected from the complex. This type of decomposition becomes important when the groups R either do not contain a β-hydrogen or when the β-hydrogen is difficult to ionise.

c) Elimination of an alcohol.

In all the "onium" compounds studied the reaction may take yet another course when the ionisation of the β-hydrogen is difficult. Neutralisation of the positive charge on the "onium" atom may be effected by extrusion of an attached alkyl group as a *cation* which combines with the anion to give the alcohol or

[1] Fenton, Ingold: Ibid. 1929, 2342.
[2] Von Braun, Teuffert, Weissbach: Liebigs Ann. Chem. 472 (1929), 923.
[3] J. chem. Soc. (London) 1928, 3127.
[4] Fenton, Ingold: Ibid. 1930, 705.
[5] Fenton, Ingold: Ibid. 1929, 2342. — Hey, Ingold: Ibid. 1933, 531.

related compound. This type of decomposition is really a substitution reaction and has already been discussed.[1]

d) Stevens rearrangement.

Although the rearrangement[2] of quaternary salts of the type $PhCO \cdot CH_2 \cdot \overset{+}{N}Me_2 \cdot CH_2 \cdot C_6H_4 \cdot R \} \overset{-}{X}$, to give $PhCO \cdot CH(CH_2 \cdot C_6H_4 \cdot R) \cdot NMe_2$, under the influence of alkoxide ions is not strictly an elimination reaction, it is included in this section because of the essential similarity of mechanism with that of the decompositions of quaternary ammonium and sulphonium salts. The reaction evidently involves only the cation of the salt since the bromides and iodides rearrange at the same speed. The velocity is increased when the proportion of alkoxide is increased from one to two molecular proportions, but not proportionately, and addition of a third molecule of NaOR has little effect. With different catalysts NaOR–ROH the velocity increases in the order $R = Me \langle\langle Et < Pr^{\alpha} \langle\langle Pr^{\beta}$, and replacement of 60% of the alcohol medium by toluene increases the velocity two or three fold. These data clearly suggest that the slow reaction is the ionisation of an α-hydrogen (activated by the attached benzoyl group) under the facilitating influence of the catalyst ion:[3]

$$\overset{-}{O}Et \quad H\text{—}\overset{\cdot}{C}H(COPh) \cdot \overset{+}{N}Me_2 \quad \overset{slow}{\rightleftharpoons} \quad PhCO \cdot \overset{-}{C}H \cdot \overset{+}{N}Me_2 + HOEt$$
$$\qquad\qquad\qquad\qquad\quad | \qquad\qquad\qquad\qquad\qquad\qquad\quad |$$
$$\qquad\qquad\qquad\qquad\quad R' \qquad\qquad\qquad\qquad\qquad\qquad\quad R'$$

followed by,

$$PhCO \cdot \overset{-}{C}H \cdots \overset{+}{N}Me_3 \quad \overset{fast}{\longrightarrow} \quad \left[PhCO \cdot CH \cdots \overset{+}{N}Me_2 \right] \rightarrow PhCO \cdot CHR' \cdot NMe_2.$$
$$\qquad\quad \hookrightarrow R' \qquad\qquad\qquad\qquad\qquad\qquad \overset{-}{R'}$$

The existence of such an equilibrium is confirmed by the observation that the original quaternary salt neutralises 0,5–0,75 equivalents of sodium ethoxide when titrated with thymolphthalein as an indicator. The equilibrium will be displaced to the right by increase in the concentration of the OEt′, by increased proton affinity of the catalyst ion, or by decreasing the alcohol concentration by replacement with toluene. According to this mechanism the migrating group R is eliminated as an anion and, in agreement with this, the velocity is increased by the introduction of electron-attracting substituents into the migrating benzyl group.

II. Dehydration.

Elimination of water from hydroxylic compounds may give rise to the formation of olefines, ethers or lactones. All such eliminations are subject to acid catalysis and are almost certainly diverse manifestations of one fundamental mechanism. Each example of such eliminations of water will be dealt with in turn.

a) Formation of olefines.

The conversion of alcohols into olefines is usually effected, in homogeneous media, by the catalytic action of acids such as sulphuric or phosphoric. The function of the catalyst does not depend upon a simple dehydration arising from the cat-

---

[1] Cf. pp. 115, 117.

[2] Thompson, Stevens: J. chem. Soc. (London) 1932, 55, 69.

[3] Cf. Hughes, Ingold: Ibid. 1933, 69. — Ingold, Jessop: Ibid 1929, 2357; 1930, 713.

alyst's affinity for water since it can be effected with very dilute acids. Thus SENDERENS[1] has effected the conversion of methylhexylcarbinol into octenes, methyl-n-propylcarbinol into amylenes, and dimethylethylcarbinol into γ-methyl-Δ^2-butene by means of 4% sulphuric acid at temperatures up to 180°. Similar dehydration of *cyclo*hexanols and *cyclo*pentanols and of the carbinols

$$Bu_2^{\alpha}CH \cdot OH, \quad CHMeEt \cdot CHBu^{\alpha}{-}OH \quad \text{and} \quad Bu^{\gamma}_2CHOH$$

occurs with 3% sulphuric acid in butyl ether at temperatures between 120–160°.[2] The last named example must involve a pinacolic dehydration

$$\text{H}{-}CH_2{-}\overset{\text{Me}}{C}Me{-}CHBu^{\gamma} \; \overset{}{O}H \quad \longrightarrow \quad CH_2 : CMe \cdot CHMeBu^{\gamma}$$

of the type referred to earlier in this article (p. 82). SENDERENS[3] also observed that the trihydrate of sulphuric acid is more effective than the pure concentrated acid for the dehydration of *cyclo*hexanol and of certain *cyclo*hexanediols. The catalyst must, therefore, function by way of its purely acidic (proton-donating) properties.

The work of HUGHES and INGOLD already referred to has elucidated the mechanism of the decomposition of onium salts, and immediately suggests that the intermediate in the dehydration of alcohols is the corresponding oxonium cation.

In the presence of an acid the initial equilibrium, which is assumed to be rapidly established, is between the alcohol and its oxonium salt:

$$R \cdot CH_2 \cdot CH_2 \cdot OH + HX \; \rightleftharpoons \; R \cdot CH_2 \cdot CH_2 \cdot \overset{+}{O}H_2 \} \overset{-}{X} \quad (X = HSO_4, \; H_2PO_4, \text{ etc.}).$$

Under suitable conditions neutralisation of the positive charge in the cation of the oxonium complex may be effected by elimination of a β-hydrogen (as a proton) and a molecule of water, to give the olefine:

$$R \cdot \overset{\text{H}}{C}H{-}CH_2 \; \overset{+}{O}H_2 \quad \longrightarrow \quad R \cdot CH : CH_2 + \overset{+}{H} + H_2O.$$

Such elimination will be favoured when the acid is in excess, so that most of the alcohol is converted into the oxonium complex, and by increased temperature which will decrease the stability of the onium cation. These are precisely the conditions usually employed in the conversion of alcohols into the corresponding olefines. The elimination of water may also occur in the earlier reaction between the alcohol and the sulphuric acid to give the alkyl hydrogen sulphate:

$$R \cdot CH_2 \cdot CH_2 \; \overset{+}{O}H_2 \quad \longrightarrow \quad R \cdot CH_2 \cdot CH_2 \cdot O \cdot SO_3H + H_2O.$$
$$\overset{-}{O}SO_3H$$

The anionic stability of the ion $\overset{-}{O} \cdot SO_3H$ may then result in the elimination of sulphuric acid to give the olefine

$$R \cdot \overset{\text{H}}{C}H \; CH_2{-}\overset{-}{O} \cdot SO_3H \quad \longrightarrow \quad R \cdot CH : CH_2 + HO \cdot SO_3H.$$

<hr>

[1] Ann. Chimie (9), **18** (1922), 115.
[2] VAVON, BARBIER: Bull. Soc. chim. France (4), **49** (1931), 567.
[3] C. R. hebd. Séances Acad. Sci. **177** (1923), 15, 1183.

Evidence discussed in the following section related to the formation of ethers, however, suggests that the intermediate formation of the alkyl salt need not be, and in some cases, is definitely not involved.

b) Formation of ethers.

WILLIAMSON's classical mechanism for the conversion of alcohol into ether under the influence of sulphuric acid has long been accepted. Although ethyl hydrogen sulphate does react with alcohol at $140°$ to give ether there is now conclusive evidence that the postulated formation of the alkyl salt of the catalyst acid as an intermediate is not applicable in many cases. Many catalysts besides sulphuric acid have been employed; phosphoric and arsenic acid,[1] hydrochloric acid at $240°$ and hydrobromic or hydriodic acids at $100°$.[2] In an extensive study VAN ALPHEN[3] has shown that a very large number of acids and salts are capable of catalysing the dehydration of alcohol to ether.

At $150–160°$ hydrochloric acid is a much better catalyst than sulphuric acid and WILLIAMSON's scheme,

$$\text{EtOH} + \text{HCl} \rightarrow \text{EtCl} + \text{H}_2\text{O}; \ \text{EtCl} + \text{EtOH} \rightarrow \text{Et}_2\text{O} + \text{HCl}$$

is definitely excluded by the observation that under these conditions (eight hours at $155–160°$) ethyl chloride does not react with alcohol. It is also known[4] that no ether is formed by the interaction of ethyl iodide and alcohol at $140–148°$ for three hours. VAN ALPHEN found that benzene-, naphthalene-, and p-toluene-sulphonic acids, picric acid, the chloroacetic acids, dibromosuccinic acid, and the salts of weak bases with strong acids such as $CrCl_3$, $FeCl_3$, $Fe_2(SO_4)_3$, $Al_2(SO_4)_3$,[5] are effective catalysts at $150–160°$.

The clue to catalytic action of such salts is found in the observation that anhydrous salts are often only effective when water has been added to the anhydrous alcohol. Thus cupric and chromium sulphate yield ether with 60% but not with 90% alcohol. The essential catalyst would thus seem to be the acid formed by salt hydrolysis, and for acid catalysts the yield of ether is higher the stronger is the acid. Only weak acids fail to catalyse the formation of ether. The most effective catalysts were found to be ferric chloride and ferric sulphate[6] (using 96% alcohol) and with the latter catalyst VAN ALPHEN showed that the same equilibrium mixture of alcohol, ether and water was obtained starting either from alcohol or from a mixture of ether and water. He concluded that the reaction is essentially the equilibrium $2\,\text{EtOH} \rightleftharpoons \text{Et}_2\text{O} + \text{H}_2\text{O}$ catalysed by hydroxonium ion; a better representation of the equilibrium involved is probably

$$\text{H—OR} + \text{R}\overset{+}{-}\text{OH}_2 \ \rightleftharpoons\ \text{R·O·R} + \text{H}_3\overset{+}{\text{O}} \ \rightleftharpoons\ \text{H—OH} + \text{R}\overset{\pm}{-}\text{OHR}.$$

The initial complex is thus the same oxonium cation as that which is formed in the olefine elimination but charge neutralisation is now effected by interaction with a second molecule of alcohol to give the ether:

$$\text{R·CH}_2\text{·CH}_2\ \overset{+}{\text{OH}}_2 \ \rightarrow\ \text{R·CH}_2\text{·CH}_2\text{·OR} + \overset{\pm}{\text{H}} + \text{H}_2\text{O}.$$
$$\text{RO—H}$$

[1] BOULLAY: Cf. BEILSTEIN Handbuch, 4. Aufl., vol. 1, p. 315.
[2] REYNOSO: Ann. Chimie (3), **48** (1856), 385. — VILLIERS: Ibid. (7), **29** (1903), 561.
[3] Recueil Trav. chim. Pays-Bas **49** (1930), 754.
[4] ODDO: Gazz. chim. ital. **31** (1901), 318.
[5] Cf. also SENDERENS: l. c.
[6] Ferric sulphate was also found to be the best catalyst for the conversion of glycol into diethylene dioxide below $150°$. — VAN ALPHEN: Recueil Trav. chim. Pays-Bas **49** (1930), 1040.

In accordance with the usual experimental procedure for the preparation of ethers, the alcohol must be in excess for this reaction to be favoured relative to that which gives rise to the olefine.

BOURGUEL and RAMBAUD[1] found that the dehydration of the *cis*-diol

$$OH \cdot CMe_2 \cdot CH : CH \cdot CMe_2 \cdot OH$$

to the cyclic ether

$$CMe_2 \cdot CH : CH \cdot CMe_2$$
$$\underline{\qquad\qquad O \qquad\qquad}$$

is not effected by hydroxyl ions at 100° but any acid, including monosodium phosphate (p_H 6,3) is effective, the unimolecular reaction coefficient being directly proportional to the hydrion concentration:

$[\overset{+}{H}]$	0,0065	0,0097	0,049	0,091
$10\,k\,56°/[\overset{+}{H}]$	1,06	1,05	1,13	1,18

Since dehydration takes place readily in presence of a large excess of water an equilibrium between the glycol, oxide and water seems unlikely. SENDERENS[2] has effected the dehydration of glycerol to acrolein with either 5% of aluminium sulphate or with potassium hydrogen sulphate in concentrations as low as 4%, and he suggests that the intermediate formation of diglycerol (i. e. a hydroxy-ether) is the first step.

Further dehydration of this by similar mechanisms would give acrolein:

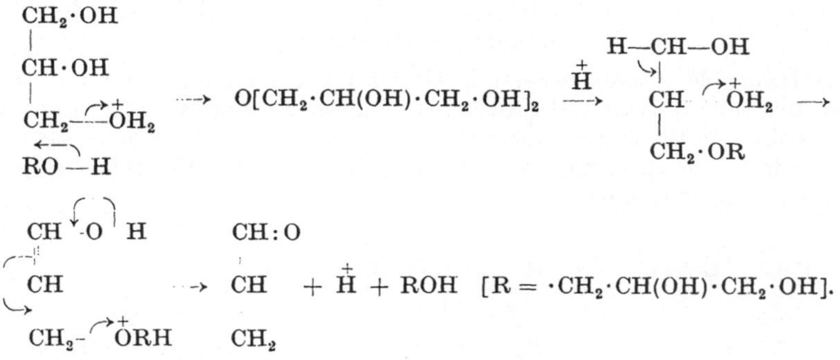

$$\begin{array}{l}
CH_2 \cdot OH \\
\quad | \\
CH \cdot OH \\
\quad | \\
CH_2 - \overset{+}{O}H_2 \\
RO - H
\end{array}
\longrightarrow
O[CH_2 \cdot CH(OH) \cdot CH_2 \cdot OH]_2
\xrightarrow{\overset{+}{H}}
\begin{array}{l}
H - CH - OH \\
CH \quad \overset{+}{O}H_2 \\
\quad | \\
CH_2 \cdot OR
\end{array}
\longrightarrow$$

$$\begin{array}{l}
CH \cdot O \cdot H \\
CH \\
CH_2 - \overset{+}{O}RH
\end{array}
\longrightarrow
\begin{array}{l}
CH : O \\
CH \\
CH_2
\end{array}
+ \overset{+}{H} + ROH \quad [R = \cdot CH_2 \cdot CH(OH) \cdot CH_2 \cdot OH].$$

c) Formation of anthraquinones.

GLEASON and DOUGHERTY[3] found that the dehydration of various o-benzoyl-benzoic acids to anthraquinones readily occurs under the influence of ten parts of 96% sulphuric acid at 100°. They formulate a rather complicated mechanism, but the action of the catalyst is readily formulated in the same manner as that given above for ether formation:

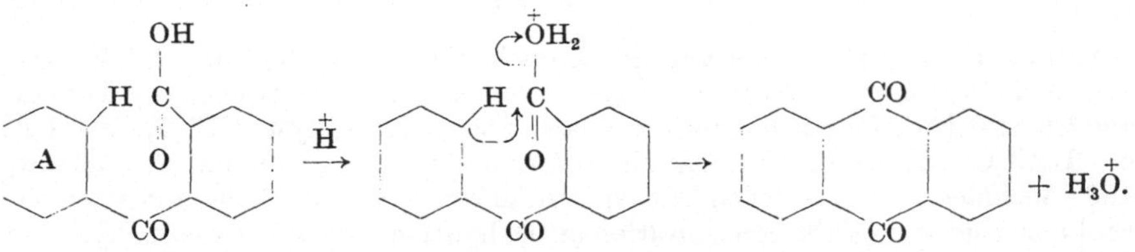

$$A \quad \xrightarrow{\overset{+}{H}} \quad \longrightarrow \quad + H_3\overset{+}{O}.$$

[1] C. R. hebd. Séances Acad. Sci. 187 (1928), 663. — Cf. also Bull. Soc. chim. France 47 (1930), 173.

[2] l. c.

[3] J. Amer. chem. Soc. 51 (1929), 310; 52 (1930), 1024.

Such a mechanism also explains why the reaction is facilitated by the presence of electron-release substituents in ring A and why it occurs more readily with the ethyl and *iso*propyl esters than with the free acid. The affinity of the singly-linked oxygen for the catalyst proton would be more pronounced in the esters.

d) Dehydration of formic acid.

The dehydration of formic acid to carbon monoxide has been found to be a reversible reaction,[1] which is catalysed in aqueous solution by the addition of acids such as hydrochloric. A similar type of catalytic mechanism is again applicable:

$$H-C{=}O \atop \quad OH \;+\; \overset{+}{H} \;\rightarrow\; H{\cdots}C{=}O \atop \quad \overset{+}{O}H_2 \;\longrightarrow\; H_3\overset{+}{O} + CO.$$

If it is assumed that the structure of carbon monoxide is a resonance hybrid of the structures $C{=}O$ and $\overset{-}{C}{\cdots}{=}\overset{+}{O}$, the acid catalysed addition of water is readily explained:

$$\overset{+}{H} + \overset{-}{C}{\cdots}{=}\overset{+}{O} \;\longrightarrow\; HC{=}\overset{+}{O} \atop HO{-}H \;\rightarrow\; HC{=}O \atop OH \;+\; \overset{+}{H}$$

e) Lactone formation.

The reversible interconversion of γ-hydroxy acids into γ-lactones is also subject to acid catalysis and provides yet another example of the same type of mechanism. In the hydroxy-acid the γ-hydroxy group will be more basic than is the hydroxy group of the carboxyl, and the attack of the catalytic proton probably occurs at this point:

$$\begin{array}{ccc}
R\cdot C - C - C & R\cdot C\cdot C\cdot C & R\cdot C\cdot C\cdot C \\
HO \quad H{-}O{-}C{:}O & H_2O \quad H{-}O{-}C{:}O & O{-}\!\!-CO + H_3\overset{+}{O}
\end{array}$$

In the reverse reaction attack will be at the singly-linked oxygen:

$$\begin{array}{ccc}
R\cdot C\cdot C\cdot C & R\cdot C\cdot C\cdot C & R\cdot C\cdot C\cdot C \\
O{-}\!\!-CO \;+\; \overset{+}{H} & HO{-}\!\!-CO \atop H{-}OH & HO \quad HO\cdot CO \;+\; \overset{+}{H}
\end{array}$$

Kinetic studies of the formation of γ-valerolactone from γ-hydroxy-valeric acid and of the lactone of *o*-hydroxymethyl benzoic acid have been made by TAYLOR and CLOSE.[2] They found that the efficiency of the acid catalyst (HCl, 0,025–0,1 N or $CH_2Cl\cdot CO_2H$, 0,1 N) is increased by addition of the corresponding sodium salt, and concluded that it is dependent not on the concentration of the undissociated acid molecule, nor on the concentration of the hydrion, but on the thermodynamic activity of the latter.

[1] BRANCH: Ibid. **37** (1915), 2316.
[2] Ibid. **39** (1917), 422; J. physic. Chem. **29** (1925), 1085.

Condensation Reactions.

A number of well known condensation reactions are susceptible to catalysis by acids and bases. Differentiation between condensation reactions, in which a molecule of water or alcohol is eliminated between the reactant molecules, and simple addition reactions is not always easy, since frequently a purely additive reaction is the first stage of a condensation. Thus the condensation of, for example, two molecules of acetaldehyde to give crotonaldehyde, is essentially a sequel to an aldol addition, and it is for this reason that the aldol reaction is included in this section. This is particularly appropriate since it will be shown that an aldol addition is the essential primary process in a number of condensation reactions which involve the carbonyl group. For this reason it is given first consideration.

Aldol condensation.

When aliphatic aldehydes are treated with dilute aqueous solutions of acids or alkalis an important self-addition occurs to produce a hydroxy-aldehyde or aldol:

$$2 > CH \cdot CH : O \rightarrow \; > CH \cdot CH(OH) \cdot \overset{|}{\underset{|}{C}} \cdot CH : O.$$

The change is usually effected by basic catalysts, $NaOH$, Na_2CO_3, KCN, etc., and it seems probable that the real catalyst it the hydroxyl ion (and, possibly, the water molecule) since BELL[1] has shown that the catalytic power of solutions of sodium carbonate is indistinguishable from that of sodium hydroxide solutions of the same hydroxyl ion concentration.

The intimate mechanism of this condensation is not yet thoroughly elucidated but the following points seem to be well established.

The change is reversible and USHERWOOD[2] has shown that with a sodium carbonate catalyst, the same equilibrium between *iso*butaldehyde and its aldol is established starting either from the pure aldehyde or the pure aldol.

$$2\,CHMe_2 \cdot CHO \; \rightleftharpoons \; CHMe_2 \cdot CH(OH) \cdot CMe_2 \cdot CHO$$
$$\text{32,2\%} \qquad\qquad\qquad\qquad \text{66,8\% at 60}°.$$

The kinetics of the condensation of acetaldehyde have been studied by BELL[3] using a dilatometric method. He found that the change is of the first order with respect to the aldehyde and, except for very small concentrations, the velocity is proportional to the concentration of hydroxyl ions.[4] His results can be accounted for on the basis of the scheme

$$CH_3 \cdot CHO \; \rightleftharpoons \; X \text{ (slow)}, \tag{a}$$

$$\left.\begin{array}{l} X + CH_3 \cdot CHO \\[1.2em] 2\,CH_3 \cdot CHO \end{array}\right\} \; CH_3 \cdot CH(OH) \cdot CH_2 \cdot CHO \text{ (fast)}. \tag{b}$$

in which reaction (a) is catalysed by hydroxyl ions or water molecules and (b) only by hydroxyl ions: Reaction (b) is considered to become the rate-determining stage only at very low concentrations of hydroxyl ion, in which small range the change is not strictly of the first order, the velocity falling off too rapidly with time.

[1] J. chem. Soc. (London) **1937**, 1637.
[2] Ibid. **123** (1923), 1717; **125** (1925), 435.
[3] l. c.
[4] Cf. also SHILOV, YAHIMOV: Sintet. Kauchouk. No. 4, 7 (1934).

BELL suggested that the slow first-order reaction (a) is the dehydration of the hydrated acetaldehyde,[1]

$$CH_3 \cdot CH(OH)_2 \rightleftharpoons CH_3 \cdot CHO + H_2O$$

followed by the fast reaction

$$CH_3 \cdot CH(OH)_2 + CH_3 \cdot CHO \rightarrow CH_3 \cdot CH(OH) \cdot CH_2 \cdot CHO,$$

but BONHOEFFER and WALTERS[2] consider that this is improbable because the aldol formed from acetaldehyde in the presence of deuterium oxide was found to contain only a trace of deuterium. As BELL himself recognised, his scheme is equally applicable if the slow reaction (a) is any other unimolecular change and BONHOEFFER and WALTERS prefer to regard this as the ionisation of the acetaldehyde. The resulting enol ion $\overset{\frown}{CH_2}$—CH—$\overset{\frown}{O}$ is then assumed to react with a second molecule of acetaldehyde (to give aldol) before it reverts to acetaldehyde since, in the presence of deuterium oxide, the latter process must give rise to deuterium exchange. This mechanism is attractive because it correlates the condensation with other reactions of carbonyl compounds involving the α-hydrogen and, moreover, it easily explains the function of the catalyst. Basic catalysts, essentially the hydroxyl ion, can assist the ionisation of the α-hydrogen by the usual mechanism of direct attack

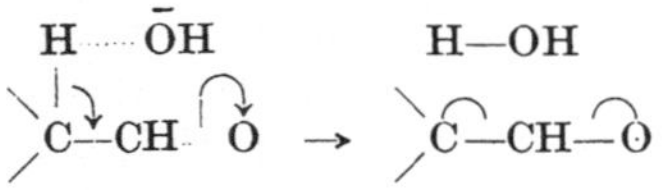

$$
\begin{array}{ccc}
H \cdots \bar{O}H & & H—OH \\
\diagdown C—CH \quad \overset{\frown}{O} & \rightarrow & \diagdown C—CH—O \\
\diagup & & \diagup
\end{array}
$$

whilst an acid catalyst could function indirectly by oxonium salt formation at the carbonyl oxygen:

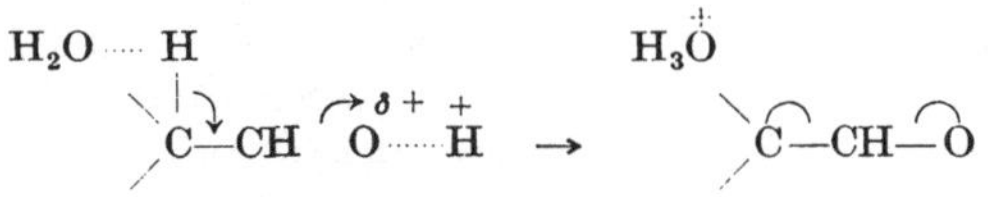

$$
\begin{array}{ccc}
H_2O \cdots H & & H_3\overset{+}{O} \\
\diagdown C—CH \quad O \cdots H & \rightarrow & \diagdown C—CH—O \\
\diagup & & \diagup
\end{array}
$$

Except for very small concentrations of hydroxyl ion, in which range catalysis by the basic water molecules might be significant, the reaction velocity would be a bimolecular one between acetaldehyde and hydroxyl ion, of first order with respect to each entity, and would thus be proportional to the hydroxyl ion concentration as is actually found to be the case. In the catalysis of the subsequent interaction between the nucleophilic enolide ion and a second molecule of acetaldehyde the hydroxyl ion presumably activates the carbonyl group toward such nucleophic addition in the manner already discussed (p. 72).

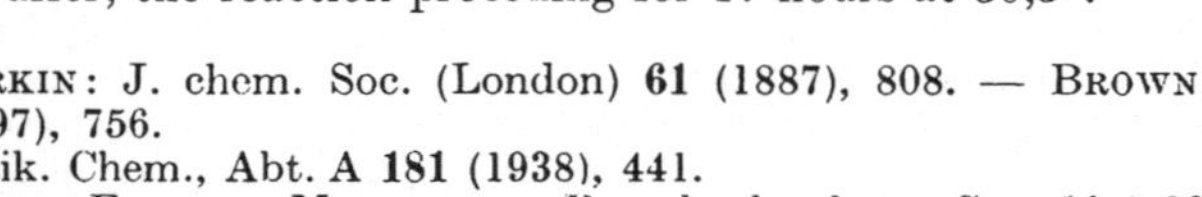

$$
\begin{array}{c}
CH_3 \cdot \overset{\delta+}{CH}—\overset{\delta-}{O} \\
CH_2{=}CH \cdot O
\end{array}
\; + \; \overset{\cdot}{H} \; \rightarrow \; CH_3 \cdot CH(OH) \cdot CH_2 \cdot CH{:}O.
$$

Aminoacids have also been shown to be accelerators for the aldol condensation[3] if the medium is maintained near the neutral point by a phosphate buffer. The following table shows the effect of addition of 5 c. c. of a molar solution of alanine (determined as percentage decrease in the carbonyl group) using an acetic acid-phosphate buffer, the reaction proceding for 17 hours at 30,5°.

[1] Cf. PERKIN: J. chem. Soc. (London) 61 (1887), 808. — BROWN, PICKERING: Ibid. 81 (1897), 756.

[2] Z. physik. Chem., Abt. A 181 (1938), 441.

[3] GOTTWALD FISCHER, MARSCHALL: Ber. dtsch. chem. Ges. 64 (1931), 2823.

Similar effects were observed in the condensation of the aldehydes $Pr^{\alpha}CHO$, $CHMe:H\cdot CHO$ and $CMe_2:CH\cdot CHO$. The function of this amphoteric catalyst is readily understood on the basis of the mechanism outlined above.

In strongly alkaline solution any effect is masked by the much greater catalytic effect of the hydroxyl ion.

p_H	Decrease in carbonyl group (%)	
	Without alanine	With alanine
6	0	1
7	0	7
8	1	22
9	9	35
10	37	39

The substitution of electron-repelling groups at the α-carbon will diminish the ionising tendency of the α-hydrogen and so retard aldol formation, whilst in the aldol itself both their polar and steric effects should favour fission into the simpler molecules.

$$R^1R^2CH \to CH\cdot C \cdot CH=O \to R^1R^2CH\cdot CH:O + R^1R^2C=CH-\bar{O} + \overset{+}{H}.$$

This effect becomes more important at higher temperatures and is illustrated by the following results of USHERWOOD (INGOLD)[1]

Aldehyde $CHR^1R^2\cdot CHO$		Percentage of aldol at equilibrium	
R^1	R^2	25°	62°
H	H	100	—
Me →	Me →	92	39
Me →	Me → CH_2 →	41	9

Other, slightly modified, mechanisms for the aldol condensation have been proposed[2] but since they are based upon reactions of second order with respect to the aldehyde they would appear improbable in view of BELL's results. Condensation has also been effected in ether solution with 10% sodium hydroxide as the catalyst.[3]

The subsequent elimination of water from an aldol to give an unsaturated aldehyde is but one example of the general phenomenon of dehydration and is discussed in the appropriate section of this article.

Acetal formation.

The condensation of an aldehyde with an alcohol to give an acetal[4]

$$R\cdot CH:O + 2 R^1OH \rightleftharpoons R\cdot CH(OR^1)_2 + H_2O$$

was originally effected by the use of a 1% solution of hydrogen chloride in absolute alcohol as a catalyst. ADKINS and NISSEN[5] have shown that salts like calcium chloride, calcium nitrate, and lithium chloride are even more efficient catalysts and further work[6] has shown that the relative efficiency of a catalyst is partly

[1] l. c.

[2] BACHÈS: C. R. hebd. Séances Acad. Sci. 200 (1935), 1669. — SHILOV: J. appl. Chem. USSR 8 (1935), 93.

[3] BATALIN, SLAVINA: J. gen. Chem. USSR 7 (1937), 202.

[4] FISCHER, GIEBE: Ber. dtsch. chem. Ges. 30 (1897), 3053; 31 (1898), 545.

[5] J. Amer. Chem. Soc. 44 (1922), 2749.

[6] ADAMS, ADKINS: Ibid. 47 (1925), 1358, 1368.

dependent upon the particular reaction involved. Thus ferric chloride is a better catalyst than either calcium chloride or hydrogen chloride for the production of methylal from paraformaldehyde, whereas calcium chloride is superior in the formation of the acetal.

The condensation is a reversible reaction, the yield of acetal being increased by the use of an excess of the alcohol. The following data of Adkins, Semb, and Bolander[1] illustrate this:

Ratio $\dfrac{\text{EtOH (mols.)}}{\text{PhCHO (mols.)}}$	2,08	3,90	5,87	7,80	9,96
Conversion of aldehyde to acetal	25	34	42	49	53%

Similar data were obtained for the pairs $Bu^\alpha OH\text{-}PhCHO$ and $Pr^\beta OH\text{-}PhCHO$.

The position of equilibrium finally attained is independent of the catalyst providing that the medium is kept homogeneous.

All known catalysts for the acetal condensation are either acids or readily hydrolysable salts which give an acid reaction in water. Thus, although lithium chloride is a catalyst, sodium chloride has no catalytic activity. Addition of very small amounts of sodium carbonate or other alkali greatly decreases the catalytic power which is evidently associated with the acidity of the medium. There is also a correlation between the ability of a salt to form an alcoholate and its catalytic effect in acetal formation. Salts which are good catalysts are all dehydrating agents, but their function is evidently not mere displacement of the equilibrium by the removal of water since good dehydrating agents like zinc chloride or calcium bromide are generally poor catalysts.

The more recent work of Adkins and his co-workers[2] has been directed towards the determination of the velocity of equilibration and the position of equilibrium attained in the condensation of a large variety of aldehydes and alcohols using excess of the alcohol (5 or 11 molecular proportions to 1 mol. of aldehyde). By use of the relationship

$$\Delta F = -\,\mathrm{R\,T}\ln K,$$

where K is the equilibrium constant, the decrease in free energy for the reaction has been determined in the hope that it would throw light on the electronic effects of substituents in either reactant molecule.

Interpretation of this mass of data is difficult and is somewhat irrelevant to the present article since it appears to throw little fresh light upon the essential function of the catalyst.

Examination of the change in the refractive index of various mixtures of alcohols and aldehydes against the percentage composition of the mixture (in the absence of catalysts) led Adkins and Broderick to suggest that hemiacetal formation occurs in accordance with the scheme

$$R\cdot CH:O + R'\cdot OH \rightleftharpoons R\cdot CH{\begin{smallmatrix} \diagup OR' \\[2pt] \diagdown OH \end{smallmatrix}}$$

The further condensation of the hemiacetal with a second molecule of the

---

[1] Ibid. **53** (1931), 1853.

[2] Adams, Adkins: l. c. — Adkins, Hartung: J. Amer. chem. Soc. **49** (1927), 2518. — Adkins, Broderick: Ibid. **50** (1928), 499. — Adkins, Carswell: Ibid. **50** (1928), 235. — Adkins, Street: Ibid. **50** (1928), 162. — Adkins, Miné: Ibid. **55** (1933), 299. — Adkins, Dunbar: Ibid. **56** (1934), 443.

alcohol, to give the acetal, is regarded as taking place only in the presence of the catalyst:

$$R \cdot CH \Big\langle {}^{OR'}_{OH} + R'OH \ \rightleftharpoons \ R \cdot CH(OR')_2 + H_2O.$$

In spite of the acidic nature of all effective catalysts ADAMS and ADKINS decided against the view that the real catalyst is the hydrogen ion and regarded the seat of catalytic activity as most probably the anion end of the undissociated salt or acid, modified profoundly by the cationic component. The essential unity of all types of nucleophilic substitution at the carbonyl group to give derivatives

of the type $\Big\rangle C \Big\langle {}^X_Y$, where X and Y are groups which form fairly stable anions,

has been stressed by LAPWORTH.[1] Following KASTLE's theory of acid catalytic action,[2] which postulates the formation of highly sensitive oxonium salts of the carbonyl compounds and their derivatives, he emphasises the much more ready

elimination of the group $- \overset{+}{X}H$, to give the neutral molecule XH, than of $- X$

to give the anion $\bar{X}$. When, as in acetal formation, the only effective catalysts are known to exhibit acidic reaction it is both a logical and sufficient explanation to assume that the function of the catalyst is essentially the formation of such types of onium salts.

Since nucleophilic additions to the carbonyl group are known to be catalysed by alkali the failure of such catalysts in the acetal formation supports the view of ADKINS and BRODERICK that the catalyst is involved in the second stage of the reaction, *viz.* that between the hemiacetal and a second molecule of the alcohol.

$$RCH \Big\langle {}^{OR'}_{OH} \ \overset{\overset{+}{H}}{\rightleftharpoons} \ RCH \Big\langle {}^{OR'}_{\overset{+}{O}H_2} \ \rightleftharpoons \ RCH \Big\langle {}^{OR'}_{OR'} + H_3\overset{+}{O}.$$
$$R'O{-}H$$

It seems probable that this is only one of the functions of the catalyst. The catalytic salt, acting as an "ansolvo" acid[3] may combine with the alcohol molecule R'OH to produce hydrion and a complex anion containing the OR' group. The nucleophilic properties of this anion would be much greater than those of the parent alcohol R'O— H and so its union with the aldehydic carbon would be greatly facilitated. The dehydrating action of the catalyst, displacing the equilibrium in favour of the acetal by removal of the water formed, is probably yet another, although minor aspect of its catalytic function.

CLAISEN-DIECKMANN condensation.

In its most general form the CLAISEN condensation[4] includes the condensation of carboxylic esters with aldehydes, ketones or carboxylic esters in the presence of sodium ethoxide, sodamide, sodium or similar reagents with the elimination of

[1] COCKER, LAPWORTH, PETERS: J. chem. Soc. (London) **1931**, 1382.
[2] Amer. chem. J. **19** (1898), 894.
[3] Cf. MEERWEIN: Liebigs Ann. Chem. **455** (1927), 227.
[4] CLAISEN: Ber. dtsch. chem. Ges. **14** (1881), 2471; **20** (1887), 646.

a molecule of alcohol to form β-ketonic acids. The condensation of ethyl acetate to give ethyl acetoacetate is, of course, the classical example. Similar internal condensation within a molecule which contains both the necessary components suitable placed to give a cyclic β-ketonic ester is usually termed the Dieckmann reaction. The reversibility of the condensation has been frequently established.[1]

The question of mechanism has been the subject of much controversy and of very numerous investigations.[2] It was early demonstrated that the action of metallic sodium on ethyl acetate which has been carefully freed from all traces of alcohol is exceedingly slow, and later experience has shown that sodium eth-oxide is preferable to sodium as a catalyst in most cases of the Claisen condensa-tion.[3] The deleterious effect of the presence of traces of water (a stronger acid than alcohol) on the condensation,[4] and the effectiveness of the Grignard reagents, *e.g.* mesityl magnesium bromide[5] as catalysts indicate that the real catalyst is the anion of a very weak acid (OEt', NH_2', $Me_3 \cdot C_6H_2'$, etc.), a conclu-sion which will be found to be in harmony with the mechanistic views developed in this article.

Since it is impossible to determine the essential function of the catalyst until the broad principles governing the mechanism of the reaction are established, a brief review of this aspect of the problem is necessary. The classical formulations of Claisen,[6]

$$CH_3 \cdot CO \cdot OEt + NaOEt \longrightarrow$$

$$\longrightarrow CH_3 \cdot C \underset{OEt}{\overset{ONa}{<}} OEt \; + \; \underset{H}{\overset{H}{>}} CH \cdot CO_2Et \; \rightleftharpoons \; CH_3 \cdot C(ONa):CH \cdot CO_2Et + 2\,EtOH$$

and of Dieckmann[7]

$$CH_3 \cdot C \underset{OEt}{\overset{ONa}{<}} OEt \; + \; H\,CH_2 \cdot CO_2Et \; \rightleftharpoons \; CH_3 \cdot C \underset{OEt}{\overset{ONa}{<}} CH_2 \cdot CO_2Et + EtOH$$

$$\updownarrow$$

$$CH_3 \cdot C(ONa):CH \cdot CO_2Et + EtOH$$

do not cover the whole field, since they cannot be applied to those condensations between e.g. ethyl acetate and ethyl benzoate, benzaldehyde[8] or ethyl trifluoro-acetate,[9] fluorene and ethyl oxalate or acetone and ethyl carbonate,[10] in which the second component contains no α-hydrogen atom. A common feature of both these mechanisms is the addition of the catalyst molecule (NaOEt) to the carbonyl double bond of the ester group of the first component and the removal of α-hy-drogen (to form alcohol) from the second component, which undergoes fission in

[1] Dieckmann: Ibid. **33** (1900), 2670. — Higley: Amer. chem. J. **37** (1907), 299. — Kutz, Adkins: J. Amer. chem. Soc. **52** (1930), 4392.

[2] For a bibliography up to 1928 cf. Rice: Mechanism of homogeneous chemical reactions, Amer. chem. Soc. Monograph No. 39 (1928), 185. — For summaries up to 1934 cf. Kon: Ann. Reports chem. Soc. (London) **31** (1934), 200. — Tschelincev: Ber. dtsch. chem. Ges. **67** (1934), 955.

[3] Cf. *e.g.* Sprague, Beckham, Adkins: J. Amer. chem. Soc. **56** (1934), 2665.

[4] Clark: J. physic. Chem. **12** (1908), 1.

[5] Spielmann, Schmidt: J. Amer. chem. Soc. **59** (1937), 2009.

[6] l. c.

[7] Ber. dtsch. chem. Ges **33** (1900), 2678.

[8] Scheibler, Friese: Liebigs Ann. Chem. **445** (1925), 141.

[9] Swarts: Bull. Soc. chim. Belgique **35** (1926), 412.

[10] Lux: Ber. dtsch. chem. Ges. **62** (1929), 1824.

the sense H —CH$_2$·CO$_2$Et. SCHEIBLER[1] and his co-workers suggested that it is the molecule of the sodium enolate which loses hydrogen:

$$CH_3 \cdot CO \cdot OEt + H \cdot CH:C\underset{ONa}{\overset{OEt}{\diagup\diagdown}} \rightarrow CH_3 \cdot C(ONa):CH \cdot CO_2Et + EtOH.$$

The main argument in support of their views was the alleged isolation of keten acetal, CH$_2$: C(OEt)$_2$ from the products of the decomposition of the primary addition product with water. Subsequent work by McELVAIN and his collaborators[2] has, however, proved that keten acetal is not isolated by SCHEIBLER's methods. When, moreover, BEYERSTEDT and McELVAIN[3] isolated the genuine keten acetal [by the action of potassium *tert*-butoxide on the halogenoethylidene acetal, XCH$_2$·CH(OEt)$_2$], they found that it possessed different physical properties from those ascribed to it by SCHEIBLER and that its reactivity towards water and ethyl alcohol is such that it could not possibly have been formed under his conditions. At the same time ADICKES[4] has shown that the supposed phenylketen methylbenzoylacetal PhCH : C(OMe)·O·COPh of SCHEIBLER and DEPNER,[5] is most probably methyl β-benzoyloxy-α,β-diphenylacrylate PhC(O·COPh) : CPh—Co$_2$Me. Similar criticism of SCHEIBLER's views was made by TSCHELINCEV[6] and both he and McELVAIN proposed mechanisms which differ only in minor points from those of DIECKMANN and CLAISEN. ARNDT and EISTERT[7] formulated a similar mechanism on an electronic basis and, like McELVAIN, considered that *two* reactive hydrogens are necessary (as in CLAISEN's mechanism). The chief basis for this contention was the observation that no appreciable condensation can be effected with ethyl *iso*-butyrate, CHMe$_2$·CO$_2$Et when sodium ethoxide is used as the catalyst. It is now known, however, that the difference in reactivity is only one of degree and SPIELMAN and SCHMIDT[8] obtained a reasonable yield of the keto-ester when mesityl magnesium bromide is used as the catalyst. The explanation of this will emerge in the discussion of the function of catalysts on the basis of the mechanism which is developed below.

Apart from SCHEIBLER's now discredited mechanism, there is evidently a consensus of opinion that the essential addition in the CLAISEN condensation is of an aldol type to the carbonyl group, and such a view immediately correlates this reaction and the function of the essential catalyst with views that have already been elucidated with regard to the aldol condensation. The essential requirements are 1. the ionisation of the reactive hydrogen of the addendum

and 2. the necessary polarisation C—O of the carbonyl group to which addition occurs. The efficacy of the strongly basic anions of very weak acids is thus readily understood. The mechanism of the CLAISEN condensation may be formulated

---

[1] Z. angew. Chem. **36** (1923), 6: Ber. dtsch. chem. Ges. **59** (1926), 1022. — SCHEIBLER, MARHENKEL: Liebigs Ann. Chem. **458** (1927), 1. — SCHEIBLER, MARHENKEL, NICOLIC: Ibid. **458** (1927), 21.

[2] J. Amer. chem. Soc. **55** (1933), 416, 427.

[3] Ibid. **58** (1936), 529.

[4] Ber. dtsch. chem. Ges. **69** (1936), 654.

[5] Ibid. **68** (1935), 2144.

[6] Ibid. **67** (1934), 955; **68** (1935), 327; C. R. (Doklady) Acad. Sci. USSR **1** (1935), 393.

[7] Ber. dtsch. chem. Ges. **69** (1936), 2386.

[8] J. Amer. chem. Soc. **59** (1937), 2009.

in the following scheme which is really a synthesis of the views of INGOLD,
ARNDT, BODENDORF[1] and others:

$$
\begin{array}{ll}
\underset{\substack{|\\ \text{R·CH}}}{\overset{\text{H}}{}}\text{C}{=}\text{O} & \underset{\substack{\| \\ \to \text{O}}}{\text{R'C}{-}\text{CR·CO·OEt}} \\[2ex]
\overset{+}{\text{Na}}\,\bar{\text{O}}\text{Et}\,\|\,\text{EtOH} & \text{retro-grade semi-acetal}\quad\text{EtOH}\,\|\,\overset{+}{\text{Na}}\,\bar{\text{O}}\text{Et} \\[2ex]
\underset{\text{OEt}}{\text{R·CH}}{-}\underset{\text{OEt}}{\text{C}}{-}\text{O}\}\overset{+}{\text{Na}} + \underset{\text{OEt}}{\text{R'C}}{=}\text{O} & \underset{\substack{\text{retro-}\\\text{grade}\\\text{aldol}}}{\overset{\text{aldol}}{\rightleftharpoons}}\ \underset{\substack{\text{RC·C}{=}\text{O}\\ \text{H OEt}}}{\text{R'·C}{-}\bar{\text{O}}\}\overset{+}{\text{Na}}}\ \underset{\substack{\text{semi-}\\\text{acetal}}}{\overset{\substack{\text{retro-}\\\text{grade}\\\text{semi-}\\\text{acetal}}}{\rightleftharpoons}}\ \underset{\substack{\text{RC}\quad\text{C}{-}\text{O}\\ \text{OEt}}}{\text{R'·C}\quad\text{O}}\}\overset{+}{\text{Na}}
\end{array}
$$

$$\text{-------- General tendency -------- } \rightarrow$$

The basic catalyst effects the removal of the α-hydrogen (activated by the
carbethoxy group in the ester) to give the enolide ion. This undergoes a reversible
aldol type of condensation with the activated carbonyl compound (a second
ester molecule, aldehyde or ketone) and the addition compound is involved in a
reversible semi-acetal equilibrium with the enolide ion of the β-keto-ester. The
much greater stability of the sodium derivative of the β-keto-ester relative to
that of the original ester determines the general direction of the change from left
to right. The catalytic effect of ether, observed by TINGLE and GORSLINE,[2] is
doubtless due to its precipitation of the sodium enolate, thus displacing the
equilibria in favour of the final product. The continuous removal of alcohol from
the reaction mixture by distillation[3] will have a similar effect on the equilibria.
As SPIELMAN and SCHMIDT[4] have regⁿonised, the final product is a metal enolate
of the β-keto-ester and hence the catalyst must be the salt of an acid which is
weaker than the condensate. The failure of sodium ethoxide to effect the condensation of ethyl *iso*butyrate, whereas mesityl magnesium bromide affords a 26%
yield, is due to the much stronger acidity of alcohol than of mesitylene. The ethyl
tetramethylacetoacetate formed is a very weak acid besause only a γ-hydrogen is
available for enolisation $\text{Me}_2\text{CH·CO·CMe}_2\cdot\text{CO}_2\text{Et} \rightleftharpoons \text{Me}_2\text{C}:\text{C(OH)·CMe}_2\cdot\text{CO}_2\text{Et}.$
In the presence of the magnesium mesityl bromide the enolate $\text{Me}_2\text{C}:\text{C(OMgBr)}\cdot$
$\cdot\text{CMe}_2\cdot\text{CO}_2\text{Et}$ and the very much weaker acid mesitylene will be formed. The
same catalyst has been used to convert ethyl stearate into ethyl α-stearyl-
stearate and CONANT and BLATT[5] obtained a 90% yield of the keto-ester from
ethyl phenylacetate when magnesium *iso*propyl bromide was used as a catalyst.

In view of the relatively complex sequence of equilibria which are involved
it is not surprising that CLARK[6] found no simple kinetic order in his quantitative
study of the condensation of acetone with ethyl oxalate.

The electron-repelling effects of alkyl groups substituted at the seat of ionisation of the α-hydrogen will hinder such ionisation and decrease the toleration

[1] Ber. dtsch. chem. Ges. **67** (1934), 1338.
[2] Amer. chem. J. **37** (1907), 483.
[3] MCELVAIN: J. Amer. chem. Soc. **51** (1929), 3124.
[4] l. c.
[5] J. Amer. chem. Soc. **51** (1929), 1227.
[6] l. c.

of the resulting anion for its negative charge. The resulting decrease in the yield
of the keto ester is illustrated by the following results:

Condensation of the ester $R \cdot CO_2Et$ with 1 mol. of magnesium mesityl bromide as catalyst.[1]

R	$Pr^\beta \to CH_2$	$Bu^\gamma \to CH_2$	$\genfrac{}{}{0pt}{}{Me}{Me} \searrow\!\!\!\!\!\nearrow CH$
Yield of keto-ester	51%	32%	26,5%

Condensation of $R \cdot CH_2 \cdot CO_2Et$ with NaOEt ($^1/_6$ mol.)
for the optimum time.[2]

R	Reaction Time (hrs.)	Reaction Temp. °C	Yield of ester %
H	8	78	75
Me	16	95	46
Et	32	95	40
Pr^α	32	95	34
Pr^β	48	95	0
Bu^γ	68	95	0
Ph	6	95	53

Less easy to interpret, however, are the yields of the diacylmethane $R \cdot CO \cdot$
$\cdot CH_2 \cdot CO \cdot CH_3$ obtained in the condensation of ethyl acetate (6 mols.) with the
ketone $R \cdot CO \cdot CH_3$ (1 mol.) using two atomic proportions of sodium (which for
this condensation is stated to be preferable to sodium ethoxide) as catalyst:[3]

R =	Bu^β	> Me	> Bu^α	Pr^β	> sec-Bu	> Pr^α	> Et
Yield =	64	58	56—62	54	47	45	35

The suggested mechanism also accommodates the observation of TSCHE-
LINCEV and OSSETROUVA[4] that acetodiphenylamide undergoes condensation
with sodium (1 mol.) in benzene to give an 84% of the diphenylamide of acetoacetic acid.

Much attention has been given to the DIECKMANN reaction[5] which, as has
been noted, is simply an internal CLAISEN condensation in which both the reacting
groups are suitably placed in the same molecule.

The mechanism and the function of catalysts will be the same as that discussed for interaction between separate molecules, but additional requirements
will now be 1. the ease of approach of the reactive centres and 2. stability of
the cyclic system ultimately formed. PULL and McELVAIN[6] have studied the
effect of variation in m and n on the yields of cyclicesters obtained in the
following condensation, using one molecular proportion of sodium ethoxide
as the catalyst either in a hydrocarbon solvent or without solvent:

$$\text{MeN}\underset{(CH_2)_n \cdot CO_2Et}{\overset{(CH_2)_m \cdot CO_2Et}{\big\langle}} \;\longrightarrow\; \text{MeN}\underset{(CH_2)_n \quad CO}{\overset{(CH_2)_{m\text{-}2}\text{-}CH}{\big\langle}}\!\!\!\!\!\!\text{CH} \cdot CO_2Et + \text{EtOH}.$$

[1] SPIELMAN, SCHMIDT: l. c.
[2] ROBERTS, McELVAIN: J. Amer. chem. Soc. 59 (1937), 2007.
[3] SPRAGUE, BECKHAM, ADKINS: l. c.
[4] Ber. dtsch. chem. Ges. 69 (1936), 374.
[5] Cf. *inter alia*, PERKIN, THORPE: J. chem. Soc. (London) 79 (1901), 736. —
INGOLD, THORPE: Ibid. 115 (1919), 330. — INGOLD, FARMER: Ibid. 117 (1920), 1362. —
COX, KROCKER, McELVAIN: J. Amer. chem. Soc. 56 (1934), 1173. — MEINCKE,
McELVAIN: Ibid. 57 (1935), 1443. — MEINCKE, COX, McELVAIN: Ibid. 57 (1935), 1133.
[6] Ibid. 55 (1933), 1237.

As would be expected the best yields are obtained when the values of m and n are such that a five- or (better still) a six-membered cyclic compound results. No yield was obtained in the cases where larger or smaller rings than these would have resulted from the condensation.

In the cyclisation of malonic esters in which the hydrogen, ultimately removed as alcohol, is activated only by an adjacent carbonyl group, it would seem likely that the initial action of the sodium ethoxide catalyst would be to remove the malonyl hydrogen. The open-chain enolate so formed could then undergo cyclisation with elimination of alcohol to produce the enolate of the cyclic ketonic ester.

Thus, contrary to the mechanism of McELVAIN and his co-workers,[1] the cyclisation studied by DIECKMANN and KRON[2] would be formulated

$$
\begin{array}{ccc}
\text{H} \cdots \bar{\text{O}}\text{Et} & & \\
\quad\text{CO}\cdot\text{OEt} & \text{PhCH}\cdot\text{C}\cdot\text{CO}_2\text{Et} & \text{PhCH} \quad\text{---C}\cdot\text{CO}_2\text{Et} \\
\text{PhCH}\!-\!\text{C} & \big| & \big| \\
\big| \quad \text{C}\cdot\text{OEt} & \text{C}\!-\!\bar{\text{O}} \; \overset{+}{\text{Na}} & \big| \\
\big| \quad \text{O} \;\; \overset{+}{\text{Na}} & \text{OEt} & \\
\text{CH}\cdot\text{CO}_2\text{Et} \;\;\to\;\; \text{EtO}_2\text{C}\cdot\text{CH} & \;\;\to\;\; \text{CH}\cdot\text{CO}_2\text{Et} \;\; \text{C}\,\bar{\text{O}} \; \overset{+}{\text{Na}} \\
\big| & \big| \quad \text{H} & \big| \\
\text{CO}\cdot\text{CHMe}_2 & \text{CO}\,\text{---}\,\text{CMe}_2 & \text{CO} \quad\quad \text{CMe}_2
\end{array}
$$

Such a mechanism is only a modification in detail of the general scheme given on p. 174. The essential function of the catalyst is again to remove ionisable hydrogen and the general direction of the reaction sequence is determined by the greater stability of the sodium enolate of the product.

FISHER and McELVAIN[3] have studied the effect of varying the nature of the group R on the approach to equilibrium in the system

$$2\,\text{Me}\cdot\text{CO}_2\text{R} + \text{NaOR} \;\rightleftharpoons\; \text{MeC(ONa)}:\text{CH}\cdot\text{CO}_2\text{R} + 2\,\text{ROH}$$

but interpretation of the relative efficiency of the alkoxide ions as catalysts is complicated by the concomitant change in the nature of the ester which undergoes condensation. It is of interest, however, to notice that no condensation of phenyl acetate is effected by sodium phenoxide since phenol is too strong an acid to permit the formation of the enolate of the much weaker acid $CH_3\cdot CO\cdot CH_2\cdot CO_2Ph$.

KNOEVENAGEL condensation.

The condensation between an aldehyde or ketone and a methylene group $-CH_2X_2$, the hydrogen atoms of which are activated by the attachment of electron-attracting groups ($X = \cdot COR$, $\cdot CO_2R$, $\cdot CN$, $\cdot NO_2$, etc.) is catalysed by sodium alkoxides and by a large variety of organic bases. Essentially it is an aldol addition followed by elimination of water from the primary condensation product;

$$\text{\Large$>$}\!\text{C}=\text{O} + \text{CH}_2\text{X}_2 \;\to\; \underset{\underset{\text{OH}\;\;\text{H}}{|}}{\text{\Large$>$}\!\text{C}\text{---}\text{CX}_2} \;\to\; \text{H}_2\text{O} + \text{\Large$>$}\!\text{C}=\text{CX}_2.$$

[1] J. Amer. chem. Soc. 56 (1934), 1173, 2459.
[2] Ber. dtsch. chem. Ges. 41 (1908), 1260.
[3] J. Amer. chem. Soc. 56 (1934), 1767.

Various mechanisms have been suggested from time to time but have been invalidated or modified in the light of later experimental results. A review of the literature[1] reveals that the following essential factors must be accounted for in the consideration of the function of the catalysts. Like all aldol condensations the reaction is reversible and COPE[2] has shown that the yield of the unsaturated product is increased by the continuous removal of one of the products, water, by distillation. When 0,25 mol. of the unsaturated ester $C_6H_{13} \cdot CMe : C\,(CN) \cdot CO_2Me$ is heated 5 hours at 125° wich an equimolecular quantity of water and 0,01 mol. of piperidine, a 20% yield of methyl hexyl ketone is obtained. Enolisation of the ketonic component is not an essential since KOHLER and CORSON[3] found that α-ketonic-esters, structurally incapable of enolisation, will condense with methyl malonate and methyl cyanoacetate e.g.

$$Ph \cdot CO \cdot CO_2Me \;+\; CN \cdot CH_2 \cdot CO_2Me \;\underset{0°}{\rightleftharpoons}\;
\begin{array}{l} Ph \cdot C(OH) \cdot CO_2Me \\[2pt] | \\[2pt] CH(CN) \cdot CO_2Me \end{array}
\qquad \text{(few drops of NaOMe—MeOH)}$$

$$\downarrow \begin{array}{l} 75\text{--}80\% \\ AcOH \end{array}$$

$$\text{ordinary temp.} \longrightarrow Ph \cdot C(CO_2Me) : C(CN) \cdot CO_2Me$$

$$CO\!\!\begin{array}{l} \diagup CO_2Me \\ \diagdown CO_2Me \end{array} + CH_2(CO_2Me)_2 \;\xrightarrow{\;\text{piperidine}\;}\;
\begin{array}{c} CO_2Me \\ | \quad \diagup OH \\ C \\ | \quad \diagdown CH(CO_2Me)_2 \\ CO_2Me \end{array}
\;\xrightarrow{H_2SO_4}\;
\begin{array}{c} CO_2Me \\ | \\ C : C(CO_2Me)_2 \\ | \\ CO_2Me \end{array}$$

In his original investigations KNOEVENAGEL[4] used secondary bases, of the type of diethylamine, as catalysts, and his suggested mechanism postulated the initial condensation between the carbonyl derivative and the base, e.g.

$$MeCH : O \;+\; 2\,NHEt_2 \;\longrightarrow\; MeCH(NEt_2)_2 \;+\; H_2O,$$

$$MeCH(NEt_2)_2 \;+\; CH_2\!\!\begin{array}{l} \diagup COMe \\ \diagdown CO_2Et \end{array} \;\longrightarrow\; MeCH : C\!\!\begin{array}{l} \diagup COMe \\ \diagdown CO_2Et \end{array} \;+\; 2\,NHEt_2.$$

Although he actually isolated such intermediates and found that they did react according to the second equation, their formation is an unnecessary assumption since HANN and LAPWORTH[5] found that trimethylamine and tri-n-propylamine are equally effective as catalysts.[6] These authors suggested that the function of the basic catalyst was to lower the hydrion concentration and so to increase the concentration of the anion $[CHX_2]^-$ which adds to the ketonic component, but it is now recognised that the presence of acids, far from being deleterious, is actually an essential condition for the condensation to occur.

$$R \cdot C\!\!\begin{array}{l} \diagup \overset{\frown}{O}H \\ \diagdown \underset{\smile}{N}R_2 \end{array} \;\longrightarrow\; R \cdot C : \overset{+}{N}R_2 \;+\; \overline{O}H.$$

<hr>

[1] For reviews of the literature see KOHLER, CORSON: J. Amer. chem. Soc. 45 (1923), 1975. — BOXER, LINSTEAD: J. chem. Soc. (London) (1931), 740. — KUHN, BADSTÜBNER, GRUNDMAN: Ber. dtsch. chem. Ges. 69 (1936), 98.

[2] J. Amer. chem. Soc. 59 (1937), 2327.

[3] Ibid. 45 (1923), 1975: KOHLER, HAGEN, THOMAS: Ibid. 50 (1928), 913.

[4] Liebigs Ann. Chem. 281 (1894), 25; Ber. dtsch. chem. Ges. 27 (1894), 2345.

[5] J. chem. Soc. (London) 85 (1904), 46.

[6] This also invalidates the hypothesis of SMITH, WELCH: J. chem. Soc. (London) 1934, 1136, that the secondary base forms the unstable intermediate .

Pure crotonaldehyde, freed from crotonic acid, does not give a KNOEVENAGEL condensation with piperidine as a catalyst, but readily does so when piperidine acetate is used.[1] BOXER and LINSTEAD[2] found that weak bases such as pyridine, triethanolamine, diphenylamine, quinoline, dimethylaniline, are effective catalysts for the condensation of butaldehyde and malonic acid even in the presence of a large excess of the acid component. BLANCHARD, KLEIN, and MACDONALD[3] confirmed DAKIN's observation[4] that amino-acids are effective catalysts. The ease of condensation of cinnamaldehyde with malonic acid in 50% alcohol, using an amino-acid as a catalyst, increases with increase in the hydrion concentration and, in general, bases are more effective catalysts in acid solution. Even weak bases such as urea, which are usually ineffective, become efficient catalysts in acetic acid solution. Probably the most systematic work on the mechanism of the KNOEVENAGEL condensation is that of COPE[5] who has investigated the effect of various catalysts upon the condensation of methyl cyanoacetate and methyl hexyl ketone heated together for 5 hours at 125°. He also found that the acetates of bases are much better catalysts than the bases themselves. This is exemplified by the following data.

Condensation of $CN \cdot CH_2 \cdot CO_2 Me$ (0,25 mol.) with $Me \cdot CO \cdot C_6 H_{13}$ (0,25 mol.) at 125°. Catalyst 0,01 mol.

Catalyst	Yield of condensation product %	Unchanged material recovered %
Piperidine	39	37
Piperidine acetate	52	28
Triethylamine acetate	39	37
Pyridine acetate	28	55

Condensation of $CN \cdot CH_2 \cdot CO_2 Me$ (0,25 mol.) with $Me \cdot CO \cdot C_5 H_{11}$ (0,35 mol.) with continuous removal of water by slow distillation.

Catalyst	Yield of condensation product %	Unchanged material recovered %
Acetamide (0,085)	91	5
Ammonium acetate (0,04)	87	6
Piperidine acetate	89	7
Sodium acetate	39	49
No catalyst	8	73

It is evident that the really effective catalysts for the condensation are the salts of bases with weak acids like acetic, the cation of the salt acting as an acid and the anion as a basic catalyst. COPE[6] has suggested a mechanism, based essentially on a preliminary aldol condensation in which the functions of such acid and basic catalysts are reasonably explained. The first stage (a) is the ionisation of the active hydrogen from the ester component which will be catalysed by both acids and bases in accordance with the mechanisms previously discussed (p. 56):

$$H-CHX_2 \rightleftharpoons \overset{+}{H} + [CHX_2]^-. \tag{a}$$

The nucleophilic anion so produced then undergoes an aldol condensation (b)

[1] KUHN, BADSTÜBNER, GRUNDMAN: l. c.
[2] l. c.
[3] J. Amer. chem. Soc. **53** (1931), 2810.
[4] J. biol. Chemistry **7** (1909), 49.
[5] l. c.
[6] l. c. — Cf. INGOLD: J. chem. Soc. (London) **1930**, 184.

with the carbonyl compound in the usual manner,[1] the necessary polarisation of the carbonyl group being assisted by acid catalysts:

$$R_2C{=}O \;+\; \overset{+}{H} \;+\; [CHX_2]^- \;\longrightarrow\; R_2C\underset{CHX_2}{\overset{OH}{\big<}} \qquad (b)$$

Finally this condensation product undergoes dehydration (c), a reaction which will be catalysed by both acids (assist removal of OH group) and, especially, by bases (which act directly to facilitate the ionisation of the hydrogen)

$$R_2C{-}{-}CX_2 \;\rightarrow\; R_2C = CX_2 + H_2O.$$
$$AH \quad OH \quad H{\cdots}B \qquad\qquad (c)$$

There is no real evidence as to which is the rate-determining stage, but the efficiency of the acid salts of weak bases suggests that this may be the acid-catalysed aldol condensation. As in any addition of a nucleophilic addendum to the carbonyl group, electron-release by the groups R_2 will assist the requisite polarisation of the carbonyl group but will hinder the approach of the nucleophilic reagent to the carbon. Electron attracting substituents will have the opposite effects. It is to be expected, therefore, that, in a graded polar series, the yield of the condensation product will pass through a maximum at some point, just as LAPWORTH and MANSKE[2] found for the formation of cyanohydrins. This conclusion is supported by the results of DALAI and DUTT[3] who found that the yield of condensation from malonic acid and various substituted benzaldehydes (1 mol.) in the presence of quinoline (1 mol.) decreased in the following order:

m-NO$_2$	> H	> p-NO$_2$	> p-OMe	> m-OH	> p-Me	> p-NMe$_2$	$\gg p$-OH	(? p-$\bar{O}$)
82,5	80	75	72,3	70,6	69,9	68,8	10,6	% yield.

Thus weak electron attraction (m-NO$_2$) increases the yield, but strong electron-attraction (p-NO$_2$) or electron-release diminishes it. COPE' results[4] show that the yields obtained in the condensation of the ketones Me·CO·R with ethyl cyanoacetate, using acetamide in acetic acid as a condensing agent, increase with increasing electron-release of the group R:

R =	Me	< Et	< Pr$^\alpha$	< Bu$^\beta$	< C$_5$H$_{11}$	= C$_6$H$_{13}$
% yield =	ca. 30	ca. 40	73	76	91	90

PERKIN's Reaction.

The reaction between an aromatic aldehyde and the anhydride and sodium salt of an aliphatic acid, to give unsaturated acid, provides an interesting example of the caution which it is necessary to exercise in the formulation of a mechanism on the basis of experimental data. In the early years after the publication of PERKIN's method of synthesis of cinnamic acid[5] FITTIG[6] brought forward seem-

---

[1] Cf. p. 42. — Also WATSON: Modern Theories of Organic Chemistry, p. 109. Oxford, 1937.

[2] J. chem. Soc (London) 1928, 2533.

[3] J. Indian chem. Soc. 9 (1932), 309.

[4] l. c.

[5] J. chem. Soc. (London) 32 (1877), 389.

[6] Liebigs Ann. Chem 216 (1882), 115. — Cf. also FITTIG, SLOCUM: Ibid. 277 (1885), 53. — FITTIG: Ibid. 277 (1885), 48. — NEF: Ibid. 298 (1897), 202. — MICHAEL, HARTMANN: Ber. dtsch. chem. Ges. 34 (1901), 918. — MEYER, BEER: Mh. Chem. 34 (1913), 649. — MICHAEL: Amer. chem. J. 50 (1913), 411. — BAKUNIN, FISCEMAN: Gazz. chim. ital. 46 (1916), 77. — REICH, CHASKELIS: Bull. Soc. chim. France 19 (1916), 287.

ingly convincing evidence that the reaction occurred essentially between the aldehyde and the sodium salt of the acid thus:

$$PhCH : O + CH_3 \cdot CO_2Na \to PhCH(OH) \cdot CH_2 \cdot CO_2Na \to PhCH : CH \cdot CO_2Na + H_2O.$$

In spite of this PERKIN[1] maintained his original view that interaction takes place between the aldehyde and the acid anhydride and indicated the possible alternative explanations of FITTIG's experimental results. Later work has completely justified PERKIN's view. KALNIN[2] has shown that the reaction between the acid anhydride and the aldehyde is catalysed by the sodium salt of the acid. The real catalyst is the acid anion which can, with advantage, be replaced by a tertiary base, or by the anions of other weak acids. The efficiency of the basic catalyst is proportional to its basic strength and can be reduced to zero by addition of sufficient acid. These conclusions are based on, and are illustrated by, the following typical data.

Condensation of benzaldehyde with acetic anhydride using the salts of weak acids as catalysts.

Catalyst salt	KOAc	K_2CO_3	NaOAc	Na_2CO_3	K_2SO_3	K_3PO_4	K_2S	KJ
Yield of $PhCH:CH \cdot CO_2H$ .. %	72,5	58,9	39,3	40,2	32,0	20,4	8,4	0

Replacement of sodium acetate by potassium carbonate reduces the necessary time of heating from 8 hours to 5 minutes.

Condensation of PhCHO with Ac_2O with basic catalysts.

Catalyst	K_b of base		Yield of $PhCH:CH \cdot CO_2H$ %
Quinoline	0,8	10^{-9}	trace
Pyridine....................	2,3	10^{-9}	1,12
Diethyl benzylamine	3,56	10^{-5}	6,87
Benzylpiperidine.............	—		8,78
Triethylamine	6,4	10^{-4}	29,27

The 20,3% yield of cinnamic acid obtained from constant proportions of benzaldehyde and acetic anhydride with potassium acetate as a catalyst, heated for 8 hours at 180°, is gradually reduced to 0,5% by addition of increasing amounts of glacial acetic acid to the reaction mixture.

The advantageous effect of a tertiary base is illustrated by the following data concerning the addition of only eight drops of pyridine to a mixture of 20 g. of benzaldehyde, 30 g. of acetic anhydride and 10 g. of sodium acetate:[3]

Time of reaction	4 hours	6 hours	8 hours
Yield (a) without pyridine ......%	36,7	53,6	60,7
Yield (b) with pyridine ....%	67,1	83	85

The yield of cinnamic acid from molar quantities of benzaldehyde and acetic anhydride at first increases rapidly with increase in the amount of base added but soon reaches a maximum, further increase causing a falling off in the yield.

---

[1] J. chem. Soc. (London) **47** (1886), 317.
[2] Helv. chim. Acta **11** (1928), 977.
[3] BACHARACH, BROGAN: J. Amer. chem. Soc. **50** (1928), 3333.

The position of the maximum differs for different bases:

Pyridine ....mols.	—	0,33	0,67	1,0	2,0	3,0	
Yield.............. %	—	1,12	2,46	2,24	1,68	1,57	
Trimethylamine ..mols.	0,1	0,33	0,67	—	—	—	
Yield .... %	8,56	29,27	20,72	—	—	—	

It seems probable that the decreased yields obtained with the larger base concentrations may be due to the very considerable change in the nature of the reaction medium which would result.

KALNIN formulated the following rather complex mechanism of which the first step is the enolisation of the acid anhydride, facilitated by the basic catalyst:

$$MeCO \cdot O \cdot CO \cdot CH_3 \rightarrow$$

$$\rightarrow MeCO \cdot O \cdot C(OH) : CH_2 \xrightarrow{PhCHO} MeCO \cdot O \cdot CH(OH) \cdot CH_2 \cdot COPh.$$

Subsequent removal of a molecule of acetic acid by the basic catalyst from the enol form of this intermediate, is then assumed to initiate the following reaction sequence to give cinamic acid:

$$PhC : CH \cdot CH \cdot OH \rightarrow Ph \cdot C : CH \cdot CH \cdot OH \rightarrow PhCH : CH \cdot CO \cdot OH.$$

Although other workers[1] have confirmed KALNIN's hypothesis it would seem to involve a rather unusual type of addition of benzaldehyde to the double linking of the enolic form of the anhydride.

There seems to be general agreement that the "enolisation" (or rather the "ionisation") of the acid anhydride is essential. KUHN and ISHIKAWA[2] found that although benzaldehyde condenses with crotonaldehyde in the presence of dilute alcoholic alkali, it will not condense with either crotonic acid, or its potassium salt, even in the presence of acetic anhydride. Condensation does occur, however, in the presence of tertiary bases (e.g. NEt_3), the α-hydrogen of the crotonic acid being involved to give the product $PhCH : C(CH : CH_2) \cdot CO_2H$. MÜLLER[3] also confirms the necessity for the enolisation but does not accept the subsequent complex mechanism of KALNIN since it was found that benzoyl cyanide (which, unlike benzaldehyde, contains no possible mobile hydrogen atom) reacts with acetic anhydride and sodium acetate to give acetophenone. The formation of this product is explained by the reaction sequence

$$PhC : O + CH_3CO \cdot OAc \rightarrow HO \cdot CPh \cdot CH_2 \cdot CO \cdot O \cdot Ac \rightarrow$$
$$\qquad | \qquad\qquad\qquad\qquad\qquad\qquad | $$
$$\qquad CN \qquad\qquad\qquad\qquad\qquad\qquad CN$$

$$\rightarrow PhCO \cdot CH_2 \cdot CO_2H \rightarrow PhCO \cdot CH_3.$$

It will be noticed that this mechanism postulates the much more normal aldol type of addition of the anhydride to the carbonyl bond, and such initial aldol addition constitutes a more feasible mechanism for the PERKIN reaction and one which, moreover, readily accomodates the experimental data and correlates the function of the basic catalyst with other nucleophilic additions to the carbonyl group.

---

[1] ISHIKAWA, KOJIMA: Sci. Rep. Tokyo Bunrika Daigaku, Sect. A 1 (1934), 289. — S. I. KATOH, H. KATOH: Ibid. 1 (1934), 297.

[2] Ber. dtsch. chem. Ges. 64 (1931), 2347.

[3] Liebigs Ann. Chem. 491 (1931), 251. — MÜLLER, GAWLICK, KREUTZMAN: Ibid. 515 (1935), 97.

The function of the catalyst is probably a two-fold one, first to assist the ionisation of the α-hydrogen atom from the acid anhydride, and further to promote the necessary polarisation of the carbonyl group by mechanisms already discussed (p. 67). The initial aldol addition may be formulated

$$
\begin{array}{c}
\text{X} \\
| \\
\text{ArC}\!=\!\text{O} \\
{}^{\delta+}\;\;{}^{\delta-} \\
\text{AcO}\cdot\text{C}-\text{CH}_2-\text{H}\cdots\text{Base} \\
\| \\
\text{O}
\end{array}
\rightarrow
\left[
\begin{array}{c}
\text{X} \\
| \\
\text{ArC}-\bar{\text{O}} \\
| \\
\text{CH}_2\cdot\text{C}\cdot\text{OAc}\quad\overset{+}{\text{H}}\,\text{Base} \\
\| \\
\text{O}
\end{array}
\right]
\rightarrow
\begin{array}{c}
\text{X} \\
| \\
\text{Ar}\cdot\text{C}-\text{OH} \\
| \\
\text{CH}_2\cdot\text{CO}\cdot\text{OAc}
\end{array}
\tag{I}.
$$

The subsequent course of the action will be dependent upon the nature of X. With an aldehyde (X = H) elimination of acetic acid from the complex (I) can immediately bring about the necessary isomerisation to give the unsaturated acid:

$$
\begin{array}{c}
\text{H} \\
| \\
\text{Ar}\cdot\text{C}-\;\text{OH} \\
| \\
\text{H}\quad\text{CH}\cdot\text{C}-\text{OAc} \\
\| \\
\text{O}
\end{array}
\rightarrow
\begin{array}{c}
\text{ArCH} \\
| \\
\text{CH}\cdot\text{CO}\cdot\text{OH}
\end{array}
+ \text{AcOH}.
$$

With benzoyl cyanide (X=CN) the intermediate (I) is a ketone cyanohydrin and will readily lose hydrogen cyanide to give the mixed anhydride of acetic acid and acetophenone-ω-carboxylic acid, hydrolysis of which affords acetophenone:

$$
\begin{array}{c}
\text{CN} \\
| \\
\text{ArC}-\text{O}-\text{H} \\
| \\
\text{CH}_2\cdot\text{CO}\cdot\text{O}\cdot\text{Ac}
\end{array}
\longrightarrow
\text{ArCO}\cdot\text{CH}_2\cdot\text{CO}\cdot\text{O}\cdot\text{Ac}
\overset{\text{HOH}}{\longrightarrow}
\begin{array}{c}
\text{ArCO}\cdot\text{CH}_2\cdot\text{CO}_2\text{H} + \text{AcOH} \\
\downarrow \\
\text{ArCO}\cdot\text{CH}_3 + \text{CO}_2
\end{array}
$$

Any acyl derivative the α-hydrogen of which is readily ionisable should, on the basis of this mechanism, undergo the PERKIN condensation and KATO[1] has shown that acid chlorides readily condense with benzaldehyde in the presence of triethylamine, the electron-attracting ($-I$) effect of the chlorine increasing the incipient ionisation of the α-hydrogen:

$$
\text{PhCH}:\text{O} + \text{R}\cdot\text{CH}_2\cdot\text{CO}\cdot\text{Cl} \rightarrow
\begin{array}{c}
\text{Ph}\cdot\text{CH}\quad\text{OH} \\
\text{H}\quad\text{CR}\cdot\text{CO}\cdot\text{Cl}
\end{array}
\rightarrow \text{Ph}\cdot\text{CH}:\text{CR}\cdot\text{CO}_2\text{H} + \text{HCl}
$$

The following are typical examples:

Acid chloride	Temp. °C	Time (hrs.)	Yield %
$\text{CH}_3\cdot\text{CO}\cdot\text{Cl}$	170–180	8,5	11,86
$\text{Et}\rightarrow\text{CH}_2\cdot\text{CO}\cdot\text{Cl}$	170–180	9,5	6,63
$\text{Ph}\cdot\text{CH}_2\cdot\text{CO}\cdot\text{Cl}$	170–180	8,5	43,78
$\genfrac{}{}{0pt}{}{\text{Me}\searrow}{\text{Me}\nearrow}\text{C}=\text{CH}\cdot\text{CO}\cdot\text{Cl}$....	170–180	8,5	6,2

It will be noticed that the electron-release effect of alkyl substituents in the parent acetyl chloride renders the hydrogen ionisation more difficult and so reduces the yield, whereas a phenyl group, by its $-T$ effect, facilitates the ionisation and an increased yield results.

Acetic acid which, in the discussion on bromination (p. 73) has been shown not to enolise, fails to condense with benzaldehyde in the presence of a basic

<hr>

[1] Sci. Rep. Tokyo Bunrika Daigaku, Sect. A **2** (1935), 257.

catalyst, but, as KALNIN[1] found, the aldehyde may be replaced by SCHIFF's bases like the alkylideneanilines since similar addition of the acid anhydride is obviously possible.

$$\begin{array}{ccccc}
& & \overset{\text{H}}{\underset{|}{}} & & \\
\text{R·CH}\!=\!\text{NPh} & \rightarrow & \text{R·C}\quad\text{NHPh}\quad\text{H} & \rightarrow & \text{RCH:CH·CO}_2\text{H} + \begin{cases}\text{AcOH}\\ \text{NH}_2\text{Ph}\end{cases} \\
\text{AcO·C}\!-\!\text{CH}_2\!-\!\text{H} & & \text{H}\!-\!\text{CH·CO}\quad\text{OH} & & \\
\underset{\text{O}}{\overset{\|}{}} & & \to\text{OAc} & &
\end{array}$$

Esterification.

Because of its practical importance and because the velocity is sufficiently slow for kinetic study the elimination of water between alcohols and organic acids to give esters has been the object of considerable study. Recent investigations have, however, tended rather to emphasise the complexity of the problem, the detailed mechanism of which is still somewhat obscure.

The reaction

$$\text{R·CO·OH} + \text{R'OH} \rightleftharpoons \text{R·CO·OR'} + \text{H}_2\text{O}$$

is a reversible one and is catalysed only by acids or acidic substances[2] like potassium ethyl sulphate or anhydrous aluminium sulphate. The activity of the catalyst is not merely due to a dehydrating action since anhydrous sodium sulphate, for example, is without effect.[3] The acetic acid complex of boron fluoride has also been found to catalyse ester formation.[4]

The nature of the active catalytic entity in esterification has been the subject of some discussion. GOLDSCHMIDT[5] adopted the view that it is the alcohol-solvated hydrogen proton $\overset{+}{\text{ROH}}_2$ and ascribed the retarding effect of added water on acid-catalysed esterification to its replacement by the inactive hydroxonium ion $\overset{+}{\text{H}}_3\text{O}$. LAPWORTH[6] favoured the view that the active agent is the unsolvated hydrogen proton $\overset{+}{\text{H}}$, and RICE[7] supported this contention. Modern ideas which regard the ionisation of acids as essentially a protolytic reaction

$$\text{HX} + \text{ROH} \rightleftharpoons \overset{+}{\text{ROH}}_2 + \overset{-}{\text{X}}$$

renders this latter view unacceptable and it is now clearly established that the undissociated acid molecule also exerts a catalytic influence.[8]

GOLDSCHMIDT and his co-workers[9] have shown that the rate of esterification of formic acid in methyl and ethyl alcohols in the presence of hydrochloric, picric or trichlorobutyric acid or trinitro-*m*-cresol as catalyst, is proportional to the hydrion-concentration and that autocatalysis by the hydrion from the formic acid itself follows the same law. Addition of sodium formate up to a

[1] l. c.

[2] Cf. SENDERENS, ABOULENC: C. r. hebd. Stances Acad. Sci. **152** (1911), 1671, **156** (1913), 1620.

[3] Cf. KURTENACKER, HABERMANN: J. prakt. Chem. (2) **83** (1911), 541.

[4] HINTEN, NIEUWLAND: J. Amer. chem. Soc. **54** (1932), 2017.

[5] GOLDSCHMIDT, UDBY: Z. physik. Chem. **60** (1907), 728.

[6] LAPWORTH, PARTINGTON: J. chem. Soc. (London) **97** (1910), 19.

[7] J. Amer. chem. Soc. **45** (1923), 2808.

[8] Cf. e.g. ROLFE, HINSHELWOOD: Trans. Faraday Soc. **30** (1934), 935.

[9] GOLDSCHMIDT, MELBYE: Z. physik. Chem. **143** (1929), 139. — GOLDSCHMIDT, HAALAND: Ibid. **143** (1929), 278.

concentration of 0,025 N causes a large decrease in velocity, but further addition
has no effect. A similar effect is observed on the addition of sodium acetate in
the esterification of acetic acid.[1] Such action could be explained by the consequent
depression of the ionisation of the formic acid which replaces the catalytic hydrion
by the undissociated formic acid molecule.

HINSHELWOOD,[2] however, has pointed out that esterification is complicated
kinetically by the fact that several of the molecular or ionic species present may
exert independent catalytic effects. He suggests that esterification of (say)
acetic acid by methyl alcohol depends upon ternary collisions which may include
any (or all) of the following possibilities:

$$MeOH—AcOH—H_3\overset{+}{O}, \quad MeOH—AcOH—\overset{-}{O}Ac \quad \text{(or anion of the buffer solution),}$$

$$MeOH—AcOH—Me\overset{+}{O}H_2, \quad MeOH—AcOH—AcOH, \quad MeOH—(AcOH)_2—AcOH.$$

The extensive investigations of KAILAN and his collaborators[3] on the esterification of a variety of alcohols in aqueous and non-aqueous media, also
illustrate the difficulties attendant on any attempt to explain the function
of catalysts. In the absence of an added acid catalyst addition of water
always reduces the velocity of esterification, but in the presence of
hydrogen chloride as a catalyst the velocity of esterification is stated to be
increased by addition of water in the condensation of various alcohols (EtOH,
$Pr^\alpha OH$, $Pr^\beta OH$, $Bu^\alpha OH$, $CHMeEt \cdot OH$, $CH_2Ph \cdot OH$, $CH_2 : CH \cdot CH_2 \cdot OH$,
borneol, $cyclo$hexanol and halogeno-alcohols) with acetic acid, whereas it is reduced
in the esterification of the last named classes of alcohols with formic acid under
similar conditions.[4] The magnitude of the decrease in velocity of esterification
of benzoic acid in anhydrous ethyl alcohol (catalysed by hydrogen chloride)
which is caused by addition of various salts decreases in the order $LiCl > HgCl_2 >$
$> CaCl_2$ and is proportional to the concentration of the added salt. This is ascribed
to the resulting increase in the viscosity of the medium. In the presence of water,
however, addition of these salts causes an increased velocity ($CaCl_2 \gg LiCl > HgCl_2$).
In this case it is suggested that the decrease (owing to viscosity changes) is
outweighed by the increase in velocity which results from the removal of water
from the medium by solvation of the salt ions since benzophenone (which cannot
be hydrated) causes a decrease in both cases.[5] BAILEY[6] made the significant
observation that in glass vessels more than 50% of the uncatalysed esterification
of acetic acid with ethyl alcohol occurs by a heterogeneous reaction on the surface
of the glass. This heterogeneous reaction is inhibited by the addition of pyridine,
leaving the homogeneous solution reaction unaltered. No indication is given of
the relative importance of any heterogeneous reaction in the case of an acid-
catalysed esterification, but the fact that the incursion of surface catalysis is

---

[1] LOZOVOI: J. gen. Chem. USSR **2** (1932), 65.

[2] ROLFE, HINSHELWOOD: l. c. — WILLIAMSON, HINSHELWOOD: Trans. Faraday
Soc. **30** (1934), 1145. — HINSHELWOOD, LEGARD: J. chem. Soc. (London) **1935**, 587.

[3] KAILAN, ROSENBLATT: Mh. Chem. **68** (1936), 109. — KAILAN, HORNY: Ber.
dtsch. chem. Ges. **69**, (1936), 437. — KAILAN, KIRCHNER: Mh. Chem. **64** (1934),
191. — KAILAN, JUNGERMANN: Ibid. **64** (1934), 213. — KAILAN, SCHWEBEL: Ibid.
63 (1933), 52. — KAILAN, ADLER: Ibid. **63** (1933), 155. — KAILAN, FRIEDMANN: Ibid.
62 (1933), 284. — KAILAN, RAFF: Ibid. **61** (1932), 116. — KAILAN, HAAS: Ibid. **60**
(1932), 386.

[4] Cf. also MITCHELL, PARTINGTON: J. chem. Soc. (London) **1929**, 1562. — GOLD-
SCHMIDT, HAALAND: l. c.

[5] KAILAN, KIRCHNER: l. c.

[6] J. chem. Soc. (London) **1928**, 1204, 3256.

possible does not seem to have been recognised in most of the kinetic investigations of esterification. This omission suggests that caution is necessary in the interpretation of data so obtained. The investigations of HINSHELWOOD and his collaborators have been concerned mainly with the effect of variation of the acid and of the alcohol upon the E and P factors in the ARRHENIUS equation $k = PZ e^{-E/RT}$. Changes in velocity are not entirely accounted for by changes in the value of E and in some cases the value of the P factor is actually greater for the slower reactions. The P values are much greater for the acid-catalysed

reaction (10^{-3} for $AcOH$—$Me\overset{+}{O}H_2$) than for the autocatalysed esterification (10^{-7} for $AcOH$—$MeOH$). It is concluded that steric hindrance appears to depend upon high activation energy rather than on purely geometric characteristics and that the smallness of the P values is connected with a necessity for a delicately adjusted orientation of molecules at the moment of reaction.

The most satisfactory mechanism for acid-catalysed esterification is undoubtedly that put forward by LOWRY.[1] He suggested that, in the presence of the acid catalyst, the ionisation of the organic acid is repressed with consequent development of its ketonic (carbonyl) functions.[2]

Addition of a catalyst proton to the alcohol confers upon it the proton donating functions of an acid. The donation of a proton from this complex to the carbonyl oxygen of the acid effects the polarisation of the carbonyl double linking, a necessary preliminary to the addition of the proton-donating complex of the alcohol to the carbon atom of the carbonyl group. Elimination of the catalyst proton and a molecule of water from the complex so formed brings about charge neutralisation with the production of the ester.

$$R'OH + HX \rightleftharpoons R'\overset{+}{O}H_2 + \overset{-}{X},$$

$$\begin{array}{ccccc}
\text{OH} & & \text{OH} & & \\
| & & | & & \\
R\cdot C{=}O & \rightleftharpoons & R\cdot C\!-\!\!-O & \rightarrow & R\cdot C{=}O + H_2O + \overset{+}{H}. \\
| & & | & & | \\
R'\cdot\overset{+}{O}\!-\!H & & R'\cdot O\!-\!H\ H & & OR' \\
| & & & & \\
H & & & &
\end{array}$$

It is not possible to say which is the rate-determining stage of the reaction. The formation of the alcohol-acid-proton complex is essentially a nucleophilic addition to the carbonyl group and so, as in all such additions, the polar effects of the groups R and R' are likely to be complicated. Electron-release by the group R' will increase the basic character of the alcohol R'OH and so tend to stabilise the

oxonium cation $R'\overset{+}{O}H_2$ and render it less prone to addition to the carbonyl group. This is in accord with the decreasing ease of esterification in the series primary > secondary > tertiary alcohols which may be illustrated by the following results of WILLIAMSON and HINSHELWOOD[3] for the autocatalysed esterification of (1) acetic acid and (2) benzoic acid.

Alcohol	(1)			(2)		
	MeOH	$Pr^\beta OH$	$Bu^\gamma OH$	MeOH	$Pr^\beta OH$	$Bu^\gamma OH$
E kg. cals/g. mol.	13 000	15 330	18 830	18 300	21 150	27 500
$k^{100°} \times 10^7$	76,4	16,4	0,24	5,07	0,528	0,00171

[1] Ibid. **127** (1925), 1379.
[2] Cf. LOWRY: Ibid. **123** (1923), 827.
[3] l. c.

The effect of variation in R may be illustrated by the following data:

$$System\ R \cdot CO_2H\text{-}MeOH\text{-}Me\overset{+}{O}H_2.$$

R	=	CH_3	$CHPh_2$	Ph
E kg. cals/g. mol.	=	10200	10800	15700
$k \times 10^5$	=	189	7,8	4,0

$$System\ R \cdot CO_2H\text{-}EtOH\text{-}Et\overset{+}{O}H_2.$$

R	=	CH_3	CCl_3	CMe_3
E kg. cals/g. mol.	=	9900	13400	12700
$k^{25°} \times 10^4$	=	148	1,14	2,19

It will be noticed that the velocity of esterification of acetic acid is decreased (and the values of E are increased) by replacement of the methyl hydrogen atoms by either electron-attracting chlorine or by methyl groups which exert an electron-release effect. The electron-attraction of chlorine would be expected to decrease the necessary polarisation of the carbonyl group of the acid and would also decrease any tendency to fission of the acid in the sense $R' \cdot CO$—OH (i.e. the ease of fission of the postulated reaction complex).

EVANS[1] has suggested that the retardation caused by methyl substituents may be due to the co-ordination of the methyl hydrogens with the carbonyl oxygen to give the more stable structure

$$\begin{array}{ccc} CH_2\!-\!H & & \\ | & & \diagup O \\ Me_2C\cdots & C\diagup & \\ & | & \\ & OH & \end{array}$$

It is evident, however, that this aspect of the problem is too complicated and its solution must await further knowledge regarding the actual catalytic mechanism and the kinetics of the reaction. In conclusion two aspects of the application of homogeneous esterification may be noted briefly. HILDITCH and RIGG[2] have shown that the difficulty in obtaining mono-esters of glycerol or ethylene glycol by heating with higher fatty acids at 140–160° in the presence of an aromatic sulphonic acid as a catalyst is due to the non-homogeneous character of the medium, the mono-ester passing mainly into the acid phase. In phenol solution the medium is homogeneous and, using camphor-β-sulphonic acid as the catalyst, much larger yields of the mono-esters can be obtained.

WEGLER[3] has found that brucine (probably as the cation of its salt) catalyses the esterification of $(+)$ α-phenylethyl alcohol by acetic acid in carbon tetrachloride, more rapidly than it does that of the $(-)$-alcohol. Hence such esterification of the dl-alcohol occurs preferentially with the $(+)$-derivative to give dextro-rotatory esters.

Oxidation-Reduction reactions.

Only brief reference to the function of acid or basic catalysts in oxidation-reduction reactions is possible, and attention is restricted to one or two of the more common examples.

[1] J. chem. Soc. (London) **127** (1925), 1381.
[2] Ibid. **1935**, 1774.
[3] Liebigs Ann. Chem. **498** (1932), 62.

Cannizzaro reaction.

The self-oxidation and reduction of an aldehyde to give a mixture of the corresponding acid and alcohol is effected in the presence of concentrated solutions of metal hydroxides. The initial product is stated to be the ester since benzyl benzoate can be isolated in the reaction of alkali on benzaldehyde if the reaction mixture is kept cool. Various mechanisms have been proposed. It is evident that the addition reaction involved must be essentially different from the more normal type such as that which occurs in the production of the aldol, since hydrogen is united ultimately to the carbon and not the oxygen of the second molecule. MEERWEIN and SCHMIDT[1] have proposed that the initial addition is between one molecule of the aldehyde and one molecule of the aldehyde hydrate to give the complex $OH \cdot CHR\!-\!O\!-\!CHR \cdot OH$ which breaks down into a molecule of alcohol and acid $R \cdot CO_2H$ and $RCH_2 \cdot OH$. WIELAND[2] modifies this somewhat by assuming that the hydrate $RCH(OH)_2$ is dehydrogenated by the metal or the alkali to give RCO_2H and two atoms of hydrogen which are accepted by another molecule of the aldehyde to reduce it to $RCH_2 \cdot OH$. HABER and WILLSTÄTTER[3] have developed a free radical theory in which the metal cation functions as the electron-acceptor:

$$PhCHO + M^{+++} \rightarrow M^{++} + \overset{+}{H} + PhC : O \text{ (first radical)},$$

$$PhCO + PhCHO + H_2O \rightarrow PhCO_2H + PhCHOH \text{ (second radical)},$$

$$PhCH \cdot OH + PhCHO \rightarrow PhCH_2OH + PhCO \text{ (first radical)}.$$

The kinetics of the CANNIZZARO reaction in homogeneous solution have been studied by POMERANZ[4] for benzaldehyde in 70% alcohol and by GEIB[5] for furfuraldehyde in aqueous and aqueous alcoholic media. These investigators agree that the velocity is proportional to the square of the aldehyde concentration and to the square of the hydroxyl ion concentration. The reaction is brought about by the hydroxyl ion since the velocity is approximately the same with either sodium or potassium hydroxide, but is not effected by traces of alkali which must be present in molar proportions. GEIB postulates an initial rapid reaction between the aldehyde and the hydroxyl ion to give the complex $OH \cdot CHR \cdot \bar{O}$, which then reacts with a second molecular complex to give the free radicals $R \cdot CO$ and $RCH \cdot OH$ of HABER and WILLSTÄTTER with elimination of two hydroxyl ions.

Since the free radical mechanism is essentially a chain mechanism in which the radical RCO is repeatedly regenerated, it is difficult to understand why on this basis the reaction is not catalysed by initial small traces of alkali. The function of hydroxyl ions in promoting the benzil-benzilic acid change, which involves a pinacolic electron displacement (p. 89), suggests that a similar electron displacement may be involved in the CANNIZZARO reaction. In agreement with GEIB it is suggested that the essential function of the hydroxyl ion catalyst is

---

[1] Liebigs Ann. 444 (1925), 221.
[2] WIELAND, RICHTER: Ibid. 486 (1931), 226.
[3] Ber. dtsch. chem. Ges. 64 (1931), 2844.
[4] Mh. Chem. 21 (1900), 391.
[5] Z. physik. Chem., Abt. A 169 (1934), 41.

to combine in the usual manner with the aldehyde to give the ion of the hydrate. This, as a nucleophilic reagent, can then react in the same manner with a second molecule of aldehyde (or its hydrate anion)

$$HO \cdot CHR \cdot \bar{O} + R \cdot \overset{\delta+}{CH} = O \quad \longrightarrow \quad RCH(OH) \cdot O - CHR - \bar{O} \} \overset{+}{M} \quad (M = metal)$$

$$HO \cdot CHR \cdot \bar{O} \quad CHR(\bar{O}) - OH \quad \longrightarrow \quad RCH(OH) \cdot O \cdot CHR - \bar{O} + \bar{O}H.$$

The complex so formed now contains the necessary system for the incidence of a pinacolic electron displacement with migration of hydrogen and the momentary elimination of the anion $\bar{C}HPh - OH$:

$$\overset{H}{\overset{|}{\bar{O} - CR - O - \overset{\cdot}{C}HR \cdot OH}} \quad \longrightarrow \quad O = CR - O - H + \bar{C}HR \cdot OH \} \overset{+}{M}.$$

Interaction of the two entities so produced may give either the ester or the acid anion and the alcohol directly:

$$\overset{H}{\overset{|}{O = CR - O \quad \bar{C}HR - OH}} \quad \longrightarrow \quad O : CR \cdot OCH_2R + \bar{O}H \} \overset{+}{M} \quad (Ester),$$

$$O = CR - \bar{O} - H \quad \bar{C}HR \cdot OH \quad \longrightarrow \quad O : CR \cdot \bar{O} \} \overset{+}{M} + CH_2R \cdot OH \quad (Salt + alcohol).$$

The reaction would thus be of second order with respect to the aldehyde (since two molecules are essentially involved) and of second order with respect to the hydroxyl ion (since it is involved in the formation of the initial complex and in the subsequent hydrolysis of the ester). GEIB found that the velocity is increased approximately three-fold when barium hydroxide is used in place of sodium or potassium hydroxides. He suggests that this increase is due to the retention of two aldehyde hydrate anions in the neighbourhood of the divalent barium cation, thus facilitating their further interaction. A very similar mechanism has been suggested by INGOLD and WILSON.[1]

Other oxidation reactions.

Similar activation of the carbonyl link would explain the oxidation of α-unsaturated ketones with hydrogen peroxide in the presence of hydroxyl ions:[2]

$$R_2C = CR - CR = O \quad \longrightarrow \quad \left[\begin{array}{c} R_2C \quad\quad CR = CR - \bar{O} \\ | \\ O - H \quad HO - \bar{O}H \end{array} \quad \longrightarrow \quad \begin{array}{c} R_2C - - - CR \cdot CR : O \\ | \quad\quad | \\ O \quad H \quad OH + \bar{O}H \end{array} \right]$$

$$\longrightarrow \quad R_2C \underset{O}{\diagdown \diagup} CR \cdot CR : O + H_2O.$$

The rate of auto-oxidation of benzoin by molecular oxygen in the presence of alkali is proportional to the concentration of the alkali.[3] The reaction occurs

---

[1] Z. Elektrochem. angew. physik. Chem. **44** (1938), 95.
[2] WEITZ, SCHEFFER: Ber. dtsch. chem. Ges. **54** (1921), 2327.
[3] WEISSBERGER, MAINZ, STRASSER: Ibid. **62** (1928), 1942.

in the *ion* of benzoin[1] which reacts with one molecular proportion of oxygen to afford benzil and a molecule of hydrogen peroxide. The latter then oxidises benzil (but not benzoin) to benzoic acid. The function of the basic catalyst is to effect the removal of the hydrogen from benzoin and so convert it into the ion since it has been definitely established for various optically active benzoins that the rates of auto-oxidation and of racemisation are the same under comparable conditions of catalysis with sodium methoxide.[2] The reaction which occurs with measurable velocity is thus the ionisation of hydrogen to give the ion

$\bar{O} \cdot CHPh$—CO—Ph in which asymmetry is immediately destroyed by its conversion into the ion of the di-enol $\bar{O} \cdot CPh : C(OH) \cdot Ph$, and which is then oxidised by oxygen first to benzil and then to benzoic acid at a rate at least equal to that at which it is formed.

$$\bar{OR} \quad H—\bar{O} \cdot CHPh \cdot COPh \quad \rightarrow \quad ROH + \bar{O} \cdot CHPh \cdot CO \cdot Ph \quad \rightarrow$$

$$\rightarrow \quad \bar{O} \cdot CPh : C(OH)Ph \left\{ \begin{matrix} + O_2 \\ + H_2O \end{matrix} \right\} \quad \rightarrow \quad 2\,Ph \cdot CO_2H.$$

A further example of the similar action of the alkaline catalyst in promoting oxidation is provided by the quantitative oxidation (by oxygen) of duroquinol to duroquinone and hydrogen peroxide.[3] The rate is proportional to the square of the hydroxyl ion concentration, the first step being the formation of the doubly charged anion $\bar{O} \cdot C_6Me_4 \cdot \bar{O}$.

Reductions effected with aluminium alkoxides.

Closely allied to the CANNIZZARO reaction is the conversion of aromatic aldehydes into esters by the action of alkali alkoxides:[4]

$$RCH:O + NaOR' \rightarrow R \cdot C \overset{H}{\underset{\bar{O}}{<}} OR' + RCH:O \rightarrow R \cdot C \overset{H}{—}O—CHR \cdot OR' \rightarrow$$

$$\rightarrow \left[R \cdot \underset{\underset{O}{\parallel}}{C}—O—H + \bar{C}HR \cdot OR' \rightarrow RCO \cdot \bar{O} \quad CH_2R—\bar{OR}' \right] \rightarrow R \cdot CO \cdot O \cdot CH_2R + \bar{OR}'$$

and this reaction may be regarded as the precursor of the recent use[5] of aluminium alkoxides for the reduction of carbonyl derivatives of the type $R \cdot CO \cdot R^1$ (R = alkyl; R^1 = alkyl or H). The reaction is a reversible one

$$R \cdot CHO + C_2H_5 \cdot O\,al \;\rightleftharpoons\; RCH_2 \cdot O\,al + CH_3 \cdot CHO \quad (al = Al/_3)$$

[1] WEISSBERGER, STRASSER, MAINZ, SCHWARZE: Liebigs Ann. Chem. **478** (1930), 112.

[2] WEISSBERGER, DÖRKEN, SCHWARZE: Ber. dtsch. chem. Ges. **64** (1931), 1200. — WEISSBERGER: Ibid. **65** (1932), 1815. — WEISSBERGER, DYM: Liebigs Ann. Chem. **502** (1933), 74.

[3] JAMES, WEISSBERGER: J. Amer. chem. Soc. **60** (1938), 98.

[4] CLAISEN: Ber. dtsch. chem. Ges. **20** (1887), 646.

[5] VERLEY: Bull. Soc. chim. France (4), **37** (1925), 537. — MEERWEIN, SCHMIDT: Liebigs Ann. Chem. **444** (1925), 221. — PONNDORF: Z. angew. Chem. **39** (1926), 138.

and is made to proceed from left to right by the removal of the acetaldehyde by vaporisation or self-condensation. The position of equilibrium in the system

$$R^1 \cdot CO \cdot R^2 + R^3 \cdot CH(O\,al)R^4 \rightleftharpoons R^1 \cdot CH(O\,al)R^2 + R^3 \cdot CO \cdot R^4$$

depends upon the oxidation-reduction potentials of the two pairs of compounds. The most important and useful reagent is aluminium *iso*-propoxide which will reduce ketones as well as aldehydes.[1]

Both MEERWEIN[2] and VERLEY[3] have suggested mechanisms in which the initial stage is the formation of the aluminium compound of the hemiacetal. In this intermediate some mechanism of migration of hydrogen from the alcoholic to the carbonyl portion of the molecule must be postulated. Since the reagent is sometimes employed in an aromatic hydrocarbon as medium it seems best to assume that such migration is brought about under the influence of the alkoxide (al OX) or its ion. The reaction would then be represented as follows:

$$R^1R^2CO + al\,O \cdot CHR^3R^4 \;\rightarrow\; R^1R^2C\!-\!O\,al \;\rightarrow\; \left[\begin{array}{c} R^1R^2C\!-\!O\,al \\[4pt] XO\!-\!H + O:CR^3R^4 \end{array}\right] \rightarrow$$

with the hemiacetal intermediate:

$$\begin{array}{c} R^1R^2C\!-\!O\,al \\ | \\ O \quad CR^3R^4 \\ | \\ H \\ \uparrow \\ \bar{O}X \end{array}$$

$$\rightarrow\; R^1R^2CH \cdot O\,al + R^3R^4CO + \bar{O}X.$$

Mechanisms of this type depend upon the more normal type of addition of the alkoxide catalyst to the carbonyl group as the first step. PONNDORF,[4] however, takes cognisance of the fact that addition of a little copper acetate to benzyl alcohol which contains some sodium benzyloxide brings about (on warming) a vigorous evolution of hydrogen with the subsequent production of benzaldehyde. He therefore postulates the direct addition of a hydrogen atom from the alkoxide to the carbonyl *carbon* atom and so formulates the reduction thus:

$$\left.\begin{array}{c} H \\ | \\ R^1\!-\!C\!-\!O\,al \\ | \\ H \\ \cdots\cdots \\ +\quad O \\ \| \\ CR^2 \\ | \\ H \end{array}\right\} \rightarrow \left.\begin{array}{c} H \\ | \\ R^1\!-\!C\!-\!O\!-\!al \\ | \\ O \\ \\ H\!-\!CR^2 \\ | \\ H \end{array}\right\} \rightarrow \begin{array}{c} H \\ | \\ R^1 \cdot C:O \\ \\ +\quad O\,al \\ | \\ H \cdot CR^2 \\ \\ H \end{array}$$

The precise function of the aluminium *iso*propoxide is thus not yet clear. It is, of course, an essential reagent rather than a catalyst since the *iso*propyl alcohol becomes oxidised to acetone, but if mechanisms of the first type are correct it also functions as a catalyst in removing the hydrogen and so facilitating its migration.

---

[1] Cf. LUND: Ber. dtsch. chem. Ges. **70** (1937), 1520, for a general survey of its use.
[2] J. prakt. Chem. **147** (1936), 211.
[3] l. c. and Bull. Soc. chim. France (4), **41** (1927), 708.
[4] Z. angew. Chem. **39** (1926), 138.

Salt effects.

By

R. P. Bell, Oxford.

Introduction.

The velocity of both catalysed and non-catalysed reactions is often affected considerably by the addition of salts, and the term "catalysis by neutral salts" was at one time frequently used. However, it is now realised that these "salt effects" are only in a few cases due to any direct catalysis by the added salt, and the purpose of the present article is rather to examine the general bearing of modern electrolyte theory on the interpretation of catalytic data. Since the catalyst itself is often ionic, the problem arises even when no other electrolyte has been added to the system. Even in recent years a misunderstanding of the factors involved has often invalidated the interpretation of experimental data, and we shall therefore postpone a discussion of the theory of general acid-base catalysis until the effect of electrolytes has been dealt with (cf. this vol., p. 204).

Difficulties encountered in the classical theory.

The simple form of the classical theory of acid-base catalysis can be expressed by the following equation for the observed velocity constant,

$$k = k_0 + k_{H^+} [H^+] + k_{OH^-} [OH^-] \tag{1}$$

where everyone of the coefficients k_0, k_{H^+} and k_{OH^-} may be zero. The concentrations of the hydrogen or hydroxyl ions in the solution were determined by comparing the observed conductivity with the extrapolated conductivity at infinite dilution. This equation was based originally on data for the saponification of esters by acids and alkalies, and the inversion of cane sugar by acids. In these and other cases it represents the facts with fair accuracy, but a closer examination of the data reveals the following discrepancies:

a) The reaction velocity is not always directly proportional to the hydrogen or hydroxyl ion concentration as calculated from the conductivity. In particular, in catalysis by a strong acid, the velocity invariably increases more rapidly than the conductivity.

b) The velocity is often affected considerably by the addition of neutral salts, i. e. salts which are neither acidic nor basic and which have no ion in common with the catalyst.

c) The addition of a salt having an ion in common with the catalyst does not depress the velocity as much as would be expected from the simple law of mass action.

In order to account for these deviations numerous modifications have been suggested in the assumptions on which equation (1) is based. These modifications may be classified as follows:

I. Hydrogen and hydroxyl ions are not the only catalysing species.

II. The ionic concentrations of strong electrolytes are not given by the conductivity ratios.

III. The velocity is not merely a linear function of the concentrations of hydrogen and hydroxyl ions, but depends on other properties of the system.

IV. The simple law of mass action does not apply to electrolytic dissociation equilibria.

Of these modifications the last three are closely connected with the general theory of electrolytes, and will be treated here under the heading of "salt effects".

Complete dissociation of strong electrolytes.

It is now believed that those electrolytes commonly classed as strong are practically 100% dissociated in aqueous solution, even at concentrations where the conductivity ratio indicates a considerably smaller degree of dissociation. Compelling evidence for this view was first brought forward by BJERRUM[1] and by HANTZSCH,[2] and it is now supported by a large number of experimental and theoretical considerations. Among the catalysts which may be regarded as completely dissociated are the hydroxides of the alkali and alkaline earth metals, and the acids $HClO_4$, HCl, HBr, HJ, HNO_3 and the sulphonic acids. In these cases, therefore, the ionic concentrations are not given correctly by the conductivities, and are much more accurately represented by the stoichiometric concentration of the acid or base. It is in fact found in general that the catalytic effect of these substances is more accurately proportional to their total concentrations than to the ionic concentrations calculated from the conductivity ratios. To illustrate this we have chosen from the large volume of available

Table 1. *Hydrolysis of ethyl acetate at 25°, catalyst HCl.* ($k =$ first order velocity constant, minutes^{-1}.)

c (HCl)	k/c	Λ/Λ_0	f (HCl)
0,0002	6,43	0,999	0,993
0,0005	6,50	0,998	0,984
0,0010	6,50	0,997	0,965
0,0020	6,49	0,990	0,957
0,0100	6,54	0,984	0,924
0,0200	6,45	0,973	0,892
0,0400	6,50	0,952	0,860
0,1000	6,48	0,903	0,814
0,2000	6,57	0,895	0,783
0,5000	6,76	0,865	0,762

[1] BJERRUM: Kgl. danske Vidensk. Selsk. Skr., naturvidensk. math. Afdel. (7) 4 (1906), 1. — Proc. 7th Internat. Con. Applied Chem. London, 1909, Section X; Z. anorg. allg. Chem. 63 (1909), 146; Fysisk Tidsskr. 15 (1916), 59; Z. Elektrochem. angew. physik. Chem. 24 (1918), 321.
[2] HANTZSCH: Ber. dtsch. chem. Ges. 39 (1906), 3080, 4153; 41 (1908), 1216, 4328; Z. physik. Chem. 63 (1908), 367; 72 (1910), 362; 84 (1913), 321.

data two instances in which the catalyst concentration has been varied through a wide range. Table 1 contains the data of DAWSON and LOWSON[1] on the acid hydrolysis of ethyl acetate, and Table 2 the results of KOELICHEN[2] and of LA MER and MILLER[3] on the decomposition of diacetone alcohol catalysed by hydroxyl ions.[4]

It will be seen from these tables that the values of k/c remain sensibly constant in spite of variations of 13–16% in the "degree of dissociation" as measured by Λ/Λ_0. (The activity coefficients given in the last column will be discussed later – see p. 194.) A similar state of affairs is encountered in non-aqueous solutions. The direct proportionality between catalyst concentration and reaction velocity found by GOLDSCHMIDT for esterification reactions in methyl and ethyl alcohols[7] was in fact part of the evidence originally brought forward by BJERRUM[8] in support of the hypothesis of complete dissociation of strong electrolytes in these solvents.

Table 2.

Decomposition of diacetone alcohol at 25°, catalyst NaOH.

(k = first order velocity constant, minutes^{-1}.)

c (NaOH)	k/c	Λ/Λ_0	f (NaOH)	Author
0,00471	2,20	0,970	0,936	5
0,00942	2,32	0,955	0,904	5
0,0188	2,29	0,901	0,865	5
0,0205	2,22	0,897	0,860	6
0,0292	2,23	0,885	0,838	6
0,0471	2,32	0,867	0,810	5
0,0518	2,24	0,861	0,804	6
0,0616	2,22	0,854	0,793	6
0,0710	2,22	0,848	0,782	6
0,0864	2,19	0,843	0,770	6
0,0942	2,28	0,840	0,766	5
0,1045	2,21	0,838	0,760	6

Secondary salt effects.

If weak electrolytes are present in the catalytic system studied it becomes necessary to consider the effect of electrolyte concentration upon the ionic equilibria and hence upon the concentrations of catalysing species such as hydrogen or hydroxyl ions. These effects (which are usually termed "secondary salt effects") are purely thermodynamic in nature, and are present even when no reaction (catalytic or otherwise) is taking place. They are, however, of great importance in interpreting catalytic data and will therefore be considered in some detail.

ARRHENIUS[9] knew that the catalytic effect of a weak acid is increased by the addition of a catalytically inert salt, and suggested that this was due to an increase in the 'degree of dissociation. This view is now generally accepted, and

[1] DAWSON, LOWSON: J. chem. Soc. (London) 1928, 2146.

[2] KOELICHEN: Z. physik. Chem. 33 (1900), 129. These experiments were carried out at 25,2°, and the velocity constants have therefore been diminished by 1,3% to make them comparable with those at 25°.

[3] LA MER, MILLER: J. Amer. chem. Soc. 57 (1935), 2674.

[4] Data by FRENCH [J. Amer. chem. Soc. 51 (1929), 3215] and MURPHY [ibid. 53 (1931), 977] for the same reaction give velocity constants which are throughout about 5% higher than those in Table 2, but which are again directly proportional to the total catalyst concentration.

[5] KOELICHEN.

[6] LA MER, MILLER.

[7] Collected results in Z. physik. Chem. 81 (1912), 30; 94 (1920), 223.

[8] BJERRUM: Fysisk Tidsskr. 15 (1916), 59; Z. Elektrochem. angew. physik. Chem. 24 (1918), 321.

[9] ARRHENIUS: Z. physik. Chem. 31 (1899), 197.

may be expressed in terms of the activity coefficients of the species present. For the dissociation of a weak acid HA, we have

$$\frac{[\text{H}^+]\,[\text{A}^-]}{[\text{HA}]} \cdot \frac{f_{\text{H}^+}\,f_{\text{A}^-}}{f_{\text{HA}}} = \dot{K} \tag{2}$$

where K is the true thermodynamic dissociation constant, depending only on the temperature and the solvent. The "classical" concentration dissociation constant K_c is thus given by

$$K_c = \frac{[\text{H}^+]\,[\text{A}^-]}{[\text{HA}]} = \frac{f_{\text{HA}}}{f_{\text{H}^+}\,f_{\text{A}^-}} \cdot K. \tag{3}$$

The activity coefficient of the undissociated molecule will be little influenced by the ionic concentration; on the other hand owing to the powerful electrostatic forces between the ions the activity coefficients of both H^+ and A^- will decrease with increasing ionic concentration, thus causing an increase in K_c. Apart from methods involving reaction velocities, K_c can be measured in salt solutions by methods involving the optical properties of the reactants (e. g. light absorption, as in indicators), or (with some reservations connected with liquid junction potentials) by measuring the E. M. F. of cells involving hydrogen or quinhydrone electrodes. Numerous experiments of this kind have been carried out, and in all cases the value of K_c is found to increase initially with increasing salt concentration. The magnitude of this effect may be illustrated by Table 3, containing data obtained electrometrically by LARSSON.[1]

Table 3. *Concentration dissociation constant of acetic acid in salt solutions* 18° C. (m = salt molality.)

m	$10^5\,K_c$	
	in KCl	in SrCl$_2$
0,0	1,74	1,74
0,01	1,86	—
0,05	2,19	—
0,1	2,69	3,09
0,2	2,95	3,47
0,5	3,17	4,07
1,0	2,95	4,37
2,0	2,19	3,89

It is important to note that the ions formed by the dissociation of the weak electrolyte will contribute to these interionic effects in just the same way as the ions of an added salt. This factor is not so important in a solution containing only a weak electrolyte, since in these cases the ionic concentration is small. However, in a buffer solution such as acetic acid plus sodium acetate, the acetate ions must be taken into account in calculating the total salt concentration in spite of the fact that they also take part in the dissociation equilibrium.

The interionic attraction theory of electrolytes does not only give a qualitative interpretation of the effect of ionic concentration upon dissociation constants, but enables important quantitative predictions to be made in many cases. The treatment of DEBYE and HÜCKEL[2] gives for the activity coefficient of an ion of charge z in dilute solutions the expression

$$-\log_{10} f_i = A\,z_i^2\,\sqrt{\mu}. \tag{4}$$

μ, the ionic strength, is defined by

$$\mu = \frac{1}{2}\sum m_i\,z_i^2 = \frac{1}{2}\sum c_i\,z_i \tag{5}$$

---

[1] LARSSON, ADELL: Z. physik. Chem., Abt. A **156** (1931), 352.

[2] DEBYE, HÜCKEL: Physik. Z. **24** (1923), 185. For a general account of the interionic theory see H. FALKENHAGEN: Elektrolyte (Leipzig, 1932; English edition, Oxford, 1933).

where m_i and c_i are respectively the molality and equivalent concentration of an ion of species i, and the summation includes all the ions present in the solution. The constant A depends only on the temperature and the nature of the solvent: for aqueous solutions at ordinary temperatures it has the value of approximately 0,5. Equation (4) represents a limiting law for very dilute solutions, and for univalent ions in water is valid only up to about $\mu = 0,01$. The range of validity may be extended up to about $\mu = 0,1$ by the addition of a linear term, giving (for univalent ions)

$$- \log_{10} f_i = A \sqrt{\mu} + B \mu \tag{6}$$

where B is an empirical constant depending on the nature of the ion i and (to a lesser extent) on the nature of the other ions present.

Equations (4) and (6) have been confirmed experimentally for strong electrolytes in a wide variety of cases. When applied to the dissociation of a weak electrolyte HA they give [cf. equation (3)],

$$\log_{10} K_c = \log_{10} K + 2 A \sqrt{\mu} + B' \mu, \tag{7}$$

the last term being negligible in sufficiently dilute solutions. The validity of this equation is illustrated by Fig. 1, which shows the values of K_c for chloracetic acid at different concentrations calculated from conductivity measurements.[1] The straight line in the figure corresponds to the term $2 A \sqrt{\mu}$ in equation (7). (The decrease in K_c at higher concentrations is due to the change of medium

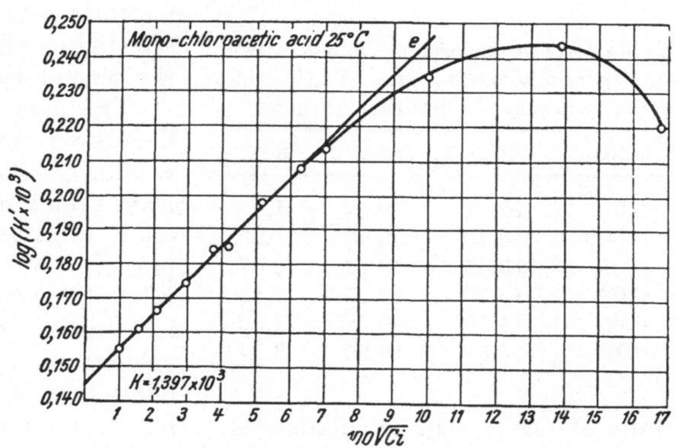

Fig. 1. Variation of the stoichiometric dissociation constant of chloracetic acid with ionic concentration.

produced by the large concentrations of undissociated acid.) Equation (7) has also been confirmed in a large number of cases for buffer mixtures and solutions containing added salts.[2]

Equation (7) only applies to an equilibrium where an uncharged molecule dissociates into two univalent ions. In some cases the concentration of hydrogen or hydroxyl ions may be controlled by a different type of equilibrium: e. g. in a solution of an ammonium salt we have

$$NH_4^+ \rightleftharpoons NH_3 + H^+$$

and in a solution of a bisulphate

$$HSO_4^- \rightleftharpoons SO_4^{2-} + H^+.$$

The general case may be written

$$A \rightleftharpoons B + H^+ \tag{8}$$

---

[1] MC INNES, SHEDLOVSKY, LONGSWORTH: Chem. Reviews **13** (1933), 28.

[2] Cf. e. g. COHN, HEYROTH, MENKIN: J. Amer. chem. Soc. **50** (1928), 696. — BJERRUM, ÜNMACK: Kgl. danske Vidensk. Selsk. Skr., naturvidensk. math. Afdel. **9** (1929), 1.

where the (positive) valency of A is z and that of B $z-1$. In this case equation (6) gives

$$\log_{10} \frac{[B]\,[H^+]}{[A]} = \log_{10} K_c = \log_{10} K_A - 2\,A\,(z-1)\,\sqrt{\mu} + B'\,\mu \qquad (9)$$

z being given its correct algebraic sign.

The bearing of these „salt effects" upon catalysed reactions was first fully realised by BRÖNSTED[1] and a large proportion of the experimental work on this subject comes from his laboratory.[2] It should be observed that the magnitude of the observed kinetic effect will depend largely on the ratio between the concentrations of the species taking part in the equilibrium. Thus consider the equilibrium (8), catalysis being caused by the hydrogen ions. If $[H^+] = [B]$ (i. e. the solution contains a weak acid alone), the change in dissociation constant will affect both these concentrations equally. If $[A]$ and $[B]$ are both of the same order of magnitude and large compared with $[H^+]$ (i.e. in a buffer solution), then only the hydrogen ion concentration will be appreciable affected, and the effect of the salt concentration will be twice as great as in the previous case. Finally, if $[A]$ is small compared with both $[B]$ and $[H^+]$ (i.e. in a solution of a strong acid), $[H^+]$ will be almost unaffected by changes in ionic strength, and the secondary salt effect will be zero.

Table 4. *Decomposition of diazoacetic ester in 0,05 M acetic acid at 15°. ($k = $ first order velocity constant, minutes^{-1}.)*

$[KNO_3]$	$10^3\,k$	$10^4\,[H^+]$	$10^5\,K_c$
0,0	12,71	9,52	1,85
0,005	13,10	9,77	1,95
0,01	13,45	10,07	2,07
0,02	13,70	10,27	2,15
0,05	14,19	10,62	2,30
0,10	14,58	10,90	2,44

The case of the weak acid may be illustrated by Table 4, containing the results of BRÖNSTED and TEETER (l. c. Anm. 2) on the decomposition of diazoacetic ester catalysed by 0,05 M acetic acid in presence of varying concentrations of KNO_3. The table also shows the hydrogen ion concentration calculated from the velocity (on the basis of experiments with 0,001 N HNO_3), and the dissociation constant of acetic acid calculated from this value of $[H^+]$. These K_c values may be compared with those given in Table 3.

BRÖNSTED and TEETER also found that if the hydrogen ion concentration were controlled by the equilibrium

$$[Cr(H_2O)_6]^{+++} \rightleftarrows [Cr(OH)\,(H_2O)_5]^{++} + H^+$$

then the reaction velocity was considerably *decreased* by the addition of KNO_3. This is in qualitative agreement with equation (9) with $z = +3$.

The secondary salt effect in buffer solutions is illustrated by the data obtained by BRÖNSTED and WYNNE-JONES (l.c. Anm. 2) for the hydrogen ion catalysed hydrolysis of acetal in formate buffers. These results are given in Table 5. The first four results show the result of varying the total buffer concentration, keeping the stoichiometric ratio [formic acid] : [formate] constant,[3] while the last three show the effect of adding sodium chloride. It will be seen that the replacement of formate ion by chloride ion at constant ionic strength has little effect upon the velocity: this is in agreement with equation (6). The variation of velocity

---

[1] BRÖNSTED, PEDERSEN: Z. physik. Chem. **108** (1924), 185.

[2] E. g. BRÖNSTED, TEETER: J. physic. Chem. **28** (1924), 579. — BRÖNSTED, KING: J. Amer. chem. Soc. **47** (1925), 2523. — KILPATRICK: Ibid. **48** (1926), 2091. — BRÖNSTED, WYNNE-JONES: Trans. Faraday Soc. **25** (1929), 59.

[3] The actual ratios differ slightly from the stoichiometric ones, since the hydrogen ion concentrations are not negligible compared with the concentrations of the buffer constituents. The observed velocity constants have been corrected to allow for this.

with salt concentration correspond to a variation in K_c for formic acid from $2,24 \times 10^{-4}$ at $\mu = 0,01$ to $2,85 \times 10^{-4}$ at $\mu = 0,1$.

Exactly similar considerations apply to hydroxyl ion catalysis in presence of weak electrolytes. Thus in a piperidine — piperidinium ion buffer the hydroxyl ion concentration is governed by the equation

Table 5. *Hydrolysis of acetal in formate buffers at 20°.* ([Formic acid] : [formate] = 2,96 throughout. k = first order velocity constant, minutes⁻¹.)

[Formic acid]	[Formate]	[NaCl]	Ionic strength	$10^3 k$
0,0296	0,0100	—	0,011	12,5
0,0592	0,0200	—	0,020	13,4
0,1480	0,0500	—	0,050	15,1
0,2220	0,0750	—	0,075	16,4
0,2960	0,1000	—	0,100	17,8
0,1776	0,0600	0,0400	0,100	17,6
0,0987	0,0333	0,0667	0,100	17,7
0,0222	0,0075	0,0925	0,100	18,2

$$C_5H_{11}N + H_2O \rightleftharpoons C_5H_{12}N^+ + OH^-$$

while in a buffer composed of Na_2HPO_4 and Na_3PO_4 the corresponding equilibrium is

$$PO_4^{3-} + H_2O \rightleftharpoons H_2PO_4^{2-} + OH^-.$$

It is easily seen by applying equation (6) to these equilibria that increasing salt concentration will increase the hydroxyl ion concentration in the first case, and will decrease it in the second case. In agreement with this, BRÖNSTED and KING (l. c. p. 196) found that in the

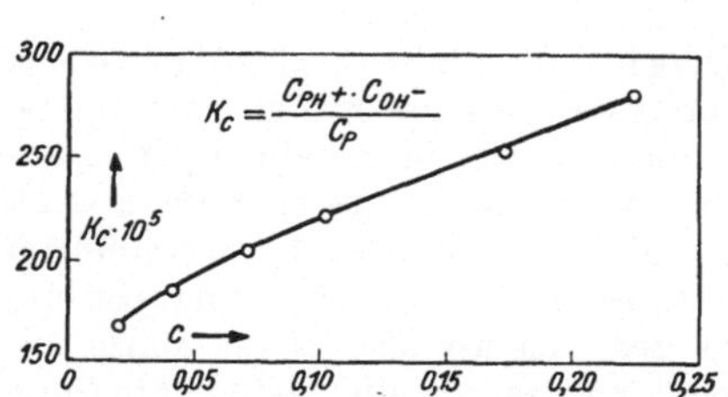

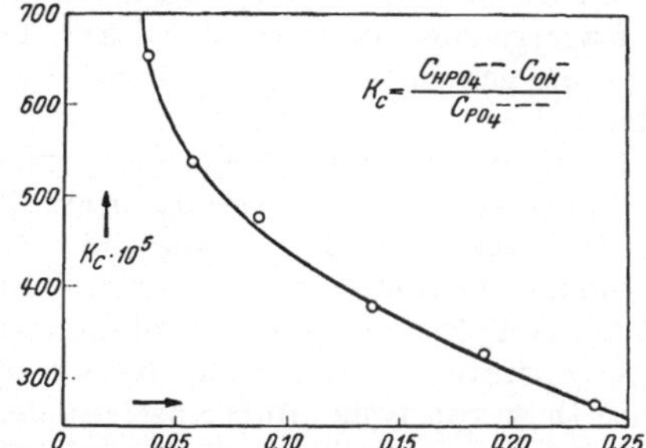

Fig. 2. Secondary salt effects in the decomposition of nitroso-triacetonamine.

hydroxyl ion catalysed decomposition of nitrosoacetonamine the velocity in piperidine–piperidinium buffers was increased by the addition of sodium chloride, while in phosphate buffers this addition caused a large decrease. Their results are illustrated in Fig 2, where the equilibrium constants of the buffers (calculated from the observed velocities) are plotted against the total equivalent salt concentration. These results show with particular force the inadequacy of the simple law of mass action for the ionic equilibria of weak electrolytes.

Primary salt effects.

This aspect of the effect of electrolyte concentration is not concerned with the displacement of equilibria in the reacting systems, but with the actual kinetic constants [e.g. the catalytic constants k_0, k_{H^+} and k_{OH^-} in equation (1)]. It can easily be shown that such an effect must necessarily be present in some cases. Thus consider a balanced reaction

$$A + B \underset{v_2}{\overset{v_1}{\rightleftharpoons}} C + D$$

where some or all of the reacting species are ions. The simplest assumption which we can make about the forward and reverse velocities v_1 and v_2 is that

$$v_1 = k_1 [A][B], \quad v_2 = k_2 [C][D], \tag{10}$$

and hence at equilibrium

$$K_c = \frac{[C][D]}{[A][B]} = \frac{k_2}{k_1}. \tag{11}$$

Provided the concentrations are sufficiently low, K_c will depend only on the temperature and the solvent, and we may reasonably assume that the same is true for k_1 and k_2. However, if the ionic concentrations become appreciable (either by increasing the concentrations of the reactants or by adding other electrolytes), then in general K_c will vary with salt concentration, as shown in the preceding section. Under these conditions it is not possible for both of the velocity constants k_1 and k_2 to remain independent of the salt concentration, and at least one of them will therefore exhibit a "salt effect".

These considerations may be expressed in a more general way by saying that if a change of medium produces a displacement of equilibrium in a given type of reaction, then the velocities of this type of reaction must also be affected by the change of medium. Usually, of course, the addition of a small amount of solute does not constitute an appreciable change of medium, but if the solute is an electrolyte the effect may be appreciable owing to the powerful electrostatic fields surrounding the ions. Thus a relatively small amount of electrolyte may have a large effect on the properties of a non-electrolyte in solution: e.g. the solubility of oxygen in water is decreased by 38% by the addition of 3% of sodium chloride.[1]

In order to observe these primary salt effects in acid or base catalysed reactions, it is of course necessary to study primarily catalysts which are strong electrolytes, e.g. HCl, HBr, HI, $HClO_4$, sulphonic acids, and solutions of metallic hydroxides. (Although the same type of effect will also be present in systems containing weak electrolytes, the interpretation of the results will be complicated by the simultaneous operation of the secondary salt effects described in the preceding section.) Since these catalysts are themselves electrolytes, increase of catalyst concentration also produces a change of ionic environment, and leads to effects similar to those produced by the addition of other electrolytes. The existence of a salt effect with this type of catalyst was among the first points to be studied experimentally, although before it was realised that such strong electrolytes are completely dissociated the effects were often attributed to a change in the degree of dissociation of the catalyst. Among the very large number of catalytic reactions which have been studied exhaustively from this point of view we may mention the inversion of cane sugar by acids,[2] the hydrolysis of esters by acids[3] and by alkalies,[4] the hydrolysis of acetals by acids[5] and the depolymerisation of diacetone alcohol by bases.[6]

---

[1] Cf. GEFFCKEN: Z. physik. Chem. **49** (1904), 257.

[2] ARRHENIUS: Z. physik. Chem. **4** (1889), 226. — PALMAER: Ibid. **22** (1897), 492. — EULER: Ibid. **32** (1900), 348. — L. BOWE: J. physic. Chem. **31** (1927), 290.

[3] EULER: Z. physik. Chem. **32** (1900), 348. — POMA: Med. F. K. Vetenskapsakad. Nobel-Inst. **2** (1912), No. 11. — TAYLOR: Ibid. **2** (1913), No. 34. — ÅKERLÖF: Z. physik. Chem. **98** (1921), 260. — HARNED: J. Amer. chem. Soc. **40** (1918), 1461. — BOWE: J. physic. Chem. **31** (1927), 290.

[4] ARRHENIUS: Z. physik. Chem. **1** (1887), 110. — SPOHR: Ibid. **2** (1888), 194.

[5] BRÖNSTED, WYNNE-JONES: Trans. Faraday Soc. **25** (1929), 59. — BRÖNSTED, GROVE: J. Amer. chem. Soc. **52** (1930), 1394.

[6] KOELICHEN: Z. physik. Chem. **33** (1900), 129. — ÅKERLÖF: J. Amer. chem. Soc. **48** (1926), 3046; **49** (1927), 2955; **50** (1928), 1272.

The results of these and many similar investigations on the primary salt effect of catalysed reactions may be summed up in the following generalisations:

a) For a given reaction and a given added salt, the percentage change in velocity is a linear function of the salt concentration. This law appears to hold almost universally up to about $0,2\ N$, and is often valid up to much higher concentrations.

b) The magnitude of the effect depends upon the individual nature of the reaction and of the added salt, there being no general relation to the charge type or the ionic strength.

c) The addition of salt invariably causes an increase of velocity (positive salt effect) in reactions catalysed by hydrogen ions, while for hydroxyl ion catalysis the effect is sometimes positive and sometimes negative.

d) When the hydrogen ion is the catalyst the specific effect of the salt added depends chiefly on the nature of its anion, while for hydroxyl ion catalysis the nature of the cation is the more important factor.

e) The magnitude of the effect rarely exceeds $4–5\%$ in $N/10$ solutions of uni-univalent salts, though in a few cases it may be as high as $10–12\%$.

It is important to realise the experimental differences between this primary salt effect and the secondary salt effect already described. In the latter case the effect (in dilute solutions) is proportional to the square root of the salt concentration, and its magnitude is to a first approximation independent of the nature of the reaction and the nature of the added salt, depending only on the nature of the catalysing system and the ionic strength.

The primary salt effect is not confined to catalysed reactions, but appears generally in any chemical reaction involving ions. (From a kinetic point of view there is no essential difference between a catalysed reaction and an ordinary bimolecular reaction, the former being merely a special case of the latter in which one of the reactants emerges unchanged.) Moreover, in reactions involving *two* ions the effect of added salt is often very large, and is by no means linear. Although very few catalysed reactions involve two ions (the substrate being almost always uncharged), this type of reation has played an important part in the development of the general theory of salt effects, and will therefore be included in the following considerations.

The existence of the primary salt effect clearly calls for some revision of the simple kinetic law of mass action (10), and suggestions for such revision have been numerous. Thus ARRHENIUS[1] at first suggested that the addition of salt to solutions of strong acids increased the "activity" (i.e. the reactivity) of the hydrogen ions, while later[2] he concluded that the reaction velocity was proportional to the osmotic pressure rather than to the concentration of the catalyst. However, the first theory to gain any general support was the *activity rate theory*, based on the thermodynamic activity concept introduced by G. N. LEWIS. If we again consider the balanced reaction

$$A + B \underset{v_2}{\overset{v_1}{\rightleftharpoons}} C + D$$

the thermodynamic law of mass action gives

$$\frac{[C]\,[D]}{[A]\,[B]} \cdot \frac{f_C\,f_D}{f_A\,f_B} = \frac{a_C\,a_D}{a_A\,a_B} = K, \tag{12}$$

---

[1] ARRHENIUS: Z. physik. Chem. 4 (1889), 226.
[2] ARRHENIUS: Ibid. 28 (1899), 319.

where K now depends only on the temperature, any other changes in environment being accounted for by variations in the activity coefficients. Any generally valid expressions for the forward and reverse reaction velocities v_1 and v_2 must be consistent with this equation, i. e. we can write in general

$$\left. \begin{aligned} v_1 &= k_1 [A][B] f_A f_B \beta = k_1 a_A a_B \beta \\ v_2 &= k_2 [C][D] f_C f_D \beta = k_2 a_C a_D \beta \end{aligned} \right\} \tag{13}$$

where k_1 and k_2 depend only on the temperature, while β can be any function of the environment, but must be the same for the forward and the reverse reaction. The activity rate theory takes the simplest possible expression, i. e. $\beta = 1$, giving

$$v_1 = k_1 [A][B] f_A f_B = k_1 a_A a_B. \tag{14}$$

This type of expression has in the past received considerable support, notably from HARNED,[1] but it is now clear on both theoretical and experimental grounds that it cannot be generally valid. For example, since the activity coefficients of ions are always decreased by the addition of small quantities of salt, all reactions involving ions should according to equation (14) show a negative salt effect in dilute solution. Actually both positive and negative effects are found, the former being on the whole more frequent. The inadequacy of the activity rate theory for catalysed reactions is illustrated by the data given in Tables 1 and 2, where the last column gives the mean activity coefficients of the catalysing electrolytes (HCl and NaOH respectively). It will be seen that in each case the reaction velocity remains directly proportional to the catalyst concentration in spite of variations of 25% in the activity coefficients. It has been pointed out by BRÖNSTED[2] that in several cases data produced to support the activity rate theory are actually in better accord with the simple concentration expression (10).

There is moreover a general theoretical objection to equation (14) when applied to ions. It has been shown by a number of writers[3] that the activity (or activity coefficient) of a single ion can never be derived from thermodynamic measurements, and, more generally, that a product $\prod_i f_i^{n_i}$ only has a physical significance provided that $\sum_i n_i z_i = 0$, z_i being the algebraic value of the ionic charge. Equation (14) will therefore only be acceptable if the reacting species A and B are uncharged, or have equal and opposite charges. In order to overcome this difficulty, and to relate the velocity to observable quantities, HARNED and ÅKERLÖF[4] have proposed the introduction of the activity product of the two ions of the catalyst, e. g. $a_{Na^+} a_{OH^-}$ for catalysis by NaOH. However, with this modification it was found necessary to assume that the velocity is proportional to some such function of the activities as $\sqrt[3]{a_{Na^+} a_{OH^-}}$,[5] and apart from the doubtful physical significance of such expressions, it is clear that they are inconsistent with the thermodynamic requirements of equation (13).

[1] HARNED: J. Amer. chem. Soc. **37** (1915), 2460; **40** (1918), 1461. — HARNED, SELTZ: Ibid. **44** (1922), 1475. — HARNED, PFANSTIEL: Ibid. **44** (1922), 2193. — JONES, LEWIS: J. chem. Soc. (London) **1920**, 1120. — MORAN, LEWIS: Ibid. **1922**, 1613. — SCATCHARD: J. Amer. chem. Soc. **43** (1921), 2387. — FALES, MORELL: Ibid. **44** (1922), 2071.

[2] BRÖNSTED: Chem. Reviews **5** (1928), 277, 335.

[3] HARNED: J. physic. Chem. **30** (1926), 433. — TAYLOR: Ibid. **31** (1927), 1478. — GUGGENHEIM: Ibid. **33** (1929), 842; **34** (1930), 1540.

[4] Summarised by HARNED, ÅKERLÖF: Trans. Faraday Soc. **24** (1928), 666.

[5] Cf. also GRUBE, SCHMIDT: Z. physik. Chem. **119** (1926), 19.

The most important advance in the theory of primary salt effects was made by Brönsted in 1922.[1] Modern theories of chemical reaction indicate that in all reactions proceding at a measurable rate the system passes through a series of intermediate states in which its potential energy is higher than in either the initial or the final state. The particular configuration corresponding to the maximum potential energy is termed the critical configuration, or, in the case of a reaction between two molecules A and B, the "critical complex" of A and B. The importance of this critical state had long been realised in connection with the effect of temperature on reaction velocity, but Brönsted was the first to apply the same ideas to the effect of a change of medium. He pointed out that the reaction velocity was not conditioned by the properties of the reactants alone, but rather by the difference between the properties of the reactants and those of the critical complex. To take this factor into account, he proposed that the factor β in equation (13) should be written $1/f_X$ where f_X is the activity coefficient of the critical complex, so that the velocity equation becomes

$$v_1 = k_1 [A][B] \, \frac{f_A \, f_B}{f_X} = v_0 \cdot \frac{f_A \, f_B}{f_X}. \tag{15}$$

There has been some difference of opinion as to the correct derivation of this equation and the exact nature of the complex X,[2] but since the validity of (15) is now generally admitted, we shall not discuss the question here. It may be mentioned that Brönsted's expression appears as a special case of the modern "transition state" or "quasi-thermodynamic" theory of reaction velocities.[3]

Since the complex X (and hence the value of f_X) is identical for the forward and reverse reactions, the Brönsted expression leads to the correct thermodynamic expression (12). Moreover, since the charge on the complex X must be always equal to the algebraic sum of the charges on A and B, the factor $f_A \, f_B/f_X$ will always be physically significant. It is clear, however, that this factor cannot be determined experimentally by any thermodynamic method, and the expression can thus only be tested if the value of the factor can be predicted either by theoretical calculation or by analogy with other systems which can be investigated experimentally. Theoretical calculations are always possible in principle if enough is known about the mechanism of the reaction and the laws of force between the molecules taking part. Actually, however, such calculations can only be made satisfactorily in the case of ionic reaction; moreover, for this type of reaction it is also possible to draw important conclusions from other experimental data. This is because the ionic charge (the only characteristic of the critical complex which is known with certainty) is by far the most important factor in determining the activity coefficient of an ion in a given salt solution. This fact was known before its theoretical interpretation was fully realised, and in his 1922 paper Brönsted showed on the basis of experimental data for activity coefficients that the factor $f_A \, f_B/f_X$ will be greater than unity if A and B have charges of like sign, while it will be less than unity if they have charges of opposite sign. In other words, *reactions between ions of the same sign are accelerated by an increase of ionic strength, while reactions between ions of opposite sign are retarded.* This qualitative rule is supported by all the available data, examples being given by Brönsted (l. c. p. 196).

---

[1] Brönsted: Z. physik. Chem. **102** (1922), 169.

[2] Cf. Bjerrum: Z. physik. Chem. **108** (1924), 82. — Christiansen: Ibid. **113** (1924), 35. — Brönsted: Ibid. **115** (1935), 337. — La Mer: Chem. Reviews **10** (1932), 192.

[3] Cf. Wynne-Jones, Eyring: J. chem. Physics **3** (1935), 492.

The theory is placed on a quantitative basis by using the theoretical DEBYE-HÜCKEL expression (4) for the activity coefficients. If z_A and z_B are the algebraic values of the charges on A and B, then the charge on X is $z_A + z_B$ and by combining (4) and (15) we obtain

$$\log_{10} v = \log_{10} v_0 + 2\,A\,z_A\,z_B\,\sqrt{\mu}. \tag{16}$$

This equation agrees with the qualitative rule given above, and is in quantitative accord with the experimental data for very dilute salt solutions.[1] This is illustrated by Fig. 3, where $\log_{10} v/v_0$ is plotted against $\sqrt{\mu}$. The lines represent the theoretical variation for different charge types according to equation (16), and the points refer to the reactions shown below the figure.

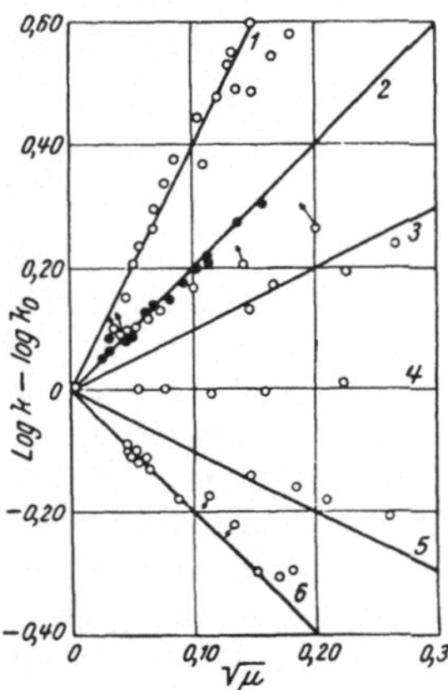

1. $2\,[Co(NH_3)_5Br]^{++} + Hg^{++} + 2\,H_2O \rightarrow 2\,[Co(NH_3)_5H_2O]^{+++} + $ $+ \; HgBr_2$ (Bimolecular). No foreign salt added. BRÖNSTED, LIVINGSTON: J. Amer. chem. Soc. **49** (1927), 435.

2. Circles. $CH_2BrCOO^- + S_2O_3^{--} \rightarrow CH_2S_2O_3COO^- + Br^-$ as the sodium salt. No foreign salt added. LA MER: J. Amer. chem. Soc. **51** (1929), 334.
   Dots. $S_2O_8^{--} + 2\,J^- \rightarrow J_2 + 2\,SO_4^{--}$ as $Na_2S_2O_8$ and KJ. KING, JACOBS: J. Amer. chem. Soc. **53** (1931), 1704.

3. Saponification of nitrourethane ion by hydroxyl ion. $[NO_2 - -NH - COOC_2H_5]^{--} + OH^- \rightarrow N_2O + CO_3^{--} + C_2H_5OH.$ BRÖNSTED, DELBANCO: Z. anorg. allg. Chem. **144** (1925), 248.

4. Sucrose $+ OH^- \rightarrow$ Invert Sugar. ARRHENIUS: Z. physik. Chem. **1** (1887), 111.

5. $H_2O_2 + 2\,H^+ + 2\,Br^- \rightarrow H_2O + Br_2$. LIVINGSTON: J. Amer. chem. Soc. **48** (1926), 53.

6. $[Co(NH_3)_5Br]^{++} + OH^- \rightarrow [Co(NH_3)_5OH]^{++} + Br^-$. BRÖNSTED, LIVINGSTON: J. Amer. chem. Soc. **49** (1927), 435.

Fig. 3. The influence of ionic strength on the velocity of ionic reactions.

Equations (4) and (16) represent limiting laws applicable only to very dilute solutions. For more concentrated solutions we must use equation (6), which when substituted in (15) gives

$$\log_{10} v = \log_{10} v_0 + 2\,A\,z_A\,z_B\,\sqrt{\mu} + (B_X - B_A - B_B)\,\mu. \tag{17}$$

This expression is not open to experimental test in the same way as (16), since the B-factors depend on the individual nature of A, B, X and the other ions present in the solution. Its most important application is to the case when either z_A or z_B is equal to zero, i.e. to *the reaction between an ion and an uncharged molecule*, which class includes practically all cases of catalysis by hydrogen or hydroxyl ions. In this case (17) becomes

$$\log_{10} v = \log_{10} v_0 + (B_X - B_A - B_B)\,\mu. \tag{18}$$

(The linear term remains for the uncharged molecule B, since it is an experimental fact that $\log_{10} f_B$ is then a linear function of the salt concentration.) The factor $(B_X - B_A - B_B)$ cannot be evaluated quantitatively either theoretically or by comparison with other experimental data; however, by reviewing the available data for B-factors in general, we can estimate that in an $N/10$ solution of a uni-

---

[1] For a discussion cf. LA MER: Chem. Reviews **10** (1932), 192. — BELL: Chem. Soc. Ann. Rep. **31** (1934), 67. — SCHWAB, TAYLOR, SPENCE: Catalysis. New York, 1938.

univalent salt the difference between v and v_0 will rarely exceed 10%. For small differences of this kind, equation (8) can be re-written in the form

$$\frac{v}{v_0} = 1 + 2{,}303\,(B_X - B_A - B_B)\,\mu, \qquad (19)$$

corresponding to a "linear" salt effect.

It will thus be seen that for primary salt effects in "zero-type" reactions (i. e. in which one reactant is uncharged) the BRÖNSTED expression agrees qualitatively with the experimental results for catalysis by hydrogen and hydroxyl ions summarised at the beginning of this section. No quantitative prediction can be made of the magnitude of the effect in any particular case. On the other hand it may be noted that B_B for a non-electrolyte is almost always negative, while for electrolytes the values of B_A for the hydrogen ion are smaller than those for most other ions: hence it is reasonable to conclude (in agreement with experiment) that reactions catalysed by hydrogen ions will in general exhibit a positive salt effect. Further, according to the principle of specific interaction of ions[1] individual deviations from the simple DEBYE-HÜCKEL equation for activity coefficients are chiefly conditioned by the interactions of ions of opposite charges: this agrees with the observed fact that in hydrogen ion catalysis the specific effect of the added salt depends chiefly on the nature of its anion, while for hydroxyl ion catalysis the nature of the cation is the most important factor.

For solutions containing ions at concentrations much above $0{,}1\,N$ it is not possible to give any theoretical treatment of the primary salt effect, or even any generalisation of the experimental results. The diversity of behaviour met with is well illustrated by the data collected by HARNED and ÅKERLÖF (l. c. p. 198). The position is of course parallelled by the absence of any satisfactory general theory of concentrated electrolyte solutions, and until such a theory is available it would seem desirable to confine kinetic measurements as far as possible to the more dilute range.

An interesting experimental correlation applicable to these more concentrated solutions has been suggested by HAMMETT.[2] In the case of an uncharged substrate S reacting with the hydrogen ion, the activity factor in equation (15) becomes $f_S\,f_{H^+}/f_{SH^+}$. HAMMETT has pointed out that an activity factor of exactly the same form occurs in the equilibrium of an simple basic indicator with hydrogen ions, where we have

$$\frac{[B\,H^+]}{[B]} = K\,[H^+]\,\frac{f_B\,f_{H^+}}{f_{B\,H^+}},$$

K being the dissociation constant of the indicator. K, $[B\,H^+]$ and $[B]$ can be determined experimentally, and the activity factor evaluated. HAMMETT has shown that the value of this factor in a given solution is the same for several different indicators, and that in a number of cases the catalytic activity of concentrated solutions of strong acids (with and without the addition of salts) is directly proportional to this factor.

---

[1] BRÖNSTED: J. Amer. chem. Soc. 44 (1922), 877. — GUGGENHEIM: Report 18th Scandinavian Naturalist Congress, Copenhagen, 1929; Phil. Mag. J. Sci. (7), 19 (1935), 588.

[2] HAMMETT, DEYRUP: J. Amer. chem. Soc. 54 (1932), 2721. — HAMMETT, PAUL: Ibid. 56 (1934), 830.

General acid base catalysis.

By

R. P. BELL, Oxford.

Inhaltsverzeichnis.

Solvation of hydrogen ions.

It was at first assumed that the hydrogen ion in solution was simply a proton, the extremely small size of which serve to do account for its high mobility and possibly also for its catalytic activity. Gradually, however, evidence accumulated to show that the hydrogen ion in solution consists practically entirely of a solvated form, and is thus a different entity in different solvents. The strongest evidence is probably the theoretical calculation[1] that the union of a proton with a water molecule would be exothermic to the extent of about 200000 calories per gram molecule. If we take the same value for the free energy of hydration, this corresponds to a concentration of free protons of the order 10^{-150} in aqueous acid solutions at ordinary temperatures. Though the calculation is a very approximate one, it is clear that free protons can never be present in kinetically significant concentrations, as has sometimes been supposed.[2]

The non-existence of the free proton in the presence of other species is supported by the fact that even the strongest acids do not form ionic lattices in the solid state. On the other hand, the monohydrate of perchloric acid forms an ionic crystal which is isomorphous with ammonium perchlorate, indicating the analogy between $[OH_3{}^+]\,[ClO_4{}^-]$ and $[NH_4{}^+]\,[ClO_4{}^-]$. It may be noted that both the ions $OH_3{}^+$ and $NH_4{}^+$ have a normal electronic structure with a completed octet. By analogy we should write the "hydrogen ion" in an alcohol ROH as $ROH_2{}^+$. Important evidence as to the nature of solvated hydrogen ions has been obtained by GOLDSCHMIDT[3] in his work on esterification reactions in alcohol solutions. He investigated the esterification of an acid according to the equation

$$R \cdot COOH + C_2H_5OH \rightarrow R \cdot COOC_2H_5 + H_2O$$

catalysed by the addition of a strong acid. Since the alcohol is present in excess this should be a reaction of the first order, but actually the first order constants decrease as the reaction proceeds. Further, the addition of small quantities of water retards the reaction to a considerable extent. This behaviour can be explained if we assume that the equilibrium

$$C_2H_5OH_2{}^+ + H_2O \rightleftharpoons C_2H_5OH + OH_3{}^+$$

is set up in the solution, and that the catalytic power of the ion $OH_3{}^+$ is much smaller than that of $C_2H_5OH_2{}^+$. It is easily shown that this assumption leads to the equation

$$k\,c\,r\,t = (n + r + a) \log \frac{a}{a-x} - x$$

where n, c and a are the initial concentrations of water, catalyst and carboxylic acid, x is the concentration of carboxylic acid after time t, and r is the equilibrium constant

$$r = \frac{[C_2H_5OH_2{}^+]\,[H_2O]}{[OH_3{}^+]}.$$

This equation agrees well with the experimental data, giving a constant value of r for different values of n, c and a, and for different acids. Moreover, work by BREDIG and MILLAR[4] on the alcoholysis of diazoacetic ester in the presence of acids shows the same inhibition by added water, and gives the same value for the constant r. It should be noted that any other assumption about the solvation (e. g. that more than one molecule of solvent is involved) would lead to different equations not in accord with experiment, so that the above work provides good evidence for the existence of the definite species $OH_3{}^+$ and $C_2H_5OH_2{}^+$.

[1] FAJANS: Ber. dtsch. chem. Ges. 21 (1919), 709.
[2] Cf. e. g. RICE: J. Amer. chem. Soc. 45 (1923), 2808.
[3] GOLDSCHMIDT, UDBY: Z. physik. Chem. 60 (1907), 728. — GOLDSCHMIDT: Z. Elektrochem. angew. physik. Chem. 15 (1909), 4.
[4] BREDIG: Z. Elektrochem. angew. physik. Chem. 18 (1912), 535. — MILLAR: Z. physik. Chem. 85 (1913), 129.

The modern concept of acids and bases.

The part played by the solvent in the ionisation equilibria of acids and bases has an important bearing on the definition of the terms acid and base. According to the classical theory acids and bases are defined as substances giving rise respectively to hydrogen ions and hydroxyl ions in aqueous solution. This definition can be extended without much difficulty to other hydroxylic solvents; e.g. in ethyl alcohol the "hydrogen ion" is now $C_2H_5OH_2^+$ instead of OH_3^+, and the hydroxide ion must be replaced by the ethoxide ion $OC_2H_5^-$. However, it is not entirely satisfactory to make the definition of acids and bases dependent on the solvent in this way. In particular, such ideas admit the existence of acidic and basic properties only in the presence of a suitable solvent, and such reactions as the combination of ammonia and hydrogen chloride in the gas phase or in benzene solution would not be classed as an acid-base reaction. The inadequacy of this point of view appears still more clearly when it is realised that benzene solutions of acids and bases exhibit such typical behaviour as indicator reactions[1] and electrometric titration,[2] although there are no "hydrogen ions" present, and there is no possibility for the existence of hydroxyl ions or their analogues.

The matter was put on a much more logical basis by BRÖNSTED[3] and by LOWRY[4] who almost simultaneously proposed the definition that *an acid is any substance having a tendency to lose a proton, and a base is any substance having a tendency to take up a proton*. Acids and bases thus form corresponding pairs, related by equations of the type

$$A \rightleftharpoons B + H^+, \tag{20}$$

such pairs being CH_3COOH and CH_3COO^-, NH_4^+ and NH_3, OH_3^+ and H_2O, etc. It should be noted that there is no restriction as to the charge of an acidic or basic molecule, but that there is always unit difference of charge between the members of a corresponding pair. This extension of the acid base concept to ions such as NH_4^+ and CH_3COO^- has proved one of the most fruitful aspects of the new definition.

Since the free proton cannot exist in the presence of other molecules, equation (20) does not represent an observable process. The actual acid-base reactions which are observed are obtained by combining two such equations, giving

$$A_1 + B_2 \rightleftharpoons A_2 + B_1 \tag{21}$$

A_1, B_1 and A_2, B_2 being two corresponding acid-base pairs. Thus in an inert solvent we can have the reaction

$$CH_3COOH + NH_3 \rightleftharpoons NH_4^+ + CH_3COO^-$$
$$\quad A_1 \qquad\qquad B_2 \qquad\quad A_2 \qquad\qquad B_1$$

A special case of double acid-base equilibrium is when one of the acid-base pairs is provided by the solvent, e.g.

$$CH_3COOH + H_2O \rightleftharpoons OH_3^+ + CH_3COO^-$$
$$\quad A_1 \qquad\qquad B_2 \qquad\quad A_2 \qquad\quad B_1$$

$$H_2O + NH_3 \rightleftharpoons NH_4^+ + OH^-.$$
$$\quad A_1 \qquad B_2 \qquad\quad A_2 \qquad\quad B_1$$

---

[1] BRÖNSTED: Ber. dtsch. chem. Ges. **61** (1928), 2049.
[2] LA MER, DOWNES: J. Amer. chem. Soc. **53** (1931), 888.
[3] BRÖNSTED: Recueil Trav. chim. Pays-Bas **42** (1923), 718.
[4] LOWRY: Chem. and Ind. **42** (1923), 43.

The H_2O molecule can act as a base or as an acid, the corresponding acid and base being OH_3^+ and OH^-. This formulation emphasises clearly the part played by the solvent in the electrolytic "dissociation" of acids and bases. Moreover, the (hydrated) hydrogen and hydroxyl ions do not play any necessary or even unique part in the acid-base reactions shown above, being merely particular members of large classes of acid and basic molecules. Their practical importance depends on the fact that they are derived from the solvent: on the other hand on passing from aqueous solution to ethyl alcohol OH_3^+ and OH^- will be replaced by $C_2H_5OH_2^+$ and $OC_2H_5^-$, while in benzene solution there will be no corresponding solvent ions at all.

These considerations have an obvious bearing on the problem of acid-base catalysis. From a theoretical point of view there now appears to be no reason why OH_3^+ and OH^- (or their analogues in other solvents) should possess the unique power of catalysing reactions, and it might be anticipated that acid catalysis would be a property common to all acidic species such as OH_3^+, NH_4^+, CH_3COOH, etc.; similarly, the species OH^-, NH_3, CH_3COO^- etc. might all be expected to act as basic catalysts. As will be shown in the following sections, this expectation has in fact been realised for a large number of catalytic reactions.

The dual theory of acid-base catalysis.

The idea that hydrogen and hydroxyl ions are not the only effective catalysts is much older than the revised concepts of acids and bases: in fact it was one of the earliest suggestions made to account for deviations from the classical kinetic equations. In the case of acid catalysis it was suggested that undissociated molecules such as HCl or CH_3COOH might act as catalysts in the same way as hydrogen ions. This hypothesis came to be known as the *dual theory* of catalysis, and it will be seen that it is concordant with the general views on acids and bases outlined above.

The dual theory originated before the development of modern views on the behaviour of electrolyte solutions. In particular, the conductivity ratio was taken as a measure of the degree of dissociation even for strong electrolytes, and no account was taken of primary or secondary salt effects. It is therefore not surprising that the quantitative conclusions of the early supporters of the dual theory always need revision in the light of more recent work, and that in many cases the effect of such revision is to destroy the evidence on which the dual theory was based. Nevertheless, a number of their conclusions remain qualitatively unchanged, and we shall therefore give a brief survey of the development of the dual theory up to about 1920, indicating how far its conclusions must be modified in the light of modern views. This seems particularly desirable, as very varied views have been expressed as to the status of the dual theory in the development of the subject.

Probably the first reaction to suggest that undissociated acids might exert a catalytic effect was the rearrangement of N-chloracetanilide according to the equation

$$C_6H_5 \cdot NCl \cdot COCH_3 \rightarrow p - Cl \cdot C_6H_4 \cdot NHCOCH_3$$

first studied by BLANKSMA[1] and by ACREE.[2] This reaction is catalysed by HCl, and in aqueous solution it is found that the velocity is proportional to the square of the acid concentration. Since the acid is almost completely dissociated, this

---

[1] BLANKSMA: Recueil Trav. chim. Pays-Bas **21** (1902), 366; **22** (1903), 290.
[2] ACREE, JOHNSON: Amer. chem. J. **37** (1907), 410.

result is consistent with the assumption that undissociated HCl molecules are the only effective catalyst. However, a detailed study of this reaction has shown[1] that it is not a simple case of acid catalysis, but takes place according to the equation

$$C_6H_5NCl \cdot COCH_3 + H^+ + Cl^- \rightleftharpoons C_6H_5NH \cdot COCH_3 + Cl_2 \rightarrow$$
$$\rightarrow p\text{-}Cl \cdot C_6H_4 \cdot NHCOCH_3 + H^+ + Cl^-,$$

the first step being the slow rate determining one. Under these conditions it is impossible to distinguish kinetically between the participation of undissociated HCl on the one hand and of the ions H^+ and Cl^- on the other hand, and in any case, the reaction is clearly unsuited as a basis for any general theory of acid catalysis.[2]

The evidence relating to truly catalytic reactions relates partly to aqueous and partly to non-aqueous solutions, and it will be convenient to take these two cases separately. In aqueous solution the chief work is that of H. S. TAYLOR on the acid catalysed hydrolysis of esters, and of H. M. DAWSON on the reaction between acetone and iodine.

TAYLOR[3] bases his support of the dual theory on the velocity of hydrolysis of various esters in presence of acids with and without the addition of salts. However, examination of his data in the light of later work shows that it affords no evidence for catalysis by species other than the hydrogen ion. For example, it was found that the addition of 1 N KCl to 0,1 N HCl causes a 24% increase of velocity. According to the classical interpretation of conductivity data, the degree of dissociation of 0,1 N HCl is only about 90%, and this is reduced to 75% by the addition of 1 N HCl. TAYLOR therefore concludes that the increase in catalytic power caused by the addition of KCl is due to the formation of more undissociated HCl, to which is assigned a catalytic power about three times as great as that of the hydrogen ion. It is evident, however, that this conclusion depends on two assumptions which cannot now be regarded as tenable; firstly that the degree of dissociation is given by the conductivity ratio, and secondly that the catalytic effect of the hydrogen ion is unaffected by the addition of the KCl. It is undoubtedly more correct to regard the HCl as being completely dissociated in both solutions, and to interpret the 24% increase in velocity to a primary salt effect. A was seen in the section on salt effects (p. 191), there is ample evidence both theoretically and experimentally that such effects may amount to as much as 100% in 1 N salt solutions. This interpretation is supported by other data of TAYLOR's which show that the effect of 1 N KCl on the catalytic power of HCl is almost constant (20–24%) for HCl concentrations varying between 0,01 N and 0,5 N.

With the somewhat weaker di- and tri-chloracetic acids TAYLOR finds a similar effect, but in this case it is much smaller and leads to very inconsistent values: e.g. he gives values ranging from 0,02 to 0,16 for the catalytic effect of the dichloracetic acid molecule relative to that of the hydrogen ion. Although these acids are not completely dissociated at the concentrations used, the ionic

---

[1] For a summary of the chief evidence, see ORTON, SOPER, WILLIAMS: J. chem. Soc. (London) **1928**, 998.

[2] The much slower change in aqueous acid solutions not originally containing halogen acid is attributable to the same mechanism, halogen acid being first formed by hydrolysis.

[3] TAYLOR: Medd. F. K. Vetenskapsakad. Nobel-Inst. **2** (1913), Nos. 34-37; Z. Elektrochem. angew. physik. Chem. **20** (1914), 201; J. Amer. chem. Soc. **37** (1915), 551. — Cf. also RAMSTEDT: Medd. F. K. Vetenskapsakad. Nobel-Inst. **3** (1915), No. 7.

concentrations are sufficiently high to introduce a considerable error in the degrees of dissociation derived directly form the conductivity. (This point will be further dealt with in discussing DAWSON's results.) In addition to this there may be a primary salt effect, and it is readily seen that these two effects can easily account for the small differences attributed by TAYLOR to the undissociated acid. .

Similar criticisms apply to the calculations made by SNETHLAGE[1] and by McBAIN[2] on the data of OSTWALD, ARRHENIUS and PALMAER on the inversion of cane sugar. For the strong acids the variations with concentration and the effect of added salt are again more adequately explained by assuming complete dissociation and a primary salt effect. For the weak acids the chief evidence for dual catalysis is derived from experiments by ARRHENIUS[3] on catalysis by mixtures of a strong and a weak acid. Typical data are given in Table 1. k (acid)

Table 1. *Inversion of sucrose, 39,3°.* ($k = $ first order constant.)

Catalyst	k (observed)	k (acid)	Δk
0,05 N HNO$_3$	29,8	—	—
0,05 N HNO$_3$ + 0,77 N succinic acid	32,5	0,4	2,3
0,05 N HNO$_3$ + 0,4 acetic acid	31,3	0,1	1,4
0,05 N HNO$_3$ + 0,4 N propionic acid	31,0	0,1	1,1
0,05 N HNO$_3$ + 0,3 N butyric acid	30,5	0,1	0,6

represents the calculated catalysis due to the hydrogen ions from the weak acid, and Δk the additional velocity attributed by SNETHLAGE to the undissociated acid. Even if the HNO$_3$ is not completely dissociated, it is clear that its degree of dissociation will not be appreciably affected, while the contribution of hydrogen ions from the weak acid is so small that even a large error in calculating its degree of dissociation will have little effect on the total velocity. However, it will be seen that the observed changes in velocity only amount to a few percent of the whole, while the concentrations of undissociated acid present also amounts to several percent. This constitutes a change of medium which may well account for the observed change in velocity.

Much more importance attaches to the work of DAWSON on the reaction between acetone and iodine. This reaction is of the first order with respect to acetone, and its velocity is independent of the iodine concentration: hence its rate must be determined by some change in the acetone molecule itself (e.g. enolisation or ionisation). This change is catalysed by acids, and hence is catalysed by the acid produced in the reaction with iodine. However, by measuring initial velocities it is possible to determine accurately the effect of other catalysts, and DAWSON has made many measurements with strong and weak acids and with buffer solutions. On account of the importance of this reaction in the development of theories of catalysis we shall give some of DAWSON's data, and also show how far his conclusions are affected by recalculation from a modern point of view. Table 2 gives some of the results of DAWSON and POWIS.[4]

---

[1] SNETHLAGE: Z. Elektrochem. angew. physik. Chem. **18** (1912), 539; Z. physik. Chem. **85** (1913), 252.

[2] McBAIN, COLEMAN: J. chem. Soc. (London) **105** (1914), 1517.

[3] ARRHENIUS: Z. physik. Chem. **31** (1899), 197.

[4] DAWSON, POWIS: J. chem. Soc. (London) **1913**, 2135.

Table 2. *Reaction of acetone with iodine at 25° in solutions of acids.*
(Acetone concentration $= 0,273\ M$ throughout; $k =$ initial rate of disappearance of iodine in mols./[litre·minute].)

		HCl			
				Recalculated values	
c (acid)	$10^6\ k$	$\lambda = \Lambda/\Lambda_0$	$10^6\ k/[H^+]$	α	$10^6\ k/[H^+]$
0,01	4,48	0,971	461	1000	448
0,02	9,10	0,959	474	1000	455
0,05	22,9	0,940	487	1000	458
0,10	46,5	0,921	505	1000	465
0,20	95,3	0,897	531	1000	476
0,50	243,0	0,858	566	1000	486
1,00	515,0	0,792	650	1000	515

$10^6\ k\,(H^+) = 437$; $10^6\ k\,(HCl) = 811$ $\qquad$ $10^6\ k\,(H^+) = 446$; $k\,(HCl) = 0$

		$CHCl_2COOH$, $K = 5,5\ \cdot\ 10^{-2}$				
				Recalculated values		
c (acid)	$10^6\ k$	$a = \Lambda/\Lambda_0$	$10^6\ k/[H^+]$	$100\ K_c$	α	$10^6\ k/[H^+]$
0,01	4,10	0,856	479	6,73	0,880	466
0,02	7,95	0,769	516	7,19	0,830	480
0,05	18,1	0,621	582	7,93	0,696	520
0,10	32,7	0,503	650	8,65	0,595	550
0,20	59,6	0,393	758	9,46	0,491	605

$10^6\ k\,(H^+) = 445$; $10^6\ k\,(CHCl_2COOH) = 220$ $\qquad$ $10^6\ k\,(H^+) = 456$; $10^6\ k\,(CHCl_2COOH) = 141$

	$CH_2ClCOOH$, $K = 1,55\ \cdot\ 10^{-3}$		
c (acid)	$10^6\ k$	$\lambda = \Lambda/\Lambda_0$	$10^6\ k/[H^+]$
0,05	4,6	0,161	571
0,10	7,6	0,117	650
0,20	11,9	0,0842	708
0,50	23,8	0,0542	878
1,00	40,1	0,0386	1039

$10^6\ k\,(H^+) = 448$; $10^6\ k\,(CH_2ClCOOH) = 23,7$

In DAWSON's calculations it is assumed that the degree of dissociation is given by Λ/Λ_0, thus giving directly the concentrations of the hydrogen ion and undissociated acid. If then the total velocity is of the form

$$k = k\,(H^+) \cdot [H^+] + k\,(\text{acid}) \cdot [\text{acid}]$$

it is a simple matter to calculate the values of the catalytic constants by plotting $k/[H^+]$ against $[\text{acid}]/[H^+]$. These values are given in the left-hand half of the table.

We must now examine the results more critically. In the case of HCl it is certainly more correct to assume complete dissociation in the range of concentrations used, and hence to take the hydrogen ion concentration as equal to the stoichiometric concentration of the acid. This has been done on the right hand side of the table, and it will be seen that the revised values of $k/[H^+]$ increase much less than before, the increase of 13% at an ionic concentration of 1 N being readily explicable as a primary salt effect. The same applies to data for other strong acids obtained by DAWSON and CRAMM[1] where the ratio $k/[\text{total acid}]$

---

[1] DAWSON, CRAMM: J. chem. Soc. (London) **1916**, 1272.

increases by 1–3% between $c = 0,01$ and $c = 0,1$. We must therefore conclude that there is no evidence from these experiments for catalysis by the undissociated molecules of strong acids, a conclusion subsequently confirmed by DAWSON himself.[1]

In the case of a weaker acid such as dichloracetic the degree of dissociation will be given approximately by the conductivity ratio, but above an ionic concentration of about 0,01 the decrease in ionic mobility due to interionic forces will constitute a considerable source of error. From another point of view, we have seen that on both theoretical and experimental grounds (cf. p. 194) the concentration dissociation constant of an acid must vary considerably with the concentration of ions in the solution, while the conductivity measurements for dichloracetic acid indicate a constant value of K_c up to $\mu = 0,1$. The best way of estimating the true degree of dissociation in the solutions used is by means of an equation of the type (7). We shall write

$$\log_{10} K_c = \log_{10} K_0 + \sqrt{\mu} - 0,8\,\mu \qquad (22)$$

which according to BRÖNSTED represents a reasonable value for the linear term.[2] The activity dissociation constant K_0 has been taken as equal to the classical constant obtained from conductivity measurements: this is justified by the fact that the classical constant varies little with concentration, the variations in K_c being approximately counterbalanced by the variations in the mobilities. For a given acid concentration equation (22) can now be used to obtain the true values of K_c and α by a short series of successive approximations. The values thus obtained are given in the right-hand half of Table 2. It is not claimed that they are accurate, but they should be nearer the truth than the original values (from which they differ considerably), and will in any case give an indication of the degree of uncertainty in the original conclusions.

It will be seen that the revised values of $k/[\mathrm{H}^+]$ increase with acid concentration to a smaller extent than the original values. However, the increase is still much too large to be attributed to a primary salt effect, and there can be no doubt that there is catalysis by the undissociated dichloracetic acid molecules. On the other hand, the recalculation involves a decrease of about 40% in the catalytic constant of these molecules, and the original values must be regarded as being in error by about this amount. A similar error is present in the results for α,β-dibromopropionic acid.

In the case of monochloracetic acid we have not attempted to correct the results in this way. In the dilute solutions the ionic concentrations are too low to have much effect, and in the more concentrated ones the high concentration of undissociated acid introduces a new type of medium effect. Recent measurements[3] show that as a result of these two effects K_c varies only by about 5% over the range of concentrations in Table 2. The values of α and $k/[\mathrm{H}^+]$ given by DAWSON will therefore be substantially correct, and the increase of $k/[\mathrm{H}^+]$ with concentration is at least twenty times as great as could be accounted for by a primary salt effect. The results thus show quite conclusively that there is catalysis by undissociated monochloracetic acid molecules, and the value derived for their catalytic constant cannot be much in error. The same applies to the results for acetic acid.

---

[1] DAWSON, CARTER: J. chem. Soc. (London) **1926**, 2782.

[2] BRÖNSTED, VOLQVARTZ: Z. physik. Chem. **134** (1928), 97.

[3] MCINNES, SHEDLOVSKY: J. Amer. chem. Soc. **54** (1932), 1429; Chem. Reviews **13** (1933), 29. — GROVE: J. Amer. chem. Soc. **52** (1930), 1404.

In a later paper[1] Dawson studied the acetone iodine reaction in solutions of monochloracetic acid to which increasing amounts of sodium monochloracetate were added. If the classical mass law is obeyed in these solutions, it is easily seen that by plotting the reaction velocity against the reciprocal of the salt concentration the velocity due to the undissociated acid is given by the extrapolated value corresponding to infinite salt concentration. By treating his data in this way, Dawson obtained a value $10^6 k(CH_2ClCOOH) = 24,5$, in fair agreement with the value in Table 2. This procedure is in principle open to the criticisms already put forward: thus it is easily seen that K_c for monochloracetic acid probably varies by about 50% in the solutions studied. Actually, however, the final conclusions are not seriously affected, since the part played by the hydrogen ion catalysis becomes progressively smaller as the salt concentration increases. Recalculation on the basis of equation (21) indicates that Dawson's catalytic constant is probably about 15% too high.

A large proportion of the early evidence adduced in support of the dual theory refers to kinetic measurements in methyl and ethyl alcohols, notably on the esterification reaction,[2] and the alcoholysis of diazoacetic ester.[3] The problem of interpreting these data is essentially the same as in aqueous solution, but on account of the lower dielectric constant of the non-aqueous media much greater errors will be involved in the classical interpretation of conductivity ratios, the use of the classical law of mass action and the neglect of primary salt effects. The effect of the decrease in the dielectric constant D is seen by considering the coefficient A in equation (4); according to theoretical considerations the value of A (and also of the corresponding coefficient in the conductivity equation) is inversely proportional to $D^{3/2}$, so that the values for methyl and ethyl alcohol will be respectively about three and six times the value for water. Thus for example a $0,1 N$ aqueous solution, a $0,01 N$ solution in methyl alcohol and a $0,002 N$ solution in ethyl alcohol will all exhibit deviations from classical behaviour of the same order of magnitude. Moreover the range of application of the theoretical expressions is correspondingly lower in the alcohols, so that an exact interpretation of kinetic data in these solvents is difficult even from a modern view point.

Goldschmidt's data on esterification in methyl and ethyl alcohols were originally interpreted according to the classical view of conductivity ratios, which led to the assumption of catalytic activity for the undissociated molecules of both strong and weak acids. The results in methyl alcohol were first treated from a modern point of view by Bjerrum[4], and in later papers Goldschmidt himself showed that all his data for this solvent were consonant with the assumption that the (solvated) hydrogen ion is the only catalyst.[5] In the case of ethyl alcohol the agreement is not quite so good,[6] but the discrepancies between ex-

---

[1] Dawson, Reimann: J. chem. Soc. (London) **1915**, 1426.

[2] Goldschmidt, Sunde: Ber. dtsch. chem. Ges. **39** (1906), 711. — Goldschmidt, Thuesen: Z. physik. Chem. **81** (1912), 30. — Goldschmidt: Z. Elektrochem. angew. physik. Chem. **15** (1909), 4; **17** (1911), 684; Z. physik. Chem. **70** (1910), 627; **94** (1920), 233.

[3] Bredig: Z. Elektrochem. angew. physik. Chem. **18** (1912), 535. — Braune: Z. physik. Chem. **85** (1913), 170. — Snethlage: Z. Elektrochem. angew. physik. Chem. **18** (1912), 539; Z. physik. Chem. **85** (1913), 211.

[4] Bjerrum: Fysisk Tidsskrift **15** (1916), 59; Z. Elektrochem. angew. physik. Chem. **24** (1918), 321.

[5] H. Goldschmidt: Z. physik. Chem. **114** (1925), 1; **117** (1925), 312; **129** (1927), 223.

[6] Cf. Goldschmidt: Trans. Faraday Soc. **24** (1928), 662.

periment and the hypothesis of simple hydrogen catalysis are probably not greater than the uncertainties of interpretation mentioned above.

The position is essentially the same for the alcoholysis of diazoacetic ester. There is, however, one set of experiments by SNETHLAGE (l.c.) which is still widely quoted as definite evidence for the dual theory, and it is of interest to consider this case more closely. The data refer to the reaction velocity in an 0,00909 M solution of picric acid to which varying quantities of the salt p-toluidine picrate had been added. The salt concentrations and the observed velocity constants are given in the first two columns of Table 3. It is easily seen that the addition of salt decreases the velocity much less than would be expected from the classical law of mass action, and in fact if the velocity is plotted against the reciprocal of the salt concentration, the curve obtained appears to indicate a finite limiting velocity in the presence of an infinite amount of salt. This "residual velocity" (amounting to about 22% of the velocity in the absence of salt) was attributed to catalysis by the undissociated picric acid molecule. It was pointed out by BRÖNSTED[6] in 1926 that this conclusion must be accepted with reserve on account of the very large salt effects which may be present, and it is therefore of interest to observe that data are now available for recalculating the experimental results from a modern point of view. GROSS and GOLDSTERN[2] have recently determined by an optical method the dissociation constant of picric acid in ethyl alcohol at various concentrations. Assuming for the moment that the hydrogen ion is the only catalytic species, its catalytic constant can be now calculated from the reaction velocity with no picrate added. Using this catalytic constant, we can calculate the hydrogen ion concentrations in the solutions with added picrate, and hence the values of K_c for picric acid in these solutions. (See column 3, Table 3.) Applying equation (3) to these values (using GROSS's value for K_0) we obtain the values given in the fourth column of the table for the mean activity coefficient $\sqrt{f_{H^+}\, f_{Pic^-}}$. In the first place it may be noted that the variations of this activity coefficient with the ionic strength are not greater than would be anticipated theoretically on the basis of the DEBYE-HÜCKEL theory. Of greater interest, however, is the comparison with the E. M. F. measurements of WOOLCOCK and HARTLEY[3] for solutions of hydrogen chloride in ethyl alcohol. The last column in the table contains the mean activity coefficients obtained by these authors for the ionic strengths obtaining in the diazoacetic ester experiments. It will be seen that there is substantial agreement between the two sets of activity coefficients, and this agreement amply confirms the original assumption that

Table 3. *Alcoholysis of ethyl diazoacetate in ethyl alcohol at 25°.* (0,00909 M picric acid $+ x - M$ p-toluidine picrate, $k =$ first order velocity constant, minutes^{-1}.)

$10^4\, x$	$10^4\, k$	$10^4\, K_c$	$\sqrt{f_{H^+}\, f_{Pic^-}}$	$\sqrt{f_{H^+}\, f_{Cl^-}}$
0	580	3,31	0,745	0,726
9,09	485	3,79	0,696	0,672
18,2	410	4,70	0,626	0,635
27,3	375	4,75	0,623	0,606
36,4	322	4,85	0,616	0,581
45,5	300	5,31	0,589	0,559
90,0	220	6,78	0,522	0,485
136,3	205	9,35	0,444	0,443
227,3	180	13,3	0,372	0,377
454,5	160	23,1	0,281	0,312
909,0	145	42,1	0,210	0,255

[6] BRÖNSTED: Om Syre- og Basekatalyse, p. 26. Copenhagen, 1926.
[2] GROSS, GOLDSTERN: Mh. Chem. **55** (1930), 316.
[3] WOOLCOCK, HARTLEY: Philos. Mag. J. Sci. (7), **3** (1928), 1133.

the hydrogen ion is the only effective catalyst. Complete agreement is not to be anticipated, since at the ionic concentrations concerned the activity coefficients will depend to some extent on the individual nature of the ions; further, there may be a considerable primary salt effect which has not been taken into account. It is, however, quite clear that the original extrapolation was an unjustifiable one, and that there is no evidence for catalysis by undissociated acid.

We can now sum up the position of the "dual theory" as follows. The basic idea that undissociated acid molecules can act as catalysts is undoubtedly correct. On the other hand, most of the evidence originally adduced in support of the dual theory breaks down when examined in the light of modern views on electrolytes. The one exception is the work of DAWSON on the acetone iodine reaction. His results show quite definitely the catalytic effect of the undissociated molecules of weak acids, though in the case of fairly strong acids (e.g. dichloracetic acid) his values for the catalytic constant are probably in error by about 50%, while for "strong" acids the dual effect is completely illusory.

General methods of investigating acid-base catalysis.

Before considering other results obtained for individual reactions it will be convenient to treat briefly the general methods for planning and interpreting experimental work in this field. If we have an aqueous solution containing an acid HA and its anion A^-, then in the most general case we may have catalysis by the species OH_3^+, OH^-, HA, A^-, as well as the "spontaneous" or solvent catalysed reaction. The total reaction velocity v can thus be written

$$v = k_0 + k_{OH_3^+} [OH_3^+] + k_{OH^-} [OH^-] + k_{HA} [HA] + k_{A^-} [A^-]. \qquad (23)$$

The general problem of detecting and measuring the catalytic effects of the different species is thus a complicated one, though it can generally be much simplified by a judicious choice of experiments.

Let us consider first the case in which the only catalytic species present are H_2O, OH_3^+ and OH^-, as will be the case in solutions of strong acids or strong bases. This problem arose in the classical investigations on the hydrolysis of esters.[1] Equation (23) becomes

$$v = k_0 + k_{OH_3^+} [OH_3^+] + k_{OH^-} [OH^-]$$

or, since

$$[OH_3^+] [OH^-] = K_w$$

$$\left. \begin{aligned} v &= k_0 + k_{OH_3^+} [OH_3^+] + \frac{k_{OH^-} K_w}{[OH_3^+]} \\ &= k_0 + \frac{k_{OH_3^+} K_w}{[OH^-]} + k_{OH^-} [OH^-] \end{aligned} \right\} \qquad (24)$$

The various possibilities which arise have been clearly set out by SKRABAL.[2] Since $K_w \sim 10^{-14}$, $[OH_3^+]$ and $[OH^-]$ vary by a factor of 10^{12} in passing from $N/10$ HCl to $N/10$ NaOH, so that unless $k_{OH_3^+}$ and k_{OH^-} differ by a factor of more than about 10^9 there will be two ranges in which one of the last two terms of (24) can be neglected. In these ranges the velocity is a linear function of $[OH_3^+]$ or $[OH^-]$ respectively, and the corresponding catalytic constants can

[1] WIJS: Z. physik. Chem. 11 (1893), 492; 12 (1893), 514.
[2] SKRABAL: Z. Elektrochem. angew. physik. Chem. 33 (1927), 322.

easily be determined separately. Between these two regions the velocity will pass through a minimum at a hydrogen ion concentration given by

$$[\mathrm{OH_3^+}]_{\min} = \left\{ \frac{k_{\mathrm{OH-}} K_w}{k_{\mathrm{OH_3^+}}} \right\}^{1/2}. \tag{25}$$

If $k_{\mathrm{OH-}} = k_{\mathrm{OH_3^+}}$ the minimum will be at the neutral point, while the two possibilities $k_{\mathrm{OH-}} > k_{\mathrm{OH_3^+}}$ and $k_{\mathrm{OH-}} < k_{\mathrm{OH_3^+}}$ correspond to a minimum velocity respectively on the acid and on the alkaline side of the neutral point.

The behaviour of the velocity in the neighbourhood of the minimum is most readily seen by plotting $\log_{10} v$ against p_H $(= - \log [\mathrm{OH_3^+}])$. The most general type of curve thus obtained is shown in Fig. 4, curve I. The two extreme ranges are represented by straight lines with a slope of 45°. These two lines are separated by a region in which the velocity is almost independent of p_H, there being two points at which the slope of the line changes fairly suddenly. It is easily seen from equation (24) that these two points are given by

$$p_{\mathrm{H}1} \sim \log_{10} \frac{k_{\mathrm{OH_3^+}}}{k_0}, \quad p_{\mathrm{H}2} = \log_{10} \frac{k_0}{K_w k_{\mathrm{OH-}}}, \tag{26}$$

and that the true minimum $p_{\mathrm{H}0}$ lies half-way between them. The velocity in this region is practically equal to k_0, which can thus be directly determined. The magnitude and position of the range depends upon the relative magnitude of the catalytic constants. Thus if $k_0 < \sqrt{K_w k_{\mathrm{OH_3^+}} k_{\mathrm{OH-}}}$, the horizontal portion disappears, and is replaced by a fairly sharp minimum (curve II, Fig. 1). The velocity at this minimum point is

$$v_{\min} = k_0 + 2 \sqrt{K_w k_{\mathrm{OH_3^+}} k_{\mathrm{OH-}}}$$

where the second term is no longer negligible. The velocity of the "spontaneous" reaction (if any) thus cannot be directly observed in this case. Finally, if either $k_{\mathrm{OH_3^+}}$ or $k_{\mathrm{OH-}}$ is very small (or zero) the corresponding branch of the curve is absent, and curves of the types 3 and 4 are obtained.

Some examples of the different types of behaviour will be given in the next section, and numerous examples are given by Skrabal.[1] It may be noted that the form and symmetry of the curves have sometimes been regarded as evidence for a particular theory of the mechanism of catalysis (e.g. the "ionisation theory" of Euler: cf. the article by O. Reitz in this Handbuch). Actually, however, these properties are entirely a consequence of equation (24), and are independent of any particular hypothesis.[2]

The equations developed above are only quantitatively correct if K_w is a true constant. This assumption breaks down if the total ionic concentration varies appreciably, e. g. K_w in $N/10$ HCl is about

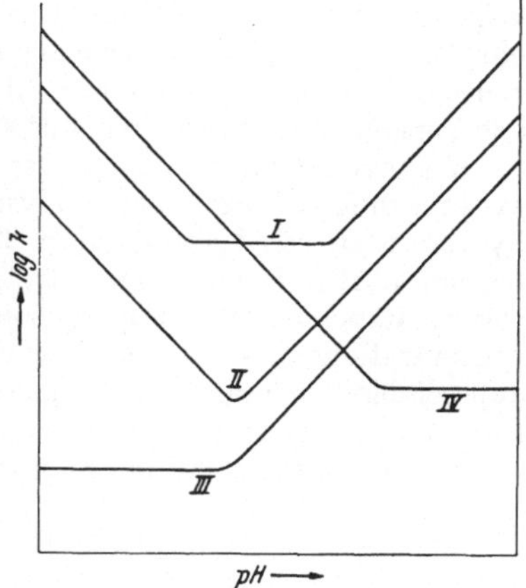

Fig. 1. Different types of acid-base catalysed reaction.

[1] Skrabal: Z. Elektrochem. angew. physik. Chem. **33** (1927), 322.

[2] Cf. Brönsted: Om Syre- og Basekatalyse, pp. 29-44. Copenhagen, 1926; Chem. Reviews 5 (1928), 252-265. — Skrabal: l. c.

216 R. P. Bell:

30% greater than K_w in pure water. However, this factor is only of importance in the middle region, and the general form of the curves is unaffected. Again, if measurements are extended to high values of $[OH_3{}^+]$ or $[OH^-]$ there may be departures from linearity in (24) owing to primary salt effects, but these will rarely be important at ionic concentrations below about $0,1\,N$. On the other hand, if weak electrolytes (other than water) are present the same treatment will not generally be even qualitatively valid, though it will be seen later (p. 235) that there are a few reactions for which (24) is true even under these circumstances, provided that the values of $(OH_3{}^+]$ and $[OH^-)$ are correctly evaluated. In this connection it should be noted that the symbol p_H in the above treatment is merely an abbreviation for $-\log_{10}[OH_3{}^+]$, and does not denote the quantity derived directly from electrometric measurements. This latter quantity (conveniently distinguished by the symbol pa_H) is a function of the mean activity of the hydrogen ion and the anions present, and has no simple kinetic significance.

If there are present catalytic species other than $OH_3{}^+$, OH^- and H_2O, then the most suitable method of treatment varies from case to case. Several such methods were derived on the basis of the classical theory by Dawson[1] while the modifications necessary to eliminate salt effects are chiefly due to Brönsted.[2]

The simplest case is when there is a considerable range of hydrogen ion concentrations over which catalysis by both $OH_3{}^+$ and OH^- is negligible, corresponding to curve I in Fig. 1 [thus in the mutarotation of glucose (cf. p. 219) this range extends from about $p_H = 4$ to $p_H = 6$]. By using buffer solutions within this range the catalytic effect of the constituents of the buffer may be readily evaluated, most simply by keeping the concentration of one constituent (e. g. acetic acid) constant, and varying the concentration of the other (e. g. acetate ions). If the reaction is catalysed only by acids or only by bases the range available is limited only on one side: thus in the decomposition of nitramide (cf. p. 218) there is no catalysis by hydrogen ions, and the catalysis by hydroxyl ions is negligible at any hydrogen ion concentration greater than about 10^{-5}. It should be noted that in this method it is not necessary to have any exact knowledge of the dissociation equilibrium in the buffer solution, so that secondary salt effects can be neglected. Primary salt effects will generally be small if the ionic concentration does not exceed $0,1\,N$, and can in any case be estimated from experiments with strong acids or strong bases.

It is not always feasible to use the method outlined above, even when there exists a range of negligible catalysis by hydrogen or hydroxyl ions. Thus in the hydrolysis of ethyl acetal (cf. p. 226) the catalysis by hydrogen ions does not become negligible until concentrations below about 10^{-8} are reached, and it is clearly impossible to prepare solutions in this range containing appreciable concentrations of an acid such as acetic acid. If this is the case, or if there is no appreciable "spontaneous" range of hydrogen ion concentrations (as in curve II, Fig. 1), a different method must be used. The hydrogen and hydroxyl ion concentrations in the solution are governed by the equations

$$[OH_3{}^+]\,[OH^-] = K_w, \qquad [OH_3{}^+] = K_c\,\frac{[HA]}{[A]} \tag{27}$$

so that equation (23) becomes

$$v = k_0 + k_{OH_3{}^+}\,K_c\,\frac{[HA]}{[A]} + k_{OH^-}\,\frac{K_w}{K_c}\,\frac{[A]}{[HA]} + k_{HA}\,[HA] + k_A\,[A]. \tag{28}$$

---

[1] For a summary and references cf. Dawson: Trans. Faraday Soc. 24 (1928), 641.
[2] For references see next section.

If it can be assumed that K_c and K_w are true constants, the first three terms of this expression can be kept constant by maintaining a constant ratio $[A]/[HA]=x$. Under these conditions the velocity is given by

$$v = k_x + [HA]\,(k_{HA} + x\,k_A) \tag{29}$$

where k_x depends only on x. A series of experiments with constant x thus gives $(k_{HA} + x\,k_A)$, and from several such series the values of k_{HA} and k_A can be obtained separately.

The validity of this method depends on the assumption that K_c and K_w remain constant when the salt concentration varies. We have already seen (pp. 193 f.) that this is far from being the case, and the application of equation (29) without further precautions may lead to considerable errors. Thus in a series of buffer solutions containing a constant ratio of acetic acid to sodium acetate, the hydrogen ion concentration will increase with increasing total buffer concentration, and the consequent increase in velocity would be interpreted wrongly as due to catalysis by acetic acid or accetate ions. If $k_{OH_3^+}$ and k_{OH^-} are known it may be possible to correct approximately for variations in K_c and K_w on the basis of theoretical expressions or actual measurements of dissociation constants. It is much simpler, however, to carry out kinetic experiments in which *the total salt concentration is constant*. Since K_c depends to a first approximation only on the ionic strength, and only to a smaller extent on the nature of the ions present (cf. p. 195), this procedure renders valid the simple treatment embodied in equations (28) and (29). The constancy of salt concentration is most easily achieved by adding suitable amounts of a salt having no catalytic activity. Thus for example the following solutions will be to a good approximation "isohydric", and can be safely used for investigating catalysis by acetic acid molecules or acetate ions:

$$0,1\ N \quad \text{acetic acid} + 0,1\ N \quad \text{sodium acetate,}$$
$$0,075\ N \ \text{acetic acid} + 0,075\ N\ \text{sodium acetate} + 0,025\ N\ \text{NaCl,}$$
$$0,05\ \ N\ \text{acetic acid} + 0,05\ \ N\ \text{sodium acetate} + 0,05\ \ N\ \text{NaCl,}$$
$$0,025\ N\ \text{acetic acid} + 0,025\ N\ \text{sodium acetate} + 0,075\ N\ \text{NaCl.}$$

It should be noted that this method does not demand any exact knowledge of dissociation constants, either in salt solutions or at infinite dilution.

It is sometimes possible to obtain information from measurements with unbuffered solutions of weak acids or weak bases. If the dissociation constants are accurately known, the effect due to hydrogen or hydroxyl ions can be calculated and allowed for. Further, if the acid or base is weak enough to obey the classical law of mass action with reasonable accuracy, the data can be treated without a knowledge of the dissociation constant. Thus in a solution of a weak acid of stoichiometric concentration c we have

$$[OH_3^+] = [A] = \sqrt{K_c\,c}, \quad [HA] = c - \sqrt{K_c\,c},$$

and hence (if catalysis by hydroxyl ions can be neglected)

$$v = k_0 + \sqrt{K_c\,c}\,(k_{OH_3^+} + k_A) + k_{HA}\left(c - \sqrt{K_c\,c}\right)$$

or,

$$(v - k_0)/\sqrt{c} = (k_{OH_3^+} + k_A - k_{HA})\sqrt{K_c} + k_{HA}\sqrt{c}$$

so that the value of k_{HA} can be obtained directly by plotting $(v - k_0)/\sqrt{c}$ against $\sqrt{c}$. This method is applicable to weak acids like acetic, but breaks down if the ionic concentration exceeds about 0,01, or the degree of dissociation exceeds a few percent.

Some examples of general catalysis in aqueous solution.

In this section we shall describe briefly some of the investigations which have contributed particularly to our knowledge of general acid-base catalysis, illustrating the methods used and the results obtained.

The decomposition of nitramide.

Nitramide, NH_2NO_2, was first prepared by THIELE and LACHMANN[1] who found that in alkaline solutions it decomposed rapidly according to the equation

$$NH_2NO_2 \rightarrow N_2O + H_2O.$$

The first kinetic study of this reaction was made by BRÖNSTED and PEDERSEN[2] who followed the reaction by measuring the volume of nitrous oxide evolved and found it to be strictly of the first order. The catalytic effect of the hydroxyl ion is so great as to be considerable even in neutral solutions, and no reliable value could be obtained for its catalytic constant. In solutions of strong acids, on the other hand, the velocity is independent of the hydrogen ion concentration over a large range $(10^{-5}\text{--}0,4)$, and the constant velocity thus obtained can be taken as the "spontaneous" (or water catalysed) reaction. This spontaneous rate was also found to be unaffected by the nature of the strong acid and by the addition of salts.[3] Most of the other experiments of BRÖNSTED and PEDERSEN deal with *catalysis by the anions of weak acids*. Thus it was found that in a solution of sodium acetate containing enough acetic acid to repress hydroxyl ion catalysis the velocity was much greater than the spontaneous rate, and that the increase in velocity was directly proportional to the concentration of acetate ions and independent of the ratio of acetic acid to acetate ions. This is illustrated by the figures given in the following table. It is clear that the acetate ions exert a powerful catalytic effect, and similar behaviour was found for the anions of seven other weak monobasic acids, the doubly and singly charged anions of four dibasic acids, and the ions $H_2PO_4{}^-$ and $HPO_4{}^{2-}$. The catalytic constants measured varied from 0,65 (propionate) to 0,0007 (dichloracetate). Later work[4] is in good agreement with the results of BRÖNSTED and PEDERSEN, and extends the measurements to other anions and other temperatures.

Table 4. *Decomposition of nitramide at 15°.*
(k = first order constant, $\log_{10}$, minutes. "Spontaneous" rate = $38,0 \times 10^{-5}$.)

[CH$_3$COO$^-$]	[CH$_3$COOH]	$10^5\,k$	$(10^5\,k-38,0)/[\text{CH}_3\text{COO}^-]$
0,00414	0,0162	246	0,504
0,00683	0,0135	382	0,505
0,0102	0,0101	551	0,503
0,0136	0,0067	726	0,506

This work constitutes the first demonstration of general basic catalysis in which the catalytic acticity of the hydroxyl ion is shared by the anions of other

---

[1] THIELE, LACHMANN: Liebigs Ann. Chem. **288** (1895), 267.

[2] BRÖNSTED, PEDERSEN: Z. physik. Chem. **108** (1923), 185.

[3] In a recent paper [J. Amer. chem. Soc. **56** (1935), 2008] LA MER and MARLIES have found a slight increase of velocity in concentrated acid solutions, which they attribute to acid catalysis. On account of the high ionic concentrations involved it is impossible to be quite certain whether this is the correct explanation, but the effect is too small to be detectable in any of the experiments referred to in this section. In this connection it may be noted that the decomposition of nitramide in some non-aqueous solvents appears to be definitely catalysed by acids (cf. p. 240).

[4] BAUGHAN, BELL: Proc. Roy. Soc. (London), Ser. A **158** (1937), 464.

weak acids. In conformity with general views on the nature of acids and bases we should expect a catalytic effect to be exhibited also by uncharged basic molecules, such as ammonia or aniline. BRÖNSTED and PEDERSEN did in fact demonstrate catalysis by aniline molecules, and in a later paper[1] seven substituted anilines were investigated. The procedure was essentially the same as that employed in the anion catalysis, measurements being made in buffer solutions containing aniline and enough anilinium ion to eliminate any effect due to hydroxyl ion. The velocity was again found to be a linear function of the base concentration.

A further paper[2] deals with catalysis by another less usual type of base. A number of complex aquo-ions (i.e. ions with co-ordinated water molecules) take part in equilibria of the following type,

$$[Co(NH_3)_5\,(H_2O)]^{+++} + H_2O \rightleftharpoons [Co(NH_3)_5\,(OH)]^{++} + OH_3^+$$
$$(A) \qquad\qquad\qquad\qquad\qquad (B)$$

and it is clear from the general definition of acids and bases discussed above (p. 206) that the molecules (A) and (B) must be regarded as respectively acidic and basic. In agreement with this conclusion it was found that seven different doubly charged cation bases of the type (B) had a large catalytic effect on the decomposition of nitramide, and their catalytic constants were determined.

The decomposition of nitramide in non-aqueous solvents and the quantitative consideration of the catalytic constants will be dealt with in later sections (pp. 240 and 229).

The mutarotation of glucose.

This reaction consists in the transformation of α-glucose into an equilibrium mixture of α- and β-glucose. The two forms of glucose are isomers having the following structures,

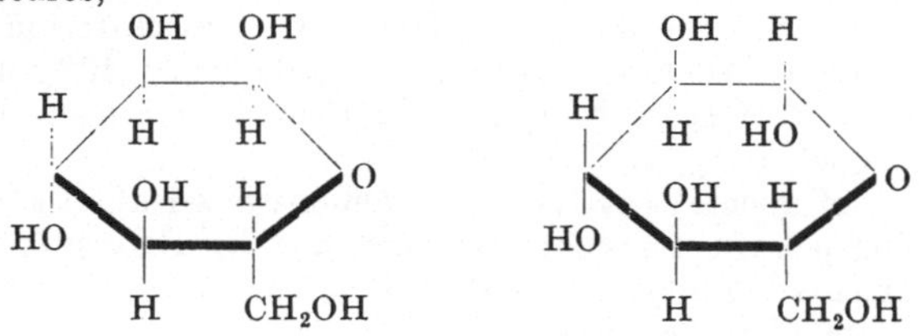

so that the change from one to the other involves breaking the semi-acetal link in the ring. The interconversion of the two forms is accompanied by a change in optical rotation which has been used by most workers for measuring the velocity. There are, however, also small changes in the volume and refractive index of the solution, and it has been shown that these properties may be equally used for measuring the velocity and lead to identical results.[3] The change has proved to be strictly of the first order under all conditions, and since the reaction is a balanced one the first order constant measured is equal to the sum of the constants for the forward and reverse reactions.

Summaries of the earlier work on the mutarotation reaction have been given by HUDSON[4] and by KUHN and JACOB.[5] There is catalysis by hydrogen ions and

---

[1] BRÖNSTED, DUUS: Z. physik. Chem. 117 (1925), 299.

[2] BRÖNSTED, VOLQVARTZ: Z. physik. Chem., Abt. A 155 (1931), 211.

[3] PRATOLONGO: Rend. ist. Lombardo Sci. 45 (1912), 961. — RIIBER: Ber. dtsch. chem. Ges. 55 (1922), 3132; 56 (1923), 2185; 57 (1924), 1599.

[4] HUDSON: J. Amer. chem. Soc. 32 (1910), 889.

[5] KUHN, JACOB: Z. physik. Chem. 113 (1924), 389.

by hydroxyl ions, and the relative magnitude of these effects may be illustrated by the equation given by HUDSON[1]

$$k = 0{,}0096 + 0{,}258\ [OH_3^+] + 9750\ [OH^-]$$

where k is the first order constant ($\log_{10}$, minutes) at $25°$. It is clear from these values that there is a considerable range of hydrogen ion concentrations (about p_H 4–6) over which catalysis by both hydrogen and hydroxyl ions is negligible, so that the "spontaneous" rate can be observed directly in this range. The value of $k_{OH_3^+}$ is most simply obtained by measurements with solutions of strong acids up to about $0{,}1\ N$, when the velocity is found to be a linear function of the concentration. In later measurements[2] the hydrogen ion concentration has often been taken from the results of measurements with the hydrogen electrode. This procedure introduces several unnecessary complications. In the first place, the cells measured always involved liquid-liquid junctions, the potential due to which cannot be evaluated or eliminated completely. In the second place, the "hydrogen ion concentrations" derived from these measurements are actually functions of the mean activity of the hydrogen ion and the anions present in the solution, so that they bear no simple relation to the kinetic data.

In order to obtain a value for k_{OH^-} directly, it is necessary to use very dilute solutions of hydroxides, with a consequent danger of error due to contamination by carbon dioxide.[3] Most of the early values for k_{OH^-} are therefore based on measurements in buffer solutions, the hydroxyl ion concentrations being determined by electrometric or indicator measurements. Apart from the difficulty of calculating the true hydroxyl ion concentrations in such cases, it is now clear that the acid and basic constituents of the buffer solutions will also in general exert a catalytic effect, so that the values obtained by this method will usually be too high. Even in solutions containing only glucose and sodium hydroxide it has been shown[4] that the catalytic effect of the glucosate ion (formed from the glucose molecule by the loss of a proton) contributes 20–40% of the measured velocity. On account of these complications there is still some uncertainty as to the correct value for k_{OH^-}.

The presence of general catalysis was demonstrated almost simultaneously by LOWRY[5] using polarimetric measurements, and by BRÖNSTED[6] using dilatometric measurements. In addition to H_2O, OH_3^+ and OH^-, the following types of catalyst were found to be effective:

a)	Uncharged acids, e. g. CH_3COOH.
b)	Cation acids, e. g. NH_4^+.
c)	Uncharged bases, e. g. NH_3.
d)	Anion bases, e. g. CH_3COO^-, SO_4^{2-}.
e)	Cation bases, e. g. $[Co(NH_3)_5OH]^{++}$.

The mutarotation of glucose thus exhibits catalysis by a very wide variety of both acid and basic catalysts.

The experiments of LOWRY and those of BRÖNSTED lead to essentially the same conclusions, but those of BRÖNSTED are somewhat easier to interpret since

[1] HUDSON: J. Amer. chem Soc. **29** (1907), 1571.

[2] E. g. KUHN, JACOB: Z. physik. Chem. **113** (1924), 389. — EULER, ÖLANDER, RUDBERG: Z. anorg. allg. Chem. **146** (1925), 45.

[3] Cf. LOWRY, WILSON: Trans. Faraday Soc. **24** (1928), 683.

[4] SMITH: J. chem. Soc. (London) **1936**, 1824.

[5] LOWRY, SMITH: J. chem. Soc. (London) **1927**, 2539.

[6] BRÖNSTED, GUGGENHEIM: J. Amer. chem. Soc. **49** (1927), 2554.

they deal mostly with the range p_H 4–6 in which catalysis by OH_3^+ and OH^- is negligible, and do not involve electrometric measurements of hydrogen ion concentrations. The type of results obtained may be illustrated by Fig. 2, which shows the data for sodium salts of various weak acids with a small quantity of the corresponding acid added to bring the hydrogen ion concentration into

the range 10^{-4}–10^{-6}. It is clear that the velocity is a linear function of the concentration of the anion.

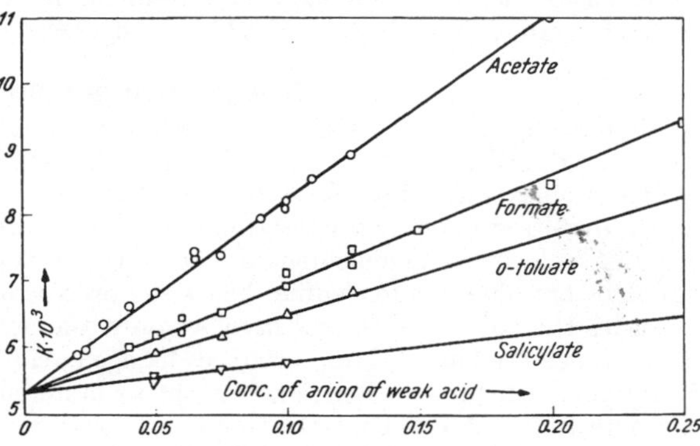

Fig. 2. Anion catalysis in the mutarotation of glucose.

Both Brönsted and Lowry find that there is no appreciable salt effect in the hydrogen ion catalysis. Lowry finds that in concentrated solutions of hydrogen chloride the reaction velocity increases faster than the acid concentration, which he interprets as due to the catalytic effect of the undissociated acid molecule. However, we have no means of determining the concentration of such undissociated molecules (Lowry's values derived from conductivity measurements being clearly incorrect), and it is thus impossible to evaluate the catalytic constant for the HCl molecule.

A recent paper[1] deals with catalysis by a number of amino-acids. These exist in solution chiefly in the zwitterion form $\overset{+}{N}H_3$ .... $CO\bar{O}$, and their catalytic effect is primarily due to the basic properties of the carboxylate ion grouping.

The temperature coefficient of the mutarotation reaction and the hydrogen isotope effect are dealt with in the articles by Kilpatrick and Reitz.

The depolymerisation of dimeric dihydroxyacetone.

The change involved in this reaction is represented by the equation

$$
\begin{array}{ccc}
CH_2OH & & CH_2OH \\
| & & | \\
C\cdot OH \quad CH_2 & & CO{-}CH_2OH \\
O\underset{CH_2 \quad C\cdot OH}{\langle\quad\rangle}O \rightarrow & & CH_2OH{-}CO \\
& & \quad | \\
CH_2OH & & CH_2OH
\end{array}
$$

so that the bond broken is of the semi-acetal type, just as in the mutarotation of glucose. The depolymerisation is accompanied by a large increase in volume, and the reaction can thus be studied dilatometrically.[2] Its catalytic behaviour is very similar to that of the mutarotation reaction, catalysis being exhibited by OH_3^+, OH^-, H_2O, undissociated acids, and the anions of weak acids. It may, however,

---

[1] Westheimer: J. org. Chemistry **2** (1938), 431.
[2] Bell, Baughan: J. chem. Soc. (London) **1937**, 1947.

be noted that there is no range over which catalysis by both OH_3^+ and OH^- is negligible, the expression for the velocity at 25° being

$$k = 0{,}00255 + 1{,}72 \, [OH_3^+] + 4{,}03 \times 10^7 \, [OH^-]$$

(in the absence of other catalysts). The evaluation of catalytic constants for other species is thus more laborious than in the mutarotation of glucose, the general method described on p. 214 f. being necessary.

The halogenation of acetone.

Practically all the work on this reaction is due to DAWSON, and it has already been mentioned (p. 209) as the first reaction in which catalysis by undissociated acid molecules was definitely established. The exact nature of the rate determining step is discussed in other articles (pp. 66 ff.). It is sufficient to state here that the reaction velocity is independent of the concentration of the halogen and is the same for bromine and for iodine: hence the process of which the rate is measured precedes the halogenation and involves only the acetone molecule and the catalyst. Since the halogenation produces halogen acid the reaction is autocatalytic in initially neutral solutions, and except in buffered solutions it is necessary to measure initial rates. This can, however, be done with considerable accuracy on account of the high precision of iodine titrations even in dilute solution.

DAWSON's earlier papers have already been discussed (p. 210). In later papers[1] he has extended the measurements to further undissociated acids, and also shown that there is catalysis by the anions of weak acids. The majority of DAWSON's experiments were carried out in series in which the acid concentration was kept constant and the salt concentration was varied, the latter sometimes being as high as $3\,N$. The quantitative interpretation of these data is hence a matter of some difficulty, and the treatment given by DAWSON is often open to criticism.[2] However, a critical examination of the assumptions made shows that the catalytic constants obtained for the undissociated acid molecules cannot be much in error. Catalysis by basic anions has not been studied nearly as exhaustively, and the values obtained for the catalytic constants are probably less certain. It may be noted that neither the "spontaneous" rate nor catalysis by the hydroxyl ion can be observed directly, and their evaluation involves assumptions about the dissociation constants of weak acids and water in buffer solutions.

The reaction of mesityl oxide with iodine has also been studied, with similar results, though the data are not so extensive in this case.[3]

The bromination of acetoacetic ester and acid.

These reactions are essentially similar to the halogenation of acetone, in that the rate measured is independent of the bromine concentration and involves a change (enolisation or ionisation) connected with the group $-CH_2CO-$. Kinetic measurements at 0°, 18° and 25° have been made by PEDERSEN.[4] In this case the mono- and dibromo compounds will liberate iodine from potassium

---

[1] DAWSON, CARTER: J. chem. Soc. (London) **1926**, 2282. — DAWSON, DEAN: Ibid. **1926**, 2872; DAWSON, HOSKINS: Ibid. **1926**, 3166. — DAWSON: Ibid. **1927**, 213, 756, 1146. — DAWSON, KEY: Ibid. **1928**, 543, 1239, 1248. — DAWSON, HALL, KEY: Ibid. **1928**, 2844. — DAWSON, HOSKINS, SMITH: Ibid. **1929**, 1884.

[2] Cf. e. g. BRÖNSTED: Trans. Faraday Soc. **24** (1928), 728; also p. 210 of the present article.

[3] DAWSON, KEY: J. chem. Soc. (London) **1928**, 2154.

[4] PEDERSEN: Den almindelige Syre- og Basekatalyse. Copenhagen, 1932; J. physic. Chem. **37** (1933), 751; **38** (1934), 601.

iodide, and this fact is used in following the reaction, the excess of bromine being removed by allyl alcohol. For the ester two successive steps in the bromination take place at comparable rates (the second one being the faster), but it is possible by a somewhat laborious analysis to obtain the velocity constants for both steps from the net rate of bromination. The catalytic behaviour of the two reactions was found to be similar. In slightly acid solution the rate is independent of the hydrogen ion concentration, corresponding to the "spontaneous" or water catalysed reaction. In more concentrated solutions of acids the velocity increases slightly (5% in $0{,}2\,N$ HCl), but this increase is no greater than the decrease produced by equivalent concentrations of neutral salts, so that it is doubtful whether it can be interpreted as catalysis by hydrogen ions. In the presence of the anions of a weak acid the velocity increases linearly with the anion concentration, and the catalytic constants of five anions were evaluated for the two stages of the bromination. No measurements were made for catalysis by hydroxyl ions or for other types of base.

By studying solutions containing acetoacetic acid and its sodium salt it was found that only the undissociated acid was brominated at a measurable rate, the anion being unreactive. Since the α-bromoacetoacetic acid formed is a fairly strong acid it is possible to work under such conditions that it is present almost entirely as the anion, so that only one molecule of bromine reacts. The reaction is again found to be catalysed by the anions of weak acids, including the acetoacetate ion itself.

The bromination of nitromethane.

It was shown by Junell[1] that in acid solution this reaction is of the first order with respect to the nitromethane, while the velocities of the chlorination and bromination are the same and independent of the halogen concentration. It is thus clear that this reaction is analogous to the last two described, its rate being determined by a change in the nitromethane molecule itself. Moreover, the bromination of monobromo- and dibromo-nitromethane takes place very much faster than the bromination of nitromethane itself, so that the disappearance of six atoms of bromine per molecule of nitromethane is controlled by the rate of the first step.

The catalytic behaviour of the reaction has been studied by Pedersen[2] who measured the time taken for a given amount of bromine to disappear. His results are not very accurate, but are quite adequate to establish the nature of the catalysis. He finds that there is no acid catalysis, the rate in solutions of strong acids being independent of the hydrogen ion concentration, but that there is general basic catalysis by the anions of weak acids.

The catalytic effect of the hydroxyl ion cannot be investigated by the bromination method. However, if we assume (cf. p. 209) that the rate determining step in the bromination is the ionisation of the nitromethane, e.g. with acetate ions as catalyst,

$$CH_3NO_2 + CH_3COO^- \rightarrow [CH_2NO_2]^- + CH_3COOH$$

then the analogous process for hydroxyl ions is

$$CH_3NO_2 + OH^- \rightarrow [CH_2NO_2]^- + H_2O.$$

This represents the slow neutralisation of nitromethane by a strong base, the rate of which has been measured by Hantzsch[3] by following the electrical conductivity.

[1] Junell: Z. physik. Chem., Abt. A **141** (1929), 71.
[2] Pedersen: Kgl. danske Vidensk. Selsk., math.-fysiske Medd. **12** (1932), 1.
[3] Hantzsch, Veit: Ber. dtsch. chem. Ges. **32** (1899), 615.

Hydrolytic reactions.

As will be seen in the next section, the majority of hydrolytic reactions do not exhibit general acid-base catalysis, being catalysed only by the ions OH_3^- and OH^-. The only well established exceptions to this rule are the hydrolyses of ethyl ortho-acetate, ortho-propionate and ortho-carbonate, studied by BRÖNSTED and WYNNE-JONES.[1] This type of reaction offers the advantage that no acid is produced, while it can be studied accurately by a dilatometric method. The reactions are unaffected by bases, but are so sensitive to hydrogen ions that in studying the effect of other acid species it is impossible to work in a range where catalysis by hydrogen ions is negligible. In the case of ethyl ortho-acetate and ortho-propionate it was only possible to work with very weak acids ($K < 10^{-6}$) even when buffer solutions were used. This restricted the range of catalysts which could be investigated, but catalysis was clearly demonstrated by the undissociated molecules of several weak acids. This is illustrated by Fig. 3, which shows the velocity of hydrolysis of ethyl ortho-acetate in a series of p-nitrophenol buffers, plotted against the concentration of p-nitrophenol. In order to avoid secondary salt effects the ionic strength was kept constant at 0,05 by adding appropriate amounts of sodium chloride. Under these conditions the hydrogen ion concentration is effectively constant at constant buffer ratio (A/B), and the rising slope of each of the lines shows clearly the catalytic effect of the undissociated p-nitrophenol molecule.

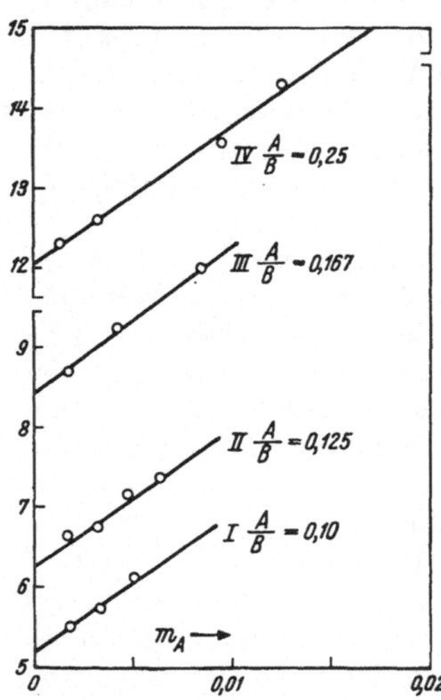

Fig. 3. The hydrolysis of ethyl ortho-acetate in p-nitrophenol buffers.

The decomposition of the diazo-acetate ion.

This reaction takes place according to the equation

$$N_2 : CH \cdot COO^- + H_2O \rightarrow CH_2OH \cdot COO^- + N_2$$

and has recently been investigated by KING and BOLINGER.[2] It is of special interest as the only case so far investigated in which the substrate is an ion rather than an uncharged molecule, though there are many points in its behaviour which are not yet properly understood. The ion (used in the form of its potassium salt) is fairly stable in strongly alkaline solutions, but is extremely sensitive to hydrogen ions. The range of hydrogen ion concentrations over which catalysis could be conveniently studied was 10^{-13}–10^{-10}, i.e. in alkaline solution throughout. The plot of reaction velocity against hydrogen ion concentration is only linear up to about 2×10^{-12}, falling off greatly above this concentration. The velocity in buffer solutions points to the existence of general acid catalysis (the species investigated being H_2O, phenol, acetic acid, ammonium ion, piperidinium ion and HPO_4^{2-}), but the results are far from simple, since the catalytic effect of each acid appears to vary with the amount of the corresponding base present. More work on this type of reaction would be of great interest.

[1] BRÖNSTED, WYNNE-JONES: Trans. Faraday Soc. 25 (1929), 59.
[2] KING, BOLINGER: J. Amer. chem. Soc. 58 (1936), 1533.

Specific catalysis by hydrogen and hydroxyl ions.

There are a number of reactions in which it has not proved possible to establish the existence of catalysis by acids or bases other than the ions OH_3^+ and OH^-. We shall see later (p. 236) that this may be merely a quantitative difference rather than an indication of any fundamental distinction between the two classes of reactions. However, reactions of this type have in any case considerable practical importance, since they may be used to determine the concentration of hydrogen or hydroxyl ions even in solutions which contain other acidic or basic species. We shall therefore give a brief account of those reactions which have most importance from this practical point of view.

The decomposition of diazoacetic ester.

In acid aqueous solutions the following reaction takes place:

$$CHN_2 \cdot COOEt + H_2O \rightarrow CH_2OH \cdot COOEt + N_2$$

and can be conveniently followed by measuring the pressure or volume of the evolved nitrogen. The first quantitative work was done by BREDIG and his pupils[1] who found it to be a strictly first order reaction and concluded that the velocity was directly proportional to the hydrogen ion concentration in solutions of both strong and weak acids. Examples of the values obtained by FRAENKEL are given in Table 5. In the case of the weak acids the hydrogen ion concentrations were calculated according to the classical law of mass action, but since the ionic concentrations are so low the error thus introduced is very small. FRAENKEL also found fair agreement between observed and calculated velocities in solutions containing both acetic acid and sodium acetate. In this case, however, the observed velocities were always slightly too high, the discrepancy increasing with increasing ionic concentration. This was later interpreted as a secondary salt effect, and is paralelled by the accelerating effect of other added salts (cf. Table 4, p. 196). There is, however, no evidence that the undissociated acid molecules exert any catalytic effect.

Table 5. *Decomposition of diazoacetic ester in aqueous solution (20°). (k =* first order constant, minutes^{-1}.)

Catalyst	$10^4 [OH_3^+]$	$10^4 k$	$k/[OH_3^+]$
0,000909 N HNO$_3$	9,09	345	38,0
0,00182 N HNO$_3$	18,2	703	38,7
0,000364 picric acid........	3,64	140	38,3
0,000909 picric acid........	9,09	355	39,1
0,00990 m-nitrobenzoic acid	16,8	632	37,6
0,0182 N acetic acid	5,63	218	38,8

It should be noted that this reaction has an abnormally high positive primary salt effect, e.g. the addition of 0,1 N sodium or ammonium perchlorate to a solution of perchloric acid increases the velocity by about 15%. This salt effect (which is of course different for different added salts) must be taken into account when using the diazoacetic ester reaction to determine hydrogen ion concentrations.[2] A further complication arises from the fact that in presence of many anions a second reaction takes place simultaneously, e.g. in solutions of chlorides

$$CHN_2 \cdot COOEt + H^+ + Cl^- \rightarrow CH_2Cl \cdot COOEt + N_2.$$

---

[1] BREDIG, FRAENKEL: Z. Elektrochem. angew. physik. Chem. **11** (1905), 525. — FRAENKEL: Z. physik. Chem. **60** (1907), 202. — SPITALSKY: Z. anorg. allg. Chem. **54** (1907), 278.

[2] Cf. BRÖNSTED, DUUS: Z. physik. Chem **117** (1925), 299. — BRÖNSTED, KING: Ibid. **130** (1927), 699. — BRÖNSTED, VOLQVARTZ: Ibid. **134** (1928), 97.

This type of addition has been found to take place with chlorides, nitrates and sulphates, but not with perchlorates or picrates.[1]

The decomposition of diazoacetic ester in alcoholic solution, e.g.

$$CHN_2 \cdot COOEt + EtOH \rightarrow CH_2OEt \cdot COOEt + N_2$$

probably also constitutes an example of specific catalysis by the solvated hydrogen ion. It has been previously shown (p. 213) that there is no real evidence for the supposed catalysis by undissociated acid molecules.

The hydrolysis of acetals.

These reactions are of the type

$$CH_3CH(OR)_2 + H_2O \rightarrow CH_3CHO + 2\,ROH$$

and are catalysed by acids but not by bases. A large number of different acetals have been investigated by SKRABAL[2] using a chemical method. He concluded that there was direct proportionality between hydrogen ion concentration and reaction velocity. The possibility of catalysis by undissociated acid molecules has been carefully investigated by BRÖNSTED and WYNNE-JONES[3] in the case of dimethyl acetal, using a dilatometric method. They found no evidence for such an effect, and their results are illustrated by the last four rows in Table 5 (p. 197), where a change in the concentration of formic acid from 0,02 N to 0,3 N has no effect on the reaction velocity when the buffer ratio and the ionic strength are kept constant. It was also found that there is no measurable "water reaction". Exactly similar results were found by BRÖNSTED and GROVE[4] for dimethyl acetal and ethylene acetal, the catalytic constants $k/[H^+]$ ($k =$ first order constant at 20°, mins.$^{-1}$) having the following values

Diethyl acetal, $k/[H^+] = 19.$
Dimethyl acetal, $k/[H^+] = 3,92.$
Ethylene acetal, $k/[H^+] = 0,180.$

It is thus possible to cover a large range of hydrogen ion concentrations by choosing a suitable acetal. In accurate work it is necessary to take into account the rather large salt effect (cf. BRÖNSTED and GROVE, l. c.).

The decomposition of nitroso-triacetonamine.

The reaction is

$$OC\underset{\displaystyle CH_2-C(CH_3)_2}{\overset{\displaystyle CH_2-C(CH_3)_2}{\Big\langle}}N \cdot NO \;\rightarrow\; OC\underset{\displaystyle CH=C(CH_3)_2}{\overset{\displaystyle CH=C(CH_3)_2}{\Big\langle}} + N_2 + H_2O$$

and has been studied by FRANCIS and his collaborators by measuring the pressure or volume of the nitrogen evolved.[5] They found it to be a first order reaction, the velocity being directly proportional to the hydroxyl ion concentration up to about 0,05 N. Above this concentration the reaction appears to be complex. There have been no experiments specifically designed to detect general basic

[1] BREDIG, RIPLEY: Ber. dtsch. chem. Ges. 40 (1907), 4015. — LACHS: Z. physik. Chem. 73 (1910), 291.

[2] For a summary and references, see SKRABAL: Z. Elektrochem. angew. physik. Chem. 33 (1927), 322.

[3] BRÖNSTED, WYNNE-JONES: Trans. Faraday Soc. 25 (1929), 59.

[4] BRÖNSTED, GROVE: J. Amer. chem. Soc. 52 (1930), 1394.

[5] CLIBBENS, FRANCIS: J. Chem. Soc. (London) 1912, 1358. — FRANCIS, GEAKE: Ibid. 1913, 1722. — FRANCIS, GEAKE, ROCHE: Ibid. 1915, 1651.

catalysis. However, measurements in solutions of sodium carbonate and sodium phosphate gave velocities in fair agreement with the hydroxyl ion concentrations calculated from other data, and the same is true for the piperidine buffers studied by Brönsted and King,[1] so that there can be no marked effect due to the other basic constituents of these buffers. The primary salt effect is small (7% for $0,1\,N$ NaCl: cf. Brönsted and King, l. c.), so that the reaction is a convenient one for measuring hydroxyl ion concentrations.

There are a number of reactions in which the presence of general acid or basic catalysis is a matter of dispute, or in which the contribution of species other than OH_3^+ and OH^- is so small that it cannot be quantitatively evaluated. Some of these reactions are of considerable general importance, and we shall therefore mention them briefly here. In these doubtful cases useful information can often be obtained from a study of the isotope effect, though the correct interpretation of the data is not always clear. This subject is dealt with in the article by O. Reitz.

The inversion of sucrose.

This reaction played a large part in the foundation of the classical theory of catalysis by hydrogen ions, and for most purposes we can assume that the velocity is directly proportional to the hydrogen ion concentration, since the primary salt effect is small.[2] It has already been shown (p. 209) that early attempts to establish general acid catalysis in this reaction were based on a misinterpretation of the data. However, the data of Ostwald and of Hantzsch[3] on catalysis by solutions of strong acids have been recently adduced as evidence of such an effect. A selection of these results is given in Table 6. For the first five acids the increase in catalytic constant with concentration and the individual differences between the acids seem rather large to attribute to salt effects. On the other hand we do not know the contribution of the salt effect or the concentrations of undissociated molecules (if any); hence it is impossible to make even a qualitative estimate of any catalytic effect which these molecules may have. Moreover, it has been shown by Hammett[4] that the velocities in HCl, HClO$_4$ and HNO$_3$ solutions are directly proportional to the "acidity function" derived from indicator measurements (cf. p. 203), which makes it improbable that there are any specific catalytic effects due to undissociated molecules. In the case of trichloracetic acid it will be seen that the catalytic constant remains practically unchanged, although dissociation is undoubtedly incomplete at the higher concentrations. This may well be because the medium effect found with the stronger acids just counterbalances the effect of incomplete dissociation. On the other hand, in this case the velocity increases much more rapidly than the indicator

Table 6. *Inversion of cane sugar at 25°.*
(Values of $10^3\,k/c$. $k =$ first order constant.)

$c =$	0,01	0,1	0,5	1,0	2,0	4,0
HCl	3,13	3,34	4,34	5,73	8,95	24,5
HBr	3,18	3,41	4,47	6,83	11,75	41,0
HClO$_4$	—	—	5,08	7,10	14,15	51,8
HNO$_3$	—	—	4,38	5,83	8,02	17,1
C$_6$H$_5\cdot$SO$_3$H	—	—	4,56	6,10	10,8	—
CCl$_3$COOH .	—	—	3,29	—	3,15	3,15

---

[1] J. N. Brönsted, King: J. Amer. chem. Soc. 47 (1925), 2523.
[2] For references see p. 198.
[3] Hantzsch, Weissberger: Z. physik. Chem. 125 (1927), 251.
[4] Hammett, Paul: J. Amer. chem. Soc. 56 (1934), 830.

acidity, so that there is some justification for supposing that the undissociated trichloracetic acid molecules have some catalytic effect. It seems clear, however, that for most purposes the inversion of cane sugar can be regarded as an example of specific hydrogen ion catalysis.

The decomposition of diacetone alcohol.

This is a reversible reaction

$$CH_3COCH_2C(CH_3)_2OH \rightleftharpoons 2\ CH_3COCH_3$$

which, however, goes practically to completion in dilute solutions. It is catalysed by bases, and data have already been given to illustrate the direct proportionality between the velocity and the hydrogen ion concentration in solutions of strong bases (Table 2, p. 193). A large amount of work has also been done on the primary salt effect, especially in concentrated salt solutions (for references see p. 198). The evidence for catalysis by basic species other than the hydroxyl ion is conflicting. FRENCH[1] was unable to detect catalysis by the strongly basic phenoxide ion, or by water molecules. On the other hand, the results of MILLER and KILPATRICK[2] for buffer solutions of amines seem to indicate catalysis by the amine molecules, though there appears to be no relation between the basic strength of the amines and the catalytic power of their molecules (cf. next section). All investigations of this reaction have been carried out by a dilatometric method, and it seems possible that there is an undetected reaction between the amines and the diacetone alcohol. Further investigation would be very desirable, as the reaction is a very convenient one for determining hydroxyl ion concentrations.

The hydrolysis of esters.

In spite of the enormous amount of work which has been done on this type of reaction it is still not certain how far there is detectable catalysis by acid or basic species other than the ions OH_3^+ and OH^-. It has already been shown (p. 208) that the "dual theory" treatment of this reaction by TAYLOR and others is not tenable in the light of modern views on electrolytes, and that their results afford no evidence of catalysis by undissociated acid molecules. More interest attaches to measurements by DAWSON[3] on the hydrolysis of ethyl acetate in solutions containing $0,1\ N$ acetic acid and increasing amonts of sodium acetate. The velocity passes through a minimum at about $0,35\ N$ sodium acetate, and the minimum velocity is about five times as great as the calculated catalysis by OH_3^+ and OH^- ions (using the classical mass law for calculating the concentrations of these ions). Although the actual figure would be changed somewhat by taking into account primary and secondary salt effects, it seems clear that the greater part of the discrepancy must be attributed to catalysis by other species present in the solution i.e. CH_3COOH, CH_3COO^- or H_2O. DAWSON considers that only the first two of these catalyse, and gives quantitative estimates for their catalytic effects. However, he applies the classical law of mass action to solutions with salt concentrations varying form zero to $2,5\ N$, and neglects primary salt effects in the same solutions, so that it may be doubted whether his apportionment of the catalytic effect is even qualitatively correct. In particular it may be noted that the concentration of undissociated acetic acid molecules is practically constant throughout, so that the effect which he attributes to these molecules might be equally well due to water molecules.

[1] FRENCH: J. Amer. chem. Soc. 51 (1929), 3215.
[2] J. G. MILLER, KILPATRICK: J. Amer. chem. Soc. 53 (1931), 3217.
[3] DAWSON, LOWSON: J. chem. Soc. (London) 1927, 2444.

In another paper Dawson[1] has studied the hydrolysis of ethyl acetate in chloracetate buffers, and concludes that the undissociated monochloracetic acid molecule has a catalytic effect. Primary and secondary salt effects have been correctly allowed for in principle either by keeping the total salt concentration constant, or by applying a correction from measurements in sodium chloride solutions. Unfortunately, however, the salt concentrations employed are so high (up to 1 N) that both the primary and secondary salt effects may depend largely on the nature of the ions present. This circumstance is important, since Dawson's treatment assumes that the effect of a given concentration of acetate ions is the same as that of an equal concentration of chloride ions. Thus in the most concentrated buffer solution (0,1 N acid, 1 N salt) the velocity attributed to the undissociated acid is 35% of the whole, while the primary and secondary salt effects in 1 N NaCl are 25% and 50% respectively. It is not unlikely that these effects are sufficiently different in 1 N sodium acetate to account for the 35% change in velocity. It thus seems very doubtful whether there is any catalysis by the undissociated acid.

Relations between catalytic power and acid-base strength.

In view of the qualitative correlation between the acid-base properties of a molecule and its ability to act as a catalyst, it is reasonable to expect that there may also be a quantitative relation between the acid-base strength of a molecule and its catalytic constant for a given reaction. Such a relation becomes still more likely when we consider the more intimate mechanism of acid-base catalysis. It will be shown later (p. 237, see also the article by J. W. Baker) that the essential step in catalysis always involves the *transfer of a proton* between the catalyst and the substrate. The dissociation equilibrium used to measure the strength of an acid or base, e.g.

$$CH_3COOH + H_2O \rightleftharpoons CH_3COO^- + OH_3^+$$

also involves the tranfer of a proton, so that a comparison between catalytic constants and electrolytic dissociation constants actually constitutes a comparison between two very similar reactions.

The first suggestion as to the form of such a relation was made by H. S. Taylor[2] who proposed for catalysis by undissociated acid molecules the universal relation

$$\frac{k_A}{k_H} = K_A^{1/2}$$

where k_A is the catalytic constant of the acid, K_A its dissociation constant, and k_H the catalytic constant of the hydrogen ion for the same reaction. Taylor applied this relation to the then accepted values for catalytic constants for a number of reactions and solvents, and obtained a very rough agreement. However, of the seventeen values taken by Taylor, only four (those for the iodine acetone reaction) can be regarded as even approximately correct, and most of the others refer to reactions which are not now believed to exhibit general acid catalysis.

A satisfactory relation of this type was first proposed and verified by Brönsted and Pedersen[3] in their work on the decomposition of nitramide. Their equations are

$$k_A = G_A K_A^\alpha \tag{30}$$

[1] Dawson, Lowson: Ibid. 1929, 393.
[2] Taylor: Z. Elektrochem. angew. physik. Chem. 20 (1914), 201.
[3] Brönsted, Pedersen: Z. physik. Chem. 108 (1924), 185.

for acid catalysis, and analogously

$$k_B = G_B K_B{}^\beta \qquad (31)$$

for basic catalysis, where G_A (or G_B) and α (or β) are constant for a given reaction, solvent, temperature, and series of similar catalysts. α and β are both less than unity. This type of relation has proved to be of very wide application, and is commonly referred to as the BRÖNSTED *relation*.

In this section we shall deal chiefly with the experimental evidence supporting these relations, deferring a discussion of their theoretical basis to a later stage (p. 246). It is, however, convenient to mention here the so-called *statistical effect*, which is best explained by means of an example. Suppose we have as catalyst a carboxylic acid $CH_3(CH_2)_n COOH$ whose catalytic effect is given by equation (30), and we wish to compare with it a dibasic acid $COOH \cdot (CH_2)_n \cdot COOH$, where n is so great that the mutual effect of the two carboxyl groups is negligible. The tendency of the carboxyl groups to lose a proton will be essentially the same in the two acids, but the first dissociation constant of the dibasic acid ($K_A{}^*$) will be twice that of the monobasic acid (K_A). According to equation (30) the catalytic effect of the dibasic acid ($k_A{}^*$) should be 2^α times as great as that of the monobasic acid (k_A). Actually, however, it will be twice as great, since the chance that the substrate collides with a carboxyl group is doubled. For dibasic acids of this type equation (30) must therefore be modified to

$$\frac{k_A{}^*}{2} = G_A \left(\frac{K_A{}^*}{2} \right)^\alpha.$$

This treatment can be easily generalised. Thus if we have a conjugate acid-base pair A and B in which A has p dissociable protons bound equally firmly, while B has q equivalent points at which a proton can be attached, then it is easily shown that equations (30) and (31) must be rewritten in the more general form

$$\frac{k_A}{p} = G_A \left(\frac{q}{p} K_A \right)^\alpha, \qquad (32)$$

$$\frac{k_B}{q} = G_B \left(\frac{p}{q} K_B \right)^\beta. \qquad (33)$$

Similar equations can be developed for the case in which the various protons or points of attachment are not all equivalent, though in this case it is necessary to know the relative tendencies of losing or gaining a proton at the different points.

The idea of the statistical factor was put forward in an incomplete form by BRÖNSTED and PEDERSEN (l. c.), and later stated correctly by BRÖNSTED.[1] In some cases there is no ambiguity in applying this factor, and the theory is borne out by the experimental data for catalysis and dissociation constants, e. g. for the mono- and dibasic carboxylic acids. Often, however, the values of p and q can only be assigned in a arbitrary manner: thus the ion $NH_4{}^+$ might be assigned either $p = 1$, or $p = 4$. We shall adopt the convention that the statistical factor p is used only when there are dissociable protons attached to p *different* atoms in the molecule: similarly, the factor q means that the molecule can accept a proton with equal ease at q *different* atoms.[2] The usage in the literature

---

[1] BRÖNSTED: Chem. Reviews **5** (1928), 322.

[2] These rules have been applied to the conventional chemical formulae, and the values would be still further modified if resonance formulae were taken into account, e. g. for the carboxylate group.

varies considerably, and our values will sometimes differ from those in the original papers. The ambiguity is not usually important, since we shall see that equations (32) and (33) only hold with any accuracy for series of catalysts of similar structure and hence identical p and q values.

We shall now illustrate the application of equations (32) and (33) to the reactions which have already been described (pp. 218 ff.) as exhibiting acid-base catalysis. References to the original papers have already been given, and will not be repeated. K_A is throughout the conventional acid dissociation constant, while K_B is most conveniently taken as the reciprocal of the dissociation constant of the corresponding acid, e. g.

$$K_B \,(CH_3COO^-) = \frac{1}{K_A\,(CH_3COOH)} = \frac{[CH_3COOH]}{[CH_3COO^-]\,[OH_3^+]}$$

$$K_B \,(NH_3) = \frac{1}{K_A\,(NH_4^+)} = \frac{[NH_4^+]}{[NH_3]\,[OH_3^+]}\,.$$

It is clear that K_B is directly proportional in the first case to the conventional "hydrolysis constant" of the acetate ion, and in the second case to the "basic dissociation constant" of ammonia. The catalytic constants k_A and k_B throughout refer to moles per litre, minutes and decadic logarithms.

The best documented instance of the BRÖNSTED relation still remains the reaction for which it was first proposed, namely the *decomposition of nitramide*. The data are collected in Table 7, which is divided into sections according to the charge type of the catalyst. The equations best representing the results are given at the head of each section, and the calculated values of k_B are obtained from these equations. All the observed values of k_B are from the work of BRÖNSTED and his collaborators except those marked * which are from the measurements of BAUGHAN and BELL, and the somewhat uncertain value for the hydroxyl ion obtained by MARLIES and LA MER. It will be seen that the BRÖNSTED relation is well obeyed within each group for bases of the types B^-, B^{2-} and B^0, but that the values of G_B and β are appreciably different for each group. For the bases with two positive charges the agreement is much poorer, and the value of G_B is much greater than for the other charge types. The value given for water will be discussed later.

In the case of the nitramide decomposition the results for three of the classes of bases obey the BRÖNSTED relation so accurately that it is possible to detect fairly small numerical differences between the relationships valid for these classes. In most other reactions the concordance is not so good for any one class, and it is usually only possible to give a single equation which is approximately valid for all classes of catalyst. An example of this is afforded by the *mutarotation of glucose*, the data for which are collected in Table 13, the catalysts being arranged in order of decreasing basic strength.

If we except the hydroxyl ion and the complex metallic cations it will be seen that the catalytic effect of the remaining 32 bases is given by the BRÖNSTED relation within a factor of two. Although this agreement is not nearly so good as in the case of nitramide, it should be noted that the basic strengths cover a range of 10^{15}, the catalytic constants a range of 10^6, and that the catalysts include uncharged molecules, ions with one and two negative charges, and zwitterions with positive, negative and zero net charge. There is a slight general tendency for the catalytic effect to increase with an increase in the positive charge or a decrease in the negative charge of the catalyst, though this tendency is only of the same order of magnitude as the individual variations in each case. In the case of the two ions with two positive charges, however, the catalytic effect is more than ten times what would be expected from their basic strength. The general behaviour is illustrated by Fig. 4, the numbers of the points corresponding to those in Table 8.

Table 7. *The decomposition of nitramide at 15°.*

Bases with two negative charges. $\dfrac{k_B}{q} = 2{,}07 \times 10^{-5} \left(\dfrac{p}{q K_A}\right)^{0{,}87}$

Catalyst	p	q	K_A	k_B observed	k_B calculated
Sec. phosphate ion	2	3	$5{,}8 \times 10^{-8}$	86	85
Succinate ion	1	4	$2{,}4 \times 10^{-6}$	1,8	2,0
Malate ion	1	4	$7{,}8 \times 10^{-6}$	0,72	0,68
Tartrate ion	1	4	$4{,}1 \times 10^{-5}$	0,165	0,163
Oxalate ion	1	4	$6{,}8 \times 10^{-5}$	0,104	0,100

Bases with two positive charges. $\dfrac{k_B}{q} = 7{,}8 \times 10^{-3} \left(\dfrac{p}{q K_A}\right)^{0{,}82}$

Catalyst	p	q	K_A	k_B observed	k_B calculated
$[Rh(NH_3)_5(OH)]^{++}$	1	1	$1{,}38 \times 10^{-6}$	396	490
$[Co(NH_3)_5(OH)]^{++}$	1	1	$2{,}04 \times 10^{-6}$	449	360
$[Co(NH_3)_4(H_2O)(OH)]^{++}$ . .	2	1	$6{,}03 \times 10^{-6}$	328	260
$(Co(NH_3)_3(H_2O)_2(OH)]^{++}$.	3	1	$1{,}88 \times 10^{-5}$	135	143
$[Al(H_2O)_5(OH)]^{++}$	6	1	$1{,}12 \times 10^{-5}$	121	390
$[Cr(H_2O)_5(OH)]^{++}$	6	1	$1{,}26 \times 10^{-4}$	32,7	53
$[Fe(H_2O)_5(OH)]^{++}$	6	1	$6{,}3 \times 10^{-3}$	2,3	2,5

Bases with one negative charge. $\dfrac{k_B}{q} = 7{,}2 \times 10^{-5} \left(\dfrac{p}{q K_A}\right)^{0{,}80}$

Catalyst	p	q	K_A	k_B observed	k_B calculated
Hydroxyl ion	1	2	$1{,}1 \times 10^{-16}$	1×10^6	1×10^9
*Trimethylacetate ion	1	2	$9{,}4 \times 10^{-6}$	0,822	0,90
Propionate ion	1	2	$1{,}3 \times 10^{-5}$	0,649	0,66
Acetate ion	1	2	$1{,}8 \times 10^{-5}$	0,504	0,51
Acid succinate ion	2	2	$6{,}5 \times 10^{-5}$	0,320	0,32
Phenylacetate ion	1	2	$5{,}3 \times 10^{-5}$	0,232	0,220
Benzoate ion	1	2	$6{,}5 \times 10^{-5}$	0,189	0,189
Formate ion	1	2	$2{,}1 \times 10^{-4}$	0,0822	0,072
Acid malate ion	2	2	$4{,}0 \times 10^{-4}$	0,0765	0,076
Acid tartrate ion	2	2	$9{,}7 \times 10^{-4}$	0,0363	0,036
Acid phthalate ion	2	2	$1{,}2 \times 10^{-3}$	0,0290	0,0315
Salicylate ion	1	2	$1{,}0 \times 10^{-3}$	0,0206	0,0208
*Monochloracetate ion . . .	1	2	$1{,}4 \times 10^{-2}$	0,0158	0,0165
Prim. phosphate ion	3	2	$7{,}6 \times 10^{-3}$	0,0079	0,0096
*o-Nitrobenzoate ion	1	2	$7{,}3 \times 10^{-3}$	0,0042	0,0044
Dichloracetate ion	1	2	$5{,}0 \times 10^{-2}$	0,0007	0,00092

Uncharged bases. $p = q = 1$ throughout. $\dfrac{k_B}{q} = 1{,}70 \times 10^{-4} \left(\dfrac{p}{q\,K_A} \right)^{0,75}$.

Catalyst	K_A	k_B	
		observed	calculated
p-Toluidine	$7{,}0 \times 10^{-6}$	$1{,}16$	$1{,}24$
m-Toluidine	$1{,}5 \times 10^{-5}$	$0{,}64$	$0{,}70$
Aniline	$2{,}0 \times 10^{-5}$	$0{,}54$	$0{,}57$
o-Toluidine	$2{,}9 \times 10^{-5}$	$0{,}38$	$0{,}41$
p-Chloraniline	$9{,}1 \times 10^{-5}$	$0{,}21$	$0{,}18$
m-Chloraniline	$3{,}0 \times 10^{-4}$	$0{,}081$	$0{,}074$
o-Chloraniline	$2{,}1 \times 10^{-3}$	$0{,}018$	$0{,}017$
Water	$55{,}5$	$6{,}8 \times 10^{-6}$	$8{,}2 \times 10^{-6}$

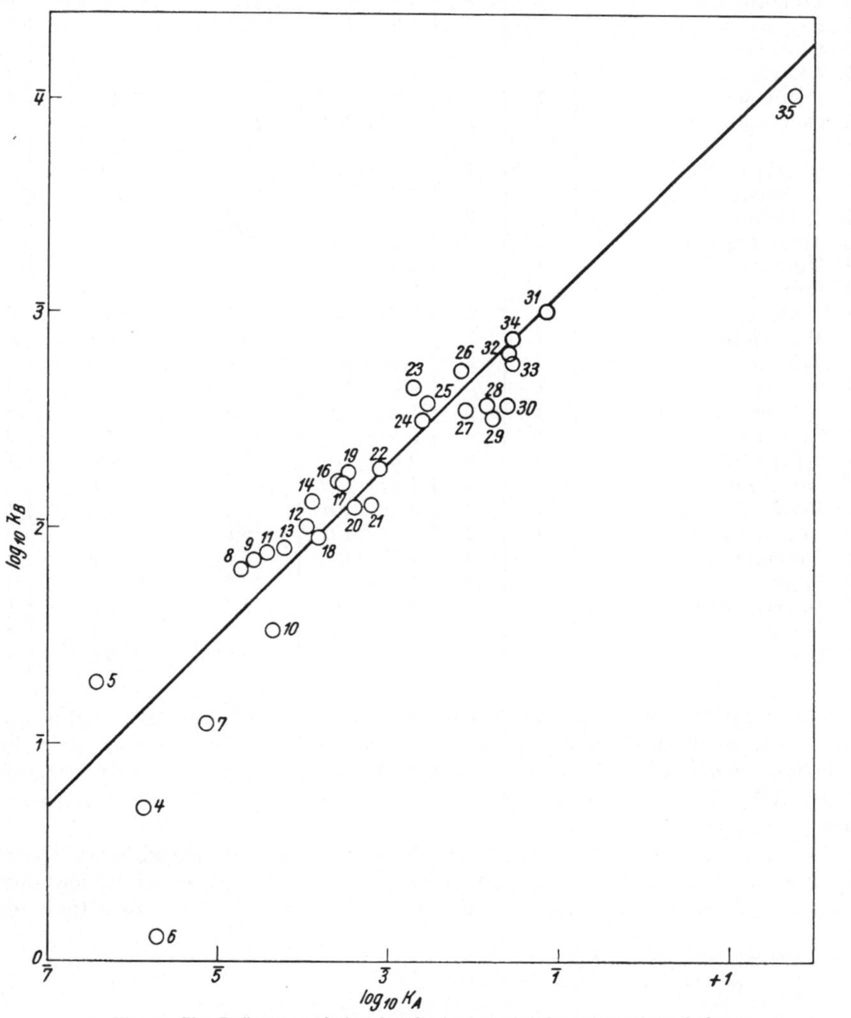

Fig. 4. The BRÖNSTED relation for the base-catalysed mutarotation of glucose.

Table 8. *The mutarotation of glucose at 18°. Basic catalysis.*

Calculated values from $\dfrac{k_B}{q} = 3.3 \times 10^{-4}\left(\dfrac{p}{q\,K_A}\right)^{0,40}$

Catalyst	p	q	K_A	$10^3\,k_B$ observed	$10^3\,k_B$ calculated	Authors
1. Hydroxyl ion	1	1	$1,1 \times 10^{-16}$	$3,8 \times 10^6$	$7,4 \times 10^5$	1
2. Glucosate ion	5	1	$6,5 \times 10^{-13}$	$3,1 \times 10^4$	$4,3 \times 10^4$	2
3. Phenoxide ion	1	1	$1,1 \times 10^{-10}$	$4,4 \times 10^3$	$3,0 \times 10^3$	2
4. Histidine	1	2	$6,2 \times 10^{-7}$	205	144	3
5. α-Picoline	1	1	$4,2 \times 10^{-7}$	52	87	3
6. $[\mathrm{Co(NH_3)_5OH}]^{++}$	1	1	$2,0 \times 10^{-6}$	(780)	(60)	4
7. Pyridine	1	1	$7,4 \times 10^{-6}$	82	36	4
8. Trimethylacetate ion	1	2	$9,4 \times 10^{-6}$	31,4	50	4
9. Propionate ion	1	2	$1,3 \times 10^{-5}$	28,1	44	4
10. Quinoline	1	1	$1,4 \times 10^{-5}$	30	18	3
11. Acetate ion	1	2	$1,8 \times 10^{-5}$	26,5	38	4
12. Phenylacetate ion	1	2	$5,3 \times 10^{-5}$	20,0	26	4
13. Glutamate ion	2	2	$6,0 \times 10^{-5}$	25	32	3
14. Benzoate ion	1	2	$6,5 \times 10^{-5}$	15,2	23	4
15. $[\mathrm{Cr(H_2O)_5OH}]^{++}$	6	1	$1,3 \times 10^{-4}$	(410)	(25)	4
16. o-Toluate ion	1	2	$1,3 \times 10^{-4}$	12,2	18	4
17. Glycollate ion	1	2	$1,5 \times 10^{-4}$	13,7	17	4
18. Aspartate ion	2	2	$1,5 \times 10^{-4}$	23,5	24	3
19. Hippurate ion	1	2	$1,6 \times 10^{-4}$	11,2	16	3
20. Formate ion	1	2	$2,1 \times 10^{-4}$	16,5	15	4
21. α-Alanine	1	2	$3,2 \times 10^{-4}$	15,9	13	3
22. Mandelate ion	1	2	$4,3 \times 10^{-4}$	10,8	10,3	4
23. Salicylate ion	1	2	$1,0 \times 10^{-3}$	4,6	8,0	4
24. o-Chlorobenzoate ion	1	2	$1,3 \times 10^{-3}$	6,4	7,1	4
25. Chloroacetate ion	1	2	$1,4 \times 10^{-3}$	5,4	6,7	4
26. Cyanacetate ion	1	2	$3,5 \times 10^{-3}$	3,8	4,8	4
27. p-Benz-betaine	1	2	$3,9 \times 10^{-3}$	6,0	4,6	3
28. Sarcosine	1	2	$7,4 \times 10^{-3}$	5,5	3,6	3
29. Lysine-HCl	1	2	$8,3 \times 10^{-3}$	6,2	3,5	3
30. Arginine-HCl	1	2	$1,2 \times 10^{-2}$	5,5	3,0	3
31. Sulphate ion	1	4	$1,3 \times 10^{-2}$	4,0	3,9	4
32. Proline	1	2	$1,3 \times 10^{-2}$	3,2	2,8	3
33. Dimethylglycine	1	2	$1,4 \times 10^{-2}$	3,5	2,8	3
34. Betaine	1	2	$1,5 \times 10^{-2}$	2,7	2,7	3
35. Water	1	1	55,5	0,096	0,066	4

The mutarotation of glucose is also catalysed by acids, and BRÖNSTED and GUGGENHEIM obtained catalytic constants for the hydrogen ion and for eight carboxylic acids, while LOWRY and SMITH have measured the catalytic effect of the $\mathrm{NH_4^+}$ ion. The results are in fair agreement with a BRÖNSTED relation having an index of 0,3.

The data for the other acid-base catalysed reactions mentioned in pp. 218ff. all show fair agreement with the BRÖNSTED relation, the degree of concordance being usually better than for the mutarotation of glucose, but worse than for

[1] LOWRY, WILSON (20°).
[2] SMITH (extrapolated from data at 0—15°).
[3] WESTHEIMER.
[4] BRÖNSTED, GUGGENHEIM.

the nitramide decomposition. None of these reactions have been investigated in such detail as the two already described, and we shall therefore not deal with them singly. We shall however give the data for *acid catalysis in the enolisation of acetone*, since this is the best investigated case of acid catalysis, and DAWSON himself does not give any quantitative relation. Most of the data are taken directly from DAWSON's papers, but the values for dichloracetic and α,β-dibromopropionic acids are recalculated as described on p. 210 and the value for the HSO_4^- ion is taken from the results of RICE and UREY.[1] It should be noted that DAWSON's results are expressed as the initial rate of change of the molar iodine concentration in a solution containing 20 ccs. of acetone per litre ($= 0,273$ acetone). In order to convert them to first order velocity constants (decadic logarithms) they must therefore be multiplied by the factor $\log_{10} e/0,273 = 1,59$. The results are summarised in Table 9. It will be seen that catalysis by neutral carboxylic acids is well represented by a relation of the BRÖNSTED type, while the negatively charged ions HSO_4^- and $COOH \cdot COO^-$ are considerably more effective catalysts than would be expected from this relation. The effect of the charge on the catalyst is thus the opposite of that found in the two cases of basic catalysis already considered.

Table 9. *Acid catalysis in the enolisation of acetone at* $25°$.

Calculated values from $\dfrac{k_A}{p} = 1,20 \times 10^{-3} \left(\dfrac{p}{q} K_A \right)^{0,62}$

Catalyst	p	q	K_A	$10^6 k_A$ observed	$10^6 k_A$ calculated
Hydrogen ion	1	1	55,5	739	14300
Oxalic acid	2	2	$5,7 \times 10^{-2}$	330	400
Dichloracetic acid	1	2	$5,5 \times 10^{-2}$	220	270
α,β-Dibromopropionic acid	1	2	$6,7 \times 10^{-3}$	63	54
Monochloracetic acid	1	2	$1,41 \times 10^{-3}$	35	32
Glycollic acid	1	2	$1,54 \times 10^{-4}$	9,1	7,9
β-Chloropropionic acid	1	2	$1,01 \times 10^{-4}$	5,9	6,2
Succinic acid	2	2	$6,5 \times 10^{-5}$	6,8	6,0
Acetic acid	1	2	$1,78 \times 10^{-5}$	2,1	2,1
Propionic acid	1	2	$1,34 \times 10^{-5}$	1,7	1,8
Acid sulphate ion	1	4	$1,03 \times 10^{-2}$	550	165
Acid oxalate ion	1	4	$6,8 \times 10^{-5}$	21	12

Catalysis by the hydrogen ion, the hydroxyl ion and the water molecule is in a somewhat special position. As has already been seen (p. 207) these species do not differ in principle from other acids and bases, and thus should obey the same relationships; on the other hand there is some difficulty in arriving at a satisfactory measure of their acid or basic strength. Proceeding formally as before, we can write

$$K_A (OH_3^+) = \frac{[H_2O] [OH_3^+]}{[OH_3]^+} = [H_2O] = 55,5.$$

$$K_B (OH^-) = \frac{1}{K_A (H_2O)} = \frac{[H_2O]}{[OH_3^+] [OH^-]} = 9 \times 10^{15}.$$

$$K_B (H_2O) = \frac{1}{K_A (OH_3^+)} = 1,8 \times 10^{-2}.$$

<hr>

[1] RICE, UREY: J. Amer. chem. Soc. **52** (1930), 95.

It is clear, however, that these values will not be strictly comparable with those for other acids and bases, since they all involve the concentration of H_2O molecules in pure water (55,5 moles/litre), a quantity which can hardly be compared directly with the concentrations of solutes in dilute solutions. (The same difficulty arises in evaluating the catalytic constant of the H_2O molecules, which is obtained by dividing the "spontaneous" rate by 55,5.) It is therefore quite satisfactory to find that the insertion of the above values of K_A and K_B in equations (32) and (33) usually predicts the catalytic effect of the species OH_3^+, OH^- and H_2O to within about two powers of ten, the agreement often being better than this. (The hydroxyl ion catalysis of the nitramide decomposition constitutes the only exception to this rule.) It should be emphasised that the extension of the BRÖNSTED relation to these species usually involves an extrapolation over several powers of ten, so that a small change in the slope of the line causes a large change in the predicted values.

The approximate validity of the BRÖNSTED relation for the ions and molecules of the solvent makes possible some important deductions on *the possibility of detecting general acid-base catalysis.*[1] The point is best illustrated by taking a particular case, e. g. acid catalysis in a solution 0,1 N with respect to both acetic acid and acetate ions. Table 10 shows the approximate relative contributions made to the total velocity by the catalysts OH_3^+, H_2O, and CH_3COOH, assuming different values for the exponent α in equation (32).

Table 10.
Catalysis in 0,1 N CH_3COOH + 0,1 N CH_3COONa.

Exponent	Proportion of catalysis due to		
	OH_3^+	H_2O	CH_3COOH
$\alpha = 0,1$	0,002%	98%	2%
$\alpha = 0,5$	3,6%	0,01%	96,4%
$\alpha = 1,0$	99,8%	5×10^{-12}%	0,2%

When $\alpha = 0,1$ most of the catalysis is due to the solvent, and the reaction would in practice be regarded as uncatalysed, since the rate is but little increased even in solutions of strong acids. When $\alpha = 0,5$ the rate in the buffer solution is largely due to the undissociated acetic acid, as could be verified by varying the buffer concentration and keeping its ratio constant. On the other hand the catalytic effect of OH_3^+ could be measured independently in solutions of strong acids, and the "spontaneous" reaction in solutions sufficiently alkaline to repress the effect of the hydrogen ions. This case is thus a favourable one for the study of general acid catalysis. Finally, if $\alpha = 1$, the catalytic effect of the buffer solution is almost entirely due to the hydrogen ions it contains, and it is clear that no experiments could detect with certainty catalysis by acetic acid molecules. Further, the water-catalysed reaction is so slow that it would be impossible to detect it. The reaction would thus be interpreted as a case of specific catalysis by hydrogen ions.

This treatment is easily generalised, and leads to the conclusion that general acid catalysis will only be detectable for intermediate values of the exponent α. If α is too small the catalytic effect of acids will be swamped by that of the solvent, and the reaction will appear to be uncatalysed, while if α approaches unity the effect of all other acids will be masked by that of the hydrogen ion, and the reaction will appear to be a case of specific hydrogen ion catalysis. Similar conclusions apply to basic catalysis. It is therefore possible that the cases of specific catalysis by OH_3^+ or OH^- mentioned in the last section do not constitute a special class

---

[1] Cf. BRÖNSTED, WYNNE-JONES: Trans. Faraday Soc. 25 (1929), 59.

of reaction, but only represent extreme cases of general acid-base catalysis in which the exponent of the BRÖNSTED relation approaches unity. These considerations do not of course affect their applicability in practice for measuring hydrogen and hydroxyl ion concentrations.

Acid-base catalysis in non-aqueous solvents.

All the considerations so far advanced refer to aqueous solutions. The modifications involved in passing to solvents other than water may be divided into two classes. In the first place the nature of the solvent itself usually plays an important part in acid-base equilibria, and hence may have a considerable effect on the nature and quantity of the catalytic species present. In the second place, the catalytic effect of a given species (like reaction velocities in general) may be considerably affected by the nature of the solvent. The second of these topics is dealt with in a separate article ("Solvent effects"), and we shall therefore confine ourselves here to the laws of acid-base catalysis in non-aqueous solvents, rather than the actual velocities of the catalysed reactions.

The role of the solvent in protolytic equilibria.

We have already seen (p. 206) that the "dissociation" of acids and bases in water is in all cases a protolytic reaction involving the transfer of a proton to or from a water molecule. This conclusion is easily extended to other solvents of similar type; e. g. typical acid base reactions in ethyl alcohol are

$$CH_3COOH + C_2H_5OH \rightleftharpoons CH_3COO^- + C_2H_5OH_2^+$$

$$NH_3 + C_2H_5OH \rightleftharpoons NH_4^+ + C_2H_5O^-$$

in complete analogy with the corresponding reactions in water. Solvents of this type, which can act as either acids or bases, have been termed *amphiprotic*. On account of the basic properties of water a number of strong acids cannot exist as such in aqueous solution: thus HCl, HBr, HJ, $HClO_4$ and the sulphonic acids react almost completely according to the equation

$$HX + H_2O \rightarrow OH_3^+ + X^-.$$

In other words, acids which are considerably stronger than OH_3^+ cannot exist in appreciable concentrations in aqueous solution, so that there is an *upper limit* to the range of acids which can be investigated in this solvent. This upper limit can be extended by using a solvent having a much weaker basic character. Such solvents are anhydrous acetic and formic acids, which have been recently investigated by a number of workers.[1] Thus it is found that the acids which are completely dissociated in water give widely differing electrometric titration and conductivity curves in glacial acetic acid, and hence only react incompletely with the solvent according to the equation

$$HX + CH_3COOH \rightleftharpoons CH_3COOH_2^+ + X^-.$$

---

[1] CONANT, HALL: J. Amer. Chem. Soc. **49** (1929), 3047, 3062. — CONANT, BRAMMANN: Ibid. **50** (1928), 2305. — HALL, WERNER: Ibid. **50** (1928), 2367. — CONANT, WERNER: Ibid. **52** (1930), 4436. — HANTZSCH, LANGBEIN: Z. anorg. allg. Chem. **204** (1932), 193. — HALL, VOGE: J. Amer. Chem. Soc. **55** (1933), 239. — EICHELBERGER, LA MER: Ibid. **55** (1933), 3635. — KOLTHOFF, WILLAN: Ibid. **56** (1934), 1007. — WEIDTNER, HUTCHINSON, CHANDLEE: Ibid. **56** (1934), 1285. — HAMMETT, DIETZ: Ibid. **52** (1930), 4795. — HAMMETT, DEYRUP: Ibid. **54** (1932), 4239.

In aqueous solution there are no electrically neutral bases which are "strong" in the same sense as the strong acids, i. e. which react completely with water according to the equation

$$B + H_2O \rightarrow BH^+ + OH^-.$$

Such a "levelling effect" does, however, take place in the acid solvents mentioned above: thus all bases which in water are stronger than aniline give identical titration curves in glacial acetic acid, and thus react completely according to the equation $\quad B + CH_3COOH \rightarrow BH^+ + CH_3COO^-.$

As a solvent intermediate in acidity between water and acetic acid, we may mention m-cresol, which has been investigated by BRÖNSTED.[1] In this solvent only piperidine and a few aliphatic amines behave as strong bases. Extreme cases of the acidic type of solvent are represented by hydrogen fluoride[2] and sulphuric acid (with or without the addition of some water).[3] In these solvents basic properties are exhibited by substances which in water are regarded as neutral or acidic, e.g. esters, ketones, oximes, amides, alcohols and even carboxylic acids.

Analogous considerations apply to solvents which are markedly basic but which have hardly any acidic properties (e.g. ammonia and the amines), where substances which are weak acids in water will undergo extensive protolytic reaction with the solvent. Relatively little work has, however, been done in this type of solvent, with the exception of the work of GOLDSCHMIDT and his collaborators with aniline and p-toluidine.[4] The weakly basic solvent acetonitrile has also been investigated.[5]

Special interest attaches to a third group of solvents, which are unable either to lose or to accept a proton, and are therefore termed *aprotic*. The hydrocarbons and their halogen derivatives are the best examples of this class, though other non-aqueous solvents may often be regarded as aprotic for practical purposes. Since the solvent undergoes no reaction with either acids or bases, there is no limit to the strength of acids or of bases which can exist in aprotic solvents. The absence of any acidic or basic properties in the solvent makes it necessary to employ special methods for measuring acid-base strengths: these will be briefly referred to later (p. 234 f.).

The position of acid base equilibria in different solvents depends not only on the acid-base properties of the medium, but also on its dielectric constant, since this last factor will influence the electrostatic energy of the ions.[6] However, for a qualitative discussion the acid-base character of the medium is by far the most important factor, and it may be noted that in media of low dielectric constant the ions produced do not exist separately in solution, but form ion pairs or larger aggregates, thus reducing the electrostatic energy and partly neutralising the effect of the low dielectric constant.

[1] BRÖNSTED, DELBANCO, TOVBORG-JENSEN: Z. physik. Chem., Abt. A **169** (1934), 361.

[2] For a general account of behaviour in this solvent, see SIMONS: Chem. Reviews 8 (1931), 312.

[3] See e. g. HAMMETT: Chem. Reviews **13** (1933), 61. — FLEXSER, HAMMETT, DINGWALL: J. Amer. chem. Soc. **57** (1935), 2103.

[4] GOLDSCHMIDT, BAKSCHT: Liebigs Ann. Chem. **351** (1907), 108. — GOLDSCHMIDT, REINDERS: Ber. dtsch. chem. Ges. **29** (1899), 1366. — GOLDSCHMIDT, SALCHER: Z. physik. Chem. **29** (1899), 89.

[5] KILPATRICK, KILPATRICK: Chem. Reviews **13** (1933), 131.

[6] Cf. BRÖNSTED: J. physic. Chem. **30** (1926), 777. — BJERRUM, LARSSON: Z. physik. Chem. **127** (1927), 358. — WYNNE-JONES: Proc. Roy. Soc. (London), Ser. A **140** (1933), 440.

Examples of acid-base catalysis in non-aqueous solvents.

It will be seen from the above brief account that we should expect the general laws of acid-base catalysis to be the same in non-aqueous solvents as in water, but that the actual species which are catalytically active will vary from one solvent to another. Further, the extent to which the solvent molecules themselves act as catalysts will of course depend on their acidic or basic character. These expectations have been in general realised, though the field has been very incompletely covered, partly owing to the experimental difficulties of working in solvents other than water. There are a large number of isolated observations on the catalytic activity of acids and bases in non-aqueous solvents, but we shall only mention cases in which a thorough quantitative investigation has been carried out.

Hydroxylic solvents.

The behaviour of acids and bases in these solvents is qualitatively very similar to that in water. However, the quantitative interpretation of kinetic data is more difficult, partly because of the relative paucity of accurate measurements of acid-base equilibria, and partly because the lower dielectric constants greatly increase the magnitude of both primary and secondary salt effects. We have already discussed from this point of view (p. 212) the *esterification reaction* and the *alcoholysis of diazoacetic ester* in *methyl and ethyl alcohols*. Although the original work of GOLDSCHMIDT can be chiefly interpreted in terms of specific catalysis by solvated hydrogen ions[1] recent work on the esterification of weak acids in a number of different alcohols shows that the reaction is of the second order with respect to the acid, and hence that the undissociated acid molecule is the chief catalyst.[2] On the other hand, all the available data for the alcoholysis of diazoacetic ester are consistent with the assumption of specific hydrogen ion catalysis. The same applies to the *formation of acetal* in ethyl alcohol,[3] where a very large salt effect was observed. The *inversion of menthone*[4] is one of the few investigated cases of basic catalysis in alcohol solution. The results only demonstrate catalysis by the ion OEt⁻.

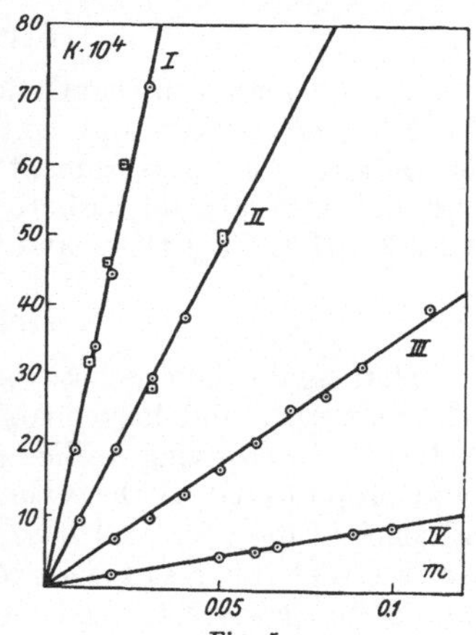

Fig. 5.

Catalysis of the nitramide decomposition by amines in isoamyl alcohol.

*I p-Anisidine, II p-Toluidine,
III Aniline, IV p-Chloraniline.*

General basic catalysis has been studied in the *decomposition of nitramide in isoamyl alcohol.*[5] Nothing quantitative is known about acid-base equilibria in this solvent, but it was fortunately possible to interpret the results without such knowledge. Thus in buffer solutions containing various substituted anilines the reaction velocity k was found to be directly proportional to the stoichiometric concentration m of the base, and independent of the nature and concentration (over a certain range) of the acid constituent of the buffer (perchloric, trichloracetic

---

[1] GOLDSCHMIDT: Trans. Faraday Soc. 24 (1928), 662.

[2] ROLFE, HINSHELWOOD: Trans. Faraday Soc. 30 (1934), 935. — HINSHELWOOD, LEGARD: J. chem. Soc. (London) 1935, 587.

[3] DEYRUP: J. Amer. chem. Soc. 56 (1934), 60.

[4] TUBANDT: Liebigs Ann. Chem. 339 (1905), 41; 354 (1907), 259; 377 (1910), 303.

[5] BRÖNSTED, VANCE: Z. physik. Chem., Abt. A 163 (1933), 240.

or hydrochloric acid). This is illustrated by Fig. 5, where k is plotted against m for four different bases. The "spontaneous" reaction is so slow as to be almost negligible.

If the acid concentration is too great the velocity shows a slight increase. This is attributed to a slight acid catalysis (cf. p. 218), which is confirmed by measurements in solutions containing only acids. Measurements were also made in solutions of the sodium or tetramethylammonium salts of weak acids, buffered by the addition of varying quantities of strong acid. The anion of the weak acid was found to be the chief catalytic agent, though there was a small effect of acid concentration which was greater than could be accounted for by the experiments with solutions of acids alone.

Similar measurements have been made on the *decomposition of nitramide in m-cresol*,[1] a considerably more acid solvent in which the "spontaneous" reaction is undetectable. The results resemble those in isoamyl alcohol, but in the anion buffers the effect of the acid was much greater, and the nature of the cation (e.g. trimethylammonium, isoamylammonium) had some effect. It was, however, possible to obtain reasonably accurate catalytic constants for nine amines and twelve carboxylate anions.

Strongly acid solvents.

The only relevant catalytic measurements in this type of solvent appear to be those of CONANT and BRAMANN[2] on the *acetylation of β-naphthol* in glacial acetic acid. The measurements are not very accurate, but indicate that there is probably general catalysis both by acids and by bases (i. e. by the species CH_3COOH, $CH_3COOH_2{}^+$, CH_3COO^-, and pyridine).

Strongly basic solvents.

Here again there is little experimental material, the chief work being that of GOLDSCHMIDT and his collaborators using aniline and substituted anilines as solvents. In studying *anilide formation*[3] it was found that the reaction velocity was proportional to the *second* power of the acid concentration. Owing to the absence of data for acid base equilibria in this type of solvent it is not possible to interpret this result with certainty. The reaction of the acid molecule to give anilide is clearly catalysed, but the catalytic agent may be either a second acid molecule or the ion $C_6H_5NH_3{}^+$ formed from the acid and the solvent, or both. The same ambiguity exists in studying the *rearrangement of diazoamino compounds* in basic solvents.[4] The reaction is catalysed by the addition of acids, but it is again impossible to decide how far catalysis is due to the acid molecules, and how far to the anilinium ions.

Aprotic solvents.

This type of solvent offers some points of special interest for the study of acid-base catalysis. In the first place, since the solvent takes no part in protolytic equilibria, there are no ions corresponding to the hydrogen and hydroxyl ions,

[1] BRÖNSTED, NICHOLSON, DELBANCO: Z. physik. Chem., Abt. A **169** (1934), 379.

[2] CONANT, BRAMANN: J. Amer. chem. Soc. **50** (1928), 2305.

[3] GOLDSCHMIDT, WACHS: Z. physik. Chem. **24** (1898), 353. — GOLDSCHMIDT, BRÄUER: Ber. dtsch. chem. Ges. **39** (1906), 97.

[4] GOLDSCHMIDT, REINDERS: Ber. dtsch. chem. Ges. **29** (1896), 1469, 1899. — GOLDSCHMIDT, JOHNSEN, OVERWIEN: Z. physik. Chem. **110** (1924), 251. — GOLDSCHMIDT, OVERWIEN: Ibid. Abt. A **134** (1929), 354. — GOLDSCHMIDT: Z. Elektrochem. angew. physik. Chem. **36** (1930), 662.

so that catalysis by acids and bases must be "general" in the sense in which we have already used this word. Further, the absence of protolytic reactions makes the interpretation of the results simpler. For example, if acetic acid is dissolved in water, the resulting solution contains the species CH_3COOH, CH_3COO^-, OH_3^+ and H_2O, all of which may be catalytically active, while in a benzene solution of acetic acid the acetic acid molecule itself is the only possible catalyst. It is thus possible to study separately the catalytic effects of uncharged molecules through any range of acid or basic strength, there being no chance of the effects being obscured by the molecules or ions of the solvent (cf. p. 206).

It should, however, be noted that the advantages of aprotic solvents are to some extent off-set by other complications not present in aqueous solution, which may be roughly described as "medium effects". In aqueous solution the only appreciable effects of this kind are the interionic ones, which are now fairly well understood. In solvents like benzene, however, both the thermodynamic and the kinetic behaviour show abnormalities which are not yet fully understood. Thus the carboxylic acids (constituting the most useful group of acid catalysts) are largely associated in aprotic solvents, and little is known about the equilibria between double and single molecules. Further, in most of the reactions mentioned below the velocity is not simply proportional to the first power of the concentrations of catalyst and substrate, but follows more complex laws. This may in some cases be due to chemical association, but it should also be remembered that in solvents of low dielectric constant there may be considerable medium effects due to dipole forces.[1] These factors must be taken into account in any complete interpretation of the results, but even in the absence of any such complete interpretation the data so far obtained offer many points of interest.

BRÖNSTED and BELL (l. c., Anm. 1) investigated various *reactions of diazoacetic ester* in benzene solution. The reaction with carboxylic acids according to the general equation

$$CHN_2 \cdot COOC_2H_5 + R \cdot COOH \rightarrow R \cdot CO \cdot OCH_2COOC_2H_5 + N_2$$

(measured by the rate of evolution of nitrogen) was found to be of the first order with respect to the diazoacetic ester, but approximately of the *second* order with respect to the acid. The acid may thus be said to catalyse its own reaction, and this idea was confirmed by measurements with mixtures of acids, in which "cross catalysis" was found to take place. These results are not, however, of much quantitative value for studying the laws of catalysis, since a different reaction is taking place in each case.[2] Greater interest attaches to the results obtained for the reaction between diazoacetic ester and phenol according to the equation

$$CHN_2 \cdot COOC_2H_5 + C_6H_5OH \rightarrow C_6H_5OCH_2 \cdot COOC_2H_5 + N_2$$

which is catalysed by all the acids used, its velocity being directly proportional to the concentrations of diazoacetic ester, of phenol and of the catalysing acid used. Catalytic constants were obtained for six different acids, but their accuracy is low because it was always necessary to allow for the reaction of the acid itself with the diazoacetic ester.

---

[1] Cf. BRÖNSTED, BELL: J. Amer. chem. Soc. **53** (1931), 2478.

[2] The same criticism applies, (cf. v. HALBAN: Z. Elektrochem. angew. physik. Chem. 24 (1918), 201] to the investigations of HANTZSCH [Z. Elektrochem. angew. physik. Chem. 24 (1918), 201; 29 (1923), 221; 30 (1926), 194; Z. physik. Chem. **125** (1927), 251] who used the reaction of acids with diazoacetic ester in different solvents as a measure of their "strengths".

A more suitable reaction is the *rearrangement of N-bromacetanilide* to give *p*-bromacetanilide, which has been studied in a number of aprotic solvents.[1] Most of the work was done in *chlorobenzene* solution, but similar results were obtained in benzene, and a few measurements were made in six other solvents. As already mentioned (p. 207 f.) the analogous transformation of N-chloracetanilide has been extensively studied in aqueous media, where it is specifically catalysed by the halogen acids, the mechanism involving free halogen. Such a mechanism would not apply to carboxylic acids in non-aqueous solvents, and it has also been directly shown[2] that free bromine plays no part in the rearrangement of N-bromacetanilide in chlorobenzene. The reaction was found to be catalysed by six carboxylic acids and three phenols, and may therefore be taken as an example of general acid catalysis. The course of the reactions was strictly unimolecular, but the first order constants were not in general directly proportional to the catalyst concentration, the ratio k/c decreasing with increasing acid concentration. Later work[3] showed that the initial concentration of the N-bromacetanilide also had some effect upon the concentration, but did not materially affect the conclusions of the first investigation. The analogous *rearrangement of N-iodoformanilide* to *p*-formanilide has also been investigated in *anisole* solution.[4] In this case the course of the single reactions was not strictly unimolecular, but if the initial rates are taken the velocity was found to be proportional to the concentrations of both catalyst and substrate over a wide range. It will be seen that while there are still some unexplained features in this type of reaction, the general nature of the catalysis is well established.

The position is less clear for the *depolymerisation of paraldehyde* according to the equation

$$\text{CH}_3\cdot\text{HC} \underset{\underset{\displaystyle \text{CH}\cdot\text{CH}_3}{\overset{\displaystyle\mid\qquad\mid}{\text{O}\quad\text{O}}}}{\overset{\overset{\displaystyle\text{O}}{\diagup\;\diagdown}}{}}\text{CH}\cdot\text{CH}_3 \;\rightleftharpoons\; 3\,\text{CH}_3\text{CHO}$$

which has been studied in anisole, benzene and nitrobenzene.[5] In fairly dilute solution the reaction goes almost completely to the right, and its course is unimolecular. It was followed by two methods, one dilatometric and one analytical. The reaction is catalysed by carboxylic acids and by hydrogen chloride, but the variation of velocity with acid concentration could not be expressed by any integral order; the "apparent order" (defined as $d \log k / d \log c$) varied from 1,5 to 2,5, according to temperature, solvent and nature of catalyst. (It may be noted that the catalytic depolymerisation of paraldehyde vapour by gaseous hydrogen chloride or bromide takes place as a wall reaction of the first order with respect to both reactants).[6] The cause of this behaviour is still obscure. It was originally attributed to the presence of three basic oxygen atoms in the paraldehyde molecule, thus presenting three points of attachment for acid molecules, but the same type of behaviour has since been found in other types of reaction, and it is therefore doubtful whether this explanation is the correct one.

Special interest attaches to the study of *enolisation* reactions, since these have been investigated in some detail in aqueous solution (cf. p. 210). The halo-

[1] BELL: Proc. Roy. Soc. (London), Ser. A **143** (1934), 377.
[2] BELL: J. chem. Soc. (London) **1936**, 1154.
[3] BELL, LEVINGE: Proc. Roy. Soc. (London), Ser. A **151** (1935), 211.
[4] BELL, BROWN: J. chem. Soc. (London) **1936**, 1520.
[5] BELL, LIDWELL, VAUGHAN-JACKSON: J. chem. Soc. (London) **1936**, 1792.
[6] BELL, BURNETT: Trans. Faraday Soc. **33** (1937), 355.

genation method is not applicable to aprotic solvents, since the undissociated halogen acid produced exerts an enormous autocatalytic effect. It is, however, possible to measure the *rate of racemisation* of optically active ketones, which has been shown[1] to take place at the same rate as the halogenation. The *inversion of menthone*[2] and the *racemisation of d-phenylmethylacetophenone and d-phenylisobutylacetophenone*[3] have been studied in chlorobenzene solution at 100°. All the carboxylic acids studied were found to catalyse, but there was again not in general a linear relation between velocity and catalyst concentration, the "apparent order" varying between about 0,7 and 1,3. A part of these complications is no doubt due to the complex formation between the ketone and the acid, which was studied particularly in the case of menthone. The complete interpretation of the results is, however, still uncertain.

The Brönsted relation in non-aqueous solvents.

In all the investigations described in the last section there is clearly a qualitative relationship between the catalytic activities of the different acids (or bases) and their acid (or basic) strengths. However, two difficulties arise when we attempt to establish the validity of a quantitative relationship of the type already described for aqueous solutions. The first of these is connected with the difficulty of establishing a *scale of acid strength* in different solvents. It has already been shown (p. 206) that the qualitative behaviour of acids and bases depends essentially on the acid-base properties of the solvent, and it is clear that the ordinary dissociation constant of an acid is actually a measure of its *relative* acid strength compared with that of the solvent. A similar relative scale could be built up on the basis of any other standard acid-base system; thus if A, B represents any acid and its corresponding base, and A_0, B_0 the standard acid-base pair, then the relative strength of the acid A is given by

$$K_{acid} = \frac{[A_0]\,[B]}{[A]\,[B_0]}.$$

Even in aqueous solution it is often convenient to use an acid-base system other than the solvent (e.g. an indicator) for measuring acid strengths. In non-aqueous solvents of low basic strength such a procedure is often the only practicable one, while in aprotic solvents it is clearly impossible even in principle to measure acid strenghts without adding a second acid base system.

We shall not discuss the vexed question of whether it is possible in principle to establish an "absolute" scale of acidity, and thus to compare acid strengths in different solvents.[4] Such an absolute comparison is in any case not possible in practice, and the relative strengths are all that are required for comparison with the catalytic data. In practice it is not always easy to measure even relative strengths in non-aqueous solvents, on account of large interionic and other medium effects. It is therefore a fortunate circumstance that for a series of acids of the same charge type *the relative strength is found to be approximately independent of the solvent*, provided of course that the same acid-base system is used as a standard throughout. This statement is based upon a large amount of experimental work,

[1] INGOLD, WILSON: J. chem. Soc. (London) **1934**, 773. — HSÜ, WILSON: Ibid. **1936**, 623. — BARTLETT, STAUFFER: J. Amer. chem. Soc. **57** (1935), 2580.

[2] BELL, CALDIN: J. chem. Soc. (London) **1938**, 382.

[3] BELL, LIDWELL, WRIGHT: J. chem. Soc. (London) **1938**, 1861.

[4] Cf. BRÖNSTED: Z. physik. Chem. **143** (1929), 301; Abt. A **169** (1934), 52. — GUGGENHEIM: J. physic. Chem. **34** (1939), 1758. — HAMMETT: J. Amer. chem. Soc. **50** (1928), 2666. — SCHWARZENBACH: Helv. chim. Acta **13** (1930), 870.

e.g. in methyl and ethyl alcohol,[1] isobutyl alcohol,[2] m-cresol,[3] formamide,[4] acetonitrile,[5] chloroform,[6] benzene,[7] and chlorobenzene.[8] There are frequently deviations from this regularity which are much greater than the experimental error, but they never exceed a power of ten, and are usually much less than this: moreover the deviations are random in nature, and do not show any systematic change with increasing acid strength. Since the BRÖNSTED relation is in any case only an approximate one there is considerable justification for using the readily accessible dissociation constants in water for testing this relation when there are no data available for acid-base equilibria in the solvent used for the catalytic measurements. There is in fact some justification for using the relative strengths in water in preference to those in other solvents even when the latter are available.[9]

The second difficulty is connected with the evaluation of the catalytic constants themselves. We have seen that in a many cases there is not a simple linear relation between velocity and catalyst concentration, so that it is often difficult to make a quantitative comparison between different catalysts. Thus in the decomposition of nitramide catalysed by anions in isoamyl alcohol there is a small but unexplained effect of the concentration of the corresponding acid, and BRÖNSTED and VANCE arbitrarily used as catalytic constants the values corresponding to a fixed acid concentration of 0,001 N. In the acid-catalysed rearrangement of N-bromacetanilide in chlorobenzene the velocity increased throughout less rapidly than the concentration, and the catalytic constants used were those extrapolated to infinite dilution, i.e. if the velocity is given by

$$k = ac - bc^2$$

the constant a was taken as catalytic constant. In the inversion of menthone the „apparent order" with respect to acid was sometimes greater and sometimes less than unity. In this case the results were fitted to one of the two equations

$$k = Ac + B_1\sqrt{c}$$
$$k = Ac + B_2c^2$$

(A, B_1 and B_2 being positive), and the constant A was taken as the catalytic constant.

From the examples given above it will be seen that there is a certain degree of arbitrariness in testing the BRÖNSTED relation in non-aqueous solvents. However, the ambiguities involved are usually small, and it may be stated at once that all the data obtained serve to confirm the validity of this equation. Examples are shown in Fig. 6 and 7. Fig. 6 shows the results of BRÖNSTED and

---

[1] BJERRUM, LARSSON: Z. physik. Chem. **127** (1927), 358. — GOLDSCHMIDT, GÖRBITZ, HONGEN, PAHLE: Ibid. **99** (1921), 116. — BRIGHT, BRISCOE: J. physic. Chem. **37** (1933), 787. — HALFORD: J. Amer. chem. Soc. **55** (1933), 2272.

[2] MASON, KILPATRICK: J. Amer. chem. Soc. **59** (1937), 572.

[3] BRÖNSTED, DELBANCO, TOVBORG-JENSEN: Z. physik. Chem., Abt. A **169** (1934), 52.

[4] VERHOEK: J. Amer. chem. Soc. **58** (1936), 2577.

[5] KILPATRICK, KILPATRICK: Chem. Reviews **13** (1933), 131.

[6] HANTZSCH, VOIGT: Ber. dtsch. chem. Ges. **62** (1929), 970.

[7] BRÖNSTED: Ber. dtsch. chem. Ges. **61** (1928), 2049). — LA MER, DOWNES: J. Amer. chem. Soc. **53** (1931), 888.

[8] GRIFFITHS: J. chem. Soc. (London) **1938**, 818.

[9] Cf. the concepts of "intrinsic strength" [WYNNE-JONES: Proc. Roy. Soc. (London), Ser. A **140** (1933), 440] and "inner strength" [BRÖNSTED: Z. physik. Chem, Abt. A **169** (1934), 52.

collaborators on the decomposition of nitramide in m-cresol, the basic constants of the catalysts being those determined directly in m-cresol. (In this case the correlation with the catalytic data is not quite so good if the basic strengths in

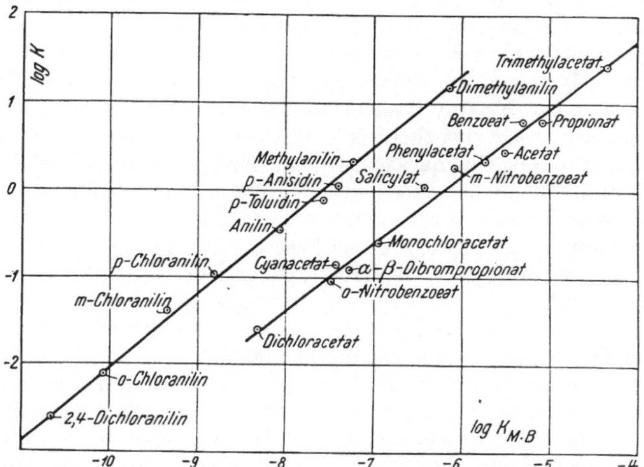

Fig. 6. The Brönsted relation for the decomposition of nitramide in m-cresol.

water are used.) The slopes of the lines in the figure are 0,84 and 0,78 for the amines and the anions respectively. These values differ little from the corresponding values in water (0,80 and 0,75) and in iso-amyl 'alcohol (0,92 and 0,83). Fig. 7 shows the same plot for the rearrangement of N-bromacetanilide in chlorobenzene, the strengths of the acids being expressed this time by their dissociation constants in water. There is good agreement with a straight line of slope 0,30. It may be noted that in the corresponding rearrangement of N-iodoformanilide the slope is only 0,2; such a low value would barely lead to detectable acid catalysis in aqueous solution, owing to the large catalytic effect of the solvent molecules. No statistical correction has been applied in the above cases.

The other reactions mentioned above exhibit similar behaviour, though the data are not so extensive or accurate.

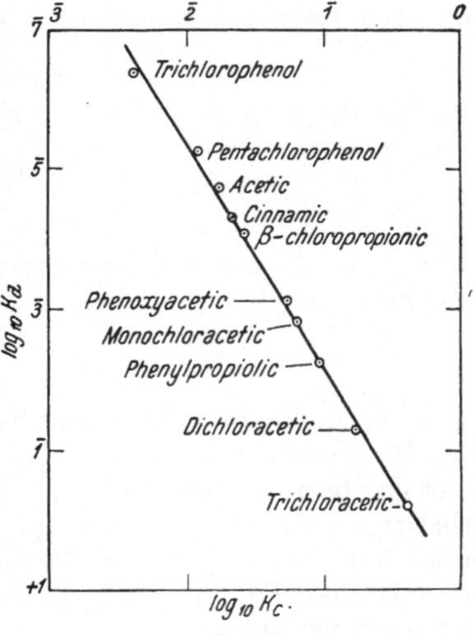

Fig. 7.
The Brönsted relation for the rearrangement of N-bromacetanilide in chlorobenzene.

Acid-base catalysis as a bimolecular reaction.

The term catalysis is often used to denote the promotion of a chemical reaction by means of a physical agency, as for example in the catalysis of the ortho-para hydrogen conversion by paramagnetic substances, or the doubtful effect of a surface in merely bringing together reactants in a heterogeneous gas reaction. However, exactly the same final result is reached if the catalyst and substrate react chemically, provided that the catalyst finally emerges unchanged. Such a mechanism will clearly involve more than one step, but in general only one of the steps will determine the rate of the change, so that kinetically the catalysed reaction may be considered as a *bimolecular reaction between the catalyst and the substrate*. It is now believed that all cases of acid-base catalysis occur in this way, and in particular that reactions which are catalysed by acids or bases rarely occur spontaneously, since an apparently "spontaneous" reaction can nearly always be traced to catalysis by the solvent molecules or by traces of impurity. In a large number of reactions there is good evidence for the actual mechanism of the catalysed reaction; this question is dealt with fully in the article by J. W. BAKER, p. 45, and will not be discussed here. We shall, however, mention a few of the general consequences of this aspect of catalysis.

All the mechanisms proposed for acid-base catalyses involve the *transfer of a proton* from an acid catalyst to the substrate, or from the substrate to a basic catalyst.[1] The relevant part of the catalytic reaction is thus an ordinary acid-base reaction like those involved in the equilibria used for measuring acid-base strengths. This type of reaction is usually thought of as occurring immeasurably fast (e.g. in the neutralisation of acids by bases), but it must be remembered that the substances commonly acting as substrates are such weak acids or bases that their acidic or basic properties are barely detectable by ordinary means. They become detectable in catalytic reactions because they give rise to some further change in the substrate molecule.

This view of acid-base catalysis may be employed to obtain further insight into the BRÖNSTED equation.[2] Thus consider any acid-base equilibrium

$$A_1 + B_2 \rightleftharpoons A_2 + B_1$$

and let the velocities of proton transfer in the two directions be written

$$v_{A_1, B_2} = \pi_{A_1, B_2}[A_1][B_2]$$

$$v_{A_2, B_1} = \pi_{A_2, B_1}[A_2][B_1].$$

If K_{A_1} and K_{A_2} are the strength constants of the acids A_1 and A_2 on any scale, we have clearly

$$\frac{\pi_{A_1, B_2}}{\pi_{A_2, B_1}} = \frac{K_{A_1}}{K_{A_2}}.$$

Now let A_2, B_2 be a fixed acid-base pair (corresponding to the substrate), while A_1, B_1 varies through a series of increasing acid strength in A_1, and hence decreasing basic strength in B_1. As we pass up the series it is reasonable to suppose that π_{A_1, B_2} will increase steadily, while π_{A_2, B_1} will decrease. Since, however, their ratio must be proportional to K_{A_1}, we must suppose that π_{A_1, B_2} increases less rapidly than K_{A_1}, while π_{A_2, B_1} increases less rapidly than K_{B_1}. This is expressed by the equations

$$\pi_{A_1, B_2} = g_{B_2} K_{A_1}^{\alpha}$$

$$\pi_{A_2, B_1} = g_{A_2} K_{B_1}^{\beta}$$

where $\alpha + \beta = 1$, and g_{A_2} and g_{B_2} are characteristic of a given substrate, solvent and temperature. These equations are identical with the BRÖNSTED relation, though of course their range of validity can only be established by experiment.

---

[1] In a number of cases (the so-called prototropic reactions) there are two successive transfers of this kind, involving different parts of the molecule. The question of identifying the rate-determining step is dealt with in the article by O. REITZ, p. 274, 280.

[2] See PEDERSEN: J. physic. Chem. **38** (1934), 581.

Since the Brönsted relation was put forward in 1923, a number of other cases have been discovered in which there is an analogous relation between equilibrium constants and velocity constants.[1] Relations of this type receive a reasonable interpretation in terms of the potential energy curves of the molecules concerned, though there are still a number of points to be cleared up.[2] There is one point of special interest applying particularly to reactions involving the movement of protons or hydrogen atoms, namely the possibility of the *"tunnel effect"*, i.e. the departure of light particles from the laws of classical mechanics.[3] However, from an experimental point of view this effect is chiefly concerned with the temperature coefficients and isotope effect of catalysed reactions, both of which are dealt with in other articles of this volume.

There are two further points on which theoretical deductions can be made from the picture of catalysis as a typical acid base reaction. In the first place, the laws governing the rate of this reaction should be independent of which reactant ultimately undergoes further transformation, and we should therefore anticipate that when a number of similar substrates react in the presence of the same catalyst the reaction velocity will be determined by the *acid-base strength of the substrate*. In other words, we should have for a series of catalyses with different acids and different (but related) substrates,

$$k = G\,K_{\mathrm{A}}^{\alpha}\,K_{\mathrm{B}}^{\beta}$$

where K_{A} refers to the acid catalyst and K_{B} to the basic substrate, while G depends only on the temperature and the solvent. (For basic catalysis we should have the same relation with the significance of K_{A} and K_{B} reversed). It is not easy to obtain direct evidence for the term involving the acid-base strength of the substrate, since the existence of general acid or basic catalysis usually means that the substrate never comes into complete equilibrium with other acids or bases. Sometimes, however, the reaction either involves no change in the chemical nature of the substrate (e.g. racemisation reactions) or demands the presence of a third substance (e.g. the halogenation of ketones), in which cases it is possible in principle to investigate acid-base equilibria involving the substrate. Even so, the substrate is in general such a weak acid or base that the usual methods of investigation are inapplicable, though in some cases it may be possible to use the methods recently developed for measuring the strengths of very weak bases (e.g. ketones) in strongly acidic solvents.[4] There is already considerable indirect support for the role played by the acid-base strength of the substrate, since it has been found that the effect of substituents on the rate of reaction of a substrate is closely parallelled by the effect of the same substituents on the dissociation constants of carboxylic acids.[5]

The other point to be considered is connected with the effect of the electrical charge of the catalyst.[6] We have seen (particularly in dealing with the nitramide decomposition) that bases of different charge types demand different values for

---

[1] For a Summary, see Hammett: Chem. Reviews **17** (1935), 125.

[2] Cf. Horiuti, Polanyi: Acta physicochim. USSR **2** (1935), 505. — Bell: Proc. Roy. Soc. (London), Ser. A **154** (1936), 414.

[3] Cf. Bell: Proc. Roy. Soc. (London), Ser. A **139** (1933), 466; **148** (1935), 421; **154** (1936), 414; **158** (1937), 128; Philos. Mag. J. Sci. (7) **25** (1938), 488; Trans. Faraday Soc. **34** (1938), 229. — Bawn, Ogden: Ibid. **30** (1934), 1.

[4] See Hammett: Chem. Reviews **13** (1933), 61. — Flexser, Hammett, Dingwall: J. Amer. chem. Soc. **57** (1935), 2103.

[5] For a summary see Burkhardt, Ford, Singleton: J. chem. Soc. (London) **1936**, 17.

[6] See Pedersen l. c.

the constant G in the BRÖNSTED equation, though the index β is little affected. This behaviour can be accounted for as follows. Consider a substrate RH catalysed by two bases B (uncharged) and B^-, which differ only in their electric charge. The rate determining proton transfers are then

$$RH + B \rightleftharpoons R^- + HB^+$$

$$RH + B^- \rightleftharpoons R^- + HB$$

and the catalytic constants are related to the strength constants by the relations

$$k_B = G_0 K_B^\beta, \quad k_{B^-} = G_- K_{B^-}^\beta.$$

The catalytic constants and strength constants may be expressed in terms of the rates of proton transfer as follows,

$$\frac{k_B}{k_{B^-}} = \frac{\pi_{RH, B}}{\pi_{RH, B^-}}, \quad \frac{K_B}{K_{B^-}} = \frac{\pi_{RH, B}}{\pi_{HB^+, R^-}} \cdot \frac{\pi_{RH, B^-}}{\pi_{HB, R^-}}$$

giving

$$\frac{G_0}{G_-} = \left(\frac{\pi_{RH, B}}{\pi_{RH, B^-}}\right)^{1-\beta} \left(\frac{\pi_{HB^+, R^-}}{\pi_{HB, R^-}}\right)^\beta.$$

Comparing the proton transfer reactions in the two cases, it is clear that B will accept a proton less readily than B^-. Similarly HB^+ will lose a proton more readily than HB, and in addition the reaction between R^- and HB^+ will be favoured by the attraction between the unlike charges. It is therefore probably correct to write

$$\frac{\pi_{HB^+, R^-}}{\pi_{HB, R^-}} > \frac{\pi_{RH, B^-}}{\pi_{RH, B}} > 1.$$

Applying this result to the last equation, we see that if β is very small, $G_0 < G_-$. If β is sufficiently large (and always if $\beta > {}^1/_2$), then $G_0 > G_-$.

Analogous considerations apply to other charge types. Thus in general, if there are two basic catalysts of the same basic strength, when β is sufficiently small the one having the greater number of positive charges (or the smaller number of negative charges) will be the less effective catalyst. If on the other hand β is sufficiently great (and invariably if $\beta > {}^1/_2$) the base having the greater number of positive charges will be the more effective catalyst. In the latter case the catalytic effect will increase much more rapidly in the series B^-, B, B^+, B^{++} ... than it will decrease in the series B^-, B^{--}.... These predictions are completely fulfilled by the data for the nitramide decomposition catalysed by bases of the type B^{--}, B^-, B, and B^{++} (cf. p. 231 f.), and agree with the much less complete data for other reactions. In the case of acid catalysis similar rules may be deduced: when the exponent α is very small an increase of the negative charge of the catalyst acid will lead to a decrease of catalytic effect, while if α is sufficiently large (and always if $\alpha > {}^1/_2$) an increase of negative charge will bring about an increased catalytic effect. There is little experimental evidence on the effect of the charge in acid catalysis, but the above rule is in agreement with the catalytic effect of the acid sulphate and acid oxalate ions in the acetone iodine reaction (cf. p. 235).

Activation Energy of Acid-Base Catalysis.

By

M. Kilpatrick, Philadelphia, Pa.

Inhaltsverzeichnis.

Aktivierungswärme von Säure-Basen-Katalysen (Activation Energy of Acid-Base Catalysis).

If we define an acid as any molecule or ion which can give off a proton, and a base as any molecule or ion which can take up a proton, the characteristic acid-base function is the transference of protons from acids to bases according to the scheme

$$A_1 + B_2 \rightleftharpoons A_2 + B_1 \tag{1}$$

where the subscripts refer to the corresponding acid-base pairs. For ordinary strong acids and bases this transfer of protons takes place too rapidly for measurement and the process is called a neutralization. In aqueous solution the solvent acts as one acid-base pair. For example, the reaction of hydrogen ion and hydroxyl ion may be written

$$H_3O^+ + OH^- \rightleftharpoons H_2O + H_2O \tag{2}$$

while in an aprotic solvent the acid trichloracetic acid reacts with trimethyl amine according to the scheme

$$CCl_3COOH + (CH_3)_3N \rightleftharpoons (CH_3)_3NH^+ + CCl_3COO^-, \tag{3}$$

but the trichloracetate need not be dissociated from the trimethyl ammonium ion. When we consider the reactions between weaker acids and bases, it may be that these reactions take a finite time. Attempts to measure such neutralizations have been carried out at room temperature using various modifications and improvements of the flowing stream method of Hartridge and Roughton.[1]

---

[1] H. Hartridge, F. J. W. Roughton: Proc. Roy. Soc. (London), Ser. A 104 (1923), 376; Proc. Cambridge Phil. Soc. 22 (1925), 426; 23 (1926), 450. — R. N. S. Saal: Rec. Trav. chim. Pays-Bas 47 (1928), 90. — V. K. laMer, C. L. Read: J. Amer. chem. Soc. 52 (1930), 3098. — B. Chance: Dissertation, University of Pennsylvania, 1939.

As yet it has not been possible to show definitely that the neutralization of ordinary acids requires a finite time. From this we might assume that the energy of activation of the reaction is zero or at any rate small. However, in the case of a class of acids called by HANTZSCH pseudo acids, the velocity of neutralization is not immeasurably great.[1] For example, HANTZSCH and VEIT followed the neutralization of nitromethane[2] by hydroxyl ion. The authors gave the mechanism of the dissociation of nitromethane as

$$CH_3NO_2 \rightleftharpoons CH_2:NOOH \rightleftharpoons CH_2:NOO^- + H^+ \tag{4}$$

and concluded that the slow neutralization shows that the substance only after an isomerization is able to give off hydrogen ions. PEDERSEN[3] shows that the transfer of the proton cannot take place spontaneously, but demands a basic catalyst. In other words the "neutralization" of the extremely weak acid CH_3NO_2 by hydroxyl ion is slow, and is still slower if a weaker base such as acetate ion is employed. The transfer of the protons in such a process, requiring an energy of activation, is usually called catalysis rather than neutralization. The ethylene oxides have often been referred to as pseudo-bases because of their tendency to unite with acids and to precipitate metallic hydroxides from aqueous solutions of their salts. These phenomena have been explained by the kinetic studies of BRÖNSTED, KILPATRICK and KILPATRICK.[4]

More recently LEWIS and SEABORG[5] have considered the problem of the velocity of neutralization of acids and bases. They conclude there is one group of acids and bases, called primary, which requires no energy of activation in their mutual neutralization, and another group, called secondary, which does not combine except when energy of activation is provided. The necessity of an energy of activation is interpreted as a need for some change in the condition or structure of the molecule before reaction as a primary acid or base. LEWIS gives as an illustration of this structural change the change of a keto to an enol form. He fails to recognize PEDERSEN's argument that the keto and enol forms are two different acids of two different strengths and that the transfer of a proton from a carbon to an oxygen does not take place spontaneously but requires a catalyst. Thus in this case, as in the previous case of a pseudo-acid, what LEWIS would refer to as a neutralization of a secondary acid becomes a prototropic change requiring a basic catalyst. This point will be illustrated further in a later discussion.

On the experimental side the measured energy of activation is obtained from the effect of temperature on reaction velocity. The effect of temperature has played an important role in the development of the theories of reaction velocity, especially for reactions catalyzed by acids or bases. As early as 1850, we find WILHELMY[6] measuring the inversion rate of sucrose and calling attention to the effect of temperature, for which he suggested a complicated empirical equation. SKRABAL,[7] more recently, has compared six different empirical equations for the effect of temperature upon the velocity of reaction. Using data for the velocity

---

[1] A. HANTZSCH: Ber. dtsch. chem. Ges. **32** (1899), 575.

[2] A. HANTSCH, A. VEIT: Ber. dtsch. chem. Ges. **32** (1899), 615.

[3] K. J. PEDERSEN: Kgl. danske Vidensk. Selsk., math.-fysiske Medd. **12** (1932), No. 1.

[4] J. N. BRÖNSTED, M. L. KILPATRICK, M. KILPATRICK: J. Amer. chem. Soc. **51** (1929), 428.

[5] G. N. LEWIS: Acids and Bases. J. Franklin Inst. **226** (1938), 293. — G. N. LEWIS, G. T. SEABORG: J. Amer. chem. Soc. **61** (1939), 1866, 1894.

[6] E. WILHELMY: Pogg Ann. **81** (1850), 413, 449.

[7] A. SKRABAL: Mh. Chem. **63** (1933), 23.

of hydrolysis of ether, he found that the expression suggested by ARRHENIUS held best of all empirical equations examined containing only two arbitrary constants.

The first significant treatment of the subject was offered by ARRHENIUS[1] in 1889. His derivation, which was made in connection with some work on the inversion of sucrose by acids, is of sufficient importance to warrant amplification here. The first assumption made is that there are two kinds of molecules: active ones, "aktiver Rohrzucker", and inactive ones (the ordinary variety). The further assumption is made that only the active form can be inverted; whence the rate of inversion ($- d\,M_a/dt$) becomes proportional to the concentration of the active molecules (M_a) .

$$- \frac{d\,M_a}{d\,t} = k_a\,M_a. \tag{5}$$

If it is further assumed that the equilibrium is maintained at all times between the active and inactive molecules, we have

$$M_a = K\,M_i \tag{6}$$

where K is the equilibrium constant, and M_i is the concentration of inactive sugar molecules. Then

$$- \frac{d\,M_a}{d\,t} = - \frac{d\,M}{d\,t} = k_a\,K\,M_i. \tag{7}$$

Assuming that M_a is small in comparison with M_i, equation (7) becomes

$$- \frac{d\,M}{d\,t} = k_a\,K\,M = k\,M. \tag{8}$$

where M is the total concentration of sugar molecules, and k the specific reaction rate.

VAN 'T HOFF[2] had previously derived an expression for the effect of temperature upon an equilibrium

$$\frac{d\ln K}{d\,T} = \frac{Q}{R\,T^2} \tag{9}$$

where Q is the energy required to transform one mole of reactant to product in the equilibrium (here the energy needed for the transformation of one mole of inactive sucrose to the active form).

Now from (8)

$$\frac{d\ln k}{d\,T} = \frac{d\ln K}{d\,T} + \frac{d\ln k_a}{d\,T}, \tag{10}$$

and since ARRHENIUS further assumed that k_a, the desactivation constant, is independent of temperature,

$$\frac{d\ln k}{d\,T} = \frac{d\ln K}{d\,T} = \frac{E_A}{R\,T^2}. \tag{11}$$

Integrating on the assumption that E_A is independent of temperature,

$$\ln k = B - \frac{E_A}{R\,T} \tag{12}$$

where B is a constant of integration and E_A is the energy of activation. Or integrating between limits

$$E_A = \frac{R\,T_1\,T_2}{(T_1 - T_2)} \ln \frac{k_{T_1}}{k_{T_2}}. \tag{13}$$

[1] S. ARRHENIUS: Z. physik. Chem. **4** (1889), 222.
[2] J. H. VAN 'T HOFF: Etudes de dynamique. Amsterdam, 1884.

If we consider that the active molecules differ from the inactive molecules only in energy content, then the hypothesis of ARRHENIUS is essentially the one held today.

A more exact formulation of the concept of the energy of activation is that due to TOLMAN.[1] By means of the principles of statistical mechanics he has shown that for unimolecular reactions

$$\frac{d \ln k_1}{d T} = \frac{\varepsilon_1}{R T^2} \tag{14}$$

and for bimolecular reactions

$$\frac{d \ln k_2}{d T} = \frac{\varepsilon_2 + \frac{1}{2} R T}{R T^2} \tag{15}$$

where k_1 is the unimolecular rate constant, k_2 the bimolecular rate constant, ε_1 the difference between the average energy of the reacting molecules and the average energy of all molecules, and ε_2 ist the difference between the average energy of the reacting complexes and the average energy of all the colliding pairs of molecules of kinds 1 and 2. Both ε_1 and ε_2 represent averages over a number of energy states and the integrated form of equation (15) involves the assumption that the activation energy does not vary with temperature. This assumption is only a first approximation and is similar to the assumption that Q does not vary with temperature, in integrating the VAN 'T HOFF isochore. The contribution of the $\frac{1}{2} R T$ term in the bimolecular formula is usually negligible for the comparatively short ranges of temperature that are investigated. For all practical purposes the equations for a unimolecular and a bimolecular reaction will have similar form. It should be pointed out that the bimolecular formula had been derived from the point of view of the collision theory by LEWIS[2] prior to the statistical treatment of TOLMAN.

The dependence of reaction velocity on temperature is determined by the difference in energy between the intermediate and initial states, and this difference called an activation energy may be pictured in terms of an energy barrier. Until recently, it had been almost generally accepted[3] that the parameters of the ARRHENIUS equation, E_A and B in (12), were constants for any given reaction. In fact, when the addition of another term became necessary to represent the experimental data the conclusion was drawn that we were dealing with experimental errors or a wrong interpretation.[4]

Similar conclusions have been drawn by others.[5] SCHEFFER and BRANDSMA[6] who were among the first to associate the parameters of equation (12) with a decomposition entropy and a decomposition energy, concluded that the temperature dependence of these quantities (determined by the algebraic sum of the specific heats of the reacting substances) is too small to manifest itself. Recently, however, there has been a growing feeling, based upon several bits of substantial evidence lately brought to light, that both E_A and B are functions of temperature.

---

[1] R. C. TOLMAN: J. Amer. chem. Soc. 42 (1920), 2506.

[2] W. C. M. LEWIS: J. chem. Soc. (London) 113 (1918), 471.

[3] A. E. LACOMBLE: Dissertation. Leiden, 1920.

[4] F. E. C. SCHEFFER: Versl. Akad. Wetenschaften Amsterdam 25 (1916), 592.

[5] C. N. HINSHELWOOD: Proc. Roy. Soc. (London), Ser. A 113 (1926), 230.

[6] F. E. C. SCHEFFER, W. F. BRANDSMA: Recueil Trav. chim. Pays-Bas 45 (1926), 522.

If we restrict ourselves to non-ionic reactions, there are the following examples of temperature dependence. In 1914 Segaller,[1] investigating the reaction between sodium phenoxide and various primary alkyl iodides in alcoholic solution, noted that his values for log k did not fall in a straight line when plotted against the reciprocal of the temperature. Rice and Kilpatrick[2] noted a slight decrease in E_A with increasing temperature. In 1933 laMer,[3] calling attention to the work of Segaller, cited three other possible examples: the decomposition of acetone-dicarboxylic acid in water,[4] a continuation of the same work by Wiig[5] on the decomposition of citric acid in concentrated sulfuric acid, and the dealdolization of diacetone alcohol.[6] A more recent investigation by laMer and Miller[7] seems to verify the deductions made by laMer concerning the last reaction.

At about the same time, Skrabal[8] demonstrated the inadequacy of the Arrhenius equation for the hydrolysis of ether. In 1934 Moelwyn-Hughes[9] reported a decrease of E_A and B with increasing temperature for the inversion of sucrose. The data of Smith[10] seems to indicate a similar effect for the mutarotation of glucose. Dinglinger and Schröer[11] have likewise reported a decrease in E_A with temperature for the thermal decomposition of oxalic acid in aqueous solution. Moelwyn-Hughes[12] has reported behavior similar to that evidenced in the inversion of sucrose for the hydrolysis of methyl halides. It is interesting to note that Moelwyn-Hughes, reviewing previous work in the field, feels that the reactions suggested by laMer are "dubious" examples of temperature dependence.[13] Whether one agrees with Moelwyn-Hughes or not, it must be noted that there is today certain definite evidence of the variation of the parameters of the Arrhenius equation with temperature. Other examples of this dependence will be discussed later in this chapter.

Of the dependence of E_A and B upon variables other than temperature, it should be noted that both Löwenthal and Lenssen[14] and Spohr[15] reported that the effect of added neutral salts upon the inversion rate of sucrose decreased with increasing temperature, a fact which properly interpreted would have led to the idea of dependence of the constants of the Arrhenius equation upon electrolyte concentration. It is clear that the proper interpretation was not made, that the facts were unknown or unaccepted as late as 1934, for we find Moelwyn-Hughes[16] averaging values of E_A for the sucrose inversion over an appreciable range of electrolyte concentration.

Experimental evidence that the parameters of the Arrhenius equation are dependent upon electrolyte concentration as well as temperature, for some reactions between a non-electrolyte and an ion, has been given by Leininger

[1] D. Segaller: J. chem. Soc. (London) 105 (1914), 106.
[2] F. O. Rice, M. Kilpatrick: J. Amer. chem. Soc. 45 (1923), 1361.
[3] V. K. laMer: J. chem. Physics 7 (1933), 289.
[4] E. O. Wiig: J. physic. Chem. 32 (1928), 961; 34 (1930), 596.
[5] E. O. Wiig: J. Amer. chem. Soc. 52 (1930), 4729.
[6] G. M. Murphy: J. Amer. chem. Soc. 53 (1931), 977.
[7] V. K. laMer, Mary L. Miller: J. Amer. chem. Soc. 57 (1935), 2674.
[8] A. Skrabal: l. c.
[9] E. A. Moelwyn-Hughes: Z. physik. Chem., Abt. B 26 (1934), 281.
[10] G. F. Smith: J. chem. Soc. (London) 1936, 1824. — G. F. Smith, M. C. Smith: Ibid. 1937, 1413. — See also reference to the work of Kilde: Trans. Faraday Soc. 34 (1938), 250.
[11] A. Dinglinger, E. Schröer: Z. physik. Chem., Abt. A 179 (1937), 401.
[12] E. A. Moelwyn-Hughes: Proc. Roy. Soc. (London), Ser. A 164 (1938), 295.
[13] See also R. P. Bell: J. Chem. Soc. (London) 1939, 1573.
[14] Löwenthal, Lenssen: J. prakt. Chem. 85 (1862), 321, 401.
[15] J. Spohr: J. prakt. Chem. (2), 32 (1885), 32.
[16] E. A. Moelwyn-Hughes: Ber. dtsch. chem. Ges. 26 (1934), 281.

and KILPATRICK.[1] These authors showed that E_A and B decrease with increasing concentration of hydrochloric acid as well as with increasing temperature for the inversion of sucrose. In the hydrolysis of ethylal E_A decreases with increasing concentration of the electrolyte, hydrochloric acid, but E_A und B increase with increasing temperature. In a study of the effect of electrolyte concentration on the hydrolysis of various acetals,[2] no electrolyte effect on E_A was observed, but E_A was found dependent on temperature in the case of diethyl acetal though not in the case of dimethyl acetal. For ethylene acetal the effect was very small.

It cannot be emphasized too strongly that variations in E_A and B assume theoretical significance only when it can be definitely shown that both the reaction and reactants are simple, i. e., free from complicating dependence upon the variable being considered. If the reaction proceeds by more than one mechanism, E_A and B will only be constant in the event that the temperature coefficients of both paths are identical. Thus the observed value of E_A would be expected to change with temperature in the case of a reaction proceeding by two or more simultaneous paths. Secondly, those reactions involving substances such as sulfuric acid, where the kinetic mechanism may depend upon the hydrogen ion, or the sulfuric acid molecule, or both, will (as long as their rates differ) undoubtedly give a variation in E_A with temperature, since the extent of dissociation of the acid is a function of temperature. In fact the measured E_A is not the true energy of activation but a composite quantity.

The parameters of the ARRHENIUS equation have also been studied with regard to the effect of the variables dielectric constant and pressure. As yet the study of the effect of dielectric constant has been largely confined to reactions between ions[3] which would not come under the heading of acid-base catalyzed reactions. In regard to pressure, it has recently been shown that both parameters of the ARRHENIUS equation increase with increasing pressure for cases of polymerization.[4] NEWITT and his co-workers[5] have also studied the hydrolysis of esters at high pressures and have made some investigation of the KNOEVENAGEL reaction. PERRIN[6] has studied rates of reaction in the solvents ethyl alcohol, toluene, acetone, and chloroform. He found that the reactions studied could be divided into three general groups, on the basis of the behavior of the velocity constants and the ARRHENIUS parameters with variation in pressure. Before discussing this classification, however, it may be well to attempt a classification of acid-base catalyzed reactions.

Classification of Acid-Base Catalyzed Reactions.

Acid-base catalyzed reactions may be classified by electrolyte effects or by comparison between the rates in light and heavy water.[7] Both of these classifications are in agreement with PEDERSEN's[8] analysis of prototropic reactions.

[1] P. M. LEININGER, M. KILPATRICK: J. Amer. chem. Soc. 53 (1931), 1268; 60 (1938), 2891; 61 (1939), 2510.

[2] L. C. RIESCH, M. KILPATRICK: Paper presented before the Boston meeting of the American Chemical Society, September, 1939.

[3] For example, J. LANDER, W. S. SVIRBELY: J. Amer. chem. Soc. 60 (1938), 1613.

[4] For a review of the literature see B. RAISTRICK, R. H. SAPIRO, D. M. NEWITT: J. chem. Soc. (London) 1939, 1761.

[5] D. M. NEWITT, R. P. LINSTEAD, R. H. SAPIRO, E. J. BOWMAN: J. chem. Soc. (London) 1937, 876.

[6] M. W. PERRIN: Trans. Faraday Soc. 34 (1938), 144.

[7] K. F. BONHOEFFER: Trans. Faraday Soc. 34 (1938), 252.

[8] K. J. PEDERSEN: Trans. Faraday Soc. 34 (1938), 237.

For the reaction $R \rightarrow X$ in which the first step is the proton transfer

$$R + A \rightleftharpoons RH^+ + B \tag{16}$$

followed by the reaction

$$RH^+ + B \rightleftharpoons X + A \tag{17}$$

which we assume to be kinetically determined by a first order reaction of RH^+ we have

$$R \underset{k_{-1}[B]}{\overset{k_1[A]}{\rightleftharpoons}} RH^+ \overset{k_2}{\rightarrow} X. \tag{18}$$

The kinetics of consecutive reactions following a first order law have been considered in detail by RAKOWSKI[1] and by SKRABAL.[2] The latter author has also considered simultaneous reactions which correspond to the case where we have a series of acids and their corresponding bases instead of one acid as represented in equations (16) and (17).[3]

Kinetic measurements furnish only the velocity constant of the total reaction and even in the simplest cases there are many ways in which the measurements can be interpreted. Consequently measurements of the temperature coefficient often yield a measured energy of activation which is a composite quantity. In some reactions exhibiting general acid and base catalysis the temperature coefficients of the various catalyses have been determined.

The reactions studied may be conveniently divided into four or five groups.

1. Reactions showing specific hydrogen ion catalysis.
2. Reactions showing specific hydroxyl ion catalysis.
3. Reactions showing general acid catalysis.
4. Reactions showing general basic catalysis.
5. Reactions, in which an acid or base is involved, which may be specific for a particular acid or base.

The last group will contain some reactions with the solvent, reactions in which an acid molecule or anion is added, and some reactions with amine bases. There will be considerable overlapping in many cases and in many cases it will not be possible to decide on a classification.

Reactions Catalyzed by Hydrogen Ion.

Returning to equation (18), if the concentration of R is much greater than that of RH^+ and $k_2 \ll k_{-1}[B]$ so that the equilibrium between R and RH^+ is maintained at all times, the velocity of the reaction will be equal to k_2 times the equilibrium concentration of RH^+

$$-\frac{d[R]}{dt} = k_2[RH^+] = k_2 K[R][A], \tag{19}$$

where K is the equilibrium constant.

In aqueous solution there is specific catalysis by the hydrogen ion. If the decomposition of RH^+ involves the base water the kinetic equation remains unchanged for a constant concentration. So

$$k = k_2 \frac{k_1}{k_{-1}} = k_2 K. \tag{20}$$

[1] A. RAKOWSKI: Z. physik. Chem. **57** (1907), 321.
[2] A. SKRABAL: Z. Elektrochem. angew. physik. Chem. **42** (1936), 228.
[3] A. SKRABAL: Ibid. **43** (1937), 309; Trans. Faraday Soc. **24** (1928), 687.

Now K will vary with electrolyte concentration, and the resulting change in the concentration of RH$^+$ will cause a change in the measured velocity constant k. Such changes have been observed for a number of reactions catalyzed by hydrogen ion, but even in dilute aqueous solution they seem larger than one would expect, by analogy, from the change with electrolyte concentration of the dissociation constants of ammonium ion,[1] anilinium,[2] and o-chloroanilinium ion.[3] These dissociation constants have been determined over a convenient range of temperature and no appreciable change in the heat of dissociation (ΔH) with temperature has been found. In fact EVERETT and WYNNE-JONES[1] show that in the equation for the equilibrium constant

$$\log K = \frac{A}{T} + \frac{\Delta c_p \log T}{R} + B \tag{21}$$

used by PITZER[4] Δc_p is not appreciably different from zero for acids of the type of NH$_4{}^+$. The measured E_A for the reaction

$$\mathrm{R + H_3O^+ \rightleftharpoons RH^+ \rightarrow X} \tag{22}$$

is assumed to involve an equilibrium of the same charge type as that of the ammonium ion, and equation (20) can be written

$$\ln k = \ln K + \ln k_2 \tag{23}$$

$$\begin{array}{cc} \parallel & \parallel \\ \dfrac{\Delta S}{R} & B' \\ | & | \\ \dfrac{\Delta H}{RT} & \dfrac{\varepsilon_A}{RT}\,, \end{array}$$

where ε_A is the energy of activation and $\Delta H + \varepsilon_A = E_A$ the measured ARRHENIUS energy of activation. Assuming ε_A to be small and insensitive to temperature and, reasoning by analogy, to the equilibrium data on the ammonium type acids, we might expect that there would be little change in E_A with temperature and equation (12) would be valid. In fact, this has generally been the case, within the experimental error, for reactions catalyzed by hydrogen ion. For example the decomposition of diazoacetic ester catalyzed by hydrogen ion[5] is well represented by the equation

$$\ln k = 29{,}17 - \frac{17\,480}{RT} \tag{24}$$

determined by plotting $\log k$ vs. $\frac{1}{T}$. Other examples are the hydrolysis of the esters of the monobasic carboxylic acids[6] and the hydrolysis of the acid amides.[7]

JACKSON and GILLIS[8] in a study of the CLERGET method, measured the velocity of inversion of sucrose at temperatures from 20 to 90° and concluded

[1] D. H. EVERETT, W. F. K. WYNNE-JONES: Proc. Roy. Soc. (London), Ser. A **169** (1938), 190.

[2] K. J. PEDERSEN: Kgl. danske Vidensk. Selsk., math.-fysiske Medd. **14** (1937), No. 9.

[3] K. J. PEDERSEN: Ibid. **15** (1937), No. 3.

[4] K. S. PITZER: J. Amer. chem. Soc. **59** (1937), 2365.

[5] W. FRAENKEL: Z. physik. Chem. **60** (1907), 202. — MOELWYN-HUGHES: Kinetics of Reactions in Solution, p. 41. Oxford, 1933. — See also P. GROSS, H. STEINER, F. KRAUS: Trans. Faraday Soc. **34** (1938), 351.

[6] W. B. S. NEWLING, C. N. HINSHELWOOD: J. chem. Soc. (London) **1936**, 1357.

[7] J. C. CROCKER: J. chem. Soc. (London) **91** (1917), 593. — S. KILPI: Z. physik. Chem. **80** (1912), 165. — N. VON PESKOFF, J. MEYER: Ibid. **82** (1913), 129.

[8] R. F. JACKSON, C. L. GILLIS: Bur. Standards J. Res. **16** (1920), 125.

that the results are in agreement with the exponential law first proposed by ARRHENIUS. The exponential law for 0,01 normal hydrochloric acid may be put in the form

$$\ln k_{\mathrm{H_3O^+}} = 34{,}61 - \frac{25\,705}{R\,T} \qquad \text{(Range of temperature 30–90°.)} \qquad (25)$$

where B is calculated at 49,85°. E_A calculated by equation (13) for each interval shows no trend with increasing temperature, the average deviation being 330 cal. MOELWYN-HUGHES[1] followed the reaction by a polarimetric method and reported results which may be represented by the following equations for 0,2 molar hydrochloric acid for three temperature ranges.

$$\ln k_{\mathrm{H_3O^+}} = 34{,}19 - \frac{25\,430}{R\,T} \qquad \text{(Range of temperature 15,45–27,26°.)} \qquad (26\,\mathrm{a})$$

$$\ln k_{\mathrm{H_3O^+}} = 32{,}55 - \frac{24\,470}{R\,T} \qquad \text{(Range of temperature 27,26–41,00°.)} \qquad (26\,\mathrm{b})$$

$$\ln k_{\mathrm{H_3O^+}} = 30{,}12 - \frac{22\,950}{R\,T} \qquad \text{(Range of temperature 41,00–57,10°.)[2]} \qquad (26\,\mathrm{c})$$

E_A and B both decrease with increasing temperature, $\dfrac{\varDelta E}{\varDelta T}$ being –80 or –90 cals. per degree. LEININGER and KILPATRICK[3] find dilatometrically that E_A and B decrease with temperature over the range 0–30°, $\dfrac{\varDelta E}{\varDelta T}$ being –70 cals. at 10° and smaller at higher temperatures. A calculation of the precision measure of $\varDelta E_{PM}$ yields $\pm$ 100 cal. Even though the variation of E_A and B with temperature has been established it is still possible to write an expression of the form of equation (12). If we consider $\ln k_{\mathrm{H_3O^+}}$ as a linear function of $\dfrac{1}{T}$, and determine the intercept and the slope of the line by least squares for the data for the inversion of sucrose at zero hydrochloric acid concentration, we obtain

$$\ln k_{\mathrm{H_3O^+}} = 35{,}33 - \frac{26\,250}{R\,T} \qquad \text{(Range of temperature 0–40°.)} \qquad (27)$$

The average deviation of the values of $k_{\mathrm{H_3O^+}}$ from this equation is 3%, the maximum deviation 6%. The deviations have the same sign at both ends of the line and the constancy of E_A and B cannot be judged from the conventional plot of $\log k$ vs. $\dfrac{1}{T}$.

In the hydrolysis of ethylal[4] E_A and B increase with increasing temperature, $\dfrac{\varDelta E}{\varDelta T}$ is 70 cal. per degree, the estimated error in k is 0,7%, and $\varDelta E_{PM} = \pm$ 200 cals. Again if we consider $\log k_{\mathrm{H_3O^+}}$ a function of $\dfrac{1}{T}$, and apply the method of least squares to the data in 0,5 molar hydrochloric solution, we obtain the equation

$$\ln k_{\mathrm{H_3O^+}} = 34{,}175 - \frac{25\,304}{R\,T} \qquad \text{(Range of temperature 0–40°.)} \qquad (28)$$

The calculated values agree with the observed values to $\pm$ 1,2%, the maximum deviation being 3,8%, yet E_A changes 900 cals. in a thirty degree interval.

---

[1] E. A. MOELWYN-HUGHES: Z. physik. Chem., Abt. B **26** (1934), 281.
[2] In all cases k is expressed in reciprocal seconds.
[3] P. M. LEININGER, M. KILPATRICK: l. c.
[4] P. M. LEININGER, M. KILPATRICK: l. c.

Similar studies have also been carried out for the hydrolysis of diethyl, dimethyl and ethylene acetals.[1] These reactions are much more sensitive to hydrogen ion and except in one case do not permit an exact determination of $k_{H_3O^+}$. However, the temperature coefficient was determined by the twothermostat method and the results are presented graphically in Figure 1.[2] E_A is plotted against $\dfrac{1000}{T}$ and the change in E_A is approximately linear with $\dfrac{1}{T}$ (the change would also be approximately linear with T). The measured energy of activation is constant for the hydrolysis of dimethyl acetal; it decreases with increasing temperature $\left(\dfrac{\varDelta E}{\varDelta T} = -33 \text{ cal. per degree}\right)$ for diethyl acetal, and decreases slightly in the case of ethylene acetal $\left(\dfrac{\varDelta E}{\varDelta T} = -7 \text{ cal./degree}\right)$. The results for ethylene acetal yield the equation

$$\ln k = 33,08 - \frac{22\,145}{T} \qquad (29)$$

upon calculation on the assumption of linearity of $\log k$ vs. $\dfrac{1}{T}$.

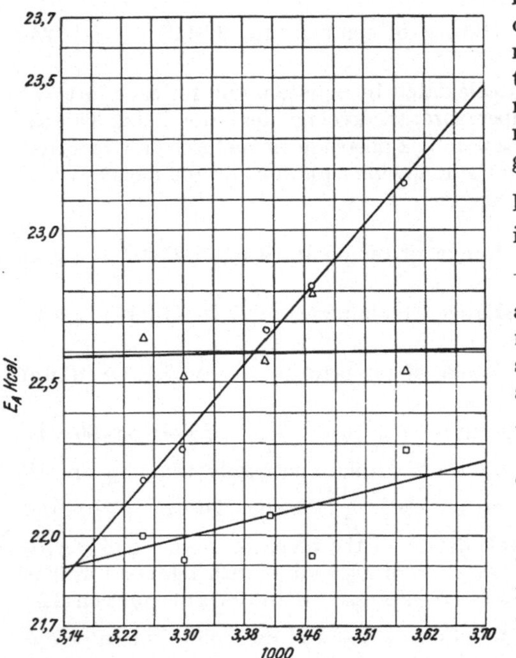

○ diethyl acetal.   △ dimethyl   □ ethylene acetal.

Fig. 1. Effect of temperature on Energy of activation; acetals.

The Effect of Electrolyte Concentration.

In the inversion of sucrose, and in the hydrolysis of ethylal the temperature coefficients were determined over a considerable range of acid concentration, and E_A was found to decrease with electrolyte concentration. Combining equations (20) and (23) we have

$$\ln k = \frac{\varDelta S + b'}{R} - \frac{\varDelta H + \varepsilon_A}{R T} \qquad (30)$$

where $b' = B' R$.

At concentration of acid C_1

$$k_1 = e^{\frac{\varDelta S_1 + b_1'}{R}} \cdot e^{-\frac{\varDelta H' + \varepsilon_A'}{R T}} \qquad (31)$$

and at concentration C_2

$$k_2 = e^{\frac{\varDelta S_2 + b_2'}{R}} \; e^{-\frac{\varDelta H'' + \varepsilon_A''}{R T}}. \qquad (32)$$

[2] L. C. RIESCH, M. KILPATRICK: l. c.

[3] F. O. RICE, M. KILPATRICK: l. c. — M. KILPATRICK, E. F. CHASE: J. Amer. chem. Soc. 53 (1931), 1732.

The change in the measured energy of activation with change in acid concentration will be

$$\Delta E_A = (\Delta H'' + \varepsilon_A'') - (\Delta H' + \varepsilon_A'). \tag{33}$$

If it is assumed that $\varepsilon_A'' = \varepsilon_A'$, then

$$\Delta E_A = (\Delta H'' - \Delta H'). \tag{34}$$

But the change in ΔH with change in concentration can be found by considering the heats of transfer in the following cycle.

$$
\begin{array}{ccccccc}
\text{Concentration HCl } C_2 & R & + & H_3O^+ & \xrightarrow{\ \Delta H''\ } & \{R \cdot H_3O^+\} \\
& \downarrow \Delta H_1 & & \downarrow \Delta H_2 & & \downarrow \Delta H_3 \\
\text{Concentration HCl } C_1 & R & + & H_3O^+ & \xrightarrow{\ \Delta H'\ } & \{R \cdot H_3O^+\}
\end{array}
\tag{35}
$$

From which

$$\Delta E_A = \Delta H'' - \Delta H' = \Delta H_1 + \Delta H_2 - \Delta H_3. \tag{36}$$

The heat of transfer (ΔH_1) of a mole of R (sucrose or ethylal) from a solution of concentration $\bar{C}$ in R and C_2 in hydrochloric acid, to a solution $\bar{C}$ in R and C_1 in hydrochloric acid may be considered small in comparison to ΔH_2 and is neglected in this calculation. The heat of dilution of H_3O^+ from C_2 to C_1 can be computed from the heats of dilution of hydrochloric acid and potassium chloride on the *assumption* that the heat of dilution of the chloride ion in hydrochloric acid solutions may be taken as one-half the heat of dilution of potassium chloride for the same change in concentration.

The following table gives the approximate changes in ΔH_2 per mole at 18° C, calculated from the data given by BICHOWSKY and ROSSINI.[1] Values of ΔE_A for the inversion of sucrose at 20° C and for the hydrolysis of ethylal at 15° are also listed for various changes in hydrochloric acid concentration.

The value for the heat of transfer of a mole of $\{R \cdot H_3O^+\}$ between solutions of different hydrochloric acid concentration is dependent on the structure assigned to the complex. If it may be assumed that the hydrogen ion makes contact at

Comparison of ΔH_2 and ΔE_A.

C_2	C_1	ΔH_2	ΔE_A 20° C	ΔE_A 15° C
			Calories per mole	
moles per liter			Sucrose	Ethylal
4,0	3,0	300	610	—
3,0	2,0	300	620	—
2,0	1,0	300	630	580
1,0	0,5	200	—	210
0,5	0	300	—	370
1,0	0	500	630	580

the oxygen atom joining the two lactone rings in the case of the sucrose molecule[2] and at the oxygen atoms joining an ethyl group and the formaldehyde portion of the ethylal in the case of the second reaction, ions result which might be expected to have heats of dilution intermediate between those of sucrose or ethylal and hydrogen ion. This would mean that the maximum value of $\Delta H'' - \Delta H'$ would be equal to ΔH_2. The change in E_A for the various intervals compared in the table should not exceed the values given for ΔH_2. ΔE_A shows the expected decrease with increasing concentration but the observed values of ΔE_A are consistently larger than those of ΔH_2. A similar calculation results from the application of the transition state theory.

<hr>

[1] F. R. BICHOWSKY, F. D. ROSSINI: The Thermochemistry of Chemical Substances. New York, 1936.

[2] J. N. PEARCE, M. E. THOMAS: J. physic. Chem. **42** (1938), 455.

For the acetals it was not possible to test the change in E_A with change in hydrochloric acid concentration but the effect of salts on E_A may be tested. From some data of HARNED[1] on the heat of transfer of hydrochloric acid in various salt solutions, one would expect ΔH_2 for the transfer of hydrogen ion from a solution one molar with respect to acid to a solution one molar with respect to potassium or sodium chloride to be about 2/5 of that for the transfer of hydrogen ion from a solution one molar in acid to another two molar in acid. A determination of the temperature coefficient of the hydrolysis of ethylene acetal did not show a decrease, nor do the less accurate earlier results or diethyl acetal show any consistent trend outside the experimental error.[2]

PEARCE and THOMAS[3] report no change in E_A upon addition of sodium or potassium chloride for the inversion of sucrose, but DUBOUX,[4] using solutions up to four molal in sodium chloride, noted a change in E_A equivalent to that which would have been produced by a variation of hydrochloric acid from zero to two molal. On the other hand, SCHMID and OLSEN[5] found that the temperature coefficient for the hydrolyses of cyanamid is independent of salt concentration.

BONHOEFFER and MOELWYN-HUGHES[6] noted that the inversion of sucrose proceeded more rapidly with D_3O^+ than H_3O^+ and HORNEL and BUTLER[7] found the same to be true for the hydrolysis of acetal. One would logically expect that the substitution of deuterium for hydrogen would slow down the process if the rate-determining mechanism involved a proton transfer. A possible explanation of the experimental results seems to be the possibility of a pre-equilibrium in which the concentration of the complex is increased in heavy water. In fact BONHOEFFER and REITZ[8] conclude that if the acid catalyzed reaction is faster in heavy than light water, a pre-equilibrium exists and the reaction shows specific hydrogen ion catalysis. ROBERTS and UREY[9] have criticized this criterion of a pre-equilibrium on the basis that the rates of acid hydrolysis of ethyl and methyl acetates are greater in D_2O than H_2O and from the data of DAWSON[10] the reactions show general acid catalysis.

Although the electrolyte effect on the hydrolysis of esters catalyzed by hydrogen ion might lead one to omit this reaction from group I of our classification, the neglect of electrolyte effects does not allow conclusive proof of general acid catalysis.

NEWLING and HINSHELWOOD[11] have studied the hydrolysis of a series of esters in solutions of hydrochloric acid in aqueous acetone. They find that the ARRHENIUS equation holds within the limits of experimental error. They conclude that the rate-determining step is not the addition of the proton to the alkoxyl oxygen, but the addition of an hydroxyl group to the carbonyl carbon. The hydroxyl group must come from the water molecules.

[1] H. HARNED: J. Amer. chem. Soc. 42 (1920), 1808.
[2] L. C. RIESCH, M. KILPATRICK: l. c. — M. KILPATRICK, E. F. CHASE: l. c.
[3] J. N. PEARCE, M. E. THOMAS: l. c.
[4] M. DUBOUX: Helv. chim. Acta 21 (1938), 236.
[5] G. SCHMID, R. OLSEN: Z. physik. Chem. 124 (1926), 97.
[6] K. F. BONHOEFFER, E. A. MOELWYN-HUGHES: Naturwiss. 22 (1934), 174.
[7] J. C. HORNEL, J. A. V. BUTLER: J. Chem. Soc. (London) 1936, 1361.
[8] K. F. BONHOEFFER, O. REITZ: Z. physik. Chem., Abt. A 179 (1937), 135. — K. F. BONHOEFFER: Trans. Faraday Soc. 34 (1938), 252. — O. REITZ: Z. Elektrochem. angew. physik. Chem. 44 (1938), 72.
[9] I. ROBERTS, H. C. UREY: J. Amer. chem. Soc. 61 (1939), 2584.
[10] H. M. DAWSON, W. LOWSON: J. chem. Soc. (London) 1927, 2444; 1929, 393. — H. M. DAWSON, E. R. PYCOCK, E. SPIVEY, Ibid. 1933, 291.
[11] W. B. S. NEWLING, C. N. HINSHELWOOD: J. chem. Soc. (London) 1936, 1357.

Reactions Catalyzed by Hydroxyl Ion.

For the substrate RH reacting with a base one can write the following

$$RH + B \rightleftharpoons R + A, \tag{37}$$

$$R + A \rightleftharpoons X + B \tag{38}$$

and corresponding to (16) we have

$$RH \underset{k_{-1}A}{\overset{k_1 B}{\rightleftharpoons}} R \overset{k_2}{\longrightarrow} X. \tag{39}$$

If RH is such a weak acid that the concentration of R is small and $k_2 \ll k_{-1}[A]$ so that equilibrium is maintained at all times between RH and R, the equilibrium constant times k_2 gives the specific rate constant as in (20).

In the alkaline hydrolysis of esters NEWLING and HINSHELWOOD[1] find that the ARRHENIUS equation holds within the experimental error of the measurements, and that the difference between acid and alkaline hydrolysis can be attributed to the lower values of E_A for alkaline hydrolysis. For the same esters the B values in the ARRHENIUS equation are approximately the same. The rate-determining step is taken as the addition of the hydroxyl ion to the carbonyl carbon.

KOELICHEN[2] showed that diacetone alcohol decomposed to acetone in alkaline solution, and that for solutions containing initially less than five per cent diacetone alcohol the equilibrium was so far displaced to the right that the decomposition for constant hydroxyl ion concentration might be considered as a first order reaction proceeding to completion. Furthermore he found that the rate was proportional to the hydroxyl ion concentration below 0,1 normal. The temperature coefficient of this reaction has been determined over the range 20–35° by MURPHY,[3] who concluded that in aqueous solution the energy of activation (18000 cals.) was independent of the concentration of hydroxyde and of sodium chloride. He also noted that the temperature coefficient was not independent of the methyl alcohol concentration, but increased with increasing concentration of methyl alcohol. LA MER and MILLER[4] repeated and extended this work and found both E_A and B to be functions of the temperature in water and in aqueous methyl alcohol solutions. In aqueous solution E_A increases from a value of 15850 at 5° C to 17250 at 32,5° C and then decreases by about 400 cal. at 45° C. The equation

$$\frac{dB}{dE_A} = \frac{1}{RT} \tag{40}$$

which is derived from the theoretical treatment of a previous paper readily follows from equation (14) if E_A is a function of temperature. This reaction is of especial interest because of recent studies in buffer solutions and in heavy water.

ÅKERLÖF[5] utilized this reaction to determine the dissociation constants of a number of amine bases. The results did not check with the values obtained by other experimental methods. Subsequently MILLER and KILPATRICK[6] showed that amines catalyzed this reaction, and that the results of ÅKERLÖF were in fair agreement with the literature when the correction for the effect of amines

[1] W. B. S. NEWLING, C. N. HINSHELWOOD: l. c.
[2] K. KOELICHEN: Z. physik. Chem. **33** (1900), 129.
[3] GEORGE M. MURPHY: J. Amer. chem. Soc. **53** (1931), 977.
[4] V. K. LA MER, MARY L. MILLER: J. Amer. chem. Soc. **57** (1935), 2674.
[5] G. ÅKERLÖF: J. Amer. chem. Soc. **50** (1928), 733.
[6] J. G. MILLER, M. KILPATRICK: J. Amer. chem. Soc. **53** (1931), 3217.

was made. The authors considered the reaction an example of general basic catalysis although there was no linear relationship between the catalytic constants and the basic strength and work in the same laboratory[1] failed to detect a catalytic effect of the phenolate ion. Subsequently WESTHEIMER and COHEN[2] verified the experimental work of MILLER and KILPATRICK but found that trimethylamine and triethylamine did not catalyze the reaction. They conclude that the aldol condensation is not an example of general basic catalysis, and propose a mechanism in which the last step in equation (39) would be the rate-determining step in the case of hydroxyl ion catalysis. An intermediate of another type is suggested to explain the specific reaction of the amines. On the other hand, from a study in heavy water solutions NELSON and BUTLER[3] conclude that the rate-determining step is the transfer of a proton from the alcohol to the OH^- (or OD^-).

In the decomposition of nitrosotriacetoneamine catalyzed by hydroxyl ion the energy of activation is independent of the electrolyte concentration and apparently of temperature, within the accuracy of the experimental measurements.[4]

In reactions showing specific hydrogen ion or specific hydroxyl ion catalysis, where the rate-determining step is not the initial proton transfer, the acidity of the substrate will probably show a quantitative relationship to the velocity constant and the parameters of the ARRHENIUS equation. This would be expected if the position of the equilibrium between the reactants and the equilibrium complex determines the rate. In reactions showing general acid and basic catalysis, apart from the change in energy of activation with temperature for a particular catalyst and reaction, we have the problem of the energies of activation $E_{A_1} E_{A_2} \ldots E_{B_1} E_{B_2} \ldots$ where $A_1 \ldots$, $B_1 \ldots$ represent the catalysts. The velocity constant is given by the equation

$$k = \Sigma k_A C_A + \Sigma k_B C_B \qquad (41)$$

where k_A represents the catalytic constants for an acid, C_A its concentration, k_B a catalytic constant for a base and C_B its concentration. For each catalyst there will be a different critical complex and it might be expected that the energies of activation would be different for different catalysts.[5]

Reactions Catalyzed by Acids.

The reaction of acetone with halogens originally studied by LAPWORTH[6] and extensively studied by DAWSON[7] was the subject of a careful study of the effect on the ARRHENIUS energy of activation E_A of temperature and medium.[8] These authors found that E_A decreased slightly with temperature and that the measured energy of activation was independent of the changes in medium brought about by the addition of certain non-electrolytes. The source of hydrogen ion was nitric or hydrochloric acid. In all cases the velocity constant increased with change in medium so that B in equation (12) also increased. In this connection it is of interest to note that a recent study[9] of this reaction in water-acetone (90–95%) solutions of hydrochloric acid report that the ARRHENIUS equation

[1] C. C. FRENCH: J. Amer. chem. Soc. **51** (1929), 3215.
[2] F. H. WESTHEIMER, H. COHEN: J. Amer. chem. Soc. **60** (1938), 90.
[3] W. E. NELSON, J. A. V. BUTLER: J. chem. Soc. (London) **1938**, 957.
[4] M. KILPATRICK: J. Amer. chem. Soc. **48** (1926), 2091.
[5] M. KILPATRICK, M. L. KILPATRICK: J. Amer. chem. Soc. **53** (1931), 3698.
[6] A. LAPWORTH: J. Chem. Soc. (London) **85** (1904), 30.
[7] For references see H. M. DAWSON: Trans. Faraday Soc. **24** (1928), 640.
[8] F. O. RICE, M. KILPATRICK: J. Amer. chem. Soc. **45** (1921), 1401.
[9] R. P. BELL, J. K. THOMAS: J. chem. Soc. (London) **1939**, 1573.

holds over the range of the experiments. The results can be expressed by the equation

$$\ln k = 30{,}6 - \frac{19\,900}{R\,T} \qquad \text{(Range of temperature} + 10\text{-}40^\circ \text{ C.)} \qquad (42)$$

which upon comparison with the equation

$$\ln k = 24{,}41 - \frac{20\,580}{R\,T} \qquad \text{(Range of temperature } 0\text{-}35^\circ \text{ C.)} \qquad (43)$$

for dilute aqueous solutions of acetone and hydrochloric acid emphasizes the small change in the measured energy of activation with change in medium for the H_3O^+ catalyzed reaction.

The reaction takes place in two steps

$$CH_3COCH_3 + H_3O^+ \rightleftharpoons CH_3C(OH^+)CH_3 + H_2O, \qquad (44)$$

$$CH_3C(OH^+)CH_3 + H_2O \rightleftharpoons CH_2 : C(OH)CH_3 + H_3O^+ \qquad (45)$$

and the enol form reacts instantaneously with the halogen. In other words, the acid catalysis is really a basic catalysis of the cation. This mechanism is in accord with the fact that the reaction with D_3O^+ is faster than with H_3O^+.[1]

RICE and LEMKIN[2] showed that the energy of activation was also unaffected by neutral salts when the catalyst was the hydrogen ion. For example, the addition of the salts of such acids as hydriodic, hydrochloric, perchloric and nitric had no effect upon E_A, while sulfates decreased E_A. These authors also showed that E_A was smaller when the reaction was carried out in the presence of weaker acids. Subsequently RICE and UREY[3] correctly postulated that in agreement with the general theory of acid catalysis there will be several simultaneous reactions, each with its own energy of activation. They computed that the heat of activation for the HSO_4^- path was 17 100 cal. as against 20 540 for the H_3O^+. In the other cases the heats of activation are composite quantities relating to the solution of a weak acid as a whole and not to any specific catalyst.

SMITH[4] has determined the velocity of reaction at 0° and 25° C in various buffer solutions and deduced the heats of activation for five acid and two basic catalysts. SMITH finds $E_A = 20\,680$ for the reaction in solutions of hydrochloric acid in agreement with the earlier value 20 695. The other values are given in the following table.

Energies of Activation for Various Catalysts in the Acetone-Iodine Reaction.

Catalyst	H_3O+	$CHCl_2COOH$	$CH_2ClCOOH$	CH_3COOH	C_2H_5COOH	CH_3COO-	C_2H_5COO-
E_A (cals.)....	20 680	19 230	19 230	20 010	19 370	22 800	22 910
B (approx.)..	24	21	19	17	16	24	23

Calculation of the values of B in equation (12) shows that the variations in this parameter parallel the changes in velocity constant and the difference in catalytic activity is not due to changes in E_A alone. The values of B are high for the charged acids and bases and low for the uncharged acids.

In the mutarotation of glucose KILPATRICK and KILPATRICK[5] chose four different catalysts and found that the energies of activation were the same for

[1] O. REITZ: Z. physik. Chem., Abt. A **179** (1936), 119.
[2] F. O. RICE, W. LEMKIN: J. Amer. chem. Soc. **45** (1923), 1896.
[3] F. O. RICE, H. C. UREY: J. Amer. chem. Soc. **52** (1930), 95.
[4] G. F. SMITH: J. chem. Soc. (London) **1934**, 1744.
[5] M. KILPATRICK, M. L. KILPATRICK: l. c.

the three catalysts but lower in the case of the water reaction. Subsequently SMITH and SMITH[1] determined E_A for a series of catalysts:—

Energies of Activation for Various Catalysts in the Acetone-Iodine Reaction.

Catalyst	E_A cals.	B approx. mols^{-1} . liter . min.$^{-1}$
Hydrogen ion	18580 (19300)	31 (32)
Chloracetic Acid	18400	26
Acetic Acid	17200	25
Water	17000 (17600)	21 (24)
Pyridine	(18000)	(29)
Hydroxyl ion	17700	39
Glucosate ion	17000	32
Acetate ion	18200 (19100)	29 (30)
Chloracetate ion	18400	27
HPO_4'' ion	17800	31
Phenoxide ion	18500	34

Values in ( ) from KILPATRICK and KILPATRICK.[1]

In the case of the water reaction E_A decreases from 17160 cals. for the range 0–18° C to 16660 cals for the range 18–35° C. If this is also true in the other cases the separation of the two terms in the ARRHENIUS equation may not be complete. The experimental difficulties in determining the catalytic constants when a high percentage of the reaction goes by one path has been pointed out elsewhere.[2]

Similar difficulties are encountered in the determination of the effect of temperature on the catalytic constants for molecular acids in the hydrolysis of ethyl orthoacetate and ethyl orthocarbonate.

The esterification of carboxylic acids has been studied by HINSHELWOOD and LEGARD,[3] the catalysts being the acid molecules of the carboxylic acids as well as the solvated proton. The values of B are much smaller for the reactions of the undissociated molecules than for the charged ions. The energies of activation also change with catalyst and may be the more important factor. In all cases the results are considered to be in agreement with the ARRHENIUS equation.

Reactions Catalyzed by Bases.

In addition to the enolization of acetone and the mutarotation of glucose already discussed, the decomposition of nitramide has been studied for a series of catalysts.[4]

The authors conclude that 1. the ARRHENIUS equation is obeyed for each catalyst and 2. the change in velocity from one catalyst to another is largely determined by changes in E_A but the variations in B are greater than the experimental error. E_A and B are evaluated by the method of least squares, the assumption being made that a plot of $\ln k$ vs. $\frac{1}{T}$ yields a straight line. E_A and B are thus evaluated for each acid. Deviations from linearity have been calculated, and the probable error in E has been determined on the basis of these deviations.

[1] G. F. SMITH: J. chem. Soc. (London) **1936**, 1824. — G. F. SMITH, M. C. SMITH: Ibid. **1937**, 1413.

[2] M. KILPATRICK, M. L. KILPATRICK: l. c.

[3] C. N. HINSHELWOOD, A. R. LEGARD: J. chem. Soc. (London) **1935**, 587, 1588

[4] E. C. BAUGHAN, R. P. BELL: Proc. Roy. Soc. (London), Ser. A **158** (1937), 464.

For example for the trimethylacetate anion $E_A = 18400$ cal. and the probable error in E_A is estimated to be 210 cals.

At first glance the procedure followed may appear to be acceptable. The assumption is made that if the values of $\ln k$ when plotted against $\frac{1}{T}$ lie on a straight line E_A and B are constant. This does not necessarily follow. For example, if E_A and B were both functions of temperature, but obeyed the following equality

$$R T \cdot \frac{d \ln B}{d T} = \frac{d E_A}{d T} \tag{46}$$

the same result would be obtained. That this is not an impossible probability follows from some data on the rate of hydrolysis of ethylal.[1]

A method of calculation not open to this criticism is one using the integrated form of the ARRHENIUS equation (13) between two temperatures not too widely separated. Calculations conducted in the above fashion reveal no regularity in the variation of E_A with temperature but indicate that the method of expressing the errors may be misleading. For example, E_A for trimethylacetate, for the range 15–25°, $E_A = 17560$; for the range 25–35°, $E_A = 18800$. For benzoate, E_A is 18230; 19150; 19580 for the ranges 15–25, 25–35, 35–45°. If we ascribe to each quantity measured a certain precision and compute the maximum error ΔE_M and the precision measure ΔE_{PM} we find $\Delta E_M = 900$ cals. $\Delta E_{PM} = 600$ cals. On this basis we would conclude that E_A for any given acid is constant within ± 600 cals. rather than ± 200 cals. The variation in E_A for different catalysts is outside the experimental error. For the decomposition of nitramide in dilute solutions of hydrochloric acid[2] the equation

$$k = 1.35 \times 10^{12} e - \frac{20488}{R T} \tag{47}$$

represents the results.

The results have been extended to solutions of heavy water and the B factor is considered more important than E_A in determining the rate for a series of anions in the same solvent. The temperature coefficient of a few anion catalysts for the bromination of acetoacetic acid and its ethyl ester have been studied by PEDERSEN.[3] These results will be discussed in connection with a discussion of the effect of temperature on the relationship between catalytic constants and acid strengths.

Reactions Involving a Particular Acid or Base.

In addition to those reactions already mentioned there are a number of water reactions which cannot be regarded as acid-base catalytic reactions. For example, the hydration of acetic anhydrides is catalyzed by hydrogen ion, hydroxyl ion and certain anions of the carboxylic acids, yet there is no relation between the basic strength and the catalytic constant.[4]

In the hydrolysis of methyl halides MOELWYN-HUGHES[5] finds the ARRHENIUS equation inapplicable, E_A decreasing with increasing temperature. EAGLE and

[1] P. M. LEININGER, M. KILPATRICK: l. c.

[2] V. BERETTA: Rend. Accad. Sci. fisiche mat., Napoli (4), 8 (1938), 36. — C. A. MARLIER, V. K. LAMER: J. Amer. chem. Soc. 57 (1935), 1812. — J. N. BRÖNSTED, K. J. PEDERSEN: Z. physik. Chem. 108 (1924), 185.

[3] K. J. PEDERSEN: J. physic. Chem. 38 (1934), 601, 999.

[4] M. KILPATRICK: J. Amer. chem. Soc. 50 (1928), 2891; 52 (1930), 1410. — M. KILPATRICK, M. L. KILPATRICK: Ibid. 52 (1930), 1418.

[5] E. A. MOELWYN-HUGHES: Proc. Roy. Soc. (London), Ser. A 164 (1938), 295.

WARNER[1] studied the reaction of ethyl iodide with aqueous alcohol and certain bases. The velocity constant in aqueous alcohol is given by

$$k_S = k_a \, [\text{EtOH}] + k_W \, [\text{H}_2\text{O}] \tag{48}$$

where k_a and k_W are constants only in a given water-alcohol mixture and may be regarded as functions of the dielectric constant. The reactions of ethyl iodide with sodium hydroxide, triethylamine, sodium acetate and lithium nitrate are also studied at 25 and 50° and the results correlated with the basic strength. The approximate values of the energies of activation are given. WINSTROM and WARNER[2] have determined the influence of temperature for the reaction of hydroxyl ion with ethylene chlorohydrin and find that in water as solvent there seems to be a definite increase in the energy of activation with increasing temperature. For dioxane-water and ethyl alcohol-water mixtures of constant dielectric constant the energies of activation are constant with temperature, within the experimental error.

General Discussion.

It is evident that in many cases the ARRHENIUS equation is only a fair approximation. This equation is often written in the form

$$k = P Z e^{-\frac{E_A}{R T}}. \tag{49}$$

where Z is the collision number and B of equation (13) is equal to $\ln PZ$. The collision frequency is usually calculated by the gas formula and is approximately 10^{11} per liter per mol per second. For gas reactions P is not far from unity but for the reactions already cited PZ varies from 10^{15} to 10^7 so that P varies from 10^4 to 10^{-4}. In general P has been found to vary from 10^{-8} to 10^5.[3]

The functional relation between the constants of the ARRHENIUS equation have been considered in a series of papers.[4] The factor P was introduced to correct for the need of orientation of the molecules. This explanation is satisfactory for those reactions that are slower than the theory requires but inapplicable for those which are faster. For these cases the possibility of the contribution of the internal degrees of freedom to the energy needed for activation was suggested by the theoretical treatment of given unimolecular reactions. FOWLER has derived an expression for bimolecular reactions using the component of energy conjugate with the relative velocity of the reacting molecules instead of the component along the line of centers. His expression is

$$k = \alpha \left(-\frac{E}{R T} + 1 \right) Z e^{-\frac{E}{R T}}, \tag{50}$$

where α is the probability of reaction occurring when the required energy of activation is present. If in addition the internal degrees of freedom of the mol-

[1] J. EAGLE, J. C. WARNER: J. Amer. chem. Soc. 61 (1939), 488.

[2] L. O. WINSTROM, J. C. WARNER: J. Amer. chem. Soc. 61 (1939), 1205.

[3] C. N. HINSHELWOOD, C. A. WINKLER: J. chem. Soc. (London) 1936, 371.

[4] R. A. FAIRCLOUGH, C. N. HINSHELWOOD: J. chem. Soc. (London) 1937, 538, 1573; 1938, 236. — H. C. RAINE, C. N. HINSHELWOOD: Ibid. 1939, 1378.

ecules, S_1 and S_2, are taken into consideration, the number of effective collisions is increased by the following factor

$$\frac{\left(\dfrac{E}{R\,T}\right)^{\frac{1}{2}\,S_1 + \frac{1}{2}\,S_2 + 1}}{\Gamma\left(\dfrac{1}{2}\,S_1 + \dfrac{1}{2}\,S_2 + 2\right)}. \tag{51}$$

HINSHELWOOD[1] suggests that P is determined by several factors. Among them he lists the following. First, the number of degrees of freedom in which the activation energy is stored up. The effect of the number of degrees of freedom upon the number of effective collisions has been pointed out. The greater the number of degrees of freedom, the larger the fraction of effective collisions. Secondly, the necessity for correct orientation of reacting molecules. Thirdly, the condition that the reaction product shall be stabilized. That is, some means must be present to prevent the dissociation of the products, because of inability to get rid of excess energy. Finally, the molecules must have the right internal energy distribution. This last factor is closely connected with the duration of the collisions themselves.

There is a further factor which might possibly influence P. The number of collisions between charged particles is different from that between uncharged particles. The collision number is changed by the factor $e^{-\frac{U}{R\,T}}$, where U is the electrostatic potential energy, a function of the dielectric constant of the solution. If the dielectric constant is independent of temperature, the effect will be measured along with the activation energy. If the dielectric constant's variation with temperature is allowed for, terms of a non-exponential form will result and for the case of reactions between multiply charged ions there may be important variations in P.[2]

In a second paper MOELWYN-HUGHES[3] treats the case of reaction between an ion and a dipole and a dipole and a dipole. In the first case the calculated variation in P seems to be in agreement with examples cited by the author. Reactions between ions and multipoles are mentioned as too difficult to solve mathematically. LA MER,[4] following the treatment of SCHEFFER and BRANDSON, suggests the following mode of treatment. Starting with equation (11) and integrating, assuming E_A is a function of temperature,

$$\int \frac{E_A}{R\,T^2}\,d\,T = \frac{-E_A}{R\,T} + \frac{1}{R}\int\left(\frac{\partial\,\varepsilon_A}{\partial\,T}\right)d\ln T. \tag{52}$$

If we further define the change of energy of activation as the heat capacity of activation, C_A, and by analogy with thermodynamics replace the above expression by the entropy of activation, S_A,

$$\int_0^T\left(\frac{\partial\,\varepsilon_A}{\partial\,T}\right)d\ln T = \int_0^T C_A\,d\ln T = \int_0^T d\,S_A = S_A - S_A{}^\circ. \tag{53}$$

Completing the integration, and substituting,

$$\ln k = -\frac{E_A}{R\,T} + \frac{S_A - S_A{}^\circ}{R} + \ln \text{ constant}. \tag{54}$$

[1] C. N. HINSHELWOOD: Trans. Faraday Soc. **34** (1938), 105.

[2] E. A. MOELWYN-HUGHES: Proc. Roy. Soc. (London), Ser. A **155** (1936), 308; **157** (1936), 667.

[3] E. A. MOELWYN-HUGHES: Acta physicochim. USSR **4** (1936), 173.

[4] V. K. LA MER: J. chem. Physics **1** (1933), 289.

Evaluating the integration constant by utilizing the simple collision hypothesis

$$\ln k = \frac{-E_A}{R\,T} + \frac{S_A - S_A{}^\circ}{R} + \ln Z. \tag{55}$$

In the above case it is apparent that B can be considered to consist of two terms, $\ln Z$, a kinetic expression, and $\frac{\Delta S_A}{R}$, an equilibrium expression. It can hardly be emphasized too strongly that the above entropy expression is not a true thermodynamic function, but contains kinetic terms.

If the above result is to be considered as the complete expression, we have

$$\ln P = \frac{S_A - S_A{}^\circ}{R}. \tag{56}$$

In so far as prediction of a variation of E_A or B is concerned, the above expression is significant for the following reason. If there is a variation of E_A with temperature then the value of B determined by using the integrated form of the ARRHENIUS expression contains in addition to the kinetic factor for the number of collisions, a term resulting from the finite value of the heat capacity of activation, which term is necessarily introduced in the integration of the original expression. Since it is also apparent that other factors will influence the value of B, $\ln P$ should be written

$$\ln P = \frac{S_A - S_A{}^\circ}{R} + \ln P'. \tag{57}$$

In the treatment of the transition state, FOWLER[1] expresses the rate constant in terms of the partition functions, the true energy of activation at the absolute zero and certain other fundamental constants,

$$k = \alpha\,V\left[\frac{f_T^{\ddagger}}{f_1(T)\,f_2(T)}\right]\frac{k\,T}{h}\,e^{-\frac{E_0}{k\,T}} \tag{58}$$

where α is the probability of reaction of the transition state, V is the volume and the other quantities have their usual meaning. The thermodynamic form[2]

$$k = K\,e^{-\frac{\Delta H^{\ddagger}}{R\,T}}\,e^{\frac{\Delta S^{\ddagger}}{R}}\,\frac{k\,T}{h} \tag{59}$$

where K is the transmission coefficient and the equilibrium constant is

$$k^{\ddagger} = e^{-\frac{\Delta H^{\ddagger}}{R\,T}}\,e^{\frac{\Delta S^{\ddagger}}{R}},$$

emphasizes the relation between equilibrium constants and reaction velocities. At present our knowledge concerning the transition state is insufficient to predict the thermodynamic characteristics except by analogy to results of equilibrium measurements on similar stable systems.

The relation between the catalytic constant and the dissociation constant

$$k = G\,K^x \tag{60}$$

affords an experimentally established relation between reaction rates and chemical equilibria. The constants G and x are independent of the catalyst for catalysts of similar structure and a given charge type. For example,[3] this relation holds

[1] R. H. FOWLER: Statistical Mechanics. Cambridge University Press.
[2] W. F. K. WYNNE-JONES, H. EYRING: J. chem. Physics 3 (1935), 3492.
[3] K. J. PEDERSEN: Dissertation, Den Almindelige syre og Basekatalyse. Copenhagen, 1932.

exactly for the enolization of acetone catalyzed by aliphatic monobasic carboxylic acids, and x is the same at $0°$ and $25°$ C. If[1] x is independent of temperature

$$\frac{d \ln k}{d T} = x \frac{d \ln K}{d T} + \frac{d \ln G}{d T}.$$ (61)

Introducing equation (59) we have

and setting
$$\frac{\Delta H^{\ddagger}}{R T} - \frac{\Delta S^{\ddagger}}{R} = x\left(\frac{\Delta H}{R T} - \frac{\Delta S}{R}\right) - \ln G$$ (62)

$$\Delta H^{\ddagger} = x\Delta x - \Delta H_G,$$ (63)

$$\Delta S^{\ddagger} = x\Delta S + \Delta S_G,$$ (64)

where ΔH_G and ΔS_G stand for the energy and entropy components of $\ln G$. WYNNE-JONES and EYRING have shown that for the enolization of acetone the values of $\Delta S^{\ddagger}$ calculated from the data of SMITH vary linearly with the catalyst's entropy of ionization.

The data for the bromination of acetoacetic ester[2] are in agreement with equation (63). From the study of basic catalysis in the decomposition of nitramide, BAUGHAN and BELL conclude that the exponent in equation (60) is not independent of temperature and as there is no parallelism between the heat of ionization of the various catalysts and the energies of activation, there can be no parallelism between the entropies. A general account of linear free energy relationships and equilibrium phenomena has been given by HAMMETT,[3] and JENKINS[4] has discovered for the alkaline hydrolysis of a series of benzoic acid esters a linear relation between the energy of activation and the electrostatic potential at the carbon atom to which the carbethoxy-group is attached.

EVANS and POLANYI[5] have treated the effect of hydrostatic pressure on reaction velocity and use the equation

$$-\frac{d \ln k}{d p} = \frac{\Delta V}{R T}$$ (65)

where ΔV is the difference in volume between the solution of the reactants and that of the complex in the transition state. The prediction is made that for non-ionic bimolecular reactions there will be an increase in the velocity of reaction with increasing pressure. This is in agreement with the effect of pressure on the hydrolysis of esters and the esterification of acids. PERRIN[6] finds that the reactions studied fall into three main classes. 1. Reactions which take place at rates approximately equal to the calculated rate when $\ln Z = B$ in equation (12). In these "normal" reactions the rate is increased by increasing pressure, the increase being due to a decrease in E_A. 2. "Slow" reactions in which the velocity constant is several powers of ten smaller than that calculated on the basis $\ln z = B$ in (12). Here the increase in k with increasing pressure seems to be due to a large increase in B, although there are exceptions such as the esterification of acetic anhydride by ethyl alcohol. 3. In the case of unimolecular reactions both B and E_A decrease but the decrease in B is predominant and k decreases with increasing pressure.

[1] M. KILPATRICK, M. L. KILPATRICK: Chem. Reviews **10** (1932), 213.
[2] K. J. PEDERSEN: J. physic. Chem. **38** (1934), 601.
[3] L. P. HAMMET: Trans. Faraday Soc. **34** (1938), 156.
[4] H. O. JENKINS: J. Amer. chem. Soc. **1939**, 1780.
[5] M. G. EVANS, M. POLANYI: Trans. Faraday Soc. **31** (1935), 875; **32** (1936), 1333.
[6] M. W. PERRIN: l. c.

LEWIS[1] defines an acid as any substance, one of whose atoms is capable of receiving into its valence or co-ordination or resonance shell the basic electron-pair of another atom. This classification includes hydrogen acids. LEWIS also divides acids and bases into primary and secondary, a primary acid being one which does not require an activation energy in its neutralization by a primary base, while secondary acids require an energy of activation for combination with a secondary or primary base.

On the basis of this definition, LEWIS and SEABORG[2] consider the following possibilities.

For the reaction of the acid A with the base B we have

$$B_S \rightarrow B_P, \quad B_P + A \rightarrow BA, \tag{66}$$

where B_S represents the ordinary state of a secondary base whose primary form of higher energy is represented by B_P. If the first step is slow compared to the second, the rate of formation of B_P will be independent of the nature and concentration of the acid A and the velocity constant will be given by an expression of the ARRHENIUS form (12) where E_A is the difference in energy between B_P and B_S. The authors state that they have been unable to find an example of a case of this sort.

On the other hand, if the second step is much slower, B_S and B_P are in equilibrium and the ratio of the two concentrations is proportional to $e^{-\frac{\Delta H}{RT}}$. If the reaction is bimolecular with respect to A and B_P, it will also be bimolecular with respect to A and B_S and ΔH will be the heat of activation. The heat of activation should be independent of the nature of the acid.

This case is illustrated by an experimental study of the neutralization of the trinitrophenylmethide ion with acids. An alcoholic solution of the blue ion was reacted with acids ranging in dissociation constant from 10^{-2} to 10^{-10} as measured in water. The experiments were carried out at -53, -63, -76, and $-82°$ C. The reaction was found to be bimolecular and "free from catalysis or neutral salt effect". The rate constant k is determined from the equation

$$-\frac{d C_{B_S}}{d t} = k C_A C_B, \tag{67}$$

where C_A is the molal concentration of the acid. For the weaker acids k is no longer proportional to the acid concentration and this was found to be due to the reaction with the acid alcohol. The heat of activation for the six stronger acids was found to be 9,1 kcal. and that for the alcohol reaction 8,9 kcal. as determined by an indirect method. The authors conclude that the constancy of heat of activation over the great range from chloroacetic acid to alcohol can hardly be explained by the theory of the activated complex. However, the following kinetic picture seems to merit consideration.

Let

$$B_S \underset{k_{-1} A^-}{\overset{k_1 HA}{\rightleftarrows}} B_P + HA \xrightarrow{k_2} H B_P + A^-, \tag{68}$$

where HA is the acid, A^- its conjugate base. If $k_2 \gg k_{-1} C_{A^-}$ the equilibrium between B_S and B_P is not maintained and the first step is rate determining:

$$-\frac{d C_{B_S}}{d t} = k C_{B_S} C_{H A}. \tag{69}$$

[1] G. N. LEWIS: l. c.
[2] G. N. LEWIS, G. T. SEABORG: l. c.

This would be a case of general acid catalysis, the acid HA catalyzing the reaction. In the enolization of acetone and other reactions already cited the energies of activation for a series of catalysts are not greatly different, and the velocity constants are related to the dissociation constants by equation (60). A plot of the velocity constants against the dissociation constants of the acids in water yields an approximately linear relationship.

Lewis, however, considers (60) an erroneous relationship. The neutralization of the blue ion is the conversion to another base which reacts rapidly with the acid present. This conversion in an alkaline alcoholic solution does not take place as the alcohol is too weak an acid to displace the equilibrium, but in the presence of a sufficient amount of a stronger acid the alcohol acts as a catalyst, as well as the other acid, and the molar catalytic constants depend upon the acid strength.

It is of interest to note that the plots of log k vs. $\dfrac{1}{T}$ give good straight lines in agreement with equation (12). Tests of the Arrhenius equation at low temperatures are particularly needed as the reciprocal of the temperature enters into all relevant equations.

From a study of neutralization of primary acids and bases at low temperatures, Lewis and Seaborg conclude that the heat of activation, if it exists at all, cannot be greater than 4 kcal.[1] Further study of neutralizations and fast protolytic changes may enable us to determine the activation energies of such reactions and establish their relation to catalysis. It should be recalled that Polissar[2] has pointed out that only reactions having B and E_A values within certain limits are subject to direct measurement.

---

[1] See G.-M. Schwab: Z. physik. Chem., Abt. A **183**, 250 (1939).
[2] M. J. Polissar: J. Amer. chem. Soc. **54** (1932), 3105.

Isotopenkatalyse in Lösung.

Von

O. Reitz, Ludwigshafen/Rh.

Einleitung.

In dem vorliegenden Kapitel soll alles experimentelle Material zusammengefaßt werden, das auf dem Gebiet katalysierter Reaktionen in Lösung unter Verwendung von Isotopen gewonnen worden ist. Es sollen ferner die Folgerungen dargelegt werden, die sich aus solchen Untersuchungen für den Mechanismus spezieller Reaktionen sowie für die Theorie der Säure- und Basenkatalyse und die Theorie der Reaktionen in Lösung überhaupt ergeben haben.

Die hierher gehörigen Untersuchungen wurden vorwiegend mit drei verschiedenen Absichten unternommen und lassen sich darnach in folgende Gruppen einteilen:

1. Isotope wurden angewandt als *Indikatoren* zur Feststellung und quantitativen Messung von *Austauschvorgängen* gleichartiger Atome zwischen 2 Molekeln, die sich ohne Anwendung von Isotopen einer Feststellung entziehen, wie etwa der Sauerstoffaustausch zwischen Wasser und einer organischen Säure.

2. Isotope wurden angewandt zur Feststellung der *Unterschiede der Reaktionsgeschwindigkeiten*, die sich ergeben, wenn bei einer Reaktion irgendwelche Atome durch Isotope ersetzt werden, sei es im Substrat, im Katalysator oder im Lösungsmittel. Da bei einem solchen Ersatz im wesentlichen nur die Massen der Moleküle geändert werden, Bindungsenergien, Dipolmomente und sonstige Eigenschaften aber weitgehend erhalten bleiben, sind derartige Versuche oft einer verhältnis-

mäßig einfachen theoretischen Behandlung oder Deutung zugänglich und somit von allgemeinerem reaktionskinetischen Interesse. Wegen der relativ geringen Geschwindigkeitsunterschiede, die eine Isotopensubstitution im allgemeinen zur Folge hat, fallen unter diese Gruppe nur Untersuchungen mit den Wasserstoffisotopen, bei denen sich die größten Isotopeneffekte erwarten lassen.

3. Isotope wurden angewandt zur *Aufklärung von Reaktionsmechanismen,* sei es durch Untersuchung von Reaktionsprodukten, welche in Gegenwart von isotopenhaltigen Verbindungen entstanden, auf ihren Isotopengehalt, sei es auf indirektem Wege durch Diskussion der Isotopenverschiebung von Reaktionsgeschwindigkeiten.

Die Schilderung soll sich im folgenden der gegebenen Einteilung anschließen, welche naturgemäß nicht immer scharf durchzuführen ist, da bei vielen Arbeiten mehrere der angeführten Gesichtspunkte gleichzeitig leitend waren. Bezüglich der allgemeinen experimentellen und theoretischen Grundlagen der Säure- und Basenkatalyse muß auf die besonderen Artikel des Handbuches verwiesen werden, welche diesem Gegenstand gewidmet sind.

Isotopenaustauschreaktionen.

Wasserstoff-Deuterium-Austausch.

An Stickstoff oder an Sauerstoff gebundene Wasserstoffatome sowohl anorganischer wie organischer Verbindungen werden beim Auflösen der betreffenden Substanzen in schwerem Wasser (oder anderen OD-Gruppen-haltigen Lösungsmitteln) nach den bisherigen Erfahrungen stets momentan gegen Deuteriumatome ausgetauscht. Austauschreaktionen mit meßbarer Geschwindigkeit sind dagegen bei an Kohlenstoff gebundenem Wasserstoff in größerer Zahl aufgefunden worden und zeigten, soweit sie näher untersucht wurden, stets eine Katalyse durch Säuren oder Basen, mitunter durch Säuren *und* durch Basen.

Bei *anorganischen Verbindungen* sind nur wenige Beispiele eines katalysierten Wasserstoffaustausches bekannt geworden. Zu nennen ist hier der Austausch zwischen dem Hypophosphition und Wasser, der nach Erlenmeyer und Schwarzenbach[1] nur in der freien Säure, also in saurer Lösung, nicht aber in der alkalisch reagierenden Lösung ihres Ba-Salzes stattfindet, sowie der Austausch zwischen molekularem Wasserstoff und Wasser nach

$$H_2 + D_2O = D_2 + H_2O,$$

der nach Bonhoeffer und Wirtz[2] in homogener Lösung durch Hydroxylionen katalysiert wird. In letzterem Fall erfolgte innerhalb von 24 Stn. in Gegenwart von 0,1—0,2 n Alkali bei 100° weitgehender Austausch; die Reaktion kann dadurch beschrieben werden, daß der molekulare Wasserstoff ein Proton an eine starke Base wie das Hydroxylion abgibt und daß der Rest — ein Hydridion — ein Deuteron aus einem Wassermolekül aufnimmt:

$$H_2 + OD^- \rightarrow H^- + HOD,$$
$$H^- + D_2O \rightarrow HD + OD^-,$$
$$HD + OD^- \text{ usw.}$$

Ferner wird die Geschwindigkeit des Wasserstoffaustausches zwischen Schwefelwasserstoff und Hydroxylgruppen nach Geib bei tiefen Temperaturen (— 115°)

---

[1] H. Erlenmeyer, W. Schönauer, G. Schwarzenbach: Helv. chim. Acta **20** (1937), 726.

[2] K. F. Bonhoeffer, K. Wirtz: Z. physik. Chem., Abt. A **177** (1936), 1.

mit Methanol als Austauschpartner und Lösungsmittel meßbar langsam und zeigt dabei eine deutliche Katalyse durch HCl.[1]

Austausch durch Ionisierung der aliphatischen C-H-Bindung.

Mechanismus des Austausches.

In fast allen Fällen, in denen ein Wasserstoffaustausch zwischen Wasser und dem an Kohlenstoff gebundenen Wasserstoff einer *aliphatischen Verbindung* beobachtet wurde, ist dieser Austausch auf eine Ionisierung von C-H-Bindungen zurückzuführen. Ein *direkter Wasserstoffaustausch* zwischen aliphatischen Verbindungen und einer Deuterium-haltigen Substanz in homogener Lösung wurde bisher nur unter ziemlich extremen Bedingungen festgestellt, nämlich bei Kohlenwasserstoffen mit konzentrierter Schwefelsäure als Deuterierungsmittel[2]: Da der Austausch etwa zwischen Methylcyclohexan und D_2SO_4 bei Zusatz von genügend Wasser, um die gesamte Schwefelsäure in $(D_3O)^+ (DSO_4)^-$ umzuwandeln, zum Stillstand kommt, muß in diesem Falle das nichtionisierte Schwefelsäuremolekül den Austausch bewirken. Anderseits ist auch die Ionisierungstendenz des Wasserstoffes in Kohlenwasserstoffen so gering, daß man dessen Ionisierung ebenfalls ausschließen darf und einen direkten Austausch etwa nach

$$\diagdown CH + DOSO_3D \;\rightleftharpoons\; -C\begin{matrix}H\\ \diagup \diagdown \\ D\end{matrix}OSO_3D \;\rightarrow\; \diagdown CD + HOSO_3D$$

annehmen muß. Der Austausch ist völlig analog der Deuterierung aromatischer Kohlenwasserstoffe mit Säuren, auf welche weiter unten eingegangen werden soll.

Kommt der H-D-Austausch durch einen *Ionisierungs-* (Dissoziations-) *Mechanismus* zustande, so läßt sich verstehen, daß der Austausch durch *Basen katalysiert* wird oder überhaupt nur in Gegenwart von Basen zu beobachten ist; denn Wasserstoffionisierung bedeutet einen Protonenübergang von einer Säure im verallgemeinerten Sinne zu einer Base.

Die in einem Dissoziationsgleichgewicht enthaltene Umkehrung dieser Reaktion, die Rückkehr des Deuterons oder Protons also, muß dabei zu einem Wasserstoffaustausch zwischen allen an dem Prozeß beteiligten Säuren führen, der in dem hier betrachteten Falle nach dem Schema

$$RH + B^- \rightarrow R^- + HB \tag{1}$$
$$R^- + DB \rightarrow RD + B^- \tag{2}$$

bzw.

$$RH + D_2O \rightarrow R^- + HD_2O^+, \tag{1}$$
$$R^- + D_2O \rightarrow RD + OD^- \tag{2}$$

verläuft.

Das Proton wird dabei aus einer C-H-Bindung an eine Base (z. B. auch an ein Wassermolekül) abgegeben, worauf aus dem Lösungsmittel (D_2O) oder von einem anderen Deuteronendonator ein Deuteron an die Stelle zurückgegeben wird, von welcher das Proton entfernt worden war. Da Wasser nur eine sehr schwache Base ist, müssen andere, zugesetzte Basen die Dissoziationsgeschwindigkeit erhöhen.

Bedeutung der Austauschgeschwindigkeit.

Im allgemeinen erfolgt die Abtrennung eines Protons vom Kohlenstoff nach (1) viel langsamer als seine Wiederanlagerung (oder die eines Deuterons) nach (2),

[1] K. H. Geib: Z. Elektrochem. angew. physik. Chem. **45** (1939), 648.
[2] C. K. Ingold, C. G. Raisin, C. L. Wilson: J. chem. Soc. (London) **1936**, 1643.

wie man aus dem sehr geringen Dissoziationsgrad der betreffenden Verbindungen erkennt. Eine Ausnahme hiervon machen nur etwa die Nitroparaffine, welche in alkalischer Lösung völlig dissoziieren (Salzbildung). Die Dissoziationsgeschwindigkeit ist daher im Falle von Basenkatalyse im allgemeinen gleich der Geschwindigkeit der Bildung der monodeuteriumsubstituierten Verbindung Letztere Geschwindigkeit soll im folgenden als „Deuteriumaustauschgeschwindigkeit" bezeichnet werden, und zwar auch dann, wenn die Verbindung mehrere äquivalente austauschbare Wasserstoffatome enthält.

Die Feststellung eines Wasserstoffaustausches durch Anwendung der Wasserstoffisotopen kann daher zum Nachweis der Wasserstoffionisierung dienen, sofern man andere Austauschmechanismen als den Ionisierungsmechanismus mit Sicherheit ausschließen kann; eine quantitative Bestimmung der Austauschgeschwindigkeit besitzt wegen ihrer meist anzunehmenden Übereinstimmung mit der Ionisierungsgeschwindigkeit erhebliches Interesse, da zur Messung der Ionisierungsgeschwindigkeit in den betreffenden Fällen bisher entweder überhaupt keine oder meist nur indirektere Methoden zur Verfügung standen, wie etwa die Messung der Geschwindigkeit von Halogenierungen, Tautomerisierungen, Racemisierungen, Aldolkondensationen und ähnlichen Prozessen, die ebenfalls von der Ionisierung von C-H-Bindungen abhängen. Die bisher einzige direkte Methode, die Leitfähigkeitsbestimmung, ist allein in den Fällen anwendbar, in welchen die Bestimmung der Austauschgeschwindigkeit versagt, nämlich bei sehr hohem Dissoziationsgrad,[1] und wird somit durch die Austauschmethode wertvoll ergänzt.

Beim Vergleich der Deuteriumaustauschgeschwindigkeiten mit den Geschwindigkeiten der oben aufgezählten Prozesse ist zu berücksichtigen, daß letztere meist in H_2O, die Austauschgeschwindigkeiten aber in D_2O gemessen wurden, also in einem anderen Lösungsmittel und eventuell auch mit einem anderen Katalysator (OD^--Ionen an Stelle von OH^--Ionen).[2] Nach den in einigen speziellen Fällen gewonnenen Erfahrungen kann man, falls keine Vergleichsmessungen in demselben Lösungsmittel vorliegen, damit rechnen, daß die Reaktionen in D_2O mit OD^--Ionen etwa 1,4mal *schneller* verlaufen als in H_2O mit OH^--Ionen, ohne wohl einen allzu großen Fehler zu begehen.

Bei Aceton und Essigsäure wurde auch eine *Säurekatalyse* des Wasserstoffaustausches festgestellt,[3] welche ebenfalls auf Ionisierung von C-H-Bindungen zurückzuführen ist. Bei einem säurekatalysierten Austausch ist aber keine einfache Beziehung zwischen Ionisierungsgeschwindigkeit und Austauschgeschwindigkeit mehr zu erwarten, denn in diesem Falle beginnt die Reaktion mit einer Protonen- bzw. Deuteronenanlagerung an einer anderen Stelle des Moleküls. Diese Anlagerung kann dabei entweder selbst geschwindigkeitsbestimmend sein oder zu einem Anlagerungsgleichgewicht führen, in welchem die Konzentration des Anlagerungskomplexes, aus dem dann ein an C gebundenes Proton abdissoziieren muß, unbekannt ist.

Einfluß von Substituenten.

Nach den Geschwindigkeiten basenkatalysierter Austauschreaktionen läßt sich eine Anzahl typischer Substituenten der organischen Chemie in eine Reihe ordnen, entsprechend ihrem Einfluß auf die Ionisierung der C-H-Bindung und

---

[1] In diesem Falle ist ja die Voraussetzung: Geschwindigkeit von (2) groß gegen Geschwindigkeit von (1), nicht mehr erfüllt.

[2] Allgemeine Bemerkungen über den Einfluß einer D-Substitution im Lösungsmittel oder im Katalysator auf Reaktionsgeschwindigkeiten siehe S. 294, 296 f.

[3] Vgl. S. 278 und S. 305 ff.

Tabelle 1. *Wasserstoff-Deuterium-Austauschreaktionen aliphatischer Verbindungen.*

Substanz	Temperatur in °C	Lösungsmittel und Katalysator	Katalysenkonstante in $Min.^{-1} \cdot Liter \cdot Mol^{-1}$	Bemerkungen	Li- teratur
Basenkatalysierte Reaktionen:					
Nitromethan	70	D_2O, CH_3COO^-	$(25°: 4,0 \cdot 10^{-3})$	Übereinstimmung mit Bromierungsgeschwindigkeit festgestellt	1
Aceton	25	D_2O, OD^-	14,5	= Enolisierungsgeschwindigkeit	2
1-Phenyl-β-n-Butylketon	35	$D_2O +$ Dioxan (1 : 2), OD^-	0,015	= Racemisierungsgeschwindigkeit	3
Methylsulfonat	100 183	D_2O, OD^-	$2,2 \cdot 10^{-4}$ $0,12_5$	Aktivierungsenergie: $18,5 \pm 1$ kcal	4
Dimethylsulfon	0 64	D_2O, OD^-	$3,6 \cdot 10^{-4}$ $0,25$	$25,7 \pm 1$ kcal	4
Acetamid	25	D_2O, OD^-	$1 \cdot 10^{-3}$	Der Aust. ist beim Amid etwa $^1/_2$ so schnell, beim Nitril 40mal schneller als die Hydrolyse, so daß Aust. in D_2O und Hydrolyse nebeneinander verlaufen	5
Acetonitril	35	D_2O, OD^-	$8 \cdot 10^{-3}$		
Acetat: CH$_3$COO$^-$ CD$_3$COO$^-$	72—206	D_2O, OD^- H_2O, OH^-	$9 \cdot 10^{-5}$—0,4 $\sim$ halb so schnell	Aktivierungsenergien: 22 ± 2 kcal	6
CH$_3$COO$^-$ CD$_3$COO$^-$	139—206	D_2O* H_2O*	$4 \cdot 10^{-5}$—0,012 $\sim$ halb so schnell	32 ± 1 kcal	
Glykolat	137	D_2O, OD^-	$\sim 5 \cdot 10^{-3}$		7
Phenylacetat	100	D_2O, OD^-	$3 \cdot 10^{-4}$		8
Krotonat	100	D_2O, OD^-	$2 \cdot 10^{-4}$	Aust. nur der α-ständigen Wasserstoffatome	8
Sorbinat	100	D_2O, OD^-	$1,7 \cdot 10^{-4}$		8
trans-Glutaconat	20	D_2O, OD^-	0,13		9
cis-Glutaconat	20	D_2O, OD^-	etwa wie trans-Verbindung	Bei der cis-Säure tauscht 1 H schneller aus als die übrigen (Wasserstoffbindung?)	9

Glutarat	20	D_2O, OD^-	etwa 100mal langsamer als Glutaconsäure		[9]
Vinylacetat	100	D_2O, OD^-	0,18	{Aust. etwas schneller als Isomerisierung zum Krotonsäureion	[10]
Formiat	100	D_2O, OD^-	langsamer Aust.		[11]
Phenyl-p-Tolyldeuterioacetat....	100	H_2O, OH^-		= Racemisierungsgeschwindigkeit	[12]
I CH_3O⟨⟩CH_2–N CH⟨⟩ ⇌ II ⇌ CH_3O⟨⟩CH N–CH_2⟨⟩	74	C_2H_5OD, $C_2H_5O^-$		Aust. mindestens bei II schneller als Isomerisierung	[13]
I CH_2 ($CH_2\cdot CH$) ($CH_2\cdot CH_2$) $C\cdot CH_2\cdot CN$ → II → CH_2 ($CH_2\cdot CH_2$) ($CH_2\cdot CH_2$) $C{=}CH\cdot CN$	25	C_2H_5OD, $C_2H_5O^-$		I tauscht momentan aus, während die Umwandlung langsam erfolgt, II tauscht nicht aus	[14]

* Für die durch die Wassermoleküle katalysierte Reaktion ist die Geschwindigkeitskonstante der beobachteten Reaktion 1. Ordnung in min^{-1} wiedergegeben.

[1] O. REITZ: Z. physik. Chem., Abt. A **176** (1936), 363.
[2] W. D. WALTERS, K. F. BONHOEFFER: Z. physik. Chem., Abt. A **182** (1938), 265.
[3] S. K. HSÜ, C. K. INGOLD, C. L. WILSON: J. chem. Soc. (London) **1938**, 78.
[4] J. HOCHBERG, K. F. BONHOEFFER: Z. physik. Chem., Abt. A **184** (1939), 419.
[5] O. REITZ: Z. physik. Chem., Abt. A **183** (1939), 371.
[6] L. D. C. BOK, K. H. GEIB: Z. physik. Chem., Abt. A **183** (1939), 353; siehe auch Fußnote 8.
[7] K. H. GEIB, unveröffentlicht; vgl. J. chem. Physics **7** (1939), 664.
[8] D. J. G. IVES: J. chem. Soc. (London) **1938**, 81.
[9] E. M. EVANS, H. N. RYDON, H. V. A. BRISCOE: J. chem. Soc. (London) **1939, 1673.**
[10] D. J. G. IVES: J. chem. Soc. (London) **1935**, 1735; **1938**, 91.
[11] F. K. MÜNZBERG, W. OBERST: Z. physik. Chem., Abt. B **31** (1935), 18.
[12] D. J. G. IVES, G. C. WILKS: J. chem. Soc. (London) **1938**, 1455.
[13] E. DE SALAS, C. L. WILSON: J. chem. Soc. (London) **1938**, 319.
[14] C. K. INGOLD, E. DE SALAS, C. L. WILSON: J. chem. Soc. (London) **1936**, 1328.

Tabelle 1 (Fortsetzung).

Substanz	Temperatur in °C	Lösungsmittel und Katalysator	Katalysenkonstante in Min. $^{-1} \cdot$ Liter $\cdot$ Mol^{-1}	Bemerkungen	Li-teratur
		Säurekatalysierte Reaktionen:			
Aceton	25	D_2O, D_3O^+	$3,5 \cdot 10^{-3}$	= Bromierungsgeschwindigkeit	
Essigsäure: CH$_3$COOD	100 / 206	D_2O, D_3O^+	$5 \cdot 10^{-5}$ / $0,11$	Aktivierungsenergie: 26 ± 1 kcal	2
CD$_3$COOH	100 / 206	H_2O, H_3O^+	Rückaust. etwa halb so schnell		2
CD$_3$COOD	100	D_2O, CD$_3$COOD	$< 5 \cdot 10^{-7}$	Eine katalytische Wirkung der undissoziierten Essigsäure ist möglich	
		Qualitative und negative Ergebnisse:			
Acetaldehyd		D_2O, OD$^-$		Kein Aust. im Verlauf der Aldolkondensation, daher Ionisierungs- = Aldolisierungsgeschwindigkeit	3
Glycerinaldehyd .... Dihydroxyaceton		D_2O, OD$^-$		Kein Aust. während der Aldolkondensation von Glycerinaldehyd allein oder zwischen Glycerinaldehyd und Dihydroxyaceton	3
Acetamid		D_2O, D_3O^+			4
Acetonitril		D_2O, D_3O^+		Hydrolyse schneller als Aust.	4
Äthylacetat		D_2O, D_3O^+			5
Äthylacetat		D_2O, OD$^-$			5
Buttersäure	100	D_2O, OD$^-$		Kein Aust. unter gleichen Bedingungen wie Acetat	5
iso-Buttersäure	100	D_2O, OD$^-$			
Propionsäure	100	D_2O, OD$^-$			
Acetylen	25	D_2O, OD$^-$		Austauschgleichgewicht in weniger als 100 Std. eingestellt	6
n-Hexan..................... Methylcyclohexan .... n-Heptan .... Cyclohexan	20	77%ige D_2SO_4 in D_2O		Aust. umfaßt innerhalb von 14 Tagen etwa 2 bzw. 5 H-Atome / Kein Aust. unter gleichen Bedingungen wie bei Hexan	7 / 7

[1] O. Reitz: Z. physik. Chem., Abt. A **179** (1937), 119.
[2] L. D. C. Bok, K. H. Geib: Z. physik. Chem., Abt. A **183** (1939), 353.
[3] K. F. Bonhoeffer, W. D. Walters: Z. physik. Chem., Abt. A **181** (1938) 447.　　[4] O. Reitz: Z. physik. Chem., Abt. A **183** (1939), 371.
[5] D. J. G. Ives: J. chem. Soc. (London) **1938**, 81.
[6] L. H. Reyerson, B. Gillespie: J. Amer. chem. Soc. **57** (1935), 779, 2250; **58** (1936), 282.
[7] C. K. Ingold, C. G. Raisin, C. L. Wilson: J. chem. Soc. (London) **1936**, 1643.

damit auf die Austauschbarkeit von Wasserstoff im Methanmolekül.[1] Die Bedeutung dieser Reihe

$$NO_2 \gg CO \gg CN > CONH_2 \gg COO^- > SO_3^- \gg Halogen > C_6H_5 > H > OH > CH_3$$

st folgende: Wird einer der in der Reihe aufgeführten Substituenten in Methan eingeführt, so erhöht er die Ionisierungstendenz der C-H-Bindung um so mehr, je weiter links in der Reihe er steht; die rechts vom Wasserstoff stehenden Gruppen setzen umgekehrt die Ionisierungstendenz herab. Zur Aufstellung dieser Reihe wurden hauptsächlich Messungen der Austauschgeschwindigkeit an folgenden Substanzen herangezogen: Nitromethan ($\sim 2 \cdot 10^3$); Nitroäthan ($3,3 \cdot 10^2$); Aceton (14,5); Acetonitril ($2—3 \cdot 10^{-3}$); Acetamid ($\sim 1 \cdot 10^{-3}$); Acetat ($\sim 1 \cdot 10^{-6}$); Glykolat ($\sim 1 \cdot 10^{-7}$); Methylsulfosäure ($5 \cdot 10^{-7}$) und Messungen der Geschwindigkeit der Aldolkondensation von Acetaldehyd (11); Glycerinaldehyd (1—2) und Dihydroxyaceton (~ 5) in schwerem Wasser unter gleichzeitiger Feststellung des Ausbleibens von Wasserstoffaustausch bei der Kondensation. Die eingeklammerten Zahlenwerte bedeuten dabei Geschwindigkeitskonstanten in Min^{-1} bei 25° in D_2O in Gegenwart von $1\,n$ OD^--Ionen und sind, soweit die Messungen nicht unter den angegebenen Bedingungen ausgeführt wurden, auf diese umgerechnet.

Die starke Ionisierungstendenz der C-H-Bindung in den Nitroparaffinen und in den Carbonylverbindungen ist der quantenmechanischen Resonanz zwischen den beiden mesomeren Ionenformen

$$^-CH_2 \cdot NO_2 \leftrightarrow CH_2 = NO_2^- \quad bzw. \quad ^-CH_2 \cdot COR \leftrightarrow CH_2 = CO^-R$$

zuzuschreiben. Im Gegensatz zu diesem großen „elektromeren" Effekt ist der „induktive" Effekt der Alkylgruppen, Halogenatome und Hydroxylgruppen so klein, daß ihre Anwesenheit allein noch keine meßbare Austauschgeschwindigkeit (also etwa bei C_2H_6, CH_3Cl, CH_3OH) bewirkt und daß ihr Einfluß nur bei gleichzeitiger Anwesenheit einer der erstgenannten Gruppen, also etwa durch Vergleich von Aceton mit Dihydroxyaceton, studiert werden kann.

Protonen- und Deuteronenübergang.

Mitunter erwies es sich als zweckmäßig, Austauschreaktionen in umgekehrter Richtung zu untersuchen, also den Rückaustausch einer deuterierten Verbindung in gewöhnlichem Wasser. Bei dem Vergleich der hierbei erhaltenen „Wasserstoffaustauschgeschwindigkeit" mit der oben definierten Deuteriumaustauschgeschwindigkeit ist zu beachten, daß der Übergang eines Deuterons vom Kohlenstoff an eine Base mehrmals langsamer erfolgt als der eines Protons (vgl. S. 295 f. und S. 311 ff.). Aus diesem Grund ist es auch unbequem, Austauschgeschwindigkeiten in nur teilweise deuterierten Lösungsmitteln zu bestimmen; denn hierbei führt das Abtrennen eines Protons von der organischen Verbindung zu seinem Ersatz durch Protonen und Deuteronen in einem Verhältnis, das von dem der im Lösungsmittel verfügbaren Protonen und Deuteronen verschieden ist. Ohne Kenntnis der relativen Übergangsgeschwindigkeiten[2] ist es dann unmöglich,

---

[1] K. F. BONHOEFFER, K. H. GEIB, O. REITZ: J. chem. Physics 7 (1939), 664.

[2] Aus den Beobachtungen bei dem durch OD^- katalysierten Austausch der Vinylessigsäure und ihrer Isomerisierung zu Krotonsäure konnte für die relativen Geschwindigkeiten der H- und D-Loslösung das Verhältnis 3,15 : 1 und für die Wiederanlagerung das Verhältnis 3,55 : 1 abgeleitet werden. (D. J. G. IVES: J. chem. Soc. (London) 1938, 91.) Entsprechend ergab sich bei der irreversiblen Umwandlung von Δ^1-Cyclohexenylacetonitril in Cyclohexylidenacetonitril in Alkohol das Geschwindigkeitsverhältnis für die Übertragung eines Protons und eines Deuterons auf ein Äthylation

aus der beobachtbaren Geschwindigkeit der Deuteriumaufnahme die wahre Loslösegeschwindigkeit der Protonen abzuleiten.

In der vorstehenden Tabelle 1 sind die gemessenen Geschwindigkeiten basen- und säurekatalysierter Austauschreaktionen bei aliphatischen Verbindungen zusammengestellt. Etwaige Übereinstimmungen der Austauschgeschwindigkeiten mit den Geschwindigkeiten anderer Prozesse, die ebenfalls auf einer Ionisierung des Wasserstoffes beruhen, sind dabei vermerkt. Einige nur qualitative oder auch negative Ergebnisse über die Katalysierbarkeit des Wasserstoffaustausches sind mit aufgeführt; die negativen nur, soweit sie zum Vergleich mit beobachteten Austauschreaktionen erwähnenswert erscheinen.

Austausch zwischen Säuren und aromatischen Verbindungen.

Mechanismus des Austausches.

Im Gegensatz zu den Wasserstoffaustauschreaktionen bei aliphatischen Verbindungen, bei welchen meist nur eine Basenkatalyse beobachtet wurde, zeigt der Kernwasserstoffaustausch bei aromatischen Verbindungen in der Mehrzahl aller Fälle Säurekatalyse. Auch bei den Verbindungen, bei denen auf den ersten Blick eine Basenkatalyse vorzuliegen schien, da ein Austausch in Gegenwart von Alkali beobachtet wurde, wie bei den Phenolen und Phenolderivaten, ergab eine genauere kinetische Untersuchung häufig, daß es sich trotzdem um eine Katalyse durch Säuren handelte, und zwar etwa um eine Reaktion zwischen den undissoziierten Phenolmolekülen (= Säure) und den Phenolationen. Dieser Unterschied zwischen aliphatischen und aromatischen Verbindungen macht es wahrscheinlich, daß letztere nicht nach dem für aliphatische Verbindungen S. 274 angegebenen Ionisierungsmechanismus austauschen, daß vielmehr bei der geringen Ionisierungstendenz aromatisch gebundener H-Atome andere Austauschmechanismen einen geringeren Energieaufwand erfordern und daher leichter vonstatten gehen.

Die beim Benzol selbst mit starken Säuren erzielten Ergebnisse sind völlig analog dem Austausch zwischen aliphatischen Kohlenwasserstoffen und konzentrierter Schwefelsäure (siehe S. 274), nur verläuft der Austausch bei Benzol etwas leichter, d. h. schneller bzw. schon mit etwas weniger hoch konzentrierter Schwefelsäure. Eine gleichzeitige Sulfurierung kann dabei unter den günstigsten Bedingungen fast völlig vermieden werden, da die Deuterierung durch Wasserzusatz stärker gehemmt wird als der Austausch. Benzolsulfosäure wird unter den milden Bedingungen, unter denen der Austausch eintritt, überhaupt nicht desulfuriert. Der Austausch kann daher auch nicht von einer Aufeinanderfolge von Sulfurierung und Desulfurierung abhängen. Man darf wohl annehmen, daß der Austausch bei Benzol nach dem gleichen Mechanismus verläuft wie bei den aliphatischen Kohlenwasserstoffen, für die eine mögliche Formulierung auf S. 274 angegeben worden ist. Zum Unterschied von den meisten sonstigen Säurekatalysen, die unter Ionisierung verlaufen, könnte die Schwefelsäure darnach nur ein Deuteron auf das Benzol übertragen, wenn sie dafür *gleichzeitig* ein Proton aus dem Substrat empfängt („Vieratomproblem").

Dieses zunächst für Kohlenwasserstoffe angegebene Schema muß nicht notwendig für alle Austauschreaktionen aromatischer Verbindungen zutreffen, mindestens braucht die wechselseitige Deuteronen- und Protonenübertragung

---

zu etwa 2,75 und für den umgekehrten Prozeß, die Rückgabe des Protons aus dem C_2H_5OH bzw. des Deuterons aus dem C_2H_5OD an das vorher entstandene Nitrilion, zu etwa 4,1. (C. K. Ingold, E. de Salas, C. L. Wilson: J. chem. Soc. (London) **1936**, 1328.)

nicht gleichzeitig zu erfolgen. Experimentell wird beobachtet, daß bei Phenolen ein Austausch schon mit wesentlich schwächeren Säuren erfolgt als bei Benzol, und zwar bei zwei- und dreiwertigen Phenolen wieder leichter als bei einwertigen; daß ferner in Phenolen nicht alle Wasserstoffatome mit der gleichen Geschwindigkeit austauschen, sondern die zu den phenolischen Hydroxylgruppen ortho- und paraständigen größenordnungsmäßig leichter als die metaständigen.[1] Es bestehen also deutliche Zusammenhänge zwischen den Eigenschaften eines Phenols als Keto-Enolsystem und der Deuterierung, denen bei der Aufstellung eines Reaktionsschemas Rechnung getragen werden muß.

Ein solches Schema, das allen Forderungen gerecht wird, soll am Beispiel des Phenolations hingeschrieben werden, welches bei der in Gegenwart von

$$O^- \xrightleftharpoons{\quad} O \xrightleftharpoons[+\,B^-]{+\,DB} O \xrightarrow{+\,B^-} O \xrightleftharpoons{\quad} O^-$$

H (I)	H (II)	H D (II′)	D (I)	D
(Phenolation.)	(Ketoion.)	(Ketoform des Phenols.)	(Ketoion.)	(D-substituiertes Phenolation.)

OD$^-$-Ionen verlaufenden Austauschreaktion des Phenols als der die Substitution erfahrende Körper erkannt worden ist. In diesem Schema ist zunächst ein Gleichgewicht (I) zwischen den Phenolationen und Ketoionen angenommen, wonach beide Ionen lediglich durch Verschiebung eines Elektrons ineinander übergehen können. An das Ketoion kann aus irgendeiner Säure (Wasserstoffdonator) ein Deuteron angelagert werden (Schritt II), wodurch man zu einem

Ketonmolekül gelangt, das sich vom Cyclohexadien $\xrightarrow{\quad}$ ableitet. Diese instabile Ketoform geht über die Zwischenstufe des Ketoions wieder rückwärts in das Enolion über, und zwar je nachdem, ob ein H oder ein D an die Base abgegeben wird, die der katalysierenden Säure korrespondiert (Schritt II oder Schritt II′), in das ursprüngliche Phenolation $\xleftarrow{\quad}$ oder in ein D-substituiertes Ion. $\xrightarrow{\quad}$

Das Auftreten allgemeiner Säurekatalyse (vgl. die Ergebnisse beim Resorcin, S. 283, 287) ist durch den angenommenen Mechanismus erklärt; bei mehrwertigen Phenolen ist ferner die Ketoform in dem Gleichgewicht (I) stärker begünstigt, wodurch sich der schnellere Austausch verstehen läßt. Das Schema ist dem für Kohlenwasserstoffe hingeschriebenen verwandt, denn durch Zusammenziehung der Schritte (II) und (II′) geht es in letzteres über. Ein Unterschied besteht dann nur in der negativen Ladung beim Phenol an demjenigen Kohlenstoffatom, dessen Wasserstoff substituiert wird; diese Ladung muß aber gerade das Heranbringen eines Deuterons und damit den Austausch im Vergleich etwa mit dem ungeladenen Benzol oder dem ungeladenen Phenolmolekül erleichtern, wie man es tatsächlich beobachtet.

Einfluß von Substituenten und verschiedenen Deuterierungsmitteln.

Aus den beiden angegebenen, untereinander ähnlichen Mechanismen für den Deuteriumaustausch bei aromatischen Verbindungen ergeben sich zwei wichtige

---

[1] Beim Phenol selbst z. B. werden unter gelinden Bedingungen zunächst nur 3 H-Atome ausgetauscht; durch Überführung des Phenols in Tribromphenol, wobei der schwere Wasserstoff wieder völlig eliminiert wird, läßt sich zeigen, daß es sich dabei um die *p*- und die beiden *o*-Stellungen handelt.

Folgerungen:[1] Erstens sollten die Deuterierung von Benzolsubstitutionsprodukten mit Schwefelsäure oder anderen Reagentien von Säurecharakter und Substitutionen, wie Sulfurierung, Nitrierung, Halogenierung und Kupplung, sowohl in Hinsicht auf Orientierung als auch auf Geschwindigkeit den gleichen Regeln gehorchen. Zweitens müßte die Deuterierungswirksamkeit von verschiedenen Stoffen mit Säurecharakter bei dieser Art der Substitution von ihrer Stärke als Wasserstoffdonatoren, d. h. von ihrer Acidität, abhängen.

Die beiden Schlüsse konnten weitgehend verifiziert werden, wie durch Zusammenstellung einiger Versuchsergebnisse[2] gezeigt werden soll: Benzolsulfosäure wird unter Bedingungen, unter denen Benzol leicht deuteriert wird, durch Schwefelsäure noch nicht deuteriert. Benzol wird nicht nur durch Schwefelsäure, sondern ebenfalls, wenn auch weniger leicht, durch Selensäure deuteriert, wogegen weder das Hydroxoniumion noch irgendeine schwächere Säure bei Zimmertemperatur eine meßbare Austauschgeschwindigkeit ergeben. Anisol wird von Schwefelsäure erheblich leichter im Kern deuteriert als Benzol; nach Deuterierung von drei Stellungen geht die Reaktion allerdings nur sehr viel langsamer weiter. Das Hydroxoniumion deuteriert Anisol ebenfalls, aber langsamer als Schwefelsäure. Die Deuterierung von Anilin und Dimethylanilin durch das Hydroxoniumion geht viel schneller als die entsprechende Reaktion beim Anisol, hört aber fast vollständig auf, wenn drei Plätze im Kern mit Deuterium besetzt sind. Schwächere Säuren als das Hydroxoniumion scheinen praktisch nicht mit dem Kernwasserstoff von Anisol, Anilin und Dimethylanilin auszutauschen. Das Phenolation wird an drei Kernstellen schon durch eine schwache Säure, wie das Phenolmolekül, leicht deuteriert, und sogar mit dem D_2O-Molekül erfolgt eine Substitution mit nennenswerter Geschwindigkeit.

Diese Ergebnisse können in den beiden folgenden Reihen zusammengefaßt werden, welche qualitativ die relative Deuterierungswirksamkeit der untersuchten Stoffe mit Säurecharakter und den erleichternden oder verzögernden Einfluß von Substituenten am aromatischen Kern auf die Kerndeuterierung darstellen:

Deuterierungsmittel:

$$D_2SO_4 > D_2SeO_4 > D_3O^+ > C_6H_5OD > D_2O.$$

Substituenten am aromatischen Kern:

$$O^- > NR_2 > OCH_3 > H > SO_3H.$$

Ermittlung der Reaktionsteilnehmer.

Bei der Deuterierung des Phenols sowie auch anderer der eben angeführten Verbindungen ergab sich das Problem, die Reaktionsteilnehmer zu bestimmen, da mehrere typische Wasserstoffdonatoren (Katalysatoren) gleichzeitig anwesend sind und ein Austausch ebensogut etwa am Phenolmolekül wie am Phenolation angreifen kann. Im folgenden soll daher ausgeführt werden, wie die Entscheidung über die wesentlichen Reaktionspartner beim Phenol getroffen werden konnte.

Beim Auflösen von Phenol in D_2O erfolgt ein sehr schneller Austausch des Hydroxylwasserstoffes, während der weitere Austausch von Kernwasserstoffatomen die Anwesenheit von Alkali erfordert. Es ist daher klar, daß an der Reaktion wenigstens ein Anion beteiligt ist, nämlich entweder das Hydroxylion oder das Phenolation oder beide. Eine Reaktion zwischen beiden Ionen hätte eine mit der Konzentration des Hydroxyds fortlaufend ansteigende Geschwindig-

---

[1] C. K. Ingold, C. G. Raisin, C. L. Wilson: J. chem. Soc. (London) **1936**, 1637.
— C. K. Ingold, C. L. Wilson: Z. Elektrochem. angew. physik. Chem. **44** (1938), 62.
[2] C. K. Ingold: l. c.

keit. Eine Reaktion zwischen einem Hydroxylion und einem Phenolmolekül ist
kinetisch nicht unterscheidbar von einer Reaktion zwischen einem Phenolation
und einem Wassermolekül und sollte mit der Konzentration des Hydroxyds
anwachsen, bis diese der Phenolkonzentration äquivalent ist, um nach Erreichen
dieses Punktes konstant zu bleiben. Der tatsächliche Reaktionsverlauf (vgl.
Abb. 1)[1] gleicht aber keinem dieser beiden Fälle; die Geschwindigkeit geht vielmehr durch ein scharfes Maximum, wenn die Konzentration des Hydroxyds
ungefähr halb so groß wie die des Phenols ist, und fällt wieder auf einen niedrigen
Wert ab, wenn Hydroxyd und Phenol in äqui-
valenten Mengen vorhanden sind. Die Hauptreaktion findet folglich zwischen Phenolmolekülen (als Wasserstoffdonatoren und Phenolationen statt; die restliche Endgeschwindigkeit ist
der Reaktion zwischen Wassermolekülen und
Phenolationen zuzuschreiben.

Bei Anilin und Dimethylanilin tritt Kerndeuterierung im Gegensatz zum Phenol besonders leicht in saurer wässeriger Lösung ein,
in der Anilinmoleküle oder Aniliniumionen eine
Substitution erfahren können und in der D_2O-
Moleküle oder D_3O^+-Ionen als substituierende
Agentien wirksam sind. Aus dem gleichen
Grunde, aus dem das neutrale Molekül leichter
gekuppelt wird als das Aniliniumion, läßt sich
erwarten, daß es auch leichter deuteriert wird,
während das D_3O^+-Ion als stärkere Säure auch
ein stärkeres Deuterierungsmittel als das Wassermolekül ist. Die Hauptreaktion sollte sich
darnach zwischen den Wasserstoffionen und
Anilinmolekülen abspielen.

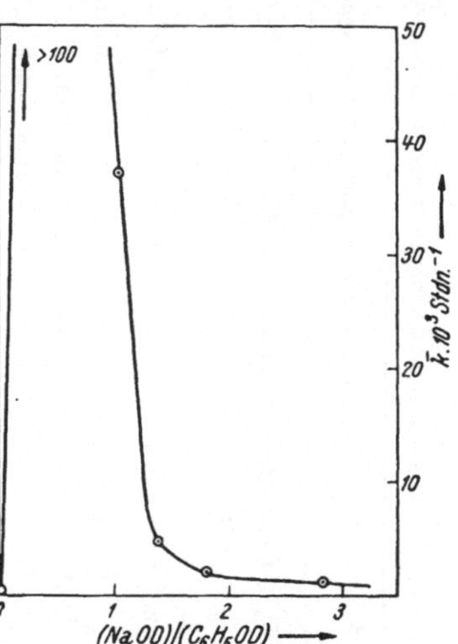

Abb. 1. Geschwindigkeit des Austausches
der Kernwasserstoffatome im Phenol in
wäßriger Lösung bei 100° in Abhängigkeit
vom Molverhältnis Hydroxyd/Phenol.[1]

Kerndeuterierung des Resorcins.

Sehr eingehend ist auch der Wasserstoffaustausch beim Resorcin untersucht
worden, und zwar sowohl im Hinblick auf verschiedene Katalysatoren als auch
auf den stufenweisen Austausch der einzelnen Kernwasserstoffatome.[2] Neben
dem schon beim Phenol beobachteten Austausch in alkalischer Lösung geht beim
Resorcin auch in salzsaurer Lösung eine Austauschreaktion der Kernwasserstoffatome vor sich. Diese Reaktion ist besonders einfach, da sie in bezug auf Säure
und auf Resorcin von erster Ordnung ist. Es kann daher kein Zweifel über die
Reaktionspartner bestehen: Die Reaktion findet zwischen dem D_3O^+-Ion und
dem Resorcinmolekül statt. Der saure Austausch ist größenordnungsmäßig ebenso
schnell wie der mit OD^--Ionen, auch die Temperaturkoeffizienten sind in saurer
wie in alkalischer Lösung etwa die gleichen und entsprechen einer Aktivierungsenergie von etwa 20 kcal. — In alkalischer Lösung sind die Verhältnisse komplizierter, denn hier kommen als Wasserstoffdonatoren Wassermoleküle, undissoziierte Resorcinmoleküle und einfach geladene Resorcinionen in Frage, und
ebenso mehrere Körper, welche Substitution erfahren können, nämlich einfach
und zweifach geladene Resorcinationen. In der Tat laufen offenbar mehrere

---

[1] C. K. Ingold: l. c. Die angegebene Geschwindigkeit hat lediglich die Bedeutung
einer mittleren Austauschgeschwindigkeit, da unberücksichtigt ist, daß die verschiedenen H-Atome im Phenol mit verschiedener Geschwindigkeit austauschen.
[2] K. H. Geib: Z. physik. Chem., Abt. A **180** (1937), 211.

Tabelle 2. *Säurekatalyse bei Wasserstoff-Deuteriumaustauschreaktionen aromatischer Verbindungen.*

Substanz	Temperatur in °C	Lösungsmittel und Katalysator	Austauschgeschwindigkeit und Bemerkungen*	Literatur
Benzol	20	D_2SO_4 62 Mol-%	Gleichgewicht in 24 Stn. erreicht, 20% Benzol sulfuriert	[1]
		D_2SO_4 55 Mol-%	Gleichgewicht nach 100 Stn., 10% Benzol sulfuriert	
	20	D_2SeO_4 65 Mol-%	144 Stn., 17% Aust.	[1]
	20	DNO_3, DCl konz.	Kein Aust., auch mit Eisessig als Lösungsmittel	[1]
Anisol	20	D_2SO_4 55 Mol-%	In 6 Stn. Aust. von etwa 3 H-Atomen, der Aust. geht dann langsam weiter	[1]
	20	DCl konz.	Sehr langsamer Aust.	[1]
1 : 3 : 5-Methoxybenzol	100	D_2O	Kein Aust. innerhalb von einigen Wochen	[1]
Dimethylanilin	20	DCl konz.	Langsamer Aust., etwas schneller als bei Anisol	[1]
	100	C_2H_5OD	In 96 Stn. etwa $^1/_2$ H-Atom ausgetauscht	[2]
	100	C_2H_5OD, $0,1\,n$ D_2SO_4	In 96 Stn. Aust. von 3 H-Atomen	[2]
Anilinchlorhydrat	80	D_2O	Aust. von 3 H-Atomen, Gleichgewicht nach etwa 3 Stn. erreicht	[3]
Phenol	20	D_2O	In 20 Tagen nur Aust. des Hydroxylwasserstoffes	[1]
	100	D_2O, OD^-	(Vgl. Abb. 1.) Aust. von 3 H-Atomen	[1]
	89—120	D_2O, OD^-	Für die Reaktion zwischen Phenolmolekülen und Phenolationen mittlere Geschwindigkeit $k = 10^{10,8}\,e^{-\,(24\,800\,\pm\,800)/RT}$ $Mol^{-1} \cdot Liter \cdot sec.^{-1}$	[4]
o-Phenylphenol	200	D_2O, $^n/_{10}\,OD^-$	50 Stn., Aust. von etwa 3 H-Atomen	[5]
	340		50 Stn., Aust. von etwa 6 H-Atomen	
β-Naphthol	220	D_2O, $^n/_{10}\,OD^-$	220 Stn., Aust. von 3—4 H-Atomen	[5]
	340		50 Stn., Aust. von etwa 5 H-Atomen	[5]

Substanz	Temp.	Lösungsmittel	Befund	Lit.
Xylanol: H_3C⟨OH⟩CH_3 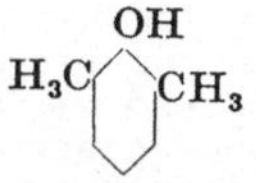	200	D_2O, $n/_{10}$ OD^-	3 Stn., Aust. von etwa 1 H-Atom	5
1 : 3 : 5-Xylanol, 1 : 2 :4- Xylanol, o-, m-, p-Kresol, o-Chlorphenol, p-Chlor-m-Kresol, m-Oxybenzoesäure	(100?)	D_2O, OD^-	Aust. nachgewiesen	6
Salicylsäure, m-Kresotinsäure.........		D_2O, OD^-	Nur sehr langsamer Aust.	6
o-, p-Kresotinsäure		D_2O, OD^-	Kein Aust. feststellbar	6
o-, p-Nitrotoluol, Dianisylphenylketon .	110	C_2H_5OD	Anscheinend geringe Katalyse durch OD^--$(C_2H_5O^-$-) Ionen	2
1 : 3 : 5-Trinitrotoluol	110	C_2H_5OD, OD^-	Aust.	2
o-, m-, p-Nitrophenol	100—139	D_2O, OD^-	Schneller Aust. von 2 H-Atomen in der o- und p-Verbindung, bzw. von 3 Atomen in der m-Verbindung. Die Reaktion verläuft im wesentlichen zwischen Nitrophenolmolekülen und Phenolationen mit einer bimolekularen Geschwindigkeit $$k_{meta} = 10^{11,3}\,e^{-(29\,000\,\pm\,1000)/RT}\,Mol^{-1}\cdot Liter\cdot sec.^{-1}$$ $k_{para} \sim k_{meta}$; $k_{ortho} \sim {}^1/_4\,k_{meta}$ (intramolekulare Wasserstoffbindung in der o-Verbindung). Langsame Reaktion auch zwischen Phenolationen und Wasser	7
o-, m-, p-Nitrophenol...............	100	D_2O und D_2O, D_3O^+	Kein Aust.	

* Die Austauschangaben beziehen sich nur auf Kernwasserstoffatome.

[1] C. K. INGOLD, C. G. RAISIN, C. L. WILSON: J. chem. Soc. (London) **1936**, 1637.

[2] M. S. KHARASH, W. G. BROWN, J. McNAB: J. org. Chemistry **2** (1937), 36.

[3] M. HARADA, T. TITANI: Bull. chem. Soc. Japan **11** (1936), 554.

[4] M. KOIZUMI, T. TITANI: Bull. chem. Soc. Japan **13** (1938), 681.

[5] K. H. GEIB: unveröffentlicht; vgl. Z. Elektrochem. angew. physik. Chem. **44** (1938), 13.

[6] F. K. MÜNZBERG: Z. Elektrochem. angew. physik. Chem. **44** (1938), 71.

[7] M. KOIZUMI, T. TITANI: Bull. chem. Soc. Japan **13** (1938), 318, 595, 631; **14** (1939), 40.

Tabelle 2 (Fortsetzung).

Substanz	Temperatur in °C	Lösungsmittel und Katalysator	Austauschgeschwindigkeit und Bemerkungen[*]	Literatur
Schweres Resorcin (Rückaustausch)...	20—235	H_2O, H_3O^+	$k_{4,6} = 10^{(11,5 \pm 0,5)} e^{-(20\,500 \pm 700)/RT}$ Mol.$^{-1}$·Liter·sec.$^{-1}$	1
	65—100	H_2O, OH^-	Von ähnlicher Geschwindigkeit und Aktivierungsenergie wie mit H_3O^+	
	65	H_2O, CH_3COO^-	Katalyse nachgewiesen, vgl. S. 283.	1, 2
Gewöhnliches Resorcin	65—100	D_2O, D_3O^+	20—30% langsamer als Rückaustausch mit H_3O^+	
Hydrochinon	100—200	D_2O, OD^-	Aust. der verschiedenen H-Atome mit gleicher Geschwindigkeit, langsamer als 1. Stufe beim Resorcin	2
Orcin	50	D_2O, OD^-	1. Austauschstufe wie bei Resorcin	2
Guajakol, $o\text{-}o'$-Diphenol, Brenzkatechin, α- und β-Resorcylsäure		D_2O, OD^-	Aust. nachgewiesen	3
Pyrogallol	65	D_2O, D_3O^+	Aust. in 4- und 6-Stellung gleich schnell, in 5-Stellung etwa 2000mal langsamer. Für 4- und 6-Stellung Aktivierungsenergie wie beim Resorcin, Geschwindigkeit etwa halb so groß. Für 5-Stellung Aktivierungsenergie wesentlich größer	1
	50—100	D_2O, OD^-	Aust. in mehreren Geschwindigkeitsstufen, Gleichgewicht bei 100° mit $^n/_{10}$ OD in 130 Stn. erreicht	4
Na-Gallat	100	D_2O, OD^-	Ähnlich wie Pyrogallol; das am langsamsten austauschende H-Atom des Pyrogallols ist das in der Gallussäure durch COOH ersetzte	4
Phloroglucin	100	D_2O, OD^-	Austauschgleichgewicht mit $^n/_{10}$ OD^- nach 2 Stn. erreicht	4
Fluoren	310	D_2O, $^n/_{10} OD^-$	In 45 Stn. etwa 4—5 H-Atome ausgetauscht	5
	110	C_2H_5OD	In Gegenwart von Alkali 2 H-Atome	6

[*] Die Austauschangaben beziehen sich nur auf Kernwasserstoffatome.

[1] K. H. Geib: Z. physik. Chem., Abt. A **180** (1937), 211.　　[2] F. K. Münzberg: Z. physik. Chem., Abt. B **33** (1936), 39.

[3] F. K. Münzberg: Z. Elektrochem. angew. physik. Chem. **44** (1938), 71.　　[4] F. K. Münzberg: Z. physik. Chem., Abt. B **33** (1936), 23.

[5] K. H. Geib: unveröffentlicht; vgl. Z. Elektrochem. angew. physik. Chem. **44** (1938), 13.

[6] M. S. Kharash, W. G. Brown, J. McNab: J. org. Chemistry **2** (1937), 36.

Substitutionsreaktionen nebeneinander her, wie sich ebenfalls aus der Änderung der Geschwindigkeit bei Variation der Konzentrationen von Resorcin und Alkali ergibt. Von den sechs möglichen Reaktionen können einige ausgeschieden bzw. als nicht wesentlich zum Austausch beitragend unberücksichtigt gelassen werden; für die übrigen ergeben sich folgende, im einzelnen nicht ganz sichere, relative Geschwindigkeitskonstanten, die auf die Geschwindigkeit des Rückaustausches von schwerem Resorcin mit 1 n HCl in H_2O bei der gleichen Temperatur bezogen sind:

$$C_6D_4(OH)\,(O^-) + H_2O \qquad\qquad 0{,}04,$$
$$C_6D_4(O^-)\,(O^-) + H_2O \qquad\qquad 0{,}5\text{---}0{,}7,$$
$$C_6D_4(OH)\,(O^-) + C_6D_4(OH)_2 \qquad\qquad 0{,}5,$$
$$C_6D_4(OH)_2 + H_2O \qquad\qquad \leqq 0{,}0002.$$

Auf die Beweisführung im einzelnen kann hier nicht eingegangen werden. Der Austausch von gewöhnlichem Resorcin mit D_3O^+-Ionen in D_2O ist etwa 20—30% langsamer als der Rückaustausch von schwerem Resorcin mit H_3O^+ in H_2O.

Austausch verschiedener Kernwasserstoffatome in Stufen.

Es wurde schon erwähnt, daß in den Phenolen nicht alle Wasserstoffatome gleich schnell, sondern in deutlich unterscheidbaren Geschwindigkeitsstufen austauschen. Von den verschiedenen Kernwasserstoffatomen des Resorcins werden zwei gleich schnell, ein drittes etwa 6mal langsamer und das letzte praktisch überhaupt nicht ausgetauscht. Die Zuordnung der Geschwindigkeiten zu den einzelnen Stellungen der H-Atome wurde zwar nicht experimentell geführt, kann aber nach den sonstigen chemischen Reaktionen des Resorcins mit großer Wahrscheinlichkeit so getroffen werden: Die Wasserstoffatome 4 und 6 in gleicher o—p-Stellung zu den beiden Hydroxylgruppen werden auch gleich schnell ausgetauscht, H-Atom 2 in o—o-Stellung etwas langsamer und H-Atom 5 in m—m-Stellung jedenfalls um Größenordnungen langsamer als die übrigen Atome.

Richtwirkung von Substituenten auf den Austausch.

Das Auftreten von Orientierungseffekten einzelner Substituenten, wie hier beobachtet, war schon aus den allgemeinen Vorstellungen über den Austauschmechanismus bei aromatischen Verbindungen geschlossen worden. Wenn man sich nicht, wie beim Resorcin, mit reinen Plausibilitätsbetrachtungen begnügen will, so gibt es zum experimentellen Nachweis, in welcher Stellung zu einer Hydroxylgruppe Deuterium eingeführt wird, vornehmlich zwei Wege.[1] Man kann entweder die deuterierten Verbindungen in bekannter Stellung durch Brom substituieren und den D-Gehalt des entstehenden Bromwasserstoffes untersuchen, wie schon erwähnt wurde; auf diesem Wege wurde z. B. nachgewiesen, daß die 1,3-Dioxy-5-Benzolcarbonsäure in 2-Stellung substituiert wird. Oder man vergleicht die Anzahl der unter gleichen Bedingungen austauschenden Wasserstoffatome bei verschieden substituierten Oxybenzolen. Man findet so, daß in p-Stellung substituierte Phenole ein H-Atom weniger austauschen als Phenol selbst, während m-Substitution im allgemeinen nichts am Austausch ändert. Für o-substituierte Phenole gilt das gleiche wie für die p-substituierten. Eine Ausnahme macht die m-Oxybenzoesäure, die nur zwei Kernwasserstoffatome austauscht; der gleiche austauschhemmende Einfluß der Carboxylgruppe äußert sich auch bei der Salicylsäure und m-Kresotinsäure, die nur äußerst langsam

---

[1] F. K. MÜNZBERG: Z. Elektrochem. angew. physik. Chem. 44 (1938), 71.

austauschen, und bei der *o*- und *p*-Kresotinsäure, die überhaupt keinen Austausch erkennen lassen. Im allgemeinen kann man sagen, daß der Austausch bei den einwertigen Phenolen vorwiegend in *o*- und *p*-Stellung erfolgt, und daß sich bei mehrwertigen Phenolen, wie am Beispiel des Resorcins gezeigt wurde, die Wirkungen von zwei m-ständigen OH-Gruppen verstärken.

In der vorstehenden Tabelle 2 sind die untersuchten Austauschreaktionen aromatischer Verbindungen wiedergegeben; anschließend daran sind in Tabelle 3 einige Beobachtungen bei heterocyklischen Verbindungen zusammengestellt, die den Austauscherscheinungen bei den aromatischen Verbindungen weitgehend ähneln, wie ja aus dem übrigen chemischen Verhalten dieser Heterocyclen zu erwarten ist. Bei den stickstoffhaltigen Fünfringen, die eine der Ketisierung analoge, quantitativ aber stärkere Isomerisierungstendenz aufweisen, läßt sich ein Austausch schon unter verhältnismäßig milden Bedingungen herbeiführen.

Tabelle 3.

Wasserstoff-Deuteriumaustauschreaktionen bei heterocyclischen Verbindungen.

Substanz	Temperatur in °C	Lösungsmittel und Katalysator	Austauschgeschwindigkeit und Bemerkungen*	Literatur
Pyridinchlorhydrat..	200	D_2O, D_3O^+	In 200 Stn. Aust. von etwa 1,5 H-Atomen	[1]
Benzochinaldin	110	C_2H_5OD	Anscheinend geringe Katalyse durch OD^--($C_2H_5O^{--}$)Ionen	[2]
Pyrrol.............	30	D_2O, D_3O^+	Bei $p_H = 1{,}5$ Aust. aller H-Atome; bei $0{,}024$ n. D_3O^+ in 1 St. Aust. noch unvollständig, nach 3 Stn. prakt. vollständig	[3]
	180	D_2O, $^n/_{10}OD^-$	Halbwertszeit des Aust. $\sim$ $^1/_2$ St.	[1]
N-Methylpyrrol	30	D_2O, D_3O^+	Wie Pyrrol, Aust. etwas leichter, bei $p_H \leqq 2{,}3$	[4]
Indol	30	D_2O, D_3O^+	Wie Pyrrol, bei $p_H = 2{,}3$ tauscht zunächst nur das β-ständige H-Atom aus, bei $p_H = 0{,}3$ auch das α-ständige	[5]
	310	D_2O, $^n/_{10}OD^-$	In 15 Stn. Aust. von 2—3 H-Atomen	[1]
N-Methylindol	60	D_2O, D_3O^+	Wie Indol, Aust. des β-ständigen H-Atoms bei $p_H = 2{,}5$	[6]
Furan ....⎱ Thiophen ....⎰		D_2O, D_3O^+	Kein Austausch unter gleichen Bedingungen wie beim Pyrrol	[7]

* Die Austauschangaben beziehen sich nur auf Kernwasserstoffatome.

[1] K. H. GEIB: Unveröffentlicht; vgl. Z. Elektrochem. angew. physik. Chem. **44** (1938), 13.

[2] M. S. KHARASH, W. G. BROWN, J. McNAB: J. org. Chemistry **2** (1937), 36.

[3] M. KOIZUMI, T. TITANI: Bull. chem. Soc. Japan. **12** (1937) 107; **13** (1938) 85.

[4] M. KOIZUMI, T. TITANI: Ebenda **13** (1938), 298.

[5] M. KOIZUMI, T. TITANI: Ebenda **13** (1938), 307.

[6] M. KOIZUMI, T. TITANI: Ebenda **13** (1938), 643.

[7] M. KOIZUMI, T. TITANI: Ebenda **13** (1938), 95.

Austausch der Sauerstoffisotope.

Austauschreaktionen zwischen Wasser und organischen Substanzen.

Die Katalysierbarkeit eines Austausches von Sauerstoffatomen zwischen organischen Verbindungen und Wasser wurde an typischen Vertretern der wichtigsten verschiedenen Sauerstoffverbindungen untersucht. Über die bisher erzielten positiven Ergebnisse gibt Tabelle 4 Aufschluß.

Tabelle 4. *Sauerstoffaustausch zwischen organischen Verbindungen und Wasser.*

Substanz	Austauschbedingungen	Bemerkungen über den Austausch	Literatur
Alkohole:			
Methylalkohol ...	25°, 24 Stn., auch in $0,1 n$ HCl- und NaOH-Lösung	Kein Aust.	1, 2
	70°, alkalische Lösung	Kein Aust.	3
Diphenylmethyl-carbinol	95°, auch mit H_2SO_4	Kein Aust.	4
Trianisylcarbinol.	95°, 43 Stn.	Kein Aust.	4
	95°, 1 St. in Gegenwart von H_2SO_4	Fast völliger Aust.	4
Carbonsäuren:			
Zitronensäure ...	25°, 24 Stn.	Kein Aust.	4
	25°, in Gegenwart von H_2SO_4	Teilweise Aust.	4
Benzoesäure	25°, in Gegenwart von HCl	Langsamer Aust., Halbwertszeit etwa 14 Tage	5
Aldehyde:			
Acetaldehyd.....	25°, 24 Stn.	Völliger Aust.,	1
		Gleichgewicht in etwa 20 Stn. erreicht	6
Benzaldehyd	25°, 1, 4, 20, 100 Stn.	31, 62, 85, 100% Aust.	4
	25°, 1 St. mit KOH	Völliger Aust.	4
	25°, 1 St. mit H_2SO_4	Völliger Aust.	4
	110°, 1 St. ohne Katalysator	Völliger Aust.	7
Ketone:			
Aceton	25°, 24 Stn.	Kein Aust.	1
	100°, 24 Stn.	Teilweise Aust.	1
	25°, in Gegenwart von OH^-	Schneller Aust.	1
	25°, in 90% Aceton + 10% Wasser	Katalysenkonstanten: $k_{H^+} = 116,5$; $k_{\text{Salicylsäure}} = 0,068_3$ $\text{Mol}^{-1} \cdot \text{Liter} \cdot \text{Min.}^{-1}$	1
Benzil	70°, 4 Min., in wässerigem Methylalkohol	Teilweise Aust.	3
	desgl., $0,02 n$ OH^-	Völliger Aust.	3

[1] M. Cohn, H. C. Urey: J. Amer. chem. Soc. **60** (1938) 679.

[2] J. Roberts: J. chem. Physics **6** (1938), 294.

[3] J. Roberts, H. C. Urey: J. Amer. chem. Soc. **60** (1938), 880.

[4] M. Senkus, W. G. Brown: J. org. Chemistry **2** (1938), 569.

[5] J. Roberts, H. C. Urey: J. Amer. chem. Soc. **60** (1938), 2391.

[6] J. B. M. Herbert, J. Lauder: Trans. Faraday Soc. **34** (1938), 432; Nature **142** (1938), 954.

[7] M. Koizumi, T. Titani: Bull. chem. Soc. Japan **13** (1938), 463, 607.

Alkohole und Phenole: Der Sauerstoff einer alkoholischen oder phenolischen Hydroxylgruppe erweist sich im Vergleich mit anderen Sauerstoffverbindungen als recht austauschbeständig, und zwar sowohl in Gegenwart von Säuren als auch von Alkalien. Z. B. wurde bei Methylalkohol bei 70° in alkalischer Lösung noch kein Austausch beobachtet. Die einzige positive Beobachtung liegt beim Trianisylcarbinol vor, bei welchem durch mäßig konzentrierte Schwefelsäure bei 95° ein Austausch des Hydroxylsauerstoffes herbeigeführt werden kann, der in Abwesenheit von Schwefelsäure ausbleibt. Bemerkenswert ist, daß Diphenylmethylcarbinol unter gleichen Bedingungen mit Schwefelsäure noch keinen Austausch zeigt; allerdings sind die Versuche mit den beiden Alkoholen wegen ihres geringen Lösungsvermögens für Wasser wohl nicht direkt vergleichbar.

Carbonsäuren: Bei Carbonsäuren, welche im allgemeinen bei Zimmertemperatur noch keinen Sauerstoff austauschen, liegen Hinweise dafür vor, daß ein solcher Austausch durch die Anwesenheit von Mineralsäuren erleichtert werden kann.

Carbonylverbindungen: Die Katalysierbarkeit des Sauerstoffaustausches bei Aldehyden und Ketonen wurde genauer untersucht. In diesen Verbindungen ist der Sauerstoff, verglichen mit den vorhergenannten Sauerstoffverbindungen, leicht austauschbar. Auch in Abwesenheit von Katalysatoren zeigen Aldehyde bei Zimmertemperatur schon einen langsamen Austausch; die Einstellung des Austauschgleichgewichts, die in neutraler Lösung etwa 20 Stn. erfordert, kann sowohl durch Säuren als auch durch Alkalien beschleunigt werden. Der Zusammenhang zwischen der Austauschgeschwindigkeit und der Geschwindigkeit der Hydratisierung der Carbonylgruppe ist dabei noch nicht aufgeklärt.

Ketone ähneln in ihrem Verhalten den Aldehyden, nur ist die Austauschgeschwindigkeit bei ihnen beträchtlich geringer als bei den Aldehyden, so daß in Abwesenheit von Katalysatoren bei Zimmertemperatur überhaupt noch kein Austausch und selbst bei 100° in 24 Stunden erst unvollständiger Austausch gefunden wurde. Neben der Katalyse durch H^+- und OH^--Ionen konnte auch allgemeine Säurekatalyse erwiesen werden. Allgemeine Basenkatalyse scheint nicht ausgeschlossen; eine solche war aber in den bisher lediglich verwendeten Salicylatpufferlösungen neben der Wirkung der anderen gleichzeitig anwesenden stärkeren Katalysatoren nicht nachzuweisen. Der säurekatalysierte Austausch erfolgt mehrere hundertmal schneller als die Enolisierung, womit gezeigt ist, daß der Mechanismus beider Reaktionen verschieden sein muß.

Nitroverbindungen: Der Sauerstoff der Nitrogruppe im Nitrobenzol ist bei 25° in Gegenwart von Säuren oder Basen austauschbeständig.[1]

Austauschreaktionen zwischen Wasser und anorganischen Substanzen.

Beim Sauerstoffaustausch zwischen den Anionen von Sauerstoffsäuren und Wasser wurde in einer Reihe von Fällen eine deutliche Katalyse durch Wasserstoffionen sowie in einigen, aber nicht in allen der daraufhin untersuchten Fälle, auch eine Katalyse durch Hydroxylionen (vgl. Tabelle 5) gefunden. Während z. B. Na_2SO_4 in neutraler Lösung bei 100° in 20 Stn. nur einen sehr geringen Austausch zeigt, tauscht es in 1 n alkalischer Lösung unter sonst gleichen Bedingungen seinen Sauerstoff praktisch vollständig aus. Ebenso findet in einer K_3PO_4-Lösung, die ja alkalisch reagiert, schon bei Zimmertemperatur ein Austausch statt. Umgekehrt konnte in einer K_2CO_3-Lösung bei Zimmertemperatur innerhalb von 24 Stn. noch kein Austausch nachgewiesen werden, während sich

---

[1] J. Roberts: J. chem. Physics **6** (1938), 294.

ein solcher bei CO_2 über das Gleichgewicht $CO_2 + H_2O \rightleftharpoons H_2CO_3$ bei Zimmertemperatur innerhalb von 3 Stn. einstellte. SO_2 verhält sich ähnlich wie CO_2. Bei neutral reagierenden Salzen wurde, oft unter recht energischen Bedingungen (bei 180° im Einschmelzrohr), durchweg kein Austausch gefunden, wohl aber nach Zusatz von sauren Salzen oder Säuren.

Tabelle 5. *Sauerstoffaustausch zwischen anorganischen Verbindungen und Wasser.*

Substanz	Austauschbedingungen	Bemerkungen über den Austausch	Literatur
Na_2SO_4	100°, 20 Stn.	Sehr geringer Aust.	1
$Na_2SO_4 + 1\,n\,OH^-$	100°, 20 Stn.	Völliger Aust.	1
K_2SO_4	180°, 100 Stn.	Kein Aust.	2, 3
$K_2SO_4 + KHSO_4$	100°, 20 Stn.	Teilweise Aust.	2, 3
	180°, 20 Stn.	Völliger Aust.	2, 3
$KHSO_4$	25°, 20 Stn.	Etwa halber Aust.	3
	100°, 20 Stn.	Völliger Aust.	3
$K_2SO_4 + HCl$	180°, 20 Stn.	Völliger Aust.	3
KNO_3	180°, 100 Stn.	Kein Aust.	2, 3
$NaClO_3$	100°, 10 Stn.	Kein Aust.	2
$NaClO + HCl$	100°, 10 Stn.	Etwa halber Aust.	2, 3
$NaClO_3 + KHSO_4$	100°, 10 Stn.	Völliger Aust.	3
K_3PO_4	20°, 3 Stn.	Aust. von mindestens 3 O-Atomen	4
KH_2PO_4	25°, 20 Stn.	Etwa $^1/_3$ Aust.	3
	100°, 20 Stn.	Völliger Aust.	3
KH_2AsO_4	25°, 70 Stn.	Völliger Aust.	3
K_2CO_3	25°, 72 Stn.	Kein Aust.	5, 3
	100°, 30 Stn.	Völliger Aust.	3
CO_2, gelöst in H_2O	20°	Gleichgewicht in etwa 3 Stn. eingestellt	6, 7
SO_2, gelöst in H_2O	20°	Aust.	8

Allgemein lassen sich drei Mechanismen angeben, durch welche Anionen von Sauerstoffsäuren ihren Sauerstoff mit dem Lösungsmittel austauschen können: 1. Dehydratation mit darauffolgender Hydratation, 2. Hydratation mit darauffolgender Dehydratation bei koordinativ ungesättigten Ionen, 3. vorübergehende Erhöhung der Koordinationszahl bei koordinativ gesättigten Ionen. Durch die Annahme verschiedener Mechanismen läßt sich die unterschiedliche Beeinflussung des Austausches durch Alkali bei den verschiedenen Anionen erklären.[1] Während der Austausch bei CO_2 und SO_2 mit Sicherheit nach (2) erfolgt, kann man für

[1] S. C. Datta, J. M. E. Day, C. K. Ingold: J. chem. Soc. (London) **1937**, 1968. — C. K. Ingold: Z. Elektrochem., angew. physik. Chem. **44** (1938), 14.
[2] T. Titani, K. Goto: Bull. chem. Soc. Japan **13** (1938), 667.
[3] T. Titani, K. Goto: Ebenda **14** (1939), 77.
[4] E. Blumenthal, J. B. M. Herbert: Trans. Faraday Soc. **33** (1937), 849.
[5] T. Titani, N. Morita, K. Goto: Bull. chem. Soc. Japan **13** (1938) 329.
[6] M. Cohn, H. C. Urey: J. Amer. chem. Soc. **60** (1938), 679.
[7] E. Ogawa: Bull. chem. Soc. Japan **11** (1936), 428.
[8] G. N. Lewis: J. Amer. chem. Soc. **55** (1933), 3503.

den Sulfat- und Phosphataustausch vielleicht Mechanismus (3) annehmen, wobei eine Säure-Basenkatalyse etwa nach einem Schema

$$B^- + H_2O\ldots \overset{\overset{O}{\|}}{\underset{\underset{O}{\|}}{S}} \overset{OH}{\underset{OH}{{}}} + HA \rightarrow BH + HO-\overset{\overset{O}{\|}}{\underset{\underset{O}{\|}}{S}}-OH + H_2O + A^-$$

zustande kommen könnte.[1]

Aluminiumhalogenidkatalyse des Halogenaustausches.

Unter Verwendung der künstlich erzeugten radioaktiven Halogenisotope wurde nachgewiesen, daß der Halogenaustausch zwischen zwei organischen Hologenverbindungen durch Aluminiumhalogenid sehr erleichtert werden kann.[2] Die katalytische Wirkung des Aluminiumhalogenids auf eine Halogenübertragung nach dem Schema

$$R_1Hal^* + R_2Hal \rightleftarrows R_1Hal + R_2Hal^*,$$

welche in Abwesenheit des Katalysators nicht stattfindet, beruht dabei auf der schnellen Einstellung des entsprechenden Austauschgleichgewichtes zwischen der organischen Verbindung und dem Aluminiumhalogenid

$$R \cdot Hal^* + AlHal_3 \rightleftarrows R \cdot Hal + AlHal^*Hal_2.$$

Letzteres Gleichgewicht wurde zur Aufklärung der Überträgerwirkung des Aluminiumhalogenids eingehender untersucht; es stellt sich bei aliphatischen Halogenverbindungen bei Zimmertemperatur in wenigen Sekunden ein, ist bei aromatischen Verbindungen dagegen nach 20 Min. noch nicht erreicht. Eine Temperaturabhängigkeit seiner Einstellungsgeschwindigkeit wurde qualitativ festgestellt. Die Ergebnisse sind bei Jod-, Brom- und Chlorverbindungen ähnlich (vgl. Tabelle 6). Ob und wieweit die Reaktionen in allen Fällen völlig homogen verlaufen, ist nicht ganz sicher, da zum Teil größere Aluminiumhalogenidmengen verwendet wurden. Die Austauschreaktion zwischen $AlBr_3$ und C_2H_5Br wurde in völlig homogener verdünnter Lösung mit CS_2 als Verdünnungsmittel kinetisch eingehender untersucht und erwies sich dabei als bimolekular mit einer Aktivierungsenergie von etwa 11 kcal. Das Auftreten schneller heterogener Austauschreaktionen anderseits, etwa zwischen $AlBr_3$ und gasförmigem Br_2 oder HBr, wurde aber ebenfalls nachgewiesen, wobei sich die Beweglichkeit der Halogenatome im Kristall als überraschend groß ergab.

Erwähnenswert sind weitere Austauschversuche, bei denen in der organischen Verbindung ein anderes Halogen zugegen war als im Aluminiumhalogenid und die ebenfalls mit radioaktiven Halogenen ausgeführt wurden. Hier findet ein schneller Austausch zwischen AlJ_3 einerseits und Chloriden sowohl wie Bromiden anderseits statt, ebenso zwischen $AlBr_3$ und Chloriden, nicht aber zwischen $AlBr_3$ und Jodiden oder $AlCl_3$ und Jodiden oder Bromiden, d. h. das Halogen im Aluminiumhalogenid läßt sich mühelos immer nur gegen ein gleiches oder gegen ein leichteres Halogenatom austauschen, nicht aber gegen ein schwereres.

---

[1] T. TITANI, K. GOTO: Bull. chem. Soc. Japan **14** (1939), 77.
[2] N. BREJNEVA, S. ROGINSKY, A. SCHILINSKY: Acta physicochim. USSR. **6** (1937), 744.

Tabelle 6. *Katalyse des Halogenaustausches zwischen organischen Halogenverbindungen.*

Reaktion	Ergebnis	Literatur
$C_2H_5Br^* + C_2H_4Br_2$ $C_2H_5Br^* + C_5H_{11}Br$ $C_2H_5Br^* + CHBr_3$	In Gegenwart von $AlBr_3$ Aust. in weniger als 45 Min.; in Abwesenheit von $AlBr_3$ kein Aust. ($Br^* =$ künstlich radioaktives Br)	1
$AlBr_3 + C_2H_5Br^*$	Schneller Aust.; in 30 Sek. bei 17° schon beendet, bei — 30° noch unvollständig	2
$AlBr_3 +$ Isoamyl-, Benzyl-, Äthylen- und Trimethylenbromid*, Bromoform*	Schneller Aust.	2
$AlBr_3 +$ Brombenzol*, p-Dibrombenzol*, α-Bromnaphthalin*	Aust. bedeutend langsamer als bei den aliphatischen Bromiden (20 Min. $\leqq 25\%$), temperaturabhängig	2
$AlBr_3 + C_2H_5Br^*$	In CS_2 bei — 23 bis + 40° Aust. in bimolekularer Reaktion, Aktivierungsenergie 11 ± 2 kcal, sterischer Faktor 10^{-3}—10^{-6}	3
$AlBr_3 +$ Chloride* (CCl_4, $CHCl_3$, $C_2H_2Cl_4$)	Teilweise Halogenaust.	2
$AlBr_3 + C_2H_5J$	Kein Halogenaust. in 20 Min. bei Zimmertemperatur	2
$AlJ_3 + C_2H_5J^*$	Schneller Aust.	2
$AlJ_3 +$ Alkylbromide* und -chloride*	Halogenaust.	2
$AlCl_3 +$ Alkylbromide* und -jodide*	Kein Halogenaust.	2

Isotopenverschiebung von Reaktionsgeschwindigkeiten.

Eine größere Anzahl von säure- und basenkatalysierten Reaktionen wurden in Deuterium-substituierten Lösungsmitteln, und zwar vor allem in schwerem Wasser, teilweise aber auch in schwerem Alkohol (CH_3OD, C_2H_5OD), untersucht. Beim Vergleich der gefundenen Katalysenkonstanten mit denen in gewöhnlichem Wasser oder gewöhnlichem Alkohol ergab sich, daß die Reaktionen in dem D-haltigen Lösungsmittel teils schneller, teils langsamer waren als in dem gewöhnlichen Lösungsmittel. Der beobachtete Isotopeneffekt war dabei teilweise nur klein, teilweise aber auch recht erheblich, so daß Geschwindigkeitsänderungen um fast einen Faktor 10 gefunden wurden. Ähnliche Beobachtungen wurden auch bei Deuteriumsubstitution im Substrat gemacht, wobei sich in der Regel allerdings nur eine Geschwindigkeitsabnahme ergibt. Beobachtungen über eine Beeinflussung der Aktivierungsenergie der betreffenden Reaktionen durch Deuteriumsubstitution sind einstweilen noch spärlich und oft ziemlich unsicher.

Allgemeine Ursachen.

Vor einer Zusammenstellung der experimentellen Daten über die Isotopenverschiebung von Reaktionsgeschwindigkeiten sollen die Hauptursachen für eine Veränderung von Reaktionsgeschwindigkeiten durch Isotopensubstitution

---

[1] N. Brejneva, S. Roginsky, A. Schilinsky: Acta physicochim. USSR 6 (1937), 744.

[2] N. Brejneva, S. Roginsky, A. Schilinsky: Ebenda 5 (1936), 549.

[3] N. Brejneva, S. Roginsky, A. Schilinsky: Ebenda 7 (1937), 201.

besprochen werden. Im Prinzip können wir zwischen Einflüssen unterscheiden, die von einer D-Substitution 1. im Lösungsmittel, 2. im Substrat bzw. einem der Reaktionspartner und 3. im katalysierenden Molekül herrühren. Nur in besonders günstigen Fällen gelingt es allerdings, diese Effekte einzeln zu erhalten, meist werden mehrere bei derselben Reaktion gleichzeitig auftreten, insbesondere muß ein Lösungsmitteleffekt stets vorhanden sein. Trotzdem sollen die genannten Einflüsse zunächst getrennt behandelt und an speziellen Beispielen aufgezeigt werden.

1. Der Lösungsmitteleffekt. Wir können uns hierbei auf das schwere Wasser als Lösungsmittel beschränken; die Betrachtungen lassen sich aber mit geringen Abänderungen auch auf andere D-substituierte Lösungsmittel übertragen. Bekanntlich bestehen Zusammenhänge zwischen physikalischen Eigenschaften des Lösungsmittels, wie Zähigkeit, Dielektrizitätskonstante, Polarisierbarkeit, Solvatationsvermögen, und seiner Reaktionsbeeinflussung; bisher ist es aber noch nicht möglich gewesen, diese Abhängigkeit allgemein mit irgendwelchen bestimmten Eigenschaften quantitativ in Zusammenhang zu bringen und auf diese Weise vorauszuberechnen, da auch individuelle Eigenschaften der Reaktionspartner oder im Reaktionsverlauf auftretender Zwischenkomplexe von Einfluß sind. Das gleiche gilt auch für eine quantitative Behandlung des Einflusses D-substituierter Lösungsmittel. Qualitativ kann man nur soviel sagen: Die Unterschiede in den physikalischen Konstanten zwischen leichtem und schwerem Wasser sind im allgemeinen gering (die Dielektrizitätskonstanten unterscheiden sich um 1%, die Zähigkeiten um etwa 20% usw., bei Hydratations- und Lösungswärmen können mitunter allerdings etwas größere Unterschiede auftreten), man kann daher erwarten, daß auch der Lösungsmitteleffekt des schweren Wassers im allgemeinen nicht sehr groß ist. Wenn man daher annimmt, daß der Lösungsmitteleffekt etwa von der Größenordnung der Löslichkeitsunterschiede von Stoffen in H_2O und D_2O ist, die bei Salzen bis 10 oder 20% betragen, so wird der Effekt bei den meisten Reaktionen in schwerem Wasser durch andere der oben genannten Einflüsse verdeckt sein, die erheblichere Unterschiede in den Reaktionsgeschwindigkeiten verursachen. Auch über das Vorzeichen des Lösungsmitteleffektes lassen sich keine allgemeinen Aussagen machen, ebenso wie die Löslichkeitsbeeinflussung positiv oder negativ sowie stark temperaturabhängig sein kann. Ein etwas langsamerer Reaktionsablauf in D_2O ist allerdings wohl wahrscheinlicher als ein schnellerer Verlauf.

Als Beispiel einer Reaktion, bei der man mit ziemlicher Sicherheit den Lösungsmitteleffekt allein beobachtet, ist die basenkatalysierte Bromierung des Nitromethans zu nennen. Geschwindigkeitsbestimmend bei der Bromierung ist die Umlagerung der Nitroform des Moleküls in die Aciform, welche als prototrope Umwandlung erfolgt und allgemeine Basenkatalyse zeigt. Mit Acetationen als katalysierender Base verläuft die Bromierung und damit auch die Umwandlung in D_2O ungefähr 20% langsamer als in H_2O,[1] und auf Grund des angenommenen Reaktionsmechanismus

$$CH_3 \cdot NO_2 + CH_3 \cdot COO^- \rightarrow CH_2{=}NO_2^- + CH_3 \cdot COOH$$

ist dieser Unterschied allein dem Lösungsmitteleffekt des schweren Wassers zuzuschreiben.

2. Austausch von Wasserstoff gegen Deuterium im Reaktionspartner. Der Austausch von Wasserstoffatomen der reagierenden Moleküle gegen D-Atome aus dem Wasser (oder anderen Hydroxylgruppen-haltigen Lösungsmitteln) geht bei allen an Sauerstoff oder Stickstoff gebundenen Wasserstoffatomen

----

[1] O. Reitz: Z. physik. Chem., Abt. A **176** (1936), 363.

praktisch momentan, d. h. bisher unmeßbar schnell, vor sich. Wenn also bei den Reaktionsteilnehmern die Möglichkeit eines solchen Austausches besteht, hat man es mit einer chemischen Veränderung derselben durch das schwere Wasser zu tun und untersucht in H_2O und D_2O nicht mehr die Reaktion am gleichen Molekül. Greift die Reaktion gerade an diesem ausgetauschten Wasserstoffatom an, so können sich entsprechend den großen, aber nicht allein maßgeblichen Unterschieden in den Nullpunktsenergien der H- und der D-Bindungen beträchtliche Unterschiede in den Reaktionsgeschwindigkeiten ergeben. Ein solcher Fall liegt beim Nitramid vor: In schwerem Wasser beobachtet man den Zerfall eines Moleküls ND_2NO_2, der 5mal langsamer verläuft als der Zerfall von NH_2NO_2 in H_2O.[1] Sind die betreffenden ausgetauschten Atome umgekehrt am Mechanismus der Reaktion unbeteiligt, wie etwa bei der Hydrolyse des Acetamids,[2] so bleibt auch die Beeinflussung der Reaktionsgeschwindigkeit durch den Austausch kleiner und vergleichbar mit der Wirkung eines Isotopenaustausches im Lösungsmittel.

Auch an Kohlenstoff gebundene Wasserstoffatome können unter bestimmten Bedingungen austauschen, vor allem bei Molekülen, die unter Verschiebung von H-Atomen in eine isomere Form übergehen können (vgl. den Abschnitt Wasserstoff-Deuteriumaustauschreaktionen, S. 273ff.). Die Rückkehr des Moleküls aus der isomeren in die Ausgangsform ist dabei in D_2O automatisch mit der Einführung von schwerem Wasserstoff verbunden. Ein solcher Austausch hat im allgemeinen eine nur geringe, bequem meßbare Geschwindigkeit; man hat daher die Möglichkeit, Reaktionen an derartigen Molekülen zu untersuchen sowohl ehe das Molekül Zeit gehabt hat, auszutauschen, als auch nachdem völliger Austausch eingetreten ist. Da man alle sonstigen Bedingungen während der Untersuchung gleich wählen, vor allem die Reaktion bei gleichem Isotopengehalt des Lösungsmittels (z. B. beidesmal in D_2O) ablaufen lassen kann, gelingt es somit, auch diesen zweiten Einfluß der Deuteriumsubstitution auf Reaktionsgeschwindigkeiten isoliert zu beobachten, der im Fall der momentan austauschenden an N oder O gebundenen Wasserstoffatome nicht von dem Lösungsmitteleffekt zu trennen war. Das gleiche läßt sich erreichen durch Synthese von Verbindungen mit nichtaustauschbar gebundenem Deuterium und Vergleich ihrer Reaktionsgeschwindigkeit mit der der entsprechenden H-Verbindungen. Die Wirkung, die ein solcher Austausch hervorbringt, ergibt die größten, bisher überhaupt beobachteten, unter dem Einfluß von schwerem Wasser zustande kommenden Geschwindigkeitsänderungen. Die Bromierungen von „leichtem“ und „schwerem“ Aceton, also von CH_3COCH_3 und CD_3COCD_3, beidesmal etwa in H_2O durch H_3O^+-Ionen oder in D_2O durch D_3O^+-Ionen katalysiert, unterscheiden sich in ihrer Geschwindigkeit um einen Faktor 7,7;[3] ähnlich ist auch die Größe des Unterschiedes bei der basenkatalysierten Bromierung von leichtem und schwerem Nitromethan[4] und in anderen Fällen.

Stets handelt es sich dabei um prototrope Reaktionen, und stets reagiert die schwere Verbindung um soviel langsamer. Nach dem, was wir von dem Mechanismus prototroper Reaktionen wissen, greifen die katalysierenden Moleküle oder Ionen gerade an den betreffenden Wasserstoff- bzw. Deuteriumatomen an. In besonders einfachen und durchsichtigen Fällen wie den genannten gibt der beobachtete Geschwindigkeitsunterschied daher direkt einen Vergleich für die Leichtigkeit, mit der ein Proton und ein Deuteron losgelöst werden können.

[1] V. K. LA MER: Chem. Reviews **19** (1936), 363.
[2] O. REITZ: Z. physik. Chem., Abt. A **183** (1939), 371.
[3] O. REITZ: Ebenda **179** (1937), 119.
[4] O. REITZ: Ebenda **176** (1936), 363.

Der Unterschied kann im wesentlichen mit dem Unterschied des H- und D-Systems bezüglich der Differenz der Nullpunktsenergie im Ausgangs- (Grund-) Zustand und im aktivierten (Übergangs-) Zustand identifiziert werden. In diesem Zusammenhange wäre eine genaue Feststellung etwaiger Unterschiede in den Aktivierungsenergien zwischen der Reaktion der H-Verbindung und der D-Verbindung, die zur Zeit noch in keinem solchen Falle vorliegt, wünschenswert.

3. Austausch von Wasserstoff gegen Deuterium im Katalysator. Bei Vergleich der Geschwindigkeiten säure- und basenkatalysierter Reaktionen in leichtem und schwerem Wasser muß auch der Wasserstoffaustausch im Katalysator berücksichtigt werden; an Stelle der Katalysatoren H_3O^+, OH^-, H_2O, HB (= undissoziierte Säure) in H_2O treten die Katalysatoren D_3O^+, OD^-, D_2O und DB in D_2O mit geänderten Säure- bzw. Basenstärken. Lediglich bei einer Basenkatalyse durch Anionen schwacher Säuren B^- wie bei der als Beispiel mehrfach erwähnten Bromierung von Nitromethan ist der Katalysator in H_2O und D_2O der gleiche.

Über die Änderung der Säurestärken in D_2O gibt die folgende Tabelle 7 Aufschluß,[1] in welcher zunächst in der zweiten Spalte die Dissoziationskonstanten $p_K = -\log K$ der betreffenden Säuren in H_2O und in der 3. Spalte das Verhältnis K_h/K_d der Dissoziationskonstanten der Protonsäure in H_2O und der entsprechenden Deuteronsäure in D_2O angegeben ist. Das Verhältnis der Säurestärken von H_3O^+ in H_2O und D_3O^+ in D_2O ist dabei definitionsgemäß gleich 1 gesetzt. K_h/K_d ist darnach ganz wesentlich von 1 verschieden und beträgt bei fast allen Säuren etwa 3; größere Abweichungen von dieser Zahl kommen nur bei Oxalsäure und Phosphorsäure und beim Wasser vor. Die Zuverlässigkeit der hier zusammengestellten Werte ist schwer zu beurteilen. Es ist kaum ein einziges Konstantenverhältnis von zwei unabhängigen Autoren bei der gleichen Temperatur gemessen worden. Nach Korman und La Mer[2] ist aber das Verhältnis K_h/K_d ziemlich stark temperaturabhängig, und zwar soll es bei der Essigsäure in der Gegend von 25° C ein Maximum aufweisen. Die Werte der Essigsäure und der Ameisensäure, die von verschiedenen Autoren bei verschiedenen Temperaturen gemessen worden sind, lassen sich deshalb nicht ohne weiteres miteinander vergleichen. Schwarzenbach schätzt den Fehler der in der Tabelle angegebenen K_h/K_d-Werte auf mindestens $\pm$ 0,1 bis 0,2 Einheiten.

Das Verhältnis der Dissoziationskonstanten K_h/K_d gibt aber noch nicht direkt das uns interessierende Verhältnis der katalytischen Wirksamkeit der gleichen Säure für irgendeine Reaktion in H_2O und D_2O, es unterscheidet sich hiervon vielmehr um einen Betrag, der im wesentlichen[3] gleich dem Verhältnis der Basenstärken von H_2O und D_2O ist. Man erkennt dies aus dem Vergleich der Gleichungspaare für die Dissoziation einer Säure in H_2O und D_2O:

$$HB + H_2O \rightleftharpoons B^- + H_3O^+ \quad K_h$$

$$DB + D_2O \rightleftharpoons B^- + D_3O^+ \quad K_d$$

und für ihre Abgabe eines Protons bzw. Deuterons an ein Substrat X im Verlauf einer säurekatalysierten Reaktion:

$$HB + X \rightleftharpoons B^- + HX^+ \quad K_H$$

$$DB + X \rightleftharpoons B^- + DX^+ \quad K_D.$$

---

[1] Nach G. Schwarzenbach: Z. Elektrochem. angew. physik. Chem. **44** (1938), 47; dort auch genauere Angaben über Dissoziationskonstanten von Säuren in schwerem Wasser und von schwerem Wasser selbst sowie ihre Berechnung in Gemischen von H_2O und D_2O.

[2] S. Korman, V. K. la Mer: J. Amer. chem. Soc. **58** (1936), 1396.

[3] Bis auf einen vom Ladungszustand der Säure abhängigen, nur wenig von 1 verschiedenen Faktor.

Im ersten Falle werden das Proton und das Deuteron der Säure an verschiedene Basenmoleküle H_2O und D_2O, im zweiten Fall aber an das gleiche Basenmolekül X abgegeben. Das D_2O-Molekül ist aber nicht nur eine schwächere Säure als das H_2O-Molekül, sondern auch eine schwächere Base; die Basenstärken von H_2O, HDO und D_2O verhalten sich wie $1 : 0,79 : 0,50_5$.[1] Die auf dieser Grundlage berechneten Verhältnisse K_H/K_D, welche ein Maß für die Stärke der Katalysatorsäuren in D_2O darstellen, sind in Spalte 4 der Tabelle 7 angegeben.

Tabelle 7. *Dissoziationskonstanten von Säuren in leichtem und schwerem Wasser.*

Säure	p_K	K_h/K_d	K_H/K_D	Temperatur in °C	Methode	Literatur
Oxalsäure	1,62	1,04	0,50	15	katalytisch	3
$^+NH(D)_3CH_2COOH(D)$	2,35	2,54	1,3	20	D_2-Elektrode	4
Phosphorsäure	2,37	1,61	0,77	20	D_2-Elektrode	4
Monochloressigsäure	2,85	2,7	1,3	—	Leitfähigkeit	5
Salicylsäure	2,97	4,05	1,9	25	Chinhydronelektrode	2
Ameisensäure	3,75	2,50	1,2	20	D_2-Elektrode	4
		2,68		15	katalytisch	3
		2,94		15	katalytisch	6
Aniliniumion	4,60	3,07	—	20	D_2-Elektrode	4
Essigsäure	4,75	2,87	1,4	20	D_2-Elektrode	4
		2,77		15	katalytisch	3
		3,09		25	Leitfähigkeit	5
		2,55		12	Chinhydronelektrode	2
		3,30		25		
		3,00		37		
Kakodylsäure	6,25	3,30	1,6	15	katalytisch	3
$H_2PO_4^-/D_2PO_4^-$	7,22	2,89	1,2	20	D_2-Elektrode	4
Ammoniumion	9,26	3,12	—	20	D_2-Elektrode	4
$(CH_3)_3NH^+/(CH_3)_3ND^+$	9,90	3,92	1,9	20	D_2-Elektrode	4
$^-OOC\!-\!CH_2\!-\!NH_3^+(D_3^+)$	9,90	3,41	—	20	D_2-Elektrode	4
Hydrochinon	10,0	3,36	1,6	25	Chinhydronelektrode	2
Wasser	15,91	5,43	1,5	20	D_2-Elektrode	4, 7, 8

4. Isotopenverschiebung der Reaktionsgeschwindigkeit in H_2O-D_2O-Mischungen. Untersucht man eine Reaktion in H_2O-D_2O-Gemischen von variablem D_2O-Gehalt, so ist ihre Geschwindigkeit im allgemeinen, wie auf S. 302ff. an den

---

[1] Über die Bestimmung dieser Werte siehe G. Schwarzenbach: Z. Elektrochem. angew. physik. Chem. **44** (1938), 47.

[2] S. Korman, V. K. la Mer: J. Amer. chem. Soc. **58** (1936), 1396.

[3] J. C. Hornel, J. A. V. Butler: J. chem. Soc. (London) **1936**, 1361.

[4] G. Schwarzenbach, A. Epprecht, H. Erlenmeyer: Helv. chim. Acta 19(1936), 1292.

[5] G. N. Lewis, P. W. Schutz: J. Amer. chem. Soc. **56** (1934), 1913.

[6] W. J. C. Orr, J. A. V. Butler: J. chem. Soc. (London) **1937**, 330.

[7] W. F. K. Wynne-Jones: Trans. Faraday Soc. **32** (1936), 1400.

[8] E. Abel, E. Bratu, O. Redlich: Z. physik. Chem., Abt. A **173** (1935), 360.

untersuchten Beispielen noch ausführlich gezeigt wird, keine lineare Funktion des D_2O-Molenbruches. Es sollen hier nur ganz kurz die unter 1 bis 3 besprochenen Einflüsse einzeln in ihrer Abhängigkeit vom D_2O-Gehalt der Lösung diskutiert werden.

Aus theoretischen Betrachtungen und aus dem Vergleich mit anderen Lösungsmitteleigenschaften von H_2O-D_2O-Mischungen ergibt sich, daß wir den Lösungsmitteleinfluß auf die Reaktionsgeschwindigkeit in einer für praktische Zwecke wohl stets ausreichenden Näherung als eine lineare Funktion des Molenbruches annehmen können.

Enthält das zu untersuchende Substrat austauschbaren Wasserstoff, so muß man berücksichtigen, daß das Verhältnis H : D im Substrat nicht den gleichen Wert besitzt wie im Wasser oder, was damit gleichbedeutend ist, daß die Gleichgewichtskonstante von Austauschgleichgewichten der Form

$$RH + HDO \rightleftharpoons RD + H_2O$$

im allgemeinen einen von 1 abweichenden Wert besitzt. Die Verschiebung dieser Gleichgewichte zeigt eine deutliche, theoretisch aus den Nullpunktsenergien der beteiligten Schwingungen zu erklärende Abhängigkeit von dem Typus der betreffenden Wasserstoffverbindung RH. In der Tabelle 8 sind zur Orientierung für einige wichtige Bindungsformen des Wasserstoffes mittlere experimentell beobachtete Deuteriumverteilungsquotienten angegeben, wobei der Verteilungsquotient durch das Verhältnis

Tabelle 8. *Mittlere Deuteriumverteilungsquotienten einzelner Bindungstypen.*[1]

Bindung	Verteilungsquotient
C—H aliphatisch	0,8
C—H aromatisch	0,9
N—H (Amine)	1,1
N—H (Pyrrol)	0,9
O—H (Säuren, Alkohole, Phenole)	1,0—1,1
S—H (Merkaptane)	0,4
S—H (in H_2S)	—100° C 0,25

$(D : H)_{\text{im Austauschpartner}} : (D : H)_{\text{im Wasser}}$ definiert ist und die Werte für Temperaturen zwischen 0 und etwa 100° C gelten. Durch den Verteilungsquotienten ist zunächst nur der durchschnittliche Deuteriumgehalt der betreffenden Substanz gegeben, der sich in einer Verbindung mit n austauschbaren Wasserstoffatomen auf die Molekülsorten XH_n, $XH_{n-1}D$, $XH_{n-2}D_2$ bis XD_n verteilt. Die Art letzterer Verteilung braucht man aber glücklicherweise, selbst für den Fall, daß die Reaktion an den betreffenden Wasserstoffatomen angreift, nchit zu berücksichtigen, denn es liegen experimentelle Hinweise dafür vor, daß man ein solches System rechnerisch behandeln darf, alsob es nur aus XH_n- und XD_n-Molekülen in einem durch den Brutto-D-Gehalt gegebenen Molverhältnis bestände. Physikalisch bedeutet dies, daß ein Wasserstoffatom in erster Näherung nichts davon „merkt", ob seine Nachbarn H- oder D-Atome sind, und daß die zu seiner Loslösung erforderliche Arbeit weitgehend von diesen Nachbaratomen unabhängig ist.

Der Einfluß eines Deuteriumaustausches im Substrat wird also bis auf geringere Abweichungen, die von einem von 1 verschiedenen Verteilungsquo-

---

[1] Nach C. K. Ingold: Z. Elektrochem. angew. physik. Chem. **44** (1938), 64; der Wert für die aromatische C-H-Bindung nach K. H. Geib: Z. physik. Chem., Abt. A **180** (1937), 211, der für H_2S nach K. H. Geib: Z. Elektrochem. angew. physik. Chem. **45** (1939), 648.

tienten herrühren, im allgemeinen ebenfalls eine lineare Funktion des D_2O-Molenbruches der Lösung sein.

Die im Experiment häufig beobachteten größeren Abweichungen von einer solchen Linearität zwischen D_2O-Gehalt und Reaktionsgeschwindigkeit sind nach diesen Überlegungen in der Hauptsache dem Einfluß einesWasser-

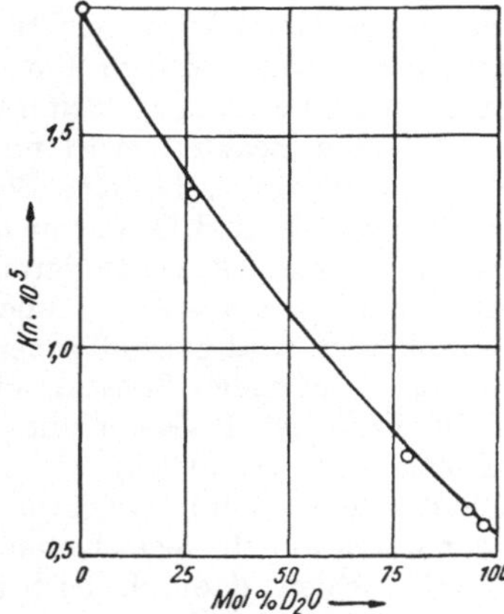

Abb. 2. Die Dissoziationskonstante Kn der Essigsäure in H_2O-D_2O-Gemischen.

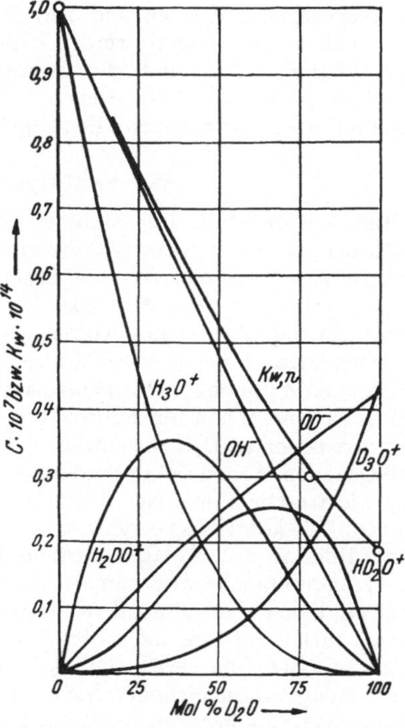

Abb. 3. Das Ionenprodukt des Wassers Kw, n in H_2O-D_2O-Gemischen und die Konzentration der verschiedenen Oxoniumionen und Hydroxylionen in solchen Gemischen.

stoffaustausches im Katalysator zuzuschreiben. Die Abb. 2, 3 und 4 geben Aufschluß über die nichtlineare Abhängigkeit der Dissoziationskonstanten schwacher Säuren und des Wassers selbst vom D_2O-Gehalt der Lösung, über die verschiedenen Dissoziationsprodukte des reinen Wassers sowie über die Verteilung der analytischen Gesamtacidität auf die verschiedenen Oxoniumionen. Die eingezeichneten Kreise bedeuten darin experimentelle Werte,[1]

---

[1] In Abb. 2 nach V. K. LA MER und J. P. CHITTUM: J. Amer. chem. Soc. **58** (1936), 642, in Abb. 3 nach G. SCHWARZENBACH, A. EPPRECHT, H. ERLENMEYER: Helv. chim. Acta **19** (1936), 1292, und bei 78% D_2O berechnet nach Daten von E. ABEL, O. BRATU und O. REDLICH: Z. physik. Chem., Abt. A **173** (1935), 360.

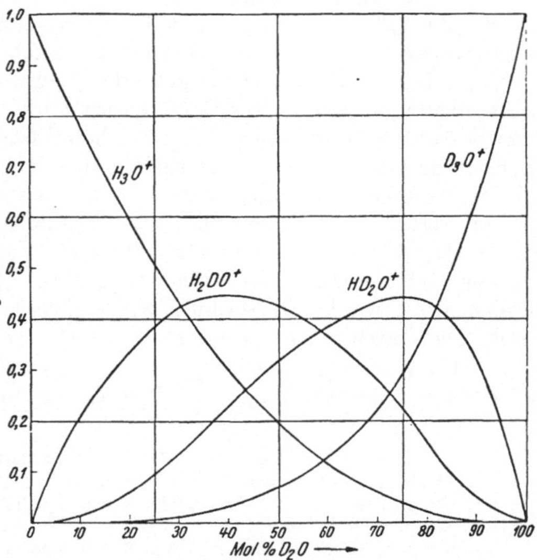

Abb. 4. Konzentration der verschiedenen Oxoniumionen in Abhängigkeit von D_2O-Gehalt der Lösung bei einer analytischen Gesamtacidität 1.

die ausgezogenen Kurven sind berechnet. Auf ihre Berechnung selbst kann hier nicht näher eingegangen werden.[1] Auf die Zusammenhänge zwischen diesen D_2O-Abhängigkeiten und der Isotopenverschiebung von Reaktionsgeschwindigkeiten in H_2O-D_2O-Gemischen bei säurekatalysierten Reaktionen wird im Anschluß an die experimentellen Ergebnisse ausführlicher zurückzukommen sein.

Säurekatalysierte Reaktionen.

Die Messung von Reaktionsgeschwindigkeiten in schwerem Wasser führte gleich bei der ersten Reaktion, die man untersuchte, bei der Inversion des Rohrzuckers, zu einem unerwarteten Ergebnis, insofern diese Reaktion in schwerem Wasser erheblich *schneller*, nämlich etwa 2mal schneller als in leichtem Wasser verlief.[2] Ähnliches wurde später bei Esterspaltungen,[3] bei dem Diazoessigesterzerfall,[4] bei der Enolisierung des Acetons[5] und bei einigen weiteren Reaktionen gefunden. Das gemeinsame an den genannten Reaktionen ist nur, daß es sich bei ihnen um Säurekatalysen handelt. Die Annahme, daß eine Elementarreaktion in D_2O wesentlich schneller ablaufen sollte als in H_2O, war nicht zu begründen. Schon bei der Rohrzuckerinversion wies aber BONHOEFFER darauf hin, wie trotzdem eine Geschwindigkeitserhöhung durch D_2O zustande kommen könnte:[6] Die katalytische Wirksamkeit der Wasserstoffionen wird ganz allgemein durch Bildung von Anlagerungskomplexen mit dem betreffenden Substrat erklärt; man braucht also nur anzunehmen, daß im Falle der Inversion dieser geschwindigkeitsbestimmend abreagierende Komplex in einer Gleichgewichtskonzentration vorliegt und daß diese Gleichgewichtskonzentration in D_2O größer ist als in H_2O. Die Geschwindigkeitserhöhung war damit auf die Verschiebung eines Anlagerungsgleichgewichtes zurückgeführt und schien dadurch leichter verständlich; denn wenn auch zunächst noch keine Gründe für das vermutete Vorzeichen der Verschiebung angegeben werden konnten, so waren doch zum mindesten andere Gleichgewichtsverschiebungen in D_2O von ähnlicher Größenordnung schon bekannt.

Die Voraussetzung, daß sich tatsächlich ein Anlagerungsgleichgewicht einstellt und daß nicht etwa die Anlagerung selbst der langsamste und damit geschwindigkeitsbestimmende Schritt ist, erschien bei der Rohrzuckerinversion erlaubt. Bei der Wichtigkeit, welche der Nachweis von solchen Vorgleichgewichten aber allgemein für das Verständnis der Wasserstoffionenkatalyse besitzt, wurde der postulierte Zusammenhang zwischen Vorgleichgewichtsausbildung und Erhöhung der Reaktionsgeschwindigkeit in schwerem Wasser weiteren kinetischen Untersuchungen zugrunde gelegt. Bisher hatte man ja nur unsichere Anhaltspunkte dafür, ob bei einer speziellen Reaktion die Anlagerung oder der Zerfall des Komplexes die Geschwindigkeit bestimmt, da die Konzentrationen solcher Anlagerungskomplexe oder überhaupt ihre Existenz, abgesehen von wenigen Fällen, wie etwa dem Acetamid,[7] wegen ihrer Kleinheit analytisch nicht erfaßbar sind. Die Untersuchungen in schwerem Wasser konnten dann auch bald die bis dato verschiedentlich ausgesprochene Gegenüberstellung von Reaktionen mit allgemeiner Säurekatalyse und Reaktionen mit spezifischer Wasserstoffionen-

---

[1] Vgl. G. SCHWARZENBACH: Z. Elektrochem. angew. physik. Chem. **44** (1938), 47.

[2] E. A. MOELWYN-HUGHES, K. F. BONHOEFFER: Naturwiss. **22** (1934), 174.

[3] K. SCHWARZ: Akad. Anzeiger Wien, 26. April 1934; Z. Elektrochem. angew. physik. Chem. **40** (1934), 474.

[4] P. GROSS, H. STEINER, F. KRAUSS: Trans. Faraday Soc. **32** (1936), 877.

[5] O. REITZ: Naturwiss. **24** (1936), 814.

[6] K. F. BONHOEFFER: Z. Elektrochem. angew. physik. Chem. **40** (1934), 469.

[7] H. v. EULER, A. ÖLANDER: Z. physik. Chem., **131** (1928), 107.

Tabelle 9. *Säurekatalysen in schwerem Wasser.*

Reaktion	Temperatur in °C	Katalysator	k_D/k_H	Literatur
Rohrzuckerinversion	25	H_3O^+, D_3O^+	$2{,}0_5$	[1,2]
Mutarotation der d-Glucose	25	H_3O^+, D_3O^+	$0{,}7_3$	[3,4]
		Essigsäure	$0{,}4$	[4]
Hydrolyse von Acetal	18	H_3O^+, D_3O^+	$2{,}6_4$	[5]
Hydrolyse von Äthylorthoformiat	18	H_3O^+, D_3O^+	$2{,}0_5$	[6,7]
Hydrolyse von Methylacetat ...	15	H_3O^+, D_3O^+	$1{,}6_0$	[8]
Hydrolyse von Äthylacetat.....	15	H_3O^+, D_3O^+	$1{,}5^*$	[9]
Hydrolyse von Äthylformiat ...	15	H_3O^+, D_3O^+	$1{,}4$	[8]
Hydrolyse von Acetamid	25	H_3O^+, D_3O^+ $0{,}1n$	$1{,}5_0$	
		$1{,}0n$	$1{,}2_7$	[10]
		$4{,}0n$	$0{,}8_5$	
Hydrolyse von Acetonitril	105	H_3O^+, D_3O^+	$1{,}36$	[10]
Bromierung von Aceton:				
CH_3COCH_3	25	H_3O^+, D_3O^+	$2{,}1$	[11]
CD_3COCD_3	25	H_3O^+, D_3O^+	$2{,}1$	
CH_3COCH_3	25	Monochloressig-säure	$0{,}8$	[12]
CH_3COCH_3	25	Glykolsäure	$0{,}75$	
CH_3COCH_3	25	Milchsäure	$0{,}7$	
CH_3COCH_3	25	Essigsäure	$0{,}7$	
Diazoessigesterzerfall..........	0	H_3O^+, D_3O^+	$3{,}4_0$	[13]
	15		$3{,}1_5$	
	25		$2{,}9$	
	35		$2{,}9$	
Isomerisierung von aci-Nitro-äthan	5	H_3O^+, D_3O^+	$1{,}0$	[14]
Depolymerisierung von Dihy-droxyaceton	0	H_3O^+, D_3O^+	$1{,}1$	[15]
Dithionsäurespaltung	40	H_3O^+, D_3O^+	$2{,}5$	[16]
	100		$2{,}2$	

* D_2O-Gehalt 90 Mol.-%.

[1] E. A. Moelwyn-Hughes, K. F. Bonhoeffer: Naturwiss. **22** (1934), 174. — E. A. Moelwyn-Hughes: Z. physik. Chem., Abt. B **26** (1934), 272.

[2] P. Gross, H. Suess, H. Steiner: Naturwiss. **22** (1934), 662. — P. Gross, H. Steiner, H. Suess: Trans. Faraday Soc. **32** (1936), 883.

[3] E. A. Moelwyn-Hughes, R. Klar, K. F. Bonhoeffer: Z. physik. Chem., Abt. A **169** (1934), 113.

[4] W. H. Hamill, V. K. la Mer: J. chem. Physics **4** (1936), 395.

[5] J. C. Hornel, J. A. V. Butler: J. chem. Soc. (London) **1936**, 1361.

[6] F. Brescia, V. K. la Mer: J. Amer. chem. Soc. **60** (1938), 1962.

[7] W. J. C. Orr, J. A. V. Butler: J. chem. Soc. (London) **1937**, 330.

[8] W. E. Nelson, J. A. V. Butler: J. chem. Soc. (London) **1938**, 957.

[9] K. Schwarz: Z. Elektrochem. angew. physik. Chem. **40** (1934), 474; Akad. Anzeiger Wien, 26. April 1934.

[10] O. Reitz: Z. physik. Chem., Abt. A **183** (1939), 371; Z. Elektrochem. angew. physik. Chem. **44** (1938), 693.

[11] O. Reitz: Z. physik. Chem., Abt. A **179** (1937), 119; Z. Elektrochem. angew. physik. Chem. **43** (1937), 659.

[12] O. Reitz, J. Kopp: Z. physik. Chem., Abt. A **184** (1939), 429.

[13] P. Gross, H. Steiner, F. Krauss: Trans. Faraday Soc. **32** (1936), 877; **34** (1938), 351.

[14] S. H. Maron, V. K. la Mer: J. Amer. chem. Soc. **61** (1939), 692.

[15] E. M. Evans: Z. physik. Chem., (im Druck).

[16] H. Stamm, M. Goehring: Z. physik. Chem., Abt. A **183** (1938), 112.

katalyse als Reaktionen ohne Vorgleichgewichtsausbildung bzw. mit Vorgleichgewicht widerlegen,[1] indem sie zeigten, daß zum mindesten unter den prototropen Isomerisationen als der Hauptgruppe von Reaktionen mit allgemeiner Säurekatalyse Vorgleichgewichtsausbildung und Geschwindigkeitserhöhung in D_2O vorkommen kann.

Im weiteren Verlauf erfuhr der vermutete Zusammenhang zwischen Geschwindigkeitserhöhung in D_2O und Vorgleichgewichtsausbildung eine wesentliche Stütze in einem aufgefundenen Zusammenhang zwischen der Abhängigkeit der Reaktionsgeschwindigkeit vom D_2O-Gehalt des Wassers in H_2O-D_2O-Mischungen und der Existenz eines Vorgleichgewichts, auf welchen aber erst nach Besprechung der speziellen Meßergebnisse eingegangen werden soll.

In Tabelle 9 sind die säurekatalysierten Reaktionen, die bisher in schwerem Wasser untersucht wurden, zusammengestellt. Der Quotient k_D/k_H in Spalte 4 gibt an, um wieviel schneller bzw. langsamer die Reaktion in D_2O unter dem Einfluß des in Spalte 3 angegebenen Katalysators erfolgte als in H_2O. Die Zahlenwerte sind dabei aus dem Kurvenverlauf in H_2O-D_2O-Mischungen und aus den Messungen in hochprozentigem schwerem Wasser auf 100%iges D_2O extrapoliert. Soweit Angaben mehrerer Autoren vorliegen, ist nur der genaueste oder der am zuverlässigsten erscheinende Zahlenwert aufgenommen.[2] Im Anschluß an die Tabelle sollen die Ergebnisse bei einzelnen Reaktionen, soweit dies gerechtfertigt erscheint, noch näher besprochen werden.

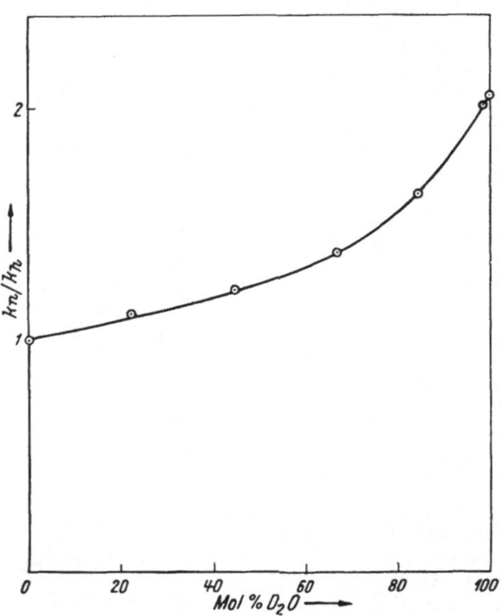

Abb. 5.
Geschwindigkeit der durch Wasserstoffionen katalysierten Rohrzuckerinversion in Abhängigkeit vom D_2O-Gehalt.

Rohrzuckerinversion (Spezifische Wasserstoffionenkatalyse).

Die Abhängigkeit der Inversionsgeschwindigkeit vom D_2O-Gehalt der Lösung nach Versuchen von Gross, Suess und Steiner[3] ist in Abb. 5 wiedergegeben, wobei als Ordinate das Verhältnis der Geschwindigkeit bei dem jeweiligen Molenbruch n des D_2O zu der Geschwindigkeit in H_2O k_n/k_h aufgetragen ist. Die Krümmung der Kurve soll im Zusammenhang mit den völlig analogen Krümmungen bei anderen durch Wasserstoffionen katalysierten Reaktionen weiter unten diskutiert werden. Die Inversion war die erste Reaktion, bei der die Vermutung ausgesprochen wurde, daß eine Geschwindigkeitserhöhung in D_2O auf eine Erhöhung der Konzentration des Anlagerungskomplexes (Substrat·Wasserstoffion) zurückzuführen sei.[4]

---

[1] O. Reitz: Naturwiss. **24** (1936), 814. — K. F. Bonhoeffer, O. Reitz: Z. physik. Chem., Abt. A **179** (1937), 135.

[2] Das entsprechende Literaturzitat ist durch Fettdruck seiner Nummer hervorgehoben.

[3] P. Gross, H. Suess, H. Steiner: Trans. Faraday Soc. **32** (1936), 883.

[4] K. F. Bonhoeffer: Z. Elektrochem. angew. physik. Chem. **40** (1934), 469.

Mutarotation der d-Glucose (Allgemeine Säure- und Basenkatalyse).

Die Mutarotation ist bislang die einzige bekannte säurekatalysierte Reaktion, welche in D_2O erheblich langsamer verläuft als in H_2O. Diese Tatsache wurde als Anzeichen dafür genommen, daß bei der Mutarotation im Gegensatz zu den übrigen Reaktionen sich kein Anlagerungsgleichgewicht ausbildet, sondern daß in diesem Falle die Protonen- bzw. Deuteronenanlagerung selbst geschwindigkeitsbestimmend ist, wie auch Modellbetrachtungen des mutmaßlichen Reaktionsmechanismus wahrscheinlich machen.[1] Für die durch *Wasserstoffionen katalysierte Reaktion* ergab sich ebenso wie für die durch *undissoziierte Essigsäure katalysierte Reaktion* in H_2O-D_2O-Mischungen eine völlig lineare Abhängigkeit der Katalysenkonstante vom D_2O-Gehalt, wodurch sich die Mutarotation ebenfalls charakteristisch von den anderen Säurekatalysen unterscheidet. Ein deutlicher Unterschied in den Aktivierungsenergien in H_2O und D_2O wurde von HAMILL und LA MER[2] nicht beobachtet. Die gegenteilige Feststellung in der älteren Untersuchung von MOELWYN-HUGHES[3] ist vielleicht in Anbetracht der geringen D_2O-Mengen, mit denen diese ausgeführt wurde, zweifelhaft. Der Isotopieeffekt auf die BRÖNSTEDsche Beziehung (vgl. Bd. II, S. 229) ist aus den beiden Gleichungen

$$k_{HB} = 0{,}11 \cdot K_{HB}^{0{,}27} \text{ in } H_2O$$

und

$$k_{DB} = 0{,}07 \cdot K_{DB}^{0{,}29} \text{ in } D_2O$$

ersichtlich,[2] wobei allerdings die Bestimmung der Konstanten aus nur je zwei Katalysenkonstanten recht unsicher sein dürfte.

Hydrolyse von Acetal und Estern (Spezifische Wasserstoffionenkatalyse).

Die Geschwindigkeiten der durch Wasserstoffionen katalysierten Hydrolysen von Acetal, Methylacetat und Äthylformiat sind in Abb. 6 in Abhängigkeit vom D_2O-Gehalt der Lösung wiedergegeben (Diskussion der Kurvenkrümmung siehe später).[4, 5]

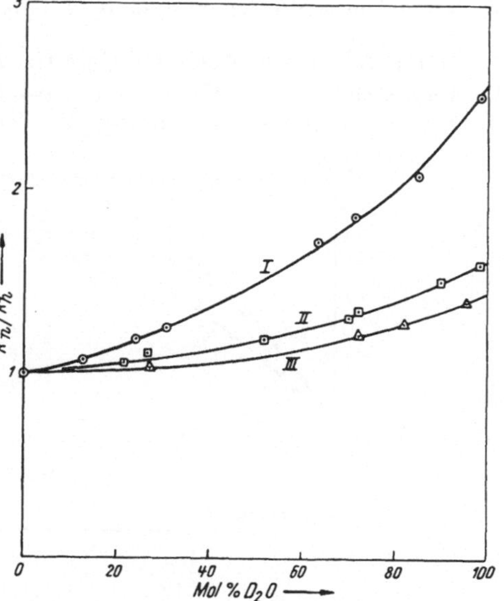

Abb. 6. Geschwindigkeit verschiedener säurekatalysierter Hydrolysen in Abhängigkeit vom D_2O-Gehalt des Wassers bei 15° C.

⊙ *I* Hydrolyse von Acetal (ORR und BUTLER),

⊡ *II* Hydrolyse von Methylacetat (NELSON und BUTLER, SCHWARZ),

△ *III* Hydrolyse von Äthylformiat (NELSON und BUTLER).[4]

[1] K. F. BONHOEFFER, O. REITZ: Z. physik. Chem., Abt. A **179** (1937), 135.
[2] W. H. HAMILL, V. K. LA MER: J. chem. Physics **4** (1936), 395.
[3] E. A. MOELWYN-HUGHES: Z. physik. Chem., Abt. B **26** (1934), 272.
[4] J. C. HORNEL, J. A. V. BUTLER: J. chem. Soc. (London) **1936**, 1361.
[5] W. E. NELSON, J. A. V. BUTLER: J. chem. Soc. (London) **1938**, 957. — Die Extrapolation für reines D_2O ist bei NELSON und BUTLER auf Grund theoretischer Überlegungen (vgl. S. 298) niedriger gelegt und führt zu einem Wert $k_n/k_h = 1{,}37$ gegenüber 1,43 in der Figur [vgl. F. BRESCIA: J. chem. Physics **7** (1939), 310.]

Aus den Geschwindigkeiten der Hydrolyse von Acetal und von *Äthylorthoformiat* (spezifische Wasserstoffionenkatalyse) in verschiedenen Pufferlösungen in H_2O und D_2O wurden von Hornel und Butler[1] die Dissoziationskonstanten von Oxalsäure, Ameisensäure, Essigsäure und Kakodylsäure in D_2O bestimmt.

Brescia und la Mer geben nach ihren Messungen an Äthylorthoformiat in Acetatpuffern für das Verhältnis der Katalysenkonstanten $k_{D_3O^+}/k_{H_3O^+}$ den Wert 2,35 an;[2] die Abweichung dieser Angabe von dem Butlerschen Wert beruht im wesentlichen auf der Zugrundelegung eines anderen Wertes für das Verhältnis der Dissoziationskonstanten von leichter und schwerer Essigsäure bei Berechnung des p_H-Wertes der Pufferlösungen. Die Abhängigkeit der Hydrolysengeschwindigkeit vom D_2O-Gehalt ist nach den Versuchen von Brescia und la Mer — unter Berücksichtigung der nichtlinearen Änderung der Dissoziationskonstante der Essigsäure mit dem D_2O-Molenbruch — exakt linear.

Hydrolyse von Acetamid (Spezifische Wasserstoffionenkatalyse).

Das Verhältnis der Hydrolysegeschwindigkeiten von Acetamid in H_2O und D_2O ist in saurer Lösung stark von der Wasserstoffionenkonzentration abhängig

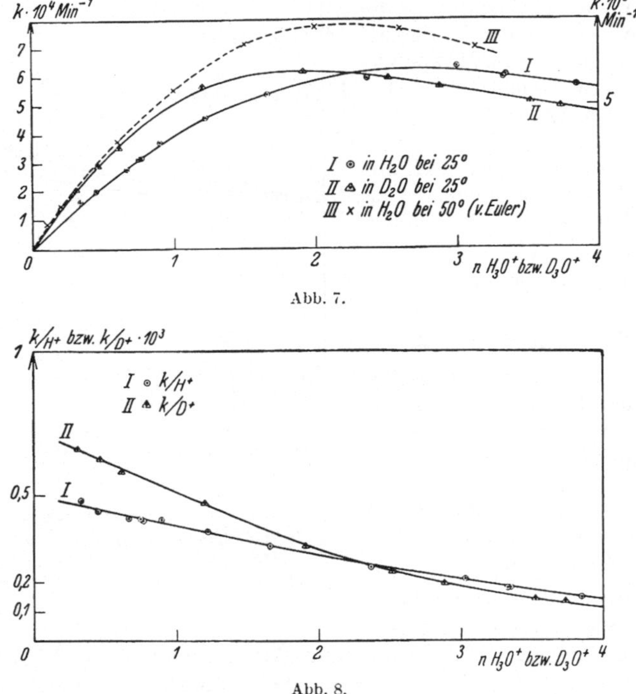

Abb. 7.

Abb. 8.

Abb. 7 und 8. Geschwindigkeit der sauren Hydrolyse von Acetamid in H_2O und D_2O bei 25° C in Abhängigkeit von der H_3O^+- bzw. D_3O^+-Konzentration.[3] (Für die in Abb. 7 zum Vergleich mitangegebenen Versuche v. Eulers bei 50° C [gestrichelte Kurve] gilt der rechte Maßstab.)

(vgl. Abb 7): Während bei einer Normalität von 0,1 n die Reaktion in D_2O (bei 25° C) etwa 50% schneller als in H_2O ist, werden in 2,3 n Lösung beide Reaktionen

[1] J. C. Hornel, J. A. V. Butler: J. chem. Soc. (London) **1936**, 1361.
[2] F. Brescia, V. K. la Mer: J. Amer. chem. Soc. 60 (1938), 1962.
[3] O. Reitz: Z. physik. Chem., Abt. A **183** (1939), 371.

gleich schnell, und schließlich ist in 3—4 n Lösung die Reaktion in D_2O etwa 15% langsamer. Die Erklärung geht von der Tatsache aus, daß die saure Amidhydrolyse über einen Anlagerungskomplex $CH_3CONH_3{}^+$ erfolgt, dessen Konzentration im Gegensatz zu den Komplexkonzentrationen bei sonstigen säurekatalysierten Reaktionen außerordentlich hoch und mit den Konzentrationen des Substrats und des Katalysators kommensurabel ist,[1] so daß für die Reaktion keine eigentliche Katalysenkonstante mehr existiert (vgl. Abb. 8, in der der Quotient aus Geschwindigkeitskonstante und Säurekonzentration in Abhängigkeit von der Säurekonzentration aufgetragen ist). Bei niederen Katalysatorkonzentrationen ist die Komplexkonzentration in D_2O wesentlich höher als in H_2O und ergibt die höhere Reaktionsgeschwindigkeit. Bei höherer Katalysatorkonzentration (Säure im Überschuß, Acetamidkonzentration bei den Versuchen etwa 0,2 n) liegt praktisch alles Amid als Komplex vor, und man mißt im wesentlichen das Verhältnis der Zerfallsgeschwindigkeiten des Komplexes, wonach der Zerfall in D_2O etwas langsamer verläuft als in H_2O.

Zum Vergleich mit der Hydrolyse wurde die *Alkoholyse von Acetamid* in säurehaltigem CH_3OH und CH_3OD herangezogen.[2] Wegen der geringeren Protonenaffinität muß in Alkohol das Anlagerungsgleichgewicht

$$CH_3CONH_2 + CH_3OH_2{}^+ \rightleftharpoons CH_3CONH_3{}^+ + CH_3OH$$

bzw.

$$CH_3COND_2 + CH_3OD_2{}^+ \rightleftharpoons CH_3COND_3{}^+ + CH_3OD$$

noch stärker zugunsten des Anlagerungskomplexes verschoben sein als das entsprechende Gleichgewicht in H_2O und D_2O. Wie daher zu erwarten, ergab sich die Alkoholysengeschwindigkeit unabhängig von der Säurekonzentration. Die Alkoholyse ist in dem D-haltigen Lösungsmittel ebenfalls langsamer als in dem gewöhnlichen Lösungsmittel ($k_{CH_3OD_2{}^+}/k_{CH_3OH_2{}^+}$ etwa 0,5 bei 25° C).

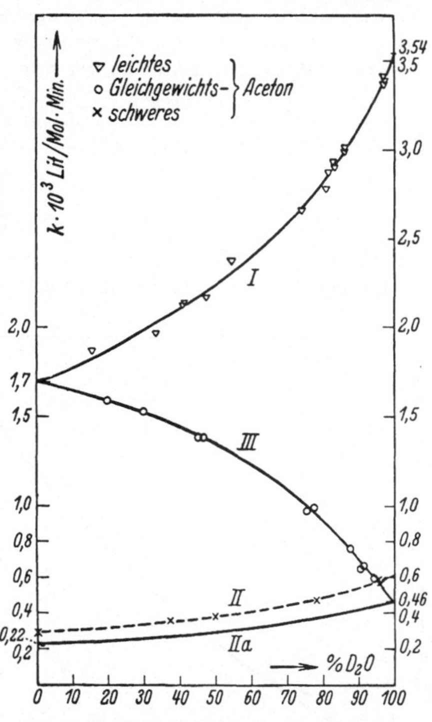

Abb. 9. Die Geschwindigkeit der durch Wasserstoffionen katalysierten Bromierung des Acetons in Abhängigkeit vom D_2O-Gehalt des Wassers.[3]

Aceton-Enolisierung (Allgemeine Säure- und Basenkatalyse).

In Abb. 9 ist die Katalysenkonstante für die durch *Wasserstoffionen katalysierte Bromierung* von Aceton in Abhängigkeit vom D_2O-Gehalt der Lösung aufgetragen, und zwar in Kurve *I* für gewöhnliches Aceton, in Kurve *II* für schweres Aceton mit einem D-Gehalt von 95 Mol.-% und in Kurve *III* für „Gleichgewichts"-Aceton, d. h. für Aceton, bei dem vor der Bromzugabe durch längeres Erwärmen

[1] H. v. EULER, A. ÖLANDER: Z. physik. Chem., 131 (1928), 107.
[2] O. REITZ: Z. physik. Chem., Abt. A 183 (1939), 371.
[3] Nach O. REITZ: Z. physik. Chem., Abt. A 179 (1937), 119.

der Reaktionslösung das Austauschgleichgewicht mit der betreffenden D_2O-haltigen Lösung eingestellt war. Kurve *II* a für Aceton mit 100% D-Gehalt ist aus den übrigen Daten extrapoliert. Der D-Gehalt des Gleichgewichtsacetons ist unter Berücksichtigung des Deuteriumverteilungsquotienten (siehe S. 298) stets etwas kleiner als der des Wassers. Die Enolisierung, die durch die Bromierung gemessen wird, verläuft in D_2O in Gegenwart von D_3O^+-Ionen 2,1mal schneller als in H_2O in Gegenwart von H_3O^+. Diese Beschleunigung in D_2O, die für leichtes und schweres Aceton den gleichen Betrag hat, wird durch Erhöhung der Gleichgewichtskonzentration des intermediären Komplexes gedeutet, dessen Bildung durch Anlagerung eines Protons bzw. Deuterons an den Ketonsauerstoff bei der säurekatalysierten Enolisierung von Aceton nach

$$CH_3 \cdot CO \cdot CH_3 + H_3O^+ \underset{\text{(schnell)}}{\rightleftharpoons} CH_3-\overset{\overset{\displaystyle OH^+}{\|}}{C}-CH_3 + H_2O \xrightarrow{\text{(langsam)}}$$

$$\rightarrow CH_2{=}\overset{\overset{\displaystyle OH}{|}}{C}-CH_3 + H_3O^+$$

als gesichert gelten darf.[1] — Bei gleichem D_2O-Gehalt des Lösungsmittels wird schweres Aceton 7,7mal langsamer enolisiert, ein Faktor, der im wesentlichen das Verhältnis der Geschwindigkeiten der Loslösung eines Protons und eines Deuterons vom Kohlenstoff wiedergibt. (Diskussion der Kurvenkrümmungen siehe später.)

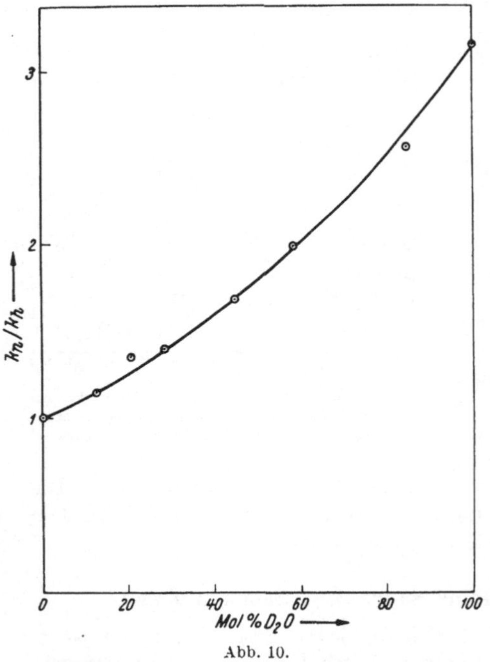

Zwischen der Bromierungsgeschwindigkeit und der Geschwindigkeit des Austausches von Wasserstoff gegen Deuterium, der ebenfalls über die Enolform verläuft, wird in Lösungen von gleichem D_2O-Gehalt quantitative Übereinstimmung gefunden, wenn man berücksichtigt, daß sechs austauschbare Wasserstoffatome vorhanden sind, deren Austausch unabhängig voneinander stattfindet. Dieser Befund sowie die Möglichkeit der Berechnung der Kurve *III* aus den Kurven *I* und *II*, d. h. aus den Bromierungsgeschwindigkeiten von reinem leichtem und reinem schwerem Aceton, deuten darauf hin, daß die Loslösung eines Protons bzw. Deuterons aus der Methylgruppe des Acetons praktisch unbeeinflußt davon bleibt, ob die Nachbaratome H- oder D-Atome sind (vgl. auch S. 298).

Abb. 10.
Diazoessigesterzerfall in H_2O-D_2O-Mischungen bei 15° C.[2]

Die *durch undissoziierte Säuren katalysierte* Bromierung des Acetons unterscheidet sich von der durch Wasserstoffionen katalysierten Reaktion haupt-

---

[1] K. J. PEDERSEN: J. physic. Chem. **38** (1934), 581. — K. F. BONHOEFFER, O. REITZ: Z. physik. Chem., Abt. A **179** (1937), 135.
[2] Nach P. GROSS, H. STEINER, F. KRAUSS: Trans. Faraday Soc. **34** (1938), 351.

sächlich darin, daß sie in schwerem Wasser nicht schneller verläuft als in leichtem Wasser, sondern, mit nur geringerer Abhängigkeit von der Katalysatorsäure, um 20—35% langsamer. Der Geschwindigkeitsunterschied zwischen der Bromierung von leichtem und schwerem Aceton dagegen wird beim Übergang von der Wasserstoffionenkatalyse zur Katalyse durch undissoziierte Säuren nur wenig geändert.

Diazoessigesterzerfall (Spezifische Wasserstoffionenkatalyse).

Die Geschwindigkeit des durch Wasserstoffionen katalysierten Diazoessigesterzerfalles bei $15°$ C in H_2O-D_2O-Mischungen ist in Abb. 10 wiedergegeben (Diskussion der Kurvenkrümmung siehe später). Die Temperaturabhängigkeit der Zerfallsgeschwindigkeit wurde in schwerem und leichtem Wasser bestimmt und ergab eine Differenz der Aktivierungsenergien von 800 ± 150 cal in H_2O und D_2O, wonach die Erhöhung der Geschwindigkeit in D_2O auf eine Herabsetzung der Aktivierungsenergie, und zwar vermutlich auf eine Herabsetzung der Nullpunktsenergie des reagierenden Komplexes zurückzuführen ist.

Isomerisierung von *aci*-Nitroäthan (Allgemeine Säurekatalyse).

Unter der Voraussetzung, daß die Reaktion zwischen dem Anion und dem Katalysator nach dem Schema

$$CH_3 \cdot CH {=} NOO^- + H_3O^+ \rightarrow CH_3CH_2NO_2 + H_2O$$

stattfindet und unter der Annahme des Wertes $K_H/K_D = 3{,}2$ für das Verhältnis der Dissoziationskonstanten von aci-Nitroäthan in H_2O und D_2O, ergibt sich Gleichheit der Geschwindigkeiten in H_2O und D_2O.

Vorgleichgewicht und Isotopenverschiebung.

Die Untersuchung der Abhängigkeit der Reaktionsgeschwindigkeit vom D_2O-Gehalt ergab bei einer Reihe von Säurekatalysen, wie die Figuren 5 bis 10 zeigen, charakteristische Abweichungen von einer Linearität, die (mit Ausnahme der Dithionsäurespaltung[1]) immer im gleichen Sinne lagen. Zu ihrer Erklärung betrachten wir eine Reaktion mit Vorgleichgewichtsausbildung, d. h. eine Reaktion, bei der in dem allgemeinen Schema einer Säurekatalyse

$$R + H_3O^+ \underset{k_2}{\overset{k_1}{\rightleftharpoons}} (RH)^+ + H_2O \overset{k_3}{\dashrightarrow} R' + H_3O^+$$

(Prototrope Isomerisation.)[2]

bzw.

$$H_2O + R + H_3O^+ \underset{k_2}{\overset{k_1}{\rightleftharpoons}} (RH)^+ + 2H_2O \overset{k_3}{\dashrightarrow} R' + R'' + H_3O^+$$

(Hydrolyse.)

---

[1] H. Stamm, M. Goehring: Z. physik. Chem., Abt. A **183** (1938), 112.

[2] Im Falle *allgemeiner* Säurekatalyse treten neben die Reaktion $(RH)^+ + H_2O \rightarrow R' + H_3O^+$ lediglich noch weitere Reaktionen $(RH)^+ + B_i^- \rightarrow R' + HB_i$ mit den anwesenden katalysierenden Säuren HB_i und mit Geschwindigkeitskonstanten k_3, B_i, während die Konzentration von $(RH)^+$ durch das Gleichgewicht mit den H_3O^+-Ionen festgelegt ist. Die folgenden Überlegungen gelten daher auch für allgemeine Säurekatalyse. — Da bei einer Hydrolyse ähnliche Folgereaktionen mit B_i^- wie bei einer Isomerisation nicht denkbar sind, sollten bei einer Hydrolyse Vorgleichgewicht und allgemeine Säurekatalyse sich gegenseitig ausschließen. Die Beobachtungen in H_2O-D_2O-Gemischen führen nun bei der Hydrolyse einfacher Ester (vgl. S. 303) zur Annahme eines Vorgleichgewichtes. Nelson und Butler [J. chem. Soc. (London) **1938**, 957] weisen daher darauf hin, daß danach die Beobachtung H. M. Dawsons [J. chem. Soc. (London) **1927**, 2107, 2444] einer Katalyse durch undissoziierte Säuren bei solchen Estern zweifelhaft erscheint.

$k_3 \ll k_2$ ist. Die Bruttogeschwindigkeit der Reaktion wird dann durch

$$k = (k_1/k_2) \cdot k_3 = K \cdot k_3 \tag{1}$$

gegeben, wobei in einem H_2O-D_2O-Gemisch die Komplexkonstante $K = K(n)$ und die Zerfallsgeschwindigkeit des Komplexes $k_3 = k_3(n)$ irgendwelche Funktionen des D_2O-Molenbruches n sind. Von k_3, welches etwa im Falle einer Enolisierung die Geschwindigkeit des Protonenüberganges aus einer C—H-Bindung an ein Gemisch von H_2O-, HDO- und D_2O-Molekülen[1] darstellt, können wir vereinfachend annehmen, daß es sich linear mit dem D_2O-Gehalt ändert. Diese Voraussetzung wird in den meisten Fällen hinreichend erfüllt sein. Die beobachtete Abweichung von der Linearität spiegelt dann praktisch nur die nichtlineare Änderung von $K(n)$ und mithin der Komplexkonzentration $[RH^+]$ wieder. Wir wollen diese Änderung in H_2O-D_2O-Mischungen näher betrachten.

In H_2O ist die Konzentration des Anlagerungskomplexes durch die Gleichgewichtskonstante (Komplexkonstante)

$$K_H = K(0) = [RH^+]/([R] \cdot [H_3O^+])$$

und entsprechend in D_2O durch eine Konstante $K_D = K(1)$ bestimmt, wobei die Größen in [ ] Aktivitäten bedeuten und $[H_3O^+]$ bzw. $[D_3O^+]$ gleich der analytischen Acidität P multipliziert mit dem elektrostatischen Aktivitätskoeffizienten γ ist, welch letzterer mit wachsender Verdünnung gegen 1 geht und jedenfalls in H_2O-D_2O-Mischungen als vom Molenbruch $n = (D_2O)/[(H_2O) + (D_2O)]$ unabhängig angesehen werden kann. In einem H_2O-D_2O-Gemisch existieren die beiden Komplexe RH^+ und RD^+ nebeneinander, welche durch die beiden Beziehungen

$$K(0) = [RH^+]/([R] \cdot h) \quad \text{und} \quad K(1) = [RD^+]/([R] \cdot d) \tag{2a, b}$$

festgelegt sind; hierin bedeuten h und d die Protonen- bzw. Deuteronenaktivität der Lösung. h und d sind Funktionen von n und sind so normiert, daß mit $n \to 0$ $h \to [H_3O^+]$ und mit $n \to 1$ $d \to [D_3O^+]$ geht. Die effektive Komplexkonstante kann dann

$$K(n) = ([RH^+] + [RD^+])/[R] (h + d)$$

geschrieben werden; die Bruttogeschwindigkeit der Reaktion $k(n)$ ist durch die Beziehung

$$k(n) = \{h \cdot k(0)/k_3(0) + d \cdot k(1)/k_3(1)\} k_3(n) \tag{3}$$

oder, falls k_3 als unabhängig von n angesehen werden darf,[2] durch

$$k(n) = h \cdot k(0) + d \cdot k(1) \tag{3a}$$

mit den Geschwindigkeiten in reinem leichtem und in reinem schwerem Wasser und mit der Protonen- und der Deuteronenaktivität verknüpft.

h und d hängen von dem Verhältnis der verschiedenen Ionen H_3O^+, H_2DO^+, HD_2O^+, D_3O^+ ab und sind wie dieses spezifische Eigenschaften der Wassermoleküle, d. h. unabhängig von dem betrachteten Substrat R. Sämtliche Gleichgewichte in H_2O-D_2O-Mischungen unter Beteiligung von Wasserstoffionen (Oxoniumionen) werden also durch die gleichen Funktionen h und d bestimmt. Die Abhängigkeit dieser Größen von dem Verhältnis der verschiedenen Oxonium-

---

[1] Sowie an B_i^--Moleküle bei Anwesenheit weiterer Katalysatorsäuren HB_i.

[2] Sofern, wie in den meisten Fällen, Gründe dafür vorliegen, daß sich beim Übergang von H_2O nach D_2O k_3 weniger stark ändert als K, kann auch in den Fällen, in denen k_3 sicher von n abhängt, der vereinfachende Ansatz $k_3 \sim$ const als brauchbare Näherung verwendet werden.

ionen läßt sich durch die Verhältnisse der Gleichgewichtskonstanten K_h und K_d einer Reihe von Dissoziationsgleichgewichten

$$\begin{array}{ll}
RH + H_2O \rightleftarrows R^- + H_3O^+ & K_h \\
RH + HDO \rightleftarrows R^- + H_2DO^+ & \tfrac{3}{2}\, K_h' \\
RH + D_2O \rightleftarrows R^- + HD_2O^+ & 3\, K_h'' \\
RD + H_2O \rightleftarrows R^- + H_2DO^+ & 3\, K_d'' \\
RD + HDO \rightleftarrows R^- + HD_2O^+ & \tfrac{3}{2}\, K_d' \\
RD + D_2O \rightleftarrows R^- + D_3O^+ & K_d
\end{array}$$

mit beliebigem Partner R ausdrücken, und zwar in der Form[1]

und
$$h = (1/Q(n)) \cdot P \cdot \gamma \cdot [H_2O]^{1/2} \tag{4}$$
$$d = (1/Q(n) \cdot \sqrt{L}) \cdot P \cdot \gamma \cdot [D_2O]^{1/2}, \tag{5}$$

wobei
$$Q(n) = [H_2O]^{3/2} +$$
mit
$$+ [HOD] \cdot [H_2O]^{1/2} \cdot K_h'/K_h + [D_2O] \cdot [H_2O]^{1/2} \cdot K_h''/K_h + [D_2O]^{3/2}/\sqrt{L}$$
$$L = [H_3O^+]^2 \cdot [D_2O]^3/[D_3O^+]^2 \cdot [H_2O]^3$$
ist.

Wie zuerst GROSS, STEINER und SUESS[2] gezeigt haben, kann man $Q(n)$ einerseits empirisch aus Gleichgewichtsmessungen in H_2O-D_2O-Gemischen ermitteln[3] und anderseits aus der Kenntnis der beiden Gleichgewichte

und
$$[HDO]^2 / [H_2O] \cdot [D_2O] = q$$
$$[H_3O^+]^2 \cdot [D_2O]^3 / [D_3O^+]^2 \cdot [H_2O]^3 = L$$

numerisch berechnen, wenn man über die Verhältnisse der Gleichgewichtskonstanten K_h und K_d noch eine zusätzliche Annahme macht, deren plausibelste nach SCHWARZENBACH[4]
$$K_h''/K_h'/K_h = K_d/K_d'/K_d'' \tag{6}$$

lautet. Die Ergebnisse werden durch eine etwas andere Annahme über die Konstantenverhältnisse, wie bei GROSS, STEINER und SUESS und wie bei ORR und BUTLER, kaum beeinflußt. Die SCHWARZENBACHsche Annahme bedeutet, daß der Einfluß der D-Atome als Substituenten sich auf die Acidität des Protons und diejenige des Deuterons im Oxoniumion genau gleich auswirkt. In Abb. 11 ist die Funktion $Q(n)$ wiedergegeben,[5] und zwar einmal berechnet mit den Zahlenwerten $L = 14{,}4$ und $q = 3{,}27$ und mit zwei etwas verschiedenen Annahmen über die Verhältnisse der Konstanten K_h und K_d (ausgezogene und gebrochene Linie) und zum andern empirisch ermittelt aus Gleichgewichtsmessungen in H_2O-D_2O-Gemischen (eingezeichnete Punkte). In Abb. 12 ist ferner die Verteilung

---

[1] In diesem Falle bedeuten $[H_2O]$, $[HDO]$ und $[D_2O]$ die wahren Molenbrüche, also etwa $[HDO] = \dfrac{(HDO)'}{(H_2O) + (HDO) + (D_2O)}$, während sonst bei Angabe des D_2O-Molenbruches immer so gerechnet wird, als ob Wasser nur aus H_2O- und D_2O-Molekülen bestände.

[2] P. GROSS, H. STEINER, H. SUESS: Trans. Faraday Soc. **32** (1936), 883. — Siehe auch W. J. C. ORR, J. A. V. BUTLER: J. chem. Soc. (London) **1937**, 330. — F. BRESCIA: J. chem. Physics **7** (1939), 310.

[3] Aus der Leitfähigkeit starker Säuren und aus Dissoziationskonstanten schwacher Säuren in H_2O-D_2O-Gemischen, ferner aus der Verteilung von Pikrinsäure zwischen Benzol und Wasser (H_2O-D_2O-Gemischen).

[4] G. SCHWARZENBACH: Z. Elektrochem. angew. physik. Chem. **44** (1938), 47.

[5] Nach ORR und BUTLER: l. c.

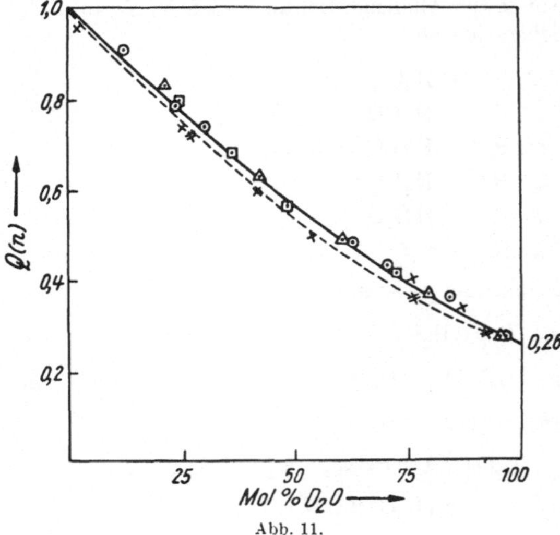

Abb. 11.

$Q(n)$ berechnet: ―――――

$Q(n)$ gemessen: ― ― ― ―

△ Dissoziationskonstante der Ameisensäure.

✻ Dissoziationskonstante der Essigsäure.

✗ Pikrinsäureverteilung zwischen Benzol und Wasser.

⊙ Hydrolyse von Acetal.

⊡ Diazoessigesterzerfall.

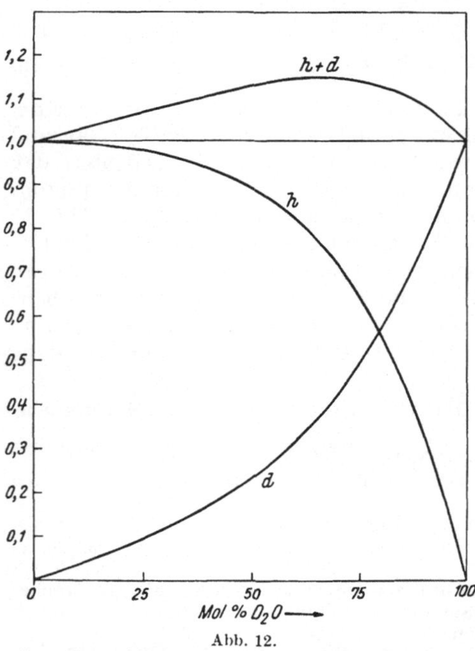

Abb. 12.

Protonen- und Deuteronenaktivität in Abhängigkeit vom
D_2O-Gehalt der Lösung bei einer analytischen Acidität 1.

der Gesamtacidität auf die Protonen- und Deuteronenaktivität in H_2O-D_2O-Gemischen wiedergegeben. Es sei darauf hingewiesen, daß $h + d \neq P\gamma$, d. h. nicht gleich der Gesamtacidität der Lösung ist. Schließlich ist in Abb. 13 das theoretische Geschwindigkeitsverhältnis $k(n)/k(0)$ für verschiedene Verhältnisse $k(1)/k(0)$ in reinem D_2O und H_2O aufgezeichnet, und zwar für eine Reaktion, die durch die thermodynamischen Funktionen h und d nach Gleichung (3a) bestimmt wird.[1]

In der Tat können in den bisher untersuchten Fällen die bei Geschwindigkeitsmessungen in H_2O-D_2O-Gemischen gefundenen Abweichungen von der Linearität quantitativ durch die Funktionen h und d für die Protonen- und die Deuteronenaktivität erklärt werden [vgl. Abb. 11, in der die aus dem Kurvenverlauf bei der Hydrolyse von Acetal und dem Diazoessigesterzerfall berechneten Werte für $Q(n)$ miteingezeichnet sind und beste Übereinstimmung mit der berechneten sowie empirisch ermittelten $Q(n)$-Kurve zeigen]. Lediglich im Falle der Rohrzuckerinversion ergaben sich größere Abweichungen von dem zu erwartenden Verlauf.[2] Will man diesen Zusammenhang zwischen der thermodynamischen Funktion und den kinetischen Daten nicht als rein zufällig ansehen, so bedeutet er, daß die betreffenden Geschwindigkeiten durch die Gleichgewichtskonzentrationen eines Wasserstoffionen-Anlagerungskomplexes mitbestimmt werden. Bemerkenswert ist, daß gerade die Reaktionen, welche in D_2O erheblich schneller

――――――――

[1] Nach W. E. NELSON, J. A. V. BUTLER: J. chem. Soc. (London) **1938**, 957.

[2] P. GROSS, H. STEINER, H. SUESS: Trans. Faraday Soc. **32** (1936), 883.

ablaufen als in H_2O, auch eine deutliche Krümmung in der Kurve ihrer Abhängigkeit vom D_2O-Gehalt zeigen,[1] welche nach dem Dargelegten durch Annahme eines Vorgleichgewichtes zu erklären ist.

Die Untersuchung säurekatalysierter Reaktionen in schwerem Wasser liefert also, wie ausgeführt wurde, zwei Kriterien dafür, ob sich im Verlauf einer Säurekatalyse ein Vorgleichgewicht einstellt:

1. Wir dürfen annehmen, daß sich bei Reaktionen, die eine erhebliche Geschwindigkeitserhöhung in D_2O zeigen, ein Vorgleichgewicht einstellt, während bei denen, welche in schwerem Wasser langsamer verlaufen, die Ausbildung des Vorgleichgewichtes durch schnelle Weiterreaktion gestört wird. Über Reaktionen, deren Geschwindigkeiten sich in H_2O und D_2O nur geringfügig unterscheiden, läßt sich keine allgemeine Aussage machen. Ebenso kann das Kriterium versagen, wenn, wie im besonderen Falle der Hydrolyse des Acetamids bei hoher Katalysatorkonzentration, die Komplexkonzentration von der Größenordnung der Substratkonzentration selbst wird. Eine solche Reaktion ist aber leicht daran zu erkennen, daß ihre Geschwindigkeit in Abhängigkeit von der Katalysatorkonzentration von dem normalen geradlinigen Verlauf durch den Nullpunkt abweicht.

2. Wir dürfen annehmen, daß sich bei allen Reaktionen, deren Geschwindigkeitsabhängigkeit vom D_2O-Gehalt einer H_2O-D_2O-Mischung sich mit Hilfe der thermodynamischen Protonen- und Deuteronenaktivität aus den Geschwindigkeiten in reinem H_2O und D_2O berechnen läßt, ein Vorgleichgewicht einstellt. Kleinere Abweichungen von dem so geforderten Kurvenverlauf in H_2O-D_2O-Mischungen (wie etwa bei der Inversion) sprechen nicht gegen ein Anlagerungsgleichgewicht, da sie etwa auf eine nichtlineare Abhängigkeit der Zerfallsgeschwindigkeit k_3 des Komplexes vom D_2O-Gehalt geschoben werden können.

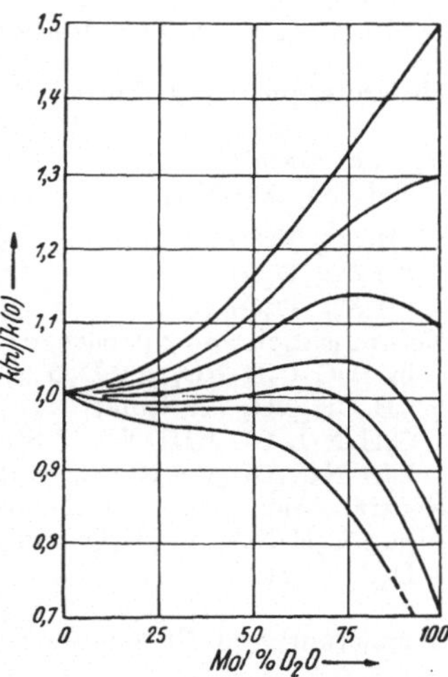

Abb. 13. Theoretisch zu erwartender Kurvenverlauf in H_2O-D_2O-Mischungen für säurekatalysierte Reaktionen mit Vorgleichgewicht und verschiedenem Geschwindigkeitsverhältnis $k(1)/k(0)$ in D_2O und H_2O.

Basenkatalysierte Reaktionen.

Die bisher in schwerem Wasser untersuchten Basenkatalysen sind in Tabelle 10 zusammengestellt. Zum Vergleich wurden einige unter dem Einfluß von Alkali verlaufende Hydrolysen mit aufgenommen, die nicht als eigentliche Basenkatalysen zu bezeichnen sind, da das Alkali in ihrem Verlaufe verbraucht wird. Die echten Basenkatalysen sind nach den Bedingungen, unter denen ein Geschwindigkeitsvergleich angestellt wurde, gruppiert: in der ersten Gruppe bedeutet k_d/k_h den Quotienten aus den Geschwindigkeiten der Reaktionen in schwerem und in leichtem Wasser, in der zweiten Gruppe den Geschwindigkeitsquotienten der Reaktionen einer deuteriumsubstituierten Verbindung und der entsprechenden H-Verbindung im gleichen Lösungsmittel. In den Fällen, in denen Reaktionen an Substraten von verschiedenem D-Substitutionsgrad verglichen wurden, sind die betreffenden Substrate angegeben.

---

[1] Eine Ausnahme hiervon scheint nur das Äthylorthoformiat zu machen.

Tabelle 10. *Basenkatalysen in schwerem Wasser.*

Reaktion	Temperatur in °C	Katalysator	k_d/k_h	Literatur
Hydrolysen in schwerem Wasser:				
Verseifung von Äthylacetat	ca. 15	(OH^-, OD^-)	1,33	[1]
Hydrolyse von Monochloracetat	45	(OH^-, OD^-)	1,2	[2]
Hydrolyse von Acetamid	25	(OH^-, OD^-)	$0,9_0$	[3]
Hydrolyse von Acetonitril	35	(OH^-, OD^-)	$1,2_0$	[3]
Hydrolyse von Diacetonalkohol..	15	(OH^-, OD^-)	1,45	[4,5]
Echte Basenkatalysen: Geschwindigkeitsvergleich in H_2O und D_2O:				
Mutarotation der d-Glucose	25	H_2O, D_2O	0,26	[6,7,8,9,10]
	25	CH_3COO^-	0,42	[10]
Nitramidzerfall NH_2NO_2/ND_2NO_2	25	H_2O, D_2O	0,19	[10]
	15	H_2O, D_2O	0,26	[11]
(91,5% D_2O)	15	CH_3COO^-	0,42	[12]
(91,5% D_2O)	15	$C_6H_5COO^-$	0,45	[12]
(91,5% D_2O)	15	Salicylat	0,46	[12]
Neutralisation von Nitroäthan: in H_2O $C_2H_5NO_2$, in D_2O $CH_3CH_2NO_2$ (1. Stufe).......	5	OH^-, OD^-	1,40	
$C_2H_5NO_2, CH_3CHDNO_2$ (2.Stufe)	5		$0,5_1$	[13,8]
$C_2H_5NO_2, CH_3CD_2NO_2$ (3. Stufe)	0		0,15—0,4	
Neutralisation von Nitroisopropan $C_3H_7NO_2$ in H_2O und in D_2O (1. Stufe)	5	OH^-, OD^-	1,36	[13]
Bromierung von Nitromethan ..	25	CH_3COO^-	$0,8_5$—0,9	[14]
	25	CH_2ClCOO^-	$0,7$—$0,8_5$	
	70	H_2O, D_2O	$\sim 0,5$	
Bromierung von Aceton	25	CH_3COO^-	0,9	[15]

Geschwindigkeitsvergleich der gewöhnlichen und der deuteriumsubstituierten Verbindung im gleichen Lösungsmittel: *

Reaktion	Temperatur in °C	Katalysator	k_d/k_h	Literatur
Enolisierung von 2-o-Carboxybenzylidan-1-on.............	25—45	CH_3COO^-	$0,2_3$—$0,3_3$	[16]
Neutralisation von Nitroäthan: $CH_3CH_2NO_2$ und CH_3CHDNO_2 in D_2O	0	OD^-	$0,3_7$	[13]
$CH_3CH_2NO_2$ und $CH_3CD_2NO_2$ in D_2O	0	OD^-	0,1—$0,2_5$	[8]
Bromierung von Nitromethan CH_3NO_2 und CD_3NO_2 in H_2O	25	CH_3COO^-	0,14—0,16	[14]
	25	CH_2ClCOO^-	0,19—0,23	
	70	H_2O	0,20—0,26	
Bromierung von Aceton CH_3COCH_3 und CD_3COCD_3 ..	25	CH_3COO^-	$0,1_5$	[15]
Racemisierung von CH_3—〈 〉—$CH(D)CO_2^-$	100	OH^-	0,22	[17]

* Vgl. auch Wasserstoff-Deuteriumaustauschreaktionen bei Azomethinen und bei Cyclohexenylacetonitril sowie die Gegenüberstellung des Austausches leichter Verbindungen (Essigsäure, Acetat, Resorcin) in D_2O mit dem Rückaustausch der entsprechenden schweren Verbindungen in H_2O, in Tabelle 1, S. 277 f., und Tabelle 2, S. 286. Über die Relativgeschwindigkeiten der Protonen- und Deuteronenablösung und der

Auch bei basenkatalysierten Reaktionen, und zwar vor allem bei den Hydrolysen, wurden teilweise Erhöhungen der Geschwindigkeit in schwerem Wasser beobachtet, welche aber nicht ganz so groß sind wie bei einigen der säurekatalysierten Reaktionen. Die meisten der aufgeführten Reaktionen sind prototrope Isomerisationen; die bei ihnen häufig beobachtete erhebliche Verlangsamung in D_2O ist stets in der Hauptsache auf den Unterschied zwischen der Geschwindigkeit der Protolyse und der Deuterolyse zurückzuführen. Auf einige der Reaktionen soll näher eingegangen werden.

Mutarotation der d-Glucose (Allgemeine Säure- und Basenkatalyse).

Ebenso wie die säurekatalysierte verläuft auch die basenkatalysierte Mutarotation in D_2O erheblich langsamer als in H_2O.[18] Für die durch *Acetationen katalysierte Reaktion* ist die Abhängigkeit der Katalysenkonstante vom D_2O-Gehalt völlig linear; für die durch die *Wassermoleküle katalysierte Reaktion* (Spontanreaktion) ergibt sich eine deutliche Krümmung (vgl. Abb. 14),[19] die sich sowohl durch verschiedene Basizitäten der Wassermoleküle H_2O, HDO und D_2O als auch durch den D-Gehalt der an der Mutarotation beteiligten Hydroxylgruppe beschreiben läßt, wenn man letzteren auf Grund von Austauschversuchen an Tetramethylglucose[20] berechnet, in welcher die übrigen an der Mutarotation unbeteiligten H-Atome durch Methylgruppen ersetzt sind. Für die BRÖNSTEDsche Beziehung der basenkatalysierten Reaktion wurden die beiden Gleichungen

$$k_B = 8{,}7 \cdot 10^{-4} \cdot K_B^{0{,}384} \text{ in } H_2O$$

und

$$k_B = 2{,}3 \cdot 10^{-4} \cdot K_B^{0{,}382} \text{ in } D_2O$$

angegeben; über die Unsicherheit der Konstanten dieser Gleichungen sowie über die Aktivierungsenergien in H_2O und D_2O gilt das bei der säurekatalysierten Reaktion gesagte (vgl. S. 303).

entsprechenden Anlagerungen mit Wasser oder Alkohol, abgeleitet aus Austauschversuchen bei Vinylessigsäure und Cyclohexenylacetonitril, vgl. Anm. 2, S. 279.

[1] W. F. K. WYNNE-JONES, Chem. Reviews **17** (1935), 115.

[2] O. REITZ: Z. physik. Chem., Abt. A **177** (1936), 85.

[3] O. REITZ: Ebenda **183** (1939), 371; Z. Elektrochem. angew. physik. Chem. **44** (1938), 693.

[4] J. C. HORNEL, J. A. V. BUTLER: J. chem. Soc. (London) **1936**, 1361.

[5] W. E. NELSON, J. A. V. BUTLER: J. chem. Soc. (London) **1938**, 957.

[6] E. A. MOELWYN-HUGHES, R. KLAR, K. F. BONHOEFFER: Z. physik. Chem., Abt. A **169** (1934), 113.

[7] E. PACSU: J. Amer. chem. Soc. **56** (1934), 745.

[8] W. F. K. WYNNE-JONES: J. chem. Physics **2** (1934), 381.

[9] W. H. HAMILL, V. K. LA MER: J. chem. Physics **2** (1934), 891. 4 (1936), 144.

[10] W. H. HAMILL, V. K. LA MER: Ebenda 4 (1936), 395.

[11] V. K. LA MER, J. GREENSPAN: Trans. Faraday Soc. **33** (1937), 1266. — V. K. LA MER: Chem. Reviews 19 (1936), 363.

[12] S. LIOTTA, V. K. LA MER: J. Amer. chem. Soc. **60** (1938), 1967.

[13] S. H. MARON, V. K. LA MER: J. Amer. chem. Soc. **60** (1938), 2588.

[14] O. REITZ: Z. physik. Chem., Abt. A **176** (1936), 363.

[15] O. REITZ, J. KOPP: Z. physik. Chem., Abt. A **184** (1939), 429.

[16] C. L. WILSON: J. chem. Soc. (London) **1936**, 1550.

[17] D. J. G. IVES, G. C. WILKS: J. chem. Soc. (London) **1938**, 1455.

[18] Das in die Tabelle aufgenommene Geschwindigkeitsverhältnis nach HAMILL und LA MER [J. chem. Physics 4 (1936), 395] für die Katalyse durch H_2O und D_2O-Moleküle stimmt mit dem von WYNNE-JONES gut überein, während die übrigen, früheren Messungen etwas kleinere Unterschiede in H_2O und D_2O ergaben.

[19] Nach W. H. HAMILL, V. K. LA MER: J. chem. Physics 4 (1936), 144.

[20] W. H. HAMILL, W. FREUDENBERG: J. Amer. chem. Soc. **57** (1935), 1427.

Die große Geschwindigkeitsherabsetzung durch D_2O scheint zu beweisen, daß die Loslösung eines Deuterons vom Sauerstoff erheblich langsamer erfolgt als die Loslösung eines Protons, wie sich ein entsprechend großer Unterschied mehrfach für C—H und C—D (Enolisierung von Ketonen, Isomerisierung von Nitroparaffinen) sowie für N—H und N—D beim Nitramidzerfall ergeben hatte.

Nitramidzerfall (Allgemeine Basenkatalyse).

Der Nitramidzerfall ist in schwerem Wasser mit den *Wassermolekülen als katalysierender Base* etwa 5mal langsamer als in H_2O, wobei wegen des momentanen Wasserstoffaustausches der NH_2-Gruppe der Zerfall von ND_2NO_2 in D_2O

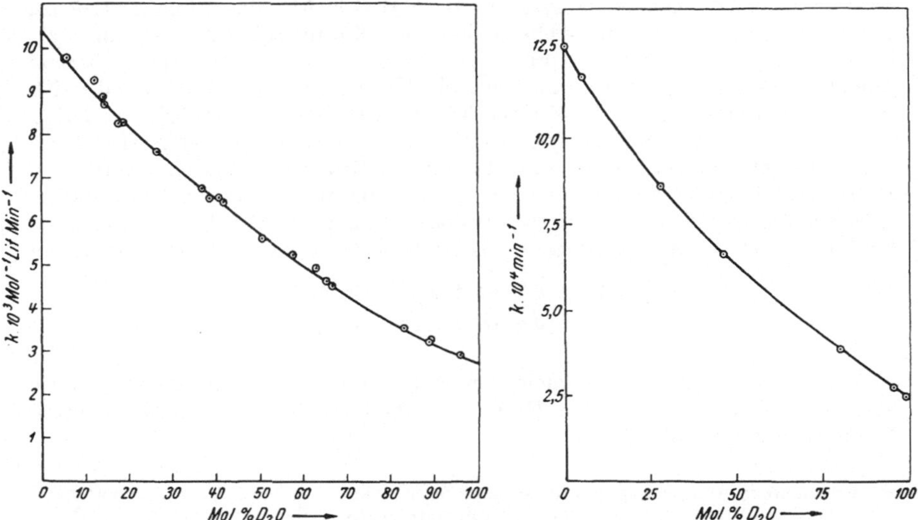

Abb. 14. Geschwindigkeit der Mutarotation (Spontanreaktion) in Abhängigkeit vom D_2O-Gehalt der Lösung.[1]

Abb. 15. Geschwindigkeit des Nitramidzerfalls (Spontanreaktion) in Abhängigkeit vom D_2O-Gehalt der Lösung.[2]

mit dem von NH_2NO_2 in H_2O verglichen wird (vgl. S. 295). Mit den *Anionen schwacher Säuren als Katalysatoren* sind die Geschwindigkeiten in H_2O und D_2O nur um einen Faktor 2 bis 2,5 verschieden. Die Aktivierungsenergie scheint dabei in D_2O rund 1 kcal größer zu sein, allerdings sind die Aktivierungsenergien in H_2O fremden Messungen entnommen: bei der Spontanreaktion, bei welcher auch in H_2O Vergleichsmessungen bei verschiedenen Temperaturen vorliegen, wurde ein kleinerer Effekt in umgekehrter Richtung gefunden.

Für die Brönstedsche Beziehung beim Nitramidzerfall ergibt sich ähnlich wie bei der basenkatalysierten Mutarotation (siehe früher), daß der Exponent von K_B praktisch ungeändert bleibt. Auch die Abhängigkeit der Zerfallsgeschwindigkeit vom D_2O-Gehalt der Lösung (vgl. Abb. 15) ergibt eine ähnliche Kurve wie bei der durch Wassermoleküle katalysierten Mutarotation. Die Zusammenhänge zwischen der Krümmung und der Konstanten des H-D-Austauschgleichgewichtes zwischen Nitramid und Wasser sind nicht ganz klar.

---

[1] Nach W. H. Hamill, V. K. la Mer: J. chem. Physics **4** (1936), 144.
[2] Nach V. K. La Mer, J. Greenspan: Trans. Faraday Soc. **33** (1937), 1266. Bei 25° C, mit dekadischen Logarithmen berechnet.

Isomerisierung der Nitroparaffine (Allgemeine Basenkatalyse).

OH^-- bzw. OD^--Ionen als Katalysatoren. Aus Versuchen über die Neutralisationsgeschwindigkeit (= Geschwindigkeit der Salzbildung mit Alkali) ergibt sich, daß die Isomerisierung eines Nitroparaffins $RCH_2 \cdot NO_2$ mit OD^--Ionen in D_2O etwa 1,4mal schneller verläuft als mit OH^--Ionen in H_2O. Die größere Geschwindigkeit in D_2O bedeutet, abgesehen vom Lösungsmitteleffekt des schweren Wassers, daß OD^- eine stärkere Base ist als OH^- entsprechend der geringeren Säurestärke des D_2O verglichen mit dem H_2O (vgl. S. 297). Setzt man aus dem bei der Neutralisation entstandenen Salz das Nitroparaffin in D_2O wieder durch eine äquivalente Menge Säure in Freiheit, so erhält man ein Nitroparaffin $RCHD \cdot NO_2$, in dem 1 H-Atom durch 1 D-Atom ersetzt ist. Dieses wird nun mit Alkali in D_2O nur etwa halb so schnell neutralisiert wie das ursprüngliche $RCH_2 \cdot NO_2$ mit OH^- in H_2O bzw. nur 0,37mal so schnell wie $RCH_2 \cdot NO_2$ mit OD^- in D_2O. Die beschriebene Neutralisation nach vorherigem Austausch *eines* Wasserstoffatoms ist in der Tabelle 10 als 2. Stufe bezeichnet. Bei nochmaliger Freimachung des Nitroparaffins durch Säure in D_2O wird das zweite H-Atom gegen D ausgetauscht; die Neutralisationsgeschwindigkeit von $RCD_2 \cdot NO_2$ mit OD^- in D_2O (3. Stufe) ist aber wegen der größeren Zersetzlichkeit der D-substituierten Produkte nicht mehr genau zu messen,[1] jedenfalls ist sie aber nach WYNNE-JONES[2] vier- bis zehnmal langsamer als die von $RCH_2 \cdot NO_2$ mit OD^- in D_2O. Die Aktivierungsenergie scheint für die Neutralisation der deuterierten Verbindungen etwas kleiner zu sein als für die der H-Verbindungen und ebenfalls für die Neutralisation in D_2O etwas kleiner als für die Neutralisation in H_2O.[1]

Anionen schwacher Säuren als Katalysatoren. Unter Verwendung schwächerer Katalysatoren (Acetationen, Chloracetationen, Wassermoleküle) wurde ferner die Bromierungsgeschwindigkeit von Nitromethan gemessen, welche ebenfalls gleich der Isomerisierungsgeschwindigkeit ist[3]. Mit den genannten Ionen werden in H_2O und D_2O nur geringe Geschwindigkeitsunterschiede beobachtet, die im wesentlichen dem Lösungsmitteleffekt des Wassers

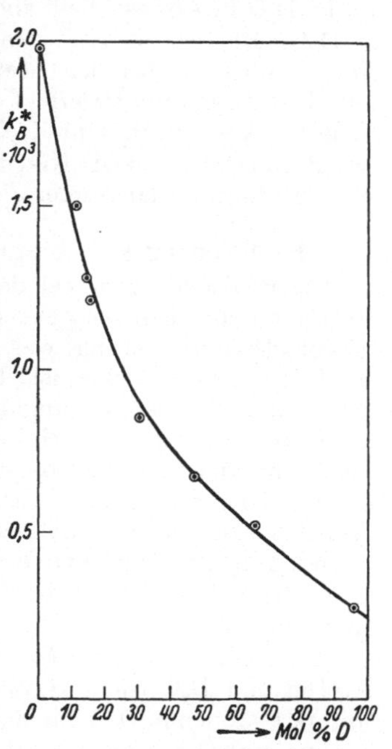

Abb. 16. Abhängigkeit der Bromierungsgeschwindigkeit vom D-Gehalt des Nitromethans (bei Gegenwart von Acetationen, Abszisse = D-Gehalt des Wassers, mit dem das Nitromethan im Austauschgleichgewicht stand).[3]

zuzuschreiben sind (vgl. S. 294). Schweres Nitromethan (CD_3NO_2) wird unter gleichen Bedingungen (gleiches Lösungsmittel, gleiche Base) wesentlich langsamer bromiert als gewöhnliches Nitromethan: die Bromierung der Deuteriumverbindung entspricht der 3. Stufe bei der Neutralisation (siehe früher) und spiegelt im wesentlichen den Unterschied der Geschwindigkeit der Loslösung eines Protons und eines Deuterons wieder. Aus dem Vergleich der mit verschieden starken Basen (Hydroxylionen, Säureanionen, Wasser) gewonnenen Daten ergibt sich die wegen der starken Streuung der Versuche nicht ganz sichere Folgerung, daß dieser

---

[1] S. H. MARON, V. K. LA MER: J. Amer. chem. Soc. **60** (1938), 2588.
[2] W. F. K. WYNNE-JONES: J. chem. Physics **2** (1934), 389.
[3] Nach O. REITZ: Z. physik. Chem., Abt. A **176** (1936), 377.

Unterschied in den Loslösegeschwindigkeiten um so größer wird, je stärker der Katalysator ist.

In Abb. 16 ist die Bromierungsgeschwindigkeit von „Gleichgewichtsnitromethan" in H_2O-D_2O-Mischungen wiedergegeben. Unter „Gleichgewichtsnitromethan" ist dabei ähnlich wie bei der säurekatalysierten Bromierung von Aceton (siehe S. 305f.) verstanden, daß vor dem Versuch das Deuteriumaustauschgleichgewicht zwischen dem Wasser und dem Nitromethan zur Einstellung gebracht worden war. Für die beobachtete Krümmung konnte keine Erklärung gegeben werden.

H_2O- bzw. D_2O-Moleküle als Katalysatoren. Die Bromierung von Nitromethan ist in D_2O in Abwesenheit anderer Katalysatoren nur etwa halb so schnell wie in H_2O. Die Isotopenverschiebung der Geschwindigkeit ist demnach in diesem Falle größer als bei der Acetat- und Chloracetationenkatalyse; sie setzt sich aus dem Lösungsmitteleffekt des schweren Wassers und dem Unterschied der Basenstärken von H_2O und D_2O zusammen (D_2O = schwächere Base, siehe S. 297). Die Bromierung von CD_3NO_2 ist im gleichen Lösungsmittel (also in H_2O *oder* D_2O) vier- bis fünfmal langsamer als die von CH_3NO_2.

Enolisierung von Aceton (Allgemeine Säure- und Basenkatalyse).

Die Beobachtungen bei der durch *Acetationen katalysierten* Bromierung von Aceton entsprechen weitgehend den Ergebnissen bei der Acetationenkatalyse der Nitromethanbromierung, was auf Grund des gleichen Reaktionsschemas beider Reaktionen zu verstehen ist: 1. der Lösungsmitteleffekt des D_2O ist auch hier nur gering, d. h. die Geschwindigkeiten unterscheiden sich in H_2O und D_2O nur wenig; 2. die Bromierung von schwerem Aceton ist unter gleichen Bedingungen mehrmals langsamer als die von leichtem Aceton; ein Geschwindigkeitsunterschied, für den die gleiche Ursache maßgeblich ist, wie für den etwa ebenso großen Unterschied bei der säurekatalysierten Bromierung (S. 305f.); 3. die Geschwindigkeit ändert sich mit dem D_2O-Gehalt der Lösung in nichtlinearer Weise; die Krümmung liegt dabei im gleichen Sinne wie beim Nitromethan, ist aber nicht ganz so auffallend.

Messungen des durch *OD-Ionen katalysierten* Deuteriumaustausches zwischen Aceton und D_2O (siehe S. 276, 279) sprechen dafür, daß auch die Enolisierung mit OD^--Ionen in D_2O um einen ähnlichen Betrag schneller erfolgt als die Enolisierung mit OH^--Ionen in H_2O, wie die Neutralisation von Nitroparaffinen in D_2O schneller ist als in H_2O.

Hydrolyse von Diacetonalkohol (Spezifische OH^--Ionenkatalyse).

Die Geschwindigkeit der Hydrolyse von Diacetonalkohol ist eine lineare Funktion des D_2O-Gehaltes der Lösung, während eine analoge Überlegung wie bei den säurekatalysierten Reaktionen mit Ausbildung eines Vorgleichgewichtes (siehe S. 307ff.), d. h. eine Betrachtung der Hydroxyl- und Deuteroxylionenaktivitäten eine gekrümmte Kurve erwarten ließe.[1]

Aufklärung der Mechanismen katalysierter Reaktionen unter Anwendung von Isotopen.

Deuterium als Indikator: Katalytische Racemisierung. Die Untersuchung der durch Äthylat katalysierten Racemisierung des d-Phenylbromessigsäure-l-Menthylesters in C_2H_5OD ergab, daß während der Racemisierung 1 Wasserstoff-

---

[1] W. E. Nelson, J. A. V. Butler: J. chem. Soc. (London) **1938**, 957.

atom des Esters ausgetauscht wird.[1] Dieser Befund kann als beweisend dafür angesehen werden, daß die Racemisierung über die symmetrische Enolform

$$C_6H_5 \cdot CBr = C \overset{\displaystyle OH}{\underset{\displaystyle OR}{\Big\langle}}$$

verläuft. Die unkatalysierte thermische Racemisierung der Mandelsäure bei 140° verläuft dagegen nicht über eine Enolform, da bei ihr kein Wasserstoffaustausch zu beobachten ist.[2]

Sauerstoffisotope als Indikator, Alkalische Esterhydrolyse und saure Veresterung: Bei der Esterhydrolyse bestand schon lange eine Kontroverse darüber, ob die Hydrolyse nach

$$R_1 \overset{\displaystyle}{\underset{\displaystyle}{|}} O \overset{\displaystyle O}{\overset{\displaystyle \|}{C}} R_2 + H_2O \rightarrow R_1OH + HO \overset{\displaystyle O}{\overset{\displaystyle \|}{C}} R_2 \tag{1}$$

oder nach

$$R_1 \overset{\displaystyle}{O} \overset{\displaystyle O}{\overset{\displaystyle \|}{C}} R_2 + H_2O \rightarrow R_1OH + HO \overset{\displaystyle O}{\overset{\displaystyle \|}{C}} R_2 \tag{2}$$

verläuft. Eine Entscheidung darüber, welche der beiden Bindungen der Sauerstoffbrücke aufgespalten wird, hatte man bisher dadurch zu erlangen gesucht, daß man R_1 und R_2 homologe Reihen von Radikalen durchlaufen ließ und die jeweils beobachteten Geschwindigkeitsänderungen diskutierte, oder daß man Ester verseifte, in denen das an die Sauerstoffbrücke gebundene Kohlenstoffatom von R_1 asymmetrisch war. Die Unsicherheit solcher Beweisführungen erkennt man am besten daraus, daß sie zu verschiedenen Ergebnissen führten. Unter Verwendung von $H_2{}^{18}O$ läßt sich die Frage nach dem Mechanismus direkt entscheiden durch die Feststellung, ob der schwere Sauerstoff nach der Verseifung im Alkohol oder in der Säure sitzt. Auf diesem Wege zeigte POLANYI[3] beim Amylacetat, daß die *alkalische* Verseifung nach dem Schema (2) erfolgt, denn der Amylalkohol enthielt nur gewöhnlichen Sauerstoff, die Essigsäure dagegen den schweren Sauerstoff aus dem Wasser.

Entsprechend untersuchten ROBERTS und UREY[4] die saure Veresterung einer Carboxylsäure in Alkohol unter Verwendung von Methylalkohol mit einem übernormalen ^{18}O-Gehalt der Hydroxylgruppe. Das Wasser, das bei der Veresterung von Benzoesäure in Gegenwart von HCl entstand, zeigte eine normale Isotopenzusammensetzung, d. h. sein Sauerstoff entstammte völlig der Säure. Die Veresterung vollzieht sich also nach dem Schema

$$C_6H_5 \cdot C \overset{\displaystyle O}{\underset{\displaystyle \overline{OH \ H}{}^{18}O \cdot CH_3.}{\Big\langle}}$$

Demnach erweist sich auch bei der Veresterung der Sauerstoff fester an den Kohlenstoff des Alkoholrestes gebunden als an den Kohlenstoff des Carboxylrestes. Versuche über die Austauschbarkeit von Sauerstoff in Carbonsäuren und in Alkoholen (vgl. S. 290) wiesen in die gleiche Richtung.

---

[1] H. ERLENMEYER, H. SCHENKEL, A. EPPRECHT: Helv. chim. Acta 20 (1937), 367.
[2] H. ERLENMEYER, H. SCHENKEL, A. EPPRECHT: Ebenda 19 (1936), 1053.
[3] M. POLANYI, A. L. SZABO: Trans. Faraday Soc. 30 (1934), 508.
[4] J. ROBERTS, H. C. UREY: J. Amer. chem. Soc. 60 (1938), 2391.

Benzilsäureumlagerung: Sauerstoffaustauschversuche mit Benzil in neutraler und alkalischer Lösung in wässerigem Methylalkohol führten zu dem Schluß, daß die Umlagerung von Benzil in Benzilsäure in alkalischer Lösung in folgenden beiden Schritten verläuft:[1] 1. Zwischen Hydroxylionen und Benzil stellt sich rasch ein Anlagerungsgleichgewicht ein, durch das der Sauerstoffaustausch im Benzil zustande kommt; 2. das Anlagerungsprodukt lagert sich in einem langsamen, geschwindigkeitsbestimmenden Schritt in das Benzilsäureion um.

Radioaktive Halogenisotope als Indikatoren, Racemisierung optisch aktiver Halogenverbindungen: Es wurde nachgewiesen, daß die Geschwindigkeiten der Racemisierung von α-Phenyläthylbromid unter dem Einfluß von LiBr und der Racemisierung von sek. Oktyljodid durch NaJ in Acetonlösung mit den Geschwindigkeiten des Halogenaustausches zwischen den Halogensalzen und den betreffenden organischen Halogeniden quantitativ übereinstimmen.[2] Die betreffenden Racemisierungen verlaufen also nach dem gleichen Mechanismus wie die Halogensubstitutionen.

Nicht nur aus dem Isotopengehalt der Endprodukte, wie bei den hier aufgeführten Reaktionen, konnten Schlüsse auf den Reaktionsmechanismus gezogen werden, sondern in einer Reihe von Fällen auch aus der Diskussion der Isotopenverschiebung der Reaktionsgeschwindigkeit, worauf aber an anderer Stelle schon eingegangen wurde (siehe vor allem den Abschnitt: Vorgleichgewicht und Isotopenverschiebung bei säurekatalysierten Reaktionen, S. 307ff.).

---

[1] J. ROBERTS, H. C. UREY: J. Amer. chem. Soc. **60** (1938), 880.

[2] E. D. HUGHES, F. JULIUSBERGER, S. MASTERMAN, B. TOPLEY, J. WEISS: J. chem. Soc. (London) **1935**, 1525; E. D. HUGHES, F. JULIUSBERGER, A. D. SCOTT, B. TOPLEY, J. WEISS: J. chem. Soc. (London) **1936**, 1173.

Solvent effects.

By

R. P. Bell, Oxford.

Inhaltsverzeichnis.

Introduction.

When a reaction takes place in solution, the solvent itself frequently does not enter into the stoichiometric equation, but is present in equal quantities before and after the reaction has taken place. Under these circumstances any effect which the solvent exerts on the reaction velocity may be described as a catalytic effect. The best quantitative measure of the catalytic effect of the solvent is obtained by comparing the reaction velocity in solution with the reaction velocity in the gas phase; however, this is frequently difficult or impossible, in which case we can only obtain the relative catalytic effects by measuring velocities in different solvents. One such effect of the solvent has already been dealt with in connection with acid-base catalysis (cf. p. 239), where it was shown that the so-called "spontaneous" reaction can be attributed to acidic or basic catalysis by the solvent molecules. This type of solvent catalysis involves the transfer of a proton to or from the solvent molecule, which is thus involved in a specific chemical reaction, and the catalytic effect of a given solvent can be related fairly closely to its acidic or basic properties. (Thus the velocity of the "spontaneous" decomposition of nitramide in different solvents decreases in the series water, isoamyl alcohol, cresol, and is zero in solvents like chloroform which have no basic properties.) In most cases, however, the effect of the solvent cannot be related to any specific chemical participation in the reaction, and may be regarded as essentially physical in nature. In this respect it may be compared with the primary salt effects already dealt with (p. 197), though the general problem of solvent action is much more complex and cannot be related to any single property of the medium. In spite of the large volume of theoretical and experimental work which has been done on the subject it cannot be said that even the outlines of a satisfactory theoretical treatment have yet been agreed upon. This section will therefore con sist chiefly of a brief review of the experimental material, followed by a critical comparison of the various attempts at a theoretical interpretation.

The physical type of solvent effect will of course be present in the particular case of reactions catalysed by acids and bases, quite apart from any direct catalytic effect exerted by the solvent molecules in virtue of their acidic or basic properties. This type of reaction is of special interest in the present context, and will therefore be considered in more detail at the end of this section.

Experimental data.

It is of course impossible to review the enormous mass of experimental data existing for reaction velocities in solution, and in any case only a small proportion of them are valuable for throwing light on the present problem. Special interest attaches to those few cases in which a direct comparison has been made between velocities in solution and in the gas phase, and these will therefore be considered individually. In addition, valuable information can often be obtained from a study of the same reaction in a series of different solvents, particularly if the temperature coefficients have also been measured. Typical investigations of this type are therefore reported.

The reactions with which we shall deal can all be classified as either unimolecular or bimolecular. The unimolecular reactions consist of the decomposition or re-arrangement of a single molecule, and are kinetically of the first order, while the bimolecular reactions involve the reaction of two molecules and are kinetically of the second order (cf. Vol. I., W. Jost). In either case the variation of the velocity constant with temperature can be represented within the experimental accuracy by the equation

$$k = Ae^{-E/RT}, \tag{1}$$

where A and E are temperature independent. In all the data given the time will be expressed in seconds, and (for bimolecular reactions) the concentration in gram molecules per litre. The activation energy E will be given as kg. cals. per gram molecule.

Comparisons between reactions in the gas phase and in solution.

There are a number of experimental difficulties in making comparisons of this kind. Most homogeneous gas reactions only attain a measurable rate at temperatures above about 300° C., i. e. above the boiling point of most solvents. Many of the reactions which have been studied in solution involve substances which are not sufficiently volatile to study in the gas phase. Finally, it has been found in a number of cases that reactions which take place homogeneously in solution become wall reactions when attempts are made to study them in the absence of a solvent. We shall see later that even the absence of any measurable homogeneous gas reaction may be of some theoretical interest, but shall only include here cases in which a direct comparison can be made between the two phases.

The decomposition of chlorine monoxide has been studied by various workers as a gas reaction[1] and in carbon tetrachloride solution by MOELWYN-HUGHES and HINSHELWOOD.[2] In neither case is the course of the reaction a simple one, and it must be assumed that at least two consecutive reactions are involved. Although it is not possible to disentangle the individual velocity constants it appears from the results of experiments at different concentrations and different temperatures that both stages are essentially bimolecular and have sensibly identical temperature coefficients. It is thus probably legitimate to compare the overall velocities in the gas phase and in solution, and the following table contains values of t (20%–60%), i. e. the time taken for the reaction to proceed from 20% to 60% of completion. Within the experimental error this time has the same value for the gas reaction and for the solution reaction, this being true at five temperatures between 60° and 80°. There is thus good evidence for supposing that the factors A and E in equation (1) have the same values in solution as in the gas, though it is not possible to evaluate the actual values of A for the separate stages.

Table 1. *Decomposition of chlorine monoxide.*

Cl_2O conc. m moles/litre	t °C	t (20%–60%) mins.		t (solution)
		solution	gas	t (gas)
0,224	70,7	50	47,5	1,05
0,115	71,0	105	90,5	1,16
0,115	59,8	257	275,0	1,14
0,126	69,8	83	90,5	0,92
0,095	69,7	100	122,0	0,82
0,120	80,1	55	44,0	1,25
0,120	75,3	54	61,0	0,89
0,120	65,2	139	137,0	1,02
0,120	60,1	200	211,0	0,95

The decomposition of ozone has been studied in the gas phase[3] and in carbon tetrachloride solution.[4] In the former case it is approximately bimolecular, while in the latter it follows a unimolecular course, and the velocity constant is independent of the initial concentration over a five-fold range: hence it is impossible to make a direct comparison of the rates. For the possible interpretation of this change of order reference must be made to the original paper.

The decomposition of ozone in the presence of chlorine has been studied in the gas phase between 35° and 50° C.[5] The kinetics are complex, but the velocity constant of the rate determining bimolecular process can be estimated. The same reaction has been studied in carbon tetrachloride solution between 54,7° and 71° C.[6] The results are consistent with the mechanism derived for the gas reaction and the extrapolated bimolecular velocity constant at 50° ($1,45 \times 10^{-2}$) is not far different from the value in the gas phase at 50° ($9,50 \times 10^{-3}$). The activation energies are given as 20 kg. cals. in the gas and 27 kg. cals. in solution, but on account of the difficulties in interpreting the results it seems doubtful whether this difference is a real one.

---

[1] HINSHELWOOD, PRICHARD: J. chem. Soc. (London) 1923, 2730. — HINSHELWOOD, HUGHES: Ibid. 1924, 1841. — BEAVER, STIEGER: Z. physik. Chem., Abt. B 12 (1931), 93.

[2] MOELWYN-HUGHES, HINSHELWOOD: Proc. Roy. Soc. (London), Ser. A 131 (1931), 177.

[3] BELTON, GRIFFITH, McKEOWN: J. chem. Soc. (London) 1926, 3153. — WULF, TOLMAN: J. Amer. chem. Soc. 49 (1927), 1650.

[4] BOWEN, MOELWYN-HUGHES, HINSHELWOOD: Proc. Roy. Soc. (London), Ser. A 134 (1931), 212.

[5] BODENSTEIN, PADELT, SCHUMACHER: Z. physik. Chem., Abt. B 5 (1929), 209.

[6] L. c., Anm. 4.

The decomposition of ethylene di-iodide is also a complicated chain reaction, but the rate determining process both in the gas and in solution is the bimolecular reaction

$$C_2H_4J_2 + J \rightarrow C_2H_4J + J_2.[1]$$

In neither case are the data at all accurate, but the data both in the gas and in carbon tetrachloride solution can be represented by $\log_{10} A = 10{,}8 \pm 1{,}3$, $E = 11 \pm 3$. The measurements are thus not sufficiently accurate to exclude the possibility that A (solution) is either 400 times greater or 400 times smaller than A (gas).

The hydrolysis of carbonyl sulphide has been studied in aqueous solution, alcoholic solution and in the gas phase.[2] The results in aqueous solution are not of much interest here, since it is difficult to give any theoretical treatment when the solvent is one of the reactants. In alcohol solution between 60° and 75° the results are represented by $\log_{10} A = 5{,}3$, $E = 14{,}9$. The gas reaction was studied between 244° and 372°: the results are erratic by a factor of about four, but the gas experiments with packed vessels at 335° indicate that not more than about 15% of the total reaction took place on the surface. The mean velocity constants at six temperatures are fairly well represented by $\log_{10} A = 7{,}5$, $E = 25{,}7$. There thus appears to be a large difference between the behaviour of the reaction in the gas phase and in alcohol solution, though the erratic behaviour in the gas reaction makes it doubtful how far the two sets of data are strictly comparable.

The conversion of p-hydrogen to o-hydrogen, catalysed by oxygen does not involve any chemical reaction, the action of the oxygen being due to its paramagnetic properties. From a kinetic standpoint, however, it may be regarded as a bimolecular reaction between hydrogen and oxygen molecules, and it is therefore of interest to note that at 20° the velocity constants in the gas phase and in solution are identical within the limits of experimental error.[3] As a first approximation it can be assumed that the activation energy is zero in both cases, and although the measurements were only carried out at one temperature, it can be concluded that the A values in the two states are very similar.

These examples constitute the only cases of *bimolecular* reactions in which direct comparisons have been made between solution reactions and homogeneous gas reactions. The following paragraph describes the three *unimolecular* reactions for which such a comparison has been made.

The decomposition of nitrogen pentoxyde has been particularly well investigated. There are a number of investigations of the gas reaction,[4] showing it to be homogeneous and of the first order over a wide range of conditions. In solution the reaction has been studied by LUECK[5] and by EYRING and DANIELS.[6] Their results are given in the following Table 2. In the first eight solvents in the above table the velocities differ little among themselves or from the gas value, though the

---

[1] POLLISSAR: J. Amer. chem. Soc. **52** (1930), 956. — SCHUMACHER: Ibid. **52** (1930), 3132. — ARNOLD, KISTIAKOWSKY: J. chem. Physics 1 (1933), 166. — OGG: J. Amer. chem. Soc. **58** (1936), 607.

[2] THOMPSON, KEARTON, LAMB: J. chem. Soc. (London) **1935**, 1033.

[3] FARKAS, SACHSSE: Z. physik. Chem., Abt. B **23** (1933), 1, 19.

[4] DANIELS, JOHNSTON: J. Amer. chem. Soc. **43** (1921), 53. — HIRST: J. chem. Soc. (London) **1925**, 657. — WHITE, TOLMAN: J. Amer. chem. Soc. **47** (1925), 1240. — RICE, GETZ: J. physic. Chem. **31** (1927), 1572. — HUNT, DANIELS: J. Amer. chem. Soc. **47** (1925), 1602. — HIRST, RIDEAL: Proc. Roy. Soc. (London), Ser. A **109** (1925), 526. — RAMSPERGER, TOLMAN: Proc. nat. Acad. Sci. USA **16** (1930), 6. — SCHUMACHER, SPRENGER: Ibid. **16** (1930), 129. — HIBBEN: Ibid. **13** (1927), 626; J. physic. Chem. **34** (1930), 1387. — HODGES, LINHORST: Proc. nat. Acad. Sci. USA **17** (1931), 28.

[5] LUECK: J. Amer. chem. Soc. **44** (1922), 757.

[6] EYRING, DANIELS: J. Amer. chem. Soc. **52** (1930), 1473.

Table 2. *The decomposition of nitrogen pentoxide.*

Solvent	$\cdot 10^5 k\,(25°)$	E	$\log_{10} A$	Author
Gas	3,38	24,7	13,6	1
Carbon tetrachloride ...	4,09	25,5	13,8	2
Carbon tetrachloride ...	4,69	24,2	13,6	3
Chloroform	3,72	24,5	13,6	2
Chloroform	5,54	24,6	13,7	3
Ethylene dichloride	4,79	24,4	13,6	3
Ethylidene dichloride...	6,56	24,9	14,2	3
Pentachloroethane	4,30	25,0	14,0	3
Nitromethane..........	3,13	24,5	13,5	3
Bromine	4,27	24,0	13,3	3
Nitrogen tetroxide	7,05	25,0	14,2	3
Nitric acid	0,147	28,3	14,8	3
Propylene dichloride ...	0,501	27,0	14,6	3

variations are greater than the experimental error. The values of the activation energy are identical within the experimental error (about 1 kg. cal.), and the variations in velocity are not sufficiently great to establish any variations in A, the value throughout being $\log_{10} A = 13,8 \pm 0,5$. In the case of the solvents nitric acid and propylene dichloride, however, there is a considerable decrease in velocity, a corresponding increase in E, and probably also a slight increase in the value of A.

The isomerisation of pinene to give dipentene has been studied in the vapour and in petrolatum solution at temperatures of about 200°.[4] In both cases it is a homogeneous unimolecular reaction, and appears to be about 50% more rapid in solution. The activation energies are given as 43,7 and 41,2 for the gas and the solution respectively, but the solution value is based on a small number of experiments at two temperatures only, and the A and E values for the gas and the solution must be regarded as identical within the limits of experimental error.

The racemisation of 2,2'-diamino-6,6'-dimethylbiphenyl is a homogeneous unimolecular reaction which has been measured in the gas and in molten diphenyl as solvent.[5] The solvent causes an increase in reaction velocity by a factor of 3,5, and the authors state that the activation energy is in both cases 45,1, thus interpreting the change in reaction velocity as a change in A. It is doubtful, however, whether the experimental accuracy is sufficient to discriminate between changes in A and changes in E.

It will be seen later that special interest attaches to the study of balanced reactions, in which the velocity of both the forward and the reverse changes can be measured. One case of this kind has been studied both in the gas and in the solution, namely the *reversible dimerisation of cyclopentadiene*, which has been investigated by WASSERMANN in the gas phase, the pure liquid state, and in the solvents carbon tetrachloride, carbon disulphide, benzene and paraffin.[6] The following Table 3 shows the results obtained for the forward bimolecular reaction and the reverse unimolecular reaction. In the case of the bimolecular reaction the results for the pure liquid and the first three solvents are identical with the gas values within the experimental error, while in paraffin the difference in A is probably just large enough to be significant. For the unimolecular

---

[1] DANIELS, JOHNSTON.

[2] LUECK.

[3] EYRING, DANIELS.

[4] SMITH: J. Amer. chem. Soc. **49** (1927), 43.

[5] KISTIAKOWSKY, SMITH: J. Amer. chem. Soc. **58** (1936), 1043.

[6] KHAMBATA, WASSERMANN: Nature (London) **137** (1936), 496; **138** (1936) 368. — WASSERMANN: J. Chem. Soc. (London) **1936**, 1028. — BENFORD, KHAMBATA, WASSERMANN: Nature (London) **139** (1937), 669. — WASSERMANN: Trans. Faraday Soc. **34** (1938), 128.

Table 3. *The reversible dimerisation of cyclopentadiene.*

Medium	$\log_{10} A$	E	Temperature range °C
Bimolecular reaction.			
Gas	$6,1 \pm 0,4$	$16,7 \pm 0,6$	80 — 150
Pure liquid	$5,7 \pm 0,9$	$16,0 \pm 1,0$	0 — 58
Carbon tetrachloride	$5,9 \pm 0,8$	$16,2 \pm 0,8$	0 — 22
Carbon disulphide	$5,7 \pm 0,8$	$17,7 \pm 0,8$	0 — 22
Benzene	$7,1 \pm 0,4$	$16,4 \pm 0,6$	12 — 55
Paraffin	$8,1 \pm 0,4$	$17,4 \pm 0,5$	0 — 172
Unimolecular reaction.			
Gas	$13,1 \pm 1,3$	$35,0 \pm 3,0$	27 — 111
Pure liquid	$13,0 \pm 0,5$	$34,5 \pm 1,0$	100 — 155
Paraffin	$13,0 \pm 0,3$	$34,2 \pm 0,7$	135 — 175

reaction there is no significant difference, though the results in the gas phase are of low accuracy.

There are a number of cases in which attempts to study solution reactions in the gas phase have resulted in a predominantly heterogeneous reaction or in a change of mechanism. Some of these will be mentioned in later sections. The above constitute the only examples in which a direct comparison has been made between homogeneous reactions in the two phases.

Comparison between different solvents.

This section deals with reactions which have not been studied in the gas phase, but which have been measured in a sufficiently wide range of solvents to provide material for theoretical consideration. Bimolecular reactions will be considered first, and then unimolecular reactions.

The Menschutkin reaction. This is the name usually given to the bimolecular reaction between a tertiary amine and an alkyl iodide or bromide to give a quaternary ammonium salt. MENSCHUTKIN[1] measured the velocity of the reaction between *triethylamine and ethyl iodide* in twenty two different solvents at 100°, and found that the velocity varied nearly a thousandfold. However, since the temperature coefficients were not measured, the results are not of very great value from the point of view of modern theoretical treatment. The same reaction has been more recently investigated by GRIMM, RUF and WOLF,[2] whose results are given in the following Table 4. A reaction of similar type between *pyridine and methyl iodide* has been studied by HINSHELWOOD and his collaborators[3]. Their results are given in the following Table 5. A number of mixed solvents were also investigated, but are not included in the data given here. There are a number of other investigations of the MENSCHUTKIN reaction in different solvents,[4] but they do not add materially to the picture given by Tables 4 and 5.

A bimolecular reaction of somewhat similar type which has been investigated in a number of solvents is the *benzoylation of m-nitraniline.*[5] The results are given in the following Table 6.

---

[1] MENSCHUTKIN: Z. physik. Chem. **6** (1890), 41.

[2] GRIMM, RUF, WOLF: Z. physik. Chem., Abt. B **13** (1931), 299.

[3] PICKLES, HINSHELWOOD: J. chem. Soc. (London) **1936**, 1353. — FAIRCLOUGH, HINSHELWOOD: Ibid. **1937**, 538, 1573.

[4] Cf. e. g. BAKER, NATHAN: J. chem. Soc. (London) **1935**, 519. — DAVIS, COX: Ibid. **1937**, 614.

[5] PICKLES, HINSHELWOOD: J. chem. Soc. (London) **1936**, 1353.

Table 4. *The reaction of ethyl iodide with triethylamine.*

Solvent	$10^5 k$ (100°)	E	$\log_{10} A$
Hexane	0,5	$16,0 \pm 0,2$	$4,0 \pm 0,1$
Cyclohexane	1,0	$17,0 \pm 1,0$	$5,0 \pm 0,7$
Toluene	25,3	$13,0 \pm 0,7$	$4,0 \pm 0,5$
Benzene	39,8	$11,4 \pm 0,3$	$3,3 \pm 0,2$
Diphenylmethane	64,0	$11,8 \pm 0,4$	$3,6 \pm 0,3$
p-Dichlorobenzene	70,0	$12,8 \pm 0,4$	$4,5 \pm 0,3$
Fluorobenzene	90,1	$11,7 \pm 0,1$	$4,1 \pm 0,1$
Diphenyl ether	116,0	$11,7 \pm 0,5$	$3,9 \pm 0,4$
Chlorobenzene	138,0	$11,9 \pm 0,3$	$4,1 \pm 0,2$
Bromobenzene	160,0	$12,5 \pm 0,2$	$4,6 \pm 0,1$
o-Dichlorobenzene	250,0	$13,0 \pm 0,3$	$5,1 \pm 0,2$
Iodobenzene	265,0	$11,9 \pm 0,2$	$4,4 \pm 0,1$
Benzonitrile	1125,0	$11,9 \pm 0,3$	$5,0 \pm 0,2$
Nitrobenzene	1383,0	$11,6 \pm 0,3$	$4,9 \pm 0,2$

Table 5. *The reaction between pyridine and methyl iodide.* (Temperature range about 75° throughout.)

Solvent	$5 + \log_{10} k$ (100°)	E ($\pm$ 0,15)	$\log_{10} A$ ($\pm$ 0,1)
Isopropyl ether	1,27	14,2	4,4
Carbon tetrachloride	1,65	18,7	7,5
Mesitylene	1,94	14,9	5,6
Toluene	2,07	14,5	5,5
Benzene	2,25	14,2	5,4
Chloroform	2,53	13,2	5,2
Chlorobenzene	2,60	13,9	5,7
Dioxane	2,61	13,6	5,5
Bromobenzene	2,70	13,7	5,7
Anisole	2,83	13,2	5,5
Ethyl alcohol	2,85	18,0	8,3
Iodobenzene	3,06	13,8	6,1
Acetone	3,34	14,0	6,5
Benzonitrile	3,50	13,7	6,5
Nitrobenzene	3,57	13,7	6,6

Table 6. *The benzoylation of m-nitraniline.* (Temperature range about 75° throughout.)

Solvent	$4 + \log_{10} k$ (100°)	E ($\pm$ 0,15)	$\log_{10} A$ ($\pm$ 0,1)
Carbon tetrachloride	1,53	13,6	5,5
Isopropyl ether	2,06	10,9	4,4
Benzene	2,16	10,3	4,2
Chlorobenzene	2,23	11,4	4,8
Bromobenzene	2,26	10,6	4,4
Toluene	2,30	9,7	4,0
Nitrobenzene	3,49	9,4	5,0
Benzonitrile	4,45	10,1	6,4

The addition of cyclopentadiene to benzoquinone is a bimolecular reaction which has been studied in a number of solvents by WASSERMANN[1] and by HINSHELWOOD.[2] Their results are given in the following Table 7.

---

[1] WASSERMANN: Ber. dtsch. chem. Ges. **66** (1933), 1932; Nature (London) **137** (1936), 497; Trans. Faraday Soc. **34** (1938), 128.

[2] FAIRCLOUGH, HINSHELWOOD: J. chem. Soc. (London) **1938**, 236.

Table 7. *The addition of cyclopentadiene to benzoquinone.*

Solvent	$3 + \log_{10} k$ (25°)	E	$\log_{10} A$	Temperature range °C	Author
Ethyl alcohol	0,7	12,7 ± 0,8	7,0 ± 0,9	2—39	1
Hexane	0,7	12,1 ± 0,1	6,5 ± 0,9	20—40	1
Carbon disulphide	0,8	8,5 ± 0,6	4,0 ± 0,3	3—39	1
Carbon tetrachloride ..	0,8	9,2 ± 0,5	4,5 ± 0,2	2—45	1
Carbon tetrachloride ..	0,9	8,4 ± 0,3	4,0 ± 0,2	10—50	2
Benzene	1,0	11,6 ± 0,6	6,5 ± 0,4	8—50	1
Benzene	0,9	11,5 ± 0,3	6,3 ± 0,3	10—50	2
Nitrobenzene	1,9	11,1 ± 0,9	7,0 ± 0,9	21—42	1
Nitrobenzene	1,6	8,8 ± 0,3	5,0 ± 0,2	10—50	2
Benzonitrile	1,7	8,0 ± 0,3	5,0 ± 0,2	10—50	2
Acetic acid..........	2,5	11,0 ± 1,0	7,5 ± 0,9	18—30	1

Table 8. *Unimolecular decomposition reactions.*
Triethylsulphonium bromide. (Temperature range 20—70°.)

Solvent	$6 + \log_{10} k$ (70°)	E	$\log_{10} A$	Author
Benzyl alcohol	0,50	35,9	17,5	3
Benzyl alcohol	0,58	32,2	15,1	4
Acetic acid	0,58	31,1	14,8	4
Propyl alcohol	0,84	33,1	16,0	4
Amyl alcohol	1,24	33,1	16,4	4
Nitrobenzene	2,84	28,3	15,0	4
Nitrobenzene	2,83	28,9	15,3	5
Chloroform	2,94	33,0	18,1	4
Tetrachloroethane ...	2,94	30,4	16,4	4
Tetrachloroethane ...	2,97	30,4	16,4	5
Acetone	3,05	29,5	15,9	4

Trinitrobenzoic acid. (Temperature range 30—70°.)

Solvent	$9 + \log_{10} k$ (70°)	E	$\log_{10} A$	Author
Toluene	0,21	31,6	12,0	6
Nitrobenzene	0,61	35,0	14,6	6
Anisole...........	2,29	30,7	13,5	6
Acetophenone	2,76	25,5	10,5	6
Water	3,52	30,0	14,3	6

Benzyl-hydroxyl-triazole-carboxylic methyl ester. (Temperature range ± 10°.)

Solvent	$5 + \log_{10} k$ (50°)	E	$\log_{10} A$	Author
Methyl alcohol	0,03	26,6	12,6	7
Ethyl alcohol	0,22	30,7	15,7	7
Acetone	1,03	29,0	15,4	7
Chloroform	1,45	36,3	21,1	7

The alkaline hydrolysis of ethyl benzoate (bimolecular) has been investigated by FAIRCLOUGH and HINSHELWOOD,[8] the solvents used consisting of binary and ternary mixtures containing water and one or more of the substances ethyl alcohol, dioxane and acetone. Since these data refer to mixed solvents they will not be recorded here, but are discussed later (p. 336).

The data for *unimolecular reactions* in different solvents will not be given in such detail, since their theoretical treatment offers fewer points of interest. Some of the more complete sets of data are given in . the following

[1] WASSERMANN.
[2] HINSHELWOOD.
[3] CORRAN: Trans. Faraday Soc. **23** (1927), 605.
[4] VON HALBAN: Z. physik. Chem. **67** (1909), 129.
[5] ESSEX, GELORMINI: J. Amer. Chem. Soc. **48** (1926), 883.
[6] MOELWYN-HUGHES, HINSHELWOOD: Proc. Roy. Soc. (London), Ser. A **131** (1931), 186.
[7] DIMROTH: Liebigs Ann. Chem. **373** (1910), 367.
[8] FAIRCLOUGH, HINSHELWOOD: J. chem. Soc. (London) **1937**, 538.

Table 8, to which should be added the results for the decomposition of nitrogen pentoxide given in Table 2. All the reactions are decomposition reactions, and the velocity constants given represent $d\log_e x/dt$, with the time in seconds. It should be noted that a number of the reactants are electrolytes, and in some cases it is therefore uncertain whether the reaction is a bimolecular one between the ions, or a unimolecular one involving the undissociated molecule. Both these alternatives would lead to a first order reaction, and it is impossible to distinguish between them.

Tables 1–8 give some idea of the data obtainable by a study of individual reactions under varying conditions. Some light may also be thrown on the general problems of reaction kinetics in solution by a statistical survey of a large number of reactions in solution, with particular regard to the frequency with which different values of A and E occur. Such a survey will not be attempted here, but reference may be made to other collections of relevant data.[1]

Theoretical considerations.

The theoretical treatment of gas reactions.

The first attempts to give a theoretical treatment of reaction kinetics were applied primarily to gas reactions, and the effect of the solvent is best considered in relation to these theories.[2]

Collision theory of bimolecular reactions.

According to the collision theory of bimolecular reactions the velocity of such reactions can be written in the form

$$k = PZe^{-E/RT},$$

where Z is the collision number as calculated by the simple kinetic theory (using molecular diameters derived from viscosity measurements), and P a factor independent of temperature. The exponential term agrees with the type of temperature dependence found experimentally, and a theoretical treatment shows that E represents the average energy of the molecules which react, minus the average energy of the molecules.[3] This quantity is almost the same as the minimum energy required for the reaction to take place, and E is therefore termed the *"energy of activation"* or the *"critical increment"* of the reaction. The factor P is inserted in order to account for other conditions which limit the number of effective collisions, e. g. the reaction may demand an exact mutual orientation of the two molecules, or the attainment of a particular internal phase in the internal molecular motion. The value of P could be calculated in principle if we had exact information about the detailed mechanism of the reaction and the forces acting between the atoms involved. This is not possible in practice, and we can only guess that P may not be far from unity for reactions involving simple molecules. Experiment shows that this guess is correct, since P is found to lie between about 0,03 and unity for the small number of reactions of this type

---

[1] Cf. MOELWYN-HUGHES: Kinetics of Reactions in Solution (Oxford 1933). — WINKLER, HINSHELWOOD: J. chem. Soc. (London) **1936**, 371.

[2] For a full account of gas reactions see HINSHELWOOD, Kinetics of Chemical Change in Gaseous Systems, 3rd edition (Oxford 1933). — KASSEL: Kinetics of Homogeneous Gas Reactions.

[3] See e. g. TOLMAN: J. Amer. chem. Soc. **47** (1925), 2652, and articles in Vol. I.

which are known.[1] On the other hand, in reactions between more complex molecules P may be as small as 10^{-4}, e. g. in the cis-trans isomerisation of dimethylmaleic ester,[2] the polymerisation of 1,3-butadiene[3] and various diene syntheses.[4] In these cases the small value of P is reasonably explained by the fact that in a large proportion of the collisions the reactive parts of the molecules will not come into contact.

It is particularly important to note that the equations of the collision theory assume that the collision number and the distribution of energy are given by the equilibrium relations, which are strictly true only when no reaction is taking place. There are clearly some conditions under which this assumption breaks down badly. Thus in a chain reaction involving an "energy chain"[5] the energy distribution is far removed from the equilibrium distribution. Similarly, in a reaction which takes place at every collision the presence of an inert gas will reduce the reaction velocity by decreasing the velocity of diffusion, while the equilibrium collision number is unaffected by the presence of a diluent gas. It is probable, however, that in the majority of bimolecular gas reactions the energy exchange between molecules is sufficiently rapid to ensure that the collision number and the energy distribution behave essentially in an equilibrium manner. It is difficult to establish this theoretically, but it should be noted that departures from equilibrium behaviour would result in departures from the kinetic law of mass action, and in an effect of added gases. Neither of these effects has been observed experimentally in gaseous bimolecular reactions, though it must be admitted that there are few careful investigations of this point. The clearest discussion of this topic is that given by FOWLER.[6]

Transition state theory.

A formally different approach is provided by the modern transition state theory of bimolecular reactions,[7] of which only a brief account can be given here. This method focusses attention upon the transition state, i. e. the configuration of highest energy through which the reacting molecules pass in passing from the initial to the final state of the reaction. This transition state has all the characteristics of an ordinary molecular species except in the co-ordinate along which the reaction is taking place, for which the potential energy passes through a maximum instead of a minimum. When the reactants and products are in equilibrium, the number of systems within a small range of this reaction co-ordinate can be expressed by ordinary statistical theory in terms of the properties

---

[1] The only homogeneous bimolecular gas reactions involving simple molecules which are free from complications are the formation and decomposition of hydrogen iodide (BODENSTEIN: Z. physik. Chem. **29** (1899), 295], the decomposition of nitrogen dioxide [BODENSTEIN, RAMSTETTER: Ibid. **100** (1922), 68], the polymerisation of ethylene [STANLEY, GOULD, DYMOCK: J. Soc. chem. Ind. Japan, suppl. Bind. **53** (1934), 206. — KRAUZE, NEMTZOV, SOSKINA: C. R. (Doklady) Acad. Sci. URSS **3** (1934), 262], the addition of hydrogen to ethylene [PEASE: J. Amer. chem. Soc. **54** (1932), 1876], the reaction between hydrogen and iodine monochloride [BONNER, GORE, YOST, J. Amer. chem. Soc. **57** (1935), 2723], and a number of reactions involving atoms.

[2] KISTIAKOWSKY, NELLES: Z. physik. Chem., BODENSTEIN-Festband (1931), 369.

[3] VAUGHAN: J. Amer. chem. Soc. **54** (1932), 3683.

[4] WASSERMANN: l. c., p. 323.

[5] Cf. CHRISTIANSEN, KRAMERS: Z. physik. Chem. **104** (1923) 451.

[6] FOWLER: Statistical Mechanics, 2nd edition, Cambridge , 1937.

[7] EVANS, POLANYI: Trans. Faraday Soc. **31** (1935), 875. — EYRING: J. chem. Physics **3** (1935), 107. For discussions upon this method see J. chem. Soc. (London) **1937**, 635ff.; Trans. Faraday Soc. **34** (1938), 29ff.; cf. Vol. I.

of the reactants and of the transition state. The reaction velocity is then obtained by multiplying this number by a thermal velocity and by a "transmission coefficient" $\varkappa$ which represents the fraction of systems which react after passing through the transition state once. $\varkappa$ is likely to be near unity for reactions involving simple energy surfaces. Thus for a bimolecular reaction between molecules A and B passing through a transition state X the velocity constant is given by

$$k_2 = \varkappa \frac{kT}{h} \frac{\Phi_X}{\Phi_A \Phi_B} e^{-E/kT} \tag{1}$$

where Φ_A, Φ_B and Φ_X are the partition functions of the species concerned and h is PLANCK's constant.

Equation (1) applies strictly only to the case in which the whole system is in equilibrium, but if the simple kinetic law of mass action holds it will also be true for systems which are removed from equilibrium. This condition is usually fulfilled in practice, and from a theoretical point of view demands an efficient energy transfer and a low probability for the activated state, i. e. just the same conditions which must be satisfied for the application of the collision theory. It may be noted that for the idealised case of collision between spheres the non-exponential part of equation (1) (with $\varkappa = 1$) reduces to the ordinary kinetic theory expression for the collision number.[1]

At first sight it would appear that equation (1) offers a more fruitful method for calculating the constant A of the ARRHENIUS equation than does the expression PZ of the collision theory. However, it should be remembered that the partition function Φ_X involves the dimensions and force constants of the transition state, so that the knowledge of the course of the reaction required to calculate its value is just as intimate as that required to estimate the steric factor P. A rough estimate of the factors involved in the partition functions leads to the conclusion that for bimolecular reactions between simple molecules at room temperature A should be of the order 10^{11} litres/(mole·second), while for more complicated molecules it may be up to 10^4 times as small.[2] These values agree with those estimated by the collision theory treatment.

The transition state method thus offers few advantages over the collision theory for the *a priori* calculation of reaction velocities.[3] On the other hand, it gives a particularly clear formulation of the effect of various factors on bimolecular reaction velocities, and for this reason it is of value in considering the effect of different solvents.

Unimolecular gas reactions.

Unimolecular gas reactions are also believed to depend on activation by collision, but in this case an activated molecule is much more likely to become deactivated by collision than to react. The equilibrium distribution of activated molecules is thus almost maintained, and the reaction rate is governed by the probability that an activated molecule reacts per unit time, i. e. by the rate at which energy can be transferred from one degree of freedom to another. This rate cannot be calculated from first principles (except as regards order of mag-

---

[1] EYRING: J. chem. Physics **3**, (1935), 107. — HINSHELWOOD: J. chem. Soc. (London) **1937**, 635.

[2] BAWN: Trans. Faraday Soc. **31** (1935), 1.

[3] It has been shown by GUGGENHEIM, WEISS [Trans. Faraday Soc. **34** (1938) 57] that the results obtained by applying the transition state method to reactions of the type $H + H_2$ [cf. HIRSCHFELDER, EYRING, TOPLEY: J. chem. Physics **4** (1936), 170] do not agree more closely with experiment than those obtained from the simple collision theory.

nitude)[1] and there is thus no general theory for the constant A in the ARRHENIUS equation for unimolecular reactions. For further details reference must be made to standard works on the subject.[2]

A unimolecular reaction can also be treated formally by the transition state method, but in this case nothing is gained by such a procedure. The theory can only be applied in its ordinary form when we can specify the stage in the process of redistribution of energy among degrees of freedom which is very improbable compared with all other stages. In the absence of such knowledge it is necessary to introduce an arbitrary "transmission coefficient" into the expression for the reaction velocity.

Modifications due to the presence of solvent.

Current theories of reaction velocity in solution are chiefly based upon the above gas reaction theories by taking into account the modifications which must be introduced on account of the presence of the solvent. We shall begin by considering *bimolecular reactions*.

According to the collision theory there are three factors to consider, Z, E and P. A great deal has been written from different points of view about the value of the *collision number in solution*, and the general conclusion reached is that it will differ little from the value calculated from the simple kinetic theory for a gas of the same concentration.[3] If we consider the path of a single solute molecule between collisions it will be zig-zag in shape instead of straight, owing to collisions with solvent molecules. However, the thermal velocity of the molecule is the same as in the gas at the same temperature, and the volume traced out by the moving molecule in unit time will therefore be roughly independent of the shape of the path. Since the chance of meeting another solute molecule depends on this volume the collision number will be approximately the same in the two cases.

There are however two respects in which the kinetic picture of collision in solution differs from that in the gas. In the first place, the number of collisions depends not only upon the translational energies and diameters of the solute molecules, but also upon the space in which they are free to move. This free volume will be decreased by the presence of the solvent molecules, and although it is difficult to make any quantitative estimate of the free space factor in a liquid, some rough predictions may be made. If the solute and solvent molecules are pictured as hard spheres of fixed radii R_r and R_s respectively, the effective free volume will depend on the relative magnitudes of R_r and R_s. Thus if $R_r \gg R_s$, the free space will be the same as in the gas, while if $R_r \ll R_s$, it will be divided by a factor $V/(V - v)$, where V is the total volume of the liquid, and v the volume occupied by the solvent molecules themselves.[4] On the basis of our simple model the greatest possible value for this factor is $6/(6 - \sqrt{2}\,\pi) = 3{,}9$, corresponding to close packed spheres. Since this is the maximum amount by which the collision number can be affected, we should expect values between 1

---

[1] Cf. POLANYI, WIGNER: Z. physik. Chem., Abt. A **139** (1928), 439.

[2] E. g. HINSHELWOOD: Kinetics of Chemical Change in Gaseous Systems (Oxford, 1933). — FOWLER: Statistical Mechanics (Cambridge, 1937).

[3] All the treatment given here applies to collisions between two solute molecules. The idea of collisions between solute and solvent molecules presents much greater difficulties, and it is doubtful whether any precise meaning can be attached to a collision number in such a case.

[4] This problem is analogous to the effect of the solvent upon the positional entropy of the solute, cf. BELL, GATTY: Philos. Mag. J. Sci. **19** (1935), 66.

and 4 for the ratio $Z_{(\text{solution})}/Z_{(\text{gas})}$. Values of the same order of magnitude have been arrived at by a number of authors by a kinetic treatment of various models of the liquid state.[1]

The above treatment indicates that the viscosity of the solvent will play no part in determining the total number of collisions between two solute molecules. On the other hand, the viscosity plays a decisive part in determining the grouping of these collisions. This is easily seen by considering a very viscous system. Two solute molecules originally far apart will take a long time to diffuse towards each other, but when they have met they will be surrounded by a "cage" of solvent molecules and will undergo a large number of repeated collisions before parting company. Such a group of repeated collisions may be conveniently termed an "encounter", and it will be seen that the encounter number varies inversely as the viscosity of the liquid, while the collision number is independent of viscosity. For a sufficiently dilute system (i. e. a gas) a repeated collision is a very rare event, and the collision number and the encounter number are almost identical. The aspect of the collision processes in solution has been treated quantitatively by a number of authors.[2] In a process where a high proportion of the collisions are effective, the rate will be determined by the encounter number rather than the collision number, since only the first few collisions of each encounter are of importance. This is true of the quenching of fluorescence by solute molecules and the rapid coagulation of colloids, both of which are governed by the viscosity of the medium. On the other hand, if only a very small proportion of the collisions are effective, it is clearly a matter of indifference whether they occur in large or small groups, the rate depending only on the total number of collisions. This applies to the large majority of chemical reactions in solution, and calculation shows that for a reaction having an activation energy of 20 kg. cals. per mol the interval between encounters only becomes of importance when the viscosity reaches values corresponding to the vitreous state.

In the gaseous state the factor P depends upon the mutual orientations of the molecules in the activated state, and it is reasonable to suppose that the same orientation conditions will apply to the reaction in solution, unless the solvent molecules are involved in some more intimate way than we have so far supposed (e. g. by solvation of the initial or the activated state). Further, in so far as the activation energy E in the gas involves only short range forces between the solute molecules, it will be little affected by the presence of solvent molecules. This criterion will apply in general to reactions involving exchange forces rather than electrostatic forces, and hence to reactions where *only homopolar bonds* are broken or formed. For this type of reaction we should therefore anticipate very similar values for A ($= PZ$) and E in the gas phase and in solution, and hence a small difference in the reaction velocities.

This prediction is borne out by the rather scanty and inaccurate experimental data given on pp. 320 ff. for bimolecular reactions which have been studied both as gas reactions and in solution, all of which involve homopolar linkages.

The problem is approached from a different point of view by the *transition state theory*. Equation (1) for a gas reaction can be written in the form

$$k_2{}^\circ = \varkappa \frac{k\,T}{h}\,K \tag{2}$$

[1] E. g. JOWETT: Philos. Mag. J. Sci. **8** (1929), 1059. — RABINOWITSCH: Trans. Faraday Soc. **33** (1937), 1224. — FOWLER, SLATER: Ibid. **34** (1938), 81.

[2] SMOLUCHOWSKY: Z. physik. Chem. **92** (1917), 129. — LEONTOVITSCH: Z. Physik **50** (1928), 58. — RABINOWITSCH: Trans. Faraday Soc. **32** (1936), 1381; **33**, (1937), 1225. — FOWLER, SLATER: Ibid. **34** (1938), 81.

where K has the dimensions and properties of an ordinary equilibrium constant for an association between two molecules.[1] The effect of a change of medium upon the velocity then depends only on variations in this equilibrium constant, and using the usual thermodynamic formulation we can write for any medium

$$k_2 = \varkappa \frac{kT}{h} K \frac{f_A f_B}{f_X} = k_2{}^\circ \frac{f_A f_B}{f_X}, \tag{3}$$

where f_A, f_B and f_X are the activity coefficients of the species concerned, referred to the dilute gas as the standard state. f_A and f_B are quantities which can be directly measured (e. g. from solubility data). On the other hand, the only experimental approach to f_X is through the kinetic measurements themselves, and any theoretical calculation of f_X demands in general a detailed knowledge of the nature of the transition state and its interaction with solvent molecules, i. e. the same knowledge which is necessary to predict the effect of the solvent upon the factors P, Z and E.

It will be seen that equation (3) is formally identical with the equation proposed by BRÖNSTED in 1922 for the primary kinetic salt effect, which is of course only a special instance of the effect of a change of medium upon reaction velocity.[2] BRÖNSTED himself did not however believe that this equation could be applied to changes of solvent, and its general application in this sense has only been suggested in recent years. Some still earlier attempts had been made to relate the effect of the solvent to thermodynamic properties (e. g. solubilities) of the reactants or resultants.[3] However, none of these relations took into account the properties of the intermediate activated state, and for this reason they were found to be only of very limited validity.

Even in the absence of quantitative data for f_A, f_B and f_X, it is possible to derive some general conclusions from equation (3). To do this it is convenient first to consider the relation between this equation and the ARRHENIUS equation. By applying the usual thermodynamic relations to the equilibrium constants and the activity coefficients we obtain

$$\log \frac{k_2}{k_2{}^\circ} = \frac{S_X - S_A - S_B}{R} - \frac{H_X - H_A - H_B}{RT}, \tag{4}$$

where H is the heat of solution and S the entropy increase of solution, referred to equal volume concentrations in the gas and in the solution. To a first approximation S and H can be taken as temperature independent. Comparing with the constants of the ARRHENIUS equation, we then have

$$\left. \begin{aligned} E(\text{soln.}) - E(\text{gas}) &= H_X - H_A - H_B, \\ A(\text{soln.})/A(\text{gas}) &= e^{(S_X - S_A - S_B)/R}. \end{aligned} \right\} \tag{5}$$

General information about the energies and heats of solution can be obtained from data on vapour pressures or solubilities of gases in liquids. The heats of solution are sometimes positive and sometimes negative, but for solvents and solutes of

---

[1] This formulation is given by WYNNE-JONES, EYRING [J. chem. Physics **3** (1935), 492]. A different choice of equilibrium constant has been adopted by EVANS, PO-LANYI [Trans. Faraday Soc. **31** (1935), 875]. The results obtained are independent of this choice, which is only a matter of convenience. For the exact relation of these constants to standard thermodynamic treatment, see GUGGENHEIM: Trans. Faraday Soc. **33** (1937), 607.

[2] See pp. 201 f. in article on "Salt Effects".

[3] E. g. DIMROTH: Liebigs Ann. Chem. **377** (1910), 127. — TRAUTZ: Z. physik. Chem. **67** (1909), 93. — VON HALBAN: Ibid. **67** (1909), 129; **84** (1913), 129.

low polarity they rarely amount to more than a few thousand calories per gram molecule. However, since X is formed by the union of A and B we should expect to find roughly

$$H_X \sim H_A + H_B \tag{6}$$

corresponding to the same heats of activation in the gas phase and in solution. The entropies of solution, on the other hand, are almost always negative, the value of $e^{-S/R}$ being most often between 10^2 and 10^3. This fact has led various authors[1] to conclude that the ratio $A(\text{soln.})/A(\text{gas})$ should also have the value 10^2–10^3, which is not in agreement with the results of the collision treatment or with the experimental data.[2] However, it has been recently shown[3] that this conclusion rests on an over-simplification, and that if regard is taken of the relations known to exist between heats and entropies of solution[4] then equations (5) and (6) lead to the result $A(\text{soln.})/A(\text{gas}) = 2$–$3$, in excellent agreement with the result of the kinetic treatment and with experiment.

Both types of theoretical treatment given above assume that the interaction between the solvent and the solute does not change materially when the reactants A and B pass into the critical complex X. There are undoubtedly many cases (notably in reactions involving ions) where this assumption is incorrect. Thus in a reaction between two ions A^+ and B^- the critical complex will have a zero net charge, and its formation from A^+ and B^- will therefore involve a large decrease in the number of solvent molecules oriented by the solute. This desolvation will clearly contribute to the heat of activation, causing it to differ from the value in the gas phase. Further, it will affect the factor A, as may be seen either from the kinetic or from the transition state method of treatment. From the kinetic point of view the activation is distributed among a larger number of degrees of freedom than in the gas (i. e. the bonds holding the solvent molecules to the ions), and in consequence the factor A will be considerably *greater* than a collision number.[4] From the point of view of the transition state theory, the decrease in the number of oriented solvent molecules during the formation of the critical complex involves an increase in disorder, and hence an increase in entropy. Reference to equation (5) shows that this again corresponds to an *increase* in A. The two methods of approach are of course entirely equivalent, being merely different formulations of the same facts.

Analogous considerations show that reactions between ions of the same sign should have abnormally low A-factors. No direct comparison with the gas phase can be made for reactions involving ions, but it has been shown by MOELWYN-HUGHES[5] that the available data for aqueous solutions indicate A-values which deviate from the calculated gas values in the expected manner. MOELWYN-HUGHES also gives a theoretical treatment of the problem, in which the solvent is treated as a continuous medium of known dielectric constant and the variation of the dielectric constant with temperature is taken into account. Although formally

---

[1] EVANS, POLANYI: Trans. Faraday Soc. **31** (1935), 875. — WYNNE-JONES, EYRING: J. chem. Physics **3** (1935), 492.

[2] EVANS, POLANYI [l. c. (^{1})] conclude that there are a large number of solution reactions in which the observed value of A is greater than the calculated gas collision number by about two powers of ten. This is, however, an error, due to the fact that the values which they employ for the calculated collision number refer to a pressure of one atmosphere, while the observed values refer to one mole per litre.

[3] BELL: Trans. Faraday Soc. **35** (1939), 324.

[4] Cf. EVANS, POLANYI: Trans. Faraday Soc. **32** (1936), 1333. — BELL: Ibid. **33** (1937), 496. — BUTLER: Ibid. **33** (1937), 171, 229. — BARCLAY, BUTLER: Ibid. **34** (1938), 1445.

[4] For an explanation of this point, see e. g. HINSHELWOOD: Kinetics of Chemical Change in Gaseous Systems, Oxford, 1933.

[5] MOELWYN-HUGHES: Proc. Roy. Soc. (London), Ser. A **155** (1936), 308.

different from the interpretations given above, this treatment is in reality based upon the same physical phenomena, since it is the dipole character of the solvent molecules which causes their orientation round the ion on the one hand, and the variation of dielectric constant with temperature on the other hand.

Even in the absence of a net charge on the reactants there may be a large change in polarity during the reaction, and hence a change in the extent of solvation. Thus in a reaction of the type

$$NR_3 + RJ \rightarrow [NR_4]^+ J^-$$

the critical complex will be considerably more polar than the reactants, and hence its formation will involve an increase in the orientation of the solvent molecules. This constitutes an additional spatial factor which must be satisfied before reaction can take place, and according to the arguments given above should result in a decrease in A. This type of reaction has been very extensively studied in solution (cf. Tables 4–6) and attempts have also been made to measure the reaction velocity in the gas phase.[1] The experiments show that the reaction taking place in the absence of solvent is predominantly a wall reaction, and that any homogeneous reaction must be slower than in hydrocarbon solvents under the same conditions. It is therefore impossible to make any direct comparison between the solution and the gas reactions. On the other hand, the A and E values obtained in solution (cf. Tables 4–6) vary from one solvent to another and the A values are all 10^4–10^9 times smaller than the calculated gas values. This behaviour agrees with the considerations advanced above about the orientation of the solvent molecules. It was originally supposed by Moelwyn-Hughes and Hinshelwood (l. c. Anm. 1) that the slowness of the homogeneous gas reaction indicated a small A value even in the absence of solvent. However, there is no experimental evidence as to the energy of activation in the gas phase, and the low velocity may equally well correspond to high values of both E and A. From an electrostatic point of view the energy needed to form a polar activated complex will be greater in vacuo than in the presence of polarisable solvent molecules. This point will be returned to in the section on solvent effects in acid-base catalysis (p. 337).

There is one point in connection with the interpretation of experimental A and E values which calls for special comment. These values are obtained from the experimental velocity constants at various temperatures on the assumption that the Arrhenius equation holds rigidly, and are hence defined by the equations

$$\left.\begin{aligned} E &= R\,T^2\,\frac{d\log k}{d\,T}, \\ \log A &= \log k + \frac{E}{R\,T} = \log k + T\,\frac{d\log k}{d\,T}. \end{aligned}\right\} \tag{7}$$

On the other hand, the most general theoretical expression for the reaction velocity may be written

$$k = A'\,e^{-E'/R\,T} \tag{8}$$

where A' and E' may now be slowly varying functions of the temperature. Such temperature dependence is particularly likely for reactions in solution where solvation or desolvation is of importance. [Thus in the treatment given by Moelwyn-Hughes (l. c. p. 333) for reactions between ions, E' is seen to depend on the

---

[1] Moelwyn-Hughes, Hinshelwood: J. chem. Soc. (London) **1932**, 230. — Gladishev, Syrkin: Acta physicochim. USSR 8 (1938), 323.

temperature because of the temperature variation of the dielectric constant]. Comparing equations (7) and (8) we have for the observed quantities E and A

$$
\left.
\begin{aligned}
E &= E' + R\,T^2 \frac{d\log A'}{d\,T} - T\frac{d\,E'}{d\,T}, \\
\log A &= \log A' - T\frac{d\log A'}{d\,T} + \frac{1}{R}\frac{d\,E'}{d\,T}.
\end{aligned}
\right\}
\tag{9}
$$

It is important to notice that a very small temperature variation in A' or E' can lead to large differences between A and E on the one hand and A' and E' on the other hand. Thus at $300°\,$K. a value of $dE'/d\,T = 10$ cals./degree $\cdot$ mole will involve a difference of 3000 cals./mole between E and E' and a ratio of 140 between A and A'. A temperature variation of this order of magnitude would be hardly detectable even in the most accurate work. It is therefore important to distinguish clearly between A and E obtained by applying the ARRHENIUS equation to the experimental data, and A' and E' occurring in a theoretical treatment, even when there appears to be good experimental evidence of the validity of the ARRHENIUS equation.

So far it has been assumed throughout that the distribution of energy during reaction behaves in an equilibrium manner, and that the supply or removal of energy is thus not a rate determining factor. It has already been pointed out that in cases where this assumption is not valid we should normally expect deviations from the simple kinetic law of mass action. However, such deviations will not appear if the transfer of energy takes place to or from solvent molecules, since the concentration of solvent cannot be varied appreciably. It has therefore been suggested[1] that in reactions with low A values the rate determining step may sometimes be the removal of excess energy from the product by collision with solvent molecules. This would lead to low A values varying considerably from one solvent to another, and in general will account for many of the phenomena associated with this type of reaction. At first sight the hypothesis seems improbable on account of the high concentration of solvent molecules. However, it must be remembered that the transfer of energy on collision is a highly specific phenomenon, studies on the dispersion of sound showing that many thousands of collisions may often be necessary before a quantum of vibrational energy is converted into translational energy.[2] The chief argument against such an explanation comes from a study of the reverse reactions. If the removal of energy from the product is rate determining in the bimolecular process, then the supply of energy must also be rate determining in the reverse unimolecular reaction, which would lead to abnormally low A values in this case also. In the few cases where data are available, these unimolecular reactions have normal A values,[3] so that it is unlikely that the transfer of energy is rate determining.

Relations between the constants of the ARRHENIUS equation.

It has been found in a number of cases that there is a functional relationship between the values of A and E, most often when the same reaction is studied in a number of different solvents, and occasionally for a series of similar reactions in the same solvent. It is likely that these relationships are closely connected with the interaction between the reactans and the solvent, and they are therefore of interest in the present context.

---

[1] HINSHELWOOD: Trans. Faraday Soc. **32** (1936), 970.

[2] Cf. e. g. EUCKEN, JAACKS: Z. physik. Chem., Abt. B **30** (1935), 85.

[3] DAVIS, COX: J. chem. Soc. (London) **1937**, 614. — ESSEX, GELORMINI: J. Amer. chem. Soc. **48** (1926), 882. — SYRKIN, GUBAREVA: J. physic. Chem. USSR **11** (1938), 285.

Much of the work on this subject has been done by FAIRCLOUGH and HINSHEL-WOOD,[1] who have also collected other data from the literature. In all cases where a relation exists an increase in E is accompanied by an increase in A, and log A is approximately a linear function of E. (FAIRCLOUGH and HINSHELWOOD prefer to express log A as a linear function of $1/\sqrt{E}$, but it is not possible to distinguish between the two possibilities from the experimental data). The following explanations have been suggested to account for this type of relation:

a) It should first be observed that if the temperature coefficient is not measured with sufficient accuracy then even chance variations in E will be accompanied by corresponding variations in A. This appears from equation (7), and it may be noted that for a series of reactions having similar values of k a linear relation will be found between log A and E. However, in most of the cases in which such a relation has been observed the experimental accuracy is too high to admit of such an explanation, and in the experiments of FAIRCLOUGH and HINSHELWOOD with mixed solvents an independent check is obtained by noting that both A and E are continuous functions of the composition of the solvent.

b) From the point of view of the transition state theory, a linear relation between log A and E is equivalent to a linear relation between the entropy and energy of activation. Analogous relations are known to exist between the heats and entropies of equilibrium processes in solution,[2] and it seems probable that the kinetic relations arise from the same cause. This does not of course constitute an "explanation" of the $A-E$ relationships, but it indicates that they are probably explicable by equilibrium considerations and do not depend on any specifically kinetic factors. The reactions concerned almost all involve ions or highly polar molecules[3] and it is reasonable to seek an explanation in terms of solvation. No quantitative derivation can be given, but it is easy to see qualitatively that a firm attachment of solvent molecules to the activated complex will tend to lower the activation energy and at the same time to decrease the probability of reaction by imposing more stringent spatial conditions on the formation of the critical complex. Similar considerations apply to solvation of the reactant molecules.

In their first paper (l. c. p. 326) FAIRCLOUGH and HINSHELWOOD proposed a different type of explanation for the $A-E$ relationships, depending on the concept of varying duration of collision and internal frequencies of the molecules.[4] In this way they derive a linear dependence of log A upon $1/\sqrt{E}$ which is consistent with the experimental data. It has however been pointed out[5] that their derivation involves further assumptions which render it less probable. Further, any kinetic factor of this kind would also be operative in the reverse reaction, and we have already seen (p. 335) that in at least some of the relevant cases the reverse reactions have normal A values. It thus seems likely that the true explanation of the $A-E$ relationships is to be found in the equilibrium considerations of the last paragraph.

Unimolecular reactions. In many respects the role of the solvent in unimolecular reactions depends upon the same factors as those already considered for

---

[1] FAIRCLOUGH, HINSHELWOOD: J. chem. Soc. (London) **1937**, 538, 1573; **1938**, 236.
[2] Cf. p. 332.
[3] FAIRCLOUGH, HINSHELWOOD (l. c. p. 326) consider that the relationship holds for the reaction between benzoquinone and cyclopentadiene, in which there is no marked change in polarity. However, only a small number of solvents was studied, and the inclusion of all the results obtained by WASSERMANN (cf. Table 7) makes it doubtful whether any such general relation holds in this case.
[4] See also HINSHELWOOD: Trans. Faraday Soc. **34** (1938), 105.
[5] RABINOWITSCH: Trans. Faraday Soc. **34** (1938), 120.

bimolecular reactions. In the absence of any large change in polarity we might expect the activation energy to be unaffected by the presence of solvent, and unless the solvent molecules are intimately concerned in the process of reaction there should also be little change in the characteristic molecular frequency which determines A. These predictions are borne out by the data which are given on pp. 322–324 for unimolecular reactions which have been studied in the gas and in solution. On the other hand, for a number of reactions involving ions or highly polar molecules, both the A and E values vary from one solvent to another (cf. Table 8). This is readily understood if the formation of the activated state involves a large change of polarity, and hence a change in the extent to which solvent molecules are attached to the reacting molecule. The relationships between A and E dealt with in the last section are in some cases valid for unimolecular reactions in different solvents.

Solvent effects in acid-base catalysis.

The effect of the solvent in this type of reaction has already been dealt with to some extent in the article on general acid-base catalysis (p. 237). It was shown there that the nature and concentration of the catalysing species might be greatly modified by change of solvent, owing to the part played by the solvent in acid-base equilibria, but that when this factor had been allowed for the general laws of catalysis are the same in a number of non-aqueous solvents as they are in water. In the present section we wish to examine the effect of the solvent upon the reaction velocity for a given substrate and a given catalysing species. Such a reaction is a bimolecular reaction from the point of view of a theoretical treatment, though it is normally kinetically of the first order. Little experimental work has so far been done on solvent effects for this type of reaction.

The decomposition of nitramide (cf. pp. 218, 239) has been investigated in water,[1] in isoamyl alcohol[2] and in m-cresol.[3] Table 9 shows the catalytic constants of a number of catalysts which have been studied in all three solvents.

Table 9. *Catalytic constants for the decomposition of nitramide.*

Catalyst	Water ($\varepsilon = 80$)	m-Cresol ($\varepsilon = 13$)	Isoamyl alcohol ($\varepsilon = 5,7$)
p-Chloraniline	0,21	0,045	0,0092
Aniline	0,54	0,146	0,033
p-Toluidine	1,16	0,33	0,098
Dichloracetate ion	0,0007	0,0118	0,063
Salicylate ion	0,021	0,41	2,02
Benzoate ion	0,19	5,4	17,0

It will be seen that the catalytic constants (which correspond to bimolecular velocity constants) are affected considerably by the nature of the solvent. For uncharged catalysts the velocity is increased by an increase of dielectric constant, while for the anion catalysts the reverse is the case. This fact may be qualitatively related to the nature of basis catalysis as the transfer of a proton from

---

[1] Brönsted, Pedersen: Z. physik. Chem. **108** (1923), 185. — Brönsted, Duus: Ibid. **117** (1925), 299. — Brönsted, Volqvartz: Ibid. Abt. A **155** (1931), 211. — Baughan, Bell: Proc. Roy. Soc. (London), Ser. A **158** (1937), 464.

[2] Brönsted, Vance: Z. physik. Chem., Abt. A **163** (1933), 240.

[3] Brönsted, Nicholson, Delbanco: Z. physik. Chem., Abt. A **169** (1934), 379.

the substrate to the catalyst. When the catalyst is uncharged, the critical complex for this proton transfer must be more polar than the reactants, and its formation will therefore be favoured by a medium of high dielectric constant. On the other hand, if the catalyst is a negative ion, the critical complex will have a smaller external field than the reactants (owing to the mutual polarisation of the charges) and hence the reaction will be favoured by a solvent of low dielectric constant. It would be of interest to know the effect of the solvent upon the constants A and E, but so far measurements of temperature coefficients have only been made in aqueous solution.

Some investigations of solvent effect have also been carried out by Bell and his collaborators on acid catalysed reactions in non-dissociating solvents. The reactions studied are the rearrangement of N-bromacetanilide,[1] the depolymerisation of paraldehyde,[2] and the racemisation of phenyl-isobutyl-acetophenone.[3] In these cases there is no correlation between the velocity of the catalysed reaction and the dielectric constant of the solvent. The catalysts used were carboxylic acids, and it seems likely that the results are complicated by chemical association of the acid molecules with one another or with the solvent.

Attempts have been made to study catalysis by acids and bases in the gas phase.[4] With one or two possible exceptions no homogeneous reaction is detectable, a wall reaction being observed. This observation is qualitatively in accord with the view that acid-base catalysis involves the transfer of a proton. With an uncharged substarte and catalyst this proton transfer leads to the formation of an ion pair, the energy of which will be decreased by the proximity of polarisable molecules constituting a solvent or a surface. The situation is thus similar to that encountered in the Menschutkin reaction, and semi-quantitative calculations show that the proximity of a surface can easily lower the activation energy by several thousand calories.

[1] Bell: Proc. Roy. Soc. (London), Ser. A **143** (1934), 377.
[2] Bell, Lidwell, Vaughan-Jackson: J. chem. Soc. (London) **1936**, 1792.
[3] Bell, Lidwell, Wright: J. chem. Soc. (London) **1938**, 1861.
[4] See Bell, Burnett: Trans. Faraday Soc. **33** (1937), 355; **35** (1939), 474.

La catalyse négative en phase liquide et éventuellement solide.

Étude spéciale de l'effet antioxygène.

Par

CH. DUFRAISSE, Paris, et P. CHOVIN, Paris.

Inhaltsverzeichnis.

Negative Katalyse in flüssiger (und fester) Phase unter besonderer Berücksichtigung der antioxygenen Wirkung (La catalyse négative en phase liquide et éventuellement solide).

Vorwort des Herausgebers.

In diesem Artikel hat DUFRAISSE den Niederschlag der umfangreichen experimentellen Arbeiten gesammelt, die er mit MOUREU zusammen über das stofflich ungeahnt vielseitige Gebiet der negativen Lösungskatalyse ausgeführt hat. Um dieses experimentellen Materials und seiner Ordnung willen hat der Herausgeber den besten Kenner der Tatsachen um diese Darstellung gebeten und freut sich, diese dem Leser aus erster Hand bieten zu können.

Definitionsgemäß bedeutet in den Naturwissenschaften die Ordnung der Tatsachen zugleich ihre theoretische Behandlung, und diese erfordert bei einem so vielseitigen Gebiet einige besondere Betrachtung. Es wird dem Leser auffallen, daß die gerade Linie der Behandlung chemischer Experimente mit physikalisch gesicherten Denkmethoden, die das „Handbuch der Katalyse“ sonst einzuhalten strebt, hier eine gewisse Unstetigkeit aufweist. Es kommt dies von der Natur der antioxygenen Wirkung. Ihre ganze Eigenart liegt in der chemischen Individualität der Substrate und Hemmungskörper sowie des Sauerstoffs selbst. Es ist verständlich, daß unter diesen Umständen Theorien, die aus ganz allgemeinen Erfahrungen und Beobachtungen entstanden sind, den Einzelheiten des speziellen Gebiets gegenüber versagen, d. h. keine volle Allgemeingültigkeit haben können.

Mit Recht lehnt daher DUFRAISSE solche Theorien ab und konzentriert seine Darstellung auf die chemische, also spezielle Theorie der betreffenden Vorgänge und macht es wahrscheinlich, daß ihre Mehrzahl aus den besonderen Eigenschaften intermediärer Peroxyde heraus erklärt werden können. Was den Herausgeber zwingt, dazu das Wort zu ergreifen, ist aber das Folgende: DUFRAISSE beschränkt sich nicht darauf, die mangelnde Eignung allgemeinerer physikalisch-chemischer Theorien für die Deutung chemischer Spezifitäten darzutun, sondern darüber hinaus werden wohlbegründete Lehren, wie z. B. die von den Kettenreaktionen, ganz allgemein abgelehnt. Dies geschah teilweise mit Argumenten, die schon widerlegt sind (vgl. Bd. I, Beitrag JOST, SCHRÖER) oder bei einer eingehenderen physikalischen Diskussion mit dem sonst in diesem Handbuch eingenommenen Standpunkt kaum vereinbar wären.

Herausgeber hätte es begrüßt, diese Differenzen in persönlicher Fühlung mit dem Verfasser zu beheben, und ist überzeugt, daß sich dabei der beiderseits tragbare Standpunkt ergeben hätte, Chemisches mit chemischen, Kinetisches mit kinetischen Methoden zu entscheiden. Dem haben leider die Zeitverhältnisse einen Riegel vorgeschoben, und so sah sich der Herausgeber genötigt, den Bleistift des Redakteurs in ganz ungewöhnlichem Maße und sogar die Schreibmaschine anzusetzen, um eine Synthese von sich aus zu erzielen und das völkerverbindende Werk der Herausgabe gerade dieses Artikels zu sichern. Es ist dabei natürlich unter äußerster Vorsicht vorgegangen worden, und die Änderungen beschränken sich auf Einfügung oder (seltener) Weglassung einiger Sätze, am meisten in dem Abschnitt « La théorie des chaînes », fast gar nicht in den Teilen, die die positiven Beiträge des Verfassers betreffen.

Immerhin wird auf einigen Gebieten der Verfasser selbst seinen Standpunkt leicht abgebogen wiederfinden; er möge das gütigst entschuldigen, ebenso wie der Leser; es geschah im höheren Interesse der Wahrheitsfindung, wenn auch auf einem ungewöhnlichen Wege in ungewöhnlicher Zeit. Zweck dieser Vorrede ist, darzutun, daß es sich nicht um eine Unterschiebung fremder Ansichten handeln soll, sondern um eine Einpassung in das Gesamtwerk unter Erhaltung aller positiven Gedanken.   G.-M. SCHWAB, *Athen*, im Oktober 1939.

Aperçu d'ensemble.

Généralités.

Le caractère essentiel de la catalyse étant un accroissement de la vitesse des réactions, il est logique de considérer en parallèle le phénomène inverse, le ralentissement ou inhibition. L'usage s'est établi de dénommer le premier: « catalyse positive », par opposition au second ou « catalyse négative ».

Mais, pas plus que toute hausse de la vitesse n'est une catalyse positive, tout ralentissement ne sera à considérer comme une catalyse négative. On retrouvera donc, pour définir et délimiter cette dernière, les difficultés que l'on a eues avec la première. Il s'y en ajoutera d'autres, inhérentes à la nature même du phénomène si singulier qu'est la catalyse négative.

Soit, par exemple, une réaction dont le régime est dû à la présence d'une surface catalytique de platine. Nous produirons un effet de retard en retirant progressivement ce catalyseur du milieu réagissant, ou, ce qui revient au même, en le masquant par un vernis. Il serait vraiment excessif de décorer d'un nom spécial cette opération rudimentaire, de l'appeler catalyse négative et de lui consacrer un chapitre spécial de théorie. Il en sera de même pour des modes autres de freinage, apparentés à celui-ci, mais moins grossièrement étrangers au mécanisme profond de la réaction chimique. Tel sera, par exemple, l'aveuglement de surfaces catalytiques, comme: « taches actives », poussières actives, et autres sortes de plages inductrices de réaction.

D'une manière plus générale, aucune mise hors de cause d'un catalyseur positif ne mérite le nom de catalyse négative. Un acide, par exemple, étant l'accélérateur d'une réaction, une base ne pourra pas être déclarée catalyseur négatif, sous le prétexte que son intervention produit un retard, et la même qualité devra être refusée à tous les réactifs modificateurs de catalyseurs positifs, par neutralisation, précipitation ou transformation quelconque.

On voit ainsi que des exclusives nouvelles vont s'ajouter à celles qui sont de règle pour définir la catalyse positive. Comme il en a été pour celle-ci, on rejettera du chapitre tout effet obtenu par action massive sur les facteurs de la réaction (température, concentration, état physique ou chimique des réactifs, etc....); mais on en écartera, en outre, toute action revenant à neutraliser simplement une catalyse positive, que ce soit par voie mécanique ou chimique, comme dans les exemples ci-dessus, ou que ce soit par voie physique (effet d'écran ou tout autre). Bref, le nom de catalyse négative ne convient pas aux actions ralentissantes dépourvues des caractères distinctifs de ce que l'on est convenu d'appeler catalyse: en particulier, ce n'est pas une anticatalyse. .

En toute rigueur, d'après cela, il ne faudrait traiter ici que les ralentissements de nature réellement catalytique, ce qui impliquerait, comme condition primordiale, que le mécanisme en soit préalablement connu. Or, comme on le verra plus loin, aucune doctrine certaine n'a réussi à s'imposer concernant les faits d'inhibition catalogués à ce jour.

Cette absence d'accord sur la théorie des phénomènes de ralentissement oblige à en faire deux catégories: d'une part, ceux dont la cause, reconnue par tous, est notoirement étrangère à la catalyse, d'autre part, ceux pour lesquels la discussion est encore ouverte, et qui, à ce titre, doivent bénéficier du doute. On va alors être contraint, pour des raisons de présentation didactique, d'adopter une attitude en apparence opposée à celle qu'inspirerait la logique: abandonnant les faits de la première catégorie, on ne gardera pour l'exposé que les seconds, ceux sur lesquels nous sommes le moins renseignés, parce que le doute leur laisse au moins une chance d'être de nature véritablement catalytique.

Il s'ensuit que la catalyse négative représente peut-être un groupement provisoire de faits hétérogènes, destiné à disparaître dans un avenir plus ou moins proche, au fur et à mesure que les connaissances acquises permettront de répartir à leurs places rationelles les divers types de ralentissement des réactions.

Mais il n'est pas exclu, non plus, que l'inhibition, à plus ample informé, ne se maintienne comme une entité distincte, une forme particulière de catalyse, auquel cas elle restera l'une des branches indépendantes de cette science. On verra justement que, parmi les explications de l'inhibition, il en est une au moins qui fait appel à un mécanisme réellement catalytique, ce qui rend vraisemblable, du point de vue purement théorique, la survivance du chapitre. La seule question qui se pose, et qui ne recevra pas de réponse définitive dans les pages suivantes, est de savoir s'il existe effectivement dans la nature des ralentissements produits par catalyse négative véritable.

De toute manière, et quelles que soient leurs causes profondes, les phénomènes d'inhibition ont pris récemment, à une allure prodigieusement croissante, une telle importance pratique dans leurs applications, qu'un chapitre spécial les concernant s'en trouverait justifié, même au cas où il viendrait à s'avérer que leur théorie n'exige pas d'être traitée séparément.

Définition de la catalyse négative ou inhibition.

Il est à peine besoin de dire, pour parer à toute équivoque, que l'expression de « catalyse négative » ne pourra jamais rien désigner qui ait quelque rapport avec l'idée de catalyse s'exerçant en sens exactement inverse de la catalyse positive. La catalyse, pour un système déterminé dans un état donné, est à « sens unique », c'est-à-dire que, si elle fait évoluer le système d'une certaine manière, il ne peut pas y avoir de catalyseur capable de ramener le-dit système vers son état de départ.

Négatif aussi bien que positif, le catalyseur ne peut que favoriser un phénomène ayant déjà tendance à se produire spontanément. La seule différence entre les deux réside dans l'effet résultant sur la réaction à laquelle on est intéressé.

Sans entrer dans une discussion approfondie, qui exposerait à d'inutiles redites, nous allons passer brièvement en revue les notions indispensables à la compréhension du sujet.

En principe, l'idée de catalyse est liée à une disproportion entre les faits résultant et la modicité des doses de matière qui le provoquent (DUBRISAY[1]). Cependant, remarquons le, l'essentiel est, moins la petitesse de la dose active, que la petitesse des actions énergétiques déterminantes. Le concept revient au fond à opposer le processus catalytique, opération gratuite, c'est-à-dire s'accomplissant, au moins en théorie, sans dépense de matière ni d'énergie, aux processus non catalytiques qui ne fonctionnent qu'à titre onéreux, par consommation de matière ou d'énergie.

Si l'esprit se raccroche de préférence au critérium de « petite dose » de matière, c'est surtout par sécurité. Vu l'incertitude où l'on est de ce qui se passe dans l'intimité d'un milieu réagissant, on peut toujours supposer que l'énergie libre, résultant de l'introduction d'une matière étrangère, est utilisée à modifier les conditions énergétiques de la réaction; si la dose de matière étrangère est petite, on est sûr que son action énergétique l'est également[2] et, par suite, que ses effets sont réellement de nature catalytique.

Mais il est évident que ne se trouve pas exclue la possibilité d'une action catalytique de la part d'une matière introduite en proportions qui ne sont plus minuscules, ou même qui sont devenues grandes: beaucoup de catalyses incontestables sont dans ce cas. Le critérium devient alors plus difficile à définir et à interpréter: il est basé sur l'absence de transformation définitive du catalyseur. Ce test, valable pour l'accélération, n'est généralement pas acceptable pour l'inhibition. Tout d'abord il n'écarte pas la possibilité d'une action entravante massive sur les réactifs, qui n'est plus de la catalyse. D'autre part, en raison

---

[1] R. DUBRISAY: J. Chim. physique **25** (1928), 581.

[2] Rien ne prouve d'ailleurs que, si petite soit-elle, cette énergie n'est pas nécessaire au développement de l'effet catalytique. Le contraire est même le plus vraisemblable: un corps rigoureusement sans action énergétique sur le milieu serait certainement inerte du point de vue catalytique.

d'une particularité exposée plus loin sous le nom d'« usure du catalyseur », ce test obligerait à rejeter de la catalyse négative l'une de ses manifestations les plus typiques, savoir: l'effet antioxygène.

Nous nous trouvons ainsi ramenés à faire dépendre la notion d'inhibiteur de la modicité des concentrations actives.

Nous appelerons alors catalyse négative ou inhibition *le ralentissement des réactions déterminé par la présence en faible teneur d'une matière étrangère, étant exclue toute action revenant à neutraliser simplement une catalyse positive.*

Délimitation du sujet.

Ainsi se trouvent fixées d'elles-mêmes les limites du sujet.

En sont éliminés tous les ralentissements de causes manifestement non catalytiques, comme ceux qui sont dûs au refroidissement, à la dilution, à la séparation ou à la modification des réactifs et, d'une manière générale, à toute action *massive* sur les facteurs de la réaction.

En principe, l'exclusive est automatique si l'on prend comme critérium la faible teneur en matière active.

Dans la pratique, cependant, il s'élèvera quelques incertitudes pour apprécier la proportion dite faible de catalyseur. On citera, certes, des corps pour lesquels le doute n'existera pas, ceux, par exemple, dont l'effet inhibiteur est encore sensible à la dose du millionième. D'autres, au contraire, dans des circonstances peu différentes, ne feront sentir leur action qu'à la dose du dixième ou davantage, c'est-à-dire à des concentrations où l'effet inhibiteur commence à interférer avec l'effet de dilution et autres actions massives. Il se présentera ainsi des cas douteux qui seront discutés à part.

Mais la principale difficulté de la délimitation est d'ordre théorique parce que, conformément à la définition adoptée, il faut éliminer les phémomènes d'anticatalyse, ou suppression simple d'une catalyse positive.

Ici encore se présenteront des cas non douteux où l'inhibiteur agit manifestement en mettant hors de cause une catalyse positive. Ce sera pourtant l'exception: le plus souvent la cause profonde du ralentissement constaté restera cachée, ou du moins discutable. Les faits les plus nombreux seront donc suspects de ne pas appartenir à la catalyse négative vraie, comme l'impliquent, d'ailleurs, certaines des interprétations suggérées par les auteurs.

D'après ce que l'on vient de laisser entendre, c'est, pourtant, ce dernier ensemble de faits qui va être présenté dans l'état actuel de ses données et de sa doctrine, sans essayer une discrimination qui serait arbitraire à l'heure actuelle.

On laissera de côté, toutefois, comme étant traitées dans des chapitres spéciaux, les catalyses négatives en phase gazeuse (voir Tome I), ou bien concernant les ferments et la biologie (voir Tome III.).

Des ralentissements justiciables de notre exposé ont été signalés pour des réactions assez variées. Mais il faut reconnaître que les faits, de loin les plus nets, les plus nombreux et les plus cohérents, concernent des réactions où l'oxygène intervient comme partenaire principal, soit dans les termes de la réaction inhibée, soit en tant qu'inhibiteur. Effectivement, trois catégories d'inhibition se mettent à part, ce sont: 1° avant tout et surtout, l'empêchement de l'addition d'oxygène libre, ou effet « antioxygène »; 2° l'empêchement de production d'oxygène libre par l'eau oxygénée, ou stabilisation de l'eau oxygénée; 3° l'empêchement de réaction des halogènes par l'oxygène libre, en phases gazeuse et liquide, ou effet « antihalogène ». En dehors de là, on ne trouve que des observations éparses et sans lien entre elles. C'est pourquoi l'exposé traitera surtout de la question de l'effet antioxygène, qui a donné lieu à une littérature théorique et expérimentale considérable, et dont les applications sont du plus haut intérêt.

Il serait prématuré de chercher à donner une raison de ce groupement des actions inhibitrices autour de l'oxygène. Mais il est utile d'en souligner la singularité aux yeux des théoriciens. N'y a-t-il pas, d'ores et déjà, une certaine justification des opinions qui rapportent la catalyse négative à une propriété spécifique de l'inhibiteur, et non pas seulement à un mécanisme, qui pourrait, évidemment, être valable pour toutes les sortes de réactions.

Première partie.

La catalyse négative d'autoxydation ou effet antioxygène.

Introduction.

L'oxygène joue, dans la nature, un rôle essentiel. Bien peu d'éléments sont, comme lui, aussi abondants et doués d'affinités aussi variées. Non seulement il est un des facteurs primordiaux du maintien de la vie, mais il est encore, en tant qu'agent de toutes les combustions, une des sources les plus importantes d'énergie à notre usage. Cependant, le fait qu'il baigne tous les corps qui nous environnent, allié à sa haute réactivité, nous vaut aussi une contrepartie, car il est responsable de nombreuses détériorations partielles ou totales telles que le rancissement des graisses, le vieillissement du caoutchouc, l'altération des surfaces métalliques par corrosion, etc...., phénomènes dont on s'apercevrait qu'ils coûtent énormément à l'économie mondiale, s'il était possible d'en faire l'inventaire complet.

La combinaison de l'oxygène moléculaire aux autres éléments, ou à leurs composés, a reçu un nom particulier: l'«*autoxydation*»; nom qui n'est pas très heureux par son étymologie, car le corps qui se combine à l'oxygène ne s'oxyde pas à ses propres dépens ainsi que le ferait par exemple l'aldéhyde *o*-nitrobenzoïque en s'isomérisant en acide nitrosobenzoïque (CIAMICIAN et SILBER). D'ailleurs, toute autoxydation aus sens propre du mot s'accompagne inévitablement d'une autoréduction. C'est ce que traduit exactement le vocable allemand « Disproportionierung ». Mais ici, l'habitude a consacré l'emploi du terme « *autoxydation* » pour désigner les réactions d'oxydation par l'oxygène moléculaire. Nous nous y conformerons et réserverons de préférence dans cet article le terme « oxydation » aux réactions d'oxydation par les autres oxydants (bromate, permanganate, eau oxygénée, etc....). On peut d'ailleurs justifier partiellement le nom en considérant que l'autoxydation est une oxydation *spontanée* à l'air.

Conditions chimiques de la réaction d'autoxydation.

Certes, dans les conditions normales de température et de pression qui règnent à la surface du globe, tous les corps oxydables ne sont pas attaqués par l'oxygène, mais ceux qui résistent absolument sont relativement rares. D'ailleurs, tel corps qui paraît résister s'avère faiblement autoxydable si l'observation se prolonge suffisamment. Il existe évidemment des degrés dans les vitesses d'autoxydation et l'on connaît des cas d'inflammation spontanée au contact de l'air: éléments très divisés (phosphore, métaux pyrophoriques), composés très oxydables (P_2H_4 liquide, dialcylzincs, bromoacétylène), matières autoxydables entassées (chiffons gras, foin, etc....).

On est ainsi amené tout naturellement à considérer les conditions chimiques de la réaction: elles sont au nombre de trois. La première est la condition d'affinité; il est évident qu'elle est nécessaire, mais elle n'est pas suffisante : l'hydrogène, qui dégage cependant beaucoup de chaleur en brûlant, ne se combine pas à l'oxygène à la température ordinaire. Au reste, il n'y a aucune relation manifeste entre la grandeur de l'affinité et l'autoxydabilité : il arrive même que cette dernière soit augmentée par une modification, par exemple, une substitution halogénée, qui a pourtant comme effet de diminuer l'affinité.

Il intervient donc une seconde condition, celle de fonction chimique : un exemple suggestif en est donné par l'aldéhyde propionique qui s'autoxyde facilement, tandis que son isomère, l'acétone, ne s'autoxyde pas. De l'examen de nombreux cas, il ressort que seules un petit nombre de fonctions chimiques sont susceptibles de subir l'autoxydation.

Enfin, une troisième condition, nécessaire sinon suffisante, est la condition de structure : tous les corps à affinité positive et renfermant une fonction chimique favorable ne réagissent pas avec la même facilité; certains même ne réagissent pas du tout, ce qui montre que la condition de fonction chimique n'est pas suffisante.

Importance théorique et économique de la réaction d'autoxydation.

Malgré ces conditions qui semblent restrictives, le nombre des corps autoxydables est encore fort élevé. Ceci confère à la réaction d'autoxydation elle-même une importance d'ailleurs accrue du fait qu'elle est, à de très rares exceptions près, irréversible, et que ses dommages, quand elle en entraîne, sont toujours définitifs.

On connaît certes les exemples des anthracènes et des naphthacènes qui fixent une molécule d'oxygène pour donner des peroxydes isolables, qu'une légère élévation de température dissocie en régénérant, pour un grand nombre, l'oxygène et le carbure initial. Et l'on n'aurait garde d'oublier l'exemple de l'hémoglobine, vecteur d'oxygène à travers les tissus animaux. Mais de telles réactions réversibles constituent une infime minorité dans le domaine si vaste de l'autoxydation. On peut dire que, le plus souvent, la substance attaquée est irrémédiablement transformée, et bien souvent, un tel résultat n'est pas recherché. L'inconvénient est alors d'autant plus grave que l'oxygène peut multiplier les effets de son intervention par des actions indésirables. C'est ainsi, par exemple, que le caoutchouc qui peut théoriquement fixer 47% d'oxygène, est définitivement détérioré après en avoir absorbé moins de 1%, soit la 50e partie. Il arrive ainsi que des phénomènes accessoires se greffent sur la transformation primitive, dont ils sont la conséquence; ils ont presque toujours une part prépondérante dans la détérioration de la substance étudiée. C'est ce qu'on appelle les effets secondaires de l'autoxydation, déclanchés par l'autoxydation elle-même. Ce sont eux, par exemple, qui sont à l'origine du vieillissement prématuré du caoutchouc, dont il vient d'être fait mention; ce sont encore eux qui déterminent l'apparition de produits de polymérisation, les changements de couleur ou de viscosité de nombreux liquides autoxydables, etc.... Pratiquement, les effets secondaires de l'autoxydation ont, plus que l'autoxydation elle-même, une influence sur la diminution de la valeur marchande des produits manufacturés. Et c'est en cherchant à éviter ces effets que l'on a décelé leur cause véritable — d'où le qualificatif « secondaire » — et que, du même coup, on a tenté de combattre l'autoxydation elle-même. Les recherches systématiques publiées depuis 1921 par CH. MOUREU et CH. DUFRAISSE n'ont pas d'autre origine.[1]

[1] CH. MOUREU, CH. DUFRAISSE : Chem. Reviews **3** (1926), 113. — CH. MOUREU, CH. DUFRAISSE : Chem. and Ind. **47** (1928), 819.

Autoxydation et catalyse négative.

Mais, avant ces travaux, des observations diverses avaient rendue manifeste la sensibilité de la réaction d'autoxydation aux actions extérieures. Sans vouloir faire ici un historique détaillé de la question (voir à ce sujet[1]), on peut citer entre autres: BERTHOLLET,[2] qui constate en *1797* l'extinction de l'oxyluminescence du phosphore par des traces de composés sulfurés; DAVY,[3] qui établit en *1817* que l'éthylène ou l'oxyde de carbone empêchent l'explosion du mélange hydrogène-oxygène; CHEVREUL,[4] lequel constate (*1856*) une relation entre la vitesse de siccativation des huiles et la nature du bois sur lequel on les étale, bois plus ou moins riche en composés phénoliques;[5] RUMP,[6] (*1868*) qui stabilise le chloroforme à l'air par des traces d'alcool; BIGELOW,[7] (*1898*) qui étudie de très près la préservation des solutions de sulfite de sodium par des substances variées, alcools, phénols, amines, etc....

Dans tous ces travaux, et dans tous ceux qui ont été publiés avant *1921*, le mot de catalyse n'a été que rarement prononcé. La nature vraie du phénomène — sinon le mécanisme de l'action — n'avait guère été reconnue que pour le phosphore et le sulfite de sodium. De nos jours, la notion de catalyse négative est devenue familière. Mais il faut se garder de confondre le simple avec le familier: les processus des catalyses homogènes, négative et positive, de l'autoxydation ne sont pas simples, comme le montrera la discussion des théories. On y verra que l'unanimité de conceptions n'est pas faite et est, sans doute, encore loin de se faire. Le point sur lequel les chercheurs sont d'accord est le suivant: la réaction d'autoxydation est particulièrement sensible aux actions catalytiques, et le nombre des substances protégées comme celui des corps protecteurs est aujourd'hui très étendu.

Mais avant de poursuivre l'étude de la catalyse négative d'autoxydation, il est bon de s'arrêter un instant sur la signification exacte et le choix des termes qui ont été employés par divers auteurs pour désigner les catalyseurs de l'autoxydation.

Terminologie.

CH. MOUREU et CH. DUFRAISSE ont proposé le mot *antioxygène*, qui se comprend de lui-même;[8] l'*antioxygène* sera le corps protecteur et l'*effet antioxygène* la catalyse négative elle-même. On a critiqué cette terminologie et certains auteurs préfèrent employer les mots inhibiteurs[9] ou antioxydants,[10] d'ailleurs proposés antérieurement. Le terme inhibiteur (on parle d'action inhibitrice) a le défaut d'être trop général: il convient pour tous les cas où se manifeste une entrave et ne fait de distinction ni sur la nature (physique ou chimique) du phénomène sujet au ralentissement, ni sur la cause du ralentissement (catalyse ou autre). Néanmoins, à défaut d'une nomenclature précise généralisée, nous l'emploierons dans la 2e partie de cet exposé pour tous les cas reconnus de catalyse négative autre qu'antioxygène.

Le mot antioxydant, manifestement, ne convient pas pour les oxydations par

---

[1] CH. DUFRAISSE: Traité de Chimie Organique (V. GRIGNARD), T. II, p. 1147 (1936).
[2] BERTHOLLET: J. de l'École Polytechnique, 3e cahier, 277 (1797).
[3] H. DAVY: Ann. Chim. physique 4 (1817), 276. — H. DAVY: Philos. Trans. Roy. Soc. London 1817, 45.
[4] M. E. CHEVREUL: Ann. Chim. physique (3), 47 (1856), 209.
[5] CH. MOUREU, CH. DUFRAISSE: Chem. Reviews 3 (1926), 114.
[6] RUMP: Über die Prüfung des Chloroforms. Hannover, 1868.
[7] S. L. BIGELOW: Z. physik. Chem. 26 (1898), 493.
[8] CH. MOUREU, CH. DUFRAISSE: C. R. hebd. Séances Acad. Sci. 174 (1922), 258.
[9] S. W. YOUNG: J. Amer. chem. Soc. 24 (1902), 297.
[10] A. L. LUMIÈRE, A. SEYEWETZ: Bull. Soc. chim. France (3), 33 (1905), 444.

l'oxygène gazeux car les substances antioxygènes n'ont, en général, pas d'action ralentissante sur la marche des oxydations par les oxydants, tels l'acide chromique, le permanganate, etc.... (Voir aussi[1] pour la discussion.) Cependant, on connaît quelques cas d'*action antioxydante vraie*, l'empêchement d'oxydation par l'eau oxygénée par exemple: ils seront discutés plus loin sous ce titre qui, alors, mais alors seulement, convient parfaitement.

Tout récemment, Baur,[2] à propos d'une discussion de sa théorie générale de la catalyse négative, a repris cette question de la terminologie et proposé le terme « anticatalyse »: celui-ci, comme on l'a vu dans les généralités, ne nous paraît pas acceptable à cause de l'idée qu'il évoque. D'autre part, Baur rejette le mot antioxygène comme étant restrictif, « l'anticatalyse n'étant pas limitée aux oxydations ». C'est exact, mais le volume des travaux relatifs aux seules oxydations dépasse, et de beaucoup, celui des autres inhibitions; et même, s'il fallait y inclure la liste volumineuse des brevets, la disproportion se manifesterait encore davantage en faveur des *actions antioxygènes*. Il est donc logique de conserver un terme qui, par ailleurs, est passé dans le langage courant, pour désigner un phénomène aussi « gros ».

De plus, l'avantage d'une nomenclature spécialisée est qu'elle est aisément généralisable, ce qui évite, par l'emploi de termes précis tels que: effet « antiozone », « antibrome », « antilumière », etc.... des circonlocutions du genre « catalyse négative de l'ozonisation, catalyse négative de la fixation du brome », etc.... Nous en ferons usage dans la seconde partie de l'exposé.

D'un autre point de vue, on aura parfois à opposer à la catalyse négative, définie au début de cet article, la catalyse positive ou effet accélérateur: on en connaît de nombreux exemples dans les réactions d'autoxydation. Pour les mêmes raisons que précédemment, on emploiera le mot « prooxygène » et proscrira l'usage du mot « prooxydant ». Pour la catalyse positive autre que celle d'autoxydation, on parlera d'effet promoteur, ou accélérateur. L'effet prooxygène ne sera étudié ici qu'en fonction de ses rapports avec l'effet antioxygène.

La double généralité de l'effet antioxygène.

Elle réside 1° dans la variété des substances protégées, 2° dans la variété des antioxygènes.

Il serait sans intérêt de dresser une liste de tous les corps autoxydables qui ont été préservés de l'attaque de l'oxygène par un antioxygène approprié; il suffit de savoir qu'ils appartiennent aux classes les plus diverses des corps organiques: hydrocarbures, alcools, aldéhydes, carbures halogénés, graisses, huiles, aliments, caoutchouc, et mêmes des substances minérales comme le phosphore, le fer, le magnésium, les sulfites, les hydrosulfites, etc....

On a résumé cette aptitude générale à la protection dans la première proposition que voici:

« *toute autoxydation doit pouvoir être entravée par un antioxygène approprié* »,

Il pourrait alors paraître plus restreint de chercher à spécifier les classes auxquelles appartiennent les antioxygènes: mais on s'apercevrait bien vite qu'il faudrait alors passer toute la chimie en revue, tant sont diverses les substances qui sont journellement utilisées. Parmi les plus actives, on peut citer des éléments: l'iode, le soufre, le phosphore; des composés minéraux: iodures, bromures, chlorures, sulfures et corps sulfurés, corps séléniés, etc....; des dérivés de l'azote,

---

[1] A. Seyewetz, P. Sisley: Bull. Soc. Chim. France (4), **31** (1922), 672. — Ch. Moureu, Ch. Dufraisse: Ibid. (4), **31** (1922), 1175. — A. Seyewetz: Ibid. (4), **53** (1933), 507. — Ch. Dufraisse: Ibid. (4), **53** (1933), 515.
[2] E. Baur: Z. physik. Chem., Abt. B, **41** (1938), 179.

du phosphore, de l'arsenic; des dérivés métalliques, même des dérivés du cuivre et du fer, éléments bien connus cependant pour leur tendance à fonctionner comme catalyseurs prooxygènes; des corps organiques en nombre illimité, parmi lesquels et surtout les phénols et les amines, mais aussi les alcools, les sulfures, les nitriles, les amides, les uréthanes, etc....

On a pu énoncer une deuxième proposition, relative aux substances préservatrices, qui devient inséparable de la précédente:

« toute matière apte à réagir chimiquement doit pouvoir, dans des conditions expérimentales appropriées, fonctionner comme antioxygène ».

Il est à peine besoin d'insister sur les termes: «dans des conditions expérimentales appropriées». Disons seulement que toute autoxydation n'est pas arrêtée en toute circonstance par n'importe quelle matière. Si cela était, on n'aurait jamais observé de réaction d'autoxydation car les corps que l'on manipule, quelles que soient les précautions prises, sont toujours plus ou moins souillés d'impuretés qui auraient dû fonctionner comme antioxygènes.

Il apparaît, ceci dit, que le phénomène antioxygène, qui était considéré dans le passé comme exceptionnel, devient la règle. Ce qui serait exceptionnel au aujourd'hui serait une autoxydation insensible aux antioxygènes.

D'ailleurs, tous les degrés ont été observés dans l'action antioxygène: depuis le corps qui fonctionne vis-à-vis de lui-même comme son propre antioxygène (le self-inhibiteur de Delépine[1]), jusqu'à l'oxygène qui est parfois, en même temps que le réactif oxydant, le réactif modérateur, l'inhibiteur de sa propre action (voir phosphore[2] et, pour d'autres produits[3]), en passant par les molécules, telles les aldéhydes à fonction phénol libre, ou renfermant des groupes diméthylamino,[4] qui sont autoxydables par leur fonction aldéhyde et protégées par leur fonction phénol ou amine (voir également[5]).

Il est vraisemblable, en outre, que de nombreuses substances doivent leur stabilité vis-à-vis de l'oxygène à un effet inhibiteur non reconnu, ou que l'on n'a jamais cherché à mettre en évidence. On sait déjà que certains produits, tels les huiles, le latex, et d'une manière générale, les extraits végétaux, renferment des antioxygènes appropriés que la nature a prévu à point nommé[6]; que serait aujourd'hui l'industrie du caoutchouc si le produit brut n'était pas naturellement protégé contre l'action de l'oxygène? Quelle serait la valeur marchande des aliments trop périssables? Le moins qu'on puisse dire est que l'économie générale du globe ne serait pas ce qu'elle est si le phénomène antioxygène n'existait pas.

Les critères de la catalyse négative d'autoxydation.

Comment se manifestera l'effet antioxygène? par un abaissement de la consommation d'oxygène dû à la présence, en faible quantité, d'une impureté favorable, spontanée ou ajoutée intentionnellement.

---

[1] M. Delépine: Bull. Soc. Chim. France (4), **31** (1922), 762.

[2] M. Czentnerszwer: Kosmos (Stockholm) **35** (1910), 526; Z. physik. Chem. **85** (1913), 99. — E. Gilchrist: Proc. Roy. Soc. (Edinburgh) **43** (1923), 197. — Rayleigh: Proc. Roy. Soc. (London), Ser. A **99** (1921), 372; Ser. A **104** (1923), 322; Ser. A **106** (1924), 1. — H. J. Emeléus: J. chem. Soc. (London) **1926**, 1336.

[3] W. Müller: Ann. Physik u. Chem. (2), **141** (1870), 95. — Th. Ewan: Philos. Mag. J. Sci. (5), **38** (1894), 530; Z. physik. Chem. **16** (1895), 315. — J. U. Nef: Liebigs Ann. Chem. **298** (1897), 202. — Schenk, Mihr, Banthien: Ber. dtsch. chem. Ges. **39** (1906), 1506.

[4] H. Staudinger, E. Hene, J. Prodrom: Ber. dtsch. chem. Ges. **46** (1913), 3530. — K. Bodendorf: Ibid. **66** (1933), 1608.

[5] H. W. Underwood jun.: Proc. nat. Acad. Sci. USA **11** (1925), 78.

[6] Par exemple, la substance excitatrice des mimoses, extrêmement autoxydable, est protégée par des antioxygènes naturels; G. Hesse: Biochem. Z. **303** (1939), 152.

Remarquons à ce sujet qu'il sera toujours hasardeux de parler de catalyse par une impureté supposée, mais non caractérisée. C'est là le défaut, et nous y réviendrons, de certaines théories qui ont fait jouer à la présence admise, mais non démontrée, de catalyseurs, fer ou cuivre par exemple, un rôle trop important et surtout trop général.

Il serait souhaitable, de plus, qu'à chaque étude de catalyse négative fût jointe la preuve irréfutable qu'il s'agit bien d'une catalyse au sens précis du mot: le catalyseur doit fonctionner, au moins en principe, tout en restant inaltéré et récupérable en fin d'expérience. C'est là une condition parfois très difficile à réaliser car, le plus souvent, mais pas nécessairement, les antioxygènes sont des substances elles-mêmes oxydables, sinon même autoxydables, ou tout au moins qui peuvent subir, dans les conditions expérimentales choisies, une oxydation induite par l'autoxydateur ou par les produits de la réaction. Il arrive ainsi fréquemment que la catalyse s'émousse par « usure du catalyseur ». Les modalités de cette disparition progressive de l'effet catalytique seront discutées plus loin.

Il est nécessaire, d'autre part, de bien s'assurer que l'abaissement de la consommation de l'oxygène n'est pas dû à une cause accessoire, telle la formation d'un vernis, d'un film protecteur, comme on présume que c'est ce qui a lieu par exemple, lors de certaines particularités de l'empêchement de la corrosion du fer. Ce serait le cas typique d'une inhibition et non d'une catalyse.

Enfin, il ne suffit pas, pour conclure à un effet antioxygène, de montrer que la matière altérable a été « protégée » contre un des effets secondaires apparents, par exemple la polymérisation, car on connaît des cas d'inhibition de la polymérisation qui sont sans aucun rapport avec un effet antioxygène: par exemple, la polymérisation du styrolène en l'absence d'oxygène est inhibée par la benzoquinone[1] et la photopolymérisation de l'acroléine, en l'absence d'oxygène, est entravée par l'hydroquinone.[2]

D'ailleurs, sous l'influence d'un catalyseur qui ne serait pas antioxygène, il pourrait y avoir une déviation de l'autoxydation qui se manifesterait par un effet de l'autoxydation autre que la polymérisation.

Il est à signaler qu'une présomption, sinon un critère de catalyse négative, est offerte par l'ordre de grandeur du coefficient de température du coefficient de vitesse de la réaction. La plupart des réactions voient leurs vitesses approximativement doublées par une élévation de température de 10°. Mais si un catalyseur négatif est présent, le coefficient de température peut êtrc beaucoup plus grand (on connaît ún exemple où il atteint 4,42). Autrement dit, l'action de l'inhibiteur se fait d'autant moins sentir que la température est plus élevée. Diverses interprétations en ont été données (voir en particulier théorie de Taylor;[3] voir aussi [4]).

Parenté des catalyses inverses.

C'est une des particularités les plus saillantes qui marquent le phénomène: tel corps, réputé être bon antioxygène *en général*, se montrera soudain, vis-à-vis d'une substance nouvelle ou dans des circonstances expérimentales différentes, un prooxygène marqué! Bien plus, ce sont fréquemment les antioxygènes puissants, ceux qui arrêtent à très petite dose le cours de l'autoxydation, qui se révèlent des prooxygènes également puissants.

[1] J. W. Breitenbach, A. Springer, K. Horeischy: Ber. dtsch. chem. Ges. **71** (1938), 1438.

[2] Ch. Moureu, Ch. Dufraisse: Bull. Soc. chim. France (4), **35** (1924), 1564.

[3] H. S. Taylor: J. physic. Chem. **28** (1924), 145.

[4] N. R. Dhar: J. physic. Chem. **28** (1924), 948.

Quelques exemples feront mieux comprendre les formes sous lesquelles se manifeste l'inversion de la catalyse:

1° Un même catalyseur sur deux produits différents. C'est ainsi que l'oxybromure de phosphore $POBr_3$ est, à la dose de 1%, un inhibiteur puissant de l'autoxydation de l'aldéhyde benzoïque et un accélérateur énergique vis-à-vis du styrolène dont la vitesse de réaction avec l'oxygène est centuplée.[1]

2° Un même catalyseur sur le même produit, mais avec variation des conditions expérimentales. L'éthylxanthogénamide se comporte, vis-à-vis du sulfite de sodium, comme antioxygène en milieu légèrement alcalin et comme prooxygène en milieu légèrement acide.[2] L'abiétate de cobalt, à concentration faible, inférieure à 0,001% ralentit l'autoxydation de l'acide abiétique. A concentration plus élevée, supérieure à 0,01%, il l'accélère[3] (au sujet de l'inversion de catalyse par variation de la concentration voir aussi[4] et par variation d'éclairement[5]).

3° Un même catalyseur et un même produit, sans variation provoquée des conditions expérimentales. L'iode retarde l'oxydation de l'acroléine dans une première phase, puis l'accélère dans la seconde.[6] Il est juste de faire remarquer que les solutions se sont décolorées: l'iode a été oxydé et ce sont vraisemblablement ses produits d'oxydation qui sont prooxygènes. Il en est de même d'ailleurs, pour divers corps iodés[7] et le sulfure de diéthylène.[8] Le thiophénol, au contraire, stimule tout d'abord l'oxydation de l'huile de lin, puis la ralentit par la suite.[8]

On trouvera de très nombreux exemples d'inversion de catalyse dans l'œuvre importante de TANAKA et NAKAMURA[9] et dans les travaux de NAKAMURA,[10] DUPONT,[11] MATTIL,[12] FRANKE,[13] MEAD,[14] WIELAND,[15] WOOG[16] et autres.[17]

On conçoit que cette *incertitude d'action* ait des conséquences très importantes. Tout d'abord, il est impossible de considérer qu'une substance, connue comme

---

[1] CH. MOUREU, CH. DUFRAISSE, M. BADOCHE: C. R. hebd. Séances Acad. Sci. **187** (1928), 157.

[2] CH. MOUREU, CH. DUFRAISSE, M. BADOCHE: Ibid. **179** (1924), 237.

[3] G. DUPONT, J. LÉVY, J. ALLARD: C. R. hebd. Séances Acad. Sci. **190** (1930), 1302.

[4] K. SUZUKI: J. Soc. chem. Ind. Japan, suppl. Bind. **40** (1937), 64. — E. BAUR, H. PREIS: Z. physik. Chem., Abt. B **32** (1936), 65. — E. BAUR, M. OBRECHT: Ibid. **41** (1938), 167.

[5] C. A. THOMAS, P. E. MARLING: Ind. Engng. Chem., analyt. Edit. **24** (1932), 871. — P. WOOG, Mlle E. GANSTER, J. GIVAUDON: C. R. hebd. Séances Acad. Sci. **192** (1931), 923.

[6] CH. MOUREU, CH. DUFRAISSE: C. R. hebd. Séances Acad. Sci. **176** (1923), 797.

[7] CH. MOUREU, CH. DUFRAISSE: Ibid. **178** (1924), 824.

[8] CH. MOUREU, CH. DUFRAISSE, M. BADOCHE: **179** (1924), 237.

[9] Y. TANAKA, M. NAKAMURA: J. Soc. chem. Ind. Japan, suppl. Bind., Ser. B, **33** (1930) 107, 126, 127, 129; **34** (1931), 405; **35** (1932), 81.

[10] M. NAKAMURA: J. Soc. chem. Ind. Japan, suppl. Bind., Ser. B, **36** (1933), 286, 335, 408.

[11] G. DUPONT, J. LÉVY, J. ALLARD: C. R. hebd. Séances Acad. Sci. **190** (1930), 1302. — G. DUPONT, J. ALLARD: Ibid. **190** (1930), 1419. — G. DUPONT, J. LÉVY: Bull. Soc. Chim. France (4), **47** (1930), 60, 147. — G. DUPONT, J. LÉVY, J. ALLARD: Ibid. (4), **47** (1930), 942. — G. DUPONT, J. ALLARD: Ibid. (4), **47** (1930), 1216.

[12] H. S. OLCOVICH, H. A. MATTILL: J. biol. Chemistry **91** (1931), 105. — H. A. MATTILL: Ibid. **90** (1931), 141.

[13] W. FRANKE: Hoppe-Seyler's Z. physiol. Chem. **212** (1932), 234. — W. FRANKE: Liebigs Ann. Chem. **498** (1932), 129.

[14] B. MEAD et Collaborateurs: Ind. Engng. Chem., analyt. Edit. **19** (1927), 1240.

[15] H. WIELAND, D. RICHTER: Liebigs Ann. Chem. **486** (1931), 226.

[16] P. WOOG, Mlle E. GANSTER, J. GIVAUDON: C. R. hebd. Séances Acad. Sci. **192** (1931), 923.

[17] V. S. KISSELEV, V. E. KHATSET: J. chem. Ind. **10** (1933), 31.

antioxygène, le sera dans toutes les circonstances: ainsi l'hydroquinone, antioxygène type, est parfois prooxygène.[1] Il en est de même pour l'acide cyanhydrique.[2] Réciproquement il a été trouvé à des prooxygènes notoires, comme le cuivre[3] ou le fer,[4] une action modératrice marquée. Deuxième conséquence: l'existence du phénomène d'inversion de catalyse n'est pas sans imposer aux expérimentateurs une extrême prudence dans leurs conclusions. Il leur faut définir avec soin, non seulement les substances mises en présence, mais aussi les conditions expérimentales choisies, sous peine de s'exposer, après une variation minime en apparence et le plus souvent inobservée ou difficilement décelable, à un retournement inattendu de l'effet catalytique recherché: la substance que l'on veut protéger se détruisant plus rapidement qu'en l'absence du prétendu protecteur. Ainsi s'expliquent les quelques divergences d'opinion que l'on peut noter dans la littérature antioxygène, tel auteur n'ayant pas exactement, et le plus souvent à son insu, reproduit les expériences de tel autre. C'est une des raisons pour lesquelles les méthodes comparatives présentent, dans les études, une supériorité marquée sur les méthodes absolues. On diminue d'autant plus les chances d'une inversion accidentelle de catalyse que les conditions expérimentales de comparabilité ont été plus étroites.

Conséquence plus importante encore: on sent qu'à un certain stade du processus d'autoxydation doit se placer une bifurcation conduisant soit à l'effet prooxygène, soit à l'effet antioxygène. On devine surtout, à voir les influences souvent minimes qui conditionnent l'inversion de catalyse, que les deux voies dans lesquelles la réaction peut s'engager, comme après avoir hésité sur celle qu'il lui faut suivre, sont étroitement liées par quelque pont mystérieux qu'il faudra bien découvrir ou tout au moins expliquer si l'on veut aboutir à une théorie satisfaisante de l'effet antioxygène. C'est pour avoir trop souvent négligé cet aspect du phénomène dénommé parenté des catalyses inverses, que certaines théories se sont montrées nettement insuffisantes.

Étude expérimentale de la catalyse d'autoxydation.

Les méthodes expérimentales qui permettent de suivre la marche d'une autoxydation et, par conséquent, de conclure à un effet ralentisseur ou accélérateur, peuvent se classer assez facilement en deux catégories.

1° **Méthodes directes.** Ce sont les seules qui seront discutées ici avec quelque détail. Elles se ramènent à suivre la réaction, soit par des mesures volumétriques ou manométriques portant sur l'atmosphère oxydante, soit par des mesures gravimétriques ou des analyses portant sur la matière qui s'oxyde.

2° **Méthodes indirectes.** On peut, à leur tour, les subdiviser en deux groupes:

a) *Contrôle par les produits de la réaction.* On peut suivre par dosage soit la disparition de la substance autoxydable (sulfite par l'iode, composés éthyléniques par l'indice d'iode ou de brome[5]), soit l'apparition d'une substance nouvelle, par

[1] C. V. GHEORGHIU: Bull. Soc. chim. France (4), **41** (1927), 50.

[2] CH. MOUREU, CH. DUFRAISSE, M. BADOCHE: C. R. hebd. Séances Acad. Sci. **183** (1926), 685. — M. E. ROBINSON: Biochemic. J. **18** (1924), 255. — H. A. SPOEHR, J. H. C. SMITH: J. Amer. chem. Soc. **48** (1926), 237. — L. AHLSTRÖM, H. VON EULER: Hoppe-Seyler's Z. physiol. Chem. **200** (1931), 233. — C. V. SMYTHE: Ber. dtsch. chem. Ges. **65** (1932), 1268.

[3] E. BAUR, M. OBRECHT: Z. physik. Chem., Abt. B **41** (1938), 167.

[4] E. BERL, K. WINNACKER: Z. physik. Chem. **148** (1930), 261. — H. WIELAND, D. RICHTER: Liebigs Ann. Chem. **486** (1931), 226. — CH. DUFRAISSE, R. HORCLOIS: C. R. hebd. Séances Acad. Sci. **191** (1930), 1126.

[5] G. WILLIAMS: J. chem. Soc. (London) **1938**, 246. — D. LL. HAMMICK, D. LANGRISH: Ibid. **1937**, 797.

exemple un acide si l'on étude un aldéhyde, ou encore un peroxyde si celà est possible.

Ce dernier procédé n'est d'ailleurs pas sans présenter de sérieuses causes d'erreur, car les peroxydes d'autoxydation sont hautement réactifs et instables: ils se détruisent spontanément, ou bien ils sont réduits par les molécules environnantes, celles du corps autoxydable lui-même ou celles des antioxygènes. Il arrive donc fréquemment que la concentration des peroxydes devienne stationnaire c'est-à-dire constante — lorsque leur vitesse de formation est égale à leur vitesse de destruction — sans que l'autoxydation cesse pour celà: dès lors, la grandeur par laquelle on contrôle la réaction, la concentration des peroxydes, n'a plus aucun rapport avec la réaction elle-même.

Ce reproche de principe s'adresse également, quoique avec moins de force, aux deux autres méthodes indirectes citées plus haut: la disparition de la substance initiale peut être dûe en partie à une cause autre que sa réaction directe avec l'oxygène: elle peut, par exemple, réagir soit sur les peroxydes, soit sur tout autre produit de la réaction, soit encore, et c'est très fréquent, se polymériser (styrolène, acétate de vinyle, acroléine). De même, l'apparition d'un nouveau produit peut être faussée par sa destruction sous une influence secondaire. Il est donc nécessaire de faire une étude chimique poussée avant d'entreprendre l'étude cinétique.

b) Contrôle par l'intermédiaire des phénomènes accessoires. On peut suivre l'apparition et le développement d'une couleur (amines aromatiques, fural), d'un précipité (disacryle de l'acroléine), d'une odeur (rancissement des graisses), ou encore la variation de viscosité dûe à la polymérisation de l'échantillon étudié (styrolène). Ces méthodes peuvent être précises et parfois même sont plus sensibles que certaines méthodes directes (voir autoxydation du styrolène[1]); elles sont néanmoins incertaines dans leur principe même, et il est nécessaire d'être prudent dans les conclusions qu'on en peut tirer. Il est élémentaire de s'assurer, avant toute chose, que « l'effet secondaire » suivi est bien « secondaire », c'est-à-dire est bien provoqué par l'autoxydation, envisagée comme processus primaire.

Discussion des méthodes directes.

Cette discussion sera limitée à la gazométrie, car il y a peu de choses à dire sur les méthodes gravimétriques, dont on connaît les avantages et les risques d'erreur. On distinguera les méthodes absolues et les méthodes relatives.

A. Méthodes absolues. Remarques sur le corps pur.

On s'efforce de parvenir à la connaissance de la vitesse absolue d'autoxydation: on l'exprime par la masse d'oxygène qu'absorbe, dans l'unité de temps, l'unité de masse de substance autoxydable.

La vitesse absolue d'autoxydation est utile à connaître pour les études cinétiques, mais c'est une grandeur qu'il est très difficile d'atteindre avec sécurité. On s'expose à commettre des erreurs importantes, dépassant très largement les limites étroites que la méthode semble comporter en elle-même, simplement parce qu'il manque aux corps que le chimiste manipule ce qu'on pourrait appeler le critère de la « *pureté catalytique* ». Il est impossible de définir le « *corps pur* » par excellence; c'est là une différence essentielle avec les études de thermochimie par exemple, où l'on peut fixer avec précision le domaine de pureté du « standard pour combustion calorimétrique ».

---

[1] J. W. Breitenbach, A. Springer, K. Horeischy: Ber. dtsch. chem. Ges. **71** (1938), 1438.

La question qui domine toutes les études cinétiques, et qui revient sporadiquement à propos des principales matières autoxydables, est la suivante: l'«*autoxydabilité*» est-elle une qualité parasite imputable à quelque impureté prooxygène, ou bien est-elle une propriété intrinsèque des corps dans leur état idéalement pur? Dans le premier cas, une purification méthodique doit faire rétrograder l'autoxydabilité jusqu'à l'annuler. Dans le second cas, l'autoxydabilité doit subsister.

Or, divers auteurs, ayant soumis certaines substances à des opérations de purification, ont constaté tantôt que l'autoxydabilité disparaît, tantôt qu'elle subsiste. Les conclusions qu'ils en ont tirées sont donc opposées. Il n'y a à cela rien d'étonnant, car l'absence complète de tout contrôle précis de la présence d'une impureté catalytique rend l'appréciation de la pureté très aléatoire: elle tient surtout du sentiment de l'opérateur. Par ailleurs, la purification peut avoir eu pour effet soit d'éliminer une impureté prooxygène, soit de concentrer une impureté antioxygène ou d'en favoriser la formation. La *sensibilité* des actions catalytiques vis-à-vis de l'oxygène moléculaire impose l'obligation d'envisager les deux hypothèses en leur attribuant, à priori, la même probabilité d'existence.

S'il était besoin d'un exemple pour illustrer les difficultés très réelles d'expérimentation que le chimiste rencontre dans ce genre d'études cinétiques, il n'y aurait qu'à citer les facteurs qui ont été donnés comme déterminants, c'est-à-dire nécessaires et suffisants, pour l'autoxydation du benzaldéhyde: la lumière (MEAD et COCHRANE[1]), les poussières (TAUSZ[2]), les surfaces actives (REIFF,[3] BRUNNER[4]), l'eau (REIFF[3]), le fer (KUHN, MEYER,[5] WIELAND et RICHTER[6]), l'ozone (BRINER et PERROTTET[7]). Il est bien hasardeux de faire un choix et de dire que l'autoxydation est due à une cause plutôt qu'à une autre. Ce qui est surtout décevant, c'est qu'il est *difficile*, sinon impossible, d'après cette liste, d'espérer trouver des conditions reproductibles, base essentielle de toute étude cinétique.

C'est là le défaut des mesures absolues de vitesses de réaction, défaut qui explique très facilement les écarts que l'on peut trouver dans la littérature. Mais il s'estompe jusqu'à devenir négligeable dans les expériences par la méthode comparative: c'est ce qui fait la force de cette dernière et ce qui justifie le parti qu'on en a pu tirer.

Néanmoins, les déterminations absolues ont et auront toujours leurs partisans; c'est la raison pour laquelle il est bon d'indiquer quelles sont les causes d'erreurs qui intéressent la « pureté » du produit étudié. Les remarques qui vont suivre s'adressent 1° au gaz oxygène, 2° aux méthodes usuelles de purification, 3° aux solvants, 4° aux récipients.

1. Le gaz oxygène.

On doit s'assurer que le gaz oxygène utilisé est de grande pureté, et on doit tout naturellement éviter les souillures accidentelles. A ce propos, il n'est pas sans intérêt de signaler que DUPONT et LÉVY[8] ont remarqué que de l'oxygène qui a été véhiculé par l'intermédiaire de tubes en caoutchouc se charge d'assez

---

[1] B. MEAD, J. D. COCHRANE: Meeting of the Amer. chem. Soc. Baltimore, 1925.

[2] J. TAUSZ: Assemblée de l'Union des Chimistes Allemands à Nuremberg, 1er — 5 sept. 1925. D'après Brennstoff-Chem. 6 (1925), 296.

[3] O. M. REIFF: J. Amer. chem. Soc. 48 (1926), 2893.

[4] M. BRUNNER: Helv. chim. Acta 10 (1927), 707.

[5] R. KUHN, K. MEYER: Naturwiss. 16 (1928), 1028. — K. MEYER: J. biol. Chemistry 103 (1933), 25.

[6] H. WIELAND, D. RICHTER: Liebigs Ann. Chem. 486 (1931), 226.

[7] E. BRINER, E. PERROTTET: Helv. chim. Acta 20 (1937), 451.

[8] G. DUPONT, J. LEVY: Bull. Soc. chim. France (4), 47 (1930), 147.

de vapeurs antioxygènes pour fausser tous les résultats des mesures. En conséquence, il est indiqué de préparer l'oxygène et de le stocker dans un appareil entièrement en verre, raccordé par soudure au dispositif de mesure, et où seront proscrits tous les joints en caoutchouc. La meilleure manière de préparer l'oxygène est de s'adresser à la décomposition thermique du permanganate de potassium. Néanmoins, il faut prendre garde de ne pas introduire de traces de manganèse dans la substance autoxydable étudiée, car cet élément est généralement doué de propriétés catalytiques, le plus souvent prooxygènes.

2. Les méthodes usuelles de purification.

Il y a lieu de distinguer la distillation, la cristallisation et la dessication.

a) Les remarques que l'on peut faire relativement à la distillation se rapportent d'une part au principe même de purification qui repose sur son emploi, d'autre part à la technique utilisée.

En ce qui concerne la purification proprement dite, il n'est pas sans intérêt de songer au phénomène d'azéotropisme qui rend impossible la séparation de deux réactifs par distillation fractionnée. Or on cherche à obtenir un réactif « pur » en partant le plus souvent d'un produit dont on ignore les impuretés. Il n'est pas impossible que ces dernières accompagnent le distillat, même après plusieurs opérations et, en définitive, on se trouve dans l'ignorance complète de la fraction où elles se concentrent.

D'autre part, il est bien connu que le produit que l'on distille n'est pas sans se détériorer quelque peu: tel corps, dont un échantillon manifeste une fusion correcte, dans un intervalle de 0,5 degré par exemple, subit, après distillation, un étalement de son point de fusion sur 1 ou plusieurs degrés, ce qui rend manifeste la formation de produits secondaires, que révèle déjà l'odeur particulière acquise souvent par le distillat. Ainsi, la distillation sous pression normale du benzaldéhyde fait apparaître une impureté catalytique prooxygène (WITTIG et KRÖHNE[1]).

Donc, la distillation sous faible pression s'impose, non seulement pour réduire au minimum les risques de détérioration, mais aussi pour éviter un contact prématuré avec l'oxygène atmosphérique.

Or la pratique courante de la distillation fractionnée en atmosphère inerte est à rejeter, pour deux raisons. Tout d'abord, le gaz inerte (N_2 ou CO_2) peut n'être pas absolument exempt d'oxygène; d'autre part, la « rentrée de gaz » que l'on ménage généralement pour faciliter l'ébullition n'est pas sans favoriser la formation de vésicules liquides qui passent dans le distillat par entraînement mécanique, en véhiculant naturellement les impuretés que l'on cherche justement à éloigner.

La technique à recommander est donc la distillation sous vide très poussé, en *surface tranquille*, sans ébullition, par simple refroidissement du récipient où doit se condenser le distillat. On s'arrangera même pour que la distillation s'effectue directement dans l'appareil où l'on a projeté d'étudier la réaction d'autoxydation, ce qui évite une manipulation de transvasement, et, par là, réduit les risques de souillures. Mais, s'il faut avoir recours à un scellement au chalumeau pour séparer l'appareil qui renferme le distillat du corps du ballon où l'on suppose que se sont concentrées les impuretés, il faudra prendre garde de refroidir énergiquement *toutes les parties* du dispositif afin de condenser préalablement les moindres traces de produit volatil; faute d'avoir pris cette précaution, on s'exposerait à produire sur les vapeurs une pyrolyse locale qui pourrait avoir pour résultat d'engendrer des impuretés catalytiques.

---

[1] G. WITTIG, H. KRÖHNE: Liebigs Ann. Chem. **529** (1937), 142.

b) La purification par cristallisation fractionnée n'est pas non plus à l'abri de toute critique. Tout d'abord, elle est, comme la distillation sinon davantage, sujette à des causes accidentelles de souillures. De plus, il existe un phénomène, parallèle à l'azéotropisme, dont on commence à entrevoir la généralité et qui diminue sensiblement la confiance que l'on pouvait avoir en cette méthode, spécialement si l'on se réfère à la sensibilité des actions catalytiques et à la petitesse des doses d'impuretés retenues. Ce phénomène est la « chrysogénie », ou l'aptitude que montre un corps, présent en traces, de s'amalgamer aux cristaux qui se forment au sein d'un liquide, de telle sorte que des cristallisations répétées ne l'éliminent pas. Le nom vient de « chrysogène », ancienne appellation du naphtacène, ou 2,3 benzanthracène, inséparable par cristallisation fractionnée de l'anthracène (de provenance des goudrons) auquel il communiquait une légère teinte jaunâtre qui a longtemps été prise pour sa teinte véritable, jusqu'à ce qu'on ait obtenu de l'anthracène exempt de naphtacène par synthèse directe. D'ailleurs, on a pu séparer les deux produits, et identifier l'impureté, par adsorption chromatographique sélective sur alumine.

On connaît d'autres exemples de chrysogénie typique. Ainsi Weygand[1] a montré qu'une impureté colorée accompagne le dibenzoylméthane. Il s'est aperçu de sa présence grâce à une circonstance fortuite: la matière colorante se fixe sur la variété polymorphique ordinaire de cristaux, et pas sur une autre, instable, qui cristallise ainsi incolore.

En résumé, lorsqu'on a l'intention de purifier une substance par cristallisation fractionnée en vue d'essais de cinétique chimique, particulièrement d'autoxydation, on doit avoir présents à l'esprit ces exemples qui sont manifestes, puisque l'impureté est colorée. Comment être sûr qu'il n'existe pas de nombreuses autres impuretés, incolores celles-là, donc invisibles, que la cristallisation n'élimine pas et qui sont d'autant plus difficilement décelables qu'on en ignore la nature et les caractères?

Il n'est pas interdit naturellement de combiner les deux processus de purification, distillation et cristallisation. C'est ce que Meyer[2] a pu faire avec le benzaldéhyde; il a obtenu alors des échantillons dont la tenue à l'oxygène est légèrement améliorée. Est-ce à dire qu'il y a eu élimination d'impureté prooxygène? En toute logique on peut répondre que la deuxième hypothèse, concentration d'impureté antioxygène, n'est pas à écarter à priori.

c) La dessication. En dehors de la distillation et de la cristallisation, on a fait quelquefois subir à certaines préparations des traitements spéciaux, toujours en vue de pousser la purification à un degré soi-disant exceptionnel. C'est ainsi par exemple qu'on a cherché à enlever l'eau dont on soupçonne, à juste titre, l'activité catalytique. Mais, si l'idée est bonne, les moyens mis en œuvre pour la réaliser sont souvent défectueux. Que penser d'un contact direct de la substance avec l'anhydride phosphorique, sinon qu'il peut, par quelque réaction inconnue, favoriser l'apparition d'un antioxygène! Doit-on ajouter que l'anhydride phosphorique contient souvent de l'anhydride phosphoreux, entraînable, et sûrement doué de propriétés catalytiques, sans parler des dérivés phosphoriques, eux-mêmes souvent très actifs.

3. Les solvants.

Les solvants sont purifiés par distillation fractionnée. Il faut donc prendre, à leur égard, les précautions qui ont été indiquées précédemment. Il n'est pas mauvais de rappeler que l'un des solvants parmi les plus utilisés, le benzène, est resté

[1] C. Weygand, E. Bauer, H. Hennig: Ber. dtsch. chem. Ges. **62** (1929), 562.
[2] K. Meyer: J. biol. Chemistry **103** (1933), 25.

longtemps accompagné d'une impureté ignorée, le thiofène. C'est un nouvel exemple, bien classique celui-là, de l'imperfection des méthodes ordinaires de purification.

A ces raisons s'en ajoute une autre, spéciale aux solvants: ils peuvent avoir été en contact avec des bouchons de liège et ceux-ci peuvent leur avoir cédé des impuretés inhibitrices. Ainsi, DUBRISAY et EMSCHWILLER[1] se sont trouvés dans l'impossibilité de définir le benzène pur du point de vue de son influence sur l'autoxydation. Ce n'est là qu'une cause très accidentelle de souillure, mais on n'y a peut-être pas toujours pris suffisamment garde.

4. Les récipients.

Il est bien connu que certains verres cèdent progressivement une partie des oxydes alcalins qu'ils renferment. Ils seront à rejeter comme susceptibles d'introduire un élément perturbateur dans le milieu réactionnel.

Mais, en dehors de cette cause d'erreur facile à éviter par un choix judicieux des matériaux, il en est d'autres qui méritent d'être mentionnées: certaines substances peuvent s'adsorber dans le verre, et, à la faveur d'un changement de milieu, s'éluer, c'est-à-dire repasser en solution. Cel semble être le cas des ions Cu^{++}, qui ne sont pas dénués par ailleurs d'activité catalytique, bien au contraire; BAUR et OBRECHT[2] ont indiqué très nettement qu'un récipient qui a contenu une solution 10^{-6} N d'un sel de cuivre est à jamais contaminé et ne doit plus être utilisé.

Que dire du chrome, si souvent introduit par les mélanges sulfo-chromiques de lavage? A-t-on jamais songé à faire la preuve qu'il n'y a pas contamination par adsorption et élution ultérieure?

En conclusion de cette longue discussion, on doit dire que le corps « catalytiquement pur » est une fiction; la pureté limite est celle que décèlent nos analyses, et c'est insuffisant. Le plus souvent, il est impossible d'apporter des arguments décisifs justifiant l'obtention d'un corps « ultra-pur ».

Ces considérations restreignent fortement le domaine de validité des expériences de détermination des vitesses absolues de réaction.

B. Les mesures relatives. Technique de MOUREU et DUFRAISSE.

L'appareil utilisé par MOUREU et DUFRAISSE[3] consiste essentiellement en un tube barométrique mince portant à sa partie supérieure un réservoir, appelé chambre d'autoxydation, où l'on introduit la substance à étudier et le catalyseur choisi. L'appareil est tout d'abord rempli d'oxygène à une pression voisine de la normale, puis le réservoir est porté à la température désirée et éclairé convenablement s'il y a lieu. L'oxygène se raréfiant dans le tube manométrique, le mercure monte plus ou moins vite selon la vitesse de réaction et l'activité du catalyseur. Il suffit de noter les hauteurs barométriques à intervalles de temps réguliers, et de les comparer à celles du tube témoin de mêmes dimensions, porté à la même température, éclairé pareillement et contenant la même quantité de substance autoxydable, mais exempt de catalyseur. Pour des raisons de commodité, au lieu d'un seul tube et de son témoin, on place côte à côte une série de tubes semblables, dix le plus souvent, quelquefois plus.

On peut ainsi faire des comparaisons précises entre catalyseurs différents ou doses différentes d'un même catalyseur.

Les mesures ne s'exprimeront plus en unités absolues; mais on dira par exemple que du benzaldéhyde renfermant 1/100000 de soufre s'oxyde 3 fois

---

[1] R. DUBRISAY, G. EMSCHWILLER: C. R. hebd. Séances Acad. Sci. **195** (1932), 660; **198** (1934), 263.

[2] E. BAUR, M. OBRECHT: Z. physik. Chem., Abt. B **41** (1938), 167.

[3] CH. MOUREU, CH. DUFRAISSE: C. R. hebd. Séances Acad. Sci. **174** (1922), 258.

moins vite que le même échantillon sans soufre, toutes les autres conditions étant restées inchangées. L'intérêt d'une telle manière de s'exprimer réside dans le fait qu'elle fait image et qu'elle correspond parfaitement au but qu'on s'est proposé d'atteindre: on veut comparer des grandeurs dont la valeur absolue importe peu. Néanmoins, il serait facile de repasser aux valeurs absolues si les circonstances l'exigeaient: on connaît pour celà le volume de la chambre d'autoxydation et celui de la matière introduite, soit, par différence, celui de l'oxygène. Les lectures des hauteurs barométriques en fonction du temps donnent les pressions. Il suffit de tenir compte de la variation de volume due à la variation du niveau du mercure, et, s'il y a lieu, de la perturbation qu'apporte, surtout vers la fin des mesures, la présence d'un gaz étranger, de l'azote par exemple, si l'on a utilisé de l'oxygène commercial, ou encore de l'anhydride carbonique provenant de la réaction.

Mais de telles déterminations absolues des vitesses sont ici rarement utiles, car on a surtout en vue une comparaison des résultats. Or les expériences relatives sont reproductibles avec beaucoup plus de sécurité que les expériences absolues, et c'est là ce qui a fait leur succès et ce qui justifie le parti qu'on en a tiré. On a pu, grâce à leur emploi, explorer en un temps relativement court un domaine considérable, et accumuler un matériel expérimental extraordinairement étendu, tant en ce qui concerne les substances autoxydables que les catalyseurs.

Avantages de la méthode comparative.

Pour assurer la reproductibilité des mesures, les réservoirs des chambres d'autoxydation sont faits d'un verre de même coulée. Ils sont nettoyés simultanément, avant usage, avec les mêmes réactifs.

Le dispositif présente, toujours du point de vue de la reproductibilité des mesures, un avantage incontestable, celui de la simultanéité des opérations de remplissage. Ainsi, c'est le même oxygène qui remplit simultanément toutes les chambres d'autoxydation. Si, par quelque défaut de la technique, il véhicule une vapeur anti- ou prooxygène, toutes les ampoules en seront affectées pareillement, ce qui n'aura qu'une influence minime sur les conclusions qu'on espère tirer de la série d'essais ainsi perturbée. De même, la substance autoxydable, si elle est suffisamment volatile, sera introduite simultanément dans chacun des réservoirs, par distillation *in situ*, le vide ayant été préalablement fait dans l'appareil. On diminue ainsi, jusqu'à les rendre négligeables, les risques d'influences perturbatrices exercées par des causes inconnues.

En dehors de ce qui vient d'être dit, la méthode présente d'autres avantages appréciables: tout d'abord l'appareil est entièrement en verre avec joints soudés, sans aucun raccord en caoutchouc, même pas pour amener l'oxygène puisque ce gaz est préparé et stocké dans un appareil à part, lui-même en verre. On évite ainsi au premier chef la contamination du genre de celle que signalaient Dupont et Lévy.[1] D'autre part, la méthode en elle-même est simple et les mesures sont aisément traductibles en graphiques qui montrent clairement les marches relatives des autoxydations. Enfin, la simultanéité des expériences en assure la comparabilité, tout en comportant une précision et une sensibilité que l'appareil donne à volonté, au delà même de celles de la réaction.

Risques d'erreurs.

En contre partie, la méthode présente certaines causes d'erreur qu'il y a lieu de discuter, d'autant plus qu'elles se retrouvent plus ou moins dans d'autres méthodes.

---

[1] G. Dupont, J. Lévy: Bull. Soc. chim. France (4), **47** (1930), 147.

Tout d'abord — bien que le fait soit rare lorsque l'autoxydation a lieu à température relativement basse et lorsqu'elle n'est pas poussée au delà de quelques centièmes de la théorie — il arrive qu'il y ait dégagement de gaz nouveaux, provenant par exemple d'une combustion partielle: vapeur d'eau ou anhydride carbonique. Ceci a pour conséquence de fausser les lectures de la consommation d'oxygène et de faire prendre pour une action inhibitrice un ralentissement qui n'est qu'apparent.

Cette cause d'erreur se retrouve dans les méthodes où l'on suit, non plus la variation de pression d'oxygène, mais la variation de volume. Bien mieux, la gravimètrie y est également sensible, puisque la destruction oxydante se traduit par une perte de poids. Le seul moyen d'y remédier est d'opérer à une température qui ne soit pas trop élevée, afin de diminuer les chances d'oxydation poussée. Mais cette précaution n'empêche nullement de s'assurer, à la fin de l'expérience, que l'oxygéne restant ne contient pas d'anhydride carbonique. Si l'on en trouve, il faut en tenir compte.

Un phénomène, de cause pourtant bien différente, se présente avec la même apparence extérieure: MOUREU et DUFRAISSE ont présenté certaines courbes où il est très net. Tel est le cas de l'acroléine, et, d'une manière générale, des liquides à tension de vapeur élevée. Les courbes sont descendantes au départ et simulent, par là, un dégagement de gaz qui viendrait combattre et même surpasser la disparition d'oxygène. Il n'en est rien: la cause réelle de cet accroissement de pression est la diffusion lente des vapeurs d'acroléine au long du tube manométrique fin. D'ailleurs, si, pour une cause accidentelle ou voulue, un peu d'acroléine liquide est introduite dans le tube manométrique, la diffusion est réalisée instantanément et l'on n'observe plus que la montée régulière du mercure, correspondante à la combinaison normale de l'oxygène avec l'acroléine.

L'erreur par sursaturation de la solution en gaz oxygène est négligeable car, ainsi que le fait judicieusement remarquer BAILEY,[1] elle a vraiment peu de chances de se produire lorsque le gaz est introduit sur la solution. Il n'en serait pas de même si le gaz s'en dégageait.

Il existe une autre cause d'erreur, à laquelle peu d'auteurs ont pris garde, bien qu'elle soit plus importante que les précédentes et qu'elle s'adresse également aux mesures absolues: elle a été signalée dès 1922 sous le nom de phénomène parasite.[2] On constate, dès que l'observation se prolonge quelque peu, que des quantités petites mais non négligeables de la substance autoxydable distillent et se déposent sous forme de gouttelettes sur les parois des tubes manométriques (cela peut avoir lieu en quelques instants s'il y a de notables variations de température); exemptes d'antioxygènes, ces gouttelettes s'autoxydent plus vite que la substance protégée. Par voie de conséquence, la concentration des produits oxydés croît dans le distillat dont la tension de vapeur s'abaisse; il n'y a, alors, aucune raison pour que la distillation et, par suite, l'autoxydation parasite cessent. Au contraire, les deux phénomènes, dont l'un est la conséquence directe de l'autre, vont s'accélérant. Cette autoxydation secondaire arrive parfois à dépasser de beaucoup l'autoxydation primaire de la substance protégée, surtout si l'on expérimente des inhibiteurs puissants. De toute manière, on mesure la somme des deux effets, ce qui, évidemment, ne représente pas ce que l'on désire.

Cette cause d'erreur est aggravée par tous les facteurs qui favorisent la distillation; on a déjà mentionné les variations de température; il y a lieu d'ajouter les mouvements des masses gazeuses à l'intérieur de l'appareil. C'est une des

---

[1] K. C. BAILEY: Retardation of chemical reactions, vol. 1, p. 113, Londres, 1938,
[2] CH. MOUREU. CH. DUFRAISSE: C. R. hebd. Séances Acad. Sci. 174 (1922), 258.

raisons pour lesquelles il n'est pas à recommander d'agiter le liquide qui se trouve dans la chambre d'autoxydation, à moins que l'agitation ne soit conçue de telle sorte que le liquide antioxygéné mouille à chaque révolution toute la superficie du récipient. Ce n'est pas le cas ici et cette nécessité sera envisagée plus loin. Si l'on veut pouvoir suivre à chaque instant, soit volumétriquement, soit manométriquement, la marche de la réaction tout en agitant le réservoir où elle procède, il est nécessaire d'assurer la mobilitè relative des pièces par des raccords en caoutchouc. Or on a vu que l'emploi du caoutchouc est à proscrire intégralement, en raison des dangers de contamination par les antioxygènes dont il est chargé. Il faut donc utiliser l'appareil de BARCROFT, qui fait éviter toutes ces difficultés.

Mais, en retour, on a critiqué les expériences statiques en surface tranquille. On verra à propos des discussions des théories que BAILEY se fait le défenseur d'une opinion selon laquelle le « lieu de la réaction d'autoxydation » est la surface de séparation liquide-gaz et qu'il n'est pas impossible que certains inhibiteurs agissent en surface: « S'il y a quelque justification à la théorie proposée par l'auteur de ce livre (BAILEY[1]) ... il a été donné à l'agent ralentisseur sa meilleure chance dans ces expériences statiques ». A l'appui de sa théorie, BAILEY cite des exemples d'inhibition très intéressants qui seront mentionnés plus loin. Mais il est impossible de ne pas citer en retour des expériences de DUFRAISSE et BADOCHE[2] auxquelles il a été fait allusion précédemment à propos de l'agitation en relation avec le phénomène parasite: si l'agitation a lieu par révolution d'un tube sur lui-même de telle sorte que la totalité de sa surface soit constamment lavée par la solution de l'antioxygène dans la substance autoxydable, la cause du phénomène parasite disparaît; l'autoxydation est ralentie. Si l'inhibiteur avait eu une action de surface, l'agitation continuelle aurait eu pour résultat d'empêcher l'établissement de l'équilibre statique de surface et, à très peu près, l'autoxydation aurait dû être aussi rapide qu'en l'absence de tout inhibiteur.

Cette expérience très simple démontre du même coup que l'action en surface n'est pas générale et que le phénomène parasite peut être évité. De plus, elle montre que si l'on peut ne pas agiter dans les expériences comparatives de courte durée, delà devient une nécessité impérieuse dès que l'observation se prolonge sur plusieurs mois. L'agitation doit alors être réalisée comme il vient d'être dit, avec comme objectif essentiel, *le lavage constant de la totalité des parois du récipient où se fait la réaction.*

Les antioxygènes ayant reçu de nombreuses applications industrielles (voir plus loin), on s'est préoccupé d'introduire à l'usine une technique dérivée des techniques de laboratoire pour contrôler l'efficacité d'un antioxygène ou la tenue à l'oxygène d'une matière autoxydable protégée. C'est pour l'industrie du caoutchouc que CH. DUFRAISSE[3] a proposé un manomètre. Pour la description détaillée, le fonctionnement, la sensibilité et la discussion des causes d'erreur spécialement dans le cas du caoutchouc voir[4].

La période d'induction.

Il arrive fréquemment que la vitesse d'autoxydation n'atteigne pas immédiatement sa valeur normale. Sensiblement nulle au début, elle croît progressive-

[1] K. C. BAILEY: Retardation of chemical réactions, vol. 1, p. 113. Londres, 1938.
[2] CH. DUFRAISSE: Traité de chimie Organique (V. GRIGNARD), T. II (1936), 1159.
[3] CH. DUFRAISSE: Chemistry and Technology of Rubber, Davis-Blake, Edrs. p. 489 et suivantes. New York, 1937. — CH. DUFRAISSE: Rubber Chem. Technol. 11 1938), 268.
[4] CH. DUFRAISSE: Proc. Rubber Technol. Conf. p. 547. Londres, mai 1938.

ment pendant un temps plus ou moins long, puis s'accélère petit à petit jusqu'à sa valeur ordinaire. L'intervalle de temps utilisé pour le démarrage de la réaction s'appelle la *période d'induction*. Elle est fréquemment observée lors de l'autoxydation de diverses huiles siccatives, telle l'huile de lin; on la note moins souvent chez les substances purifiables avec plus de facilité; cependant elle y existe aussi (limonène[1]). Pour certaines substances très autoxydables, la question est plus délicate, et parfois même, n'a pas encore reçu de réponse satisfaisante. Tel semble être le cas du benzaldéhyde. Les longues périodes d'induction observées fortuitement avec un produit commercial sont vraisemblablement dûes à des impuretés inhibitrices. Par contre, dans le cas de benzaldéhyde purifié avec soins, ni BÄCKSTRÖM[2] ni ALMQUIST et BRANCH[3] n'en ont observé. Ce n'est pas l'avis de BERL et WINNACKER[4] qui prolongent la période d'induction par l'acide benzoïque et la raccourcissent par le peroxyde de benzoyle.

BAILEY[5] pense que si une telle période existe, elle est de l'ordre des quelques secondes nécessaires aux ajustements des appareils. BRUNNER,[6] qui, on l'a vu, fait jouer aux surfaces actives des récipients un rôle essentiel, pense que c'est le temps mis par l'oxygène pour établir sa vitesse de diffusion maximale. L'allure auto-catalytique des courbes d'autoxydation avec période d'induction a suggéré à d'autres auteurs, par exemple BERL et WINNACKER[7] (voir aussi DUPONT[8]), que c'est le temps pendant lequel s'établit la concentration stationnaire d'un catalyseur positif, peroxydique ou autre.

Car c'est là le dilemme que pose la période d'induction: est-ce disparition progressive, le plus souvent par oxydation, d'un antioxygène naturel et non identifié ou même ajouté intentionnellement, ou bien est-ce apparition progressive d'un catalyseur positif, par exemple un peroxyde? Ne serait-ce pas, même, une combinaison des deux processus? On sait, en effet, que les peroxydes d'autoxydation sont des substances hautement réactives, ayant, en particulier, la propriété d'attaquer facilement les antioxygènes, qui sont souvent des corps fragiles et oxydables. Or un antioxygène, même excellent, ne stoppe jamais complètement une réaction: il ne fait qu'en ralentir le cours, comme on le constate expérimentalement, et comme TAYLOR[9] l'a montré par un calcul suggestif. Il se formera donc petit à petit des peroxydes, lesquels, au fur et à mesure de leur apparition et en se détruisant à leur tour, neutraliseront les antioxygènes par oxydation stöchiométrique. Comme la vitesse de réaction croît en raison inverse de la concentration de l'inhibiteur, pendant cette première phase du processus la vitesse de réaction ira s'accélérant lentement. Dans une deuxième phase, tous les antioxygènes ayant disparu, les peroxydes commenceront à s'accumuler, et, prooxygènes marqués, ils accéléreront la réaction. (Il n'est pas jusqu'à l'ozone, peroxyde de l'oxygène, qui n'ait été trouvé doué de propriétés catalytiques prooxygènes incontestables. Voir à ce sujet l'œuvre importante de BRINER et collaborateurs.[10])

[1] CH. DUFRAISSE, N. DRISCH: C. R. du IIe Congrès Chim. Ind., sept. 1931.
[2] H. L. J. BÄCKSTRÖM: Med. F. K. Vetenskapsakad. Nobel-Inst. 6, Nos 15 et 16 (1927).
[3] H. J. ALMQUIST, G. E. K. BRANCH: J. Amer. chem. Soc. 54 (1932), 2293.
[4] E. BERL, K. WINNACKER: Z. physik. Chem 148 (1930), 261.
[5] K. C. BAILEY: Retardation of chemical reactions, p. 152. Londres, 1938.
[6] M. BRUNNER: Helv. chim. Acta 10 (1927), 707.
[7] E. BERL, K. WINNACKER: Z. physik. Chem. 148 (1930), 261.
[8] G. DUPONT, J. ALLARD: C. R. Séances Soc. Biol. filiales Associées 190 (1930), 1419.
[9] H. S. TAYLOR: J. physic. Chem. 28 (1924), 145.
[10] E. BRINER, S. NICOLET, H. PAILLARD: Helv. chim. Acta 14 (1931), 804. — E. BRINER, A. DEMOLIS, H. PAILLARD: Ibid. 14 (1931), 794; 15 (1932), 201; J. Chim.

Les auteurs ont discuté de ces mécanismes à propos de l'huile de lin: Roger et Taylor[1] donnent des courbes où l'accélération progressive est manifeste. Il a été noté que la pente de la courbe d'autoxydation rapide, après la période d'induction, est constante, même si l'on a prolongé la période d'induction en ajoutant un inhibiteur. On a interprété ce fait en disant que les inhibiteurs naturels et ajoutés présents ont été détruits et qu'on observe alors la réaction « pure» de l'huile de lin sans antioxygène. De même Stephens,[2] qui s'occupe de l'action des siccatifs sur l'huile d'abrasin, explique la pente constate en déniant au siccatif toute activité catalytique propre et en supposant qu'il détruit simplement les inhibiteurs. Mais il ne suffit pas de montrer qu'un antioxygène a disparu: il faut encore prouver que ses produits de transformation — de même d'ailleurs que ceux qui proviennent de la réduction du siccatif ou du peroxyde — sont sans activité catalytique aucune, ni prooxygène, ni antioxygène (se rappeler à ce propos les inversions de catalyse et spécialement celle du sesquisulfure de phosphore vis-à-vis de l'huile de lin[3]). Il n'est pas impossible qu'à la réaction « pure», après destruction des inhibiteurs, se superpose une réaction catalysée par les peroxydes d'autoxydation ou par les siccatifs en excès (voir d'ailleurs Yamaguchi[4]): la pente des courbes, et par suite la vitesse d'autoxydation rapide, sera constante si la concentration du peroxyde catalyseur est elle-même constante, c'est-à-dire si la vitesse de formation du peroxyde est égale à la vitesse de sa destruction (par exemple, par réaction sur les molécules d'huile de lin non oxydées). C'est d'ailleurs, à peu de chose près, le point de vue de Bloomfield et Farmer,[5] qui sont d'avis opposé à Stephens et qui pensent que les siccatifs au cobalt sont des accélérateurs directs de l'autoxydation, plutôt que des destructeurs d'antioxygènes naturels.

En définitive, quelle est la tendance actuelle? L'activité accélératrice des peroxydes est reconnue. Genthe[6] raccourcit la période d'induction de l'huile de lin en ajoutant du peroxyde de benzoyle, du peroxyde d'éthyle ou de l'essence de térébenthine à moitié oxydée. De même, une huile déjà oxydée, donc contenant des peroxydes décelables, ajoutée à une huile qui en est au stade de la période d'induction, raccourcit cette dernière (Wagner et Brier[7]). Jusque là on ne peut décider si c'est par suite de l'activité prooxygène propre des peroxydes ou par destruction d'antioxygènes. Mais voici mieux: si la réaction a démarré, il faut beaucoup plus d'antioxygènes pour l'arrêter que si ces derniers sont introduits avant toute oxydation: il en faut même beaucoup plus que ce qui est strictement nécessaire à la destruction des peroxydes accumulés. Serait-ce à dire qu'à coté des peroxydes se sont formés d'autres catalyseurs positifs qui résistent aux antioxygènes, ou bien est-on là précisément en présence d'un cas typique d'activité prooxygène des produits de réduction des peroxydes ou d'oxydation des antioxygènes? On ne saurait l'affirmer.

---

physique **29** (1932), 339. — E. Briner, H. Biedermann: Helv. chim. Acta **15** (1932), 1227; **16** (1933), 213, 548. — E. Briner, J. Carceller: Ibid. **18** (1935), 973. — E. Briner, A. Gelbert: Ibid. **18** (1935), 1239. — E. Briner, E. Perrottet: Ibid. **20** (1937), 1207. — F. G. Fischer, H. Düll, J. L. Volz: Liebigs Ann. Chem. **486** (1930), 80.

[1] W. Roger jun., H. S. Taylor: J. physic. Chem. **30** (1926), 1334.
[2] H. N. Stephens: J. Amer. chem. Soc. **50** (1928), 186.
[3] Ch. Moureu, Ch. Dufraisse, M. Badoche: C. R. hebd. Séances Acad. Sci. **179** (1924), 237.
[4] B. Yamaguchi: J. chem. Soc. Japan **51** (1930), 77, 404, 602.
[5] Bloomfield, Farmer: J. Soc. chem. Ind. **54** (1935), 125.
[6] A. Genthe: Z. angew. Chem. **19** (1906), 2087.
[7] A. M. Wagner, J. C. Brier: Ind. Engng. Chem., analyt. Edit. **23** (1931), 40.

En résumé, on pense généralement que la période d'induction est dûe à la présence d'antioxygènes non identifiés, graduellement détruits par les peroxydes formés. Cependant la possibilité d'une autocatalyse prooxygène directe n'est pas exclue, et elle a certainement lieu dans plusieurs cas.

Si la période d'induction est parfois à considérer comme une autocatalyse positive, on doit mentionner le cas inverse d'autocatalyse négative (ou autoralentissement, self-inhibition). Là encore les deux mêmes causes sont possibles: il peut s'agir soit d'une destruction progressive d'un catalyseur positif, soit d'une accumulation lente d'un catalyseur négatif. Dans la généralité des cas, on fait plutôt appel à ce dernier processus (voir en particulier l'autoralentissement des hydrolyses d'acides halogénés[1] et aussi l'halogénation de dérivés aromatiques et aliphatiques variés,[2] où l'HBr formé agit comme inhibiteur.[3]

Relations entre la période d'induction et l'usure du catalyseur.

La protection que confère à une substance autoxydable un antioxygène même puissant n'est pas nécessairement indéfinie. Elle peut certes s'étendre sur plusieurs années, mais elle prend fin; la vitesse d'autoxydation atteint alors petit à petit sa valeur normale. Envisagé sous cet aspect simplifié, le phénomène d'inhibition dans son ensemble ne paraît être rien d'autre qu'une période d'induction prolongée où la protection cesserait par destruction progressive de l'inhibiteur. On pense que cette destruction est à rapporter là aussi à une action des *peroxydes* accumulés: l'usure du catalyseur serait un phénomène accessoire, provoqué par une réaction secondaire indépendante du mécanisme de l'inhibition. Néanmoins, on verra à propos de la théorie des chaînes que d'autres auteurs admettent que le sort normal de l'inhibiteur est d'être détruit en accomplissant sa fonction: le ralentissement de la vitesse d'autoxydation serait provoqué par l'inhibiteur qui coupe les chaînes de réaction et à chaque coupure une molécule d'inhibiteur serait oxydée et détruite. L'usure du catalyseur serait ici, non pas le phénomène accessoire, mais la condition même de l'inhibition.

Les phénomènes secondaires de l'autoxydation.

On a déjà mentionné que les modifications produites par l'oxygène ne sont pas dûes uniquement à la simple oxydation de la matière: il s'y superpose d'autres actions dont la nature est souvent catalytique elle aussi, et qui résultent de l'autoxydation comme cause primaire. Pour cette raison, les phénomènes observés ont été qualifiés de «secondaires».[4] Ils sont parfois bien plus accentués que le phénomène primaire, l'autoxydation directe, qu'ils arrivent même à masquer soit par l'intensité de leurs manifestations, soit par le taux de matière transformée.

L'origine catalytique a été démontrée pour la première fois par CH. MOUREU et CH. DUFRAISSE dans le cas de l'acroléine.[5] Cet aldéhyde éthylénique s'autoxyde avec facilité et, de plus, se résinifie à l'obscurité en une matière insoluble et amorphe, le disacryle. A l'obscurité, et si l'oxygène est rigoureusement

---

[1] W. MÜLLER: Z. physik. Chem. **41** (1902), 483. — G. SENTER: J. chem. Soc. (London) **95** (1909), 1827; **97** (1910), 346. — G. SENTER, A. W. PORTER: Ibid. **99** (1911), 1049. — J. ZAWIDZKI, J. G. ZAWIDZKI: Z. physik. Chem. **137** (1928), 72.

[2] R. ODA, K. TAMURA: Sci. papers Inst. Chem. Research (Tokyo) **33** (1937), Nos 728, 129. D'après Chem. Abstr. **32** (1938), 2516.

[3] E. ABEL, H. SCHMID, F. POLLAK: Mh. Chem. **69** (1936), 125.

[4] CH. MOUREU, CH. DUFRAISSE: C. R. hebd. Séances Acad. Sci. **174** (1922), 258.

[5] CH. MOUREU, CH. DUFRAISSE, M. BADOCHE: Bull. Soc. chim. France (4), **35** (1924), 1591.

absent, il n'y a pas de condensation en disacryle. Par contre, des traces de ce gaz suffisent à provoquer la transformation: la dose de seuil est de l'ordre du 1/100 000, soit une molécule d'oxygène pour 60 000 d'acroléine. Mais ce n'est pas l'oxygène gazeux qui est responsable de la catalyse, c'est un produit non volatil de l'autoxydation de l'aldéhyde, ainsi que le prouve l'expérience démonstrative suivante:[1] on introduit de l'acroléine récemment distillée, mais maintenue un instant au contact de l'air, dans une des boules d'un appareil constitué par deux ballons reliés entre eux par un tube étranglé (voir Fig. 1). On enlève toute trace d'oxygène moléculaire en chassant la totalité des gaz par une technique appropriée, puis on distille, *en surface tranquille*, sans ébullition, la moitié du contenu du ballon dans l'autre, en refroidissant simplement le ballon vide. On sépare enfin les deux récipients au chalumeau en évitant la pyrolyse locale par une

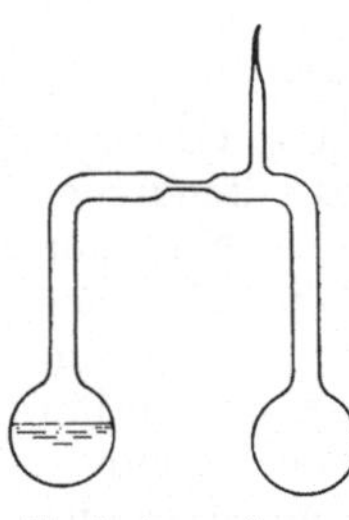

Fig. 1. Appareil pour la démonstration du rôle de l'oxygène fixé.

condensation préalable des vapeurs volatiles. On constate alors que le distillat reste indéfiniment clair, tandis que le résidu de la distillation se trouble au contraire par apparition de disacryle. C'est bien l'oxygène atmosphérique qui est en cause ici, mais pas sous forme moléculaire gazeuse. Il a agi par l'intermédiaire d'une forme combinée, non volatile, un peroxyde résultant de l'union directe d'une molécule d'oxygène O_2 avec une molécule du corps autoxydable. Ce n'est pas le lieu de discuter de l'existence et de la constitution de ces peroxydes que l'on vient déjà d'entrevoir à propos de la période d'induction (voir plus loin, « étude théorique »). Il suffit de mentionner leur puissant pouvoir catalytique, pourtant longtemps ignoré, mais mieux établi de jour en jour.

L'altération subie par l'acroléine est un exemple typique d'un phénomène entraîné et déclanché par l'autoxydation. Si l'on se réfère à la terminologie instaurée[2] à l'occasion des altérations du caoutchouc, ce sera une *oxydo*polymérisation.

D'ailleurs, on connaît, en dehors de l'acroléine, d'autres exemples d'oxydopolymérisation.

Ainsi, dans le cas de l'isoprène, Conant et Peterson[3] ont montré le rôle des peroxydes de l'oléfine pour la polymérisation sous pression. Pour le caoutchouc, Peachey[4] les a mis en évidence, puis d'autres.[5] Seraient encore à citer le butadiène, le styrolène, le spinacène, etc....

De même, c'est grâce à la présence des peroxydes que les huiles épaississent, que les carburants gomment, que les essences végétales se résinifient, que les peintures se dessèchent, etc.... toutes transformations qui sont à classer sous la rubrique oxydopolymérisation.

Des peroxydes d'autoxydation, autres que ceux de la substance qui se polymérise, peuvent aussi être la cause de la polymérisation. Le butadiène en émulsion aqueuse se polymérise sous l'influence du peroxyde de benzoyle, de l'essence de

[1] Ch. Moureu, Ch. Dufraisse: Inst. int. Chim. Solvay, 2e Cons. de Chim. 1925, p. 578. Paris: Gauthier-Villars Ed. 1926.

[2] Ch. Dufraisse: Chemistry and Technology of Rubber, Davis-Blake, Ed. New York, 1937, p. 440.

[3] J. B. Conant, W. R. Peterson: J. Amer. chem. Soc. 54 (1932), 628.

[4] S. J. Peachey: J. Soc. chem. Ind. 32 (1913), 179.

[5] F. Kirchhof: Kolloid-Z. 13 (1913), 49. — A. van Rossem: Kolloid-Beih. 10 (1918), 128. — A. A. Sommerville: Ind. Engng. Chem., analyt. Edit. 17 (1925), 869. — A. van Rossem, P. Dekker: Ibid. 18 (1926), 1152. — T. R. Dawson, B. D. Porritt: I. R. I. Trans. 2 (1927), 345. — A. R. Kemp, W. S. Bishop, P. A. Lasselle: Ind. Engng. Chem., analyt. Edit. 23 (1931), 1444. — W. F. Busse: Ibid. 24 (1932), 140.

térébenthine et du caoutchouc partiellement oxydés;[1] et il ne serait pas impossible que le pouvoir catalytique du sodium vis-à-vis de l'isoprène soit à rapporter, au moins partiellement, à la pellicule inévitable de peroxyde qui l'entoure.

Mais les oxydopolymérisations ne sont pas les seules conséquences de l'autoxydation: ainsi, sont à mentionner encore des développements d'odeurs désagréables (rancissement des corps gras), des changements de couleur, soit décolorations (teintures, encres), soit au contraire apparition de colorations indésirables (jaunissement des blancs, noircissement de substances incolores, fural, aniline), etc....

Difficulté d'expérimenter à l'abri de l'oxygène.

Il est survenu fréquemment des désaccords entre les auteurs au sujet de la cause de ces effets secondaires: tel auteur montre qu'on les supprime totalement en supprimant l'oxygène; tel autre pense, au contraire, qu'ils persistent même en absence d'oxygène. Il y a à cette discordance deux raisons: tout d'abord, il ne suffit pas d'enlever l'oxygène, il faut également éliminer ou détruire les peroxydes qui ont pu se former à la faveur d'un contact même bref avec l'oxygène. On y parvient soit en distillant sous vide absolu, soit, si le corps n'est pas volatil, mais alors au prix d'une altération partielle inévitable, en chauffant en absence totale d'oxygène. La deuxième raison des divergences entre les auteurs est que cette absence totale d'oxygène est une condition nécessaire, mais fort difficile à réaliser. REED[2] constate que le caoutchouc s'altère par chauffage aussi fortement dans l'azote commercial que dans l'air. STAUDINGER et SCHWALBACH[3] insistent sur les difficultés qu'ils ont eues à se débarrasser de l'oxygène afin d'obtenir un acétate de vinyle qui ne se polymérise plus par chauffage en présence d'azote ou d'acide carbonique. Il est vrai, que, tout récemment, à propos de l'acétate de vinyle, CUTHBERTSON, GEE et RIDEAL[4] ont trouvé qu'il n'y a pas polymérisation appréciable à 100°, même en présence d'oxygène, si le produit est pur et, en particulier, exempt d'acétaldéhyde. Ce résultat ne s'oppose à celui de STAUDINGER et SCHWALBACH que dans la forme, car la polymérisation serait catalysée par un peroxyde d'autoxydation, non pas dérivé de l'acétate de vinyle lui-même, mais

de l'acétaldéhyde, et dont la formule vraisemblable serait $CH_3{-}CH\diagup^{O}_{O}\diagdown O.$

Cette manière de voir expliquerait des écarts très nets relatifs aux vitesses absolues de polymérisation: on retrouve là ce qui a été dit à propos du « corps pur »; de l'acétate de vinyle humide se polymérise 100 fois plus vite que le même produit sec.[5] D'après BREITENBACH,[6] celà proviendrait du fait que l'eau en réagissant sur l'alcalinité du verre libère de l'hydroxyde de sodium. D'après CUTHBERTSON, GEE et RIDEAL, l'eau et l'hydroxyde de sodium hydrolysent l'ester avec mise en liberté d'alcool vinylique, lequel est justement tautomère de l'acétaldéhyde. La polymérisation de l'acétate de vinyle a donc bien pour origine une autoxydation: elle serait simplement à classer dans une rubrique déjà mentionnée: polymérisation provoquée par des peroxydes d'autoxydation autres que ceux de la substance étudiée. Il existe d'autres exemples manifestes de la difficulté

[1] K. BEREZAN, A. DOBROMYSLOVA, B. DOGADKIN: Bull. Acad. Sci. USSR **1936**, 409. D'après Chem. Abstr. **31** (1937), 4530.

[2] M. C. REED: Ind. Engng. Chem., analyt. Edit. **21** (1929), 316.

[3] H. STAUDINGER, A. SCHWALBACH: Liebigs Ann. Chem. **488** (1931), 8.

[4] A. C. CUTHBERTSON, G. GEE, E. K. RIDEAL: Nature (London) **140** (1937), 889.

[5] H. W. STARKWEATHER, G. B. TAYLOR: J. Amer. chem. Soc. **52** (1930), 4708. — J. W. BREITENBACH, R. RAFF: Ber. dtsch. chem. Ges. **69** (1936), 1107.

[6] J. W. BREITENBACH: Z. Elektrochem. angew. physik. Chem. **43** (1937), 323.

qu'il y a à enlever l'oxygène: le cas du styrolène est caractéristique.[1] Non moins typiques sont ceux du butyraldéhyde et de l'isoprène: Conant et Tongberg[2] croyaient que l'oxygène n'était pas indispensable au processus de polymérisation de ces deux produits. Mais reprenant ses travaux dans d'autres conditions, Conant, avec Peterson[3] a déclaré erronnée la conclusion précédente: malgré les précautions prises il restait encore de l'oxygène. A la concentration moléculaire peroxydique de $5 \cdot 10^{-6}$, c'est-à-dire 5 molécules de peroxyde pour un million de molécules d'aldéhyde, on décèle encore la polymérisation. On pourrait poursuivre longtemps encore l'énumération des travaux qui démontrent les difficultés très réelles que l'expérimentateur rencontre lorsqu'il désire se mettre à l'abri de toute trace d'oxygène. Mais ces exemples sont assez variés pour montrer que s'il est pratiquement impossible d'espérer manipuler une substance complexe, le caoutchouc par exemple, en l'absence rigoureuse d'oxygène gazeux ou peroxydique, il est toujours hasardeux de proclamer y être parvenu même avec une substance à contexture beaucoup plus simple, un liquide volatil par exemple.

Protection contre les effets secondaires de l'autoxydation.

On a constaté que les antioxygénes protègent les substances altérables contre les effets secondaires: l'acroléine reste limpide, l'huile de lin ne se résinifie pas, le fural reste incolore, les graisses ne rancissent plus, etc...., en présence d'antioxygènes variés. Il faut y voir une preuve de l'aptitude qu'ont les antioxygènes à réduire la concentration des peroxydes. Mais jusqu'à présent, au seul vu de ces expériences, on n'a aucun renseignement sur le mécanisme de la protection: les résultats seraient les mêmes si l'antioxygène entravait la formation des peroxydes, ou s'il en déviait l'activité, par exemple en catalysant leur destruction ou leur évolution rapide vers une forme moins active, à propriétés catalytiques atténuées ou nulles. Néanmoins, le résultat intéressant est le suivant: les antioxygènes qui s'opposent aux autoxydations s'opposent à leurs effets secondaires et les suppriment, ou tout au moins les atténuent fortement.

Il est évident qu'il faut s'assurer avant toute chose que l'effet à combattre par adjonction d'un antioxygène a bien pour origine l'autoxydation: on a cru longtemps que le brunissement des solutions alcalines de salicylate de sodium était dû à l'absorption de traces de gaz ammoniac. Hilton et Bailey[4] démontrent que c'est l'oxygène qui est responsable du brunissement et, du même coup, font connaître les antioxygènes appropriés. Inversement, Moureu et Dufraisse,[5] à propos d'une étude détaillée de l'acroléine, montrent que la condensation en résine insoluble, le disacryle, n'est pas le seul mode de polymérisation possible: en l'absence complète d'oxygène, l'acroléine irradiée peut subir une photopolymérisation que l'hydroquinone modère très légèrement: le diphénol agit là, non comme antioxygène, mais comme inhibiteur vrai de la photopolymérisation, comme « antilumière ».

L'acroléine se transforme encore suivant un autre mode, celui-là non gouverné par l'oxygène: c'est la condensation en résine soluble sous l'influence des alcalis

---

[1] H. Staudinger, L. Lautenschläger: Liebigs Ann. Chem. **488** (1931), 1. — J. W. Breitenbach, H. Rudorfer: Mh. Chem. **70** (1937), 37. — H. Dostal, W. Jorde: Z. physik. Chem., Abt. A **179** (1937), 23. — H. Suess, K. Pilch, H. Rudorfer: Ibid., Abt. A **179** (1937), 361. — G. V. Schulz, E. Husemann: Ibid., Abt. B **36** (1937), 184.

[2] J. B. Conant, C. O. Tongberg: J. Amer. chem. Soc. **52** (1930), 1659.

[3] J. B. Conant, W. R. Peterson: J. Amer. chem. Soc. **54** (1932), 628.

[4] J. Hilton, K. C. Bailey: J. chem. Soc. (London) **1938**, 631.

[5] Ch. Moureu, Ch. Dufraisse: Bull. Soc. chim. France (4), **35** (1924), 1564.

ou des sels en général. Comme il est naturel, les antioxygènes n'y exercent aucune influence.

De même, Suess, Pilch et Rudorfer[1] constatent qu'en absence d'oxygène et à 100° le styrolène subit une condensation que n'entrave pas l'hydroquinone; par contre, la quinone aurait une influence négative déterminante.[2] Il n'est pas interdit de penser qu'elle agirait, elle aussi, comme inhibiteur vrai d'une condensation qui n'a pas l'autoxydation pour origine; ces exemples seraient à étudier à propos de l'inhibition autre que celle d'autoxydation.

Autres effets secondaires: Luminescences.

On a déjà rencontré ce phénomène à propos du phosphore. Des vapeurs d'antioxygènes, qui stoppent l'autoxydation du phosphore, suppriment en même temps la luminescence qui l'accompagne.

Delépine,[3] qui a observé l'apparition de la luminescence chez divers composés sulfurés, a montré qu'une certaine condition de structure est nécessaire, bien qu'elle ne soit pas suffisante: il faut qu'un atome de S soit doublement lié à un autre atome (C ou P). De nombreux auteurs ont étudié aussi la luminescence des dérivés organohalogénomagnésiens. Là aussi le phénomène est sous la dépendance d'une condition de structure: le groupe MgX doit être fixé à un carbone éthylénique.

Il faudrait citer encore la luminescence que l'on rencontre chez les êtres vivants (bactéries, champignons, crustacés, insectes), liée à l'autoxydation de substances rangées sous le nom générique de «luciférine».[4] Intéressante aussi est la luminescence du luminol, ou amino-3-phtalhydrazide, par oxydation alcaline au moyen du peroxyde d'hydrogène. Bien qu'ici le phénomène ne soit pas dû à une autoxydation pure, il est à remarquer qu'il a l'oxygène pour pivot, et qu'on a observé des exaltations, et des inhibitions,[5] ce qui présente un intérêt certain pour la théorie de la luminescence d'une part, et pour la compréhension de l'inversion de catalyse d'autre part.

Étude théorique de l'effet antioxygène.

Dès que la nature exacte du phénomène a été pressentie, on s'est préoccupé d'en donner une interprétation. De nombreuses théories ont vu le jour. Certaines d'entre elles tendent à expliquer la diminution de la vitesse de réaction sans se soucier de son mécanisme chimique. D'autres, au contraire, font jouer au «chimisme» de la transformation un rôle primordial. Il est donc logique, avant l'examen des théories, de donner quelques renseignements sur le processus de l'autoxydation.

Le mécanisme de l'autoxydation; les peroxydes.

Lorsqu'une substance s'autoxyde, la molécule d'oxygène se combine d'un seul bloc (Bach,[6] Engler et Wilde[7]): il en résulte d'abord un peroxyde, le réactif déjà fréquemment invoqué. Engler l'appelle le *Moloxyde* pour rappeler

[1] H. Suess, K. Pilch, H. Rudorfer: Z. physik. Chem., Abt. A **179** (1937), 361.
[2] J. W. Breitenbach, A. Springer, K. Horeischy: Ber. dtsch. chem. Ges. **71** (1938), 1438.
[3] M. Delépine: C. R. hebd. Séances Acad. Sci. **174** (1922), 1291; M. Delépine: Bull. Soc. chim. France (4), **31** (1922), 762.
[4] J. Weiss: Trans. Faraday Soc. **35** (1938), 219.
[5] B. Tamamushi, H. Akiyama: Z. physik. Chem., Abt. B **38** (1938), 400.
[6] A. Bach: C. R. hebd. Séance Acad. Sci. **124** (1897), 951.
[7] C. Engler, W. Wilde: Ber. dtsch. chem. Ges. **30** (1897), 1669.

que l'oxygène y est entré à l'état moléculaire. Staudinger conserve ce terme, mais l'applique uniquement aux peroxydes de constitution inconnue, réservant le mot *peroxyde* aux composés de constitution déterminée. Ce souci de distinction correspond à la préoccupation de l'auteur de parvenir à la constitution des produits formés en premier lieu. On verra que le problème ainsi posé offre un certain nombre de difficultés. Il paraît même insoluble si l'on s'en tient au mode de représentation classique des structures moléculaires au moyen des formules développées. Moureu et Dufraisse préfèrent l'expression « peroxyde primaire » afin d'indiquer 1° que c'est le tout premier terme de la réaction, 2° que ce peroxyde est capable d'évoluer très rapidement, jusqu'au produit d'autoxydation final, en passant par des intermédiaires dont le caractère peroxydique est plus ou moins marqué.

Les peroxydes primaires apparaissent comme trop labiles pour être isolables. Il n'en sera pas de même de certains de leurs produits de transformation et l'on connaît effectivement des peroxydes d'autoxydation dont l'obtention correspond nécessairement à un stade d'évolution déjà avancé. Tels sont, pour n'en citer que quelques uns, le peroxyde de benzoyle, ou son anhydride mixte, le peroxyde de benzoyle et d'acétyle (Nef,[1] Jorissen[2]) ou ceux que l'on a signalés ou isolé,[3] ou même obtenus à l'état cristallisé, par exemple, à partir de corps divers: éther[4] corps énoliques,[5] stérols,[6] corps stéroïdes,[7] carbures (tétraline,[8] rubènes, anthracènes et, plus généralement, acènes,[9] cyclohexène,[10] etc....

Mais il est certain que tous ces produits sont très éloignés chimiquement et énergétiquement des peroxydes intermédiaires, et, *à fortiori*, du peroxyde pri-

---

[1] J. U. Nef: Liebigs Ann. Chem. **298** (1897), 284.

[2] W. P. Jorissen, P. A. A. van der Beek: Recueil Trav. chim. Pays-Bas **45** (1926), 245.

[3] W. Franke, D. Jerchel: Liebigs Ann. Chem. **533** (1937), 46. — P. Mondain-Monval, S. Marteau: Ann. Comb. Liqu. **12** (1937), 923.

[4] L. Legler: Ber. dtsch. chem. Ges. **18** (1885), 3343.

[5] E. P. Kohler: Amer. Chem. J. **36** (1906), 177. — Manolesco: C. R. hebd. Séances Acad. Sci. **172** (1921), 1360. — E. P. Kohler, W. E. Mydans: J. Amer. chem. Soc. **54** (1932), 4667.

[6] A. Windaus, J. Brunken: Liebigs Ann. Chem. **460** (1928), 225.

[7] E. L. Skau, W. Bergmann: J. org. Chemistry **3** (1938), 166.

[8] M. Hartmann, M. Seiberth: Helv. chim. Acta **15** (1932), 1390. — H. Hock, W. Susemihl: Ber. dtsch. chem. Ges. **66** (1933), 61. — T. Yamada: J. Soc. chem. Ind. Japan, suppl. Bind. **39** (1936), 452, 455; **40** (1937), 44, 422.

[9] Ch. Moureu, Ch. Dufraisse, P. M. Dean: C. R. hebd. Séances Acad. Sci. **182** (1926), 1584. — Ch. Dufraisse, N. Drisch: Ibid. **191** (1930), 619. — Ch. Dufraisse, R. Buret: Ibid. **192** (1931), 1389. — Ch. Dufraisse, N. Drisch: Ibid. **194** (1932), 99. — Ch. Dufraisse, M. Loury: Ibid. **194** (1932), 1664. — Ch. Dufraisse, R. Buret: Ibid. **195** (1932), 962. — Ch. Dufraisse, J. A. Monier jun.: Ibid. **196** (1933), 1327. — Ch. Dufraisse, L. Enderlin: J. Officiel de la Rép. Française **65** (1933), 4371. — M. Badoche: C. R. hebd. Séances Acad. Sci. **198** (1934), 1515; **200** (1935), 750. — Ch. Dufraisse, M. Loury: Ibid. **199** (1934), 957; **200** (1935), 1673. — Ch. Dufraisse, H. Rocher: Bull. Soc. chim. France (5), **2** (1935), 2235. — Ch. Dufraisse, L. Velluz: Ibid. (5), **3** (1936), 254. — Ch. Dufraisse: Ibid. (5), **3**, (1936), 1847. — Ch. Dufraisse, A. Étienne: C. R. hebd. Séances Acad. Sci. **201** (1935), 280. — Ch. Dufraisse, M. Gérard: Ibid. **201** (1935), 428; Bull. Soc. chim. France (5), **4** (1937), 2052. — A. Willemart: C. R. hebd. Séances Acad. Sci. **201** (1935), 1201; **202** (1936), 140; **203** (1936), 1372; **205** (1937), 866; Bull. Soc. chim. France (5), **4** (1937), 1447; (5), **5** (1938), 556. — Ch. Dufraisse, L. Velluz, Mme L. Velluz: C. R. hebd. Séances Acad. Sci. **203** (1936), 327; Bull. Soc. chim. France (5), **5** (1937), 1260. — Ch. Dufraisse, R. Priou: C. R. hebd. Séances Acad. Sci. **204** (1937), 127. — Ch. Dufraisse, J. le Bras: Bull. Soc. chim. France (5), **4** (1937), 349. — A. Willemart: Ibid. (5), **4** (1937), 357, 510.

[10] H. N. Stephens: J. Amer. chem. Soc. **50** (1928), 568. — H. Hock, O. Schrader: Naturwiss. **24** (1936), 159.

maire dont ils dérivent. Ainsi, par exemple, on a la preuve expérimentale que certains de ces peroxydes sont précédés par d'autres termes qui se trouvent être plus réactifs, dont la capacité d'oxydation est plus marquée, ce qui a justement permis de les déceler: ENGLER,[1] puis JORISSEN et VAN DER BEEK,[2] l'ont montré en constatant que de l'aldéhyde benzoïque qui s'autoxyde développe, vis-à-vis de substances telles que l'indigo ou le tétrachlorure de carbone, un potentiel d'oxydation bien supérieur à celui de l'hydroperoxyde de benzoyle, peroxyde isolable, considéré autrefois par certains auteurs comme le premier terme de la réaction. En conclusion, l'hydroperoxyde de benzoyle n'est que le « successeur » d'un autre peroxyde plus actif que lui.

La constitution du peroxyde primaire.

Si le premier acte de l'autoxydation est la formation d'un peroxyde, on peut se demander quelle est la nature des forces de liaison qu'échangent ainsi le corps autoxydable A et la molécule O_2.

Pour prendre un exemple concret, considérons soit le diphényléthylène asymétrique, soit le diphénylcétène. STAUDINGER[3] pense qu'il se fait un cycle à quatre chaînons, soit, respectivement:

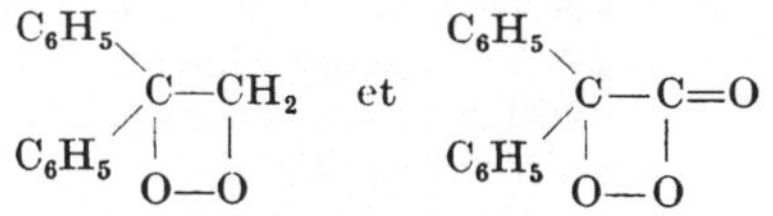

$$\begin{array}{ccc} C_6H_5 & & C_6H_5 \\ \diagdown & & \diagdown \\ C\!-\!CH_2 & \text{et} & C\!-\!C\!=\!O \\ \diagup \;|\quad| & & \diagup \;|\quad| \\ C_6H_5 \;\; O\!-\!O & & C_6H_5 \;\; O\!-\!O \end{array}$$

qui, en aucun cas, ne peut être isolé, et dont l'instabilité provient de la tension.

La conception de MOUREU et DUFRAISSE s'écarte sensiblement de ces vues classiques. Pour ces auteurs, le peroxyde primaire, corps extrêmement instable, doit avoir une formule où les valences sont assez éloignées de leur saturation mutuelle. On est d'autant plus enclin à le penser qu'on connaît des molécules plus stables que celles des peroxydes primaires où cette saturation fait déjà défaut, par exemple les triarylméthyles de GOMBERG et les molécules à oxygène monovalent de S. GOLDSCHMIDT. Les peroxydes primaires seraient à regarder comme des composés moléculaires ou la substance autoxydable A et l'oxygène O_2 sont unis par l'ensemble du champ de force émanant de chacun d'eux plutôt que d'échanger les valences que l'on considère généralement en chimie classique. Il en résulte que l'énergie libérée par cette union est faible, plus faible que ne le suggèrent les formules à chaîne tétragonale citées plus haut et qui, de ce fait, représentent, non pas les peroxydes primaires, mais des termes évolués, bien qu'assez voisins sans doute, résultant d'une transformation spontanée.

Caractères généraux des peroxydes. Potentiel d'oxydation et réactivité.

Le peroxyde primaire est caractérisé, *ainsi que certains de ses produits de transformation*, par un pouvoir oxydant qui, très souvent, dépasse de loin, en activité, celui de l'oxygène moléculaire.

A ce propos, il y a lieu d'entrer quelque peu dans le détail des échanges d'énergie qui se manifestent lors de ces réactions d'« oxydation » par les peroxydes.

Selon les idées d'ARRHENIUS, une molécule autoxydable A, pour réagir avec une molécule d'oxygène O_2, doit préalablement être « activée », c'est-à-dire doit

---

[1] C. ENGLER: Z. Elektrochem. angew. physik. Chem. 18 (1912), 945.

[2] W. P. JORISSEN, P. A. A. VAN DER BEEK: Recueil Trav. chim. Pays-Bas 45 (1926), 245; 46 (1927), 42.

[3] H. STAUDINGER: 2e Conseil de Chimie Solvay. Discussion du rapport de CH. MOUREU et CH. DUFRAISSE, p. 593. 1925.

recevoir un complément critique d'énergie E, ou énergie d'activation,[1] qu'elle emprunte soit aux chocs, soit à une radiation incidente de fréquence convenable. Le système $A + O_2$ passe donc (voir fig. 2) en s'activant à l'état $A* + O_2$, c'est-à-dire d'un niveau d'énergie donné 1 (inconnu en valeur absolu, mais repérable par rapport à d'autres) à un niveau d'énergie supérieur 2. C'est ce que l'on peut représenter par le schéma fig. 2.

Le premier acte de l'autoxydation sera la combinaison lâche, plutôt l'attraction mutuelle et le maintien réciproque à l'intérieur de leurs sphères d'influence respectives, des molécules $A*$ et O_2 pour former le peroxyde primaire $A[O_2]$. Ce processus s'accompagne inévitablement d'un dégagement d'énergie q, minime en vérité, qui fait passer le système du niveau 2 à un niveau 3 légèrement inférieur.

L'oxygène « s'accrochant » de mieux en mieux au substrat, le système passera par des niveaux 3′, 3″, etc...., dont chacun correspond à l'existence d'un peroxyde intermédiaire, et parviendra au produit final d'autoxydation dont le niveau 5, le plus bas, est inférieur au niveau initial 1 d'une quantité Q égale à la chaleur de réaction.

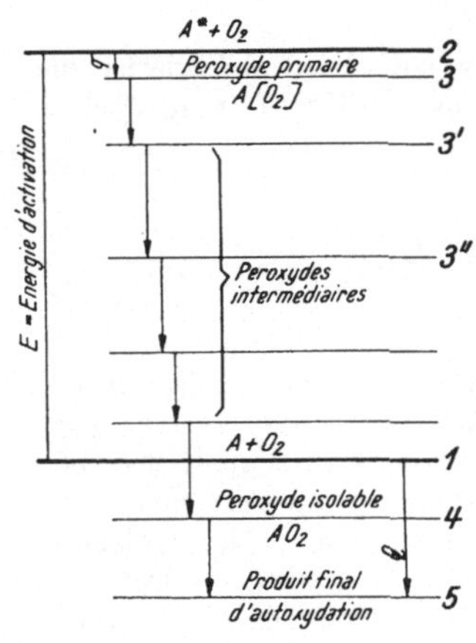

Fig. 2.
Schéma d'énergie de l'autoxydation.

Un peroxyde d'autoxydation isolable se place nécessairement entre le niveau 3 et le niveau 5. Le plus généralement, comme sa formation est exothermique, il sera même à un niveau 4 inférieur au niveau initial 1.

Il ne fait pas de doute qu'au cours de cette descente du niveau 2 au niveau 5, l'oxygène voit graduellement son potentiel d'oxydation diminuer, puisqu'il s'engage de plus en plus dans des combinaisons stables. Dans le peroxyde primaire $A[O_2]$, le potentiel de l'oxygène est, à très peu près, celui de l'oxygène libre; au contraire, il en est fort éloigné dans un peroxyde isolable tel que celui qui est situé au niveau 4. En d'autres terme, la chute de potentiel accompagne la chute d'énergie, ce qui est évident.

Et, cependant, les peroxydes, intermédiaires (essence de térébenthine oxydée, aldéhyde benzoïque qui s'autoxyde) ou isolés (hydroperoxyde de benzoyle, peroxyde de tétraline), sont souvent capables d'oxyder des substances vis-à-vis desquelles l'oxygène moléculaire est indifférent. Ces corps sembleraient ainsi avoir un potentiel d'oxydation supérieur à celui de l'oxygène. Y aurait-il donc là un paradoxe?

La réponse à cette question est qu'il faut se garder de confondre potentiel et réactivité. *L'oxygène est engagé dans les peroxydes sous une forme qui convient mieux aux oxydations, qui est plus «réactive» que la forme moléculaire, bien que son potentiel y soit inférieur. La réactivité se trouve ainsi placée sous la dépendance de conditions de structure encore indéterminées.*

---

[1] Dans tout ce qui va suivre, on trouvera 2 signes distincts * et [ ] pour indiquer l'état d'activation. C'est que, par suite d'une très mauvaise terminologie, ce mot d'activation a deux sens différents. Tout d'abord celui qu'Arrhenius a introduit et qui fait appel précisément à l'état énergétique intrinsèque de la molécule. Dans notre notation, une molécule A qui s'active au sens d'Arrhenius devient A*.

Mais le mot activation désigne aussi l'état de plus grande réactivité qu'a pris l'oxygène dans certains peroxydes AO^2. Comme il n'y a pas de raison de maintenir dans les notations une confusion qui s'est établie dans le langage, l'état spécial où l'oxygène combiné jouit de propriétés particulières sera noté $A[O^2]$, par opposition à l'état non peroxydique des oxydes ordinaires AO ou AO^2.

C'est une constatation et non une explication; d'ailleurs on connaît à propos, non plus de l'oxydation, mais de la réduction, des phénomènes analogues. Ainsi, il n'est pas douteux que l'anhydride sulfureux SO_2 a perdu par rapport au soufre S une partie de son potentiel de réduction. Cependant il est capable de produire des réductions que le soufre est impuissant à provoquer.

Pour en revenir à l'oxydation par les peroxydes, il semble donc que le peroxyde primaire $A[O_2]$ ne doive plus être crédité de la réactivité spéciale qu'on lui a longtemps attribuée. En passant du peroxyde primaire au produit final d'autoxydation, la réactivité oxydante des divers termes intermédiaires croîtrait, passerait vraisemblablement pour l'un d'eux par un maximum et décroîtrait pour s'annuler, en même temps d'ailleurs que le potentiel d'oxydation.

Propriétés et réactions diverses des peroxydes.

a) Dissociabilité du peroxyde primaire.

Le fait que la combinaison $A^* + O_2 \rightarrow A[O_2]$ soit réalisée avec un dégagement très faible d'énergie suggère, à l'image de ce qui a lieu pour les photooxydes des des acènes et pour l'oxyhémoglobine, que l'oxygène, qui n'est pas encore solidement fixé à A puisse s'en dégager spontanément, autrement dit, que l'acte primaire d'autoxydation soit une réaction réversible:

$$A^* + O_2 \rightleftarrows A[O_2] + q.$$

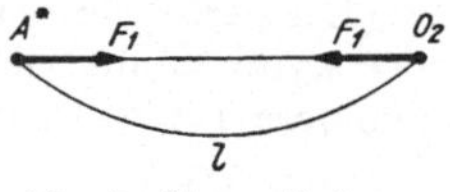

Fig. 3. Force d'attraction entre une molécule activée et l'oxygène.

1° On peut examiner avec un peu plus d'attention cette réversibilité inattendue. Puisque A^* est capable de s'unir à O_2, c'est qu'il existe entre ces deux particules une force d'attraction F_1 qui dépend de la distance l des particules (voir Fig. 3). Supposons A^* fixe dans l'espace, et approchons très lentement O_2 depuis l'infini, jusqu'à ce que A^* et O_2 soient dans les positions relatives qu'ils occupent dans le complexe $A[O_2]$, c'est-à-dire à la distance ε. On recueillera un travail

$$\int_{\infty}^{\varepsilon} F_1\, dl$$

qui mesure précisément l'abaissement du potentiel q résultant de la combinaison primaire.

La dissociation de $A[O_2]$, pour être spontanée, doit se faire sans intervention extérieure d'aucune sorte. Il n'est donc pas possible que A soit régénéré dans son état activé A^*, car il manque précisément au complexe $A[O_2]$ l'énergie q pour que cela soit possible. Le complexe explosera, et les particules A et O_2 se partageront l'énergie disponible, $E - q$ (c'est-à-dire l'énergie de formation du complexe $A[O_2]$), en acquérant des vitesses et des directions telles que le principe de la conservation de la quantité de mouvement soit satisfait.

2° Il n'est pas sans intérêt de noter que l'apparente indifférence à l'oxygène des substances qui pourtant sont oxydables de par leur composition, pourrait tenir au fait que la dissociation du peroxyde primaire se produirait plus vite que son réarrangement intérieur en oxydes stables: par suite, il n'y aurait pas de réaction visible.

3° Naturellement, la dissociation du peroxyde primaire peut être concurrencée par un «accrochage» plus solide de l'oxygène au substrat. C'est l'évolution stabilisante normale. Cette transformation spontanée est d'ailleurs accompagnée parfois de changements importants dans l'architecture des produits intermédiaires: ce sont des migrations, comme dans le cas de l'α-bromostyrolène aboutissant par autoxydation à l'ω-bromoacétophénone (Dufraisse[1])

$$C_6H_5\text{—}CBr\text{=}CH_2[O_2] \rightarrow C_6H_5 \cdot CO \cdot CH_2Br$$

ou des scissions comme dans le cas du peroxyde de cétène (Staudinger[2])

$$\begin{matrix} R \\ \diagdown \\ \\ \diagup \\ R' \end{matrix} C\text{=}C\text{=}O[O_2] \rightarrow \begin{matrix} R \\ \diagdown \\ \\ \diagup \\ R' \end{matrix} C\text{=}O + CO_2.$$

b) Influence du milieu sur les peroxydes.

Les molécules qui entourent les peroxydes sont susceptibles de réagir sur eux. La réaction sera d'autant plus probable que la *réactivité* du peroxyde sera plus élevée. D'après ce qui vient d'être dit, il est vraisemblable que les molécules intéressées ne seront pas celles du peroxyde primaire, mais celles d'un quelconque produit de transformation, plus réactif que lui.

Deux cas sont à signaler selon que la réaction porte sur A ou sur un corps étranger B.

1° Action sur A.

Un peroxyde actif A[O_2] peut réagir sur A en donnant deux molécules d'un peroxyde moins riche en oxygène, mais encore activé, A[O], qui, à son tour, évoluera rapidement vers AO stable:

$$A[O_2] + A \rightarrow 2\,A[O] \rightarrow 2\,AO \text{ (stable).} \tag{1}$$

Ainsi le benzaldéhyde $C_6H_5 \cdot CHO$ s'autoxyde en donnant de l'acide benzoïque $C_6H_5\text{—}CO_2H$. Il est à remarquer ici, qu'il est possible que ce soit l'hydroperoxyde de benzoyle, peroxyde intermédiaire isolé $C_6H_5\text{—}\overset{\diagup O}{C}O \cdot OH$, qui réagisse sur le benzaldéhyde pour donner l'acide, car ce corps a effectivement cette propriété.

2° Action sur un corps étranger B présent au sein des molécules A.

α) Il peut y avoir partage de la molécule d'oxygène entre A et B.

$$A[O_2] + B \rightarrow A[O] + B[O] \rightarrow AO \text{ (stable)} + BO \text{ (stable).} \tag{2}$$

C'est l'image des très nombreuses réactions couplées ou induites (l'autoxydation de B est induite par celle, préalable, de A). Les exemples en sont nombreux: un des plus suggestifs est celui des sels céreux en présence d'arsénite (Job, en 1898).

β) B peut prendre à A [O_2] tout son oxygène: B s'oxyde donc en laissant A dans son état primitif. C'est une véritable catalyse, catalyse de l'oxydation de B par l'autoxydation préalable de A:

$$A[O_2] + B \rightarrow B[O_2] + A \rightarrow BO_2 \text{ (stable)} + A \tag{3a}$$

ou bien
$$\begin{cases} A[O_2] + B \rightarrow B[O_2] + A \\ B[O_2] + B \rightarrow 2\,B[O] \rightarrow 2\,BO \text{ (stable).} \end{cases} \tag{3b}$$

Ainsi les sels céreux catalysent l'autoxydation complète du glucose, en restant à l'état céreux. Il est à remarquer que dans certaines réactions couplées, des réactions parasites, soit (1) ou (3a) ou (3b), ou d'autres encore, peuvent se superposer à la réaction «pure» (2). Le rapport des molécules oxydées d'autoxy-

---

[1] Ch. Dufraisse: C. R. hebd. Séances Acad. Sci. 172 (1921), 162.

[2] H. Staudinger, K. Dyckerhoff, H. W. Klever, L. Ruzicka: Ber. dtsch. chem. Ges. 58 (1925), 1079.

dateur A et d'accepteur B n'est donc pas nécessairement égal à 1. Des influences extérieures peuvent régler le partage, par exemple le p_H des solutions, ou la présence d'impuretés catalytiques (voir à ce sujet les données expérimentales de JORISSEN et de ses élèves,[1] et la théorie de REINDERS et VLES[2]).

Observations sur la caractérisation et le dosage de l'oxygène peroxydique.

Il résulte de ce qui précède que l'on doit conserver peu d'espoir de doser le peroxyde primaire à l'exclusion des autres produits à caractère peroxydique présents dans le milieu. Les méthodes de caractérisation et de dosage s'adressent en effet à l'oxygène peroxydique qu'une mauvaise terminologie qualifie «d'actif» (à ne pas confondre avec l'activation d'ARRHENIUS) et, comme telles, englobent tous les peroxydes dont la réactivité n'est pas nulle.

Voici, à titre d'indication, quelques méthodes de détection et de dosage de l'oxygène «actif»:

Détection. Libération d'iode de l'iodure de potassium; oxydation d'un sel ferreux en présence de thiocyanate d'ammonium (CONANT et PETERSON,[3] KHARASCH et MAYO[4]); décomposition du fer pentacarbonyle (MITTASCH[5]); emploi de réactifs spéciaux, par exemple la bis[diméthyl-2-4-N-pyrryl]-2-5-dibromo-3-6-hydroquinone, qui donne une coloration bleue intense (P. PRATÉSI et R. CELEGHINI[6]); emploi de la plaque photographique (KEENAN,[7] VAN ROSSEM et DEKKER,[8] RUSSEL,[9] etc....).

Dosage. Libération d'iode et dosage au thiosulfate (CLOVER[10]). Il faut cependant prendre garde que l'iode peut se fixer aux liaisons non saturées, ce qui entraîne des erreurs parfois considérables (YOUNG, VOGT et NIEUWLAND[11]); colorimétrie du thiocyanate ferrique (YOUNG, VOGT et NIEUWLAND l. c., voir aussi YULE et WILSON[12]); oxydation du chlorure stanneux (v. PECHMANN et VANINO,[13] HOCK et SCHRADER[14]); réduction par l'hydrogène naissant (BAEYER et VILLIGER[15]); méthode à l'indigo (ENGLER[16]), au trichlorure de titane,[17] etc....

La migration aérobie de l'hydrogène.

Ces considérations nécessairement limitées renferment cependant l'essentiel de ce qui permet de comprendre les théories de la catalyse négative d'autoxydation. Néanmoins, il faut signaler que d'autres mécanismes d'autoxydation ont été proposés. Le plus important est celui de WIELAND pour qui l'autoxydation est à envisager, tout au moins pour certaines substances, comme un processus de

[1] W. P. JORISSEN: Z. physik. Chem. **23** (1897), 667. — W. P. JORISSEN, C. VAN DEN POL: Recueil Trav. chim. Pays-Bas **43** (1924), 582; **44** (1925), 805.

[2] W. REINDERS, S. I. VLES: Recueil Trav. chim. Pays-Bas **44** (1925), 29. — S. I. VLES: Ibid. **46** (1927), 743.

[3] J. B. CONANT, W. R. PETERSON: J. Amer. chem. Soc. **54** (1932), 628.

[4] M. S. KHARASCH, F. R. MAYO: J. Amer. chem. Soc. **55** (1933), 2468.

[5] A. MITTASCH: Angew. Chem. **41** (1928), 829.

[6] P. PRATESI, R. CELEGHINI: Gazz. chim. ital. **66** (1936), 365.

[7] G. L. KEENAN: Chem. Reviews 3 (1926), 95.

[8] A. VAN ROSSEM, P. DEKKER: Ind. Engng. Chem., analyt. Edit. 18 (1926), 1152.

[9] W. J. RUSSEL: Proc. Roy. Soc. (London) **64** (1899), 409.

[10] A. M. CLOVER, G. F. RICHMOND: Amer. chem. J. **29** (1903), 184. — A. M. CLOVER, A. C. HOUGTON: Ibid. **32** (1904), 45.

[11] CH. A. YOUNG, R. R. VOGT, J. A. NIEUWLAND: Ind. Engng. Chem., analyt. Edit. 8 (1936), 198.

[12] J. A. C. YULE, C. P. WILSON: Ind. Engng. Chem., analyt. Edit. **23** (1931), 1254.

[13] H. v. PECHMANN, L. VANINO: Ber. dtsch. chem. Ges. **27** (1894), 1510.

[14] H. HOCK, O. SCHRADER: Brennstoff-Chem. 18 (1937), 6.

[15] A. BAEYER, V. VILLIGER: Ber. dtsch. chem. Ges. **33** (1900), 3390.

[16] C. ENGLER: Ber. dtsch. chem. Ges. **33** (1900), 1090.

[17] H. SCHILDWÄCHTER: Brennstoff-Chem. **19** (1938), 117.

déshydrogénation, cas particulier d'un principe plus général, le principe de migration de l'hydrogène. L'oxydation par «migration aérobie de l'hydrogène» s'accompagnerait souvent de la formation de peroxyde d'hydrogène, soit aux dépens de l'hydrogène de la substance qui s'autoxyde, soit aux dépens de l'hydrogène de l'eau, en réaction couplée:

$$AH_2 + O_2 \rightarrow A + H_2O_2 \tag{1}$$
ou
$$A + H_2O + O_2 \rightarrow AO + H_2O_2. \tag{2}$$

«Le vif intérêt que nous portons à l'oxygène moléculaire reste intact si nous »considérons de plus près la transformation qui se produit dans la première phase »de cette réaction et qui va de pair avec la formation de peroxyde d'hydrogène. »Ce premier produit de l'hydrogénation de la molécule d'oxygène doit se manifester »dans toutes les autoxydations et déshydrogénations. ... Parmi les composés »organiques, ce sont surtout les polyphénols, les diénols et les diamines aromatiques »qui sont justiciables des processus de réactions traités ici.»[1]

Cependant il y a lieu de mentionner que le processus imaginé par WIELAND ne s'applique pas aux milieux anhydres. L'autoxydation d'un aldéhyde, tel l'aldéhyde benzoïque, ne se conçoit ni selon (1), ni, si le milieu est privé d'eau, selon (2).

Classification des théories de l'action antioxygène.

Il est difficile de classer commodément les théories proposées. Néanmoins, une première classification séparera les théories qui ne se préoccupent pas du chimisme de l'autoxydation de celles qui lui font jouer un rôle quelconque.

Parmi les premières, on peut citer toutes les explications qui se rattachent à un «effet de vernis» et que l'on ne mentionnera que pour mémoire.

On y trouvera encore l'importante théorie des réactions en chaînes et enfin, toutes les théories que l'on peut grouper sous le nom général de neutralisation: neutralisation d'un catalyseur positif connu ou inconnu.

La deuxième partie de la classification, qui englobe les théories faisant appel au mécanisme chimique de la réaction, se rapporte d'une manière générale aux théories de la désactivation. Les molécules de A, pour réagir avec O_2, doivent être activées préalablement. Le peroxyde primaire $A[O_2]$, immédiatement après avoir pris naissance, est encore activé. Selon les théories envisagées, l'action antioxygène par désactivation se place soit immédiatement avant l'union de A* et de O_2, soit immédiatement après.

Enfin, certaines théories, qui ne présentent pas un caractère suffisamment général, ne seront pas examinées.

La plupart des théories émises sont basées sur des mécanismes manifestement non catalytiques et, en toute logique, n'auraient pas leur place dans un chapitre de catalyse. Elles seront discutées indifféremment, toutefois, comme on l'a annoncé dans le préambule: en raison du doute qui règne encore sur la nature vraie de l'effet antioxygène, aucune interprétation raisonnable n'a lieu d'être écartée.

Il va même être procédé à une discussion approfondie des plus importantes, parce que les idées énoncées seront valables le plus souvent pour les phénomènes d'inhibition en général et, ainsi, n'auront pas à être rééditées pour chaque cas particulier de ralentissement de réaction.

---

[1] H. WIELAND: Bull. Soc. chim. France (5), 5 (1938), 1233.

Discussion des théories de l'action antioxygène.

A. Théories où n'intervient pas le chimisme de la réaction d'autoxydation.

1° L'effet de vernis.

Les théories se rapportant à l'effet de vernis tendent à expliquer le rôle ralentisseur de certaines substances par une séparation des réactifs, le plus souvent d'ailleurs, à la surface du récipient; il en résulte qu'il ne s'agit pas là, en vérité, de catalyse négative proprement dite, et, *a fortiori*, de catalyse homogène: c'est l'ancienne conception de TURNER,[1] selon laquelle les gaz qui empêchent le mélange tonant de brûler au contact du platine agiraient en entourant le catalyseur d'une gaine inerte protectrice. Pour DIXON[2] qui étudie la phosphorescence des mélanges air (ou oxygène) + sulfure de carbone, le CS produit par la combustion partielle constituerait des «noyaux d'action» à partir desquels se propagerait la flamme froide. Les gaz étrangers, en isolant ces noyaux d'action, inhiberaient le processus.

Selon JOLIBOIS et NORMAND,[3] les arêtes vives des cylindres de moteurs jouent un rôle déterminant dans la production du phénomène de choc. Les antidétonants, du genre tétréthylplomb, formeraient un vernis isolant sur ces arêtes. Par contre, selon CALLENDAR[4] le vernis serait formé non plus sur les arêtes, mais à la surface des «gouttes nucléaires» du carburant.

Enfin, d'après les idées de RIDEAL[5] adoptées par BRUNNER[6] et REIFF,[7] les réactions, en particulier les réactions d'autoxydation, prendraient naissance au contact des parois des récipients, et plus spécialement, aux «taches actives». Ainsi, selon REIFF, le benzaldéhyde réagit plus vite avec l'oxygène, si on y introduit du sable, en vue d'augmenter la surface; BRUNNER[8] trouve une proportionalité entre la vitesse de réaction et la quantité de poudre de ponce introduite. Mais BAILEY,[9] en doublant la surface avec du verre afin d'éviter l'inconvénient d'avoir une surface additionnelle d'un caractère totalement différent de la surface initiale, n'observe pas de variation sensible de la vitesse de réaction (photochimique ou thermique). Il manque donc encore les expériences décisives sur lesquelles pourrait se baser une théorie correcte de l'action des parois tout au moins en tant que facteur exclusif de la réaction.

L'hypothèse étant admise, le ralentissement résulterait de l'isolement des «taches actives» par formation d'une couche monomoléculaire protectrice, soit à la faveur d'un phénomène d'adsorption, soit encore par suite d'une polarité des molécules qui se rangent côte à côte, avec la même extrémité en regard de la paroi. On verra plus loin la théorie proposée par BAILEY, qui fait intervenir non plus la surface liquide-solide, mais la surface liquide-gaz. D'ailleurs, d'autres auteurs, tels BERL et WINNACKER,[10] WIELAND et RICHTER,[11] se sont aussi prononcés contre la théorie de la surface solide, de telle sorte qu'il apparaît difficile de se faire une opinion à son égard.

[1] E. TURNER: Edinburgh philos. J. 11 (1824), 99.

[2] H. B. DIXON: Recueil Trav. chim. Pays-Bas 44 (1925), 305.

[3] P. JOLIBOIS, G. NORMAND: C. R. hebd. Séances Acad. Sci. 179 (1924), 27.

[4] H. L. CALLENDAR, R. O. KING, C. J. SIMS: Engineering 121 (1926), 145, 475, 509, 542, 575.

[5] E. K. RIDEAL: 2e Conseil de Chimie Solvay (Bruxelles, 1925), p. 586.

[6] M. BRUNNER, E. K. RIDEAL: J. chem. Soc. (London) 1928, 1162.

[7] O. M. REIFF: J. Amer. chem. Soc. 48 (1926), 2893.

[8] M. BRUNNER: Helv. chim. Acta 10 (1927), 707.

[9] K. C. BAILEY: J. chem. Soc. (London) 1930, 104.

[10] E. BERL, K. WINNACKER: Z. physik. Chem. 148 (1930), 261.

[11] H. WIELAND, D. RICHTER: Liebigs Ann. Chem. 486 (1931), 226.

2° La théorie des chaînes.

Généralités.

Il ne nous appartient pas de refaire ici la théorie complète des réactions en chaîne, théorie que le lecteur trouvera dans le Tome Ier de ce Manuel de Catalyse, et dans les manuels spécialisés.[1]

Tout au plus pouvons-nous nous borner à retracer très brièvement son historique en indiquant sortout ce qui intéresse la phase liquide.

En 1913, dans une communication intitulée «Photochemische Kinetik des Chlorknallgases», Bodenstein et Dux[2] indiquaient que la réaction de combinaison du chlore et de l'hydrogène sous l'influence de la lumière n'obéissait pas à la loi d'équivalence photochimique d'Einstein. Autrement dit, pour chaque photon absorbé, le nombre de molécules de chlore ayant réagi était bien plus grand que 1, atteignant même 10^6 dans certains cas.

La première explication donnée par Bodenstein[3] reposait sur une ionisation des particules absorbantes, avec réaction ultérieure des résidus chargés positivement (réaction primaire). Les électrons libérés, se fixant sur les molécules neutres, les amenaient à réagir à leur tour (réaction secondaire). On avait ainsi une première image des chaînes de réaction, image qui fût d'ailleurs abandonnée dans sa forme, mais non dans son principe, lorsqu'on s'aperçut que l'irradiation du chlore n'entraîne en réalité aucune ionisation.

Bodenstein[4] proposa alors en 1916, un mécanisme de chaînes d'énergie: une molécule de chlore activée par un quantum lumineux réagit avec une molécule d'hydrogène en donnant deux molécules d'acide chlorhydrique, dont l'une au moins est encore activée. Par collision, l'énergie d'activation portée par la molécule d'acide chlorhydrique se transmet à une nouvelle molécule de chlore, permettant ainsi à un nouveau cycle de réactions de se produire. Nernst[5] a proposé en 1918 non plus une chaîne d'énergie, mais une chaîne d'atomes, l'irradiation ayant pour effet de scinder la molécule de chlore en deux atomes. Un atome de chlore réagira sur une molécule d'hydrogène en formant une molécule d'acide chlorhydrique et un atome d'hydrogène; cet atome d'hydrogène pourra réagir à son tour sur une molécule de chlore etc....

Ainsi, dès sa naissance, la théorie voit deux interprétations s'offrir à elle. Aujourd'hui encore on trouve en nombres équivalents des explications s'appuyant tantôt sur les chaînes d'énergie, tantôt sur les chaînes d'atomes ou de radicaux. Par des mesures cinétiques on peut constater l'existence d'une réaction à chaîne et l'ordre des réactions des corps intermédiaires; mais la nature chimique de ces corps intermédiaires reste inconnue par principe. Voilà le champ libre pour nos considérations chimiques. L'exemple du benzaldéhyde est caractéristique à cet égard. En 1931, Haber et Willstätter,[6] à l'occasion d'un travail sur les processus des réactions organiques et enzymatiques, indiquent comme possible une chaîne d'oxydation où interviennent deux radicaux, notamment $R\!-\!\overset{\|}{\underset{O}{C}}\!-$ et

$HO\!-$ (dans l'exemple théorique cité $R=CH_3$; mais en discutant de l'existence

[1] C. N. Hinshelwood: The Kinetics of chemical change in gaseous systems, Oxford Univ. Press (1933). — N. Semenoff: Chem. Reviews 6 (1929), 347. — N. Semenoff: Chemical Kinetics and Chain Reactions, Oxford Univ. Press (1935). — K. C. Bailey: Retardation of chemical reactions, Londres, 1938.

[2] M. Bodenstein, W. Dux: Z. physik. Chem. 85 (1913), 297.

[3] M. Bodenstein: Ibid. 85 (1913), 329.

[4] M. Bodenstein: Z. Elektrochem. angew. physik. Chem. 22 (1916), 53.

[5] W. Nernst: Z. Elektrochem. angew. physik. Chem. 24 (1918), 335.

[6] F. Haber, R. Willstätter: Ber. dtsch. chem. Ges. 64 (1931), 2844.

des peroxydes, les auteurs citent le cas du benzaldéhyde). A la même époque, et indépendamment, BÄCKSTRÖM et BEATTY,[1] à propos d'une intéressante recherche sur l'inhibition de l'autoxydation du benzaldéhyde par l'anthracène, indiquent un mécanisme en chaîne par transmission d'énergie: la molécule de benzaldéhyde activée réagit sur une molécule d'oxygène en donnant un peroxyde activé. Ce peroxyde transmet son énergie d'activation à une nouvelle molécule d'aldéhyde qui devient ainsi apte à réagir.[2]

Un peu plus tard, en 1934, BÄCKSTRÖM[3] donne cette fois une chaîne de radicaux, parmi lesquels

$$\underset{\displaystyle \overset{\|}{O}}{R{-}C{-}} \quad et \quad \underset{\displaystyle \overset{\|}{O}}{R{-}C{-}O{-}O{-}}.$$

Enfin, tout récemment, WITTIG et LANGE,[4] en étudiant à leur tour le mécanisme de l'inhibition de l'autoxydation de l'aldéhyde benzoïque par des carbures insaturés, tels le dibiphénylène-éthylène, en arrivent à la conclusion que l'hypothèse ancienne de HABER et WILLSTÄTTER est insoutenable. Ils proposent, sous le nom de «Moladdukt-Theorie», ou «théorie du produit d'addition moléculaire», une chaîne qui ne diffère pas essentiellement de celle de BÄCKSTRÖM et BEATTY et où intervient un peroxyde primaire du type

$$\underset{\displaystyle \overset{\|}{O}}{\overset{\displaystyle \overset{H}{\mid}}{R{-}C}} \ldots O{=}O,$$

lequel, en réagissant sur une molécule d'aldéhyde R—CHO, conduit à la formation de deux molécules d'acide benzoïque. L'énergie libérée par cette réaction active une nouvelle molécule d'aldéhyde et le processus se poursuit ainsi grâce à une chaîne d'énergie.

Justifications et objections.

Quels sont les arguments les plus importants par lesquels, après avoir connu une époque de flottement, la théorie des réactions en chaîne a gagné beaucoup de terrain? On peut en développer 3 principaux.

a) *Le rendement quantique élevé.*

Le fait, pour une réaction photochimique, de ne pas suivre la loi d'équivalence d'EINSTEIN et d'avoir un rendement quantique supérieur à 1 est interprété très généralement comme l'indice d'un processus de chaînes. Cela paraît évident, mais néanmoins nous allons donner aussi, à titre d'exemple, deux catégories d'hypo-

---

[1] H. L. J. BÄCKSTRÖM, H. A. BEATTY: J. physic. Chem. **35** (1931), 2530.

[2] Il est important de faire remarquer qu'il n'y a ici aucune impossibilité à ce que l'évolution désactivante du peroxyde $A[O_2]$ active une nouvelle molécule A, à l'encontre de ce qui a été vu pour le processus de dissociation. En effet, si $A[O_2]$ passe directement (voir Fig. 4), sans intermédiaires d'aucune sorte, à une molécule AO_2 relativement stable, l'énergie libérée par cette transformation, soit E', peut être supérieure à E, l'énergie d'activation de A, puisque AO_2 stable est sûrement à un niveau énergétique inférieur au niveau du système $A + O_2$. Il suffit donc que le niveau de AO_2 soit inférieur à celui de $A + O_2$ d'une quantité supérieure à l'énergie q libérée par la combinaison primaire de A^* avec O_2 pour former $A[O_2]$.

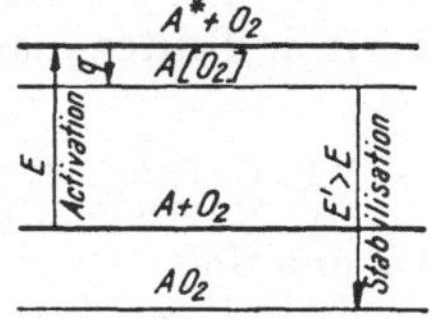

Fig. 4.
Schéma d'énergie pour l'autoxydation en chaîne.

[3] H. L. J. BÄCKSTRÖM: Z. physik. Chem., Abt. B **25** (1934), 99.

[4] G. WITTIG, W. LANGE: Liebigs Ann. Chem. **536** (1938), 266.

thèses, cherchant à expliquer des rendements quantiques élevés, sans recours à un mécanisme de chaînes.

Ainsi Rice,[1] étudiant, après bien d'autres, l'autoxydation des solutions de sulfite de sodium, a découvert qu'une solution exempte de poussières, ne s'autoxyde que très lentement, même si elle renferme des corps, tels les sels de cuivre, reconnus cependant pour être des prooxygènes puissants; la conclusion s'impose: les particules de poussière jouent un rôle important dans la réaction. Rice suppose qu'elles adsorbent de nombreuses molécules de sulfite, qu'elles s'entourent en quelque sorte d'une «croûte» de molécules. Si l'une d'entre elles absorbe un photon, toute la croûte explosera. Mais comme cette explosion, macroscopique par rapport aux molécules, n'est rien d'autre qu'une réaction à chaîne,[2] cette conception n'est pas un argument effectif.

On peut encore supposer que l'absorption d'un quantum de lumière par une molécule autoxydable ait pour effet de créer un catalyseur dont la vie aurait une durée moyenne déterminée. Il en résulterait par quantum une série limitée de réactions indépendantes, série que l'observateur ne saurait pas distinguer extérieurement d'une chaîne.

Quant aux catalyseurs invoqués, rien n'est plus facile que d'en imaginer de vraisemblables. Nous allons en indiquer deux: molécule activée et peroxyde.

Voyons d'abord la molécule activée comme catalyseur. Pour nous en faire idée, reportons nous à l'autoxydation photochimique du tétraphénylnaphtacène. On a mis en évidence ce détail curieux que deux molécules de carbure, l'une activée, A*, l'autre ordinaire A, concourent à la formation d'une molécule de peroxyde AO_2.[3] On peut s'imaginer que la molécule activée A* attire dans son sillage et maintienne à son contact pendant un certain temps une molécule normale A et une molécule O_2. Si le temps de contact se prolonge, la probabilité pour qu'il y ait réaction croît. Lorsque A et O_2 auront réagi, le complexe intermédiaire (A, A*, O_2) se dissociera en $A[O_2]$ et A*. Le sort ultérieur de A* ainsi libéré dépendra évidemment du milieu: il pourra être la destruction pure et simple et alors une seule molécule aura réagi par quantum, comme on l'a constaté en fait pour le tétraphénylnaphtacène. Mais rien n'empêche de supposer que la molécule A* régénérée dans son état d'activation initiale ne soit capable de recommencer son office d'inducteur de réaction, auquel cas ce sera de la catalyse. Mais en même temps ce sera aussi une réaction à chaîne; puisque on ne peut pas discerner l'individualité des deux molécules A engagées dans le complexe, le résultat n'est rien d'autre qu'une chaîne d'énergie. La durée de vie de A* est hachée par des périodes de stabilisation sous la forme du complexe (A, A*, O_2), pendant lesquelles la molécule activée disparaît en tant que réactif individuel, pour ne renaître qu'après dissociation du complexe en A* + $A[O_2]$. L'objection est donc sans fondement.

Un deuxième genre de catalyseur pourrait être un photoperoxyde. Cette hypothèse n'est différente de la précédante qu'en ce point, qu'elle résulte dans une chaîne de peroxydes. Mais elle a, en plus, l'avantage de s'appuyer sur un fait d'expérience, savoir: l'activité catalytique effective des peroxydes vis-à-vis de l'autoxydation.

---

[1] F. O. Rice: J. Amer. chem. Soc., 48 (1926), 2099.

[2] C. N. Hinshelwood: The Kinetics of chemical change in gaseous systems, Oxford Univ. Press (1933). — N. Semenoff: Chemical Kinetics and Chain Reactions, Oxford Univ. Press (1935).

[3] H. Gaffron: Biochem. Z. 264, (1933), 251. — E. J. Bowen, F. Steadman: J. chem. Soc. (London), 1934, 1098. — W. Koblitz, H. J. Schumacher: Z. physik. Chem., Abt. B 35 (1937), 11.

Sous cette forme il ne faut pas rejeter la théorie des chaînes pour maintenir le point de vue chimique des peroxydes. Il faut seulement remplir le schème cinétique vide de corps intermédiaires, dont la nature chimique doit être déterminée par des observations chimiques de nature qualitative.

b) *La théorie des chaînes et l'inhibition.*

Un autre argument en faveur de la théorie des chaînes est l'explication élégante de la catalyse négative. La manière la plus générale de concevoir l'action de l'inhibiteur consiste à admettre qu'il provoque une rupture de la chaîne. En l'absence d'inhibiteur, une chaîne de réactions n'a pas une longueur infinie; la chaîne se rompt d'elle-même, soit au contact des parois, soit par la recombinaison ou désactivation des corps intermédiaires. Donc, en l'absence d'inhibiteur, chaque chaîne a, en moyenne, N maillons, Si un inhibiteur est présent, et s'il atteint, en moyenne, la chaîne au maillon de rang n, il y aura un ralentissement de la réaction qui se chiffrera par le coefficient N/n, en supposant bien entendu que l'inhibiteur n'ait aucune action sur *l'initiation* des chaînes, c'est-à-dire sur le nombre de chaînes qui démarrent par unité de temps.

BAUR,[1] à propos d'une théorie générale de la catalyse négative, a fait remarquer qu'il n'est pas impossible que l'inhibiteur ait une action sur l'initiation des chaînes. En essayant d'adapter la théorie de MOUREU et DUFRAISSE à cette conception (pour les rapports entre la théorie de MOUREU et DUFRAISSE et la théorie des chaînes, voir encore GEE et RIDEAL[2]), il dit, d'une manière imagée, que l'inhibiteur peut «mordre» soit la «queue», soit la «tête» des chaînes.[3]

On n'a peut être pas assez pris garde qu'admettre une diminution du nombre des chaînes initiées, c'est, purement et simplement saper les fondements de la théorie des chaînes, du moins dans son application à la catalyse négative. En effet, on verra plus loin que l'on a fait à certaines autres théories le reproche que l'inhibiteur doit *chercher* la molécule activée ou le peroxyde primaire, les trouver et les atteindre à la maniére d'un boulet de canon avant que rien d'irréparable se soit produit, c'est-à-dire avant que la combinaison avec O_2 ait eu le temps de s'effectuer, ou, si elle est déjà faite, de se stabiliser. Admettre que l'inhibiteur «mord la tête des chaînes», c'est revenir à la même difficulté et faire dépendre l'inhibition d'un mécanisme dont la théorie des chaînes prétend justement s'affranchir.

On verra d'ailleurs un peu plus loin, que certaines particularités d'inhibitions à coefficient très élevé de ralentissement imposent justement la nécessité d'admettre que l'inhibiteur empêche l'initiation de la chaîne. On ne voit plus très bien, dans ce cas, la supériorité, sur les autres, d'une «théorie de chaînes où les chaînes seraient sans maillons». Alors le seul postulat possible mais nécessaire est que l'inhibiteur n'exerce pas son influence sur l'équilibre d'activation, mais sur le développement du premier maillon.

BAILEY,[4] a cependant défendu cette manière de voir (diminution du nombre de chaînes initiées) en supposant que les chaînes sont mises en train le plus généralement à la surface de séparation liquide-gaz, et que les inhibiteurs typiques agissent en surface. Aussi intéressantes qu'elles soient, ses expériences (en collaboration avec FRENCH[5]) sur l'allure des courbes de vitesse d'oxydation en fonction de la quantité d'inhibiteur présent n'entraînent pas cependant la con-

---

[1] E. BAUR: Z. physik. Chem., Abt. B **41** (1938), 179.

[2] G. GEE, E. K. RIDEAL: J. chem. Soc. (London) **1937,** 772.

[3] Voir également H. L. J. BÄCKSTRÖM: Medd. F. K. Vetenskapsakad. Nobel-Inst. **6** (1927), Nos 15 et 16.

[4] K. C. BAILEY: J. Soc. chem. Ind. 48 (1929), 35; J. chem. Soc. (London) **1930**, 104.

[5] K. C. BAILEY, Miss V. H. FRENCH: J. chem. Soc. (London) **1931**, 420.

viction. Selon ces auteurs, il doit y avoir pour une certaine concentration de l'inhibiteur une cassure des courbes, qui révèle la formation d'une couche unimoléculaire d'inhibiteur à la surface liquide-gaz. Au delà de cette concentration critique, l'inhibiteur doit, en effet, avoir pour une action moins marquée. Cette cassure a été trouvée pour l'autoxydation du benzaldéhyde inhibée par le soufre, mais n'apparaît pas avec le système sulfite de sodium-mannitol, ni avec les systèmes sulfite-alcool isopropylique ou sulfite-alcool butylique secondaire, bien qu'il ait été démontré, par des expériences directes, que ces deux inhibiteurs sont adsorbés préférentiellement à la surface d'une solution aqueuse.[1] Il est permis de faire observer qu'une telle cassure des courbes, même si on l'avait décelée dans tous les cas, n'aurait pas dû entraîner comme conclusion inéluctable que l'inhibiteur agit à la surface liquide-gaz. Si la conception de Brunner, Rideal et autres, que Bailey cherche justement à combattre était exacte, en d'autres termes si les chaînes s'initiaient aux taches actives de la surface liquide-solide, et s'il fallait une couche monomoléculaire d'inhibiteur pour isoler ces taches actives, on devrait trouver les mêmes cassures. D'ailleurs, Bailey et Boyd[2] en cherchant à étayer leur hypothèse par des mesures de tension superficielle ne sont pas parvenus, de leur propre aveu, à des résultats concluants.

c) Les déductions mathématiques de la théorie des chaînes.

Enfin, plus que toute autre, la théorie des chaînes se prête aux calculs et l'on n'a pas manqué de les confronter avec l'expérience.

Il paraît intéressant, à ce propos, de faire remarquer qu'il y a lieu d'être prudent dans les conclusions que l'on peut tirer des comparaisons entre les formules théoriques et les formules déduites empiriquement. Ainsi l'inhibition, dans la théorie des chaînes, se traduit assez souvent par l'apparition, au dénominateur de l'expression de la vitesse de réaction, d'un terme renfermant la concentration de l'inhibiteur.

Or il arrive qu'on puisse trouver, dans certains cas particuliers, des mécanismes d'inhibition qui n'ont aucun rapport avec le développement des chaînes, et qui, cependant, conduisent cinétiquement à des expressions mathématiques où la concentration de l'inhibiteur est au dénominateur. L'exemple le plus suggestif à cet égard est fourni par la théorie de Titoff qui sera développée ultérieurement. Bailey et Calcutt[3] également, à propos d'une étude sur l'absorption de l'éthylène par l'acide sulfurique, inhibée par l'éther et le nitrobenzène, montrent, pour ce dernier produit, qu'un mode de calcul basé sur l'hypothèse de la formation d'un composé intermédiaire à concentration statistiquement constante conduit à des expressions du même genre, bien qu'il n'y ait pas de vraies chaînes.

Pour ces raisons, le critère propre pour une chaîne dans la physico-chimie moderne (voir Bodenstein, Schumacher) n'est pas la forme de l'équation de velocité, mais la grandeur absolue des constantes qui y apparaissent. Malheureusement, pour des réactions thermiques, c'est difficile de les savoir exactement.[4]

Domaine de validité. Avantages et lacunes de la théorie des chaînes.

La théorie des chaînes a déjà rendu de grands services. C'est surtout d'ailleurs dans le domaine des réactions en phase gazeuse et particulièrement des réactions rapides, explosives, qu'elle donne toute sa mesure.

---

[1] W. S. E. Hickson, K. C. Bailey: Sci. Proc. Roy. Dublin Soc. **20** (1932), 267.
[2] K. C. Bailey: Retardation of chemical reactions (l. c., p. 361), p. 151.
[3] K. C. Bailey, W. E. Calcutt: Sci. Proc. Roy. Dublin Soc. **21** (1936), 309.
[4] Mais voir H. L. J. Bäckström: J. Amer. chem. Soc. **49** (1927), 1460.

Elle semble moins facile à adapter en phase liquide aux réactions lentes, malgré les nombreux efforts qui lui ont été consacrés et les retouches successives qui y ont été apportées (voir Christiansen et Kramers[1] et autres[2]). Récemment, elle a eu de grand succès pour les réactions de polymérisation (voir tome VII).

Il y a encore des aspects de son développement qui sont insuffisants et qui n'expliquent pas, ou pas mieux qu'une autre, certaines particularités de la réaction d'autoxydation, qui dépendent du mécanisme chimique.

a) Généralité de la catalyse négative.

Ainsi, par exemple, la généralité du phénomène d'inhibition n'est pas clairement exposée par la théorie; dans le domaine restreint de l'autoxydation, la théorie prétend que les antioxygènes interrompent les chaînes en s'oxydant: rien n'explique alors que des corps comme les sulfates, les phosphates, qui ne sont pas récupérés à l'état de sels peroxygenés après leurs fonctions d'inhibiteurs, puissent agir comme tels. D'autre part, à moins d'une raison qui est encore à trouver, on ne saurait admettre que l'autoxydation est la seule réaction à se propager en chaînes. La généralité de la conception de l'inhibition est alors en conflit avec l'expérience, car les réactions autres que celles d'autoxydation sont peu sujettes à l'inhibition, ou le sont d'une manière peu nette.

Enfin, si l'on ne fait pas de distinction entre les actions groupées autour de l'oxygène et celles qui s'en écartent, on ne voit plus du tout quel est le caractère qui vaut à des inhibiteurs variés de réactions parfois très dissemblables la propriété commune de couper les chaînes. Cela veut dire que la théorie des chaînes ne sait pas expliquer la spécifité ou la généralité des inhibitions sans connaître la nature chimique des maillons de la chaîne regardée.

On a admis, et nous y reviendrons, qu'une réaction qui photochimiquement, d'après la mesure du rendement quantique, a lieu en chaînes, peut se propager de même à l'obscurité, c'est-à-dire dans le processus purement thermique. Cette conception de l'identité des états d'activation thermique et photochimique ne doit pas d'ailleurs être étendue, car il existe suffisamment d'exemples qui prouvent le contraire. Ainsi, Bäckström,[3] qui a comparé les deux processus avec succès en plusieurs cas, constate pour le benzaldehyde que la réaction thermique est plus sensible aux antioxygènes (diphénylamine, anthracène, phénol) que la réaction photochimique. Vis-à-vis de l'huile de pied de mouton (utilisée en horlogerie fine), le β-naphtol est antioxygène à l'obscurité, prooxygène à la lumière.[4] Les alcalis accélèrent la décomposition thermique de l'eau oxygénée[5] et en ralentissent fortement la décomposition photochimique.[6]

Il est inutile de multiplier les citations; elles suffisent à montrer, par contre, qu'il est risqué d'inférer qu'une réaction thermique se développe en chaînes si l'on n'a d'autres preuves qu'un rendement quantique élevé du processus photo-

[1] J. A. Christiansen, H. A. Kramers: Z. physik. Chem. 104 (1923), 451.

[2] M. Brunner: Helv. chim. Acta 10 (1927), 707. — H. L. J. Bäckström: Medd. F. K. Vetenskapsakad. Nobel-Inst. 6 (1927), Nos 15 et 16; J. Amer. chem. Soc. 49 (1927), 1460. — H. S. Taylor: Proc. Amer. Soc. Test. Mater. 32 (1932), 9. — R. Spence, H. S. Taylor: J. Amer. chem. Soc. 52 (1930), 2399. — K. K. Jeu, H. N. Alyea: Ibid. 55 (1933), 575. — G. E. Branch, H. J. Almquist, E. C. Goldsworthy: Ibid. 55 (1933), 4052.

[3] H. L. J. Bäckström: J. Amer. chem. Soc. 49 (1927), 1460.

[4] P. Woog, Mlle E. Ganster, J. Givaudon: C. R. hebd. Séances Acad. Sci. 192 (1931), 923.

[5] M. Berthelot: Bull. Soc. chim. France (2), 34 (1880), 78. — G. Lemoine: C. R. hebd. Séances Acad. Sci. 161 (1915), 47. — R. Schenk, F. Vorländer, W. Dux: Z. angew. Chem. 27 (1914), 291.

[6] V. Henri, R. Wurmser: C. R. hebd. Séances Acad. Sci. 157 (1913), 284.

chimique correspondant. Le vrai critère serait l'identité quantitative de la sensibilité pour les inhibitions.

Or, précisément, il manque à la plupart des réactions thermiques un tel critère; et ce n'en est pas un, ainsi qu'il a déjà été dit, que d'avoir trouvé un inhibiteur qualitativement.

b) *La parenté des catalyses inverses.*

Il existe un aspect particulier de l'inhibition de la réaction d'autoxydation que les théoriciens des chaînes ont presque toujours négligé, bien que MOUREU et DUFRAISSE aient à diverses reprises attiré l'attention sur sa généralité d'une part, et sur l'importance théorique qu'on doit y attacher d'autre part. Il s'agit de la parenté des catalyses inverses, phénomène décrit précédemment.[1] Il est bien évident que, pour être satisfaisante, toute théorie de l'effet antioxygène doit expliquer ces retournements imprévus de l'effet catalytique. BAILEY[2] le premier et le seul jusqu'à présent, semble s'être préoccupé, pour la théorie des chaînes, de l'objection de principe si souvent formulée. Il a donné une explication selon laquelle l'antioxygène, si on le change de milieu oxydable, pourrait devenir maillon de la chaîne et, par conséquent, contribuer au transfert de l'énergie de la réaction. Il faut remarquer que cette hypothèse demanderait une analyse spéciale probablement assez ardue.

c) *La période d'induction.*

Enfin, il est encore un point qui mérite l'attention, c'est celui qui concerne la période d'induction. La théorie l'interprète le plus généralement comme la période d'établissement des chaînes. Pour ce qui va suivre, il importe de remarquer qu'il a déjà été donné une interprétation de toutes les particularités de la période d'induction basée soit sur un enrichissement en catalyseur positif, soit sur une destruction de catalyseur négatif préexistant; d'autre part, il est nécessaire de souligner que la théorie des chaînes ne peut pas expliquer les mêmes faits sans faire appel à ces considérations. Or, précisément, c'est ce qui semble impossible. En effet, si la période d'induction est uniquement la période d'établissement des chaînes, on ne comprend pas que de l'huile de lin qui a commencé à s'oxyder sans toutefois dépasser le stade de la période d'induction, soit capable, après un certain temps de conservation à l'abri de l'oxygène, d'accélérer l'autoxydation d'un autre échantillon qui en est encore au stade d'oxydation lente. Que seraient devenues les chaînes pendant la suppression de l'un des partenaires de la réaction? Quelle serait la nature de la sorte de «levain» que garde ainsi une substance partiellement oxydée? Pourquoi des chaînes arrêtées par suppression de la réaction, et en quelque sorte figées, auraient-elles la propriété de se ranimer par la suite et d'accélérer une réaction normale?

Ce sont des questions auxquelles il est malaisé de répondre avec la seule aide des chaînes. Il en est d'autres d'ailleurs, telles que celle-ci: pourquoi est-il impossible de maîtriser avec un antioxygène, quelle qu'en soit la dose, l'autoxydation déjà fortement avancée d'un échantillon d'huile de lin? Ici, il est à peine besoin de faire remarquer que la conception des peroxydes reste muette également, si ce n'est qu'il s'est fait un catalyseur, peroxydique ou non, qui n'est pas détruit par les antioxygènes. Il faut remarquer, que la théorie des chaînes aussi n'exclue pas le développement des catalyseurs positifs, initiant les chaînes, ou la destruction des catalyseurs négatifs, interrompant les chaînes, pendant la période d'induction. À ce point de vue encore comme nous l'avons vu plus haut, le mot «chaîne» n'est pas utile sans la connaissance du chimisme.

---

[1] CH. MOUREU, CH. DUFRAISSE: C. R. hebd. Séances Acad. Sci. **176** (1923), 624, 797.
[2] K. C. BAILEY: Retardation of chemical reactions, p. 125. Londres, 1938.

d) L'usure du catalyseur.

La question s'est posée de savoir quel est le sort de l'antioxygène pendant qu'il exerce sa fonction. Dans la théorie de MOUREU et DUFRAISSE,[1] l'antioxygène ne doit pas être détruit du fait de son fonctionnement comme inhibiteur. Si l'on constate expérimentalement qu'il s'oxyde, c'est par suite de réactions secondaires, par exemple avec les peroxydes qui prennent naissance inévitablement. La théorie des chaînes, sous sa forme la plus généralement admise, n'a pas retenu cette conception et postule que toute rupture de chaîne s'accompagne de l'oxydation inévitable de l'antioxygène, le produit ainsi formé accidentellement n'étant pas capable de continuer la chaîne. Ainsi, pour WITTIG et LANGE[2] par exemple, qui constatent que les diphénylpolyènes sont, vis-à-vis du benzaldéhyde, des antioxygènes d'autant plus efficaces que leur nombre de liaisons $C{=}C$ est plus élevé, *l'inhibition de l'autoxydation et l'oxydation de l'inhibiteur sont deux processus couplés chimiquement.*

Si cette hypothèse est exacte, il doit exister des relations numériques entre la disparition de l'inhibiteur et la progression de l'autoxydation. Ces relations prennent une forme particulièrement simple aux concentrations élevées d'inhibiteur; c'est ce qui a été étudié, dans le cas des solutions de sulfite de sodium par BÄCKSTRÖM,[3] et par ALYEA et BÄCKSTRÖM[4] qui utilisent, comme inhibiteurs, les alcools isopropylique, butylique secondaire et benzylique, et qui, grâce à des réactions de colorimétrie, peuvent suivre la formation des cétones correspondantes. Théoriquement, on doit s'attendre à ce que le produit de la vitesse de réaction v par la concentration de l'inhibiteur C devienne sensiblement constant quand C croît. C'est ce qui a été trouvé expérimentalement, quoique avec une précision assez réduite pour ne rendre l'expérience que modestement démonstrative. L'inhibition de l'autoxydation du benzaldéhyde par l'anthracène étudiée deux ans plus tard par BÄCKSTRÖM et BEATTY[5] a d'ailleurs mis en lumière une difficulté de la théorie; alors que la vitesse d'oxydation de l'inhibiteur doit être indépendante de sa concentration, si elle est suffisamment élevée, les auteurs ont trouvé «que la vitesse d'oxydation de l'anthracène est d'autant plus grande » que sa concentration est plus petite. La raison est sans nul doute que l'anthracène » absorbe très fortement la lumière ultra-violette, au point que même dans nos » dilutions plutôt grandes une proportion considérable de la lumière excitatrice » est absorbée par l'anthracène et non par l'aldéhyde». BRANCH, ALMQUIST et GOLDSWORTHY[6] ont repris le travail de BÄCKSTRÖM et BEATTY et en ont contesté la conclusion. Pour eux, l'anthracène ne s'oxyde pas seulement en brisant les chaînes, mais encore, et surtout aux basses concentrations, en réagissant avec les peroxydes.

Mais il y a plus grave! BÄCKSTRÖM et BEATTY avaient pris la précaution de s'assurer, afin d'étayer leur raisonnement, que l'anthracène ne subit pas de photooxydation «directe». Ils ont irradié des solutions du carbure dans le benzène et le 1,4-dioxane et n'ont constaté que la formation du polymère, le dianthracène, avec une photooxydation insignifiante. Ils ont noté que ces solutions sont fluorescentes alors que la solution benzaldéhydique ne l'est pas,

[1] CH. MOUREU, CH. DUFRAISSE: Inst. int. Chim. Solvay, 2e Cons. Chim., p. 524, 1925. Paris: Gauthier-Villars, Ed. 1926; C. R. hebd. Séances Acad. Sci. **174** (1922), 258.
[2] G. WITTIG, W. LANGE: Liebigs Ann. Chem. **536** (1938), 266.
[3] H. L. J. BÄCKSTRÖM: Medd. F. K. Vetenskapsakad. Nobel-Inst. **6** (1927), Nes 15 et 16; Trans. Faraday Soc. **24** (1928), 601.
[4] H. N. ALYEA, H. L. J. BÄCKSTRÖM: J. Amer. chem. Soc. **51** (1929), 90.
[5] H. L. J. BÄCKSTRÖM, H. A. BEATTY: J. physic. Chem. **35** (1931), 2530.
[6] G. E. BRANCH, H. J. ALMQUIST, E. C. GOLDSWORTHY: J. Amer. chem. Soc. **55** (1933), 4052.

et ils en ont conclu que cette circonstance est favorable, le benzaldéhyde ayant ainsi la propriété de désactiver les molécules d'anthracène. Or, récemment, à l'occasion d'une recherche sur la photooxydation, DUFRAISSE et GÉRARD[1] ont montré que l'anthracène, en solution sulfocarbonique, donne rapidement un photooxyde cristallisé. Il se trouve que, par un hasard facheux pour les conclusions de BÄCKSTRÖM et BEATTY, l'anthracène n'est presque pas photooxydable dans ses solutions fluorescentes, c'est-à-dire dans les solvants du genre de ceux, benzène ou dioxane, que les auteurs ont utilisés pour leur contre-épreuve de stabilité de l'hydrocarbure à la lumière. Donc l'anthracène est *capable* de se photooxyder rapidement en solutions *non fluorescentes*, en sulfure de carbone par exemple. Par suite, il ne peut pas être considéré comme non photooxydable en solution benzaldéhydique, *également dépourvue de fluorescence*, ce qui explique — particulièrement aux fortes dilutions — les écarts observés par BÄCKSTRÖM et BEATTY. D'ailleurs, cette hypothèse n'exclut pas celle qu'ont suggérée BRANCH, ALMQUIST et GOLDSWORTHY, les deux phénomènes pouvant aller de pair. De toute manière, il semble que la base expérimentale du raisonnement de BÄCKSTRÖM et BEATTY soit atteinte par la découverte de la photooxydation directe de l'anthracène, ce qui remet en question le sort de l'inhibiteur pendant l'acte d'inhibition.

e) L'autocatalyse.

Enfin, la théorie des chaînes ne tient aucun compte d'un fait expérimental pourtant maintes fois vérifié, savoir: la catalyse par les peroxydes, donc la possibilité d'une autocatalyse. Il s'agit là d'un phénomène de catalyse pure qui n'est pas à distinguer d'un simple branchement des chaînes. En effet, si chaque molécule de peroxyde formée initiait deux chaînes, par exemple, l'allure autocatalytique de la réaction aboutirait rapidement à une explosion, s'il n'y avait pas des cassures de chaînes assez rapides. Mais avec ces cassures la réaction ne serait pas essentiellement différente de celle que l'on observe expérimentalement. En ce cas, aussi, tout dépend non pas de la conception des chaînes ou des réactions simples, mais du mécanisme chimique, dont la connaissance est la condition nécessaire pour chaque discussion des aspects particuliers.

3° Théories de la neutralisation d'un catalyseur positif.

a) Théorie de TITOFF.

La théorie de TITOFF a longtemps été considérée comme serrant de près la réalité des faits. Il n'est pas douteux que le mécanisme proposé s'applique dans certains cas, mais il n'apparaît plus aujourd'hui comme ayant une généralité suffisante.

TITOFF[2] s'est occupé principalement de l'autoxydation des solutions de sulfite de sodium. Mais, avant lui, BIGELOW,[3] puis YOUNG,[4] avaient observé de nombreux exemples d'inhibition par des substances variées, tant minérales qu'organiques. TITOFF a remarqué que les sels de cuivre, même à une dilution extrême (10^{-9} N) ont une influence profonde sur la vitesse d'oxydation purement thermique qu'ils accélèrent puissamment. L'autoxydation sensibilisée par les ions cuivre est ralentie par les substances étudiées par BIGELOW et YOUNG. TITOFF, reprenant en cela une idée ancienne émise par LUTHER,[5] en conclut que le rôle de l'antioxygène est de neutraliser un catalyseur positif et qu'il en

[1] CH. DUFRAISSE, M. GÉRARD: C. R. hebd. Séances Acad. Sci. **201** (1935), 428; Bull. Soc. Chim. (5), **4** (1937), 2052.
[2] A. TITOFF: Z. physik. Chem. **45** (1903), 641.
[3] S. L. BIGELOW: Z. physik. Chem. **26** (1898), 493.
[4] S. W. YOUNG: J. Amer. chem. Soc. **24** (1902), 297.
[5] R. LUTHER: Z. physik. Chem. **45** (1903), 662.

est ainsi même dans le cas des substances soi-disant «pures» qui renfermeraient alors un catalyseur positif inconnu. Une telle conception a l'avantage de donner une explication satisfaisante des quantités minimes de substances requises pour produire un effet antioxygène marqué. Elle se prête, par un calcul simple, à l'établissement d'une formule de cinétique où la concentration de l'antioxygène apparaît au dénominateur : il y aurait, entre le catalyseur positif C et l'antioxygène B un équilibre chimique justiciable de la loi d'action de masse :

$$B + C \leftrightarrows B C,$$

d'où
$$(C) = k \frac{(B C)}{(B)};$$

la vitesse d'autoxydation étant proportionnelle à la concentration en catalyseur positif, devient inversement proportionnelle à celle de l'antioxygène, pour autant que (BC) puisse être considéré comme constant.

Néanmoins, spécialement en ce qui concerne le sulfite, il est indispensable de rappeler les expériences de RICE[1] qui trouve qu'en éliminant les poussières, et, entre autres procédés, par une méthode due à SPRING[2] qui consiste justement à précipiter de l'hydroxyde de cuivre au sein de la solution, que celle-ci ne s'oxyde plus que très lentement. Cette expérience très curieuse est à rapprocher d'une autre, semblable, effectuée à propos de l'eau oxygénée, très stable en l'absence de poussière, même si sont présents les accélérateurs usuels de sa décomposition. De toute manière ces observations montrent que notre connaissance du processus exact de ces diverses réactions n'est pas très avancée, et qu'il y a peut-être une véritable catalyse hétérogène avec empoisonnement de catalyseur là où nous ne percevons qu'une catalyse homogène.

D'autres auteurs ont étudié l'action catalytique du cuivre et sa neutralisation par certains inhibiteurs. Dans le cas des solutions d'arsénite, l'inhibition a été attribuée également à la formation de complexes inactifs.[3]

b) Théorie de WARBURG.

Pour WARBURG,[4] le fer doit jouer le rôle que TITOFF attribue au cuivre. Ses expériences ont porté en particulier sur l'autoxydation destructive de la cystine, avec du charbon comme catalyseur. Il s'agit donc vraisemblablement d'une catalyse hétérogène. L'acide cyanhydrique arrête l'oxydation provoquée par le charbon de sang, ce qui a été interprété comme le résultat d'une action neutralisante, avec formation de complexe inactif, sur le fer nécessairement présent. L'autoxydation de la cystéine exigerait également la présence du fer.[5] Un échantillon purifié voit sa vitesse d'oxydation s'abaisser alors qu'une addition intentionnelle de fer l'élève à nouveau.[6]

Il est possible que le fer se comporte en prooxygène, que son action soit entravée par l'acide cyanhydrique, mais certains auteurs contestent la *nécessité* de sa présence.[7] Une controverse s'est même instituée au sujet du degré de

---

[1] F. O. RICE: J. Amer. chem Soc. **48** (1926), 2099.

[2] SPRING: Recueil Trav. chim. Pays-Bas **18** (1899), 153.

[3] W. REINDERE, S. J. VLES: Recueil Trav. chim. Pays-Bas **44** (1925), 29. — S. J. VLES: Ibid. **46** (1927), 743. Voir égalment E. WERTHEIMER: Fermentforsch. **8** (1926), 497.

[4] O. WARBURG: Biochem. Z. **119** (1921), 134.

[5] O. WARBURG, S. SAKUMA: Pflügers Arch. ges. Physiol. Menschen Tiere **200** (1923), 203.

[6] S. SAKUMA: Biochem. Z. **142** (1923), 68.

[7] E. ABDERHALDEN, E. WERTHEIMER: Pflügers Arch. ges. Physiol. Menschen Tiere **197** (1923), 131; **198** (1923), 122; **199** (1923), 336; **200** (1923), 649.

purification des échantillons de cystéine (voir le paragraphe antérieur sur la notion de «corps pur»).

D'ailleurs, Wieland et Franke[1] qui purifient avec soin les solutions aqueuses d'acide dihydroxymaléique, constatent qu'elles s'oxydent encore lorsque le fer en est absent et que HCN, qui retarde la réaction catalysée par le fer, l'accélère si ce métal est absent.

Néanmoins, bien que l'accord ne soit pas réalisé en ce qui concerne l'autoxydabilité des substances exemptes de catalyseurs, un certain nombre d'observations confirment les vues de Warburg et de Titoff quant au rôle catalytique du fer, du cuivre, et, plus généralement, des métaux lourds, et quant à l'action d'un certain nombre d'inhibiteurs, tels l'acide cyanhydrique, les phosphates, les polyols, qui formeraient avec les métaux lourds des complexes inactifs. Ainsi, Krebs[2] montre que la vitesse d'oxydation des solutions légèrement alcalines de fructose, glucose, mannose, galactose, maltose, est accélérée par des sels de manganèse et de cuivre et est ralentie par HCN, H_2S et les pyrophosphates. De même, Szent-Györgyi[3] observe une catalyse positive de l'oxydation de l'acide ascorbique par le cuivre[4] et une stabilisation des solutions par HCN.[5] Pour cet auteur, l'inhibition est à ramener à la formation de complexes de coordination et il est suggéré que l'oxygène lui-même est coordonné.[6]

Par contre, on s'est quelquefois appuyé sur la théorie sans apporter d'expérience démonstrative.

Pour avoir une présomption seulement en faveur d'une action de neutralisation, il faut montrer au moins, d'une part, que les catalyseurs métalliques usuels accélèrent bien l'autoxydation étudiée et, d'autre part, que les inhibiteurs ralentissent effectivement l'autoxydation catalysée.

Il n'est pas douteux que la théorie de la neutralisation d'un catalyseur positif donne une explication satisfaisante de certains cas typiques d'inhibition. Mais on peut faire à son sujet un certain nombre de remarques qui en diminuent la portée générale. Ainsi, bien qu'il soit reconnu que le cuivre est un élément généralement prooxygène, il n'est pas sans intérêt de noter qu'il a été trouvé antioxygène pour son propre compte (Baur et Obrecht[7]); de même Dufraisse et Horclois[8] ont montré que le fer, introduit sous form ed'acétylacétonate ferrique, a une activité antioxygène marquée.

En dehors de ces cas typiques d'inversion de catalyse, il est permis de se demander pourquoi les complexes dont on invoque si fréquemment la formation seraient tous dénués d'activité catalytique. En fait, comme il fallait s'y attendre, ils sont tantôt antioxygènes, tantôt prooxygènes, surpassant parfois en pouvoir accélérateur les formes du fer réputées comme très actives (Moureu, Dufraisse et Badoche,[9] Franke[10]).

[1] H. Wieland, W. Franke: Liebigs Ann. Chem. **464** (1928), 101.

[2] H. A. Krebs: Biochem. Z. **180** (1927), 377.

[3] A. Szent-Györgyi: Biochemic. J. **22** (1928), 1387.

[4] Voir également J. Ettori, R. Grangaud: C. R. Séances Soc. Biol. Filiales Associées **124** (1937), 557.

[5] Voir encore C. M. Lyman, M. O. Schultze, C. G. King: J. biol. Chemistry **118** (1937), 757. — K. Watanabe: J. Taihoku Soc. Trop. Agric., Imp. Univ. 8 (1937), 381. D'après Chem. Abstr. 31 (1937), 5765.

[6] A. Szent-Györgyi: Hoppe-Seyler's Z. physiol. Chem. **254** (1938), 147.

[7] E. Baur, M. Obrecht: Z. physik. Chem., Abt. B **41** (1938), 167.

[8] Ch. Dufraisse, R. Horclois: C. R. hebd. Séances Acad. Sci. **191** (1930), 1126.

[9] Ch. Moureu, Ch. Dufraisse, M. Badoche: C. R. hebd. Séances Acad. Sci. **183** (1926), 685.

[10] W. Franke: Liebigs Ann. Chem. **498** (1932), 129.

L'acide cyanhydrique lui-même n'est pas toujours antagoniste du fer (Robinson[1]), ni du cuivre (Gerendas[2]).

On pourrait d'ailleurs répondre à cette objection en prétendant qu'une substance ne serait dénuée d'activité antioxygène, dans le sens de la théorie de Titoff-Warburg, que parce qu'elle formerait avec l'ion métallique antagoniste un nouveau composé de même pouvoir catalytique positif que l'ancien. On tomberait alors là dans l'exagération manifeste qui caractérise, d'ailleurs à un degré moindre, la théorie elle-même: on conçoit mal l'étendue de l'affinité du catalyseur positif hypothétique qui l'engagerait dans des combinaisons inactives avec les corps inhibiteurs les plus dissemblables par leurs fonctions chimiques.

On ne conçoit pas mieux la proposition réciproque, c'est-à-dire la capacité de combinaison d'un antioxygène tel l'hydroquinone, avec des catalyseurs positifs, eux aussi très dissemblables (fer, cuivre, etc....).

Enfin, certaines observations semblent montrer que le mécanisme est insuffisant et qu'il intervient sûrement une action inhibitrice plus puissante que celle qui correspond à la formation d'un complexe: l'autoxydation des solutions de benzaldéhyde, catalysée par le chlorure ferrique, est arrêtée par des quantités d'iode, de diphénylamine ou d'hydroquinone de 40 à 80 fois plus petites que ce qui serait nécessaire pour former un complexe où le fer et l'antioxygène seraient dans le rapport stöchiométrique. Autrement dit, une molécule de diphénylamine préviendrait l'action de 80 équivalents de fer (Wieland et Richter[3]). De même, une molécule de phénol semble neutraliser 15 à 20 atomes de fer (Meyer;[4] voir aussi Taylor[5]).

Il n'est donc pas possible de parler à coup sûr d'élimination stöchiométrique de catalyseur. Les théories de la neutralisation perdent ainsi toute généralité et leur domaine se restreint à des cas particuliers.

c) Théorie de Dupont, ou théorie de l'autocatalyse.

Dupont et ses collaborateurs[6] font jouer aux peroxydes un rôle important: ils seraient les catalyseurs prooxygènes grâce auxquels la réaction se propagerait. Cette manière de voir explique bien l'allure autocatalytique souvent observée des courbes de vitesse: la période d'induction serait le temps pendant lequel la concentration normale stationnaire de peroxyde catalyseur s'établit. Il est à remarquer toutefois qu'on obtient le même profil des courbes en ajoutant une petite quantité d'un antioxygène à un corps qui s'oxyde normalement à vitesse uniforme. On connaît d'ailleurs de nombreuses substances où la présence démontrée d'antioxygènes naturels confère à l'absorption d'oxygène le type autocatalytique; il en résulte que le principe sur lequel repose la théorie de l'autocatalyse n'a pas une généralité incontestable.

S'appuyant sur l'étude de l'autoxydation de l'acide α-abiétique, l'un des constituants les mieux connus de la colophane, Dupont et Allard[7] supposent que l'oxyde intermédiaire actif (AO) — catalyseur fourni par la réaction ellemême — est capable de s'associer à l'antioxygène B pour donner un terme inactif B, (AO).

---

[1] M. E. Robinson: Biochemic. J. 18 (1924), 255.
[2] M. Gerendas: Hoppe-Seyler's Z. physiol. Chem. 254 (1938), 184.
[3] H. Wieland, D. Richter: Liebigs Ann. Chem. 486 (1931), 226.
[4] K. Meyer: J. biol. Chemistry 103 (1933), 25.
[5] H. S. Taylor: J. physic. Chem. 28 (1924), 145.
[6] G. Dupont, J. Lévy, J. Allard: C. R. hebd. Séances Acad. Sci. 190 (1930), 1302. — G. Dupont, J. Allard: Ibid. 190 (1930), 1419. — G. Dupont, J. Lévy: Bull. Soc. chim. France (4), 47 (1930), 60, 147. — G. Dupont, J. Lévy, J. Allard: Ibid. (4), 47 (1930), 942. — G. Dupont, J. Allard: Ibid. (4), 47 (1930), 1216.
[7] G. Dupont, J. Allard: C. R. hebd. Séances Acad. Sci. 190 (1930), 1419.

C'est en celà que la théorie de Dupont se rattache aux conceptions précédentes de Titoff et de Warburg. Dupont la rattache lui-même aux phénomènes d'empoisonnement de catalyseur positif. D'ailleurs il y a une relation de proportionalité entre la teneur en oxyde catalyseur (AO) et la quantité d'antioxygène nécessaire pour arrêter l'oxydation. Cette relation est encore plus nette si la réaction est catalysée positivement par l'abiétate de cobalt. L'étude spectroscopique, parallèlement à l'étude chimique, montre que le catalyseur actif est un complexe coloré abiétate de cobalt-acide abiétique oxydé que l'hydroquinone détruit en libérant l'abiétate de cobalt et en s'associant à l'acide abiétique oxydé.

Dupont, Lévy et Allard[1] ont observé une inversion caractéristique de catalyse: aux faibles concentrations l'abiétate de cobalt devient antioxygène. Dupont et Allard se sont préoccupé de donner une interprétation de la catalyse positive: ils admettent que le complexe résultant de l'association de AO et de B est actif. Mais la parenté des catalyses inverses qu'ils signalent tient plus à la forme qu'au fond, car on ne voit pas, en dehors de l'analogie des formules, ce qui peut relier entre elles les deux sortes de combinaisons active et inactive toutes deux, s'écrivent B, (AO) ni comment le fait d'augmenter la concentration de l'inhibiteur, par exemple, peut réaliser le passage de l'une à l'autre.

B. Théories de la désactivation.

1° Théorie de H. S. Taylor.

Avant de se rallier à la théorie des chaînes, Taylor[2] avait émis une théorie fort séduisante, selon laquelle l'inhibiteur contracterait une union passagère avec les molécules «actives», c'est-à-dire avec celles qui sont aptes à s'autoxyder. Le complexe formé se dissocierait ultérieurement en régénérant la molécule de réactif à l'état de repos, désactivée, donc en ayant perdu son aptitude à s'unir à l'oxygène.

Taylor, à l'appui de sa théorie, établit un parallèle entre le pouvoir antioxygène et l'aptitude à former des composés d'addition. Pour celà, il établit avec Abbott, un tableau en deux colonnes en inscrivant d'un côté les antioxygènes cités jusqu'en 1923 par Moureu et Dufraisse comme actifs vis-à-vis du benzaldéhyde, et, de l'autre côté, les substances qui, d'après Chemical Abstracts sont capables de se condenser avec le benzaldéhyde: la plupart des substances citées se retrouvent dans les deux colonnes. Comme d'après Kendall et Booge[3] et Schmidlin et Lang[4] de telles condensations sont précédées de la formation de complexes d'addition, le parallélisme entre pouvoir inhibiteur et tendance à formation de complexes devient, pour Taylor, manifeste; il trouve effectivement le pouvoir antioxygène chez des corps dont lui-même ou d'autres chercheurs avaient constaté la tendance à former des complexes moléculaires avec l'aldéhyde benzoïque.[5]

Taylor discute avec beaucoup de clarté le mécanisme de l'action inhibitrice: l'inhibiteur s'unit passagèrement aux «molécules actives», c'est-à-dire à quelques unes seulement de toutes les molécules de réactif présentes; il montre, par un calcul simple, que le nombre de molécules d'inhibiteur (hydroquinone) est

---

[1] G. Dupont, J. Lévy, J. Allard: C.R. hebd. Séances Acad. Sci. **190** (1930), 1302.
[2] H. S. Taylor: J. physic. Chem. **28** (1924), 145.
[3] J. Kendall, J. E. Booge: J. Amer. chem. Soc. **38**, (1916) 1719.
[4] J. Schmidlin, R. Lang: Ber. dtsch. chem. Ges. **43** (1906), 2806.
[5] E. K. Rideal, H. S. Taylor: Catalysis in Theory and Practice, p. 146. Londres: McMillan et Cie., Ed., 1926.

précisément du même ordre de grandeur que celui des molécules de substance autoxydable (benzaldéhyde) qui, normalement, en l'absence d'antioxygène, réagiraient avec l'oxygène en une demi-minute. Le rapport entre la grandeur de l'effet par rapport à la petitesse de la cause n'est donc pas absurde. TAYLOR explique ainsi, tout en rejetant la théorie de TITOFF, la sensibilité de l'autoxydation à l'action antioxygène sur laquelle déjà MOUREU et DUFRAISSE avaient attiré l'attention.[1]

TAYLOR s'est aidé d'une comparaison: le système inhibé ressemble à un asile où 100 déments, qui n'ont pas tous leur accès de folie furieuse au même moment, sont sous la surveillance d'un seul gardien. Quand, à l'occasion, un dément a son accès, le gardien le «désactive» en cellule et revient s'occuper des 99 autres qui, pendant ce temps, sont restés calmes.

Cette comparaison ingénieuse et démonstrative a été critiquée par CHRISTIANSEN[2] dans un mémoire où il attaque la théorie de TAYLOR. «Cette comparaison » est fausse car nous ne pouvons supposer que les molécules du gaz inhibiteur » sont douées d'intelligence et se combinent justement avec les molécules qui » sont sur le point de réagir.»

A cela, MOUREU et DUFRAISSE[3] ont répondu que l'intelligence des molécules est l'affinité chimique résultant du champ de force qui émane précisément des molécules actives invoquées par TAYLOR. Par cette intelligence, le gardien peut discerner le dément qui va avoir son accès au prochain instant. Mais se trouvera-t-il toujours près de lui à ce moment critique? Pour quitter la comparaison, il est difficil de comprendre, comment le mécanisme de TAYLOR peut s'effectuer sans displacer l'équilibre d'activation. Nous y retournerons plus bas.

On ne peut pas, d'autre part, invalider la théorie de TAYLOR à propos de la nécessité d'admettre que la formation du complexe doit être beaucoup plus rapide que la réaction normale d'autoxydation, ce qui entraîne l'existence d'un pouvoir d'attraction sélective sur lequel on reviendra: nulle théoric n'échappe à cette difficulté, pas même la théorie des chaînes.

Plus sérieuses sont les objections suivantes: la vérification expérimentale du principe même de la théorie est délicate, et se heurte au dilemme sur lequel TAYLOR lui-même, très justement, a insisté: d'une part, si les complexes invoqués et recherchés expérimentalement sont trop stables, c'est-à-dire s'il leur manque précisément la condition essentielle d'être facilement dissociables, telle la combinaison acide trichloracétique-benzaldéhyde, le catalyseur sera rapidement «neutralisé» et la catalyse cessera faute de catalyseur.

D'autre part, si les mêmes complexes sont trop lâches, plus lâches même que ceux que peuvent mettre en évidence les courbes de point de fusion de mélange (voir β-naphtol-benzaldéhyde) ils seront difficiles à déceler et à caractériser, et l'expérimentateur n'aura même pas la faculté de rapporter avec sécurité l'effet protecteur observé à la formation supposée d'un complexe trop fugace.

Enfin, la simple désactivation de la substance autoxydable ne permet pas d'entrevoir de mécanisme satisfaisant de l'inversion de catalyse. Et c'est là surtout un vice rédhibitoire pour une théorie des actions antioxygènes, de telle sorte qu'il est difficile d'accepter sans modifications l'ancienne théorie de TAYLOR.

[1] CH. MOUREU, CH. DUFRAISSE: C. R. hebd. Séances Acad. Sci. **174** (1922), 258; **175** (1922), 127.

[2] J. A. CHRISTIANSEN: J. physic. Chem. **28** (1924), 145.

[3] CH. MOUREU, CH. DUFRAISSE: Inst. int. Chim. Solvay, 2ᵉ Cons. Chim, p. 554, 1925. Paris: Gauthier-Villars, Ed., 1926.

2° Théorie de F. Perrin.

F. Perrin[1] distingue les deux sortes d'activation: photochimique et thermique. Les molécules activées photochimiquement seraient désactivées à distance (chocs de deuxiéme espèce) par l'approche d'une molécule étrangère ou encore d'un électron peu lié: l'énergie d'activation se transmettrait par induction à l'électron qui acquerrait ainsi un supplément d'énergie cinétique. Or les antioxygènes, en tant que corps facilement oxydables, possèdent de tels électrons: ils seraient alors des désactiveurs universels de la matière. F. Perrin avait d'ailleurs montré auparavant[2] qu'un tel mécanisme, qui se ramène en définitive à une diminution de la durée moyenne de l'état excité, rend compte de l'extinction de la fluorescence, et avait trouvé cette propriété aux antioxygènes typiques (voir aussi Vitte,[3] Boutaric,[4] Bouchard,[5] Weber,[6] Ouellet,[7] Privault[8]).

En somme, la théorie photochimique de F. Perrin se rapproche de celle de Taylor en ce sens qu'elle prévoit une désactivation préalable de la molécule réagissante. Seul le mécanisme invoqué diffère.

L'interprétation de la désactivation des molécules activées thermiquement fait naître une difficulté d'ordre thermodynamique sur laquelle on aura l'occasion de revenir: le processus de désactivation par un *catalyseur théorique* en solution *diluée* se ramène à un déplacement d'équilibre (celui qui est établi entre les formes actives et inactives) sans dépense d'énergie, ce qui est en contradiction avec les principes de la thermodynamique. Pour tourner la difficulté, F. Perrin rattache sa conception à celle de Christiansen, donc au processus des réactions en chaîne.

Cette théorie, séduisante, a pourtant le défaut d'être trop générale: si les antioxygènes sont doués d'un pouvoir désactivant universel, ils doivent être des inhibiteurs des toutes les réactions, ce qui n'a pas été constaté; ils ne sont même pas des *antioxydants*, c'est-à-dire des ralentisseurs de la fixation de l'oxygène par des réactifs oxydants. Il faut donc ajouter que les antioxydants réagissent sélectivement avec les corps intermédiaires des chaînes d'autoxydation, corps qui sont probablement des peroxydes ou certainement des oxydants. Mais, sous cette forme, la théorie de Perrin n'est plus rien d'autre que celle de Moureu et Dufraisse.

De plus, l'ancienne théorie de Perrin ne donne aucune explication de la parenté des catalyses inverses.

3° Théorie de Baur.

Tout récemment, Baur[9] a donné une théorie de «l'anticatalyse» qui se rattache fortement aux précédentes, donc qui partage leurs qualités comme leurs faiblesses. Selon Baur, une molécule phototrope passe de l'état de repos dans l'obscurité, à l'état d'activation par la lumière par une «électrolyse interne» à laquelle en principe tout composé redox est susceptible de prendre part et qui

[1] F. Perrin: C. R. hebd. Séances Acad. Sci. **184** (1927), 1121.

[2] F. Perrin: J. Physique Radium 7 (1926), 390; Ann. Physique (10), **12** (1929), 169.

[3] F. Vitte: J. Chim. physique **26** (1929), 276.

[4] A. Boutaric, J. Bouchard: C. R. hebd. Séances Acad. Sci. **192** (1931), 357. — A. Boutaric, J. A. Gautier: Bull. Soc. chim. biol. **19** (1937), 938.

[5] J. Bouchard: C. R. hebd. Séances Acad. Sci. **196** (1933), 485, 1317.

[6] K. Weber: Z. physik. Chem. **15** (1931), 18.

[7] C. Ouellet: Canad. Chem. Metallurgy **16** (1932), 168.

[8] Privault: C. R. hebd. Séances Acad. Sci. **184** (1927), 1120.

[9] E. Baur: Z. physik. Chem., Abt. B **41** (1938), 179.

se joue entre l'espace extérieur négatif et l'espace intérieur positif; en adoptant la notation de BAUR, on écrit:

$$A_{obsc.} + h\,v \rightarrow A_{Lum.} \begin{cases} \oplus \\ \ominus \end{cases};$$

l'inhibiteur redox ramène l'état lumière à l'état obscurité par oscillation entre deux échelons de valence:

$$A_{Lum.} \begin{cases} \oplus + \text{valence inférieure} = \text{valence supérieure} \\ \ominus + \text{valence supérieure} = \text{valence inférieure} \end{cases} + A_{obsc.}$$

BAUR fait remarquer d'ailleurs que sa théorie se heurte à la difficulté thermodynamique déjà signalée. Il est permis de faire remarquer en outre qu'elle est, d'une part, trop générale en ce sens que tous les composés redox devraient inhiber tous les processus photochimiques, et, d'autre part, trop particulière en ce sens que tous les inhibiteurs ne sont pas des composés redox. Enfin la théorie repose sur la supposition que les états d'activation photochimique et thermique sont des états moléculaires essentiellement identiques, ce qui est loin d'être évident, ainsi qu'on l'a vu.

4° Théorie de MOUREU et DUFRAISSE.
«Peroxydabilité» et action antioxygène.

La diversité des antioxygènes et des substances protégées d'une part, et le fait que les exemples typiques de catalyse négative puissante sont l'apanage à peu près exclusif des réactions d'autoxydation d'autre part, ont suggéré à MOUREU et DUFRAISSE que la cause des actions antioxygènes est à rechercher auprès des seuls éléments communs à toutes les oxydations: l'oxygène (voir aussi JOB) ou encore ses combinaisons, les peroxydes primaires.

Toute «désactivation» de l'oxygène expliquerait bien, à priori, l'action des antioxygènes, mais ne donnerait aucune représentation correcte du phénomène de l'inversion de catalyse. De plus, une telle hypothèse tomberait sous le coup des difficultés signalées et discutées à propos de la théorie de TAYLOR. On doit donc l'abandonner.

MOUREU et DUFRAISSE se sont alors attachés à montrer que l'action antioxygène se place, non pas avant la combinaison de l'oxygène et de la substance autoxydable, mais immédiatement après, lorsque le stade «peroxyde primaire» n'est pas encore dépassé, c'est-à-dire avant que toute évolution stabilisante ait eu le temps de se produire. C'est ce qui distingue leur théorie de toutes les théories de la désactivation précédemment étudiées (TITOFF, PERRIN, BAUR).

Pour MOUREU et DUFRAISSE, l'antioxygène catalyse la dissociation du peroxyde primaire $A[O_2]$, selon un mécanisme qui, comme on le verra plus loin, fait intervenir une union temporaire entre l'oxygène et l'antioxygène, ou, en d'autres termes, qui prévoit la formation d'un peroxyde transitoire de l'antioxygène. A la base de la théorie se trouve donc le concept fondamental suivant: *la faculté d'agir en tant qu'antioxygène est en relation avec la peroxydabilité.*

C'est là une idée ancienne que divers auteurs, à l'occasion d'études très particulières, avaient déjà émise de façon plus ou moins nette (voir, par exemple, DOTT,[1] BASKERVILLE et HAMOR,[2] SCHOEN,[3] MITTRA et DHAR[4], etc....).

---

[1] D. B. DOTT: Pharmac. J. (4), 2 (1896), 249 (cité par BAILEY, l. c., p. 361; p. 119).
[2] C. BASKERVILLE, W. A. HAMOR: Ind. Engng. Chem. Ind., analyt. Edit. 4 (1912), 278.
[3] C. SCHOEN: Bull. Soc. ind. Mulhouse 62 (1892), 590.
[4] N. N. MITTRA, N. R. DHAR: Z. anorg. allg. Chem. 122 (1922), 146. — N. R. DHAR: Proc., Kon. Akad. Wetensch. Amsterdam 23 (1921), 1074 [Verslag. Akad. Wetenschappen 29 (1921), 1023].

Mais Moureu et Dufraisse l'ont généralisée et, surtout, précisée. Ainsi, il est nécessaire de bien faire remarquer, à ce propos, qu'il n'a jamais été prétendu, comme certains l'ont écrit par erreur, que l'antioxygène avait l'obligation d'être oxydable ou même réducteur. Au contraire, une trop grande fragilité vis-à-vis de l'oxygène est un défaut: le catalyseur, en se transformant de manière stable, peut perdre son pouvoir catalytique. On a dit d'autre part que des corps comme les acides sulfurique et phosphorique par exemple, dont on a observé souvent le pouvoir antioxygène, surtout chez le dernier, constituaient des exceptions à la théorie parce que répondant difficilement au critérium de peroxydabilité. C'est là un argument expérimentalement insoutenable, puisqu'on connaît les acides persulfurique et perphosphorique, peracides dont l'existence suffit à témoigner, chez les acides, d'une tendance très nette à s'unir à l'oxygène.

Par contre, les peroxydes des antioxygènes invoqués par la théorie sont sûrement à distinguer soit des peroxydes isolables, tels que ceux dont il vient d'être fait mention, soit, d'une manière plus générale, des corps dont le degré d'oxydation est plus élevé que celui de l'antioxygène considéré (par exemple, un sulfate par rapport au sulfite, la quinone par rapport à l'hydroquinone). Tous ces produits sont en effet bien trop stables. Ceux que la théorie prévoit doivent être le résultat d'une union passagère entre l'antioxygène et l'oxygène, union bien vite dissoute avec régénération de l'antioxygène, qui peut ainsi poursuivre son rôle catalytique.

La généralité de la catalyse antioxygène s'explique alors facilement si l'on songe que la peroxydabilité — au sens restreint qui vient d'être discuté — est à considérer comme une des propriétés les plus répandues parmi les corps de la chimie, à condition qu'ils soient soumis à un potentiel d'oxydation suffisamment élevé. Or, on sait précisément que les peroxydes primaires développent de tels potentiels.

Bien après que ces considérations sur le parallélisme entre pouvoir antioxygène et peroxydabilité eurent été formulées, d'autres observations sont venues confirmer cette thèse: pour Berl et Winnacker,[1] le pouvoir antioxygène doit s'exercer par voie chimique, et, selon Boeseken,[2] White,[3] etc...., il semble lié à une certaine affinité du catalyseur pour l'oxygène.

Schéma de la catalyse négative d'autoxydation.

La théorie de Moureu et Dufraisse a été émise en 1923[4] et développée ultérieurement en 1925 au Conseil de Chimie Solvay.[5] Elle est connue sous le nom de *théorie des peroxydes*. Les travaux sur lesquels elle s'appuie ou qu'elle a suggérés sont déjà très étendus.[6] Sa simplicité, de même que l'étendue des

[1] E. Berl, K. Winnacker: Z. physik. Chem. **148** (1930), 261.

[2] J. Böeseken: Inst. int. Chim. Solvay, 2ᵉ Cons. Chim., p. 611, 1925. Paris: Gauthier-Villars, Ed. 1926.

[3] A. G. White: J. chem. Soc. (London) **1927**, 793.

[1] Ch. Moureu, Ch Dufraisse: C. R. hebd. Séances Acad. Sci. **176** (1923), 624.

[2] Ch. Moureu, Ch. Dufraisse: Inst. int. Chim. Solvay, 2ᵉ Cons. Chim., p. 524, 1925. Paris: Gauthier-Villars, Ed. 1926.

[3] Ch. Moureu, Ch. Dufraisse, A. Lepape, P. Robin, J. Pougnet, A. Boutaric, Et. Boismenu: Ann. Chimie (9), **15** (1921), 158. — Ch. Moureu, Ch. Dufraisse: C. R. hebd. Séances Acad. Sci. **174** (1922), 258; **175** (1922), 127; Bull. Soc. chim. France (4), **31** (1922), 1152; Rev. sci. **60** (1922), 120; C. R. hebd. Séances Acad. Sci. **174** (1922), 258; An. Soc. españ. Fisica Quim. **20** (1922), 383; C. R. hebd. Séances Acad. Sci. **176** (1923), 624, 797; **178** (1924), 824. — Ch. Moureu, Ch. Dufraisse, J. Panier des Touches: Ibid. **178** (1924), 1497. — Ch. Moureu, Ch. Dufraisse: Ibid. **178** (1924), 1861. — Ch. Moureu, Ch. Dufraisse, M. Badoche: Ibid. **179** (1924), 237, 1229. — Ch. Moureu, Ch. Dufraisse: Bull. Soc. chim. France (4), **35** (1924), 1564.

phénomènes qu'elle embrasse et qu'elle explique sans lacune l'ont fait préférer à d'autres par de nombreux auteurs.[1]

Elle a eu comme point de départ une observation classique: deux peroxydes antagonistes AO et BO peuvent se réduire mutuellement en régénérant les corps A et B et en libérant l'oxygène à l'état moléculaire. Ainsi en est-il par exemple pour les couples: eau oxygénée et bioxyde de plomb (THÉNARD); eau oxygénée et permanganate (WÖHLER); eau oxygénée et acide chromique, ou peroxyde d'argent, ou oxyde de fer, etc.... (SCHÖNBEIN[2]).

D'après celà, on peut faire jouer à A le rôle de la substance autoxydable et à B celui de l'antioxygène qui n'a besoin que d'être peroxydable, mais pas nécessairement autoxydable. Pour y parvenir, on suppose que la molécule activée A réagit d'abord sur O_2 pour donner $A[O_2]$, puis partage son oxygène avec B en formant A[O] et B[O]. S'il y a réaction entre A[O] et B[O] selon le schéma de la destruction mutuelle des peroxydes antagonistes:

$$A[O] + B[O] \rightarrow A + B + O_2 \nearrow$$

il y aura catalyse négative puisque A et B se retrouveront dans leur état initial non activé.

———

— CH. MOUREU, CH. DUFRAISSE, M. BADOCHE: Bull. Soc. chim. France (4), **35** (1924), 1572, 1591. — CH. MOUREU, CH. DUFRAISSE: Recueil Trav. chim. Pays-Bas **43** (1924), 645; J. chem. Soc. (London) **127** (1925), 1. — CH. MOUREU, CH. DUFRAISSE, P. LOTTE: C. R. hebd. Séances Acad. Sci. **180** (1925), 993. — CH. MOUREU, CH. DUFRAISSE, M. BADOCHE: Ibid. **183** (1926), 685. — CH. MOUREU, CH. DUFRAISSE: Ibid. **182** (1926), 949. — CH. MOUREU, CH. DUFRAISSE, M. BADOCHE: Ibid. **183** (1926), 408, 823. — CH. MOUREU, CH. DUFRAISSE: Chem. Reviews 3 (1926), 114. — CH. MOUREU, CH. DUFRAISSE, R. CHAUX: Chim. et Ind. **17** (1927), 531; **18** (1927), 3; C. R. hebd. Séances Acad. Sci. **184** (1927), 413; Ann. Office nat. Combustibles liquides 2 (1927), 233. — CH. MOUREU, CH. DUFRAISSE: C. R. hebd. Séances Acad. Sci. **185** (1927), 1545; Rev. gén. Caoutchouc **32** (1927), 3. — CH. MOUREU, CH. DUFRAISSE, J. R. JOHNSON: Bull. Soc. chim. France (4), **43** (1928), 586. — CH. MOUREU, CH. DUFRAISSE, M. BADOCHE: C. R. hebd. Séances Acad. Sci. **186** (1928), 1673. — CH. MOUREU, CH. DUFRAISSE: Chem. and Ind. **47** (1928), 819. — CH. MOUREU, CH. DUFRAISSE, M. BADOCHE: C. R. hebd. Séances Acad. Sci. **187** (1928), 157. — CH. MOUREU, CH. DUFRAISSE, G. BERCHET: Bull. Soc. chim. France (4), **43** (1928), 942, 957. — CH. MOUREU, CH. DUFRAISSE, M. BADOCHE: C. R. hebd. Séances Acad. Sci. **187** (1928), 917, 1092. — CH. MOUREU, CH. DUFRAISSE, P. LAPLAGNE: Ibid. **187** (1928), 1266. — CH. MOUREU, CH. DUFRAISSE, P. LOTTE: Ind. Engng. Chem., analyt. Edit. **22** (1930), 549; Rev. gén. Caoutchouc n° 63, juillet 1930. — CH. DUFRAISSE: Rev. sci. 26 juillet 1930, p. 417. — CH. DUFRAISSE, R. HORCLOIS: C. R. hebd. Séances Acad. Sci. **191** (1930), 1126. — CH. DUFRAISSE, R. CHAUX: 1er Congrès de la Sécurité Aérienne Paris (1930), p. 55. — CH. DUFRAISSE, R. HORCLOIS: C. R. hebd. Séances Acad. Sci. **192** (1931), 564. — CH. DUFRAISSE, N. DRISCH: Congrès des Techniciens du Caoutchouc, Paris, juin 1931; Rev. gén. Caoutchouc n° 77, déc. 1931; C. R. du IIe Congrès Chim. Ind. sept. 1931. — CH. DUFRAISSE: Le Monde Ind. déc. 1931. — CH. DUFRAISSE, R. VIEILLEFOSSE: C. R. hebd. Séances Acad. Sci. **194** (1932), 2068. — CH. DUFRAISSE: Rev. gén. Caoutchouc n°s 85 et 86, oct. nov. 1932. — CH. DUFRAISSE, R. CHAUX: C. R. hebd. Séances Acad. Sci. **197** (1933), 672. — CH. DUFRAISSE, N. DRISCH, Mme PRADIER-GIBELLO: Rev. gén. Caoutchouc n° 94 (1933); Rubber Chem. Technol. 7 (1934), 167. — CH. DUFRAISSE: La science aérienne 3 (1934), 127; Bull. Soc. Encouragement Ind. nat. 1934, 107. — CH. DUFRAISSE, R. VIEILLEFOSSE: Rubber Chem. Technol. 7 (1934), 213; Rev. gén. Caoutchouc n° 102 (1934).

[1] Y. TANAKA, M. NAKAMURA: J. Soc. chem. Ind. Japan, suppl. Bind. 34 B (1931), 405. — A. G. WHITE: J. chem. Soc. (London) **1927**, 793. — U. J. THUAU: 4e Congrès de Chim. Ind. 1924, 525. — S. E. SHEPPARD: Nature (London) 116 (1925), 608. — J. J. M. FERNANDEZ: Afinidad 11 (1931), 313. — P. RONA, R. ASMUS, H. STEINECK: Biochem. Z. 250 (1932), 149. — G. R. GREENBANK, G. E. HOLM: Ind. Engng. Chem., analyt. Edit. 26 (1934), 243.

[2] C. F. SCHÖNBEIN: J. prakt. Chem. **77** (1859), 129.

On reconnaît là un mécanisme de catalyse négative véritable, tel qu'il a été défini précédemment: il prévoit en effet qu'une petite dose de catalyseur est suffisante, que ce catalyseur ne subit aucune transformation définitive et il écarte toutes les actions qui se ramènent à une neutralisation de catalyse positive.

Mais il peut arriver que, dès sa formation, B[O], par suite des chocs des molécules environnantes non activitées A, ou pour tout autre raison, soit éloignée de la sphère d'action de la molécule activée A[O]. Elle finira par rencontrer une molécule activée A* avec laquelle elle réagira:

$$B[O] + A^* \rightarrow A[O] + B$$

et l'oxyde A[O] formé se stabilisera en AO. C'est là le schéma d'une catalyse positive possible.

En résumé, le schéma général de la théorie de MOUREU et DUFRAISSE peut se figurer de la manière suivante:

1° $\qquad\qquad$ $A + E \rightarrow A^*$ (E = énergie d'activation).

2° $\qquad\qquad$ $A^* + O_2 \rightarrow A[O_2]$.

$$A[O_2] + B \rightarrow A[O] + B[O]$$

Destruction mutuelle $\nearrow$ $A + B + O_2$ (catalyse négative).

*Réaction de B[O] sur A** $\searrow$ $B + A[O]$; $A[O] \rightarrow AO$ (stable) (catalyse positive).

La théorie précédente ne prétend pas expliquer l'inversion de la catalyse; elle montre simplement que les deux phénomènes de catalyse positive et négative sont en étroite parenté puisqu'ils ont en commun les deux tiers du processus global. On comprend que la direction de la catalyse reste indécise jusqu'au dernier moment et qu'il doive suffire d'une influence bien faible (élévation de la températe, variation des concentrations, etc....) pour en décider. D'autre part, il est intéressant de remarquer qu'on doit interpréter comme un argument en faveur de la théorie précédente le fait que les actions de catalyse négative vraiment nettes se groupent pricipalement autour de l'oxygène (soit comme réactif inhibé, soit comme inhibiteur), car la théorie de MOUREU et DUFRAISSE repose essentiellement sur une spécificité d'action autour de l'oxygène.

L'attraction sélective.

Rien dans ce schéma n'empêche de rendre compte des énormes coefficients de ralentissements observés, à condition bien entendu d'admettre que la réaction entre $A[O_2]$ et B est plus rapide que la réaction normale d'autoxydation c'est-à-dire soit la stabilisation de AO_2 en AO_2 soit sa réaction sur A*:

$$A[O_2] + A^* \rightarrow 2\,A[O] \rightarrow 2\,AO \text{ (stable)}.$$

Or, précisément, aucune des théories qui ont été proposées depuis 1923 n'échappe à l'objection, qui bien avant qu'elle fût formulée, avait retenu l'attention de MOUREU et DUFRAISSE: ces deux auteurs en étaient arrivés à la nécessité d'invoquer une puissance d'attraction sélective de la molécule $A[O_2]$ pour la molécule d'inhibiteur.

En effet, entrons, avec BAILEY, dans le détail du mécanisme de l'inhibition. Si B est présent au sein de 40000 molécules A, la distance moyenne qui sépare $A[O_2]$ et B est représentée par l'épaisseur de 20 à 30 couches de molécules environ. Lorsque $A[O_2]$ vient de se former, il faut nécessairement que la molécule d'anti-oxygène B la plus proche l'atteigne tel un «boulet de canon» (BAILEY[1]) et s'y combine, avant que rien d'irréparable ne se soit produit (réaction sur A* ou stabili-sation spontanée).

Le temps qui est laissé à B pour atteindre $A[O_2]$ dépend naturellement de la vie moyenne de $A[O_2]$ et varie dans le même sens. Il devra être très petit si l'on admet que cette vie moyenne est courte, ainsi que le suggère l'autoxydation normale de A en l'absence d'inhibiteur.

La théorie de TAYLOR présente exactement la même difficulté: l'attraction sélective doit avoir lieu entre B et A*, et B doit *chercher* A* comme précédemment il cherchait $A[O_2]$.

D'ailleurs, en poursuivant le raisonnement, on peut mettre en évidence une difficulté très sérieuse de la théorie des chaînes, qui ne se résout qu'en ayant recours aux mécanismes qu'on a reprochés aux autres théories, en particulier à celles de TAYLOR, et, plus particulièrement, à celle de MOUREU et DUFRAISSE: d'après BÄCKSTRÖM,[1] le nombre de molécules de benzaldéhyde oxydées par quantum absorbé est de 5000 à 10000. Supposons, dans ce qui va suivre que c'est 10000. D'autre part, le même auteur admet l'identité des chaînes photochimiques et thermiques: donc la longueur de la chaîne *photochimique* ou *thermique* est en moyenne de 10000 maillons. TAYLOR[2] montre qu'avec de l'hydroquinone 0,001 M, il y a un coefficient de ralentissement de 400: la longueur moyenne des chaînes n'est donc plus que de 25 maillons. Avec un peu plus d'hydroquinone on doit arriver à la raccourcir encore, à 1 maillon par exemple. Et au délà? DUFRAISSE et BADOCHE[3] avec un peu moins de 1% d'hydroquinone (c'est-à-dire 0,1 M) ont observé à l'obscurité un coefficient de ralentissement de 500000: la longueur des chaînes est alors 0,02, c'est-à-dire en moyenne bien inférieure à un maillon. Ce résultat s'interprête de la manière suivante: sur 100 chaînes initiées normalement, 98 sont coupées *avant le premier maillon* sans donner lieu à oxydation du benz-aldéhyde et 2 *immédiatement après le premier maillon*. Une coupure avant le premier maillon n'est pas autre chose qu'un empêchement d'initiation des chaînes et ne peut avoir lieu que par un des trois mécanismes déjà étudiés: désactivation de A* selon TAYLOR ou selon F. PERRIN, ou dissociation de $A[O_2]$ selon MOUREU et DUFRAISSE. On est ainsi ramené directement aux autres théories et, pour des coefficients de ralentissements importants, égaux ou supérieurs au nombre de maillons de la chaîne, on n'évite pas la nécessité d'invoquer une puissante affinité sélective.

Le raisonnement précédent reste valable, tout au moins en ce qui concerne la difficulté d'expliquer la sensibilité de l'action antioxygène, si l'on différencie, à l'encontre de BÄCKSTRÖM, les chaînes thermiques des chaînes photochimiques. Les arguments qui font penser qu'elles ne sont pas identiques ont déjà été exposés. On éviterait l'inconvénient de recourir à un mécanisme d'empêchement d'initia-tion de chaînes en supposant que la longueur des chaînes thermiques est supérieure à 500000 maillons. Ce n'est pas démontré d'une part, et d'autre part, l'anti-oxygène doit malgré tout se comporter toujours «comme un boulet de canon».

---

[1] K. C. BAILEY: Retardation of chemical reactions, p. 124. Londres, 1938.
[1] H. L. J. BÄCKSTRÖM: Medd. F. K. Vetenskapsakad. Nobel-Inst. **6,** n°s 15 et 16 (1927). J. Amer. chem. Soc. **49** (1927), 1460.
[2] H. S. TAYLOR: J. physic. Chem. **28** (1924), 145.
[3] CH. DUFRAISSE: Traité de chimie Organique (V. GRIGNARD), T. II, p. 1159 (1936).

Mais ce boulet de canon manquera son but quelquefois ou bien il atteindra A[O_2] trop tard; par suite, la molécule A s'autoxydera normalement: ce qui fait comprendre que même avec un coefficient de ralentissement de 10000, il y a encore 2,7 10^{15} molécules de benzaldéhyde qui réagissent par minute (Taylor).

La théorie de Moureu et Dufraisse a provoqué un échange d'idées entre ses auteurs et F. Perrin, à propos d'un de ses à-côtés qui n'est pas essentiel pour le mécanisme de l'action antioxygène. L'antioxygène B réalise en quelque sorte la dissociation de A[O_2] en A désactivé et O_2. Comme A[O_2] est formé à partir de A* activé, il en avait été conclu à un processus de désactivation *indirecte* de A*, donc à une raréfaction des molécules A*. Comme les molécules normales *inactives* et les molécules *activées* sont en équilibre, le catalyseur aurait eu pour effet de déplacer un équilibre, ce qui tomberait sous la difficulté thermodynamique exposée plus haut. Mais Dubrisay[1] a établi que le catalyseur *réel*, présent en quantité finie, et parfois même en excès par rapport aux molécules actives (voir le calcul de Taylor), s'éloigne du catalyseur théorique tel qu'on le définit à la base des raisonnements, et que, dans ces conditions ce n'est plus le principe de Carnot qu'il faut opposer à la catalyse, mais plutôt les théorèmes sur les systèmes dilués. Il ne faut pas oublier cette possibilité, étant donné la complexité des phénomènes de catalyse, des différences entre catalyseurs *théoriques* et catalyseurs *réels*, présents en quantité *finie* dans le milieu; on sait déjà l'influence considérable exercée par de petites quantités de vapeur d'eau sur l'état d'équilibre entre un liquide et sa vapeur (Baker, Lewis, Smits, Dixon) ou entre un solide et ses solutions (Cohen), ce qui prouve incontestablement que le „catalyseur" *réel* peut ne pas être sans action sur certains facteurs de l'équilibre.

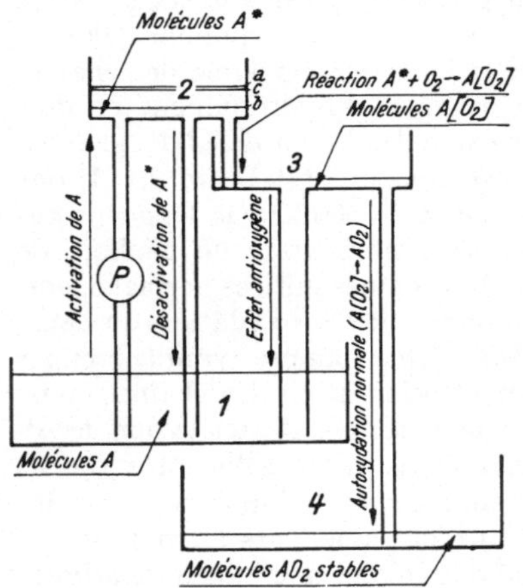

Fig. 5. Représentation hydrodynamique du schéma de l'effet antioxygène.

Il n'est pas vraisemblable, mais en certains cas possible, que les antioxygènes aussi ne peuvent être ôté du système qu'avec une dépense d'énergie. Alors, il y a un champ limité pour l'application des théories de désactivation primaire.

5° Théorie de Dufraisse.

A la vérité, si, à un certain moment, l'idée d'une diminution de concentration des molécules actives avait paru essentielle à la théorie de Moureu et Dufraisse, il ne semble pas qu'on doive aujourd'hui lui porter grand crédit. On peut même l'abandonner, ce qui supprime du même coup toute objection d'ordre thermodynamique. Pour le voir commodément, on peut avoir recours à la comparaison suivante: assimilons les molécules inactives A à un liquide contenu dans un récipient 1 (Fig. 5). L'activation, dans cette hypothèse, peut se représenter par le passage d'une certaine quantité de liquide dans un récipient 2 situé à un niveau plus élevé, l'énergie d'activation étant fournie par une pompe P. En l'absence de toute réaction, dans le milieu isotherme, il s'active, dans un temps donné, autant de molécules qu'il s'en désactive: il faut donc représenter la désactivation par une conduite descendante qui permet un retour du liquide du récipient 2 au

---

[1] R. Dubrisay: J. Chim. physique **25** (1928), 581.

récipient 1. Dans ces conditions, *statistiquement*, le niveau du liquide s'établit en a dans le récipient supérieur. Il faut remarquer que l'impossibilité dans laquelle on se trouve de modifier la courbe de répartition statistique des énergies (lois de MAXWELL-BOLTZMANN) impose la nécessité d'adjoindre à la pompe un régulateur qui en augmente ou diminue le débit si une cause accidentelle vient à faire varier le niveau du liquide dans le récipient supérieur. Autrement dit, l'équilibre entre les molécules actives et inactives n'échappe pas aux lois générales: si on cherche à le modifier, le système, de lui-même, évoluera dans le sens qui tendra à s'opposer à la modification. Faisons réagir l'oxygène sans inhibiteur: celà revient à créer une dérivation supplémentaire qui fait passer une partie du liquide (molécules actives A*) dans un autre récipient 3, à niveau légèrement inférieur à celui de 2 et où s'accumuleront les molécules $A[O_2]$. Cette dérivation fera baisser le niveau en b, mais le système régulateur de la pompe le fera remonter en c, presque confondu avec a. En l'absence d'inhibiteur, les molécules $A[O_2]$ se stabilisent: celà revient à faire passer le liquide du récipient 3 dans un 4e situé plus bas que le premier.

L'inhibiteur, dans le sens de la théorie de MOUREU et DUFRAISSE, catalyse la dissociation de $A[O_2]$: il faut créer une nouvelle dérivation qui fait passer le liquide de 3 en 1 (la dérivation de 3 à 4 n'étant pas supprimée, l'inhibition n'est jamais totale). Mais ce processus, s'il perturbe le débit de la conduite 3—4, n'exerce aucune influence sur les autres dérivations 2—1, 2—3 et 1—2: le niveau c ne variera pas par l'introduction d'un antioxygène. En d'autres termes, puisque l'action de l'antioxygène est postérieure à la combinaison de A* avec O_2, le nombre de molécules A qui réagissent dans l'unité de temps n'est pas modifié et la concentration des molécules actives ne varie pas.

Le mécanisme de l'action antioxygène se ramène à une catalyse par B de la dissociation du peroxyde primaire $A[O_2]$. Cette dissociation, normalement, est possible puisque, ainsi qu'on l'a vu, A* et O_2 ne s'unissent, dans le processus primaire, qu'en libérant une portion très faible de l'énergie globale de la réaction; si elle se trouve accélérée, il en résultera, de toute évidence, une inhibition.

Nouveau schéma de l'action antioxygène.

Cette remarque, et également une difficulté d'un autre ordre soulevée par la théorie de MOUREU et DUFRAISSE ont amené ce dernier à modifier l'ancienne conception.[1] En effet, le mécanisme du partage de la molécule d'oxygène de $A[O_2]$ entre A et B pour former $A[O]$ et $B[O]$ suppose l'absorption transitoire d'une quantité d'énergie considérable dont on ne voit pas la source dans le milieu isotherme. Il ne faut pas oublier que l'on a finalement en vue la recombinaison des deux atomes, avec réémission d'oxygène libre, ce qui est essentiellement différent de la fixation définitive que l'on rencontre dans les réactions couplées. Là, effectivement, on constate bien une coupure de la molécule d'oxygène dans la réaction globale:

$$A[O_2] + B \rightarrow AO + BO \text{ (stables)}$$

mais l'énergie de cette scission est fournie surtout par la chaleur de réaction et n'est pas récupérable pour reconstituer et libérer finalement la molécule d'oxygène.

Au contraire, le peroxyde primaire $A[O_2]$, grâce à son potentiel élevé, pourra céder d'un bloc à B son oxygène, dans un état encore libérable. Cette réaction aura lieu, par exemple, par l'intermédiaire d'un complexe trimoléculaire transitoire $A[O_2]B$ instable.

$$A[O_2] + B \rightarrow A[O_2]B \rightarrow A + [O_2]B.$$

Mais bien que B puisse se peroxyder (condition de la catalyse négative), il ne s'ensuit pas nécessairement que le peroxyde formé $[O_2]B$ soit stable; s'il se

---

[1] CH. DUFRAISSE: Traité de chimie Organique (V. GRIGNARD), T. II, p. 1147 (1936).

dissocie en O_2 et B, il détermine la catalyse négative, Accessoirement, si un certain nombre de molécules $[O_2]$B échappent à la dissociation et se stabilisent, ce sera l'usure du catalyseur par oxydation induite.

Ce mécanisme de catalyse négative se ramène à une dissociation du complexe $A[O_2]$B en deux temps; mais, bien entendu, il ne faut pas exclure la possibilité d'une dissociation directe:

$$A[O_2]B \rightarrow A + O_2 + B.$$

D'autre part, il peut arriver également qu'à la faveur de l'existence du complexe $A[O_2]$B la molécule d'oxygène s'accroche plus énergiquement à A et qu'il y ait libération, non plus de $A + [O_2]B$, mais de AO_2 (stable) $+$ B: cette éventualité correspond à la catalyse positive. En effet, en l'absence de catalyseur, les molécules de peroxyde primaire $A[O_2]$ n'évoluent pas toutes vers AO_2; il y en a un certain nombre qui se dissocient spontanément. La présence du catalyseur positif B a pour effet de diminuer le nombre de celles qui se dissocient au profit de celles qui se stabilisent.

On peut comprendre le mécanisme intime de cette accélération en se référant à une interprétation quantique de la catalyse positive hétérogène donné par BORN.[1]

Selon cet auteur, si, bien qu'elles aient l'une pour l'autre de l'affinité, deux molécules différentes ne réagissent pas, c'est qu'elles sont séparées par une «barrière d'activation» que les chocs normaux sont impuissants à faire franchir: la probabilité de réaction sera nulle ou très faible. Mais si un catalyseur maintient les deux molécules en contact intime pendant un temps très supérieur à la durée normale du choc, la barrière d'activation n'apparaît plus comme un obstacle infranchissable: c'est «l'effet de tunnel» grâce auquel, théoriquement, croît la probabilité d'échange d'électrons entre les deux réactifs et grâce auquel, par suite, augmente la probabilité de réaction.

Cette explication de la catalyse hétérogène se transpose facilement à la catalyse de l'autoxydation en phase homogène: c'est à la faveur de la formation du complexe trimoléculaire qu'augmentera ou que diminuera l'«effet de tunnel» entre A et O_2. Si la durée de vie moyenne du complexe $A[O_2]$B est supérieure à celle de la molécule de peroxyde primaire $A[O_2]$, la probabilité pour que l'oxygène «s'accroche» plus intimement à A croîtra: c'est la catalyse positive. Au contraire, si la vie moyenne du complexe est inférieure à celle du peroxyde, la probabilité de réaction diminuera: c'est la catalyse négative.

On retrouve bien ainsi la parenté des catalyses inverses. On pressent qu'il faille peu de chose pour inverser le sens d'une catalyse, s'il suffit simplement d'agir sur la durée de vie d'un corps intermédiaire.

Avec cette retouche, le schéma général devient:

$1°$ $\qquad\qquad A + E \rightarrow A^* \quad (E = $ énergie d'activation$)$.

$2°$ $\qquad\qquad A^* + O_2 \rightarrow A[O_2]$.

$$A[O_2] + B \rightarrow A[O_2]B \quad\begin{matrix}\xrightarrow{\text{Cat. Nég.}} \left\{\begin{matrix} A + O_2B \\ \text{ou directement}\end{matrix}\right\} \rightarrow A + O_2 + B \\ \xrightarrow{\text{Cat. Pos.}} AO_2 \text{ (stable)} + B\end{matrix}$$

Il évite les difficultés de l'ancien et en conserve tous les avantages.

Puisque l'«effet de tunnel» n'a été démontré dans aucun cas expérimentalement, et puisqu'il n'est vraisemblable théoriquement que pour des particules très legères,

---

[1] M. BORN: Ann. Inst. Henri Poincaré **1**, 305.

il faut remarquer ici que sa citation n'est pas du tout un part essentiel de la théorie. La catalyse positive et négative peut être comprise aussi bien, et d'accord avec les faits expérimentaux de la catalyse héterogène (v. tome V), si la molecule B diminue l'énergie d'activation soit de la stabilisation, soit de la dissociation de A[O$_2$].

Conclusion.

L'impression dominante qui doit ressortir de l'examen des théories de l'effet antioxygène est que leur diversité suggère déjà une complication insoupçonnée de la réaction d'autoxydation. D'autre part, il faut bien avouer qu'aucune d'entre elles ne donne une explication entièrement satisfaisante de l'ensemble imposant des faits connus et que pour aucune n'existe de preuve expérimentale probante. Selon toute vraisemblance, les grandes réussites d'action antioxygène, celles qui se chiffrent par des coefficients de ralentissement de l'ordre de plusieurs centaines de mille, sont dûes à la convergence heureuse de plusieurs mécanismes simultanés d'inhibition.

Il est à remarquer que, contrairement aux vues de Baur,[1] la catalyse négative d'autoxydation tient une place à part dans l'étude générale de l'inhibition, ne serait-ce que par la diversité, la netteté et l'importance des effets observés. Les autres catalyses négatives, telles que celles qui seront étudiées ultérieurement, ont également été expliquées par les théories les plus diverses.

Notons, en outre, que les théories qui rendent le mieux compte de la catalyse négative de l'autoxydation ne s'adaptent que très mal, sinon pas du tout, aux autres inhibitions. En retour, les théories qui, par leurs généralités, semblent expliquer tous les ralentissements, quelle qu'en soit la nature, se heurtent, dans le cas de l'autoxydation, à des difficultés sérieuses.

La seule conclusion qui s'impose, c'est que l'étude de la catalyse négative, bien qu'entreprise au début de ce siècle, et plus systématiquement depuis une quinzaine d'années, en est encore à l'aube de son développement. On doit espérer que l'accumulation des observations expérimentales permettra un jour de grouper toutes les inhibitions en une seule synthèse harmonieuse.

Applications des antioxygènes.

Le domaine d'application des antioxygènes est à l'image du domaine où se font sentir les excès et les méfaits de l'oxygène. Aussi la place nous manque-t-elle pour présenter en détail les nombreux travaux que la nouvelle technique de protection a fait éclore. Les indications qui vont suivre seront nécessairement brèves et viseront surtout à donner une vue sommaire (pour des renseignements plus détaillés[2]).

Biologie.

La vie est, avant tout, une conséquence de l'autoxydation (pour les rapports entre vie et autoxydation, voir Hopkins,[3] Meyerhof,[4] Warburg,[5] Willstätter,[6]

---

[1] E. Baur: Z. physik. Chem., Abt. B **41** (1938), 179.

[2] K. C. Bailey: Retardation of chemical reactions, Londres, 1938. — Ch. Dufraisse: Traité de chimie Organique (V. Grignard), T. II, p. 1147 (1936); Chemistry and Technology of Rubber, p. 440. New York: Davis-Blake, Ed. 1937; Rev. sci., 26 juillet 1930, p. 417; Le Monde Ind., déc. 1931; Rev. gén. Caoutchouc n°s 85 et 86, oct. nov. 1932; La science aérienne **3** (1934), 127; Bull. Soc. Encouragement Ind. nat. **1934**, 107.

[3] F. G. Hopkins: Chem. and Ind. **42** (1923), 676.

[4] O. Meyerhof: Ber. dtsch. chem. Ges. **58** (1925), 991.

[5] O. Warburg: Ber. dtsch. chem. Ges. **58** (1925), 1001.

[6] R. Willstätter: Ber. dtsch. chem. Ges. **59** (1926), 1871.

Rosenmund,[1] Wieland,[2] Franke,[3] Keilin,[4] Szent-Györgyi,[5] etc....), car l'énergie qui lui permet de se manifester provient, en dernière analyse, de l'oxydation par l'oxygène atmosphérique des hydrates de carbone créés par la fonction chlorophyllienne. Rien d'étonnant, par suite, à constater que les antioxygènes y interviennent, comme vont le montrer quelques exemples.

On notera tout d'abord une différence marquée entre les plantes, où les antioxygènes phénoliques, tanins entre autres, se trouvent abondamment, et les animaux qui en sont généralement pauvres: ne serait-ce pas en relation avec l'intensité des manifestations vitales dans les deux règnes? Dans le premier, la vie est ralentie et demande plutôt à être protégée contre la trop grande activité de l'oxygène, alors que les animaux, au contraire, ont besoin de stimuler leurs oxydations.

Néanmoins, même chez les êtres à vie intense, la combustion ne peut pas être abandonnée à elle-même sans frein: elle doit être modulée, ce qui fait soupçonner une intervention fréquente de ralentisseurs. Effectivement, il a été trouvé des propriétés antioxygènes — et quelquefois prooxygènes — à de nombreuses substances tirées de l'économie animale.[6]

Inversement, les antioxygènes ont une action directe sur la vie.[7] D'ailleurs celles des intoxications qui ressemblent aux asphyxies sont provoquées par des corps doués de propriétés antioxygènes, au premier rang desquels l'acide cyanhydrique (Claude Bernard[8]) et le pyrogallol, qui entraîne une augmentation de la lipémie par diminution du pouvoir oxydant du sang (Franke[9]). De même, il a été trouvé des rapports entre action bactéricide et pouvoir antioxygène.[10]

Par ailleurs, il a été suggéré que les antithermiques agiraient plus ou moins directement par leur pouvoir antioxygène (Moureu et Dufraisse,[11] Amar,[12]

[1] K. W. Rosenmund: Arch. Pharmaz. Ber. dtsch. pharmaz. Ges. 269 (1931), 126.

[2] H. Wieland: Bull. Soc. chim. France (5), 5 (1938), 1233.; J. chem. Soc. (London) 1931, 1055.

[3] W. Franke: Liebigs Ann. Chem. 498 (1932), 129.

[4] D. Keilin: Ergebn. Enzymforsch. 2 (1933), 239.

[5] A. Szent-Györgyi: Bull. Soc. Chim. biol. 20 (1938), 846.

[6] O. Meyerhof: Pflügers Arch. ges. Physiol. Menschen Tiere 199 (1923), 531. — A. Hottinger: Schweiz. med. Wschr. 53 (1923), 429. — A. Szent-Györgyi: Biochem. Z. 146 (1924), 254. — E. C. Kendall, F. F. Nord: J. biol. Chemistry 69 (1926), 295. — A. Schöberl: Hoppe-Seyler's Z. physiol. Chem. 201 (1931), 167; Ber. dtsch. chem. Ges. 64 (1931), 546. — G. Blix: Skand. Arch. Physiol. 56 (1929), 131. — M. Yamamoto: Hoppe-Seyler's Z. physiol. Chem. 243 (1936), 266.

[7] J. Amar: C. R. hebd. Séances Acad. Sci. 176 (1923), 921. — A. Pissavy, R. Monceaux: J. Pharmac. Chim. 30 (1924), 295.

[8] Cl. Bernard: Leçons sur les effets des substances toxique et médicamenteuses, Paris, 1857. — Voir aussi: E. Abderhalden, E. Wertheimer: Pflügers Arch. ges. Physiol. Menschen Tiere 197 (1923), 131; 198 (1923), 122; 199 (1923), 336; 200 (1923), 649. — F. Batelli, L. Stern: Biochem. Z. 30 (1911), 172; 31 (1911), 478. — O. Warburg: Ibid. 119 (1921), 134; 136 (1923), 266. — O. Warburg, S. Sakuma: Pflügers Arch. ges. Physiol. Menschen Tiere 200 (1923), 203. — S. Sakuma: Biochem. Z. 142 (1923), 68. — O. Warburg, W. Brefeld: Ibid. 145 (1924), 461. — O. Meyerhof: Pflügers Arch. ges. Physiol. Menschen Tiere 200 (1923), 1. — P. Ellinger: Hoppe-Seyler's Z. physiol. Chem. 136 (1924), 19. — H. A. Krebs: Biochem. Z. 180 (1927), 377. — L. Ahlström, H. v. Euler: Hoppe-Seyler's Z. physiol. Chem. 200 (1931), 233. — D. C. Harrison: Biochemic. J. 18 (1924), 1009. — E. G. Gerwe: J. biol. Chemistry 92 (1931), 525. — E. S. Hill: Ibid. 92 (1931), 471. — E. J. Bigwood, J. Thomas, H. Herbo: Bull. Soc. Chim. biol. 18 (1936), 176.

[9] W. Franke: Liebigs Ann. Chem. 498 (1932), 129.

[10] R. S. Hilpert, Cl. Niehaus: Angew. Chem. 47 (1934), 86.

[11] Ch. Moureu, Ch. Dufraisse: C. R. hebd. Séances Acad. Sci. 174 (1922), 258.

[12] J. Amar: C. R. hebd. Séances Acad. Sci. 176 (1923), 921.

Artaux de Vevey,[1] Achard, Boutaric et Bouchard[2]). Les hyperthermisants, tels le bleu de méthylène, le dinitro 2.4-naphtol-1, le dinitro 2.4-phénol (thermol), au contraire, agiraient grâce à leurs propriétés prooxygènes (Cazeneuve,[3] Mathews,[4] J. F. et C. Heymans, Bouckaert,[5] Mayer, Magne, Plantefol,[6] Cutting,[7] Heymans, Bouckaert,[8] Dodds, Pope,[9] Bonnet, Jacquot[10]).

Les vitamines dont l'importance est déterminante pour l'entretien de la vie sont parfois des corps autoxydables susceptibles d'être protégés par des antioxygènes appropriés;[11] la Conférence Internationale pour l'étalonnage des vitamines, Londres 1931,[12] s'est même préoccupée de définir des substances stabilisantes (voir encore, à propos des vitamines[13]).

Aliments, corps gras, savons.

Ce chapitre très important comprend d'abord la stabilisation des huiles et graisses comestibles. Les antioxygènes ordinaires phénoliques sont actifs, mais toxiques: leur emploi est donc à éviter. On cherche à tourner la difficulté soit en étudiant et identifiant — si possible — les antioxygènes naturels présents dans les graisses (voir en particulier Hilditch et Paul[14]), soit en s'adressant à des produits naturels non toxiques tels la lécithine[15] (le catalyseur véritable de la lécithine commerciale est la céphaline), les stérols[16] (voir les «inhibitols» de Olcott et Mattill[17]) le tissu de foie,[18] et, plus récemment, la farine de céréales.[19]

---

[1] Artault de Vevey: Bull. Soc. Thérap., avril 1927.

[2] Ch. Achard, A. Boutaric, J. Bouchard: C. R. hebd. Séances Acad. Sci. **196** (1933), 1757.

[3] Cazeneuve, Lépine: C. R. hebd. Séances Acad. Sci. **101** (1885), 1167.

[4] Mathews, Longfellow: J. Pharmacol. exp. Therapeut. **2** (1910), 200.

[5] J. F. Heymans, C. Heymans: Arch. int. Pharmacodynam. Thérap. **26** (1922), 443. — C. Heymans, J. J. Bouckaert: C. R. Séances Soc. Biol. Filiales Associées **99** (1928), 626.

[6] H. Magne, A. Mayer, L. Plantefol: Ann. Physiol. Physocochim. biol. **8** (1932), 1, 51, 70, 157. — M. Guerbet: Ibid. **8** (1932), 92. — M. Guerbet, A. Mayer: Ibid. **8** (1932), 117. — J. Georgescu: Ibid. **8** (1932), 122. — L. Plantefol: Ibid. **8** (1932), 127. — A. Mayer, F. Vles: Ibid. **8** (1932), 176.

[7] W. C. Cutting, H. G. Mehrtens, M. L. Tainter: J. Amer. med. Assoc. **101** (1933), 193.

[8] C. Heymans, J. J. Bouckaert: C. R. Séances Soc. Biol. Filiales Associées **114** (1933), 39.

[9] E. C. Dodds, W. J. Pope: Lancet **215** (1933), 352.

[10] R. Bonnet, R. Jacquot: C. R. hebd. Séances Acad. Sci. **200** (1935), 1968; **201** (1935), 1213.

[11] R. C. Huston, H. D. Lightbody: J. biol. Chemistry **76** (1928), 547. — R. C. Huston, H. D. Lightbody, C. D. Ball jun.: Ibid. **79** (1928), 507. — H. A. Mattill: J. Amer. med. Assoc. **89** (1927), 1505; J. biol. Chemistry **90** (1931), 141. — H. S. Olcovich, H. A. Mattill: J. biol. Chemistry **91** (1931), 105; Proc. Soc. exp. Biol. Med. **28** (1930), 240; Proc. Iowa Acad. Sci. **38** (1931), 172. — H. S. Olcott, H. A. Mattill: J. biol. Chemistry **93** (1931), 59, 65. — Ch. L. Shrewsbury, H. R. Kraybill: Ibid. **101** (1933), 701. — M. Nakamura: J. Soc. chem. Ind. Japan, suppl. Bind. **36 B** (1933), 286.

[12] Bull. Soc. Chim. biol. **13** (1931), 1284.

[13] A. Szent-Györgyi: Biochemic. J. **22** (1928), 1387. — J. Ettori, R. Grangaud: C. R. Séances Soc. Biol. Filiales Associées **124** (1937), 557. — C. M. Lyman, M. O. Schultze, C. G. King: J. biol. Chemistry **118** (1937), 757. — K. Watanabe: J. Taihoku Soc. Agric. Forestry **8** (1937), 381. (D'après Amer. Chem. Abstr. **31** (1937), 5765.

[14] T. P. Hilditch, S. Paul: J. Soc. chem. Ind. **58** (1939), 21.

[15] H. S. Olcott, H. A. Mattill: Oil and Soap **13** (1936), 98. — F. Wittka: Chemiker-Ztg. **61** (1937), 386.

[16] H. A. Mattill, Bl. Crawford: Ind. Engng. Chem., analyt. Edit. **22** (1930), 341.

[17] H. S. Olcott, H. A. Mattill: J. Amer. chem. Soc. **58** (1936), 1627.

[18] A. Lund: Tidsskr. Kjemi Bergves. **5** (1925), 102.

[19] H. A. Mattill: J. Amer. med. Assoc. **89** (1927), 1505. — F. N. Peters jun.,

Les recherches sur la stabilisation des corps gras se sont tellement développées dans ces dernières années qu'il faut renoncer à les résumer.[1] On doit surtout retenir de cette accumulation considérable de documents que l'emploi des antioxygènes permet d'éviter la dévalorisation par rancissement, les pertes par oxydation, les déficits en vitamine et quelquefois même les incendies spontanés. L'amélioration des qualités organoleptiques des aliments permettra leur transport plus aisé, et, par voie de conséquence, une extension appréciable de leur commerce.

Huiles de transformateurs, lubrifiants.

Le vieillissement des hydrocarbures employés comme isolants dans les transformateurs se manifeste par des dépôts de boues qu'il faut éviter. L'altération a bien l'oxygène pour origine ainsi que le montrent les mesures de vitesse d'absorption de ce gaz (Butkow,[2] Haslam et Frölich,[3] Mead et McCabe,[4] Yamada,[5] Mizushima et Yamada[6]). Les antioxygènes protègent efficacement contre l'oxydovieillissement des huiles de transformateur.

S. Musher: Ind. Engng. Chem., analyt. Edit. 29 (1937), 146. — L. Lowen, L. Anderson, R. W. Harrison: Ibid. 29 (1937), 151. — V. L. Koenig, Dairy Inds. 3 (1938), 20. — A. Rochaix, A. Tapernoux: 2ᵉ Congrès Sci. Intern. alimentation 1937, F. 3.

[1] P. Woog, Mᶩᶫᵉ E. Ganster, J. Givaudon: C. R. hebd. Séances Acad. Sci. 192 (1931), 923. — Y. Tanaka, M. Nakamura: J. Soc. chem. Ind. Japan, suppl. Bind. 33 B (1930), 107, 126, 127, 129; 34 B (1931), 405; 35 B (1932), 81; 36 B (1933), 286, 408. — A. M. Wagner, J. C. Brier: Ind. Engng. Chem., analyt. Edit. 23 (1931), 40. — G. R. Greenbank, G. E. Holm: Ibid. 26 (1934), 243. — W. Franke: Liebigs Ann. Chem. 498 (1932), 129. — H. A. Mattill: J. Amer. med. Assoc. 89 (1927), 1505; J. biol. Chemistry 90 (1931), 141. — H. S. Olcovich, H. A. Mattill: Ibid. 91 (1931), 105. — H. A. Mattill, Bl. Crawford: Ind. Engng. Chem., analyt. Edit. 22 (1930), 341. — A. Lund: Tidsskr. Kjemi Bergves. 5 (1925), 102. — F. Taradoire: C. R. hebd. Séances Acad. Sci. 182 (1926), 61; 183 (1926), 507. — O. M. Smith, R. E. Wood: Ind. Engng. Chem., analyt. Edit. 18 (1926), 691. — W. Rogers, H. S. Taylor: J. physic. Chem. 30 (1926), 1334. — J. Jany: Z. angew. Chem. 44 (1931), 348. — E. de Conno, E. Goffredi, C. Dragoni: Ann. Chim. applicata 15 (1925), 475. — E. N. Allott: Biochemic. J. 20 (1926), 957. — V. Novikow: Oil Fat Ind. USSR 2 (1927), 17; Seifensieder-Ztg. 54 (1927), 321. — R. S. Morrell: J. Oil Colour Chemists' Assoc. 10 (1927), 278. — G. E. Holm, G. R. Greenbank, E. F. Deysher: Ind. Engng. Chem., analyt. Edit. 19 (1927), 156. — J. S. Long, W. S. Egge: Ibid. 20 (1928), 809. — H. Pomeranz: Seifensieder-Ztg. 55 (1928), 207. — W. J. Husa, L. M. Husa: J. Amer. pharmac. Assoc. 17 (1928), 243. — W. J. Husa: Ibid. 19 (1930), 825. — E. Montignie: Bull. Soc. chim. France (4), 45 (1929), 709. — S. R. Trotman: Text. Recorder 47 (1930), 65. — R. B. Trusler: Text. Wld. 77 (1930), 1513. — G. W. Fiero: Amer. J. Pharmac., Sci. support. publ. Health 102 (1930), 146. — J. Pépin-Lehalleur: Ann. Acad. brasil. Sci. 2 (1930), 49. — E. André: Ann. Com. Liqu. 5 (1930), 845. — B. Y. Rigakusi: Bull. Mat. grasses Inst. Colon. (Marseille) 15 (1931), 65. — A. M. Wagner, J. C. Brier: Ind. Engng. Chem., analyt. Edit. 23 (1931), 662. — Sei-ichi, Ueno, Tei-ji Saida: J. Soc. chem. Ind. Japan, suppl. Bind. 34 B (1931), 448. — F. C. Vibrans: Oil Fat Ind. 8 (1931), 223, 263, 277. — K. Ogawa: J. Soc. chem. Ind. Japan, suppl. Bind. 34 B (1932), 449. — J. S. Long, H. D. Chataway: Ind. Engng. Chem., analyt. Edit. 23 (1931), 53. — A. H. Gill, F. Ebersole: Ibid. 23 (1931), 1304. — A. Banks, T. P. Hilditch: J. Soc. chem. Ind. 51 (1932), 411 T. — W. Franke: Hoppe-Seyler's Z. physiol. Chem. 212 (1932), 234. — T. Yamada: J. Soc. chem. Ind. Japan, suppl. Bind. 36 B (1933), 176. — V. S. Kisselev, V. E. Khatset: J. chim. Ind. USSR 10 (1933), 31. — H. D. Royce, F. A. Lindsey jun.: Ind. Engng. Chem., analyt. Edit. 25 (1917), 1047. — B. F. Chow: J. Amer. chem. Soc. 56 (1934), 894.

[2] N. A. Butkow: Erdöl u. Teer 3 (1927), 267, 551; Bull. Inst. Rech. Combustibles USSR 4 (1927), 37.

[3] Haslam, Frölich: Ind. Engng. Chem., analyt. Edit. 19 (1927), 292.

[4] B. Mead, W. L. McCabe: Ind. Engng. Chem., analyt. Edit. 19 (1927), 1244.

[5] T. Yamada: J. Soc. chem. Ind. Japan, suppl. Bind. 33 B (1930), 318, 319.

[6] S. Mizushima, T. Yamada: J. Soc. chem. Ind. Japan, suppl. Bind. 32 B (1929), 250, 316; Res. electrotechn. Lab. (Tokyo) n° 291 (1930).

Il en est de même pour les lubrifiants, qu'ils soient de véritables corps gras, des hydrocarbures ou toute autre matière.[1]

Fonctionnement des moteurs à combustion interne.

L'une des moins prévisibles parmi les applications des antioxygènes est l'extension qu'à pris leur usage dans le fonctionnement des moteurs à combustion interne.

Stabilisation des carburants.

Les carburants renferment comme constituants des corps mono- et polyoléfiniques, aptes à s'autoxyder au contact de l'air et à présenter la résinification, l'un des phénomènes secondaires de l'autoxydation décrits plus haut: c'est le «gommage» des carburants (voir, en particulier, les travaux de EGLOFF, LOWRY, MORRELL, DRYER[2]).

On a le plus grand intérêt à éviter la gomme, qui forme des enduits indésirables et arrive même à arrêter le moteur, soit en obstruant les conduits, soit en engluant les pièces mobiles du carburateur ou de la chambre de combustion.

Antérieurement, on évitait la gomme par une opération de raffinage qui revenait simplement à éliminer les constituants les plus polymérisables, en l'espèce les polyoléfines. Malheureusement, il en résultait des pertes pouvant atteindre et dépasser le quart, voire même le tiers, principalement avec les essences de cracking. De plus, comme la portion rejetée se trouvait douée de propriétés antidétonantes, le carburant traité diminuait de valeur. Ce raffinage était donc une opération désastreuse puisqu'il entraînait trois sortes de pertes: le coût du traitement (réactifs, appareillage et main d'œuvre), la destruction d'une proportion importante de matière, la dévalorisation du produit résultant. Aujourd'hui, on se contente d'ajouter des traces d'antioxygène au produit initial: l'économie ainsi réalisée prend une signification d'autant plus grande que la consommation mondiale croissante oblige à produire surtout des essences de cracking.

Le choc.

Ce phénomène limite le taux de compression du moteur et, par là, diminue le rendement énergétique de la combustion du carburant. Comme il est exposé dans un chapitre spécial (voir Tome I), on n'en fera qu'une brève mention ici pour souligner un aspect du sujet en relation avec la catalyse négative en phase liquide.

Malgré un nombre considérable de travaux sur le choc et les questions qui s'y rattachent (voir, entre autres, le résumé de CH. DUFRAISSE[3]), l'accord ne semble pas près de se faire entre les auteurs sur la nature de ce singulier désagrément. Ce qui reste surtout dans l'ombre, c'est la raison véritable de sa nocivité. Quelle que soit l'hypothèse adoptée pour expliquer le *bruit* révélateur du choc, on n'y trouve pas la cause des principaux dégâts constatés, c'est-à-dire la chute de puissance, la corrosion des surfaces métalliques, etc....

---

[1] N. CHAMPSAUR: Chim. et Ind. **24** (1930), 519. — N. A. BUTKOW: Erdöl u. Teer **3** (1927), 823. — F. FRANK Braunkohle **25** (1926), 61; Petroleum **26** (1930). 10. — E. ANDRÉ: Chim. et Ind. **24** (1930), 263. — E. ANDRÉ, CL. BESSÉ: Ann. Comb. liqu. **5** (1930), 463. — M. VAN RYSSELBERGE: Chim. et Ind., 10ᵉ Congrès, 1930, 427; C. R. Congrès Graissage (Strasbourg), 1931, 270; Ind. chim. belg. (2), **4** (1933), 237, 283. — J. DAMIAN: Chim. et Ind., 11ᵉ Congrès, 1931, 323. — J. DVOŘÁK: Chem. Obzor. **8** (1933), 5. — L. S. LEIBENSON: Automobiltechn. Z. **36** (1933), 367.

[2] G. EGLOFF, J. C. MORRELL, C. D. LOWRY jun., C. G. DRYER: Ind. Engng. Chem., analyt. Edit. **24** (1932), 1375. — C. D. LOWRY jun., G. EGLOFF, J. C. MORRELL, C. G. DRYER: Ibid. **25** (1933), 804. — J. C. MORRELL, C. G. DRYER, C. D. LOWRY, G. EGLOFF: Ibid. **26** (1934), 497.

[3] CH. DUFRAISSE: Traité de chimie Organique (v. GRIGNARD), T. II, p. 1178 (1936).

Un palliatif efficace a été découvert en 1922 par MIDGLEY et BOYD:[1] il consiste à ajouter aux carburants une trace de corps déterminés, le tétréthylplomb par exemple, qui, par suite, ont reçu le nom d'antidétonants ou antichocs. Ce procédé revient à atténuer une certaine évolution au moyen d'une minime impureté convenablement choisie: il évoque invinciblement l'idée d'une catalyse négative. L'hypothèse en a été émise en 1925 par MOUREU et DUFRAISSE,[2] étant spécifié que cette catalyse négative devait être de nature antioxygène. Le point de vue fut précisé par la suite avec R. CHAUX[3] et aboutit à la théorie peroxydique du choc, les antichocs agissant comme antioxygènes par freinage sur la production des peroxydes, agents du choc. Une théorie similaire était formulée indépendamment, par CALLENDAR,[4] voir à ce sujet.[5]

Cette assimilation des antidétonants à des antioxygènes a subi, depuis, des fortunes diverses, sans parvenir ni a être confirmée, ni a être infirmée. Toutefois, il est important pour le développement de notre connaissance du choc de noter les frappantes analogies, dans leurs singularités, de l'effet antichoc et de l'effet antioxygène en phase liquide. Bornons-nous à mentionner, parmi ces analogies, celles qui tiennent à la parenté des catalyses inverses, particularité si caractéristique de l'effet antioxygène.

Un antichoc étant donné, le plomb tétréthyle par exemple, son efficacité n'est pas constante pour tous les carburants: ceux-ci manifestent une «susceptibilité au plomb» variable d'après leurs constituants.[6] Il arrive même que cette susceptibilité *s'inverse* (cyclènes, aryloléfines); le plomb tétréthyle fonctionne alors comme *prodétonant*[7]: le parallélisme est parfait avec les antioxygènes devenant parfois prooxygènes.

Il y a donc de sérieuses présomptions que l'effet antidétonant soit une catalyse négative et se rattache à la classe des effets antioxygènes.

Ignifuges et extincteurs.

La combustion est à considérer comme une autoxydation accélérée,[8] dont les phases se succéderaient à grande vitesse. C'est ce que tendent à confirmer les nombreux travaux modernes effectués soit à propos des carburants, soit à propos des flammes en général. Il faut en conclure que la combustion doit être sensible à l'effet antioxygène.

Il est à peine besoin de souligner l'intérêt pratique de l'extinction par des inhibiteurs pour l'efficacité de la lutte contre l'incendie, ainsi que contre les coups de grisou et les coups de poussières.

Étroitement liée à l'extinction est l'ignifugation, qui a pour objet d'empêcher la naissance et la propagation du feu.

Remarquons à ce propos que des actions incontestablement antioxygènes,

---

[1] TH. MIDGLEY, T. A. BOYD: Ind. Engng. Chem., analyt. Edit. **14** (1922), 894.

[2] CH. MOUREU, CH. DUFRAISSE: 5ᵉ Congrès de Chimie Industr. Paris, 1925; Chem. Reviews **3** (1926), 114.

[3] CH. MOUREU, CH. DUFRAISSE, R. CHAUX: Chim. et Ind. **17** (1927), 531; **18** (1927), 3; C. R. hebd. Séances Acad. Sci. **184** (1927), 413; Ann. Office nat. Combustibles liquides **2** (1927), 233.

[4] H. L. CALLENDAR: Engineering **123** (1927), 147, 182, 210.

[5] E. BERL, K. HEISE, K. WINNACKER: Z. physik. Chem **141** (1929), 223.

[6] L. E. HEBL, T. B. RENDEL, F. L. GARTON: Ind. Engng. Chem., analyt. Edit. **25** (1933), 187.

[7] S. F. BIRCH, R. STANSFIELD: Ind. Engng. Chem. **28** (1936), 668. — J. M. CAMPBELL, F. K. SIGNAIGO, W. G. LOVELL, T. A. BOYD: Ibid. **27** (1935), 593.

[8] A. SMITHELLS: Brit. Assoc. Advancement Sci., Rep. annu. Meet. **1907**, 469. — CH. MOUREU, CH. DUFRAISSE: Inst. int. Chim. Solvay, 2ᵉ Conseil de Chimie 1925, p. 542. Paris: Gauthier-Villars, Ed. 1926.

au sens défini plus haut, ont des conséquences nettement ignifuges. Ainsi en est-il pour les corps qui s'opposent aux inflammations spontanées des matières autoxydables: corps gras, caoutchouc, houille, hydrocarbures, foin, etc.... Par exemple, des phénols se comportent comme ignifuges des huiles siccatives.[1]

D'un autre côté, les ignifuges courants, c'est-à-dire les substances qui empêchent les matières inflammables de flamber, sont souvent d'actifs ralentisseurs des autoxydations, tel le phosphate d'ammonium par exemple.

L'ignifugation apparaît ainsi comme formant la transition progressive entre l'effet antioxygène ordinaire et l'extinction proprement dite.

On doit d'ailleurs distinguer deux modalités d'extinction, suivant qu'il s'agit d'une flamme ou de l'ignition d'un solide.

Depuis l'époque où DAVY inaugurait ses célèbres recherches, les flammes ont été étudiées bien souvent en vue de leur extinction. La plupart des extincteurs gazeux connus agissent par action massive, mais certains paraissent exercer une action inhibitrice véritable.[2] Le fait est encore plus net avec les extincteurs pulvérulents.[3]

Quant à l'ignition des solides, la réalité d'un empêchement par des doses catalytiques (CCl_4, $POCl_3$, etc....) ne peut plus faire de doute.[4]

Dans un proche avenir peut-être, les incendies, de même que les explosions dans les mines, seront maîtrisés par effet antioxygène; il en résultera un immense progrès sur les anciennes méthodes compliquées, coûteuses et inefficaces.

Caoutchouc.

Le caoutchouc, pour sa partie essentielle, est formé d'hydrocarbures oléfiniques, ou polyprènes: à ce titre il est sujet à l'autoxydation. En fait, plus ou moins vite suivant les circonstances, il est attaqué par l'air ambiant et subit de là une série de transformations qui le mettent hors d'usage: c'est l'«oxydo-vieillissement» (pour des détails sur le phénomène voir CH. DUFRAISSE[5]). Il en résulte que la durée de cette matière doit pouvoir être prolongée par addition d'antioxygènes appropriés, comme on l'a effectivement constaté (historique de l'application des antioxygènes au caoutchouc l. c.[6]). Cette application a même pris un développement tel qu'elle est considérée comme ayant constitué, avec la vulcanisation et l'usage des accélérateurs, l'un des trois progrès les plus saillants réalisés depuis un siècle dans l'industrie du caoutchouc (SHEPARD[7]; pour des renseignements sur l'état actuel de la question voir SEMON[8]).

Il faut ajouter que le produit naturel est déjà pourvu originellement d'inhibiteurs. Sans leur présence si opportune, le caoutchouc eut été trop altérable pour que ses exceptionelles qualités aient jamais pu parvenir à la connaissance de l'homme (pour les antioxygènes naturels voir SEMON,[9] DUFRAISSE).[10]

---

[1] F. TARADOIRE: C. R. hebd. Séances Acad. Sci. **182** (1926), 61.

[2] CH. DUFRAISSE, R. VIEILLEFOSSE, J. LE BRAZ: C. R. hebd. Séances Acad. Sci. **197** (1933), 162. — CH. DUFRAISSE, J. LE BRAZ: Ibid. **199** (1934), 75; **202** (1936), 227; **205** (1937), 562.

[3] CH. DUFRAISSE, M. GERMAN: C. R. hebd. Séances acad. Sci. **207** (1938), 1221.

[4] CH. DUFRAISSE, R. HORCLOIS: C. R. Hebd. Séances Acad. Sci. **192** (1931), 564. — CH. DUFRAISSE, R. VIEILLEFOSSE: Ibid. **194** (1932), 2068.

[5] CH. DUFRAISSE: Chemistry and Technology of Rubber. New York: Davis Blake, Ed. 1937, p. 440.

[6] CH. DUFRAISSE: Ibid., p. 503.

[7] N. A. SHEPARD: Ind. Engng. Chem., analyt. Edit. **25** (1933), 35.

[8] W. L. SEMON: Chemistry and Technology of Rubber. New York: Davis-Blake, Ed. 1937, p. 414.

[9] W. L. SEMON: Chemistry and Technology of Rubber. New York: Davis-Blake Ed. 1937, p. 421.

[10] CH. DUFRAISSE: Chemistry and Technology of Rubber. New York: Davis-Blake, Ed. 1937, p. 505.

En relation étroite avec la protection de la gomme naturelle, est l'anti-oxygénation des matières élastiques artificielles, improprement appelées «caout-choucs synthétiques». Mais ici l'adjonction d'antioxygènes est d'une nécessité vitale, car cette industrie n'aurait pas pu se développer sans un moyen efficace de ralentir l'oxydation.

Prévention contre la corrosion métallique.

Un sujet aussi vaste que la corrosion métallique et son empêchement ne peut qu'être ébauché sommairement: nous renvoyons le lecteur aux ouvrages spécialisés (POLLIT,[1] EVANS,[2] VERNON,[3] HEDGES,[4] SPELLER,[5] M'KAY et WORTH-INGTON[6]). On s'accorde généralement à considérer que le processus d'attaque revient à une électrolyse dans laquelle de l'oxygène et de l'eau sont nécessaires et où le métal se dissout et de l'hydrogène se dégage. L'oxyde formé peut cons-tituer une couche protectrice naturelle. On a songé de tout temps à recouvrir le métal d'une couche isolante artificielle. Il est bien évident qu'une telle couche, peinture par exemple, ne saurait être «absolument» étanche, et que le mécanisme de la protection dans ce cas doit être recherché également dans une action inhibitrice spécifique des pigments ou des adjuvants de la peinture: ainsi la litharge, le minium, le zinc en poudre et l'oxyde de zinc (LEWIS et EVANS[7]) protégeraient en agissant directement sur le processus d'électrolyse rapporté précédemment. Il n'est pas interdit de faire remarquer que le support organique des peintures n'est pas à considérer comme inerte du point de vue de l'inhibition: il ne serait donc pas impossible que la protection, dans ce cas, soit à ramener à une action antioxygène pure.

D'ailleurs la résistance remarquable de certains alliages à l'oxydation pourrait aussi s'expliquer par le fait que chaque métal jouerait, par rapport aux autres, le rôle d'antioxygène.

Protections diverses.

Il y a lieu de citer, en tout premier lieu, les aldéhydes, si sensibles à l'autoxy-dation et si faciles à protéger. Le problème est intéressant du point de vue théorique, mais n'est pas à négliger non plus du point de vue commercial, étant donnée la place qu'occupe cette classe de corps dans l'industrie, celle des parfums en particulier (pour divers aldéhydes voir[8]).

---

[1] A. A. POLLITT: The Causes and Prevention of Corrosion. E. Benn Edr. (1923).

[2] U. R. EVANS: The Corrosion of Metals; 2ᵉ Ed. E. Arnold et Cie. Edr. (1926). — Traduction allemande: Korrosion, Passivität und Oberflächenschutz der Metalle, trad. par E. PIETSCH: Berlin: Julius Springer Ed. (1939).

[3] W. H. J. VERNON: A bibliography of metallic corrosion; E. Arnold et Cie. Edr. (1928).

[4] E. S. HEDGES: Protective Films on metals; Chapman and Hall Edr. (1932).

[5] F. N. SPELLER: Corrosion; Causes and prevention; McGraw-Hill Book Cie. Edr. (1935).

[6] R. J. M'KAY, R. WORTHINGTON: Amer. chem. Soc. Monograph, n° 71 (1936).

[7] K. G. LEWIS, U. R. EVANS: J. Soc. chem. Ind. 53 (1934), 25.

[8] H. WIELAND, D. RICHTER: Liebigs Ann. Chem. 486 (1931), 226. — E. BERL, K. WINNACKER: Z. physik. Chem. 148 (1930), 261. — O. M. REIFF: J. Amer. chem. Soc. 48 (1926), 2893. — M. BRUNNER: Helv. chim. Acta 10 (1927), 707. — R. KUHN, K. MEYER: Naturwiss. 16 (1928), 1028. — K. MEYER: J. biol. Chemistry 103 (1933), 25. W. P. JORISSEN, P. A. A. VAN DER BEEK: Recueil Trav. chim. Pays-Bas 45 (1926), 345; 46 (1927), 42. — K. C. BAILEY: J. chem. Soc. (London) 1930, 104. — H. L. J. BÄCKSTRÖM, H. A. BEATTY: J. physic. Chem. 35 (1931), 2530. — K. C. BAILEY, V. H. FRENCH: J. Chem. Soc. (London) 1931, 420. — H. L. J. BÄCKSTRÖM: J. Amer. chem. Soc. 49 (1927), 1460. — W. W. PIGULEVSKIĬ: J. Gen. Chem. Russia 4 (1934), 616; d'après Amer. Chem. Abstr. 29 (1935), 2145. — J. BAUDRENGHIEN: Bull. Soc.

Enfin, des applications très diverses sont chaque jour signalées. Sans prétendre les passer toutes en revue, en voici simplement quelques unes, parmi les plus typiques, ou les plus curieuses: protection des matières colorantes[1] du trichlor-éthylène,[2] des fibres et textiles naturels et artificiels, des papiers, des encres etc....[3]

De même, des avantages imprévus se sont manifestés: augmentation du rendement en vinylcarbinols par l'action du réactif de GRIGNARD sur l'acroléine;[4] amélioration du procédé de noircissement du cuivre: les antioxygènes évitent la formation des piqûres.[5]

Ce bref aperçu montre combien sont déjà variées et étendues les applications des antioxygènes. Cela ne représente pourtant qu'un début si l'on en juge par le développement prodigieux que prend journellement l'utilisation de ces singuliers catalyseurs.

Phénomènes se rattachant a la catalyse antioxygène.

Action orientante sur les additions d'acides halohydriques aux composés insaturés.

L'addition d'un acide halohydrique H–X à une double liaison se fait généralement dans le sens prévu par la règle de MARKOVNIKOFF: l'atome d'halogène se fixe au carbone le plus chargé, donc de préférence au carbone tertiaire, ou à défaut, au carbone secondaire. Cette addition est dite normale. L'addition en sens contraire est dite anormale.

Il arrive que, pour certains composés, tels le propylène, le butadiène, le bromure de vinyle, le bromure d'allyle, les acides Δ^ω éthyléniques, l'addition normale n'a lieu qu'en absence d'oxygène. Elle est très lente. En présence d'oxygène ou d'un peroxyde, soit d'un peroxyde préformé (peroxyde de benzoyle ou ascaridol), soit du peroxyde d'autoxydation de la substance étudiée, l'addition anormale est prépondérante, et rapide. Il semble qu'il y ait à la fois ralentissement de l'addition normale et accélération de l'addition anormale. C'est ce que l'on nomme l'effet d'oxygène ou de peroxydes. Il est net surtout avec l'acide brom-hydrique.

Si l'on effectue maintenant la réaction en présence d'oxygène, mais en adjoignant un antioxygène (diphénylamine, hydroquinone, thiophénol, etc....),

chim. Belgique **31** (1922), 160. — W. P. JORISSEN: Recueil Trav. chim. Pays-Bas **42** (1923), 855. — P. A. A. VAN DER BEEK: Ibid. **47** (1928), 286. — W. P. JORISSEN, P. A. A. VAN DER BEEK: Ibid. **49** (1930), 138. — J. TAUSZ: Assemblée de l'Union des Chimistes Allemands à Nuremberg 1ᵉʳ—5 sept. 1925. — M. T. BOGERT, D. DAVIDSON: Amer. Perfumer essent. Oil Rev. **24** (1929), 587. — E. RAYMOND: J. Chim. physique **28** (1931), 316. — H. J. ALMQUIST, G. E. K. BRANCH: J. Amer. chem. Soc. **54** (1932), 2293. — M. T. BOGERT, E. G. McDONOUGH: Drug Cosmet. Ind. **32** (1933), 332, 514, 533. — E. J. BOWEN, E. L. TIETZ: Nature (London) **124** (1929), 914; J. chem. Soc. (London) **1930**, 234.

[1] A. GILLET: C. R. hebd. Séances Acad. Sci. **176** (1923), 1402: Bull.Soc. chim. France (4), **33** (1923), 1602; 6ᵉ Congrès de Chim. Industrielle **17** (1926), 449. — A. GILLET, F. GIOT: C. R. hebd. Séances Acad. Sci. **176** (1923), 1558, 1894.

[2] P. J. CARLISLE, A. A. LEVINE: Ind. Engng. Chem., analyt. Edit. **24** (1932), 1164. — G. C.: Rev. Prod. chim. Actual sci. réun. **36** (1933), 614.

[3] E. C. GILBERT: J. Amer. chem. Soc. **51** (1929), 2744. — R. H. HAMILTON: Ibid. **56** (1934), 487. — A. C. CHAPMANN: J. chem. Soc. (London) **123** (1923), 769. — M. G. RAO: Indian Forest Rec., Chem. **11** (1925), 197. — E. MONTIGNIE: Bull. Soc. chim. France (4), **45** (1929), 709. — M. BOURGUEL: Ibid. (4), **41** (1927), 192.

[4] J. BAUDRENGHIEN: Bull. Soc. chim. Belgique **31** (1922), 160. — voir aussi F. C. WHITMORE, D. E. BADERTSCHER: J. Amer. chem. Soc. **55** (1933), 4158.

[5] S. E. SHEPPARD: Nature (London) **116** (1925), 608.

on observe à nouveau l'addition normale. L'antioxygène combat donc l'action orientante de l'oxygène et des peroxydes.

Ce chapitre curieux des propriétés accessoires des antioxygènes a vu surtout se concentrer les efforts de Kharasch, de Urushibara, de Smith et de leurs collaborateurs respectifs (voir aussi[1] et pour une mise au point[2]).

Les corps éthyléniques et acétyléniques les plus variés ont été étudiés: des carbures comme le propylène[3] l'isobutylène,[4] le butène-1,[5] le butadiène,[6] le méthylacétylène,[7] le butylacétylène,[8] les oléfines élevées;[9] certains de leurs dérivés halogénés: le bromure de vinyle[10], le chlorure de vinyle,[11] le bromure d'allyle,[12] les 1- et 2-bromo- et chloroprènes,[13] le trichloréthylène;[14] des acides: les acides vinyl- et allylacétiques[15] (voir aussi[16] pour les acides penténiques); les acides hepténoïque et nonéoïque à double liaison terminale[17] et l'acide undécénoïque.[18]

Dans le cas des acides, les phénomènes sont d'autant moins nets que la chaîne est plus courte; l'importance de l'effet de peroxyde est variable et diminue si la double liaison se rapproche du groupe carboxyle. Les antioxygènes n'inversent pas toujours le sens de l'addition. Enfin l'acide *iso*undécénoïque (Δ^{9-10}), à double liaison non terminale, n'est pas sensible à l'effet de peroxyde[19]. Les solvants compliquent parfois l'interprétation des expériences.

L'acide bromhydrique n'est d'ailleurs pas le seul réactif dont l'addition aux composés insaturés soit influencée ou catalysée par l'oxygène et les peroxydes; ainsi sont à citer: l'acide thioglycolique[20] (dans le vide et en présence d'hydroquinone, la réaction n'a pas lieu), le bisulfite[21], H_2S et les mercaptans[22], etc....

[1] R. P. Linstead, H. N. Rydon: J. chem. Soc. (London) **1934**, 2001. — P. Gaubert, R. P. Linstead, H. N. Rydon: Ibid. **1937**, 1974. — F. Krafft: Ber. dtsch. chem. Ges. **29** (1896), 2232. — E. Schjånberg: Ibid. **70** (1937), 2385.

[2] J. C. Smith: Chem. and Ind. **1937**, 833.

[3] M. S. Kharasch, McNab, F. R. Mayo: J. Amer. chem. Soc. **55** (1933), 2531.

[4] M. S. Kharasch, W. M. Potts: J. Amer. chem. Soc. **58** (1936), 57.

[5] M. S. Kharasch, J. A. Hinckley: J. Amer. chem. Soc. **56** (1934), 1212.

[6] M. S. Kharasch, E. T. Margolis, F. R. Mayo: Chem. and Ind. **1936**, 663; J. org. Chemistry **1** (1936), 393. — M. S. Kharasch, J. Kritchevsky, F. R. Mayo: Ibid. **2** (1937), 489.

[7] M. S. Kharasch, J. G. McNab, M. C. McNab: J. Amer. chem. Soc. **57** (1935), 2463.

[8] C. A. Young, R. R. Vogt, J. A. Nieuwland: J. Amer. chem. Soc. **58** (1936), 1806.

[9] M. S. Kharasch, Wm. H. Potts: J. org. Chemistry **2** (1937), 195.

[10] M. S. Kharasch, McNab, F. R. Mayo: J. Amer. chem. Soc. **55** (1933), 2531.

[11] M. S. Kharasch, C. W. Hannum: J. Amer. chem. Soc. **56** (1934), 712.

[12] M. S. Kharasch, F. R. Mayo: J. Amer. chem. Soc. **55** (1933), 2468. — Y. Urushibara, M. Takebayashi: Bull. chem. Soc. Japan **11** (1936), 692, 754, 798; **12** (1937), 51, 138, 173; **13** (1938), 400.

[13] M. S. Karahsch, H. Engelmann, F. R. Mayo: J. org. Chemistry **2** (1937), 288.

[14] M. S. Kharasch, J. A. Norton, F. R. Mayo: J. org. Chemistry **3** (1938), 48.

[15] R. P. Linstead, H. N. Rydon: J. chem. Soc. (London) **1934**, 2001.

[16] E. Schjånberg: Ber. dtsch. chem. Ges. **70** (1937), 2385.

[17] P. Gaubert, R. P. Linstead, H. N. Rydon: J. chem. Soc. (London), **1937**, 1974.

[18] R. Ashton, J. C. Smith: J. chem. Soc. (London) **1934**, 435. — Y. Urushibara, M. Takebayashi: Bull. chem. Soc. Japan **13** (1938), 331, 404. — P. L. Harris, J. C. Smith: J. chem. Soc. (London) **1935**, 1572. — E. P. Abraham, J. C. Smith: Ibid. **1936**, 1605. — Y. Urushibara: J. Soc. chem. Ind. **52** (1933), 219. — Y. Urushibara, M. Takebayashi: Bull. chem. Soc. Japan **11** (1936), 692; **13** (1938), 574.

[19] P. L. Harris, J. C. Smith: J. chem. Soc. (London) **1935**, 1108.

[20] M. S. Kharasch, A. T. Read, F. R. Mayo: Chem. and Ind. **1938**, 752.

[21] M. S. Kharasch, E. M. May, F. R. Mayo: Chem. and Ind. **1938**, 774; J. org. Chemistry **3** (1938), 175.

[22] S. O. Jones, E. Emmet Reid: J. Amer. chem. Soc. **60** (1938), 2452.

On peut rattacher à cette catégorie de phénomènes l'isomérisation de l'isostilbène en stilbène par HBr, isomérisation empêchée par les antioxygènes.[1] Diverses interprétations ont été données de l'effet de (voir[2]) peroxyde.

Deuxième partie.

Les catalyses négatives autres que celle d'autoxydation.

La catalyse négative d'autoxydation tient une place à part dans les phénomènes de catalyse négative, tant par la netteté et l'étendue des observations qui la concernent que par les coefficients élevés de ralentissement obtenus. Si l'on considère l'ensemble de la catalyse négative autre que celle d'autoxydation, on reste surpris de voir que seules, à de rares exceptions près,[3] sont fortement freinées les réactions ou intervient l'oxygène, soit comme partenaire (stabilisation de l'eau oxygénée), soit comme catalyseur (inhibition de la fixation des halogènes aux composés insaturés). Les autres exemples d'inhibition, quand ils ne sont pas à rapporter à des causes étrangères à la catalyse, se chiffrent par des coefficients de ralentissement qui dépassent rarement quelques dizaines d'unités.

Néanmoins, en dehors des cas cités précédemment, on étudiera quelques exemples d'action antioxydante vraie, l'eau envisagée comme catalyseur négatif, l'inhibition de quelques réactions photochimiques et quelques réactions isolées ne se rattachant pas aux classes précédentes.

L'oxygène envisagé comme inhibiteur de réactions.
1° L'oxygène, antioxygène.

Ce premier paragraphe paraîtrait peut-être mieux à sa place dans la première partie de cet article, relative à l'action antioxygène. Néanmoins, pour conserver l'unité de présentation du caractère inhibiteur de l'oxygène, il a été jugé préférable de le traiter ici.

Il est connu depuis fort longtemps que la phosphorescence du phosphore qui accompagne son oxydation à l'air, est empêchée, non seulement par des vapeurs antioxygènes, mais encore par l'oxygène lui-même, pour peu que l'on augmente sa pression au dessus de sa pression partielle dans l'air. Ainsi le phosphore ne luit pas dans l'oxygène pur à la pression atmosphérique. BAILEY[4] mentionne à ce sujet des observations remontant à l'année 1680 et qui constituent sans nul doute les plus anciennes références de catalyse négative.[5]

Ce résultat est contraire à ce qu'on aurait pu attendre et a suscité un nombre très étendu de travaux[6] ainsi que quelques théories particulières. DELÉPINE[7] a fait remarquer qu'il s'agit là d'une véritable catalyse antioxygène par l'oxygène

[1] M. S. KHARASCH, J. V. MANSFIELD, F. R. MAYO: J. Amer. chem. Soc. 59 (1937), 1155. — Y. URUSHIBARA, O. SIMAMURA: Bull. chem. Soc. Japan 12 (1937), 507.

[2] M. S. KHARASCH, H. ENGELMANN, F. R. MAYO: J. org. Chemistry 2 (1937), 288. — Y. URUSHIBARA, M. TAKEBAYASHI: Bull. chem. Soc. Japan 12 (1937), 51. — Y. URUSHIBARA, O. SIMAMURA: Ibid. 13 (1938), 407.

[3] voir K. C. BAILEY: J. chem. Soc. (London) 1928, 1204, 3256.

[4] K. C. BAILEY: Retardation of chemical reactions, p. 7. Londres, 1938.

[5] HON. R. BOYLE: "The Aerial Noctiluca", 1680, p. 80 (cité par BAILEY: Retardation of chemical Reactions, p. 10).

[6] M. CZENTNERSZWER: Kosmos (Stockholm) 35 (1910), 526; Z. physik. Chem. 85 (1913), 99. — E. GILCHRIST: Proc. Roy. Soc. Edinburgh 43 (1923), 197. — L. RAYLEIGH: Proc. Roy. Soc. (London), Ser. A 99 (1921), 372; 104 (1923), 322; 106 (1924), 1. H. J. EMELÉUS: J. Chem. Soc. (London) 1926, 1336.

[7] M. DELÉPINE: Bull. Soc. chim. France (4), 31 (1922), 787.

lui-même; effectivement, l'oxygène étant capable de se peroxyder en ozone n'échappe pas au critère de catalyse négative et peut, par conséquent, être son propre antioxygène (Moureu et Dufraisse[1]).

D'ailleurs, il faut voir une confirmation de l'interprétation donnée dans le fait que si l'on abaisse par dessication le pouvoir inhibiteur de l'oxygène (du phosphore desséché modéremment luit dans de l'oxygène sec: Russel,[2] L. Raiy-leigh[3]), la production d'ozone cesse (Schönbein,[4] Schmidt,[5] Russel, l. c.).

Aux termes de la théorie des chaînes on parle d'une «limite supérieure de l'explosion» (Semenoff) qui n'a jamais trouvé d'expliquation satisfaisante. Peut être une rupture des chaînes par l'oxygène antioxygène offre une telle expliquation.

Le cas du phosphore n'est pas le seul exemple d'action antioxygène de l'oxygène. Ainsi l'oxyluminescence du bromacétylène, qui s'accompagne également de la production d'ozone, est inhibée par un excès d'oxygène (Fontaine,[6] Nef,[7] voir aussi Schenk, Mihr, Banthien[8]).

Pour Müller[9], l'action empêchante exercée par l'oxygène, à une pression suffisamment élevée, vis-à-vis de l'oxydation du phosphore paraît être générale pour beaucoup d'autres oxydations. L'oxygène dilué paraît être plutôt plus actif que l'oxygène pur pour le soufre, le charbon, l'acide arsénieux, l'antimoine, le potassium, le plomb, le cuivre, le fer, le sulfure de fer.

De même, d'après Ewan,[10] l'acétaldéhyde ne s'oxyderait pas à l'obscurité lorsque, à 20°6, la pression de l'oxygène est supérieure à 530 mm. (voir aussi[11]).

Certaines oxydations photochimiques sont entravées par l'oxygène: notamment celles de la quinine et de l'érythrosine (Weigert et Saveanu[12]) de la fluorescéine, de l'éosine, et du sulfite de sodium sensibilisé à l'éosine,[13] de l'alcool éthylique (Berthoud[14]).

De même que les antioxygènes protègent contre les effets secondaires de l'autoxydation, il a été trouvé que «l'oxygène antioxygène» empêche certaines polymérisations, par exemple celles de l'acétate de vinyle,[15] du butadiène en présence de sodium,[16] de l'éther acrylique,[17] de l'acroléine à la lumière.[18]

Enfin l'oxygène s'est révélé antifluorescent.[19]

[1] Ch. Moureu, Ch. Dufraisse: C. R. hebd. Séances Acad. Sci. 176 (1923), 624.

[2] E. J. Russel: J. chem. Soc. (London) 83 (1903), 1263.

[3] L. Rayleigh: Proc. Roy. Soc. (London), Scr. A 99 (1921), 372; 104 (1923), 322; 106 (1924), 1.

[4] C. F. Schönbein: Pogg. Ann. 65 (1845), 69, 161.

[5] W. Schmidt: J. prakt. Chem. 98 (1866), 414.

[6] Fontaine: Liebigs Ann. Chem. 156 (1870), 260.

[7] J. U. Nef: Liebigs Ann. Chem. 298 (1897), 202.

[8] R. Schenk, F. Mihr, H. Banthien: Ber. dtsch. chem. Ges. 39 (1906), 1506.

[9] W. Müller: Ann. Physik u. Chem. (5), 141 (1870), 95.

[10] Th. Ewan: Philos. Mag. J. Sci. (5), 38 (1894), 530; Z. physik. Chem. 16 (1895), 315.

[11] W. W. Pigulevskiǐ: J. Gen. Chem. Russia 4 (1934), 616; d'après Amer. Chem. Abstr. 29 (1935), 2145.

[12] F. Weigert, D. Saveanu: Festschrift W. Nernst, Halle, 1912, 494.

[13] H. F. Blum, C. R. Spealman: J. Physic. Chem. 37 (1933), 1123.

[14] A. Berthoud: Helv. chim. Acta 16 (1933), 592.

[15] H. S. Taylor, A. A. Vernon: J. Amer. chem. Soc. 53 (1931), 2527. — L. Meunier, G. Vaissière: C. R. hebd. Séances Acad. Sci. 206 (1938), 677. — H. Staudinger, A. Schwalbach: Liebigs Ann. Chem. 488 (1931), 8. — W. H. Carothers: Chem. Reviews 8 (1931), 353.

[16] A. Abkin, S. Medvedev: Trans. Faraday Soc. 32 (1935), 286.

[17] Kohlschütter: cité par Staudinger et Schwalbach, l. c., Anm. 15.

[18] Ch. Moureu, Ch. Dufraisse, M. Badoche: Bull. Soc. Chim. France (4), 35 (1924), 1591.

[19] H. Kautsky, A. Hirsch: Ber. dtsch. chem. Ges. 64 (1931), 2677. — H. Kautsky: Trans. Faraday Soc. 35 (1938), 216.

2° L'oxygène, inhibiteur de réactions photochimiques et de réaction thermiques.

a) Réaction d'EDER.

On nomme ainsi la réaction entre le chlorure mercurique et l'oxalate d'ammonium.

$$2\,HgCl_2 + C_2O_4^{--} \rightarrow Hg_2Cl_2 + 2\,Cl^- + 2\,CO_2.\nearrow$$

Le CO_2 se dégage et le chlorure mercureux précipite lorsque la solution est illuminée. On a pu songer à se servir de cette réaction pour mesurer des énergies lumineuses, mais on s'est aperçu que l'influence de l'oxygène est telle qu'il faut renoncer à cet espoir:[1] en effet la vitesse de la réaction décroît si la pression d'oxygène augmente, ce qui caractérise une action inhibitrice.

La réaction purement thermique, à 100° et 120°, est aussi sous la dépendance de la pression d'oxygène.[2]

Un mécanisme de chaînes a été proposé pour la réaction photochimique normale et pour la réaction aux rayons X (rendement quantique dans ce dernier cas: $6 \cdot 10^5$).[3]

Il existe un autre type de réaction d'EDER, c'est la réaction sensibilisée au permanganate.

Le permanganate de potassium, en réagissant à 70° sur de l'acide oxalique en excès, confère à cet excès une «activité» spéciale qui se maintient pendant un certain temps et qui, en particulier, le rend apte à réagir, dès la température ordinaire, sur le chlorure mercurique. Cette «activité» serait d'ordre catalytique et reliée à la présence de Mn^{++}.[4]

L'oxygène est également un inhibiteur de la réaction sensibilisée au permanganate (WEBER[5]). Il en est de même pour la réaction d'EDER sensibilisée à l'aide de cobaltioxalate de potassium.[6]

b) Photolyses.

Le cobaltioxalate de potassium subit une photolyse qui est ralentie par l'oxygène.[5] Il en est de même pour la photolyse du cuprioxalate de potassium, sensibilisée par les sels ferriques et les sels d'uranium.[7] L'explication proposée repose sur le fait que le processus primaire de la photolyse serait la réduction du métal sensibilisateur, processus qui serait combattu par la présence d'oxygène. Mais cette manière de voir ne rend pas compte de l'action inhibitrice que l'anhydride carbonique montre également.

Enfin, la photolyse du formiate d'uranyle est aussi fortement freinée par l'oxygène.

c) Effet antihalogène.

Certaines réactions photochimiques de substitution ou d'addition des halogènes sont fortement inhibées par la présence d'oxygène moléculaire. Il en est de même pour un certain nombre de réactions purement thermiques, de telle sorte que le

---

[1] C. WINTHER: Z. wiss. Photogr., Photophysik Photochem. **7** (1909), 409; **8** (1910), 197, 237.

[2] W. E. ROSEVEARE, A. R. OLSON: J. Amer. chem. Soc. **51** (1929), 1716.

[3] W. E. ROSEVEARE: J. Amer. chem. Soc. **52** (1930), 2612.

[4] H. WIELAND, W. ZILG: Liebigs Ann. Chem. **530** (1937), 257.

[5] K. WEBER: Z. physik. Chem., Abt. B **25** (1934), 363; A **169** (1934), 224; A **172** (1935), 459.

[6] G. H. CARTLEDGE, T. G. DJANG: J. Amer. chem. Soc. **55** (1933), 3214.

[7] H. L. DUBE, N. R. DHAR: J. physic. Chem. **36** (1932), 626.

phénomène a une généralité remarquable. En conséquence, il en résulte bien souvent une gêne pour les déterminations analytiques.

α) *Réactions photochimiques.*

Les exemples les plus classiques d'inhibition de ce type par l'oxygène se rapportent aux réactions hydrogène-chlore[1] et oxyde de carbone-chlore,[2] mentionnées ici uniquement pour mémoire puisque, ayant lieu en phase gazeuse, elles sont traitées ailleurs. Il y a lieu de citer de même les réactions photochimiques en phase gazeuse, méthane-chlore,[3] propane-, butane- ou pentane-chlore[4] et tétrachloréthylène-chlore.[5] Cette dernière réaction a été étudiée en phase liquide, en présence d'un solvant, le tétrachlorure de carbone;[6] de même en phase liquide également, est à noter la réaction benzène-chlore[7] qui, d'après son rendement quantique, se développe en chaînes.[8] La photobromuration du toluène est sensible à la présence d'oxygène.[9]

En phase liquide, on a étudié l'addition du brome aux dichlorures d'acétylène stéréoisomères;[10] l'oxygène ralentit plus fortement la bromuration du composé *cis* que celle du *trans*.

De même l'addition du brome au tétrachloréthylène liquide[11] est digne d'intérêt: on y note un retournement de l'effet catalytique de l'oxygène qui accélère si sa pression est comprise entre 20 et 50 mm et qui ralentit à la pression atmosphérique.

β) *Réactions thermiques.*

Parmi les réactions purement thermiques, on trouve, en phase gazeuse, la réaction hydrogène-chlore,[12] la chloruration du méthane[13] et la fixation du chlore à l'éthylène; dans ce dernier cas, la réaction d'addition est suivie d'une réaction de substitution conduisant du dichloréthane formé en premier lieu au trichloréthane.[34] Ce dernier processus est fortement inhibé par l'oxygène.

En phase liquide, on a remarqué l'influence empêchante de l'oxygène sur la

[1] M. Bodenstein, Dux: Z. physik. Chem. 85 (1913), 297. — E. Cremer: Ibid. 128 (1927) 285. — M. C. C. Chapman: J. chem. Soc. (London) 123 (1923), 3062. — D. L. Chapman, P. P. Grigg: Ibid. 1929, 2426. — H. C. Craggs, A. J. Allmand: Ibid. 1936, 241. — W. H. Rodebush, W. C. Klingelhoefer jun.: J. Amer. chem. Soc. 55 (1933), 130.

[2] M. Wildermann: Proc. Roy. Soc. (London) 70 (1902), 66. — G. Dyson, A. Harden: J. chem. Soc. (London) 83 (1903), 201. — D. L. Chapman, F. H. Gee: Ibid. 99 (1911), 1726. — J. Cathala: Bull. Soc. chim. France (4), 33 (1923), 576. — M. Bodenstein: Z. physik. Chem. 130 (1927), 422. — H. J. Schumacher: Ibid. 129 (1927), 241. — M. Bodenstein, S. Lenher, C. Wagner: Ibid., B 3 (1929), 459.

[3] A. Coehn, H. Cordes: Z. physik. Chem., Abt. B 9 (1930), 1. — R. N. Pease, G. F. Walz: J. Amer. chem. Soc. 53 (1931), 3728. — L. T. Jones, J. R. Bates: Ibid. 56 (1934), 2282.

[4] R. M. Deanesly: J. Amer. chem. Soc. 56 (1934), 2501.

[5] R. G. Dickinson, J. L. Carrico: J. Amer. chem. Soc. 56 (1934), 1473.

[6] R. G. Dickinson, J. A. Leermakers: J. Amer. chem. Soc. 54 (1932), 3852.

[7] R. Luther, F. Goldberg: Z. physik. Chem. 56 (1906), 43.

[8] H. N. Alyea: J. Amer. chem. Soc. 52 (1930), 2743.

[9] L. Bruner, S. Czarrecki: Anz. Akad. Wiss. Krakau 1910, 516.

[10] Mlle. D. Verhoogen: Bull. Soc. chim. Belgique 34 (1925), 434.

[11] J. Willard, F. Daniels: J. Amer. chem. Soc. 57 (1935), 2240.

[12] K. Sachtleben: Thèse. Hanover, 1914 [cité par J. A. Christiansen: Trans. Faraday Soc. 24 (1928), 596]. — J. A. Christiansen: Z. physik. Chem., Abt. B 2 (1929), 405. — R. N. Pease: J. Amer. chem. Soc. 56 (1934), 2388.

[13] R. N. Pease, G. F. Walz: J. Amer. chem. Soc. 53 (1931), 3728.

[14] T. D. Stewart, D. M. Smith: J. Amer. chem. Soc. 51 (1929), 3082; 52 (1930), 2869.

fixation du brome à l'acétylène[1] (acétylène et mélange bromate-bromure), au butadiène,[2] au cyclo et dicyclopentadiène,[3] au toluène,[4] et au stilbène.[5]

Les cas de l'acide cinnamique et du phénanthrène méritent, à des titres divers, de retenir l'attention: la fixation du brome à l'acide cinnamique[6] est très rapide dans le vide, à tel point qu'il est difficile de faire des mesures précises, et très lente en présence d'air. Si l'on ajoute un peroxyde[7] (peroxyde de benzoyle), il y a, en présence d'air, un effet qui compense le ralentissement dû à l'oxygène. Mais il est difficile de conclure à une accélération spécifique car en l'absence d'air, le peroxyde semble n'avoir aucune action.

En ce qui concerne le phénanthrène, PRICE[8] n'observe pas d'action empêchante de l'oxygène vis-à-vis de sa bromuration. Ce n'est pas l'avis de KHARASCH, WHITE et MAYO[9] qui trouvent au contraire que les réactions dans le vide et dans l'air sont essentiellement différentes, même si sont présentes les substances indiquées par PRICE (diphénylamine en particulier) comme inhibant le processus. Ces auteurs incriminent la méthode de PRICE qui comporte de courts instants de forte illumination. Ils trouvent que le peroxyde de benzoyle facilite la réaction.

Un effet accélérateur a été observé lors de la bromuration en chaîne latérale 2-2'-ditolyle.[10]

Deux théories principales ont été mises en avant pour expliquer l'effet anti-halogène de l'oxygène. D'une part la théorie des chaînes:[11] l'oxygène coupe une chaîne d'halogénation en formant un peroxyde avec la substance à halogéner et puis quelquefois un oxyde d'halogène instable avec un atome de l'halogène; d'autre part, des théories de désactivation pure reposant sur l'hypothèse que l'oxygène formerait avec les mêmes composés des peroxydes dissociables.[12] On a donné également, en d'autres cas, des arguments en faveur de la supposition que le catalyseur actif n'est pas l'oxygène moléculaire, mais un peroxyde d'autoxydation.[13]

La stabilisation du peroxyde d'hydrogène.

Généralités.

Le peroxyde d'hydrogène subit à l'obscurité une décomposition en eau et oxygène, décomposition qui est accélérée par la lumière. Il y aura donc lieu d'étudier séparément les deux processus photochimique et thermique. D'autre part, l'intérêt de la stabilisation du produit est évident, étant donnée son importance commerciale.

Comme préambule aux recherches sur l'inhibition de la décomposition du

---

[1] H. S. DAVIS, G. S. CRANDALL, W. E. HIGBEE jun.: Ind. Engng. Chem., analyt. Edit. **3** (1931), 108.

[2] G. B. HEISIG, H. M. DAVIS: J. Amer. chem. Soc. **58** (1936), 1095.

[3] G. R. SCHULTZE: J. Amer. chem. Soc. **56** (1934), 1552.

[4] M. S. KHARASCH, P. C. WHITE, F. R. MAYO: J. org. Chemistry **3** (1938), 33.

[5] R. M. PURKAYASTHA: J. Indian chem. Soc. **5** (1928), 721.

[6] W. H. BAUER, F. DANIELS: J. Amer. chem. Soc. **56** (1934), 2014. — Y. URUSHI-BARA, M. TAKEBAYASHI: Bull. chem. Soc. Japan **12** (1937), 356.

[7] Y. URUSHIBARA, M. TAKEBAYASHI: Bull. chem. Soc. Japan. **12** (1937), 499.

[8] C. C. PRICE: J. Amer. chem. Soc. **58** (1936), 1834, 2101.

[9] M. S. KHARASCH, P. C. WHITE, F. R. MAYO: J. org. Chemistry **2** (1937), 574.

[10] J. HANNON, J. KENNER: J. chem. Soc. (London) **1934**, 138.

[11] G. B. HEISIG, H. M. DAVIS: J. Amer. chem. Soc. **58** (1936), 1095. — C. C. PRICE: Ibid. **58** (1936), 1834, 2101. — H. N. ALYEA: Ibid. **52** (1930), 2743. — R. G. DICKIN-SON, J. A. LEERMAKERS: Ibid. **54** (1932), 3852. — Pour l'élaboration quantitative voir: M. BODENSTEIN, P. W. SCHENK: Z. physik. Chem., Abt. B **20** (1933), 420.

[12] Mlle D. VERHOOGEN: Bull. Soc. chim. Belgique **34** (1925), 434. —T. D. STEWART, D. M. SMITH: J. Amer. chem. Soc. **51** (1929), 3082; **52** (1930), 2869.

[13] G. R. SCHULTZE: J. Amer. chem. Soc. **56** (1934), 1552.

peroxyde d'hydrogène, il est intéressant de noter que l'opinion la plus générale, à la suite des travaux de RICE et de ses collaborateurs,[1] de WILLIAMS,[2] de BAILEY,[3] prévaut en faveur d'une catalyse hétérogène. Déjà des travaux antérieurs avaient attiré l'attention sur l'influence, soit des parois du récipient,[4] soit des substances solides étrangères.[5] Donc, à part ces travaux qui mentionnent tout spécialement cette catalyse hétérogène, il plane sur les autres un doute inévitable, et l'on ignore si les facteurs stabilisants indiqués comme déterminants agissent par l'intermédiaire d'un empoisonnement de catalyse en surface, ou par un processus de catalyse négative homogène véritable.

Avant d'aborder l'étude particulière de la stabilisation, il est encore à signaler que l'activation photochimique des molécules semble différente de l'activation thermique car les alcalis, par exemple, ralentisseurs puissants du premier processus de décomposition, sont des accélérateurs non moins puissants du second.

1° Inhibition de la décomposition photochimique.

Le rendement quantique de la réaction de décomposition est supérieur à 1. Il oscille, selon les conditions expérimentales, entre 24 et 100 (HENRI et WURMSER[6]). Mais on a déjà vu que RICE,[7] n'en conclut pas nécessairement à un mécanisme en chaînes: du peroxyde d'hydrogène exempt de poussières (voir pour sa préparation[8] et pour l'élimination des poussières[9]) se décompose 18 fois plus lentement que les solutions de contrôle. RICE suppose que les molécules d'eau oxygénée s'adsorbent à la surface des poussières et que la «croûte» formée réagit d'un bloc, comme un explosif, si l'une des molécules absorbe un quantum d'énergie lumineuse. On a vu que c'est une autre forme de réaction à chaîne.

Quoiqu'il en soit, on note, parmi les inhibiteurs de la décomposition photochimique: des alcalis forts KOH, NaOH, $Ca(OH)_2$, NH_4OH, $C_2H_5NH_2$ (HENRI et WURMSER[10]), qui sont ici bien plus actifs que les acides forts SO_4H_2, PO_4H_3, $C_6H_5 \cdot CO_2H$ (cf. les références précédentes et[11]) et une foule de substances dont ANDERSON et TAYLOR[12] en particulier dressent une liste détaillée: voir aussi;[13] on

---

[1] F. O. RICE: J. Amer. chem. Soc. 48 (1926), 2099. — F. O. RICE, O. M. REIFF: J. physic. Chem. 31 (1927), 1352. — F. O. RICE, M. L. KILPATRICK: Ibid. 31 (1927), 1507.

[2] B. H. WILLIAMS: Trans. Faraday Soc. 24 (1928), 245.

[3] K. C. BAILEY: Sci. Proc. Roy. Dublin Soc. 21 (1935), 153.

[4] G. LEMOINE: J. Chim. physique 12 (1914), 1.

[5] M. BERTHELOT: Bull. Soc. chim. France (2), 34 (1880), 78. — FILIPPI: Arch. Farmacol. sperim. Sci. affini 6 (1907), 363 (d'après BAILEY, l. c. p. 361, 274). — G. TAMMANN: Z. physik. Chem. 4 (1889), 441. — W. CLAYTON: Trans. Faraday Soc. 11 (1916), 164.

[6] V. HENRI, R. WURMSER: C. R. hebd. Séances Acad. Sci. 157 (1913), 284. — G. KORNFELD: Z. wiss. Photogr., Photophysik Photochem. 21 (1921), 66. — D. RICHTER: J. chem. Soc. (London) 1934, 1219.

[7] F. O. RICE: J. Amer. chem. Soc. 48 (1926), 2099. — F. O. RICE, M. L. KILPATRICK: J. physic. Chem. 31 (1927), 1507.

[8] M. L. KILPATRICK, O. M. REIFF, F. O. RICE: J. Amer. chem. Soc. 48 (1926), 3019.

[9] W. H. MARTIN: J. physic. Chem. 24 (1920), 478.

[10] V. HENRI, R. WURMSER: C. R. hebd. Séances Acad. Sci. 157 (1913), 284. — Voir aussi G. KORNFELD: Z. wiss. Photogr., Photophysik Photochem. 21 (1921), 66. — J. H. MATHEWS, H. C. CURTIS: J. physic. Chem. 18 (1914), 166. — W. T. ANDERSON jun., H. S. TAYLOR: J. Amer. chem. Soc. 45 (1923), 650.

[11] A. KAILAN: Z. physik. Chem. 98 (1921), 474.

[12] W. T. ANDERSON jun., H. S. TAYLOR: J. Amer. chem. Soc. 45 (1923), 650.

[13] D. RICHTER: J. chem. Soc. (London) 1934, 1219. — K. K. JEU, H. N. ALYEA: J. Amer. chem. Soc. 55 (1933), 575. — B. YA. DAIN, A. SHVARTZ: Acta physicochim. USSR 3 (1935), 291; d'après Amer. Chem. Abstr. 30 (1936), 2109. — B. YA. DAIN, K. M. EPSHTEIN: J. physic. Chem. USSR 8 (1936), 896; d'après Amer. Chem. Abstr. 31 (1937), 2077.

y trouve l'iode, le chlorure mercurique, les alcools méthyliques et éthylique, les acides salicylique, phtalique, sulfanilique, benzène-sulfonique, barbiturique, l'acétanilide, la phénacétine, la benzamide, la succinimide, la phtalimide, la cinchonidine, le phénol, le résorcinol, l'hydroquinone, le pyrocatéchol, l'alcool benzylique, la pyridine, l'acétone, la méthyléthylcétone, la diéthylcétone, etc....

En présence d'une série aussi variée d'inhibiteurs il est bien difficile de leur trouver un caractère commun sur lequel on puisse baser une explication de la stabilisation. La suggestion de l'empoisonnement de catalyseur proposée par HENRI et WURMSER est difficile à retenir, car elle se heurte aux difficultés discutées pour l'autoxydation à propos de la théorie de TITOFF. Pas davantage n'est pleinement satisfaisante l'hypothèse d'ANDERSON et TAYLOR[1] selon laquelle les inhibiteurs en solution absorbent la lumière nécessaire à l'activation des molécules, car, d'une part, l'inhibiteur est plus actif dans la solution de peroxyde d'hydrogène que dans une solution-écran de même concentration, et, d'autre part, on connaît de bons inhibiteurs (alcalis, alcool éthylique) qui n'ont pas de bande d'absorption commune avec les solutions de peroxyde d'hydrogène. Il faut adjoindre à ce processus, pour autant qu'il puisse intervenir, un mécanisme développant des chaînes. C'est ce que pensent d'autres auteurs, notamment JEU et ALYEA,[2] RICHTER[3] sans qu'il soit possible de suggérer clairement un modèle de chaîne et de cassure de chaîne.

2° Inhibition de la décomposition thermique.

C'est, de beaucoup, la réaction commercialement la plus importante, car on peut toujours se protéger contre l'action de la lumière par un conditionnement approprié.

Ce qui caractérise surtout la décomposition thermique, c'est sa sensibilité aux alcalis. Ici, ce sont des accélérateurs certains (BERTHELOT;[4] voir également;[5] voir cependant[6]). Mais les poussières interviennent également pour modifier les résultats et les rendre peu concordants. Bien plus, BAILEY,[7] qui a fait une étude attentive de la réaction, montre que des solutions exemptes de poussières sont stables, même en présence d'alcali.

Au contraire, en présence de particules solides (laine de verre), il y a une relation étroite entre la vitesse de décomposition et la concentration en ions OH⁻ La réaction suit la relation

$$\frac{-d\,(H_2O_2)}{d\,t} = k_1(H_2O_2) + k_2(H_2O_2)(OH^-)$$

avec $k_2 \gg k_1$, ce qui suggère que l'action stabilisante des acides est à ramener à leur faculté de réduire la concentration des ions OH^-

---

[1] W. T. ANDERSON jun., H. S. TAYLOR: J. Amer. chem. Soc. 45 (1923), 650.

[2] K. K. JEU, H. N. ALYEA: J. Amer. chem. Soc. 55 (1933), 575.

[3] D. RICHTER: J. chem. Soc. (London) 1934, 1219. — voir aussi: B. YA. DAIN, A. SHVARTZ: Acta physicochim. USSR 3 (1935), 291; d'après Amer. Chem. Abstr. 30 (1936), 2109. — B. YA. DAIN, K. M. EPSHTEIN: J. physic. Chem. USSR 8 (1936), 896; d'après Amer. Chem. Abstr. 31 (1937), 2077.

[4] M. BERTHELOT: Bull Soc. chim. France (2), 34 (1880), 78.

[5] R. SCHENK, F. VORLÄNDER, W. DUX: Z. angew. Chem. 27 (1914), 291. — W. CLAYTON: Trans. Faraday Soc. 11 (1916), 164. — J. H. WALTON jun., R. C. JUDD: Z. physik. Chem. 83 (1913), 315. — G. PHRAGMÉN: Medd. F. K. Vetenskapsakad. Nobel-Inst. 5, n° 22 (1919), 1.

[6] G. TAMMANN: Z. physik. Chem. 4 (1889), 441.

[7] K. C. BAILEY: Sci. Proc. Roy. Dublin Soc. 21 (1935), 153.

Cette opinion est très ancienne [Berthelot[1] (1880)] et les premières expériences de stabilisation par les acides plus anciennes encore [Thénard[2] (1818), Spring[3] (1895), Sunder[4] (1897)].

Elles ont été répétées maintes fois.[5] Il semble cependant que l'acide chlorhydrique ait une action promotrice.[6]

Une autre manière de comprendre la stabilisation par les acides est à rapprocher de la catalyse positive par les métaux colloïdaux (voir en particulier[7]): l'acide, en dissolvant les centres actifs, supprimerait les catalyseurs.

Cependant on connaît des substances dont le pouvoir inhibiteur n'est certainement pas à ramener à un caractère acide ou à une faculté de régression des ions OH^-, telles l'alcool, l'éther, la glycérine, le naphtalène, la gélatine, des amides, imides, urées, la phénacétine, etc....

En résumé, la réaction de décomposition des solutions de peroxyde d'hydrogène est très sensible à la catalyse positive comme à la catalyse négative, mais le mécanisme des deux processus inverses n'est pas clair; les explications données ne suffisent pas, prises séparément, à tout expliquer. Il est possible que plusieurs mécanismes agissent simultanément et coopèrent à une bonne stabilisation.

Réactions inhibées où intervient le peroxyde d'hydrogène.

1° On a déjà vu que l'acide oxalique réagissant avec du permanganate de potassium en quantité inférieure à la théorie reste «activé», et est capable de réduire le chlorure mercurique à la température ordinaire (réaction d'Eder sensibilisée). La même «activation» est conférée à l'acide oxalique par l'eau oxygénée en présence de fer ferreux.[8] La réaction d'Eder sensibilisée au peroxyde d'hydrogène est inhibée par l'hydroquinone, et plus faiblement par le pyrogallol, le résorcinol, et seulement légèrement par l'acide cyanhydrique.

La réaction d'Eder normale (chlorure mercurique-oxalate d'ammonium à la lumière) qui est inhibée par l'oxygène, l'est davantage par l'ozone et l'eau oxygénée.[9]

2° L'eau oxygénée concentrée semble être un inhibiteur de sa propre action sur le permanganate de potassium.[10] Pour les détails d'une inhibition qui s'écarte du sujet traité ici, voir Bailey.[11]

Action antioxydante vraie
ou empêchement de l'oxydation par les oxydants.

La réaction d'oxydation par les oxydants est essentiellement différente de l'autoxydation par l'oxygène moléculaire. Les antioxygènes, qui protègent contre

---

[1] M. Berthelot: Bull. Soc. chim. France (2), **34** (1880), 78.

[2] L. J. Thénard: Ann. Chimie 9 (1818), 314.

[3] W. Spring: Z. anorg. allg. Chem. **10** (1895), 161.

[4] Sunder: Bull. Soc. ind. Mulhouse **1897**, 95.

[5] J. H. Walton jun., R. C. Judd: Z. physik. Chem. **83** (1913), 315. — G. Lemoine: C. R. hebd. Séances Acad. Sci. **161** (1915), 47. — A. M. Clover: Amer. J. Pharmac., Sci. support. publ. Health **85** (1913), 538. — O. Maass, P. G. Hiebert: J. Amer. chem. Soc. **46** (1924), 290.

[6] O. Maass, P. G. Hiebert: J. Amer. chem. Soc. 46 (1924), 290. — R. S. Livingstone, W. C. Bray: Ibid. **47** (1925), 2069. — E. A. Budge: Ibid. **54** (1932), 1769.

[7] J. Clarens: Bull. Soc. chim. France (4), **33** (1923), 280.

[8] H. Wieland: W. Zilg: Liebigs Ann. Chem. **530** (1937), 257.

[9] H. B. Dunnicliff, J. N. Joshi: J. Indian chem. Soc. 6 (1929), 121.

[10] W. Limanowski: Roczniki Chem. **12** (1932), 519. — E. H. Riesenfeld: Z. anorg. Chem. **218** (1934), 257.

[11] K. C. Bailey, G. T. Taylor: J. chem. Soc. (London) **1937**, 994.

ce dernier réactif, sont généralement impuissants à prévenir l'action des oxydants. Aussi ne trouve-t-on que quelques rares cas d'action antioxydante vraie. Encore sont-ils presque tous à ramener au chapitre «destruction ou modification d'un catalyseur positif», de telle sorte qu'il ne s'agit pas, à proprement parler, d'une catalyse négative véritable.

1° Ainsi, on connaît un certain nombre d'oxydations par l'eau oxygénée, *catalysées par la présence de métaux* (cystéine et glutathion,[1] acide hypophosphoreux,[2] hydrazine,[3] iodure de potassium;[4] voir aussi;[5] phénolphtaléine, pyramidon[6]), qui sont inhibées par la présence de phosphates ou d'acide cyanhydrique, d'acides variés, de sels d'autres métaux, etc....

2° Un cas d'action antioxydante vraie qui retient davantage l'attention est celui qui concerne l'arrêt du pouvoir oxydant de *l'acide iodique*. MILLON,[7] en étudiant la réaction de l'acide iodique sur les acides formique ou oxalique et sur le sucre, a montré que l'acide cyanhydrique est un paralysant énergique. LEMOINE,[8] trouve que la réaction est autocatalytique sous l'influence de l'iode libéré et pense, ainsi que MILLON, que l'acide cyanhydrique agit en fixant l'iode sous forme d'iodure de cyanogène. Ce fait est confirmé par FISCHER et WAGNER:[9] les substances qui réagissent avec l'iode, telles l'argent métallique, le nitrate d'argent, etc...., ont la même action que l'acide cyanhydrique (voir aussi[10]). On avait pensé que le fer jouait un rôle dans la catalyse de la réaction, ce qui expliquerait facilement l'action de l'acide cyanhydrique.[11] H. WIELAND et F. G. FISCHER[12] ont montré qu'il n'en était rien, et WARBURG[13] lui-même a reconnu que le rôle de l'acide cyanhydrique est bien de blaquer un catalyseur positif, mais ici l'iode et non le fer.

3° L'oxydation des *dérivés de l'anthraquinone* offre un exemple de catalyse négative qui ne serait pas, semble-t-il, à ramener à la suppression d'un éventuel catalyseur positif. Ainsi, l'oxydation de l'alizarone (1,2-dihydroxyanthraquinone) par l'acide sulfurique conduit au bordeaux d'alizarone (1,2,5,8-tétrahydroxy); mais en ajoutant de l'acide borique, on peut modérer l'action et obtenir un intermédiaire, le dérivé 1,2,3-trihydroxylé. De même, à partir de la chrysazone (1,8-dihydroxy), on aboutit au dérivé 1,2,4,5,6,8-hexahydroxylé, en passant par l'intermédiaire du 1,4,8-trihydroxylé. Une action modératrice semblable se fait sentir, toujours grâce à l'acide borique, dans l'oxydation en chinizarone (1,4-dihydroxy) de l'anthraquinone ou de son dérivé 1-hydroxylé par le nitrite de soude (exemples cités par DIMROTH et FAUST[14]).

L'explication d'une telle action antioxydante est à rechercher dans la propriété qu'ont les hydroxyanthraquinones d'entraîner le bore dans des complexes où intervient non seulement le groupe OH, mais aussi, par chélation, le carbonyle

------

[1] N. W. PIRIE: Biochemic. J. **25** (1931), 1565.

[2] H. WIELAND, W. FRANKE: Liebigs Ann. Chem. **475** (1929), 1, 19.

[3] D. P. GRAHAM: J. Amer. Chem. Soc. **52** (1930), 3035.

[4] C. F. SCHÖNBEIN: J. prakt. Chem. **79** (1860), 65.

[5] J. BRODE: Z. physik. Chem. **37** (1901), 257.

[6] P. THOMAS, C. KALMAN: C. R. hebd. Séances Acad. Sci. **202** (1936), 1436.

[7] E. MILLON: C. R. hebd. Séances Acad. Sci. **19** (1844), 270.

[8] G. LEMOINE: C. R. hebd. Séances Acad. Sci. **171** (1920), 1094; **173** (1921), 7, 192.

[9] F. G. FISCHER, C. WAGNER: Ber. dtsch. chem. Ges. **59** (1926), 2384.

[10] E. ABEL, K. HILFERDING, O. SMETANA: Z. physik. Chem., Abt. B **32** (1936), 85.

[11] O. WARBURG, S. TODA: Naturwiss. **13** (1925), 442. — S. TODA: Biochem. Z. **171** (1926), 231.

[12] H. WIELAND, F. G. FISCHER: Ber. dtsch. chem. Ges. **59** (1926), 1171.

[13] O. WARBURG: Biochem. Z. **174** (1926), 497.

[14] O. DIMROTH, T. FAUST: Ber. dtsch. chem. Ges. **54** (1921), 3020.

cétonique, ce qui confère à la molécule une solidité accrue, du fait du blocage de la fonction phénol:

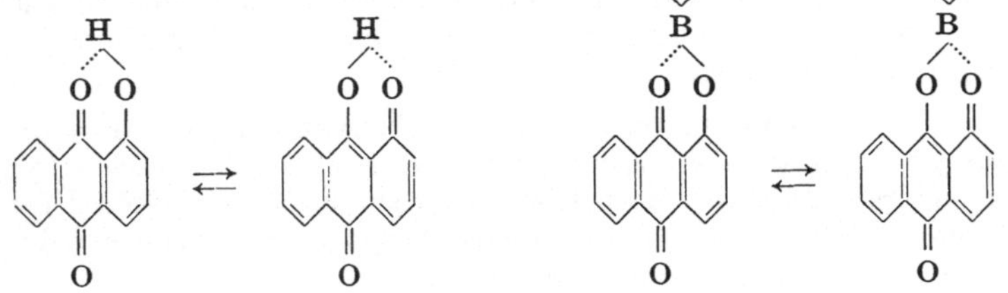

Une confirmation de cette manière de voir est à noter dans les expériences de DIMROTH et FAUST (l. c., voir aussi DIMROTH[1]) avec l'anhydride borico-acétique $(CH_3 \cdot COO)_2 B—O—B(OCOCH_3)_2$ qui donne facilement avec les α-hydroxyanthraquinones, des complexes du type $R—O—B(OCOCH_3)_2$.

4° Un cas d'action antioxydante vraie — ou plutôt d'empêchement de phénomène lié à l'oxydation — qui semble également ne pas faire intervenir concurremment un quelconque catalyseur positif, est la suppression, par l'essence de térébenthine, l'hydroquinone, le sulfite de sodium, la brucine, etc...., de *la lueur* qui accompagne le passage *d'oxygène ozoné* au travers d'une solution aqueuse de colorants tels que bleu de méthylène, uranine, éosine, safranine, etc....[2]

5° Pour être complet, il faudrait encore signaler quelques exemples d'oxydation par les halogènes où l'on a pu mettre en évidence des phénomènes d'*autoralentisse-ment* sous l'influence des produits de la réaction (ions halogènes, ions hydrogène[3]).

L'eau, catalyseur négatif.

1° Décomposition des acides organiques par l'acide sulfurique.

La vitesse de décomposition des acides formique,[4] oxalique,[5] malique,[6] citrique[7] et autres,[8] par l'acide sulfurique concentré dépend grandement de la teneur en eau de ce réactif. En général, il y a une relation exponentielle entre la vitesse de la réaction, et la concentration de l'eau.

L'interprétation de ces phénomènes n'est pas aussi simple que l'on pourrait le croire au premier abord. Il n'est pas douteux qu'ajouter de l'eau à de l'acide sulfurique concentré à 100% revient à modifier la concentration de certains composants qui s'y trouvent en équilibre (SO_3, acide pyrosulfurique, etc....),

[1] O. DIMROTH: Liebigs Ann. Chem. **446** (1926), 97.

[2] N. N. BISWAS, N. R. DHAR: Z. anorg. allg. Chem. **173** (1928), 125.

[3] G. BOGNÁR: Z. physik. Chem. **71** (1910), 529. — A. F. JOSEPH: Ibid. **76** (1911), 156. — D. L. HAMMICK, W. K. HUTCHISON, F. R. SNELL: J. chem. Soc. (London) **127** (1925), 2715. — M. ROLOFF: Z. physik. Chem. **13** (1894), 327. — R. O. GRIFFITH, A. MCKEOWN: Trans. Faraday Soc. **28** (1932), 518, 752. — R. O. GRIFFITH, A. MCKEOWN, A. G. WINN: Ibid. **28** (1932), 107; **29** (1933), 369, 386. — B. F. CHOW: J. Amer. chem. Soc. **57** (1935), 1440. — A. BERTHOUD, H. BELLENOT: Helv. chim. Acta **7** (1924), 307; J. Chim. physique **21** (1924), 308.

[4] E. R. SCHIERZ: J. Amer. chem. Soc. **45** (1923), 447. — E. R. SCHIERZ, H. T. WARD: J. Amer. chem. Soc. **50** (1928), 3240. — R. E. DE RIGHT: Ibid. **55** (1933), 4761.

[5] G. BREDIG, D. M. LICHTY: Z. Elektrochem. angew. physik. Chem. **12** (1906), 459. — D. M. LICHTY: J. physic. Chem. **11** (1907), 225.

[6] E. L. WHITFORD: J. Amer. chem. Soc. **47** (1925), 953. — H. R. DITTMAR: Ibid. **52** (1930), 2746.

[7] E. O. WIIG: J. Amer. chem. Soc. **52** (1930), 4729.

[8] H. R. DITTMAR: J. physic. Chem. **33** (1929), 533. — A. H. GLEASON, G. DOUGHERTY: J. Amer. chem. Soc. **51** (1929), 310.

et qui seraient à considérer comme les agents actifs de la réaction. Une confirmation de cette manière de voir serait à noter dans le fait qu'un léger excès de SO_3 a un effet catalytique direct (voir aussi[1]). Malheureusement pour la théorie, un excès important de SO_3 a un effet ralentisseur indubitable.[2]

Wiig[3] suggère que SO_3 et H_2O en équilibre dans l'acide concentré sont tous deux des inhibiteurs. Si l'on observe un maximum de vitesse autour d'une certaine concentration en H_2O et SO_3, c'est qu'il y a compensation entre deux effets inverses: la diminution de vitesse dûe à l'augmentation de la concentration de SO_3 est combattue par l'augmentation de vitesse dûe à la diminution de la concentration de H_2O. De part et d'autre de ce point (acide sulfurique riche en H_2O ou très riche en SO_3), on n'observerait plus qu'un seul effet inhibiteur vrai (celui de H_2O ou celui de SO_3). A l'appui de sa théorie, et pour rendre compte des différences de sensibilité à SO_3 qui se manifestent entre les acides oxalique d'une part, citrique et malique d'autre part, Wiig a calculé la teneur en SO_3 de l'acide à 100% et a admis que de l'acide sulfurique, même s'il contient 2 moles d'anhydride par litre, renferme encore des traces non négligeables d'eau. Cette hypothèse demanderait évidemment des vérification expérimentales directes, très délicates on le conçoit.

En dehors de l'eau, d'autres composés sont capables de former des complexes avec l'acide sulfurique, par exemple les sulfates alcalins,[4] l'acide acétique, la diméthylpyrone,[5] le phénol, le p-crésol, la coumarine, la benzophénone,[6] etc..... S'appuyant sur le fait que les mêmes corps sont, en même temps, des ralentisseurs des réactions de décomposition précédemment étudiées, Taylor[7] a émis sa théorie générale de la catalyse négative, selon laquelle l'inhibiteur est susceptible de contracter une union passagère désactivante avec les molécules qui sont sur le point de réagir, c'est-à-dire avec les molécules actives. Dans le cas présent, cette désactivation intéresserait les molécules d'acide sulfurique. Les vues de Taylor ayant été discutées en détail à propos des théories de la catalyse antioxygène, il n'y a pas lieu de les examiner à nouveau ici.

2° Autres réactions en milieu anhydre, influencées par l'eau.
a) Estérification.

On sait depuis très longtemps que le ralentissement de la vitesse d'estérification provoqué par une quantité déterminée d'eau est supérieur à ce qu'on est en droit d'attendre de l'application de la loi d'action de masse. Ce résultat doit s'interpréter normalement comme une catalyse négative. On trouve dans ce domaine particulièrement les travaux de Goldschmidt et de ses collaborateurs[8] et ceux de Lapworth;[9] voir aussi[10]. Ces deux auteurs ont proposé des théories qui, bien que

---

[1] J. A. Christiansen: J. physic. Chem. **28** (1924), 145.

[2] E. L. Whiteford: J. Amer. chem. Soc. **47** (1925), 953.

[3] E. O. Wiig: J. Amer. chem. Soc. **52** (1930), 4729, voir aussi 4737.

[4] D. M. Lichty: J. physic. Chem. **11** (1907), 225.

[5] E. K. Rideal, H. S. Taylor: Catalysis in Theory and Practice. p. 146. Londres: McMillan et Cie., Ed. 1926.

[6] H. R. Dittmar: J. Amer. chem. Soc. **52** (1930), 2746.

[7] H. S. Taylor: J. physic. Chem. **28** (1924), 145.

[8] H. Goldschmidt: Ber. dtsch. chem. Ges. **28** (1895), 3218; **29** (1896), 2208. — H. Goldschmidt, E. Sunde: Ibid. **39** (1906), 711. — H. Goldschmidt, O. Udby: Z. physik. Chem. **60** (1907), 728. — H. Goldschmidt, R. S. Melbye: Ibid. **143** (1929), 139.

[9] E. Fitzgerald, A. Lapworth: J. chem. Soc. (London) **93** (1908), 2163. — A. Lapworth: Ibid. **93** (1908), 2187.

[10] R. Wegscheider (A. Kailan): Ber. dtsch. chem. Ges. **39** (1906), 1054. — A. Kailan: Mh. Chem. **27** (1906), 543.

différentes, opposées mêmes, se rattachent néanmoins à la conception de destruction du catalyseur positif. Pour Goldschmidt et Udby,[1] ce catalyseur positif serait, non pas l'ion H^+, mais une association du type (C_2H_5OH, H^+), par exemple, qui serait détruite par l'eau avec régénération de l'alcool et d'un ion hydraté sans pouvoir catalytique $(H \cdot OH \cdot H^+)$. Pour Lapworth, au contraire, le catalyseur serait bien H^+, mais l'eau le transformerait simplement en un complexe H_3O^+ qui, comme Goldschmidt l'a déjà suggéré, serait inactif catalytiquement. La discussion entre ces auteurs, et d'autres, s'est poursuivie[2] pour essayer de mettre en lumière les rôles des catalyseurs et des inhibiteurs. Manifestement, les théories ne sont pas beaucoup différentes. (Voir l'article de M. Bell, tome II.)

Du point de vue de la chimie analytique, ces études ne sont pas sans intérêt, car elles ont conduit à des méthodes d'estimation de la quantité d'eau présente dans un solvant anhydre, soit un alcool,[3] soit l'acide sulfurique.[4]

b) Réactions diverses.

1° L'importance de l'eau dans la technique de la *sulfonation* et de la *nitration* est bien connue. Ainsi, en présence d'eau, les propriétés de l'acide nitrique sont plutôt oxydantes que nitrantes. Quant à l'acide sulfurique, ses propriétés sulfonantes sont en rapport direct avec sa teneur en eau. Pour une proportion qui n'est pas très élevée (et qui, simple coïncidence peut-être, correspond, pour le benzène, à la composition SO_4H_2, 1,5 H_2O), la sulfonation s'arrête totalement. La teneur centésimale en SO_3 qui correspond à cette limite est appelée π de sulfonation. L'existence de ce π de sulfonation est en contradiction avec l'hypothèse d'un simple équilibre obéissant à la loi d'action de masse. Guyot s'affranchit du π de sulfonation en entraînant l'eau formée par un courant du carbure à sulfoner;[5] Courtot et Bonnet sulfonent par de l'anhydride sulfurique pur.[6] Il s'ensuit que l'inhibition par l'eau est peut-être dûe à la destruction d'un catalyseur positif, lequel serait le SO_3.

2° D'autres actions inhibitrices sont plus nettes: ainsi, par exemple, l'eau ralentit la *bromuration des cétones*,[7] la décomposition du *bromure de triéthylsulfine* $BrS(C_2H_5)_3$,[8] la décomposition photochimique de *l'oxyde de chlore* ClO_2 en solution CCl_4,[9] la *saponification du bromure d'éthylène* par les alcalis alcooliques,[10] la *polymérisation du styrolène* catalysée par le tétrachlorure d'étain,[11] etc....

Mais, bien que les inhibitions par l'eau soient nombreuses, il y a lieu de remarquer qu'elles sont loin d'atteindre les coefficients de ralentissement que l'on rencontre avec les antioxygènes.

---

[1] H. Goldschmidt, O. Udby: Z. physik. Chem. **60** (1907), 728.

[2] E. K. Rideal, H. S. Taylor: Catalysis in Theory and Practice, p. 370—373. Londres: McMillan et Cie., Ed. 1926.

[3] H. Goldschmidt, E. Sunde: Ber. dtsch. chem. Ges. **39** (1906), 711. — H. Goldschmidt, O. Udby: Z. physik. Chem. **60** (1907), 728. — J. Gyr: Ber. dtsch. chem. Ges. **41** (1908), 4308. — G. Bredig, W. Fraenkel: Ibid. **39** (1906), 1756.

[4] D. M. Lichty: J. physic. Chem. **11** (1907), 225.

[5] Guyot: Chim. et Ind. **2** (1919), 879.

[6] Courtot, Bonnet: C. R. hebd. Séances Acad. Sci. **182** (1926), 855.

[7] A. Lapworth: J. chem. Soc. (London) **93** (1908), 2187. — I. Cohen: J. Amer. chem. Soc. **52** (1930), 2827.

[8] H. von Halban: Z. physik. Chem. **67** (1909), 129.

[9] J. W. T. Spinks, H. Taube: Canad. J. Res., Sect. B **15** (1937), 499.

[10] A. L. Bernoulli, J. Kaspar: Helv. chim. Acta **20** (1937), 462.

[11] G. Williams: Nature (London) **140** (1937), 363.

Quelques inhibitions de réactions diverses.

a) Réactions photochimiques.

1° On a déjà vu l'inhibition de la *décomposition photochimique de l'eau oxygénée*, l'arrêt, par l'oxygène, de la réaction d'EDER et des décolorations de colorants de cuve en présence d'un accepteur. Ces deux dernières réactions sont sensibles aux inhibiteurs autres que l'oxygène; ainsi la première est sensible aux sels ferriques (les sels ferreux l'accélèrent[1]), aux corps phénoliques: phénol, o-crésol, pyrocatéchol, etc....[2] Il en est de même si l'on s'adresse à la réaction sensibilisée à l'éosine ou au permanganate de potassium (acide oxalique «activé»). La seconde (décoloration des cuves) est fortement ralentie par les antioxygènes typiques, hydroquinone, pyrogallol, phénol.[3]

2° Le *formiate d'uranyle* subit une photolyse qui conduit à la réduction de l'oxyde de l'uranium et à l'oxydation de l'acide formique:[4]

$$UO_2SO_4 + H \cdot COOH + H_2SO_4 + h\nu \rightarrow U(SO_4)_2 + CO_2 + 2\,H_2O.$$

Cette photolyse est fortement entravée par l'oxygène et par KCl, KI, $FeSO_4$, $FeCl_3$, $MgCl_2$, V_2O_5, Na_2SO_3, hydroquinone, plus faiblement par $MnSO_4$, $CoSO_4$, $CuSO_4$, $NaNO_3$, $Cr_2(SO_4)_3$ et KF. D'autres corps agissent non seulement par un effet inhibiteur pur, mais également à la manière d'un filtre des radiations activantes: tels sont $K_2Cr_2O_7$, $NaNO_2$, KCN, $AgNO_3$ et $HgSO_4$. Des actions chimiques pures ne sont pas exclues (pour d'autres photolyses[5]).

b) Réactions thermiques diverses.

1° L'*interversion du sucre* sous l'influence des acides est susceptible d'être ralentie. Les premiers résultats en ce sens ont été obtenus par COLIN et CHAUDUN[6], voir aussi[7]. Mais plus récemment, BERLINGOZZI et TESTONI,[8] montrent que des colloïdes ont une action ralentissante. L'effet n'est pas dû à une soustraction d'eau par le colloïde lyophile, car des colloïdes métalliques, non lyophiles ont la même action. BAUR et PREIS[9] ont trouvé une action ralentissante nette, mais faible, aux ions Co^{++} et Mn^{++}.

2° La *fixation de SO_2 aux oléfines* est accélérée par l'oxygène, les peroxydes organiques, l'eau oxygénée et le nitrate d'argent; les acides nitrique et sulfhydrique sont des inhibiteurs. Il n'est pas sans intérêt de souligner que les oléfines semblent se gêner mutuellement: ainsi, l'isobutène, présent à plus de 2% est un inhibiteur très efficace. La réaction, de même, est ralentie par la présence du méthyléthyléthylène as. et du triméthyléthylène.[10] Il a été observé également que l'ascaridol et le peroxyde de benzoyle se comportent comme des ralentisseurs de la

---

[1] C. WINTHER: Z. wiss. Photogr., Photophysik Photochem. 7 (1909), 409; 8 (1910), 197, 237.

[2] K. WEBER: Z. physik. Chem., B 25 (1934), 363; A 169 (1934), 224; A 172 (1935), 459.

[3] K. WEBER: Ibid. B 15 (1931), 18.

[4] E. C. HATT: Z. physik. Chem. 92 (1918), 513. — G. BERGER: Recueil Trav. chim. Pays-Bas 44 (1925), 47. — C. OUELLET: Helv. chim. Acta 14 (1931), 936.

[5] E. BAUR: Helv. chim. Acta 20 (1937), 974.

[6] H. COLIN, A. CHAUDUN: Bull. Assoc. Chimistes Sucr., Distill. Ind. agric. France Colonies 48 (1931), 369.

[7] J. SPOHR: J. prakt. Chem. (2), 32 (1885), 32. — J. LÖWENTHAL, E. LENSSEN: Ibid. 85 (1862), 321, 401.

[8] S. BERLINGOZZI, M. TESTONI: Ann. Chim. applicata 25 (1935), 489; 26 (1936), 366.

[9] E. BAUR, H. PREIS: Helv. chim. Acta 21 (1938), 437.

[10] R. D. SNOW, F. E. FREY: Ind. Engng. Chem., analyt. Edit. 30 (1938), 176.

fixation de SO_2 au chlorure de vinyle, fixation accélérée par ailleurs par l'acide péracétique.[1]

3° L'oxydation, par H_2O_2, de l'*amino-3-phtalhydrazide*, ou luminol, produit une luminescence bleue marquée,[2] que certains dérivés, dont l'hémine cristallisée, exaltent particulièrement. La benzoquinone diminue la luminescence sensibilisée par l'hémine.[3]

4° La préparation, ainsi que l'emploi, des solutions de *Réactif de* GRIGNARD ont donné lieu à quelques observations d'actions inhibitrices.

Ainsi, il est bien connu que certaines substances, en particulier celles qui réagissent avec le Réactif de GRIGNARD, par exemple, l'eau, l'alcool, les cétones, etc..., empêchent le démarrage de la réaction du magnésium sur l'halogénure organique.

L'action du sulfure de carbone CS_2 a été particulièrement étudiée (WHITMORE et BADERTSCHER:[4] Il en suffit de traces infimes pour stopper complètement la réaction.

Par contre, si l'on fait démarrer une réaction normalement, avec un mélange halogénure-éther 1:1, et si l'on ajoute une trace de CS_2 au reste du mélange dilué d'éther, on constate d'une part une diminution du volume de gaz dégagé pendant la préparation et une diminution de l'importance des réactions secondaires, telles qu'élimination de HX par exemple. Par ailleurs, et c'est ce qui est le plus important, non seulement le rendement de la préparation du Réactif de GRIGNARD est augmenté, mais également celui des produits obtenus par réaction sur des composés carbonylés (WHITMORE et BADERTSCHER, l. c.).

Il est à noter, d'un tout autre point de vue, que BAUDRENGHIEN[5] a constaté que le rendement en vinylcarbinol par action du réactif de GRIGNARD sur l'acroléine est amélioré par la présence des antioxygènes utilisés pour stabiliser cette dernière.

5° Nous terminerons cet exposé par un exemple très particulier de catalyse négative, découvert par BAILEY:[6] il s'agit du ralentissement, provoqué par des traces de base organique, sur l'*estérification de l'alcool éthylique* par l'acide acétique. Le coefficient de ralentissement n'est pas très élevé, mais la dose d'inhibiteur à laquelle l'action inhibitrice se fait sentir est, par contre, très faible: 3 parties de pyridine pour un million. Si l'on augmente la quantité de base au delà d'une certaine limite, l'effet inhibiteur ne croît plus notablement. BAILEY y voit, pour une part du moins, l'indice d'une catalyse hétérogène à la surface du récipient et donne une interprétation du phénomène qu'il serait facile de faire cadrer avec les vues récentes sur la catalyse hétérogène, telles qu'elles ont été discutées dans le présent manuel.

Certes, on pourrait continuer à détailler des réactions signalées comme inhibées. On ne saurait mieux faire que de renvoyer le lecteur aux ouvrages spécialisés, au tout premier rang desquels il y a lieu de placer BAILEY «Retardation of

[1] C. S. MARVEL, F. J. GLAVIS: J. Amer. chem. Soc. **60** (1938), 2622.

[2] H. O. ALBRECHT: Z. physik. Chem., Abt. A **136** (1938), 321. — K. GLEU, K. PFANNENSTIEL: J. prakt. Chem. (2), **146** (1936), 137. — W. SPECHT: Angew. Chem. **50** (1937), 155.

[3] B. TAMAMUSHI, H. AKIYAMA: Z. physik. Chem., B **38** (1938), 400.

[4] F. C. WHITMORE, D. E. BADERTSCHER: J. Amer. chem. Soc. **55** (1933), 4158.

[5] J. BAUDRENGHIEN: Bull. Soc. chim. Belgique **31** (1922), 160.

[6] K. C. BAILEY: J. chem. Soc. (London) **1928**, 1204.

chemical reactions »[1] (voir aussi RIDEAL et TAYLOR,[2] WOKER,[3] WEBER,[4] SCHWAB,[5] etc...).

Mais à la vérité, l'étendue du domaine où n'intervient pas l'oxygène, sous quelque forme que ce soit, est très restreinte et, bien souvent, l'analyse fait ressortir soit un empoisonnement de catalyse en surface, soit une destruction de catalyse homogène.

Il n'apparaît donc pas comme possible, pour le temps présent, de grouper tous les phénomènes de catalyse négative en une même synthèse satisfaisante. Peut-être même n'y parviendra-t-on jamais. Lè domaine encore inconnu de la catalyse négative est vraisemblablement si vaste, que de nouvelles expériences susciteront, à n'en pas douter, de nouvelles explications. L'effort des chercheurs sera de les faire rentrer dans le cadre des théories anciennes, ou d'en imaginer d'autres, à moins qu'il ne s'avère, à la lumière des données nouvelles, qu'aucune cause de ralentissement n'est de nature catalytique.

Au demeurant, il ne faut pas oublier que le trésor de la Science est plutôt fait de résultats expérimentaux que de théories: celles-ci passent, alors que les premiers demeurent.

[1] K. C. BAILEY: Retardation of chemical reactions. Londres, 1938.

[2] E. K. RIDEAL, H. S. TAYLOR: Catalysis in Theory and Practice. Londres: McMillan et Cie., Ed. 1926.

[3] G. WOKER: Die Katalyse. — Die Rolle der Katalyse in der analytischen Chemie. 2 vol. Stuttgart: F. Encke, Ed. 1910—1915.

[4] K. WEBER: Inhibitorwirkungen. Stuttgart: F. Encke, Ed. 1938.

[5] G.-M. SCHWAB: Katalyse vom Standpunkt der chemischen Kinetik. Berlin: Julius Springer, Ed. 1931.

Namenverzeichnis.

Sachverzeichnis.

Manzsche Buchdruckerei, Wien IX.